宋 敏 等编著

Environmental Functional Materials

Design Preparation
Performance Analysis
and Engineering Application

环境功能材料

设计制备 · 性能分析 · 工程应用

化学工业出版社
·北 京·

内容简介

本书是系统介绍环境功能材料的基本理论、表征分析、工程应用及制备工艺的著作，全面总结了国内外近十年来环境功能材料在理论发展和实践应用方面的新成果，为环境功能材料的理论研究和产业化发展提供了技术支撑。

全书共分为8章，主要介绍了环境功能材料的定义、设计理念及分类、用途；环境功能材料的制备和表征分析方法；膜分离、絮凝剂、吸附分离和催化氧化等水污染治理材料；硫氧化物、氮氧化物、重金属和挥发性有机物治理等大气环境治理材料；脱水调理、浮选、化学浸出、稳定化、固定化、防渗等固体废弃物治理材料；土壤无机物和有机物修复，土壤地下水污染物阻隔与修复材料；矿物性水环境生态修复材料及其应用；环境功能材料的制造技术与工艺。

本书可供环境科学与环境工程、材料科学与工程等领域的科研人员、技术人员及管理人员参考，也可供高等院校环境科学与工程、材料科学与工程等相关专业的师生参阅。

图书在版编目(CIP)数据

环境功能材料：设计制备·性能分析·工程应用/宋敏等编著.—北京：化学工业出版社，2023.3

ISBN 978-7-122-42692-5

Ⅰ.①环…　Ⅱ.①宋…　Ⅲ.①环境工程-功能材料-研究　Ⅳ.①TB39

中国版本图书馆CIP数据核字（2022）第258729号

责任编辑：卢萌萌
文字编辑：郭丽芹　陈小滔
责任校对：王　静
装帧设计：史利平

出版发行：化学工业出版社
（北京市东城区青年湖南街13号　邮政编码100011）
印　　装：北京天宇星印刷厂
787mm×1092mm　1/16　印张23½　字数538千字
2024年2月北京第1版第1次印刷

购书咨询：010-64518888
售后服务：010-64518899
网　　址：http://www.cip.com.cn
凡购买本书，如有缺损质量问题，本社销售中心负责调换。

定　　价：158.00元

《环境功能材料：设计制备·性能分析·工程应用》

编著委员会

主任：宋　敏

编委：双陈冬　王育乔　仲兆平

杨　朕　龚婷婷　吴义锋

韩剑宇　王楚亚　施　鹏

陈健强　于　磊　宋成业

序言

随着我国污染防治攻坚战的深入实施，环境污染治理与生态修复已经进入了“爬坡”阶段。“双碳”目标引领下环境保护事业的进一步发展有赖于材料科技、生物化学等多学科的交叉融合和共同推动。进入21世纪以来，在科技部和生态环境部的总体布局和统筹指导下，开展环境功能材料的基础研究和应用工作被多次列入《国家中长期科学和技术发展规划纲要》（2006—2020年）、《国家环境保护“十三五”科技发展规划纲要》等重大战略中，相关研究与应用均取得了迅猛发展，为我国生态环境质量改善做出了重要贡献。

环境功能材料种类繁多，应用领域广泛。如何面向国家重大环境需求，准确定位环境功能材料的应用场景，聚焦制约材料性能的关键科学问题，突破材料合成和应用过程中的核心技术“瓶颈”，是环境工程学科相关研究人员始终需要思考的问题。纵观国内外已有较多值得借鉴的案例，例如，清华大学曲久辉院士团队在水中砷、氟等离子形态与转化机制，以及混凝的水环境化学机理方面长期研究基础上，成功开发出了系列化铁锰复合氧化物吸附材料，为我国及“一带一路”国家特征性水污染问题解决提供了技术支撑。美国陶氏化学公司长期致力于树脂、膜等高分子环境功能材料的研发与制造，拥有数百个不同系列的相关产品，为水、大气中不同类型环境污染物的深入净化提供了整体解决方案，在全球范围内建立了广阔的市场。系统梳理国内外研究成果有助于环境工程专业科研人员明确研究方向。

除此之外，环境功能材料在废水、废气和固废等多介质污染治理与修复中的应用日益频繁，环保类的政、产、学、研平台以及高新技术企业等新型研发机构成为了材料开发与应用的主力军。大量应用端研发人员需要对材料性能充分掌握，从而更好地指导其在污染治理过程中的应用。并通过标准化装备的开发、工艺的系统集成和智慧化管理系统的研发，实现环境功能材料性能的有效发挥。因此，环保产业界的从业人员也亟须系统性掌握材料的制备流程、作用效果及处理成本等多维信息。

东南大学在环境功能材料的研发、制备与应用领域颇有建树，牵头组织了国内环境工程、材料科学和化工工程等多学科专家力量，针对不同人员对于环境功能材料的设计制备、性能分析和工程应用的多样化需求，编撰了本书。本书总体上从环境功能材料的表征分析和制备方法入手，以废水、废气、固废及土壤等不同介质污染物为分类对象，系统梳理了现有环境功能材料的类型、性能以及应用案例，内容具有较好的前沿性和应用性，既可以作为相关专业本科生和研究生的教材，同时也可以为科学研究和工程技术类人员提供参考。本书的出版有望推动我国环境功能材料领域的进一步发展。

任洪强

2022年8月21日于南京

前言

近年来，随着社会经济的快速发展，废水污染、废气污染、固体废弃物污染等各类环境问题日益突显，已经成为影响经济、社会可持续发展的关键问题。在解决目前人类所面临的各种环境问题的过程中，各种功能材料起着不可或缺的作用，对国民经济和社会发展起着重要的支撑作用。其中，新型环境功能材料因具有独特的环境协调性、先进性、舒适性和优良的环境净化效果，成为人们关注的热点，在污染控制、环境净化、生态环境修复、人居环境营造、清洁能源转化等方面起着越来越不可替代的作用，对我国的“双碳”战略实施和美丽中国建设也起着积极的促进作用。

为促进环境功能材料理论与技术的深入研究、深化发展和普及应用，本书在借鉴国内外环境功能材料最新研究成果的基础上，结合笔者多年在环境功能材料方面的研究成果，以环境污染物治理、生态修复和清洁生产为主线，对现有环境功能材料的设计、制备、改性、表征、分析、性能、工程应用和制造工艺等方面进行系统描述，强调知识性、系统性、先进性和实用性。本书另一个特点是面向不同应用领域的环境功能材料进行撰写，分别针对废水处理、废气处理、固废处理处置、土壤及地下水修复和生态修复领域的功能材料进行介绍，并结合笔者的科研和实际工程项目实践分享了多个案例解析，方便各位读者有针对性地阅读参考。

本书共分为 8 章，第 1 章系统介绍环境功能材料的用途、分类和发展趋势；第 2 章介绍了环境功能材料的制备和表征分析方法；第 3～5 章分别介绍了环境功能材料在水、大气、固废污染方面的应用；第 6 章总结了土壤和地下水污染物及相应的环境修复材料，并介绍了其在工程中的应用案例；第 7 章详细介绍了在水环境生态下修复材料的应用以及对微生物的影响；第 8 章介绍了环境功能材料的制造技术与工艺，并展望了材料技术的发展前景。本书在各章节末尾均列出参考文献，供读者查阅。

本书由东南大学宋敏教授等编著。宋敏主持编写全部章节，其中东南大学宋敏和南京林业大学陈健强负责编写第 1 章，东南大学王育乔负责编写第 2 和第 8 章，东南大学龚婷婷、王楚亚、韩剑宇以及南京大学双陈冬共同负责编写第 3 章，东南大学仲兆平负责编写第 4 章，南京师范大学杨朕负责第 5 章编写，东南大学宋敏和于磊以及南京大学双陈冬和施鹏共同负责第 6 章编写，东南大学吴义锋负责编写第 7 章。研究生宋成业、李成明、林陈彬、邓荣、周江、赵炎、刘泽权、戚仁志、杜浩然、汪维、李骞、杨宇轩、张杉、徐元强、李东、李磊、李梁、成凯、杜鑫滢、陈屹婷、王俊杰、张美琪、龚丽影、李牧之、方鑫、周恒灯、陈冬、严云宝、宗孙渊等参与了资料收集和整理工作。全书最后由宋敏教授统稿并定稿。在编写过程中，参考了诸多国内外专家的研究成果，在此一并致以谢意。

由于编著者水平及时间所限，书中难免存在疏漏或不足之处，敬请广大读者批评指正。

编著者

目录

第 4 章 94

大气环境治理材料

第5章 固体废弃物处置材料

第1章 绪论

1.1 环境材料

▶ 1.1.1 环境材料的定义及研究内容

1.1.1.1 环境材料和环境功能材料

材料与环境之间具有相互作用。一方面，环境对材料有约束作用，地球所含的资源是有限的，能够容纳的污染物也是有限的。另一方面，在材料的提取、制备、生产、使用及废弃的过程中，不仅消耗大量的资源和能源，还会排放大量的污染物，对环境造成难以弥补的损害。因而，探索和开发既具有良好使用性能或功能，又对资源和能源消耗较低的材料，在环境保护和社会的可持续发展方面具有举足轻重的作用。

到目前为止，关于环境材料尚没有一个为广大学者共同接受的定义。环境材料可以定义为具有满意的使用性能和可接受的经济性能，并在其制备、使用及废弃过程中对资源和能源消耗较少，对环境影响较小且再生利用率高的一类材料。随着对环境材料的不断研究和发展，关于环境材料的定义也将会不断完善。

环境材料主要包括低环境负荷材料、循环再生材料、环境功能材料等。环境功能材料主要具有下列特征：①材料在使用过程中具有净化、治理、修复环境的功能；②在其使用过程中不形成二次污染；③材料本身易于回收或再生。尽管环境材料概念的出现比环境功能材料的生产制备和应用晚。但环境材料的提出，引起了人们对环境功能材料的高度重视，从而推动了环境功能材料的发展和开发。在我国现阶段的环境状况下，通常将治理污染所用到的一些环境工程材料也归纳到环境材料的范畴中。

1.1.1.2 环境材料的研究内容

近年来，国内外生态环境材料的研究主要集中在环境材料的基础理论研究和应用研究两方面。

（1）环境材料的理论研究

关于环境材料的理论研究主要是对环境材料的定义、范畴和内涵的研究。旨在健全环境材料学科，建立材料环境负荷的量化指标，收集材料的环境影响数据，为建立材料的环境性能数据库提供框架和支持。环境材料理论研究的主要内容见表 1-1。

表 1-1 环境材料理论研究的主要内容

类别	主要内容
材料的环境性能评价	LCA 方法学、环境性能数据库
材料的可持续发展理论	资源效率、物质流分析、工业生态学
材料的生态设计	生态设计理论、非物质化理论
材料的生态加工	清洁生产、再循环利用、降解、废物处理

(2) 环境材料的应用研究

根据环境材料的性质和应用领域的不同，可以把环境材料的应用性研究分为三类：①环保功能材料的设计与开发；②低环境负荷材料的设计与开发；③材料再生和循环利用技术的研发。

目前关于环境材料的应用研究主要集中在开发具有环境协调性的新材料和材料友好型的加工工艺方面。在生产工艺设计上采用清洁生产技术，在材料的制备过程中减少对环境的污染。对环境降解材料的研究包括生物降解塑料和可降解无机磷酸盐陶瓷材料的制备和应用也是环境材料应用研究的一个方面。另外还有针对积累或遗留的污染问题，开发门类齐全的环境工程材料，对环境进行修复、净化或替代等处理，以达到逐渐改善地球生态环境的目标。

▶ 1.1.2 材料结构

材料的结构是指材料的组成单元（原子或分子）之间相互吸引和排斥达到平衡时的空间排布。它包括形貌、化学成分、相组成、晶体结构和缺陷等内涵。材料的结构层次从宏观到微观可分成三个层次，即宏观组织结构、显微组织结构及微观结构。

① 宏观组织结构是用肉眼或放大镜能观察到的晶粒、相的集合状态。

② 显微组织结构（或称亚微观结构）是借助光学显微镜、电子显微镜可观察到的晶粒、相的集合状态或材料内部的微区结构，其尺寸为 $10^{-7}\sim10^{-4}$ m。

③ 比显微组织结构更细的一层结构是微观结构，包括原子及分子的结构以及原子和分子的排列结构。因一般分子的尺寸很小，故把分子排列结构列为微观结构；但对高分子化合物，大分子本身的尺寸可达到亚微观的范围。

▶ 1.1.3 材料的性能及其分类

1.1.3.1 材料的性能

材料的性能是一种参量，用于表征材料在给定外界条件下的行为，它是材料微观结构特征的宏观反映。三大材料的组成单元的作用力和性能如表 1-2。

表 1-2 三大材料的组成单元的作用力和性能表

材料类别	组成单元的作用力	性质和性能
无机非金属材料	离子键、共价键、氢键、范德华力	坚硬、耐热、绝缘至导电、高脆性、低韧性
金属材料	金属键	延展性好、不透明、导热、导电
高分子材料	共价键、氢键、范德华力	质量轻、低强度、中韧性、易加工、热/电绝缘

按照材料在不同外界条件下的表现行为，可将材料的性能分为化学性能、物理性能和力学性能三个方面。

（1）化学性能

材料的化学性能是指材料抵抗各种介质作用的能力，包括溶蚀性、耐腐蚀性、抗渗入性、抗氧化性等，可归结为材料的化学稳定性。

（2）物理性能

材料的物理性能是当材料处在声、光、电、磁、热等能量场作用下时所表现出来的能力，如密度、熔点、导电性、导磁性、热膨胀性等，是材料本身固有的特性。

（3）力学性能

材料的力学性能是指材料受外力作用时的变形行为及其抵抗破坏的能力。力学性能是一系列物理性能的基础，又称机械性能。材料的力学性能通常包括强度、塑性、硬度、弹性、刚度、韧性、疲劳特性、耐磨性、蠕变性能等。

1.1.3.2 材料的分类

由于材料的种类繁多，用途广泛，因而其分类方法并无统一标准。

依据材料的来源，可将材料分为天然材料和人造材料两类。

根据材料的物理化学属性，可以把材料分为金属材料、无机非金属材料、高分子材料和复合材料。

按发现的先后顺序可以将材料分为传统材料和新型材料。

还可以将材料分为结构材料和功能材料。

1.2 功能材料的设计

1.2.1 材料设计基本概念

材料设计源于材料的开发与应用。现代科学技术的发展，对材料提出了更高的要求。为满足某种特殊的要求，需要从性能入手寻找具有特殊功能的材料。在这样的背景下，材料设计的概念应运而生。

材料设计就是通过理论与计算获得具有特定功能的新材料。简而言之，材料设计应该包括从基本的材料组成和微观结构性质的数据库出发，借助先进的计算方法和计算机技术，建立材料微观结构与特定性能之间的关系，并选择控制材料微观结构和性质的合成方法，最终制备出满足特定需求的新材料。

完全定量化的材料设计或者要达到高水平的设计，还有很多的技术问题需要突破。但随着对物质结构的深入理解，人们在很多时候都能实现对材料结构、性能、加工特性之间的定性化的设计，减少单纯的“选择材料”，从而减少材料使用过程的盲目性，这已是材料科学工作的极为基本的方法和路线。

1.2.2 材料设计范围和层次

1.2.2.1 材料设计的范围

材料设计包括从原材料到材料使用的全过程。这其中包括制备方法设计、材料组织结构设计、计算方法设计等，而所有的设计均以材料的使用性能为设计目的。材料设计范围包括五个部分，即理论、模型、计算、实验、统计。但值得注意的是，以上五个部分不是孤立进行的，而是相互穿插、互为条件和结果。

尽管材料设计贯穿在材料从制备、测试、性能到使用的整个过程，但其核心部分仍是在物理、化学原理基础上，对材料性能-结构关系进行理论计算与分析。

1.2.2.2 材料设计的层次

从广义来说，材料设计可按研究对象的空间尺度不同而划分为三个层次：

① 微观设计层次，空间尺度在约 1nm 量级，对应原子电子层次的设计。

② 连续模型层次，空间尺度在 1μm 量级，将材料看成连续介质，不考虑其中单个原子电子的行为。

③ 工程设计层次，尺度对应于宏观材料，涉及大块材料加工和使用性能的设计研究。

而微观层次又分为几个范围，并同连续模型层次连接起来。如图 1-1 是材料设计的层次示意，图 1-2 是各种理论方法与时间、空间尺度的对应示意。

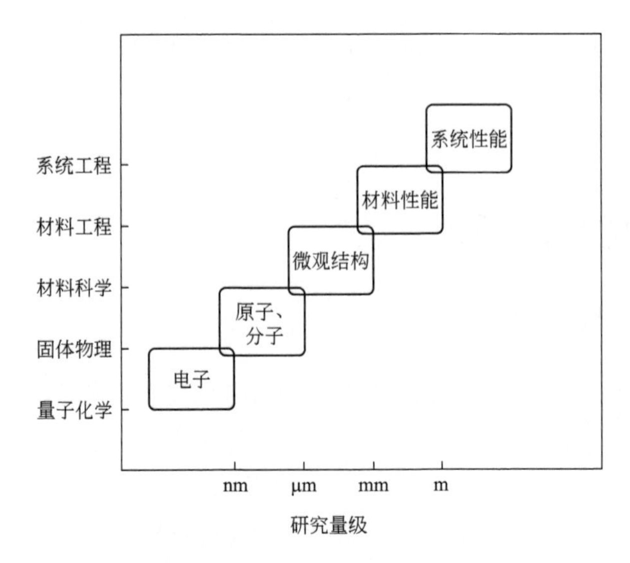

图 1-1 材料设计的层次示意

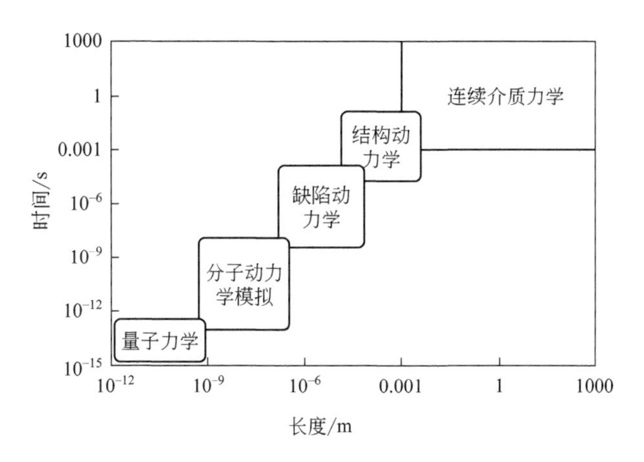

图 1-2　理论方法与时间、空间尺度的对应示意

图 1-1 的纵坐标表示的是相应的材料科学和工作模型，包括了基本的量子化学、固体物理、材料科学、材料工程及系统工程学科，每个学科均与材料设计的相应部分对应。图 1-2 更具体地将理论方法与时间、空间相结合，更加明确地指出了每一阶段模型之间的关系。就像“食物链”，前一级时间/空间尺度范围的计算所输出结果，可作为下一级（较大）时间/空间尺度范围进行计算的输入。显然，不同的时间、空间范围内所用的方法是不同的，包括量子力学、分子动力学模型、缺陷动力学、结构动力学、连续介质动力学等。

最后，关于材料设计工作范围的确定和层次的划分，并没有固定的、通用的“范式”。应根据所设计材料的种类、设计要求，以及当前能达到的“可设计”程度来确定具体的设计目标。

1.3 环境功能材料

1.3.1 环境功能材料用途

（1）环境净化

环境净化即去除环境中污染物。例如，对于大气中的污染物，一般不能采取集中处理的方法，通常是在充分考虑大气净化作用和植物净化的前提下，对污染物采取预防控制的方法，在污染物进入大气之前，首先要保证大气的质量。从工艺角度，处理大气污染物有吸收法、吸附法、催化转化法；从材料科学与工程的角度，上述过程都须借助一定的材料介质才能实现，即吸附剂、吸收剂、催化剂、离子交换树脂等。再比如，对于废水中污染物的去除，众多的氧化还原材料、沉淀材料、吸附材料、混凝材料等在污水与给水处理中发挥着重要的作用。近几年发展起来的高级氧化技术中，功能催化剂及功能性的电、光、化学材料是该技术获得应用的关键前提。在生物接触氧化中，早期应用的是硬质塑料类网状和蜂窝状的填料，目前应用的大多材料是人造纤维软性填料，人造纤维丝软性填料的开发和应用在提高接触氧化效率方面起到了关键的作用。对于物理污染来说，如电磁波、噪声等，功能性材料的使用在其去除过程中是一项关键问题。

(2) 环境修复

环境修复也常被称作生态修复，是指对遭到破坏的环境进行生态修复治理，使其大体恢复至被破坏前状态的过程。对于已经进入生态圈的污染物，采用常规手段常常不能取得良好的效果，因此，必须应用环境修复技术。通过物理、化学、生物方法将土壤、地下水以及海洋中的有毒有害污染物吸收、转化或分解，从而从环境中去除的技术，就是环境修复技术。环境修复中常用的修复材料有固沙材料、CO_2 固定材料、O_3 层的修复材料等。

(3) 环境替代

对于已经应用多年、人们已经习惯的一些常用材料，由于这些材料在生产、使用和废弃的过程中会造成对环境的极大破坏，因而必须逐渐予以废除或取代，这一点已成为全世界的共识。例如，用新型环保型制冷剂材料替代氟利昂、用无磷洗涤剂替代工业和民用的含磷洗涤剂、用无害材料替代工业有害物（如石棉、水银、铅酸电池等)、用竹木等天然材料替代那些环境负荷较大的结构材料等。新型制冷剂、无磷洗涤剂等都可归属于环境替代材料。

能源危机迫使人们寻找光伏发电、燃料电池、磁流体发电、热核聚变等新的获取能源的方式。所以开发电转化材料、固体电解质材料、电极材料、激光材料、磁性材料等在此方面有着重要作用。

此外，对于一些已经获得应用的无机材料，也必须从环保、节能、成本、综合利用和节约资源角度重新考虑进行审查，探索新的、更加有效的和环保的代用材料。

▶ 1.3.2 环境功能材料分类

1.3.2.1 水污染治理材料

(1) 吸附材料

吸附材料的分类有多种方法，从不同的角度有不同的分类。例如，按材料的物质属性，可以分为无机吸附剂、有机（高分子）吸附剂和碳质吸附剂三类；按材料的吸附机理，可以分为化学吸附剂、物理吸附剂和亲和吸附剂三类；按材料的形态和孔结构，可分为球形颗粒吸附剂、纤维形吸附剂和无定形颗粒吸附剂三类。

无机吸附剂是指具有一定孔结构、大比表面积的一类天然或人工合成的无机化合物，往往具有离子交换性质，因此通常称为无机离子交换剂，其特点是来源广泛、成本低廉、吸附量较高。常见的有沸石分子筛、硅胶、活性氧化铝、活性白土等，其中分子筛、硅胶常用作高选择性吸附剂（色谱的固定相）和催化剂载体。

有机高分子吸附剂是由烯类单体在引发剂、分散剂、制孔剂等作用下经悬浮聚合反应而成的，一般为球状固体。部分有机高分子吸附材料不含任何官能团，可以其为原料，用化学方法制得带有各种功能基团的吸附材料或离子交换功能材料。其吸附原理除了范德华力外，还有氢键、化学键合、螯合、阴阳离子电荷作用等，与传统无机吸附材料相比，具有特殊的优良性能。

碳质吸附剂是介于无机吸附剂和有机吸附剂之间的一类吸附材料，包括活性炭、活性碳纤维、炭化树脂以及骨炭等。其中，活性炭具有高比表面积和大吸附容量以及原料来源广泛等优点。木屑、泥煤、褐煤、沥青以及其他工业废品等都可以用来制作活性炭，因而工业应用十分广泛。

（2）湿式氧化用催化剂

1）均相催化剂

催化湿式氧化技术的早期研究集中在均相催化剂上。它是通过向反应溶液中加入可溶性的盐催化剂，在分子或离子水平对反应过程起催化作用。因此均相催化的反应较温和，反应性能更专一，有特定的选择性。均相催化的活性和选择性，可以通过配体的选择、溶剂的变换和促进剂的增添等因素进行调配和设计。

① 铜的均相催化剂。可溶性的过渡金属盐类是均相催化氧化中最常用的催化剂，其中铜的催化活性较为明显。这是由于在结构上，Cu^{2+} 外层具有 d^9 电子结构，轨道的能级和形状都使其具有形成络合物的显著倾向，容易与有机物和分子氧的电子结合形成络合物，并通过电子转移使有机物和分子氧的反应活性提高。

② Fenton 试剂。Fenton 试剂法是目前应用较多的一种均相催化湿式氧化法。最初的 Fenton 试剂主要是由可溶性亚铁盐和双氧水按一定比例混合所组成的，无需高温高压的系统下即可氧化许多有机分子。例如，一些有毒有害的物质如苯酚、氯酚、氯苯及硝基酚等能够被 Fenton 试剂及类 Fenton 试剂氧化，从而降低污染。此外，在一定的酸度下，$Fe(OH)_3$ 能以胶体的形态存在，通过凝聚、吸附性能去除水中部分有害物质。

2）非均相催化剂

在均相湿式氧化系统中，催化剂与废水是混溶的。为了避免催化剂流失所造成的经济损失和对环境的二次污染，需进行后继处理以便从水中回收催化剂。因此，流程更为复杂，并提高了废水的处理成本。为了降低成本，人们开始研究固体催化剂即非均相催化剂，促使催化剂与废水的分离更为简便。此外，固体催化剂还具有活性高、易分离、稳定性好等优点。

① 铜系列催化剂。与贵金属系列催化剂相比，铜系催化剂是较经济的催化剂。非均相 Cu 系催化剂在催化过程中表现出了高活性，因此人们对非均相 Cu 系催化剂进行了大量的研究。虽然非均相 Cu 系催化剂在处理多种工业废水的催化湿式氧化中已经显示出较好的催化性能，但是催化剂在使用过程中存在着严重的催化剂活性组分溶出现象。这种溶出将造成催化剂流失，活性下降，使催化剂不能重复使用，同时催化剂流失还会造成二次污染问题。因此，限制了 Cu 系催化剂的进一步研究。

② 贵金属系列催化剂。在非均相催化氧化中，由于贵金属在氧化反应方面具有高活性和稳定性，已经被大量应用于石油化工和汽车尾气治理行业。以贵金属为活性组分制成的催化剂，不仅含有合适的烃类吸附位，而且还有大量的氧吸附位，随着表面反应的进行，能快速地发生氧活化和烃吸附。因此，贵金属催化剂在反应中表现出高的活性。

③ 稀土系列催化剂。稀土元素在化学性质上呈现强碱性，表现出特殊的氧化还原性；

而且稀土元素离子半径大，可以形成特殊结构的复合氧化物。在湿式氧化处理技术催化剂中，CeO_2 是应用广泛的稀土氧化物，因其能改变催化剂的电子结构和表面性质，从而提高催化剂的活性和稳定性。CeO 的作用表现在以下几个方面：可提高贵金属的表面分散度；具有出色的“储氧”能力；可稳定晶型结构和阻止体积收缩。

④ 碳材料催化剂。碳材料，如活性炭等，对于湿式氧化处理技术降解有机物表现出了良好活性。不过由于其在反应过程中的燃烧损失和比表面积的逐渐减小，导致催化剂容易出现失活现象。因此，如今越来越多的科技工作者开始关注具有较大比表面积、合适孔道结构和良好稳定性的碳纳米管（CNT）。

1.3.2.2 大气污染治理材料

（1）吸收剂

吸收是根据气体混合物各组分在某种溶剂中溶解度的不同而实现分离的操作。吸收操作可以达到两个目的：一是回收或捕获气体混合物中的有用物质，以制取产品；二是除去工艺气体中的有害成分，使气体净化，以便进一步加工处理。吸收可分为化学吸收和物理吸收两大类。化学吸收是被吸收的气体组分和吸收液之间产生明显的化学反应的吸收过程。从废气中去除气态污染物多用化学吸收法。物理吸收是被吸收的气体组分与吸收液之间不产生明显的化学反应的吸收过程，仅仅是被吸收的气体组分溶解于液体的过程。

在吸收法中，选择合适的吸收液至关重要。在对气态污染物处理中，吸收液是处理效果好坏的关键。用于吸收气态污染物质的吸收液有下列几种：①水，用于吸收易溶的有害气体。②碱性吸收液，用于吸收那些能够和碱起化学反应的有害酸性气体，如二氧化硫、氮氧化物、硫化氢等。常用的碱性吸收液有氢氧化钠、氢氧化钙、氨水等。③酸性吸收液，一氧化氮和二氧化氮常用稀硝酸吸收，因为它们在稀硝酸的溶解度比在水中高得多。④有机吸收液，用于有机废气的吸收，如洗油、聚乙醇醚、冷甲醇、二乙醇胺都可作为吸收液去除某些有机气体。

常用的气体吸收剂见表 1-3。

表 1-3 常用的气体吸收剂

可去除的污染物	吸收剂
SO_2	水、氨、氨水、碳酸钠、硫酸钠、氢氧化钙、碳酸钙、碱性硫酸铝
Cl_2	氢氧化钠、碳酸钠、氢氧化钙
HF	水、氨、碳酸钠
HCl	水、氢氧化钠、碳酸钠
NO_x	水、氨、氨水、氢氧化钠、硫酸铵、$FeSO_4$-EDTA
H_2S	氨、硫酸钠、乙醇胺
含 Pb 废气	醋酸、氢氧化钠
含 Hg 废气	高锰酸钾、浓硫酸、KI-I_2 混合溶液

（2）催化剂

含有污染物的气体通过催化剂床层进行催化反应，其中的污染物转化为无害或易于处理与回收利用的物质的净化方法称为催化转化法。催化转化法对不同浓度的污染物都有较高的转化率，且无需使污染物与气流分离，在简化操作过程的同时避免了其他方法可能产生的二次污染。因此，该方法在大气污染控制中得到较多应用，如将 SO_2 转化为 H_2SO_4 加以回收利用。但主要缺点是催化剂较贵，且污染气体预热需消耗一定能量。

催化剂通常由活性组分、助催化剂和载体组成。活性组分是催化剂的主体，它能单独对化学反应起催化作用，可作为催化剂单独使用。助催化剂本身无活性，但具有提高活性组分活性的作用，如 K_2SO_4-V_2O_5 催化剂中，K_2SO_4 的存在可使 V_2O_5 催化 $SO_2 \rightarrow SO_3$ 的活性大为提高。载体则起承载活性组分的作用，使催化剂具有合适的形状与粒度，从而有大的比表面积，提高催化活性、节约活性组分用量。此外，载体有传热、稀释和增强机械强度的作用，可延长催化剂的使用寿命。常用的载体材料有硅藻土、硅胶、活性炭、分子筛以及某些金属氧化物（如氧化铝、氧化镁等）多孔性惰性材料。助催化剂和活性组分都附于载体上，可制成球状、柱状、网状、片状、蜂窝状等。

净化气态污染物的几种常用催化剂见表 1-4。

表 1-4　净化气态污染物所用的几种催化剂的组成

用途	主活性物质	载体
有色冶炼烟气制酸，硫酸厂尾气回收制酸等	V_2O_5 含量 6%～12%	SiO_2（助催化剂 K_2O 或 Na_2O）
硝酸生产及化工等工艺尾气	Pt、Pd 含量 0.5%	Al_2O_3-SiO_2
	$CuCrO_2$	Al_2O_3-MgO
碳氢化合物的净化	Pt、Pd、Rh	Ni、NiO、Al_2O_3
	CuO、Cr_2O_3、Mn_2O_3、稀土金属氧化物	Al_2O_3
汽车尾气净化	Pt 含量 0.1%	硅铝小球、蜂窝陶瓷
	碱土、稀土和过渡金属氧化物	α-Al_2O_3、γ-Al_2O_3

1.3.2.3　固体废物污染控制材料

对固体废弃物进行物理处理（压实、破碎、分选等）、化学处理（氧化、还原、中和、沉淀等）、生物处理（好氧处理、厌氧处理、兼性厌氧处理等）、热处理（热解、焚烧、焙烧等）和固化处理等，可将其中可以资源化的成分和物质进行回收利用。

上述处理方法中，物理处理、生物处理和热处理需要借助各种处理机械和设备来完成，而化学处理和固化处理则需要添加一些化学药剂或材料。化学处理中使用的氧化剂、还原剂、中和剂和沉淀剂与废水处理相同。固化处理则是采用固化基材将废弃物固定或包裹起来，以降低其对环境的危害。固化处理的对象主要是危险性固体废弃物和放射性固体废弃物。固化所用的惰性材料称为固化剂，经固化处理后的固化产物称固化体。

对固化剂及固化体的基本要求包括：

① 有毒废物经固化处理后所形成的固化体应具有良好的抗渗透性、抗浸出性、抗干湿性、抗冻融性及足够的机械强度，最好能作为资源加以利用，如作为建筑材料和路基材料等。

② 固化过程中材料和能量消耗要低，增容比要低。

③ 固化工艺过程简单，便于操作。

④ 固化剂来源丰富，价廉易得。

⑤ 处理费用低。常用的固化剂主要有水泥、沥青、塑料、玻璃、石灰等。

在目前技术条件下，我国固体废弃物的最终处置主要采用填埋法。垃圾填埋场的建造中，最关键的技术是防止垃圾中的重金属离子以及有害有机物质渗入地下水中产生二次污染。因此，对垃圾填埋场进行防渗漏处理是十分必要的。在垃圾和危险废物填埋场的建设中，建造由防渗材料构成的防渗层，成为有效控制填埋场渗漏的关键所在。

垃圾填埋场底部防渗衬里材料可以分为无机天然防渗材料、有机工业制成材料以及天然与有机工业制成材料的复合防渗材料等三大类，其中无机天然防渗材料应用最为广泛。无机天然防渗材料主要包括黏土、膨润土、伊利石和高岭石等，另外还包括一些添加剂，如沸石、粉煤灰等。无机天然防渗材料价格低廉，施工方便，研究相对较多。常用的有机材料有沥青、橡胶、聚乙烯、聚氯乙烯等。

根据安全土地填埋场的设计要求，顶部覆盖系统要和填埋场的底部及四周的防渗衬里配套设计及建造。顶部防渗覆盖层材料的选择及设计施工要同防渗衬里一致，使填埋场形成一个完整的封闭式结构，把填埋的废弃物同环境完全隔离。

1.3.2.4 土壤及地下水污染修复材料

由于表面活性剂能改进憎水性有机化合物的亲水性和生物的可利用性，因而被广泛应用于被有机物污染的土壤及地下水的化学与生物修复中。

常用于污染土壤清洗修复的表面活性剂有：非离子表面活性剂（如乳化剂 OP、Triton X-100、平平加、AEO-9 等）、阴离子表面活性剂（十二烷基苯磺酸钠、月桂醇聚氧乙烯醚硫酸酯钠盐等）、阳离子表面活性剂［如溴化十六烷基三甲铵（CTMAB)］，以及生物表面活性剂（由微生物、植物或动物产生的天然表面活性剂）。生物表面活性剂通常比人工合成表面活性剂的化学结构更为复杂和庞大，单个分子占据更大的空间，因而临界胶束浓度（CMC，即表面活性剂分子在溶剂中缔合形成胶束的最低浓度）较低，在清除土壤有机污染物方面效果较好。且生物表面活性剂更易降解。

表面活性剂可以联合使用。如将阴离子表面活性剂与非离子表面活性剂一同使用，具有增溶作用，与单一表面活性剂溶液相比，其吸附作用和沉淀作用略微降低，但是作用于油类等有机物的有效浓度有所提高，用于清除土壤中有机污染物的效果更好。除表面活性剂外，有机溶剂也可用来清除土壤中的有机污染物。

受污染地下水的化学修复主要有两种方式。一种是在地下水的原位修复中，向污染区域注入表面活性剂，增加疏水性有机物的溶解度及生物可利用性。另一种是利用土壤和含水层中含有的黏土，在现场注入季铵盐阳离子表面活性剂，使其形成有机黏土矿物，用来截住或固定有机污染物，防止地下水进一步受到污染，并配合生物降解等手段，可取得良好的地下水污染治理效果。

1.3.2.5 高效电催化电极材料

电极材料是实现电催化过程极重要的支配因素，而电化学反应通常在电极/溶液界面的电极表面上发生，因此，电极表面的性质成为更重要的因素。催化剂之所以能改变电极反应的速率，是由于催化剂与反应物之间存在某种相互作用改变了反应进行的途径，降低了反应的电势和活化能。在电催化过程中，催化反应发生在催化电极与电解液的界面处，即反应物分子必须与电催化电极发生相互作用，而相互作用的强弱则主要决定于催化电极表面的结构和组成。

(1) 表面材料

目前的电催化电极表面材料主要涉及过渡金属及半导体化合物。由于过渡金属的原子结构中都含有空余的 d 轨道和未成对的 d 电子，通过含过渡金属的催化剂与反应物分子的电子接触，这些电催化剂空余 d 轨道上将形成各种特征吸附键，促进了分子活化，从而降低了复杂反应的活化能，达到了电催化的目的。因此，过渡金属及其部分化合物具有较好的催化活性，这种活性不仅依赖于其电子因素（即 d 电子轨道特征），还依赖于几何因素（即吸附位置及类型）。这类电催化电极材料主要含有 Ti、Ir、Pt、Ni、Ru、Rn 等金属或合金及其氧化物，如 RuO_2/Ti 电极、Ru-Rn/Ti 电极、RuO_2-TiO_2/Ti 电极、Pt/Ti 电极、Pt/GC 电极等。

(2) 基础电极

基础电极也叫电极基质，是指具有一定强度、能够承载催化层的一类材料。一般采用贵金属电极（如钛）和碳电极（如石墨、玻碳等）。基础电极无电催化活性，只具有电子载体的功能，因此，高的机械强度和良好的导电性是对基础电极最基本的要求。此外，与电催化组成具有一定的亲和性也是基础电极的要求之一。

(3) 载体

基础电极与电催化涂层有时亲和力不够，致使电催化涂层易脱落，严重影响电极寿命。所谓电催化电极的载体就是一类起到将催化物质固定在电极表面且维持一定强度的物质，对电极的催化性能有很大影响。常用的载体多采用聚合物膜和一些无机物膜。载体必须具备良好的导电性及抗电解液腐蚀的性能，其作用可分为以下两种：支持和催化。相应地可以将载体分成支持性载体和催化性载体。

(4) 电极表面结构

电催化电极的表面微观结构和状态也是影响电催化性能的重要因素之一。电极的制备方法直接影响电极的表面结构。目前电催化电极的主要制备方法有热解喷涂法、浸渍法（或涂刷法）、物理气相沉积法（PVD）、化学气相沉积法（CVD）、电沉积法、电化学阳极氧化法等。

另外，为了增大单位体积的有效反应面积、改善传质，各种新材料电极相继问世，如碳-气凝胶电极、金属-碳复合电极、碳泡沫复合电极、网状玻碳材料等，其共同点是都具有相当大的比表面积。在新材料研究方面，纳米结构材料以其奇异的特性引起人们广泛的关注，碳纳米管材料作为三维电极材料的尝试已在进行。另一类引人注目的新材料是导电陶瓷，其导电性能与石墨相当，且化学惰性优异，目前的研究集中于使电陶瓷具有微结构并更好地负载催化物质方面。

1.3.2.6 高效光催化材料

光催化剂在光催化反应中起到关键作用，它在吸收光能后能够使得反应物质发生化学变化。激发态的有机光催化剂能够循环多次地与反应物作用生成中间物质，并通过这种作用保证自身在反应前后不变。

根据反应体系的均一性，光催化可以分为均相光催化和非均相光催化。均相光催化在光催化分解水制氢领域中研究颇多，通常是采用金属配合物为敏化剂的四组分（敏化剂-电子中继体-牺牲剂-催化剂）制氢体系。相比于非均相光催化，均相光催化在净化环境污染中应用较少。因为在开放的环境体系中，只有非均相体系才能在降解和消除水体或气相中有机污染物之后，维持反应器中光催化剂的浓度恒定，使得反应体系能以低成本和高效率稳定运行。半导体光催化是指光催化反应所采用的固体光催化剂具有半导体特征，确切地说半导体光催化是非均相光催化的一种类型。非均相光催化的研究是从半导体 TiO_2 的光催化开始的。

半导体是指电导率在金属电导率（约 10^4～10^6 Ω/cm）和电介质电导率（<10^{-10} Ω/cm）之间的物质。固体中由于晶体分子（或原子）间的相互作用，最高占有轨道相互作用形成充满电子的价带，最低空轨道相互作用形成空的导带，电子在价带和导带中非定域化，可以自由移动。价带和导带之间存在一个没有电子的禁带，禁带的大小称为带隙宽度（E_g）。半导体光催化正是基于这个模型，当半导体光催化剂吸收能量大于或等于 E_g 时，发生电子由价带向导带的跃迁，从而引发光催化反应。

半导体可以分为无机半导体与有机半导体，无机半导体又分为元素半导体和化合物半导体。根据多数载流子的特征又分为 n 型半导体（多数载流子为电子）和 p 型半导体（多数载流子为空穴）。目前研究的半导体光催化剂也涉及了所有这些半导体类型：

① 二元无机半导体化合物，包括金属氧化物，如 TiO_2、ZnO、WO_3、Cu_2O、Fe_2O_3 等；金属硫化物，如 CdS、ZnS 等；金属氮化物，如 Ta_3N_5、GaN 等；非金属化合物，如石墨结构的氮化碳 g-C_3N_4。

② 多元无机半导体化合物，包括复合金属氧化物，如 $SrTiO_3$、$BiVO_4$ 等；金属硫化物，如 $ZnIn_2S_4$、$CuInS_2$ 等。

③ 元素半导体，如量子点硅纳米粒子。

④ 有机半导体，例如具有 n 型半导体特征的二萘嵌苯衍生物和具有 p 型半导体特征的金属酞菁化合物。

然而根据光催化的定义，光催化剂绝不仅限于半导体物质。目前基于半导体光催化原理之外的新型光催化剂的研究备受关注。这里简略介绍两大类：第一类是基于异质金属中心的金属-金属间电荷迁移原理构筑的双金属组装介孔分子筛光催化剂。这种光催化剂最早用于光催化还原 CO_2 的研究中，如 ZrCu(Ⅰ)-MCM-41，随后通过引入 Ti(Ⅳ)/Ce(Ⅲ) 双金属中心来提升光催化性能，表现出很好的光催化还原 CO_2 和氧化丙酮的活性。第二类是纳米金属粒子的表面等离子体效应引发的光催化作用，被称为等离子体光催化剂。比如采用纳米金粒子在可见光照下降解室内有机污染物，纳米金即可视为一种光催化剂。

1.3.2.7 环境矿物材料

天然矿物具有表面效应、孔道效应、结构效应、离子交换效应、结晶效应、溶解效应、水合效应、氧化还原效应、半导体效应、纳米效应、矿物生物交换效应等诸多效应，表现出独特的环境净化功能。天然矿物环境材料是指由矿物及其改性产物组成的与生态环境具有良好协调性或直接具有防治污染和修复功能的一类矿物材料。这些材料的原料是天然矿物，与环境有很好的相容性，且具有环境修复、环境净化和环境替代等功能。环境矿物材料的种类较多，目前研究较为广泛的主要有硅藻土、海泡石、蒙脱石、沸石、黄铁矿等。

(1) 硅藻土

硅藻土的成分80%以上为$SiO_2 \cdot nH_2O$，也含有少量的Al、Fe、Ca、Mg、Na、K、P等，各地硅藻土矿的成分不同，含量也不同。硅藻土是一种多孔、密度小、比表面积大、吸附性好、耐酸、耐碱、绝缘的非金属矿。硅藻土比表面积大，堆积密度小，孔体积大，表面被大量硅羟基所覆盖，通常其颗粒表面带有负电荷，这使其对重金属离子拥有良好的交换性和选择吸附性。此外，硅藻土具有独特的纳米微孔结构，经过人工改性后，是一种理想的微孔吸附剂。用硅藻土处理重金属污染的方法不但简便、有效而且成本低，并且重金属在解吸时的释放率较低。

(2) 海泡石

海泡石属斜方晶系，为链层状水镁硅酸盐或镁铝硅酸盐矿物，主要化学成分是硅和镁。晶体结构具有两层硅氧四面体，中间一层为镁氧八面体。这种独特的结构使海泡石具有较大的比表面积和较强的离子交换能力，以及存在着物理吸附和化学吸附作用。较大的比表面积和多微孔结构，是海泡石具有较强吸附能力和分子筛功能的直接原因。

(3) 蒙脱石

蒙脱石是典型的2∶1型层状结构硅酸盐矿物，具有巨大的比表面积和表面能。蒙脱石每个单位晶胞由两个硅氧四面体与一个铝氧八面体平行链所组成，在每个晶体构造层间吸附和放出水分子。蒙脱石具有较高的阳离子交换性能，表现出较强的吸附性，且容易使颗粒分裂成很细的带电粒子。大量的研究和试验表明，天然或经过适当改性的蒙脱石在处理重金属污染等方面效果良好。

(4) 沸石

沸石是一类含水结晶质铝硅酸盐的沸石族矿物的总称。其空间网架状结构中充满了空腔与孔道，具有较大的开放性和巨大的内表面积，孔中有可交换的碱金属、碱土金属阳离子及中性水分子，脱水后结构不变，因而具有良好的选择性吸附、离子交换和分子筛等功能。离子交换性是沸石的重要性质之一。在沸石晶格空腔（孔穴）中的Na^+、K^+、Ca^{2+}等离子和水分子与网架结合得不紧密，具有较高的交换选择性，极易与其周围水溶液里的重金属阳离子发生交换作用。交换后的沸石晶格结构并不被破坏。水合离子半径越小的离子越容易进入沸石格架进行离子交换。

(5) 黄铁矿

黄铁矿是地表最丰富的硫铁矿石之一，其化学成分是FeS_2，是提取硫、制造硫酸的主要矿物原料。黄铁矿在一定条件下可溶解释放出S^{2-}、Fe^{2+}和Fe^{3+}等离子。S^{2-}可以与重金属离子结合生成难溶硫化物，发生沉淀转化、氧化还原和水解絮凝等复合作用，从而去除废水中的重金属离子。初始酸度越高越有利于这一过程的进行。

此外，天然半导体矿物如天然含钒金红石等，在紫外光或太阳光的作用下，可以被激发产生电子和空穴。半导体矿物晶体中往往富含各种金属离子，使其光谱响应范围拓宽，从而具有优良的光催化性能，可将有机污染物完全矿化为无污染的小分子无机物。

▶ 1.3.3 环境功能材料的设计理念

设计环境功能材料是基于对环境的保护和修复。笔者认为环境功能材料是指具有一种或多种功能特性的、在某些环境场景中应用的、目的是为解决环境问题的材料。因此，可以说，环境功能材料的设计理念起源于对环境问题的认识。随着人类社会生产力水平的发展，人们对环境问题的认识是不断变化的。从 1972 年在瑞典斯德哥尔摩召开的人类环境会议到 1992 年在巴西里约热内卢召开的环境与发展大会，世界各国已经达成共识认为温室效应、气候变暖、臭氧层的破坏等生态环境问题是一个全球性的问题。与此同时，环境科学发展成了为解决环境问题的各项科学技术体系，以及为保护环境所发展的政治、法律、经济、行政等各项专门知识的庞大的学科体系。要解决以上这些环境问题，一方面要解决“末端治理”的问题，大力发展“污染预防”“清洁生产”的新理念和新技术，这就需要在设计材料时更多考虑其在环境监测和预防中的功能性；另一方面，在解决环境问题的同时要体现环境功能材料的“可持续”性，考虑功能材料的可降解性及其制备过程的环境友好性，以及确保在应用过程中不会出现二次污染问题。

▶ 1.3.4 环境功能材料发展趋势

自环境功能材料概念诞生以来，材料科学与工程学科中的材料制备技术、分析技术、矿物加工及加工装备技术水平也在迅速提高。传统用途矿物材料的消耗比例逐渐降低，材料的技术指标相应提高。大量矿物材料新结构的发现及开发，使得新型应用方向的矿物材料用量比例逐年提高，出现了许多新的增长点。环境功能材料将成为未来材料和相关产业可持续发展的方向。在现今全球环境生态危机影响下，环境功能材料研究和产业化必将得到快速发展。

（1）将非金属矿物材料高纯化、纳米化、功能化及结构重构，以实现环境功能材料的高端化应用

非金属矿经开采、加工后一般含有微量的共伴生矿物质，对于需要特殊环境服役的高纯纳米纤维、纳米片、纳米孔状材料，在其矿物结构中构筑功能性纳米点或纳米晶可以实现矿物的高附加值并高效利用。如在海泡石纳米纤维表面构筑二硫化钼纳米片、纳米点后，利用光催化作用能够实现高难废水中有机污染物的降解，在硅藻土纳米孔结构表面构筑硅酸镁纳米催化剂可以实现高难废水中有机污染物降解和重金属脱毒。

（2）对非金属矿物材料的快速、高效、低成本加工及系列环境功能材料产品的开发以营造健康舒适的人居环境

利用非金属矿物材料成分和结构特点，对其快速、高效、低成本加工后，可以开发易洁抗菌陶瓷、杀菌抗病毒涂料、抗菌防臭卫生洁具、空气净化功能涂料、杀菌抗病毒空气消毒液等环境功能材料产品。例如蒙脱石具有特殊层状结构，离子交换能力强，在特殊环境危机应急处理以及低环境毒害药物开发方面具有广阔的应用前景。

(3) 对生物炭结构设计与性能调控，构筑低碳高性炭基环境功能材料，以实现绿色可持续发展

随着全球生态环境改善和生态文明建设的迫切需求，林业废弃物、农业秸秆等生物质资源的综合利用将成为全世界关注的焦点。采用生物质资源制备生物炭及其衍生的功能材料有利于绿色可持续发展。因为当废弃生物质转化为生物炭时，可以减少大气污染物的排放和对化石能源的依赖。此外，随着全球粮食安全、环境安全和固碳减排需求的不断发展，关于生物炭在农业和环境保护领域的研究和应用范围日益扩大，且呈现出由农业向环境保护逐渐倾斜的趋势。采用生物质热解炭化技术与生物炭还田相结合的方式，不仅能够切实锁定和降低大气中二氧化碳的浓度，而且将生物质中50%左右的碳素固定于土壤中，还能够改良土壤，实现土壤环境的绿色可持续性发展。因此，生物质炭化还田有望为人类应对全球气候变化提供一条重要的技术途径。

(4) 将环境功能材料与科技、产业、科普、创新人才培养融合发展

环境功能材料要实现科技创新、产业健康发展，需要相关人才具备材料、矿业、环境、能源、工程等多学科知识综合运用的能力，对人才创新能力提出了更高的要求。高校要从产业发展与国家建设需求对环境功能材料人才的要求出发，形成学科专业特色。根据功能材料产业发展特点，对功能材料学科专业人才的学习能力、首创意识、首创精神、创新思维、前瞻思维等进行重点培养，形成教育特色。在教育模式上，要研究建立功能材料专业创新创业启蒙教育机制、科研与教学紧密结合机制、新型课程体系，建设高水平师资队伍，创建高水平产学研实践基地，建设学术交流与产业交流新平台和科普教育基地。在将环境功能材料与科技、产业、创新人才培养融合发展中建立人才培养新模式，是实现环境功能材料产业健康发展的根本保障。

参考文献

[1] 冯玉杰，孙晓君，刘俊峰．环境功能材料［M］．北京：化学工业出版社，2010.

[2] 冯奇，马放，冯玉杰．环境材料概论［M］．北京：化学工业出版社，2007.

[3] 张会．材料导论［M］．北京：科学出版社，2019.

[4] 冯端，师昌绪，刘治国．材料科学导论——融贯的论述［M］．北京：化学工业出版社，2002.

[5] 殷景华．功能材料概论［M］．哈尔滨：哈尔滨工业大学出版社，1999.

[6] 曹茂盛．材料现代设计理论与方法［M］．哈尔滨：哈尔滨工业大学出版社，2002.

[7] 刘江龙．环境材料导论［M］．北京：冶金工业出版社，1999.

[8] 张震斌，杜慧玲，唐立丹．环境材料［M］．北京：冶金工业出版社，2012.

[9] 钱晓良，刘石明．环境材料［M］．武汉：华中科技大学出版社，2006.

[10] 翁端．环境材料学［M］．北京：清华大学出版社，2001.

[11] 熊双贵，高之清．无机化学［M］．武汉：华中科技大学出版社，2011.

[12] 汪济奎，郭卫红，李秋影．新型功能材料导论［M］．上海：华东理工大学出版社，2014.

［13］ 施惠生．材料概论［M］．上海：同济大学出版社，2003．
［14］ 雅菁．材料概论［M］．重庆：重庆大学出版社，2006．
［15］ 胡赓祥，蔡珣，戎咏华．材料科学基础［M］．上海：上海交通大学出版社，2010．
［16］ 周达飞，陆冲，宋鹏．材料概论［M］．北京：化学工业出版社，2015．
［17］ 江津河，王林同．典型高性能功能材料及其发展［M］．北京：科学出版社，2017．
［18］ 左铁镛，聂祚仁．环境材料基础［M］．北京：科学出版社，2003．
［19］ 黄占斌，王平，李昉泽．环境材料在矿区土壤修复中的应用［M］．北京：科学出版社，2020．
［20］ 福建师范大学环境材料开发研究所．环境友好材料［M］．北京：科学出版社，2010．
［21］ 福建师范大学环境材料开发研究所．环境友好塑料［M］．北京：科学出版社，2014．
［22］ 肖定全，王洪涛．救救地球：从环境材料说起［M］．北京：科学出版社，2002．
［23］ 孙剑锋，张红，梁金生，等．生态环境功能材料领域的研究进展及学科发展展望［J］．材料导报，2021，35（13）：13075-13084．
［24］ 王玉，李青山．现代材料设计研究进展［J］．材料保护，2016，49（增1）：153-157．
［25］ 罗飞，何庆文，李干蓉，等．环境功能材料的研究进展及应用［J］．信息记录材料，2019，20（10）：24-25．

第2章 环境功能材料的制备和表征分析

2.1 制备方法的选择原则

在制备环境功能材料时，要注意制备方法的选择原则，以合理的选择原则为指导，选择合适的制备方法，从而提高制备的效率和质量。制备方法的选择原则主要有原子经济性、体系稳定性、反应高效性和循环利用性，下面将对这些选择原则进行进一步阐述。

2.1.1 原子经济性

原子经济性是绿色化学以及化学反应的一个专有名词。绿色化学的“原子经济性”是指在化学品合成过程中，合成方法和工艺应被设计成能把反应过程中所用的所有原材料尽可能多地转化到最终产物中。化学反应的“原子经济性”（atom economy）概念是绿色化学的核心内容之一。

2.1.2 体系稳定性

体系稳定性，是指某一种体系在物理、化学等因素作用下保持原有物理化学性质的能力。现有评价分散体系稳定性的方法主要包括重力沉降法、黏度法、吸光度法以及光散射技术等。体系稳定性是环境功能材料能否规模化应用的一个重要因素。

2.1.3 反应高效性

化学反应的高效性主要包括化学反应的速率和化学反应的转化率两个方面。化学反应速率是指化学反应进行的快慢，通常以单位时间内反应物或生成物浓度的变化值（减少值或增加值）来表示。反应速率与反应物的性质和浓度、温度、压力、催化剂等因素有关；如果反应在溶液中进行，也与溶剂的性质和用量有关。其中，压力对发生在液相中的反应影响较小，催化剂对其影响较大。反应速率可以通过控制反应条件来进行控制。转化率是指一个化学反应中某种物质在反应过程中所消耗的物质的量占总物质的量的比例，这能够反映一个化学反应进行的程度。比如，一个反应中某种物质的转化率是50%，那么就说明这个物质有一半参加了反应；如果是100%，就说明该物质全部参与反应，没有剩余。反应的高效性是评估环境功能材料的重要参数。

2.1.4 循环利用性

在制备环境功能材料时，应尽可能使用在自然界中可循环的材料，并将其循环应用到生产过程中；应尽可能少地使用在自然界中不可循环的材料。对于那些非用不可的材料，应事先设计一个再生循环系统，在材料的废弃和再生的过程中，严格控制数量，并使其处于不活泼的状态。环境功能材料所追求的就是材料及相关资源的循环再生利用。

2.2 常见制备及改性方法

2.2.1 固相合成法

固相合成法是使用不溶性高聚物为载体，通过其活性基团将反应物之一固定在高分子载体上，使有机合成在固相上进行的方法。固相合成法具有高选择性、高产率、工艺过程简单等优点，是人们制备新型固体材料的主要手段之一。接下来将从固相反应法、固相热分解法、固态置换法和自蔓延高温合成法四个方面详细展开介绍。

(1) 固相反应法

固相反应是固体间发生化学反应生成新固体产物的过程。固相反应分为产物成核和生长两部分。通常，产物和原料的结构有很大不同，成核是困难的。因为在成核的过程中，原料的晶格结构和原子排列必须做出很大的调整，甚至重新排列。且固相反应在室温下进行得比较慢，为了提高反应速率，需要加热至1000～1500℃，对于反应条件的要求较高。

固相反应具有很多优点，如产量高、操作简单、选择性高和生产成本低等。但是固相反应也有不足，主要是固相反应速率慢和固体质点迁移困难。固相反应在制备环境功能材料的生产实际中有着重要应用，例如制备$CaCu_3Ti_4O_{12}$陶瓷时通过固相反应将过渡金属掺杂进去，以提高其应用性能。

(2) 固相热分解法

固相热分解法是固相法的一种，是利用固体原料的热分解生成新的固相物料的方法。通过热分解法制备粉体过程中，气体的生成和排出，可防止生成物收缩和团聚；并且可在反应物母体上产生巨大应变能使所生成的颗粒迅速与母体脱离，防止颗粒的长大，且不用再对产品进行分离，易得到高纯产品。常用于热分解的原料有碳酸盐、草酸盐、硫酸盐等。

固相热分解法制备超细粉体有以下特点：设备简单，用一般电阻加热即可，工艺也易于控制；但缺点是应用场所有限，一般仅限于制备氧化物，大多数情况下粒度偏大或者团聚较重，要得到超细粉体需要进行粉碎。在环境功能材料碳纳米管的制备中，固相热分解法发挥着重要的作用。在通过固相热分解法制备硼掺杂 TiO_2/SO_4^{2-} 时，由于硼掺杂改变了 TiO_2 的能隙，可以有效提升其光催化性能。

(3) 固态置换法

固态置换反应是指在加热或高温条件下，固体与固体或固体与气体发生的置换反应。也可以说是凭借两个或更多的元素的扩散转变（或者是混合成分的反应）来形成比开始反应物的热力学更稳定的新相。由于这些固相反应体系的反应熵较大，放热很小（甚至吸热），一般不能产生自蔓延燃烧反应，所以又把该工艺称为“反应烧结”。这种方法可以得到其他方法无法合成的具有交叉且弥散分布的显微组织。

固态置换反应的优点是得到的复合材料的裂纹扩展不是传统的脆性行为，而是呈现出裂纹的偏转和分支，且制备的复合材料具有热力学稳定性好、增强相分布均匀等优点，因而在梯度复合材料和高温结构复合材料领域具有广阔的应用前景。例如采用固态置换反应制备 $MoSi_2$-SiC 复合材料，Mo-Si-C 三元系统处于平衡状态，通过离子交换的方式集成了两种组分的优势。

(4) 自蔓延高温合成法

自蔓延高温合成又称为燃烧合成技术，是利用反应物之间高化学反应热的自加热和自传导作用来合成材料的一种技术。反应物一旦被引燃，燃烧便会自动向尚未反应的区域传播，直至反应完全。

自蔓延高温合成的优点有流程简单、能量消耗少、产品纯度高和经济效益好。该方法的主要缺点为合成材料范围小，过程控制困难和制品不致密。自蔓延高温合成法在陶瓷、金属间化合物及金属间化合物基复合材料等环境功能材料的制备中具有重要应用。例如通过自蔓延高温合成 TiC/Fe 金属陶瓷结构复合材料，自蔓延高温使得复合材料结合紧密，表面硬度远远高于基底。

2.2.2 气相合成法

气相合成法是指通过两种或两种以上的气体分子发生反应形成新的化合物的方法。在制备环境功能材料时气相合成法最为常用。接下来将从化学气相反应法和蒸发凝聚法两个方法详细展开。

(1) 化学气相反应法

化学气相反应法又称化学气相沉积（chemical vapor deposition，CVD）法，是使化合物的蒸气通过化学反应生成所需要的化合物的方法，产物在保护气体环境下快速冷凝，从而制备各类物质的纳米微粒。例如，利用 CVD 制备二硫化钼（MoS_2）薄膜，并通过控制沉积的时长来调控 MoS_2 的物相和形貌，从而提升其对亚甲基蓝的降解速率。

CVD 具有反应活性高、工艺可控和过程连续等优点，可广泛应用于制备特殊复合材料、原子能反应堆材料、刀具和微电子材料等领域。但是 CVD 反应中气体大多有毒性或者强烈的腐蚀性，因此在实际生产过程中需要严格的尾气处理，防止操作人员中毒等事故发生。

(2) 蒸发凝聚法

蒸发凝聚法是以物态变化为基础的，其工艺是将原料用电阻炉、高频感应炉、电弧或等离子体加热汽化，然后急速冷却，以凝聚产生超微细粉。采用蒸发凝聚法能够制备颗粒直径在5～100nm范围内的微粉，这种方法适用于制备单一氧化物、复合氧化物、碳化物或者金属的微粉。

使用蒸发凝聚法，通过加热金属到适当温度，使之以一定的速率挥发成金属蒸气，并强制冷凝成金属粉末，可以回收废弃金属。例如通过蒸发凝聚法处理锌锭制备金属锌粉，高温蒸发金属锌变为锌蒸气，随后冷凝得到锌粉。

2.2.3 液相合成法

液相合成法指的是在液相中进行的化学合成反应。反应物处于高分散状态，反应一般进行得完全且迅速。在环境功能材料制备中，液相合成法是常用的制备方法，接下来将介绍液相合成法中几种常用方法，如液相沉积法、溶胶-凝胶法、水热法、聚合物前驱体法、低温燃烧合成法和柠檬酸溶胶自燃烧法。

(1) 液相沉积法

液相沉积（liquid phase deposition，LPD）法的原理是通过液相中原子或分子的自身作用或者是通过加入某些可以与原料反应的物质，驱动成膜物质沉积在基片上形成薄膜。相较于其他工艺来说，液相沉积法具有成本低和制备简单的优点。且LPD法中薄膜的析出过程是在常温下进行的，因此基底的选材可以不受限制，例如，玻璃、陶瓷、金属、塑料等各种材料均可。此外，基片的形状也不受限制，板状、粉体、纤维均可。不仅如此，LPD制备的产物的物化性质易于通过调节实验参数（如反应液浓度和pH值、沉积时间等）控制。LPD主要用于氧化物或复合氧化物超微粉体的制备及某些金属超微粉体的制备，还可以原位对前驱体薄膜在各种气氛中进行热、光照、掺杂等后处理，使薄膜功能化。

LPD制备方法在环境功能材料中具有诸多应用，如Neri等采用液相沉积的方法制备了多种Fe_2O_3及其复合物的氧化物薄膜。他们将$HAuCl_4$和$Fe(NO_3)_3$的混合溶液滴到氧化铝基质上，然后将其放入可调节氨气和氮气比例的容器中，加热干燥处理后制备得到Au掺杂Fe_2O_3薄膜。此外，有研究人员采用同样的方法制备了掺有Li^+、Zn^{2+}、CeO_2等的Fe_2O_3薄膜。总的来说，通过液相沉积可以制备多种掺杂材料和复合材料并提升其相应的应用性能。

(2) 溶胶-凝胶法

溶胶-凝胶法是指有机或无机化合物经过溶液、溶胶、凝胶过程而固化，再经过高温热处理而制成氧化物或其他化合物固体的方法。近二十多年来，溶胶-凝胶技术在薄膜、超细粉、复合功能材料、纤维及高熔点玻璃的制备等方面均展示出了广阔的应用前景。溶胶-凝胶技术之所以越来越引人注目，是因为溶胶-凝胶法具有其他一些传统的无机材料制备方法不具备的优点。当然，该方法仍存在很多不足，比如原料成本高、难以工业化等缺点，且需高温煅烧才能形成所需晶相，所得粉体在煅烧过程中极易形成硬团聚而降低粉体的活性。

溶胶可制备成粉末、纳米线、纳米片等，凝胶可制成气凝胶、致密固体等多种纳米材料。由此可见，溶胶-凝胶法具有可控制尺寸、化学成分及可量身定制多孔结构、廉价低温等优点。凝胶化缩聚反应特有的高混合性和均匀性也适用于设计合成具有特定成分和微观结构特征的催化剂，所以溶胶-凝胶法在环境功能材料制备中应用广泛。例如采用溶胶-凝胶法合成 ZnO 纳米颗粒时发现，可以通过调节反应温度、反应物摩尔比、反应时间等参数控制 ZnO 晶体成核及其尺寸。

(3) 水热法

水热法，是指一种在密封的压力容器中，以水为溶剂，粉体经过溶解和再结晶等过程制备材料的方法。其中，水热过程是指在高温、高压下，在水、水溶液或蒸汽等流体中所进行的有关化学反应的总称。相对于其他粉体制备方法，水热法制得的粉体具有晶粒发育完整、粒度小和分布均匀等优点。尤其是水热法制备陶瓷粉体时，无需高温煅烧处理，避免了煅烧过程中造成的晶粒长大、缺陷形成和杂质引入，因此所制得的粉体具有较高的烧结活性。

水热法已被广泛地用于材料制备、化学反应和材料的预处理，并成为十分活跃的研究领域。可用于制备金属、氧化物和复合氧化物等粉体材料。所得粉体材料的粒度范围通常为 $10^{0}\sim10^{-1}\mu m$，有些可以达到几十纳米。相对于气相法和固相法，水热与溶剂热的低温、等压、溶液条件，有利于生长缺陷极少、取向好的晶体，且合成产物结晶度高，易于控制产物晶体的粒度。此外，水热法所制备的粉末纯度高、分散性好、均匀、分布窄、无团聚、晶型好、形状可控、利于环境净化等。但是水热法也存在一些不足之外，如水热法一般只能制备氧化物粉体；关于晶核形成过程和晶体生长过程影响因素的控制等很多方面缺乏深入研究，且还没有得到令人满意的结论。

(4) 聚合物前驱体法

聚合物前驱体法是将某些弱酸与某些阳离子形成螯合物，再通过螯合物与多羟基醇聚合形成固体聚合物树脂，然后将树脂煅烧而制备粉体的一种方法。其反应温度较低，组分和结构可以得到很好的控制，主要用于制备金属固溶体系的环境功能材料。但是聚合物前驱体法中的化学反应机理仍然不明。

由于金属离子与有机酸发生化学反应而均匀地分散在聚合物树脂中，故能保证原子水平的混合。树脂的燃烧温度较低，可在较低温度下煅烧得到氧化物粉体。各种前驱体法的基本思路是：首先通过准确的分子设计合成出具有预期组分、结构和化学性质的前驱体，再在软环境下对前驱体进行处理，进而得到预期的材料，其关键在于前驱体的分子设计与制备。

在环境功能材料制备中，聚合物前驱体法是比较常用的制备方法，例如通过聚合物前驱体法合成了 $SmAlO_3$ 微波介质陶瓷粉体，用这种方法制备材料的所需温度比传统固相降低 600℃。

(5) 低温燃烧合成法

低温燃烧合成(low-temperature combustion synthesis, LCS)法是一种新型材料制备技术,主要是以可溶性金属盐(主要是硝酸盐)和有机燃料(如尿素、柠檬酸、氨基乙酸等)作为反应物。其中,金属硝酸盐在反应中充当氧化剂,有机燃料在反应中充当还原剂。将反应物体系在一定温度下点燃,引发剧烈的氧化-还原反应。一旦点燃,反应即由氧化-还原反应放出的热量维持自动进行,整个燃烧过程可在数分钟内结束,溢出大量气体,其产物为质地疏松、不结块、易粉碎的超细粉体。

与传统湿化学法如溶胶-凝胶法、沉淀法等相比,该法具有许多独特的优点:反应中放出的热量可以维持反应进行,能耗低;放出大量的气体可以形成高比表面积的粉体;燃烧反应速度快,可在几分钟内完成;工艺简便、快捷;能够控制合成粉体的性能。由于上述优点,低温燃烧合成法已被广泛用于多种单一和多组分氧化物的制备。例如采用 NaCl 辅助低温燃烧合成法与氢还原法制备了 Al_2O_3/Cu 复合粉末,该方法制备的 Al_2O_3 粒子和 Cu 基底结合性好。

(6) 柠檬酸溶胶自燃烧法

近年来,随着低温合成技术的不断发展,研究人员兼顾溶胶-凝胶法和低温自燃烧法的优点,制备出高反应活性的粉体,并开发出了一种新型的化学合成方法——溶胶-凝胶自燃烧法。溶胶-凝胶自燃烧法制备粉体的络合剂、燃烧剂通常为柠檬酸($C_6H_8O_7$)、甘氨酸($C_2H_5O_2N$)、碳酰肼(CH_6N_4O)、尿素等,其中以柠檬酸较为常用。因此本节内容以柠檬酸作燃烧剂为例介绍该合成方法。

以金属硝酸盐、柠檬酸为原料,按照一定配比溶于去离子水形成均匀的溶液。在一定温度和 pH 值下,利用柠檬酸的羧基的稳定作用,再通过 N 原子给出电子形成电子对,与金属离子进行络合形成柠檬酸络合盐。之后,经脱水、干燥成蜂窝状干凝胶。将其移入一定温度的恒温烘箱中或者在空气中点燃,干凝胶会自一处发火剧烈燃烧并平稳向前推进直至生成蓬松的粉末。红外分析表明,柠檬酸盐中的羰基官能团和 NO_3^- 在干凝胶燃烧过程中发生了反应。这里 NO_3^- 具有氧化性作氧化剂,羰基官能团作还原剂。两者在一定温度下发生的氧化还原反应放出大量热促使反应的继续进行,最终合成具有结晶相的超细粉体。

目前柠檬酸溶胶自燃烧法主要应用在制备铁氧体材料、介电压电材料、生物材料、发光材料等方面。在环境功能材料制备中,柠檬酸溶胶自燃烧法也有很多应用。如 Wang 等通过采用柠檬酸-硝酸盐自燃烧法一步合成了具有扭曲的菱方钙钛矿结构的 $BiFeO_3$ 粉体。柠檬酸盐溶胶-凝胶法制备的前驱体具有自燃烧特性,自燃烧后 $BiFeO_3$ 粉体的菱方钙钛矿结构已经形成,经压片烧结后,材料的相结构更趋完善。

▶ 2.2.4 常用改性方法

(1) 表面有机包覆

表面有机包覆是指有机表面改性剂分子中的官能团在颗粒表面吸附或化学反应对颗粒

表面进行改性的方法。经有机物包覆的粒子除了可用作催化剂、添加剂、颜料等外，还可用来生产装饰墨水和涂料，以及应用于环境功能材料的制备，如超细金属粒子表面有机包覆，能够改性超细金属粒子的应用效果。

有研究人员分别用巴西蜡、十八酸、三聚氰胺通过气雾技术包覆了纳米银粉。主要工艺为：通过热分解反应并在雾化反应器中通过蒸发冷凝过程制得超细银粉，并将银粉制成气凝胶。之后将有机包覆物置于三颈烧瓶中加热到一定温度使其蒸发成气体状态，再通入压缩氮气将其带入管中，同时将银粉气凝胶从小管中鼓入，这时有机包覆物蒸气与银粉凝胶混合，在其混合处有一个加热装置，控制温度使有机包覆物和银粉凝胶都处于气体状态。让其充分混合之后，通过冷凝水控制温度冷凝成纳米银颗粒，再通过真空抽滤得到纳米银粉试样。经检测，纳米银粉表面的包覆层厚度为1～7nm。

有机包覆的铜超细粒子具有耐氧化、分散效果好、不发生团聚等优点。Jin等在用电弧等离子体装置生成铜超细粒子的同时，用有机物松油醇（$C_{10}H_{18}O$）蒸气对生成的铜超细粒子进行表面包覆处理，得到了均匀有机膜包覆的铜超细粒子。铜超细粒子是用电弧等离子体法，在1.013×10^{5}Pa左右的H_2和Ar气氛中制备的。在超细粒子生成后形成二次粒子之前用有机蒸气进行包覆，从而得到粒度较均匀、分散性较好、大部分呈球形、表面有机物包覆层厚度约为4nm的铜超细粉体。将这种有机物包覆铜超细粉溶于松油醇中配制成导电浆料。经测试这种超细铜粉浆料具有高的导电性能，有望代替价格昂贵的Ag-Pd导电浆料应用于实际生产中。

目前，表面有机包覆的途径主要有两种：第一，气雾包覆工艺是将分散于气凝胶中的核颗粒与包覆物蒸气在气体状态下进行充分混合，然后冷凝得到粒子的过程；第二，干颗粒直接包覆是通过球磨机等机械力作用对颗粒进行包覆，不过这种方法要求核颗粒粒径不小于1μm，且不能应用于具有生物活性的颗粒。但是表面有机包覆也存在不少问题：第一，对于超细粒子浓度控制严格，浓度过高则会出现聚沉现象；第二，包覆过程的厚度难以控制，不同的包覆厚度对于环境功能材料的性能影响不同。

（2）沉淀反应有机包覆

沉淀反应有机包覆是通过化学沉淀反应将表面改性物沉淀包覆在被改性颗粒表面，是一种“无机/无机包覆”或“无机纳米/微米粉体包覆”的粉体表面改性方法或粒子表面修饰方法。在环境功能材料中，沉淀包覆可以改性样品的拉伸强度。

采用均匀沉淀包覆工艺，可以制备出不同粒径增加值的微-纳复合氧化铝填料。通过力学性能、热性能和电气性能测试可以研究填料的粒径增加值、不同掺混比例对其环氧复合材料性能的影响。结果表明：氧化铝经均匀沉淀包覆处理后，其环氧复合材料的拉伸强度小幅提升，击穿强度随填料粒径增加值增大而减小，可将其用于提升高压电器用绝缘子性能。

（3）机械力化学改性

机械力化学改性，包括经过粉碎、磨碎、摩擦等作用增强粉体粒子的表面活性，使分子晶格发生位移、内能增大，粒子温度升高、局部熔解或热分解。机械力化学改性所产生的活性粉体表面易于与其他物质发生反应或附着作用，即在一定程度上改变了颗粒表面的晶体结构、化学吸附和反应活性（增加表面活性点或活性基团）等，从而达到改变表面性质的目的。机械力化学改性既是一种独立的改性方法，也可看作是实现与促进表面化学改性方法的手段。在环境功能材料中，机械力化学改性对于有机类材料改性的效果是显而易见的。如 Li 等利用气流磨对硅灰石进行机械力化学改性，并用红外分析对改性效果进行了预评价；对比了用改性前后的硅灰石填充聚丙烯（PP）的性能。结果表明：改性后硅灰石分别由亲水疏油性变为亲油疏水性；硬脂酸质量分数为 15%时，改性硅灰石/PP 复合材料的拉伸强度和冲击强度最好。

机械力化学改性具有的优势有：①减少生产阶段，简化工艺流程；②不涉及溶剂的使用及熔炼，减少环境的污染；③可以获得亚稳相的产品。但是其缺点是：此应用的其他装置比较少，不能够大规模地使用该方法对样品进行改性。

（4）插层改性

插层改性是利用层状结构的粉体颗粒晶体层之间结合力较弱（如氢键或范德华力）或存在可交换阳离子等特性，通过离子交换反应或特性吸附改变粉体性质的方法。在环境功能材料中，通过插层交换阳离子来改变样品的特性是常用的方法。如 Li 等为了提高蒙脱石在醇酸树脂中的分散性能，选用系列季铵盐表面活性剂对蒙脱石进行插层改性，以改善其表面的疏水性，以 X 射线衍射分析方法对表面活性剂插层状态进行表征。结果表明：双十八烷基甲基苄基氯化铵改性蒙脱石在醇酸树脂中的增稠、触变性能最佳。对比单长链烷基季铵盐，双长链烷基季铵盐改性有机蒙脱石在醇酸树脂体系中有更好的分散状态。

插层改性是从离子交换的角度对样品进行性能改善，但是在实际操作过程中，对于插层的选择、层间距离和反应条件控制都是极为严格的，每一次插层改性都是建立在连续多次实验之后的。

（5）复合改性

复合改性是采用多种方法（物理、化学和机械等）改变颗粒的表面性质以满足应用需要的改性方法。在环境功能材料类型中，复合改性方法可以集成两个组分各自的优势，达到改性的目的。如 Zhu 等鉴于单一常规方法对硅藻土吸附性能的改善空间有限，为了显著改善硅藻土的吸附性能，应用“酸活化—钠化—柱撑—焙烧”复合改性工艺对硅藻土实施了改性。结果表明：经复合改性，硅藻土壳体杂质得到清除，聚合羟基铝离子成功引入硅藻土孔道并发挥支撑作用，且硅藻土壳体孔隙结构得到了充分改善。

复合改性具有高效能和低成本等优势，但是复合改性的缺点也是显而易见的——两种材料能否进行复合以及复合过程中所消耗的成本都是需要考虑的，且复合后的材料能否展现出两者相结合的优势也是难以评估的。

2.3 常用表征分析方法

利用常用表征分析方法可以对所制备的环境功能材料进行形貌以及性能评估，进而评价其制备方法的优点以及不足，作为对制备方法进行进一步优化的依据。常用的表征分析方法主要有X射线衍射分析、扫描电子显微镜分析、热分析、扫描隧道显微镜分析、透射电子显微镜分析等。下面将对常用的表征分析方法进行介绍。

2.3.1 X射线衍射分析

X射线衍射（X-ray diffraction，XRD）分析是利用X射线在晶体中的衍射来分析材料的物相组成、晶体结构、晶格参数等性质的方法，常用组合型多功能水平X射线衍射仪测定（图2-1）。X射线照射到晶体上发生散射，而衍射现象则是X射线照射晶体发生散射的一种特殊表现。因为晶体的微观结构（原子、分子或离子）具有周期性，X射线被散射时，与入射波波长相同的散射波会与入射波互相干涉，在特定的一些方向上相互加强，产生衍射。晶体产生的衍射方向取决于晶体的晶胞类型、晶面间距等晶格参数，衍射强度是由晶体中各组成原子的元素类型及其分布排列的坐标来决定的。在环境功能材料表征中，XRD可以用于样品的物相分析、结晶度的测定和精密测定点阵参数，接下来以此三个方面进行详细介绍。

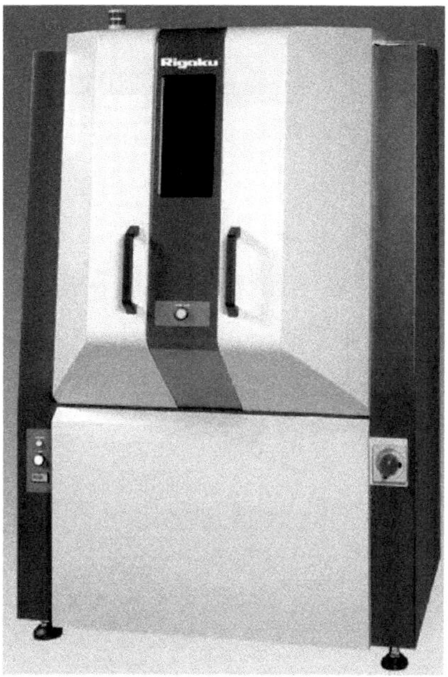

图2-1　组合型多功能水平X射线衍射仪

（1）物相分析

物相分析是X射线衍射在金属中用得最多的方面，分为定性分析和定量分析。前者把对材料测得的点阵平面间距及衍射强度与标准物相的衍射数据相比较，确定材料中存在的物相；后者则根据衍射花样的强度，确定材料中各相的含量。XRD在研究性能和各相含量的关系、检查材料的成分配比及随后的处理规程是否合理等方面都得到广泛应用。

（2）结晶度的测定

结晶度定义为结晶部分质量与总的试样质量之比，用百分数表示。结晶度直接影响材料的性能，因此结晶度的测定显得尤为重要。测定结晶度的方法很多，但不论哪种方法都是根据结晶相的衍射图谱面积与非晶相图谱面积决定的。结晶度的测定在非晶态合金应用非常广泛，如软磁材料等。

（3）精密测定点阵参数

精密测定点阵参数常用于相图的固态溶解度曲线的测定。溶解度的变化往往引起点阵常数的变化；当达到溶解极限后，溶质的继续增加引起新相的析出，不再引起点阵常数的变化。这个转折点即为溶解限。另外点阵常数的精密测定可得到单位晶胞原子数，从而确定固溶体类型；此外，点阵常数的精密测定还可以计算出密度、膨胀系数等有用的物理常数。

2.3.2 电子显微分析

电子显微分析是利用聚焦电子束与试样相互作用所产生的各种物理信号，分析试样物质的微区形貌、晶体结构和化学组成的分析方法，包括扫描电子显微分析和透射电子显微分析。在环境功能材料研究中，通过扫描电子显微镜和透射电子显微镜可以对样品的微观形貌、元素分布信息、晶格条纹信息和点分辨率进行表征，从而更加深入地了解样品信息。

扫描电子显微分析是利用细聚焦电子束在样品表面扫描时激发出来的各种物理信号来调制成像的。如图 2-2 所示的扫描电子显微镜（scanning electron microscope，SEM）是常用的扫描电子分析仪器，由电子光学系统，信号收集处理、图像显示和记录系统，真空系统三个基本部分组成。它的工作原理是：由电子枪发射出的电子在电场作用下加速，经过 2～3 个电磁透镜的作用，在样品表面聚焦成为极细的电子束（最小直径为 1～10nm）。在多种表征方法中，SEM 可以对环境功能材料的形貌进行表征，用于观察样品的微观形貌。SEM 能谱分析仪可以获取材料的元素分布等信息。

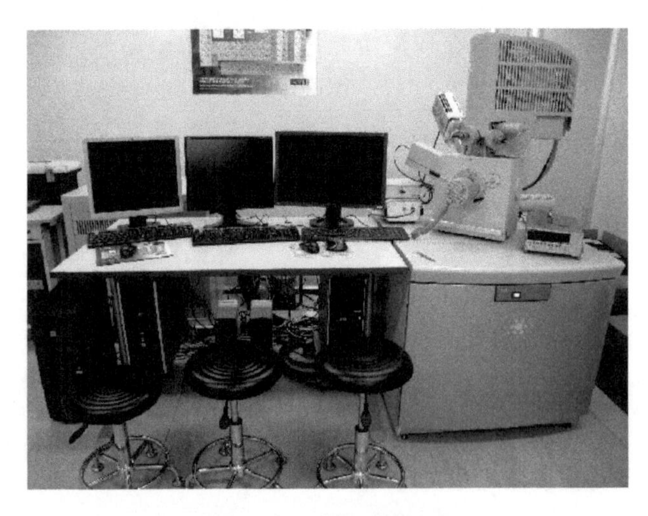

图 2-2 扫描电子显微镜

透射电子显微分析是采用透过薄膜样品的电子束成像来显示样品内部组织形态与结构，并可以在观察样品微观组织形态的同时，对所观察的区域进行晶体结构鉴定，还可配合能谱或者波谱或者能量损失来进行微区成分分析，得到样品的全面信息。如图 2-3 所示的透射电子显微镜（transmission electron microscope，TEM）是常用的透射电子分析仪器。主要由电子光学系统、电源与控制系统以及真空系统 3 个部分组成。电子光学系统通常称为镜筒，它是透射电子显微镜的核心，它由 3 个部分组成，分别是照明系统、成像系统和观察记录系统。TEM 可以看到在光学显微镜下无法看清的小于 0.2μm 的细微结构，这些结构称为亚显微结构或超微结构。在环境功能材料表征中，TEM 可以表征内部组织形态与结构，也可以确定样品的晶格条纹。

透射电子显微镜的分辨率可分为点分辨率和晶格分辨率两种。点分辨率可用于测量透射电子显微镜刚好能分辨清的两个独立颗粒的间隙或中心间距尺寸。重金属颗粒密度大、熔点高、稳定性好，成像时反差强，为测定点分辨率提供了有利的条件。所以，一般将铂、铂-铱或铂-钯等重金属或合金真空蒸发到一层极薄的碳支承膜上。得到粒度范围为0.5～1.0nm、间距范围为0.2～1nm且均匀分布的粒子。为了保证测定的可靠性，至少在同样的条件下拍摄两张底片，然后光学放大5～10倍，从照片上找到粒子间的最小间距，除以电子显微镜的放大倍数与光镜放大倍数的乘积，即为相应的电子显微镜的点分辨率。

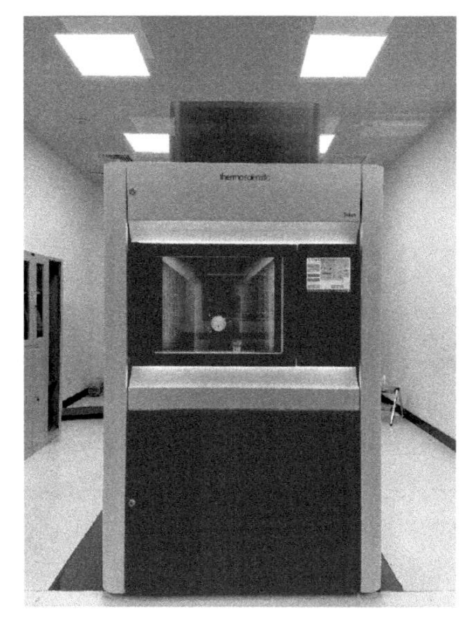

图 2-3　透射电子显微镜

利用外延生长法制得的定向单晶薄膜作为标准样品，用平行于晶体薄膜某晶面的电子束拍摄该晶面的间距条纹（晶格条纹）像，由于晶面间距是已知的，故只要在摄取的照片上测定条纹间距的大小，并用它和已知晶面间距相比，即可确定电子显微镜的晶格分辨率。这种方法的优点是不需要知道仪器的放大倍数。晶格分辨率和点分辨率的概念不同。点分辨率和实际分辨能力的定义是一致的，而代表晶格分辨率的图像（晶格条纹像）是一种透射束与衍射束间存在相位差而显示出的干涉条纹，实际上是晶面间距的比例图像。

2.3.3　热分析

热分析技术是在程序温度控制下研究材料的各种转变和反应，如脱水、结晶-熔融、蒸发、相变等以及各种无机和有机材料的热分解过程和反应动力学问题等，是一种十分重要的分析测试方法。热分析技术主要有以下几种：热重分析（thermogravimetric analysis，TGA）、差热分析（differential thermal analysis，DTA）、差示扫描量热（differential scanning calorimetry，DSC）分析、热机械分析（thermal mechanical analysis，TMA）。

2.3.3.1　热重分析

TGA是在程序控温下，测量样品的质量随温度的变化关系，常用热重分析仪测定（图2-4）。通过分析热重曲线，可以知道样品及其可能产生的中间产物的组成、热稳定性、热分解情况等信息。

TGA的主要特点是定量性强，能准确地测量物质质量变化及变化速率。根据这一特点，只要物质受热发生质量变化，就可以使用热重分析来研究。物理变化和化学变化都是存在着质量变化的，如升华、汽化、吸附、解吸、吸收和气固反应等。在环境功能材料表征中，可以通过TGA判断样品的物相组成，以及热解分解的变化情况。

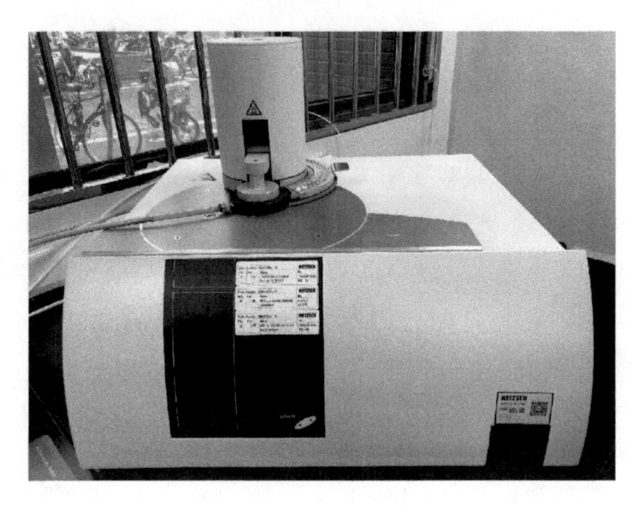

图 2-4　热重分析仪

2.3.3.2　差热分析

DTA 是在程序控温下，测量参比物和样品温差随温度的变化关系。DTA 可以测试样品的熔点、晶型转变、玻璃化转变温度等，常用热差分析仪测定。当给予被测物和参比物同等热量时，因两者的热性质不同，其升温情况必然不同，通过测定两者的温度差值可达到分析目的。以参比物与样品间温度差为纵坐标，以温度为横坐标所得的曲线，称为 DTA 曲线。

在环境功能材料测定中，不同的物质所产生的热电势的大小和温度都不同，所以利用差热法不但可以研究物质的性质，还可以根据这些性质来鉴别未知物质。

2.3.3.3　差示扫描量热分析

DSC 是在程序控温下，测量试样与参比物之间的能量差值随温度变化的一种分析方法，常用的差示扫描量热仪测定如图 2-5 所示。基本原理是试样在热反应时发生的热量变

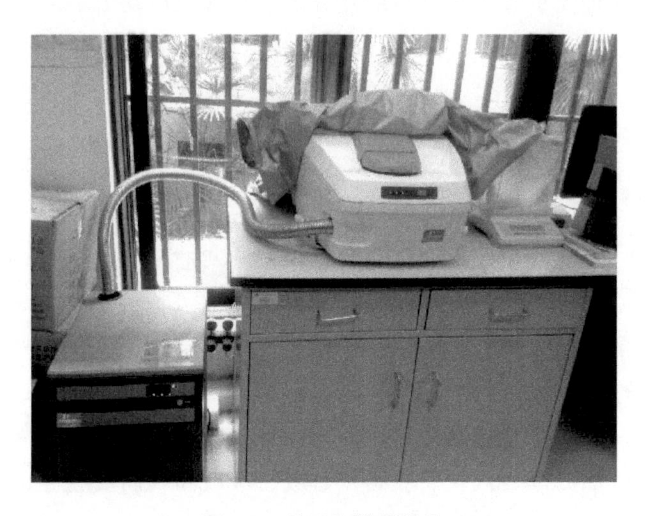

图 2-5　差示扫描量热仪

化，由于及时输入电功率而得到补偿，所以记录试样和参比物下面两只电热补偿的热功率之差随时间 t 的变化关系。差示扫描量热法有补偿式和热流式两种。

2.3.3.4　热机械分析

TMA 可分为热膨胀法、静态热机械分析法和动态热机械分析法。

热膨胀法是在程序控温下，测量物质在可忽略负荷时尺寸与温度关系的技术，常用热膨胀仪测定。利用热膨胀仪可以测量和研究材料的线膨胀与收缩、玻璃化温度、致密化和烧结过程、热处理工艺优化、软化点检测、相转变过程、添加剂和原材料影响、反应动力学研究等。

静态热机械分析法是在程序控温下，测量物质在非振动负荷下的温度与形变关系的技术，常用静态热机械分析仪测定。静态热机械分析法可以用来测量和研究材料的线膨胀和收缩性能、玻璃化温度、穿刺性能、薄膜和纤维的拉伸和收缩、热塑性材料的热性能分析、相转变、软化温度、分子重结晶效应、应力与应变的函数关系、热固性材料的固化性能等。

动态热机械分析法是在程序控温下，测量物质在振动载荷下的动态模量或力学损耗与温度的关系的技术，常用动态热机械分析仪测定（图 2-6）。

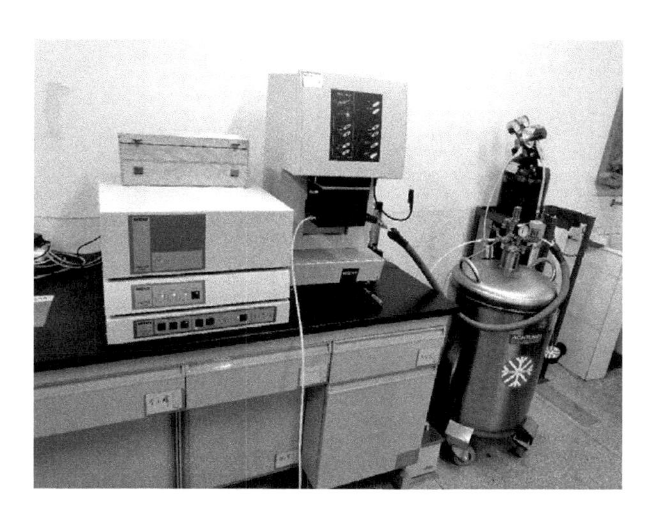

图 2-6　动态热机械分析仪

在环境功能材料表征中，热机械分析主要应用：玻璃化转变和熔化测试、弹性体非线性特性的表征、材料老化表征、长期蠕变预估等。

2.3.4　傅里叶红外光谱分析

傅里叶变换红外光谱仪（fourier transform infrared spectrometer，FTIR spectrometer），简称为傅里叶红外光谱仪。它不同于色散型红外分光的原理，是基于对干涉后的红外光进行傅里叶变换的原理而开发的，主要由红外光源、光阑、干涉仪（分束器、动镜、定镜）、样品室、检测器以及各种红外反射镜、激光器、控制电路板和电源组成（图 2-7）。其优点是检测时间短，分辨率和灵敏度高，可以对样品进行定性和定量分析，FTIR 主要对环境功能材料的作用机理和主要有效成分进行检测和表征。

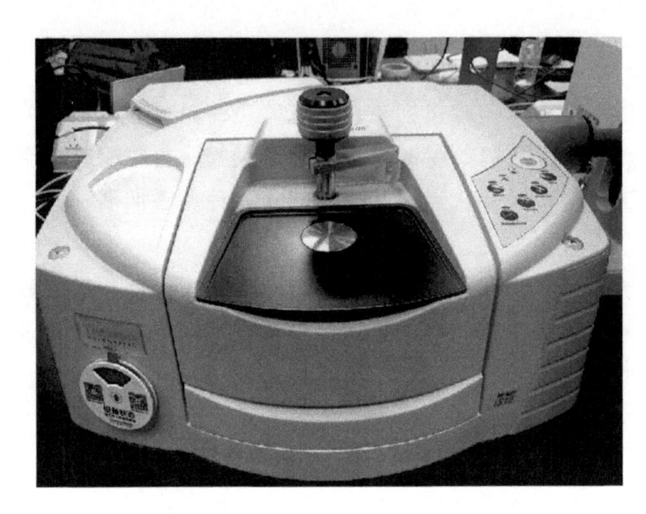

图 2-7　傅里叶红外光谱仪

FTIR 技术具有扫描速度快、分辨率和灵敏度较高的优点，广泛应用于机理研究、性能表征、成分检测等研究领域。根据不同的检测需求，研究者们在使用 FTIR 技术时也作了相应的调整和优化。傅里叶变换红外光谱技术主要是把干涉条纹的图像信息转换为离散的数字量，再进行傅里叶变换得到被检测样品的红外光谱的技术。光源发出的光被分束器分为两束，一束经透射到达动镜，另一束经反射到达定镜，两束光被反射回分束器。动镜恒速直线运动时，两束光形成光程差后产生干涉。通过样品池后，含有样品信息的干涉光到达检测器，通过傅里叶变换对信号进行处理后得到红外光谱图。与其他技术相比，FTIR 技术具有较高的检测灵敏度和分辨率、测量速度较快、散光低以及波段宽等优点。在不损坏样品的情况下，能同时对多种物质进行定性定量分析，被广泛应用于机理研究、性能表征、成分检测等众多研究领域。

利用 FTIR 技术研究反应机理主要是根据 FTIR 光谱中的信息推断反应中生成的过渡态分子和产物的结构，进而推断反应的机理。银-氧化石墨烯（Ag-GO）纳米复合材料是近年来比较重要的一种抗菌剂，也是重要的环境功能材料之一。Ahmad 等提出了一种无需使用表面活性剂和还原剂一步合成 Ag-GO 纳米复合物的方案，并且成功应用傅里叶变换红外光谱和拉曼光谱检测不同剂量浓度下 Ag-GO 纳米复合物对阴性大肠杆菌的抗菌活性。拉曼光谱和傅里叶变换红外光谱都可以提供样品内分子振动特性的信息，但是二者对不同的分子官能团的灵敏度不同，同时使用这两种技术可以进一步确保实验结果的准确性。

▶ 2.3.5　拉曼分析

拉曼光谱（Raman spectrum），是一种散射光谱。拉曼光谱分析法是基于印度科学家 C. V. 拉曼（Raman）所发现的拉曼散射效应，对与入射光频率不同的散射光谱进行分析以得到分子振动、转动方面信息，并应用于分子结构研究的一种分析方法，常用拉曼光谱仪测定（图 2-8）。

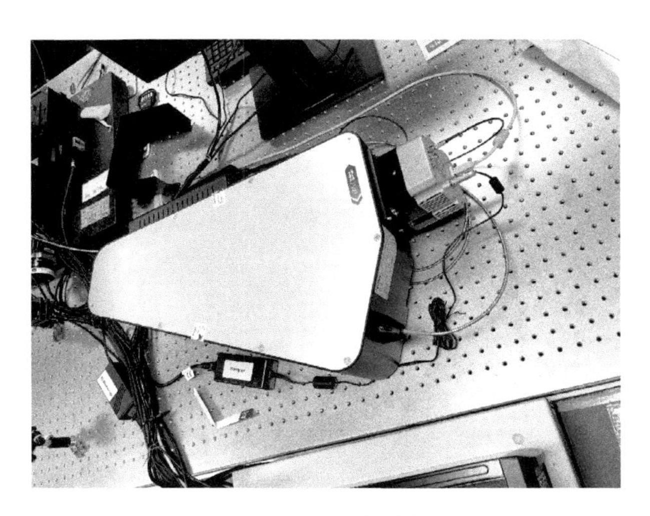

图 2-8　拉曼光谱仪

拉曼光谱主要具有以下特点：

① 拉曼散射谱线的波数对同一样品、同一拉曼谱线的位移与入射光的波长无关，只和样品的振动转动能级有关。

② 在以波数为变量的拉曼光谱图上，斯托克斯线和反斯托克斯线对称地分布在瑞利散射线两侧，这是由于在上述两种情况下分别相应于得到或失去了一个振动量子的能量。

③ 一般情况下，斯托克斯线比反斯托克斯线的强度大。这是由于 Boltzmann 分布，处于振动基态上的粒子数远大于处于振动激发态上的粒子数。

拉曼光谱的优越性在于，它可以提供快速、简单、可重复且更重要的是无损伤的定性定量分析，它无需样品准备，样品可直接通过光纤探头或者通过玻璃、石英和光纤测量。目前拉曼光谱分析技术在环境功能材料领域已经广泛应用于物质的鉴定，分子结构的研究等领域。通过对拉曼光谱的分析可以知道物质的振动转动能级情况，从而可以鉴别物质，分析物质的性质。

2.3.6　N_2 吸附脱附等温线分析和孔径分析

N_2 吸附脱附等温线测试法简称 BET 测试法，被广泛应用于颗粒表面吸附性能研究及相关检测仪器的数据处理中，BET 公式是现在行业中应用最广泛、测试结果可靠性最强的方法，几乎所有国内外的相关标准都是依据 BET 方程建立起来的。BET 是三位科学家名字（Brunauer、Emmett 和 Teller）的首字母缩写，三位科学家在经典统计理论基础上推导出多分子层吸附公式，即著名的 BET 方程，成为了颗粒表面吸附科学的理论基础，并被广泛应用于颗粒表面吸附性能研究及相关检测仪器的数据处理中。常用的仪器为全自动比表面积和孔径测试仪（图 2-9）。

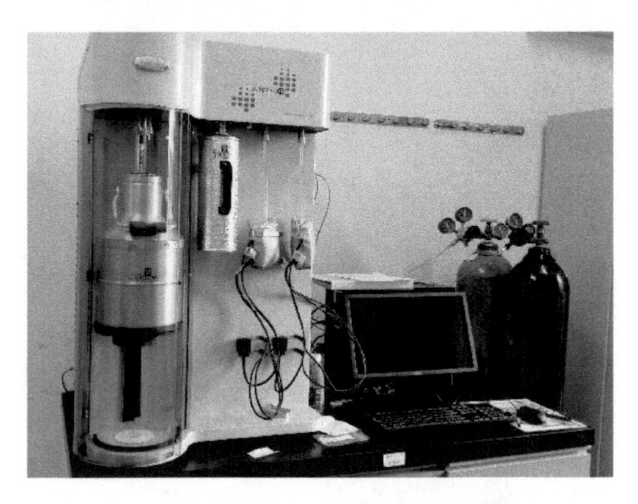

图 2-9 全自动比表面积和孔径测试仪

以氮气为吸附质，以氦气或氢气作载气，两种气体按一定比例混合，达到指定的相对压力，然后流过固体物质。当样品管放入液氮保温时，样品即对混合气体中的氮气发生物理吸附，而载气则不被吸附，此时出现吸附峰。当液氮被取走时，样品管重新处于室温，吸附氮气就脱附出来，在屏幕上出现脱附峰。最后在混合气中注入已知体积的纯氮，得到一个矫正峰。根据矫正峰和脱附峰的峰面积，即可算出在该相对压力下样品的吸附量。改变氮气和载气的混合比，可以测出几个氮的相对压力下的吸附量，从而可根据 BET 公式计算比表面。

2.3.7 X 射线光电子能谱分析

X 射线光电子能谱（X-ray photoelectron spectroscopy，XPS）是电子材料与元器件显微分析中的一种先进分析技术，利用这种方法可以进行除氢以外的所有元素的定性、定量和化学状态分析，因此在材料学中有着广泛的应用。通过 XPS 表征方法，可以对环境功能材料的元素组成、含量分布和相应的元素状态进行分析。

(1) 定性分析

元素周期表中的任何一种元素都有独特的原子结构，与其他元素不同。正是这种结构的不同，使得每种元素有自己的特征能谱图，所以测定一条或几条电子线在图谱中的位置，很容易识别出样品显示的谱线属于哪种元素。由于每种元素都有自己的特定的电子线，即使是相邻的元素也不可能出现误判，因此用这种方法进行定性分析是非常准确的。

(2) 定量分析

由于在进行元素电子扫描时所测得的信号的强度是样品物质含量的函数，因此，根据所得电子线的强弱程度可以半定量或定量地得出所测元素的含量。之所以有半定量的概念，是因为影响信号强弱的因素除了样品中元素的浓度外，还与电子的平均自由行程和样品材料对激发 X 射线的吸收系数有关。

(3) 化学结构分析

化学结构的变化和化合物氧化状态的变化，可以引起电子线峰位的有规律移动。据此，可以分析有机物、无机物的结构和化学组成。XPS 可以比俄歇电子能谱技术更准确地测量原子的内层电子束缚能及其化学位移，所以不仅能为化学研究提供分子结构和原子价态方面的信息，还能为电子材料研究提供各种化合物的元素组成和含量、化学状态、分子结构、化学键方面的信息。在分析电子材料时，XPS 不仅可提供总体方面的化学信息，还能给出表面、微小区域和深度分布方面的信息。另外，因为入射到样品表面的 X 射线束是一种光子束，所以对样品的破坏性非常小，这一点对分析有机材料和高分子材料非常有利。

参考文献

[1] 海霞，张晓明，邹斌．TiO_2 纳米线的水热法制备及表征 [J]. 绿色科技，2021，23 (16)：175-178.

[2] 孙敬会，卿培林．水热法制备 γ-Al_2O_3 粉体 [J]. 广东化工，2021，48 (13)：13-15.

[3] 苗征，朱绒霞，栾瑞昕．固相反应法制备纳米氧化铜及其光催化性能研究 [J]. 应用化工，2021，50 (7)：1768-1770.

[4] 李静静，王建黎，王春伟，等．插层改性蒙脱石及其在醇酸树脂中分散性能的研究 [J]. 涂料工业，2021，51 (6)：1-6.

[5] 李页含，高文元．水热合成 SnO_2 纳米颗粒光催化性能 [J]. 大连工业大学学报，2021，35：1-5.

[6] 王帆，田英良．热重-差热分析仪器验证方法与实践 [J]. 玻璃搪瓷与眼镜，2020，48 (6)：1-7.

[7] 张浩翔．水热法制备纳米二硫化钼及其性能研究 [D]. 南京：南京邮电大学，2020.

[8] 吴锐，林兰，严菁，等．差示扫描量热熔点分析法的应用性分析 [J]. 化学试剂，2020，42 (03)：285-290.

[9] 周泽清．扫描隧道显微镜的研制及其应用研究 [D]. 南京：南京邮电大学，2018.

[10] 王庆庆，王锦玲，姜胜祥，等．溶胶-凝胶法设计与制备金属及合金纳米材料的研究进展 [J]. 物理化学学报，2019，35 (11)：1186-1206.

[11] 李彩娜，吴明清，王亚祥，等．氧化铝均匀沉淀包覆对环氧复合材料性能的影响 [J]. 热固性树脂，2019，34 (5)：58-62.

[12] 曲海莹，刘琦，彭勃，等．纳米颗粒对 CO_2 泡沫体系稳定性的影响 [J]. 油气地质与采收，2019，26 (5)：120-126.

[13] 任建，李光照，韩锐，等．溶胶-凝胶法原位制备还原氧化石墨烯/二氧化钛复合材料及光催化性能 [J]. 功能材料，2019，50 (7)：7185-7190，7198.

[14] 苏小琴，龙伟，刘秀兰，等．差示扫描量热仪的影响因素及测试技术 [J]. 分析仪器，2019 (4)：74-79.

[15] 赵瑶，方国川，魏珍，等．X 射线衍射原理及掺杂石墨烯的物相分析 [J]. 河北北方学院学报 (自然科学版)，2018，34 (11)：10-14.

[16] 姚钢，刘灿华，贾金锋．基于扫描隧道显微镜的原位表征技术 [J]. 电子显微学报，2018，37 (5)：408-413.

[17] 刘书，卢春兰，郭明聪，等．X 射线衍射技术在炭材料研究中的应用 [J]. 炭素，2018 (3)：21-26.

[18] 阿布德拉．聚合物前驱体法制备碳化硼粉体的研究 [D]. 沈阳：沈阳工业大学，2018.

[19] 梁金凤，杨占菊，王景凤．差热分析技术在鉴别硫化锌精矿理化性质中的应用 [J]. 冶金分析，2017，37 (7)：17-22.

[20] 南炳燊．热重分析系统的温度控制方法研究 [D]. 北京：北京交通大学，2017.

[21] 池海涛，刘伟丽，高峡，等．差示扫描量热法及其发展趋势 [J]. 食品安全质量检测学报，2016，7 (11)：4374-4377.

[22] 吴嘉碧，陈侣，张小瑜．绿色化学中的原子经济性 [J]. 化工管理，2016，19：104-105.

[23] 朱健，王平，雷明婧，等．硅藻土的复合改性及其对水溶液中 Cd^{2+} 的吸附特性 [J]. 环境科学学报，2016，36

(6)：2059-2066.
[24] 李建江．液相沉积法制备 TiO_2/Si 材料及其光催化性能 [D]. 苏州：苏州大学，2015.
[25] 李珏秀，徐云兰，钟登杰，等．溶胶-凝胶法制备 TiO_2 膜电极的研究进展 [J]. 环境污染与防治，2014，36 (6)：55-64.
[26] 刁静人．热重分析结果的影响因素分析 [J]. 磁性材料及器件，2012，43 (6)：49-52，74.
[27] 解其云，吴小山．X 射线衍射进展简介 [J]. 物理，2012，41 (11)：727-735.
[28] 葛禹锡，黄锋，倪红军，等．自蔓延高温合成法制备粉体的研究进展 [J]. 热加工工艺，2012，41 (12)：75-78.
[29] 杨淑敏，张伟，亚生卡日·尼亚孜．差热分析在硅酸盐工业中的应用 [J]. 吉林师范大学学报（自然科学版），2012，33 (2)：96-99.
[30] 张雪．煤与生物质共热解过程的热重分析研究 [D]. 哈尔滨：黑龙江大学，2012.
[31] 刘丽，韦建军，吴卫东，等．激光诱导化学气相沉积（LCVD）制膜技术 [C]//2011 中国功能材料科技与产业高层论坛论文集（第三卷）. [出版地不详]：美国科研出版社，2011：232-235.
[32] 苏哲安，杨鑫，黄启忠，等．化学气相反应法制备 SiC 涂层对 C/C 复合材料力学性能影响 [J]. 无机材料学报，2011，26 (3)：233-238.
[33] 刘江昊，傅正义，张金咏，等．自蔓延高温合成法技术研究 [C]//复合材料：创新与可持续发展（上册）. 北京：中国科学技术出版社，2010：440-443.
[34] 贾艳强，施冬梅．凝胶燃烧法合成超细粉体的研究进展 [J]. 化学工程与装备，2010 (10)：133-136.
[35] 郭子成，任聚杰．气相化学反应中不同速率系数对应的活化能之间关系的讨论 [J]. 河北科技大学学报，2010，31 (1)：14-17.
[36] 武志刚，高建峰．溶胶-凝胶法制备纳米材料的研究进展 [J]. 精细化工，2010，27 (1)：21-25.
[37] 武宏香，李海滨，赵增立．煤与生物质热重分析及动力学研究 [J]. 燃料化学学报，2009，37 (5)：538-545.
[38] 龚明光，陆丽华，金江，等．低温自燃烧法合成 La_2NiO_4 阴极材料及其性能 [J]. 硅酸盐通报，2009，28 (1)：38-43.
[39] 齐斌，王竹青．复杂气相化学反应动力学的数值模拟 [J]. 计算机与应用化学，2008 (8)：993-995.
[40] 杜海清，王晶，白雪峰．木质类生物质热解过程的热重分析研究 [J]. 黑龙江大学自然科学学报，2008 (1)：85-89，94.
[41] 张魁武．激光化学气相沉积（连载之三）[J]. 金属热处理，2007 (8)：105-113.
[42] 张魁武．激光化学气相沉积（连载之二）[J]. 金属热处理，2007 (7)：94-101.
[43] 狄海燕，吴世臻，杨中兴，等．各种因素对动态热机械分析结果的影响 [J]. 高分子材料科学与工程，2007 (4)：188-191.
[44] 张魁武．激光化学气相沉积（连载之一）[J]. 金属热处理，2007 (6)：118-126.
[45] 苏言杰，张德，徐建梅，等．柠檬酸盐凝胶自燃烧法合成超细粉体 [J]. 材料导报，2006（增 1）：142-144.
[46] 陈子路，叶红齐，刘辉，等．超细金属粒子表面有机包覆改性 [J]. 材料导报，2006（增 2）：134-137.
[47] 温宗胤，李宝灵，周健．通过激光诱导化学气相沉积来制造微碳柱的研究 [J]. 矿冶工程，2006 (4)：79-82.
[48] 沈清，杨长安．差热分析结果的影响因素研究 [J]. 陕西科技大学学报，2005 (5)：64-66，74.
[49] 陈令允，姜炜，李凤生，等．液相沉积法制备磁性纳米 Fe_3O_4/SiO_2 复合粒子 [J]. 机械工程材料，2005 (4)：34-37.
[50] 李珍，彭继荣，沈上越，等．机械力化学改性硅灰石/聚丙烯性能的研究 [J]. 塑料工业，2003 (9)：35-37.
[51] 甘国友．固态置换反应原位合成 $MoSi_2$-SiC 复合材料研究 [D]. 昆明：昆明理工大学，2002.
[52] 王晓萍，于云，胡行方，等．液相沉积法制备氧化物薄膜 [J]. 功能材料，2000 (4)：341-343.
[53] 王晓萍，于云，高濂，等．TiO_2 薄膜的液相沉积法制备及其性能表征 [J]. 无机材料学报，2000 (3)：573-576.
[54] 陆熙炎．绿色化学与有机合成及有机合成中的原子经济性 [J]. 化学进展，1998 (2)：14-21.
[55] 高永煜，邹文樵，冯仰婕．固相热分解反应最可几机制的判断 [J]. 化学研究与应用，1996 (2)：261-263.

第3章 水污染治理材料

3.1 水体污染物分类

水是人类赖以生存的宝贵资源。随着世界人口的不断增长和工农业生产的快速发展，一方面用水量快速增加，另一方面由于污染防治不力，水体污染严重，使得淡水资源更加紧缺。一定量的污染物进入水体后，首先被稀释，随后会进行一系列复杂的物理、化学变化和生物转化使污染物浓度降低，该过程称为水体自净。但是，当污染物的排入量超过水体自净能力时，就会造成污染物累积，引发水体污染。水体中的污染物主要包括无机污染物、有机污染物和石油类污染物等。

3.1.1 无机污染物

无机污染物一般分为无机无毒污染物和无机有毒污染物两种类型。无机无毒污染物主要包括酸、碱、一般无机盐类以及氮、磷等营养性污染物；而无机有毒污染物则主要包括金属类和非金属类无机有毒污染物。

(1) 无机无毒污染物

无机无毒污染物中最受关注的是营养性污染物。营养性污染物是指水体中含有的可被水中微型藻类吸收利用并可能造成水中微型藻类大量繁殖的植物营养元素，如常见的含氮和磷的无机化合物。施用氮肥、磷肥的农田废水、农业废弃物、生活污水以及某些工业废水中常含有过量的氮、磷等营养元素。它们大量进入湖泊、水库、河口、河湾等缓流水体，会引起藻类及其他浮游生物迅速繁殖，使水体溶解氧含量下降，水质恶化，以致出现鱼类等水生生物大量死亡的现象，即为水体富营养化。氮、磷等营养性污染物的大量存在是导致水体富营养化的关键原因。

(2) 无机有毒污染物

金属类无机有毒污染物主要包括汞、铬、镉、铅、锌、镍、铜、锡、钴、锰、钛、钒、钼和铋等元素的离子或化合物。其中，汞、铬、镉、铅危害极大。汞进入人体后会转化为甲基汞，在脑组织积累，破坏神经功能，直至严重发作致人死亡；六价铬中毒能使鼻膈穿孔，皮肤及呼吸系统溃疡，引起脑膜炎和肺癌；镉中毒会引起全身酸痛，腰关节受损，骨节变形，有时还会引起心血管病；铅中毒则会引起贫血，胃肠绞痛，知觉异常，四肢麻痹。另外镍中毒会引起皮炎、头疼、呕吐、肺出血、肺癌和鼻癌；锌中毒会损伤胃肠等内脏，抑制中枢神经，引起麻痹；铜中毒能引起脑病、血尿和意识不清等。金属无机有毒污染物一般不能被微生物降解，只能在不同形态之间迁移转化，其毒性在以离子形态存在时最为严重，又易被配位体配合或被带负电荷的胶体吸附从而四处迁移，不一定都富集于排水口下游的底泥中。金属无机有毒污染物常被生物富集于体内，富集倍数一般可以达到几百至千倍，又会通过饮水和食物链，最终对人体造成毒害作用。金属无机污染物能与生理高分子物质作用而使之失去活性，也可能积累在某些器官中，导致慢性中毒，有时造成的危害长达10～20年才显露，严重的会突发致病，导致死亡。

非金属类无机有毒污染物主要包括砷、硒、氰、氟、硫、亚硝酸根等。砷中毒可引起中枢神经紊乱，诱发皮肤癌，水产品通常容易被海水和海底淤泥中的砷污染。硒中毒会引起皮炎、嗅觉失灵、婴儿畸变和肿瘤。氰中毒时能引起细胞窒息、组织缺氧、脑部受损等，最终可因呼吸中枢麻痹而导致死亡。氟中毒时能腐蚀牙齿，引起骨骼变脆或骨折；氟对植物的危害很大，能使之枯死。硫中毒可引起呼吸麻痹和昏迷，最终导致死亡。亚硝酸盐能使幼儿产生变性血红蛋白，造成人体缺氧；亚硝酸盐在人体内还能与仲胺在厌氧情况下作用生成亚硝胺，具有强烈的致癌作用。

3.1.2 有机污染物

有机污染物一般分为有机无毒污染物和有机有毒污染物两种类型。有机无毒污染物主要是比较容易降解的污染物，如碳水化合物、脂肪、蛋白质等；而有机有毒污染物主要包括苯酚、多环芳烃以及人工合成的具有累积性的难降解有机物，如有机农药、多氯联苯等。

(1) 有机无毒污染物

有机无毒污染物主要是指生活污水、牲畜污水及食品、造纸、制革、印染、化工等工业废水中所含有的大量的碳水化合物、蛋白质、脂肪、木质素等有机物。这些有机物排入水体后将被微生物的生化作用降解，而在其降解过程中需消耗水中的溶解氧。

(2) 有机有毒污染物

有机有毒污染物的种类繁多，受到广泛关注，尤其是有毒且难降解的持久性有机污染物（persistent organic pollutants，POPs）。目前人们较为关注的有机有毒污染物主要包括农药、多环芳烃、多氯联苯、溴代阻燃剂、卤代脂肪烃、醚类、单环芳香族化合物、酚类、邻苯二甲酸酯类、全氟化合物以及药物和个人护理品（PPCPs）等，其中全氟化合物、药物和个人护理品（PPCPs）作为两类新型污染物备受关注（在第3.1.4小节中详细阐述）。

① 农药

有机合成农药按照其化学结构可分为有机氯农药、有机磷农药、氨基甲酸酯类农药及拟除虫菊酯类农药等数十种。它们通过农药喷施、地表径流及农药工厂废水排放等途径进入自然水体中。目前水体中较为常见的农药主要为有机氯农药、有机磷农药及氨基甲酸酯类农药。有机氯农药主要来源于农业杀虫、公共卫生方面的应用及农药厂废水排放。由于其难以发生化学和生物降解，因此在环境中滞留时间长，另外由于其具有较低的水溶性和较高的辛醇-水分配系数，因而易被分配到沉积物有机质和生物脂肪中。目前全球各地土壤、沉积物和水生生物中均已发现有机氯农药这类污染物，并且浓度较高。有机磷农药的特点是毒性剧烈，但在环境中较易分解，在水体中会随温度、pH 值、微生物数量、光照等的增加而加速分解。有机磷农药是目前农药中品种最多、使用范围最广的杀虫剂。

② 多环芳烃

多环芳烃（polycyclic aromatic hydrocarbons，PAHs）是指含有两个或两个以上苯环的芳烃。美国国家环保局将 16 种 PAHs 列为优先控制污染物。PAHs 的来源可分为自然源和人为源。自然源包括火山爆发、森林火灾等；而人为源是其主要来源，包括石油、煤炭、天然气等化石燃料在不完全燃烧及还原条件下高温分解产生。PAHs 在水中溶解度小，辛醇-水分配系数高，主要累积在沉积物、生物体内和溶解性有机质中。

③ 多氯联苯

多氯联苯（polychlorinated biphenyls，PCBs）由两个以共价键相连的苯环组成，氯原子在联苯的不同位置取代 1～10 个氢原子。PCBs 共包括 209 种物质，其中有 12 种毒性较高。PCBs 被广泛应用于变压器和电容器内的绝缘介质以及热导系统和水利系统的隔热介质，此外 PCBs 还可以在油墨、农药、润滑油等的生产过程中作为添加剂和增塑剂使用。PCBs 极难溶于水，不易分解，但具有较高的辛醇-水分配系数，易分配到沉积物有机质和生物脂肪中，因此即使水中浓度很低，PCBs 在水生生物体内浓度仍然较高，沉积物中含量也较高。目前世界各国已停止生产 PCBs。

④ 溴代阻燃剂

溴代阻燃剂具有良好的阻燃效果，被广泛应用在纺织、家具、塑料制品、电路板和建筑材料中，其中应用最广泛的溴代阻燃剂有多溴联苯醚（polybrominated diphenyl ethers，PBDEs）、四溴双酚 A（tetrabromobisphenol A，TBBPA）、多溴联苯（polybrominated biphenyls，PBBs）、六溴代环十二烷（hexabromocyclododecane，HBCD）等。PBDEs 会扰乱甲状腺素的作用；低取代的 PBDEs（如四溴和六溴）具有较高的致癌性和内分泌干扰性，而高取代的 PBDEs 毒性较低。水中溶解态 PBDEs 浓度较低，一般在 pg/L 水平。水生生物 PBDEs 可通过水体、沉积物和食物等进入生物体内并被富集浓缩，在进入生物体后可发生一系列的生物转化，如脱溴、羟基化和甲氧基化等，从而转化生成其他代谢产物。研究表明野生动物体内的甲氧基化 PBDEs 的含量显著高于 PBDEs（大约为 10 倍）。

⑤ 卤代脂肪烃

水中的卤代脂肪烃主要包括一氯甲烷、二氯甲烷、氯仿、四氯化碳、一氯乙烷、1,1-二氯乙烷、1,1,1-三氯乙烷、1,1-二氯乙烯、三氯乙烯、四氯乙烯、3-氯丙烯、2-氯丙烯、2,3-二氯丙烯等，它们的主要迁移过程是挥发到大气并进行光解。这些高挥发性化合物，在地表水中虽然能进行生物或化学降解，但与挥发速率相比，降解速率是很慢的。这类化合物溶解度高，辛醇-水分配系数低，在沉积物有机质或生物脂肪中的分配趋势较弱。卤代脂肪烃一般沸点较低，易挥发，微溶于水，易溶于醇、苯、醚及石油醚等有机溶剂，各种卤代烃均有特殊气味并具有毒性，可通过饮水、呼吸和皮肤接触进入人体。挥发性卤代烃广泛应用于化工、医药及实验室，其废水排入环境会污染水体。此外，饮用水氯化消毒过程中也会产生卤代脂肪烃如三卤甲烷等。

⑥ 醚类

美国国家环保局将七种醚类物质列入了优先控制污染物，其中五种，即双(氯甲基)醚、双(2-氯乙基)醚、双(2-氯异丙基)醚、2-氯乙基乙烯基醚和双(2-氯乙氧基)甲烷，存在于水中，辛醇-水分配系数较低，因而其生物积累和吸附能力都较弱。4-氯苯基苯基醚和 4-溴苯基苯基醚的辛醇-水分配系数高，可在沉积物有机质和生物体内累积。

⑦ 单环芳香族化合物

大多数单环芳香族化合物与卤代脂肪烃一样，主要迁移过程是挥发到大气并进行光解，它们在沉积物有机质和生物脂肪中的分配趋势较弱。目前在污染物中发现六种单环芳香族化合物，即氯苯、1,2-二氯苯、1,3-二氯苯、1,4-二氯苯、1,2,4-三氯苯和六氯苯，可被生物积累。但总的来说，单环芳香族化合物在地表水中不是持久性污染物，其生物降解和化学降解速率均比挥发速率低（少数单环芳香族化合物除外），因此对于单环芳香族化合物而言吸附和生物富集不是主要的迁移转化过程。

⑧ 酚类

酚类化合物具有较高的水溶性和较低的辛醇-水分配系数，因此大多数酚类化合物不能在沉积物有机质和生物脂肪中发生富集作用，而是主要残留在水中。但当苯酚分子氯代程度增高时，其溶解度下降，辛醇-水分配系数提高，更易被生物累积。酚类化合物的主要迁移转化途径是生物降解和光解，吸附和生物富集作用通常较弱（高氯代酚除外），挥发、水解和非光解氧化作用也不是主要的迁移转化过程。

⑨ 邻苯二甲酸酯类

邻苯二甲酸酯（phthalicacid esters，PAEs）类化合物为我国常用的增塑剂，如邻苯二甲酸二丁酯和邻苯二甲酸二异辛酯。它们是塑料制品生产中必不可少的添加剂，在涂料、润滑剂、药品、胶水、化妆品、化肥、农药等工农业产品中也广泛存在。添加的 PAEs 并不会与产品分子进行化学结合，在产品的生产、使用、废弃和后处理等过程中 PAEs 会释放到环境中导致污染。研究表明 PAEs 具有致癌、致畸、致突变效应，还会导致男性生殖系统损伤和不育，因此美国国家环保局已将邻苯二甲酸二甲酯、邻苯二甲酸二乙酯、邻苯二甲酸二正丁酯、邻苯二甲酸丁基苄基酯、邻苯二甲酸二异辛酯和邻苯二甲酸二正辛酯这六种 PAEs 列为优先控制污染物，我国也已将邻苯二甲酸二甲酯、邻苯二甲酸二正丁酯和邻苯二甲酸二异辛酯划入优先控制污染物。PAEs 在水中溶解度小，主要富集在沉积物有机质和生物脂肪中。

▶ 3.1.3 石油类污染物

石油污染水体的途径主要包括自然渗出、海上油运输、海域油井、船难事故、港口船坞、油轮装卸和炼油厂排放等。石油类碳氢化合物漂浮于水面，能在水层表面结成一层薄膜，隔绝空气，影响空气和水体的氧交换，使得水质恶化。石油污染物主要包括原油和石油制品：

(1) 原油

原油为黑褐色黏稠液体，其化学组成及物理性质一般随其产地不同而有一定差异。原油的主要成分为烃类，此外还包括含硫、氧、氮等元素及钒、镍等重金属。一般将原油分为以下几类：

① 富石蜡原油。该类原油主要含有石蜡系烃，其中所含汽油馏分的辛烷值低，但所含煤油馏分的燃烧性能好，柴油馏分的十六烷值高，重油馏分的含硫量低，可分离出稳定性好的润滑油和石蜡等，如我国的大庆原油。

② 富环烷烃原油。该类原油含环烷烃多，其中所含汽油馏分的辛烷值高，而所含煤油馏分的燃烧性能差，柴油馏分的十六烷值低，高沸点馏分中含优质沥青，如美国的加利福尼亚原油。

③ 混合原油。这类原油性质介于富石蜡原油和富环烷烃原油之间，如伊朗、科威特原油。

(2) 石油制品

石油制品一般按照其沸点范围及用途分为以下几类：

① 汽油。汽油分为两类：一类为高辛烷值的高级汽油，另一类是常规车用汽油。主要由碳原子数为 4～10 的烃组成。汽油的辛烷值随链烯烃成分及芳香烃成分的增加而增大。

② 煤油。煤油主要由含 10～15 个碳原子的烃组成，含硫量一般低于 100mg/L，含氮量低于 1mg/L。

③ 柴油。柴油主要由含 10～20 个碳原子的烃组成，一般可作为压缩点式内燃机的燃料，也可作为热球式发动机、汽轮机的燃料。

④ 重油。重油是一种由原油中分子量很大的烃及其衍生物组成的复杂混合物，广泛用作中速和低速柴油机、发电用汽轮机及各类加热炉、锅炉、炼钢、窑业等的燃料。

⑤ 工业汽油。工业汽油一般用于洗涤、溶解、稀释和萃取等工序。

3.1.4 新污染物

目前有机污染物中出现了一些备受关注的新污染物种类，包括全氟化合物、药物和个人护理品等。

(1) 全氟化合物

全氟化合物（perflucrinated compounds，PFCs）是一种新型含氟持久性有机污染物，主要包括全氟辛酸（PFOA）、全氟辛烷磺酸（PFOS）、全氟癸酸（PFDA）、全氟十二烷酸（PFDO）等不同碳链长度的有机物，由于含有高能量的 C—F 共价键，因而具有优良的热稳定性、化学稳定性、表面活性及疏水疏油性能，被大量应用于聚合物添加剂、表面活性剂、电子工业、电镀等多种工业生产和不粘锅、化妆品、日用洗涤剂等消费品中。PFOA 和 PFOS 是目前最受关注的两种典型全氟化合物。研究表明全氟化合物可在工业和消费品的生产、运输、使用和处理处置等过程中释放而进入环境，并会在不同环境介质中发生远距离传输。目前已在世界各地甚至北极等边远地区和野生动物体内检测到全氟化合物；另外在地下水中也相继检出全氟化合物。表 3-1 列出了全球部分地区水体中 PFOA 和 PFOS 的浓度，可以看出水环境中 PFOA 的污染水平高于 PFOS，这可能与近几年 PFOS 生产大幅度降低及 PFOS 溶解度小于 PFOA 有关。研究表明，来自生产氟聚物工厂的大气排放以及母体物质 $C_8F_{17}CH_2CH_2OH$ 在大气中的远距离迁移转化，可能是造成 PFOA、PFOS 全球污染的另一个重要原因。

研究表明，全氟化合物对动物和水生生物具有广泛的毒性；而低剂量的 PFOA 就能引起肝脏、生殖、发育、遗传和免疫等方面的毒性。美国国家环保局科学顾问委员会已经将 PFOA 描述为可能的或疑似的致癌物，被视为继有机氯农药、二噁英之后的一种新型持久性有机污染物，甚至被视为“21 世纪的 PCBs”。2009 年 5 月联合国环境规划署（UNEP）正式将 PFOS 及其盐类列为新型持久性有机污染物，同意减少并最终禁止该类物质的使用。

表 3-1　全球部分地区不同水体中 PFOA 和 PFOS 浓度

水体	地区	PFOA/(ng/L)	PFOS/(ng/L)
河流或湖泊	欧洲莱茵河	＜2～9	＜2～6
	日本境内不同河流	0.1～456.41	0.24～37.32
	加拿大 Amituk 湖	1.9～8.4	0.9～1.54
	加拿大 Char 湖	1.8～3.4	1.1～2.3
	加拿大 Resolute 湖	5.6～10	23～69
	美国密歇根州和纽约州水体	＜8～35.86	0.8～29.26
	中国吉林、辽宁、山东部分水体		0.41～4.2，受污染地区可高达 44.6
饮用水	德国鲁尔地区	最高值达 519	最高值达 22
	中国上海、北京、大连、沈阳等城市		0.40～1.53
海域	中国香港沿海	0.73～5.5	0.09～3.1
	韩国沿海	0.24～320	0.04～730
	中国南海	0.24～16	0.023～12
	东京湾	1.8～192	0.338～58
	苏禄海深海(1000～3000m)	＜0.076～0.117	＜0.017～0.024
	苏禄海表层水	＜0.088～0.510	＜0.017～0.109
	西太平洋	0.100～0.439	0.0086～0.073
	太平洋中部至东部表层水	0.015～0.142	0.0011～0.078
	太平洋中部至东部深海(4000～4400m)	0.045～0.056	0.0032～0.0034

注：“＜”表示检出浓度低于方法的定量检测限。

(2) 药物和个人护理品

药物和个人护理品（pharmaceuticals and personal care products，PPCPs）是人类日常使用和排泄的化学用品类污染物的总称，主要包括药物、清洁剂、防晒剂、香料、防腐剂等。PPCPs 可通过多种途径进入环境，能在生物体内累积并引起内分泌紊乱，威胁生态安全和人体健康，因而已成为继持久性有机污染物之后的另一类重要的有机污染物。美国国家环保局和《欧盟水框架导则》已将部分 PPCPs 列入未来优先监测和控制污染物的候选名单。

在 PPCPs 中，抗生素类污染物（如四环素类、酰胺类、大环内酯类及磺胺类抗生素）最受关注。环境中的抗生素主要来源于医药和兽药的大量使用，目前世界各地的土壤、地表水乃至地下水中均已检测到抗生素，种类繁多，且浓度呈现上升趋势。抗生素一旦进入环境会分布到土壤、水和空气中，并经历吸附、水解、光解和微生物降解等一系列迁移转化过程，这些过程会显著影响抗生素的生态毒性。另外，抗生素可改变环境中的微生物种类，进而破坏生态平衡：环境中抗生素的长期持续存在将诱导出抗药菌株，一旦通过食物等途径进入人体将产生健康危害；废水中残留的抗生素能杀灭废水生物处理中的功能微生物，进而降低废水处理效率。水产养殖和畜牧业中抗生素的长期滥用会诱导动物体内菌株抗生素抗性基因（antibiotic resistance genes，ARGs）的形成，将对周边环境造成潜在基因污染。环境中的 ARGs 主要来源于长期使用抗生素的病人排泄物和畜牧水产养殖业动物粪便中的抗性菌株，它们可通过地表径流、雨水冲刷等途径进行传播和扩散，并将抗性基因传播给环境微生物，对饮用水和食品安全构成威胁。基因污染物可通过物种间遗传物质的交换无限制地传播，具有遗传性且难以控制消除，一旦形成将对人类健康和生态系统造成长期不可逆的危害，目前已被定义为环境中一类新型污染物。世界卫生组织（WHO）将抗生素抗性基因列为 21 世纪威胁人类健康最重大的挑战，并宣布在全球范围内开展抗性基因的污染调查战略部署。

3.2 膜分离材料

膜分离技术作为一种新型的高分离、浓缩、提纯及净化技术在工业过程中得到广泛应用。在当今全球水资源紧缺、环境污染日益加剧的情况下，膜技术的开发利用得到世界各国的普遍重视。目前全球膜和膜组件的年均增长率达到 14%～30%，膜技术已成为最有发展前途的技术之一，是解决当前能源、资源和环境问题的重要高新技术。

3.2.1 概述

膜为两相之间的选择性屏障，选择性是膜的固有特性。膜分离过程的推动力为压力差、浓度差或温度差。膜分离的基础是筛分效应和表面效应。膜的分类是多样的，从形态来看，可以是液态、固态，也可以为气态；从形状来看，可以分为平板膜、卷式膜、管式膜以及中空纤维膜；根据材料种类来分类，可以分为高分子有机膜和无机膜；从分离过程来看，分为气体分离膜、电渗析膜、渗透蒸发膜等；根据孔径不同，可以分为微滤（MF）膜、超滤（UF）膜、纳滤（NF）膜、反渗透（RO）膜等。由于筛分作用是膜的主要分离机理，不同孔径的膜具备的分离能力不同，其分离的物系也有所区别。图 3-1 根据水中一些常见组分的粒径大小和膜的有效孔径总结了不同类型膜的分离性能。

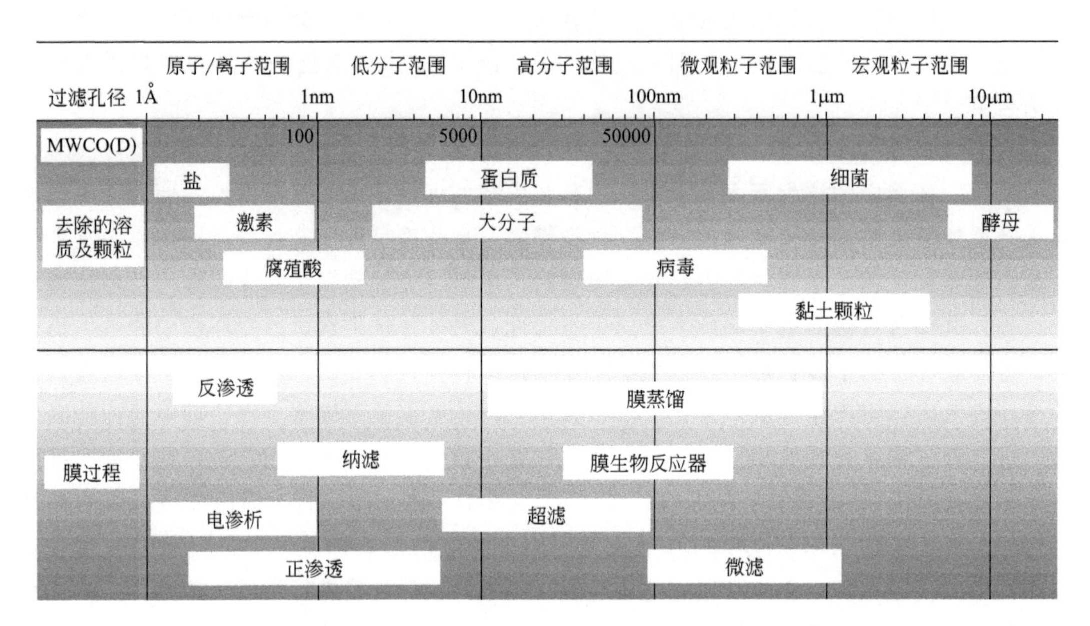

图 3-1 膜分离过程、孔径、截留分子量（MWCO）以及溶质和颗粒尺寸

（$1Å=10^{-10}$m）

大多数材料，如聚合物、陶瓷、金属、碳和玻璃，都可以用来制作薄膜。目前，商用膜主要由聚合物材料制成。作为膜材料，聚合物在较宽温度范围内表现出热稳定性，在较宽 pH 值范围内表现出化学稳定性，并具有强大的机械强度。此外，它们还可以很容易地加工成平板或中空纤维膜。适于制造膜的聚合物包括纤维素、醋酸纤维素、醋酸丁酸纤维素、纤维素酯、硝酸纤维素、乙基纤维素、聚乙炔、聚丙烯腈、聚酰胺、聚酯酰胺、聚酰胺酰肼、聚酰胺酰亚胺、聚芳醚酮、聚醚酮、聚碳酸酯、聚苯醚聚酯、聚酯碳酸盐、聚醚、聚醚酰胺、聚醚砜、聚乙烯、聚酰肼、聚酰亚胺、聚苯醚、聚苯硫醚、聚丙烯、聚硅氧烷、聚砜、磺化聚砜、聚四氟乙烯、聚（三甲基硅基）丙炔、聚脲、聚氨酯、聚乙烯醇、聚氯乙烯、聚偏二氟乙烯等。早期的商用膜基于醋酸纤维素和聚砜等。之后，聚醚砜、聚丙烯腈、聚偏二氟乙烯、聚碳酸酯、聚酰胺、聚酰亚胺、聚醚酰亚胺等聚合物逐渐投入使用。

膜材料的选择主要考虑孔径分布、润湿敏感性、孔隙率、机械强度、成本、聚合物柔韧性、耐污染性、稳定性、耐久性和耐化学性，还有 pH 值、氧化剂和氯化的耐受性（鉴于危险微生物含量高，且对其存在几乎没有耐受性，这对于饮用水回用膜尤其重要）等。其他特性包括低弯曲度和影响拒识率的表面特性（例如表面电荷）也可能会影响性能，例如再生/污垢回收率的提高，这可能是由低表面粗糙度、黏附性差的材料和耐清洗剂等造成的。表 3-2 列出了部分水处理工艺中使用的膜材料及其特性。

表 3-2 水处理工艺中使用的膜材料及其特性

材料	缩写	膜种类	优点	缺点	机械强度和耐久性	亲水性	pH 值范围	耐氯性
聚砜	PSU	MF/UF	良好的机械强度，耐化学腐蚀	—	良好	一般	1～13①	良好
聚醚砜	PES	MF/UF	刚性、抗压实、渗透性强、耐氧化、孔径分布窄	—	良好	一般	1～13①	良好
聚丙烯腈	PAN	MF/UF	—	—	一般	良好	—	—
聚偏二氟乙烯	PVDF	MF/UF	非常耐氧化，耐氯	更宽的孔径分布	良好	较差	2～11①	一般
聚乙烯	PE	MF/UF	耐有机溶剂、低成本、耐氧化	热性能差，抗污垢能力弱	一般	较差	—	较差
聚丙烯	PP	MF/UF	耐有机溶剂，良好的机械强度	低污垢阻力，不耐氧化剂	一般	一般	—	较差
聚氯乙烯	PVC	MF/UF	—	热稳定性差，不耐氧化剂	较差	较差	2～13	—
醋酸纤维素	CA	RO，MF/UF	可再生能源	渗透性差(RO)	较差	极好	5～8.5	良好
聚酰胺	PA	RO，NF，MF/UF	孔径小，截留率高，选择性好	相对不透水/密实	一般	良好	1～13②	×

① 中性条件下长期稳定性较差。
② 酸性或碱性条件下长期稳定性较差。

3.2.2 悬浮物、微生物、病毒截留膜材料

微滤和超滤因为膜的孔径相对较大，分离过程中需要的驱动力较低，因此被归为低压工艺（<2bar，1bar=10^5Pa），通常可用于截留悬浮物、微生物和病毒。

(1) 微滤膜

微滤膜孔径范围为 0.02～10μm，孔径分布均匀且孔隙率高，分离速率快，操作压力一般为 0.01～0.2MPa。微滤过程，能够截留直径为 0.05～10μm 的颗粒或分子量大于 10^6 的高分子，如悬浮物、油滴、细菌以及大尺寸的胶体。微滤传质机理为筛分效应，即膜能够截留比它孔径大或与孔径大小相当的杂质。另外，吸附作用、膜的电负性能和架桥作用也会影响分离性能。

早期微滤膜材料主要为醋酸纤维素/硝酸纤维素。20 世纪 60 年代和 70 年代早期，开发了许多其他具有更好的力学性能和化学稳定性的膜材料，包括聚丙烯腈-聚氯乙烯共聚物、聚偏氟乙烯、聚砜、三醋酸纤维素和各种尼龙。这些高阻隔性能材料的开发使得微滤技术能够用作大规模分离工具。目前微滤膜所用的高分子材料有聚四氟乙烯、聚偏氟乙

烯、聚醚砜、纤维素衍生物等。也有一些无机材料制备的微滤膜，比如基于氧化铝的陶瓷膜、铝阳极氧化过程中形成的膜、氧化锆和一些金属膜（通常由不锈钢、银、金、铂和镍制成）。实际应用中，可以根据表面电荷、疏水性、pH 值和氧化剂耐受性、强度和柔韧性方面的不同性质选择合适的膜材料。聚合物膜最重要的优点是成本低、易于放大和易于改变组件形式，因此，它们通常应用于水处理工艺中。

20 世纪 80 年代中期，微滤技术被引入水处理行业。在饮用水回用系统中，微滤膜通常能去除大部分细悬浮固体（99%以上的截留率）和一些胶体物质，同时对原生动物囊肿和大肠杆菌群也有较高的截留率（99.9%～99.9999%），但对病毒的截留效率较低（≤99%），因此微滤膜通常不用于截留病毒。

(2) 超滤膜

超滤膜孔径大小介于 2～50nm 之间，在孔径大小上与微滤膜有一定的重叠，超滤过程的操作压力为 0.1～0.5MPa。超滤过程一般能够截留分子量为 1000～300000 的杂质，可以用来截留颗粒物、病原体、病毒和胶体。研究表明超滤膜的分离机理并不局限于筛分效应，对于具有特殊的表面化学性质的超滤膜，能够截留部分分子尺寸小于膜孔径的物质。因此，超滤膜孔径尺寸和表面性质的调控对于超滤膜分离性能的提升有着重要的指导意义。

超滤膜常用的高分子膜材料有聚偏氟乙烯、聚醚砜、聚碳酸酯、聚丙烯腈、尼龙等。超滤膜的选择性取决于待分离组分的大小和表面电荷的差异、膜的性质以及流体动力学条件。大多数超滤膜具有不对称的多孔结构，通常通过相转化工艺制备。最初，醋酸纤维素是主要的超滤膜材料，但醋酸纤维素存在化学稳定性和热稳定性较低，pH 值耐受范围相对较窄和高度可生物降解的缺点。因此，聚丙烯腈、芳香族聚酰胺、聚砜、聚醚砜、聚氯乙烯和聚偏氟乙烯等聚合物或聚合物混合物被用于生产超滤膜。这些材料制备的超滤膜具有广泛的 pH 值和温度抗性，并且对氯具有相当的抗性，这大大拓宽了其应用范围。另外，超滤膜和微滤膜是多孔结构，与无孔膜相比，它们不能揭示聚合物材料的固有特性和传输物质的固有选择性。中空纤维超滤膜是应用最广泛的一种超滤膜，膜的直径通常在 0.2～2.0mm 范围内，这些中空纤维系统中的水既可以是从膜纤维的内部流向外部，也可以是从纤维的外部流向内部。

超滤膜通常可以去除所有悬浮固体，并大大降低浊度。实验表明，超滤膜能够降低 95%的 5 日生化需氧量（BOD_5）。超滤膜还可以截留≥99.9999%的细菌，如果膜组件完好无损，它们可以完全清除滤液中的原生动物囊肿和大肠菌群。同时，超滤膜截留病毒的效果（截留率高达 99.99999%）也要强于微滤膜。然而，实践经验表明，在重复使用设施中运行的超滤膜并不能完全去除细菌，膜表面缺陷、生物污染导致的膜劣化、膜组件或元件的包装缺陷是细菌渗透的最可能原因。

微滤膜和超滤膜既可以单独用于水处理，也可以作为纳滤或反渗透的预处理步骤，其截留率取决于膜的性质以及流体力学条件。另外，微滤和超滤都不能去除溶解的成分，如盐和有机化合物。表 3-3 总结了污水三级出水水质及微滤和超滤膜的截留特性。

表 3-3　三级出水水质及微滤和超滤膜的截留特性

成分	浓度①	微滤膜截留率/%	超滤截留率/%
悬浮固体(TSS)/(mg/L)	2～8	95～98	96～100
BOD_5/(mg/L)	<5～20	75～90	80～90
化学需氧量(COD)/(mg/L)	30～70	70～85	75～90
总有机碳(TOC)/(mg/L)	8～30	45～65	50～75
氨氮/(mg/L)	1～6	5～15	5～15
硝酸盐氮/(mg/L)	0～痕量	0～2	0～2
溶解性总固体(TDS)	500～700	0～2	0～2
总大肠菌群/(CFU/100mL)	10^3～10^5	2～5②	3～6②
原生动物囊肿和卵囊/(CFU/100mL)	0～10	2～5②	>6②
病毒/(PFU/100mL)	10～10^3	0～2②	2～7②

① 一种常规的硝化活性污泥系统。

② 为微生物数量的对数去除率。对数去除率=lg（进水浓度/出水浓度），1 对应于 90%的去除率，2 对应于 99%的去除率，3 对应于 99.9%的去除率，以此类推。

在废水处理中，有一种常见的方法是将微滤膜和纳滤膜组合为膜生物反应器（MBR），该膜通常为平板或中空纤维结构。膜生物反应器膜的标准孔径通常在 0.03～0.04μm，应用的典型聚合物膜材料包括聚偏氟乙烯（约占聚合物 MBR 膜的 45%）、聚乙烯、聚丙烯腈和聚醚砜，其中聚丙烯腈膜有可能是最耐污染的，因为其对细胞外聚合物物质的亲和力较低。聚偏氟乙烯膜制造的多功能性使其适用于各种孔径，而聚醚砜膜和聚乙烯膜似乎大多仅适用于 0.03μm 和 0.2～0.4μm 的标准孔径。

3.2.3　有机物截留膜材料

纳滤和反渗透可以截留部分总有机碳成分，但对于不同形态的物质（可溶态或者颗粒态），截留率可能相差很大（10%～85%）。

（1）纳滤膜

纳滤膜是由聚合物组成的多层薄膜复合物，由带负电荷的化学基团组成，通常能够截留大小在 0.005～0.007μm 的分子或者分子量在 200～5000 的分子。其操作压力范围为 0.5～2.0MPa，孔径范围为 0.5～2.0nm，几乎能够完全去除水中的高价盐和可溶性有机物，从而达到对水的软化和净化处理。

纳滤过程的分离机理主要包括筛分效应和道南效应（电荷效应）。对于葡萄糖这类不带电的中性物质而言，纳滤膜的截留性能主要取决于筛分效应。对带电的物质而言，其截留性能则取决于筛分效应和道南效应的协同作用，如染料和无机盐离子等物质。另外，纳滤膜可分为多孔膜和具有膨胀网络结构的无孔膜。尽管多孔膜和网状膨胀纳滤膜可能具有相同的分离性能，但它们的传输机制不同。对于多孔膜，不带电的溶质将通过筛分机制分离，而对于无孔膜，溶液扩散机制将决定膨胀网络中的传输现象。与反渗透相比，纳滤膜具有高通量和相对较低的单价离子保留率。此外，大多数纳滤膜都带有表面电荷，因此电相互作用也增加了纳滤膜的传输和选择性排斥行为。

纳滤膜使用的膜材料与反渗透膜相似，第一代的纳滤膜由醋酸纤维素制备，生物和化学稳定性较差。目前常用的纳滤膜由醋酸纤维素和芳香聚酰胺制成，其特性包括二价盐的截留率为95%，单价盐的盐截留率为40%，有机物的截留分子量（MWCO）约为300。纳滤膜组件通常以螺旋结构制造，该结构用于饮用水处理可以促进湍流以减少污垢。

在饮用水生产中，纳滤膜可以截留分子量较大的有机物，从而提高下游消毒过程的效率，有研究评估了纳滤膜对饮用水源中六种合成有机化合物的截留效果。Rai 等也报告了纳滤对酿酒废水的三级处理，他们发现纳滤膜对有机和无机化合物的截留效率都非常高（COD、TDS和有色物质的截留率分别约为96%～99.5%、85%～95%和98%～99.5%）。

（2）反渗透膜

反渗透膜的孔径范围在0.5～2nm，工作压力为2～5MPa，能够截留0.25～3nm的有机物和盐，截留率分别高达100%和98%。反渗透膜对于分离含有一价无机盐离子的体系有着很好的效果，主要用于海水和苦咸水淡化，以及工业用水、纯水和超纯水的生产。

反渗透的分离机理主要是溶解-扩散模型、优先吸附-毛细孔流理论以及氢键理论。在溶液扩散模型中，水和溶质都被认为溶解在膜中并通过膜扩散。膜活性层内的化学势梯度取决于进料和渗透液浓度、膜吸附系数和施加压力。对于给定的膜，溶液-扩散模型预测溶质截留率随着水通量的增加而增加（即每单位时间膜表面单位面积产生的渗透量）。其他反渗透膜传输模型主要有孔隙流模型、不可逆热力学模型和无孔膜模型。

反渗透膜一般分为由单一材料制成的非对称膜和复合膜。复合膜由很薄的致密层和多孔支撑层复合而成。致密层（0.1～1μm）决定通量和选择性，而多孔支撑层起增强机械强度的作用，对膜分离性能几乎没有影响。最初，不对称反渗透膜使用醋酸纤维素制备。目前纤维素聚合物（醋酸纤维素、三醋酸纤维素等）和聚酰胺膜是不对称膜最广泛使用的例子，其中聚酰胺薄膜复合膜是纳滤膜和反渗透膜的主要材料，制备过程中可以通过不同的形成条件来产生或多或少开放的聚合物结构。

在废水处理中，反渗透膜能够去除大多数溶解盐和有机分子，以及上游预处理膜（微滤或超滤）尚未去除的较大颗粒物，从而高度净化水。例如，有效去除高分子量有机成分，如腐植酸和黄腐酸。BOD和COD可分别降低98%和96%，TOC可降低96%甚至更高。内分泌干扰物的截留率可高达95%～99%。Urtiaga 等对废水的超滤和反渗透处理进行了药物截留的中试规模试验。在这项研究中，所有12种受试化合物的截留率均大于99.3%。尽管大多数化合物都能被纳滤膜和反渗透膜截留，但仍有某些有机物的截留率较低。Radjenovic 等研究了使用反渗透和纳滤技术处理的地下水中药物的截留效果。85%的化合物会在反渗透过程中被截留，低分子量的中性有机物截留率较低。有研究观察到，某些消毒副产物（如亚硝胺）和一些低分子量（≤1000）的微污染物（如1,4-二噁烷）也无法完全截留。此外，反渗透被认为能够完全截留病原体，例如，在废水反渗透处理的中试研究中，在采用膜生物反应器或微滤预处理的反渗透渗透液中未检测到大肠杆菌和病毒。美国加利福尼亚州奥兰治县最大的饮用水再利用设施自2008年上线以来，每周两次监测指示菌总大肠菌群和大肠杆菌，每月监测反渗透渗透液中的病毒指示菌（大肠杆菌噬菌体），从未检测到大肠杆菌或病毒指示菌。

纳滤和反渗透过程非常相似，分离过程中均需要较高的压力，使用的膜材料也相似。

纳滤能够去除许多与反渗透相同的物质，但截留效果较差，二者对三级出水的预期截留值见表 3-4。

表 3-4　纳滤和反渗透膜对三级出水的预期截留值

成分	纳滤膜截留率/%	反渗透膜截留率/%
TDS	40～60	90～98
TOC	90～98	90～98
硬度	80～85	90～98
NaCl	10～50	90～99
Na_2SO_4	80～95	90～99
$CaCl_2$	10～50	90～99
$MgSO_4$	80～95	95～99
NO_3^-	80～85	84～96
氟化物	10～50	90～98
阿特拉津	85～90	90～96
蛋白质②	3～5	4～7
细菌①,②	3～6	4～7
原生动物①,②	>6	>7
病毒①,②	3～5	4～7

① 理论上，所有微生物都应该被清除。给出的值反映了完整性问题。

② 以对数去除率表示。见表 3-3 注释②。

3.2.4　重金属截留膜材料

1978 年，Bhattacharyya 等首次研究了使用带电超滤膜处理含有 Cu(Ⅱ)、Ni(Ⅱ) 和 Zn(Ⅱ) 离子的电镀水的可行性。Sato 等报道了反渗透膜处理含有 Cr 的金属电镀废水。Kosarek 等将超滤工艺与螯合配体相结合，金属离子与配体反应生成金属络合物，用于去除电镀废水中的 As(Ⅴ)、Cd(Ⅱ)、Pb(Ⅱ)、Hg(Ⅱ)、Ni(Ⅱ) 和 Se(Ⅱ)，截留率可达 75%～98%。为了进一步提高膜对重金属的截留效率，不同类型的膜工艺及材料的研究引起了越来越多的关注。目前常用的处理重金属的膜可以分为以下几类：超滤（UF）膜、纳滤（NF）膜、反渗透（RO）膜、正向渗透（FO）膜、液膜（LM）等。

膜截留重金属通常受尺寸排阻或空间位阻机制、唐南排斥效应以及对特定污染物吸附能力的影响。尺寸排阻机制是膜截留过程中最重要的机制，根据膜孔径和目标污染物的大小对重金属进行截留，其中纳滤膜、反渗透膜和正向渗透膜由于其表层较为致密，没有孔隙或孔隙非常紧密，仅允许水分子扩散和通过，同时抑制金属离子的通过。唐南排斥是最成熟的非筛分排斥机制，受界面处带电离子和带电膜表面之间的排斥作用控制。唐南排斥的特征与接触面上的等电点（IEP）有关，当 pH 值等于 IEP 时，不发生静电排斥，仅发生空间位阻机制，当溶液的 pH 值调节到低于 IEP 时，膜表面会带更多的负电荷，对阴离子有更好的排斥力。另一方面，在高于 IEP 的 pH 值下，膜表面变得带有更多正电并且对阳离子表现出更好的排斥力。该反应的发生是由于膜表面官能团的解离，在膜的外部和内部孔表面产生电荷。吸附作用是复合膜在制造过程中添加添加剂以改善所制造膜的物理化学性能，例如孔隙率、亲水性、机械和化学强度。在某些情况下，由于复合膜表面存在—COOH、—NH_2 和—SO_3H 等反应性官能团以及膜结构中存在多孔添加剂而表现出吸附特性。膜吸附的主要机制类似于典型的吸附过程，物质通过物理或化学相互作用从液相转移到固相表面。

（1）超滤膜

由于超滤（UF）膜的孔径相对较大，常规情况下对重金属离子的截留率较低，因此使用超滤膜截留重金属离子时，通常需要其他的工艺支持，如络合增强超滤（CEUF）、胶束增强超滤（MEUF），或者通过将吸附剂嵌入膜基质增加膜性能从而提高膜的去除能力［吸附混合基质膜（MMM）］。CEUF 是通过加入具有螯合能力的聚合物，聚合物配体的活性官能团使金属离子通过静电相互作用连接到聚合物配体的两个或三个供体原子上，从而使重金属离子能够被超滤膜截留。MEUF 与 CEUF 类似，金属离子通过和表面活性剂之间形成较大分子量的胶束来防止重金属离子穿过超滤膜。然而，MEUF 不使用聚合物配体，而是使用带电表面活性剂作为胶束剂与金属离子形成胶束化合物。MEUF 和 CEUF 研究的关键是聚合物或表面活性剂的种类和浓度并非是膜材料的种类。

MMM 的引入是为了克服聚合物膜的局限性，即通量和选择性之间的平衡，可以通过添加纳米材料来解决。添加的纳米材料的固有特性将改善膜的特性（例如，更小的孔径、更好的亲水性、增加孔隙率和吸附能力等），从而在不影响截留效率的情况下提高水通量。目前金属氧化物、碳基材料、生物材料、黏土和聚合物等可用于制造 MMM。使用 MMM 去除重金属时有一些注意事项：①膜厚度至少为 150μm；②去除过程应该在非常低的压力（0.1～2.0bar）下进行，以实现有效的截留；③应严格控制添加到膜中的纳米材料的数量，以实现膜性能优化，同时不会导致纳米材料的浸出；④由于膜饱和，MMM 可能无法长时间使用，需要通过强酸/碱对这些膜进行适当的再生。

常用的金属氧化物填料主要有各种形式、形状和类型的氧化铁、氧化钛、氧化铝、氧化锰、氧化锆、氧化铜和氧化镍等。Gohari 等研究了加入含水氧化锰（HMO）的聚醚砜超滤膜对 Pb(Ⅱ) 的截留，其截留能力可达 204.1mg/g，能够充分截留 100μg/L 的 Pb(Ⅱ)，满足饮用水的控制指标；还研究了结合了铁锰（Fe-Mn）二元氧化物的聚醚砜膜对 As(Ⅲ) 的截留，其截留能力为 73.5mg/g，对 100μg/L As(Ⅲ) 的截留率可达 100%。Abdullah 等研究了加入水合氧化铁（HFO）的聚砜膜对铅的截留，在中性 pH 值下能够完全截留 100μg/L 的 Pb(Ⅱ)，并且将 HFO 添加到聚合物膜中可将水渗透性提高到原始膜的 5 倍以上。Zhang 等通过反向过滤将氧化铁微球固定在聚醚砜膜的支撑层中，然后进行多巴胺聚合，制造了用于吸附去除 As(Ⅴ) 的吸附膜，吸附容量为 277.9mg/g 并且具有较高的透水性［250.6L/(m^2·h)］，1m^2 膜三个循环后能够处理 7t 污水。

对于碳基材料，已经使用氧化石墨烯（GO）、功能化多壁碳纳米管（MWCNT）、复合 GO 和复合 MWCNT 制造了一系列吸附混合基质膜，具有良好的吸附能力。这些吸附混合基质膜具有良好吸附能力和性能的原因是嵌入的碳纳米材料的化学结构中存在各种含氧官能团（例如，羰基、羧基、羟基和环氧基）。Mukherjee 等采用非溶剂诱导相转化法制备了加入 GO 的吸附混合基质膜，该膜在加入 GO 后具有高渗透性、亲水性和带电性，对 Cu(Ⅱ)、Pb(Ⅱ)、Cr(Ⅵ) 和 Cd(Ⅱ) 的截留率分别达到 90%、93%、95%和 95%。Masheane 等合成了 Fe-Ag/功能化 MWCNT/聚醚砜纳米结构混合膜，对 Cr(Ⅵ) 的截留率最高可达 96%，水通量为 36.9L/(m^2·h)，并且能够提高聚醚砜膜的抗污染性。

除了金属氧化物和碳基材料，生物材料（壳聚糖、生物炭、稻壳、聚多巴胺和羟基磷灰石等）以及黏土材料（蒙脱石、有机黏土和沸石等）也已被用于制造具有重金属截留性能的吸附混合基质膜。Kumar 等评估了加入不同种类壳聚糖的聚醚砜膜对重金属的截留性能，Cu(Ⅱ)、Ni(Ⅱ) 和 Cd(Ⅱ) 的最大截留率分别为 98%、95%和 92%。Hubadillah 等制造了以稻壳灰为原料的绿色陶瓷中空纤维膜用于高效去除重金属 Zn(Ⅱ)、Pb(Ⅱ) 和 Ni(Ⅱ)。在 pH 值为 5.0 时，所有金属的最大截留率为 99%。

(2) 纳滤膜

纳滤（NF）膜由较松散的聚酰胺结构组成，其选择性薄膜结构和小孔径能够更好地分离金属离子。目前，已有研究探究了商用纳滤膜对重金属的截留能力，大多数商业纳滤膜都是由脂肪胺单体制成，例如哌嗪（PIP）。Gherasim 等研究了聚酰胺薄膜复合纳滤膜对废水中 Pb(Ⅱ) 离子的截留性能，对于含量为 50mg/L，pH 值为 5.7 的模拟废水，Pb(Ⅱ) 最大截留率为 99%，而在溶液中同时存在 Cd(Ⅱ) 时，截留率可达 98%。Maher 等评估了不同条件对商用纳滤膜去除水中 Pb(Ⅱ) 和 Ni(Ⅱ) 的影响，结果表明，增加压力和 pH 值均能够增加重金属离子的截留率（最高为 86%和 93%），但会导致膜表面结垢较多，不利于长期应用。除了研究商用纳滤膜对重金属离子的截留效果之外，目前也存在对不同膜进行改性，研究更高效地去除水中重金属离子的膜材料。Zeng 等通过接枝埃洛石纳米管制备了新型的聚偏二氟乙烯纳滤膜，能够有效截留 Cu(Ⅱ)、Cd(Ⅱ) 和 Cd(Ⅵ)。Zhu 等在聚醚砜膜的界面聚合层上接枝聚酰胺-树形分子（PAMAM），减小了复合膜的孔径，并且在膜表面提供了带正电荷的官能团，提高了膜的亲水性和吸水性，对 Pb(Ⅱ)、Cu(Ⅱ) 的截留率超过 99%，对 As(Ⅲ) 的截留率可达 97%。前人研究中还制备了双层聚苯并咪唑/聚醚砜中空纤维纳滤膜，探究对 Cd(Ⅱ)、Pb(Ⅱ) 和 Cr(Ⅵ) 的截留，结果表明，由于加入了聚苯并咪唑增强了唐南排斥效应，三种重金属离子的截留率均高于 93%。Nayak 等使用 4-氨基苯甲酸对聚氯乙烯膜进行改性并与聚醚砜共混，探究共混膜对 Pb(Ⅱ)、Cd(Ⅱ) 和 Cr(Ⅵ) 的截留效率，与商用膜（70%～85%）相比，改性后的共混膜对重金属离子的截留可达 100%。与吸附混合基质超滤膜相比，纳滤膜对重金属离子的截留率更高，但是纳滤膜的水通量远低于吸附混合基质超滤膜。吸附混合基质膜具有更高的水通量，但是对高浓度金属离子的截留率较低。因此纳滤膜更适合处理金属离子浓度较高的工业废水，而吸附混合基质超滤膜更适合处理金属离子浓度较低的废水。

(3) 反渗透膜

反渗透（RO）膜是通过施加压力，迫使水分子逆浓度梯度移动，从而实现水与重金属离子的分离。与纳滤膜相比，反渗透膜更加致密，因此对几乎所有类型的重金属均有较高的截留率，然而由于其操作压力较高（20～30bar）、能耗较高，因此在去除重金属离子时应用较少。Ozaki 等研究了芳香族聚酰胺超低压反渗透膜对 Cu(Ⅱ)、Ni(Ⅱ) 和 Cr(Ⅵ)

的截留，在低压条件下（100kPa），重金属离子的截留率可达97%。Liu等对比了纳滤膜和反渗透膜在不同操作压力下处理重金属废水的性能，结果表明，反渗透膜对重金属离子的截留率较高（97%）但是其水通量很低，而纳滤膜的重金属离子截留率约为79%，出水水质均能够达到废水的再利用标准。因此，反渗透膜可能更适用于饮用水处理，如果需要处理工业废水，纳滤膜具有成本低、水通量更高的优势。

(4) 正向渗透膜

正向渗透（FO）是一种利用膜两侧溶液的渗透压差，使水分子从高化学势一侧渗透到低化学势一侧的新型膜分离技术。不需要任何液压，然而需要驱动溶质产生渗透压，提取进水中的纯水同时截留污染物。正向渗透膜的广泛应用主要是由于其能耗低、结垢少、水回收率高。目前关于使用正向渗透膜去除重金属的研究相对较少。Mondal等研究了商用正向渗透膜从地下水中去除As(Ⅴ)，结果表明使用葡萄糖作为驱动溶质可以截留90%的As(Ⅴ)，但是As(Ⅴ)的截留受到Ca(Ⅱ)、Mg(Ⅱ)、硫酸盐、磷酸盐和硅酸盐的影响。Wu等使用商业平板薄膜复合材料正向渗透膜从废水中去除痕量的Hg(Ⅱ)，截留率大约为92%，并且发现$MgCl_2$作为驱动溶质比NaCl效果更好。目前使用正向渗透膜截留重金属仍处于起步阶段，其应用仅处于实验室规模的探索中。

(5) 液膜

液膜（LM）由与进水不混溶的液体组成，充当进水和出水之间的屏障。液膜有四种类型：乳液膜（ELM）、块体膜（BLM）、聚合物包合膜（PILM）和支撑液膜（SLM）。PILM和SLM通常用于重金属提取。SLM是一个三相液体系统，其中无机膜和聚合物膜中孔隙的毛细力将液相保持在一起。许多研究使用离子液体作为载体来提高SLM的稳定性，也称为负载型离子液体膜（SILM），具有较高的电导率、更好的溶解能力以及对阴离子和阳离子较高的选择性，能够提高膜的传输性能。一般来说，离子液体由有机阳离子（铵、咪唑、鏻、吡咯烷和吡啶）、无机阴离子（氯化物、六氟磷酸盐和四氟硼酸盐）或有机阴离子［双（三氟甲基）磺酰基和三氟甲基磺酸盐］组成。Ríos等报道了基于甲基三辛基氯化铵的SILM在运行456h后，重金属截留率可保持在89%，膜性能仍保持稳定。由于SILM膜溶剂及有机载体可能不断损失导致稳定性较差，PILM也被用于重金属截留的研究。与SILM不同，PILM中载体被加载到增塑膜上，同时微孔内的液相不受毛细力的控制，而是与聚合物基链结合，因此稳定性更好。PILM通常由基础聚合物（通常是聚氯乙烯）、萃取剂或载体以及稳定剂或增塑剂组成。Almeida等研究了SILM和PILM在截留重金属时的稳定性能，发现PILM的通量在运行2周后仍保持不变。在相同条件下测试的SILM通量在6天后下降。

▶ 3.2.5 其他污染物截留膜材料

除悬浮物、微生物、病毒、有机物和重金属外，水中还存在大量的其他污染物如无机盐等，这些污染物同样可以通过膜材料进行截留。以无机阴离子为例，由于其在水中的截留受到常见竞争阴离子的干扰，因此制备选择性较强的膜对特征阴离子进行截留尤为重要。

(1) 硝酸盐截留膜材料

硝酸盐是水和废水中普遍存在的污染物，可以通过反渗透工艺进行截留。目前常用两种类型的螺旋缠绕反渗透膜：聚酰胺薄膜复合膜和三乙酸纤维素膜。反渗透膜截留硝酸盐存在选择性低、膜易结垢、稳定性较差等问题，可以通过膜改性优化。目前已有商用超低压反渗透（ULPRO）膜，与传统反渗透膜相比能够降低操作压力并提高水通量，前人对ULPRO膜和传统反渗透膜的性能进行了比较，ULPRO膜能够将水中的硝酸根离子截留，同时能够截留其他污染物使水质达到饮用水标准。Chen等研究了在电吸附过程中通过源自蛋壳生物废物的薄多孔碳化蛋壳膜（CSEM）选择性去除 NO_3^- 并消除常见竞争阴离子的干扰。CSEM对 NO_3^- 的高选择性归因于其丰富的含氮官能团，与 Cl^-、SO_4^{2-} 和 $H_2PO_4^-$ 相比，与 NO_3^- 具有更高的结合能。Khataee等将碳化硅纳米管嵌入氮化硅膜中，能够截留水中的 NO_3^-。

(2) 磷酸盐截留膜材料

磷酸盐污染能够导致水体富营养化，从而破坏水资源。污水处理厂、工业活动和农业径流是向水体排放磷的常见来源。现有的各种技术如生物处理、化学沉淀、离子交换等均能够对磷酸盐进行去除，但是每种技术都存在缺点。近年来，膜截留同样能够用于水体中磷酸盐的去除。Srivastava等通过三维（3D）分层碳酸镧（mREM）和酪蛋白纳米粒子（CsNPs）的化学交联制备了高度稳健的蛋白质纳米粒子网络化稀土金属碳酸盐接枝生物复合膜用于选择性截留非反应性磷酸盐，mREM 3D球晶表面的活性镧离子（La^{3+}）表现出优异的磷酸盐截留能力（最大截留能力为358mg/g）。Lohwacharin等将氧化铁混合粉状活性炭掺入超滤膜中，磷酸盐的截留能力为2.32mg/g。He等使用静电纺丝和原位沉淀工艺制备 $La(OH)_3$ 纳米棒/聚丙烯腈纳米纤维膜，在低压（0.1bar）下水通量很高[1010L/(m^2·h)]，能够截留97%的磷酸盐，并且能够同时截留细菌。Wang等使用壳聚糖浸涂法与静电纺丝技术将 ZrO_2 纳米颗粒嵌入二氧化硅纳米纤维膜，扩大了膜的比表面积和孔隙率，这种膜具有良好的磷酸盐截留能力，在30min内磷酸盐的截留量为43.8mg/g，截留率为85%。Mohammadi等制备了掺入迷迭香叶新型生物炭的吸附混合基质膜，对磷酸盐的最大截留量可达78.24mg/g。

(3) 氟化物截留膜材料

氟化物能够影响人类的骨骼和神经系统，目前饮用水中的氟化物通常使用吸附、混凝、沉淀和膜截留来去除。膜截留是一种新型的降低水中氟化物浓度的方法，并且能够同时去除其他污染物，保持稳定的水质以及拥有更加广泛的适用pH值范围。目前常用于去除氟化物的有反渗透膜或纳滤膜，通过尺寸排阻（空间效应）和电荷排斥，以液压作为驱动力来实现氟化物的截留。现有的研究主要集中在对聚合物膜、纤维素膜和石墨烯膜进行改性，从而提高对水中氟化物的截留率。

Chatterjee等使用醋酸邻苯二甲酸纤维素和活性粒状氧化铝制备平板吸附混合基质膜，氧化铝浓度为35%时，对氟化物的截留率可达92%，室温下吸附混合基质膜对氟化物的最大截留量为2.3mg/g，并且能够在11h内保持性能，然而高浓度碳酸盐、碳酸氢盐和硫酸盐能够使氟化物的截留效率降低至50%，氯化物和硝酸盐对氟化物的截留不存在影响。将碳化骨粉（CBM）掺入聚醚砜吸附混合基质膜中，能够增加膜的亲水性，具有抗菌和除氟性能，含有15% CBM的膜对氟化物的最大截流量为5mg/g。

Suriyaraj等使用地衣芽孢杆菌在室温下合成结晶TiO_2纳米颗粒，并使用Al_2O_3进一步改性，合成Al_2O_3/TiO_2纳米复合材料，随后利用硅烷化将混合纳米复合材料负载到电纺热塑性聚氨酯纳米纤维上，制备纳米纤维膜并探究对水溶液中氟化物的截留能力，结果表明，这种膜对氟化物的截留量为1.9mg/g。Meng等将麦饭石、活性氧化铝和聚偏氟乙烯共混制备了一种新型复合膜，发现在pH值为5.0、温度为37℃时，对浓度为12mg/L的氟化物截留率可达84%。Chen等制备了一种新型羧化聚丙烯腈纳米纤维膜，由交联纳米纤维的层状堆叠结构组成，具有较高的比表面积、优异的亲水性、大量的羧基和氨基，通过氢键和离子交换驱动，对水中的氟化物有较好的截留能力和选择性。

Pal等通过将GO层与聚醚砜表面的化学键合，通过界面聚合合成了一种新型的石墨烯基纳米复合膜，能够选择性地截留80%的氟化物及98%的砷，同时保留饮用水中有利的钙镁矿物质。Karmakar等以聚丙烯腈为基础聚合物，富马酸铝金属有机骨架为添加剂，采用相转化技术制备吸附混合基质膜，对氟化物的最大截留量为205mg/g。Zhang等开发了一种淀粉样纤维纳米ZrO_2（<10nm）制成的碳混合膜，对氟化物的各种竞争离子表现出良好的选择性，最大截留率可达99%。Bessaies等制备了纤维素基层状双氢氧化物纳米复合膜能够截留水中的锑［Sb(Ⅴ)］和氟化物，最大截留量分别为77.2mg/g和63.1mg/g。

（4）铵盐截留膜材料

目前还存在使用正向渗透膜对废水中铵进行截留的研究。Jafarinejad等使用二环己基碳二亚胺作为交联剂在聚酰胺薄膜复合膜上接枝聚乙烯亚胺完成表面改性，提高聚酰胺膜的亲水性和对铵盐的截留率，改性膜在实验室条件下对铵的截留率超过99%，处理实际废水时截留率为89%，高于原始膜（75%）。

3.3 絮凝剂材料

3.3.1 概述

絮凝技术是一种重要的化学水处理方法，在水处理过程中，絮凝效果的好坏会直接对后续处理工艺的程序运行和最终处理的出水水质产生重要影响。絮凝是指水体中的悬浮性微粒和胶体颗粒相互碰撞、失稳、再集聚变大、形成絮体团状物的过程。根据水体中污染物粒径的大小可将其划分为悬浮物、胶体及可溶物，絮凝环节则重点针对解决胶体类粒子。胶体成分的粒度分布范围主要集中在$10^{-9}\sim10^{-7}\mu m$区间内，密度与水接近，呈现较强的悬浮特性，难以通过常规的物理沉淀作用将其去除。此外，因其自身具有部分电荷，相互之间会产生较强的静电斥力作用，进而相对均匀地分散在水中，呈现稳态的胶体特性。此外，这些物质带有的电荷与极性水分子之间相互吸引，并在其表层附着产生水化膜，抑制了这些粒子间的混合撞击，阻碍了胶体颗粒之间的进一步凝聚和团聚，增加了常规重力手段剥除的难度。故而，通过向水体中投加一定量带相反电荷的絮凝剂，可使絮凝剂和胶体颗粒之间产生电荷中和与吸附架桥等作用，从而加速胶粒之间的碰撞凝聚并形成絮团，促使胶体颗粒快速沉降并实现固-液分离。

在絮凝过程中絮凝剂的性能受到内部和外部的众多因素的影响。其中，外部因素包括水体 pH 值、水体温度、水体中污染物组成及其浓度等。内部因素则包括絮凝剂本身的物化结构性质等。这些因素都会影响絮凝剂在絮凝时的作用机理。而絮凝机理的研究则有利于絮凝剂类别的选择及絮凝过程条件的优化，可以说这二者相互影响，关系较为密切。因此，为了选择合适的絮凝剂和优化絮凝过程工艺条件，深入研究絮凝过程与机理具有极其重要的理论与实际指导价值。目前，被广泛接受认可的机理主要包括电荷中和、电补丁、吸附架桥以及网捕卷扫的机制。

(1) 电荷中和作用

水体中的污染物粒子表面通常都带有一定电性，根据经典 DLVO 理论，由于静电引力（范德华引力、氢键、共价键）的作用，胶核表面直接吸附异号聚合离子或异号胶粒等，从而使动电位降低、胶体互相凝聚的现象称为吸附电中和。但是，由于颗粒间的双电层交联产生有静电排斥作用而具有相互排斥的倾向。因此，胶体是否能够稳定存在主要取决于胶粒与胶粒间这两种相反作用力的相对大小，只有当胶体颗粒之间克服一定的排斥势能而使距离缩小至小于某一特定值时，范德华力才会急剧增加，胶粒之间才会产生凝聚作用。

(2) 电补丁作用

电补丁作用被称为静电簇作用或局部静电作用。通常条件下，污染物胶粒表面的每个带电吸附位点是不可能完全被絮凝剂所带电荷中和掉的，总有一些局部的带电区域会保留原有的电性或者被中和至电位逆转。某些颗粒局部上会带有电性，当胶体颗粒发生布朗运动而碰撞时，若碰撞的颗粒正好一个带正电一个带负电，它们即会受到静电吸引的作用结合，发生絮凝沉降。在絮凝过程中，需要根据特性吸附作用的程度来决定电荷中和与电补丁这两种作用的主次。当特性吸附较强时，作用机理以电荷中和为主，反之则以电补丁作用为主。通常采用较为直接的 Zeta 电位测定法来直接进行判断。如果在最佳絮凝剂投加量下体系 Zeta 电位接近于零点，则表明此时的作用机理是以电荷中和作用为主。相反，若最佳投加量下体系的 Zeta 电位不在零点附近，距零点值相差较大，则表明此时的作用机理以电补丁作用为主。在絮凝过程中，静电补丁作用也较为显著，这更加利于胶体粒子的交互作用，并进一步加强了作用功效。

(3) 吸附架桥作用

一般来说高分子絮凝剂往往分子量较大，而且高分子絮凝剂多为长链结构，当长链高分子絮凝剂两端的活性位点同时都吸附了多个胶体颗粒时，就会形成“胶体颗粒-高分子絮凝剂-胶体颗粒”这样的网状空间絮体结构，我们称该种现象为吸附架桥现象。

胶体颗粒与高分子絮凝剂之间有两种接触方式：一种为“桥连”，胶体颗粒黏在高分子的长链上；一种为吸附，长链盘绕黏附在胶粒表面，产生吸附作用。絮凝剂在絮体结构的形成、增长、变大及絮体沉降过程中的作用形象地被称为吸附架桥。高分子絮凝剂有效地发挥吸附架桥作用又需要满足以下两个条件。首先，絮凝剂的分子链和胶体颗粒间的结合不宜过于紧密，需要有足够的活性空间便于与其他胶体粒子和邻近的絮凝剂分子链碰撞和吸附。其次，胶体颗粒上也需要留有未饱和的空余吸附位点，若胶体颗粒的表面完全被絮凝剂吸附，则会形成空间位阻和水化膜，此时微粒会发生再稳定，絮凝性能下降，胶体的自我保护作用发生。通常，高分子絮凝剂的分子链越长，其吸附架桥作用的效率就会越高，因此其絮凝效果越好。吸附架桥高效发生需要适宜的絮凝剂投加量。絮凝剂过量也会产生胶体的自我保护，但投加量也不可过低。如絮凝剂投加量过低，此时的吸附架桥作用较弱，胶体颗粒无法被完全捕获，效果就会变差。此外，阳离子度也对吸附架桥作用有影响，适宜的阳离子度有助于胶体颗粒快速脱稳，便于其分子链发生吸附架桥作用。因此，絮凝时需要选择最佳阳离子度的絮凝剂，利用其较强的吸附架桥作用，使所形成的絮体粒径和强度较大，便于胶体颗粒的沉淀分离，最终达到高效去除和净化水质的目的。

(4) 网捕卷扫

沉淀物的网捕卷扫，即在絮凝阶段，形成雏形的絮状体系经过搅动，或者由于重力的影响，在水溶剂中停留少许时间之后，再进行沉淀。而体系在此阶段，会通过卷扫及网捕周围粒子，增大体系的粒径，并完成沉降，以此来达到更好地净化沉淀物的功效。卷扫性能的优劣和所使用的絮凝剂的分子量以及添加量相关。投放量或分子量增加，产生的初始絮状物随之增加，并有利于之后的网捕卷扫。一般而言，无机絮凝剂如聚铁或聚铝絮凝剂絮凝时的网捕卷扫作用较强，而有机絮凝剂的网捕卷扫作用较弱。这和污染物的尺寸有关，当污染物胶体颗粒尺寸较小时，无机絮凝剂发生絮凝作用较为明显，生成的细小絮体颗粒，本身的吸附作用和吸附能均较大，在沉降过程中易于捕获和网捕卷扫其他小的胶体颗粒或者更小的絮体。针对有机絮凝剂而言，在胶体颗粒之间充当架桥和吸附作用较强，生成的絮体颗粒的尺寸相对而言较大，其本身吸附胶体颗粒和小絮体的能力不足，网捕和卷扫作用相对而言较弱。

除此而外，在该沉淀物的生长环节里，同时可能包含氢键、范德华力以及体系的酸碱变化等。这些作用力相互作用，交叉影响，造成絮凝体系内部更加紧密联结，絮体颗粒变大，并大幅增进脱水调理效果。

3.3.2 悬浮物、胶体絮凝材料

悬浮物指悬浮在水中的固体物质，包括不溶于水中的无机物、有机物及泥沙、黏土、微生物等。水中悬浮物含量是衡量水污染程度的指标之一。悬浮物是造成水浑浊的主要原因。水体中的有机悬浮物沉积后易厌氧发酵，使水质恶化。水中的悬浮物质颗粒直径约在0.1～100μm之间，肉眼可见。这些微粒主要是由泥沙、黏土、原生动物、藻类、细菌、病毒以及高分子有机物等组成，常常悬浮在水流之中。水产生的浑浊现象，也都是由此类物质所造成的。

胶体（colloid）又称胶状分散体（colloidal dispersion）是一种较均匀混合物，在胶体中含有两种不同状态的物质，一种是分散相，另一种是连续相。分散质的一部分由微小的粒子或液滴所组成，分散质粒子直径在1～100nm之间的分散系是胶体。胶体是分散质粒

子直径介于粗分散体系和溶液之间的一类分散体系，是一种高度分散的多相不均匀体系。

无机絮凝剂可有效去除水中胶体、悬浮物，根据其金属成分，可将无机絮凝剂分为Al盐型、Fe盐型、Zn盐型、Ca盐型和复合金属型等。而在众多类型里，Al盐型和Fe盐型两大类的运用最为常见。如$Al_2(SO_4)_3$、$AlCl_3$、$Fe_2(SO_4)_3$、$FeCl_3$等。根据分子量高低，可将无机型分为低分子型、高分子型。如聚合$Al_2(SO_4)_3$、聚合$AlCl_3$(PAC)、聚合$Fe_3(SO_4)$(PFS)和聚合$FeCl_3$(PFC)等，都属于典型的高分子絮凝材料。该类材料常以羟基等途径和多核络离子进行连接，是金属无机盐通过水解而产生的多羟基络合物的中间产物。普遍规律为分子量越高，其絮凝效果越好。可能的原因是其可在水中吸附更多的胶体粒子，故而网捕卷扫性能也较强，附着的胶体粒子还可黏附更多颗粒，并依靠架桥和交联作用，诱导絮凝体系凝结沉降。

(1) 改性的单阳离子无机絮凝剂

除常用的聚铝盐、聚铁盐外，还有聚活性硅胶及其改性品，如聚硅铝（铁）、聚磷铝（铁）。改性的目的是引入某些高电荷离子以提高电荷的中和能力，引入羟基、磷酸根等以增加络合能力，从而改变絮凝效果。其可能的原因是：某些阴离子或阳离子可以改变聚合物的形态结构及分布，或者是两种以上聚合物之间具有协同增效作用。

(2) 改性的多阳离子无机絮凝剂

聚合硫酸氯化铁铝（PAFCS）在饮用水及污水处理中，有着比明矾更好的效果：在含油废水及印染废水中PAFCS比PAC的效果均优，且脱色能力也优；絮凝物密度大，絮凝速度快，易过滤，出水率高；其原料均来源于工业废渣，成本较低，适合工业水处理。铝铁共聚复合絮凝剂也属这类产品，它的生产原料氯化铝和氯化铁均是廉价的传统无机絮凝剂，来源广，生产工艺简单，有利于开发应用。铝盐和铁盐的共聚物不同于两种盐的混合物，它更有效地综合了PAC和PFC的优点，增强了去浊效果。

随着人们对水处理认识的不断提高，残留铝对生物体产生的毒害作用备受人们的关注，如何减少二次污染的问题已经越来越引起重视。国内现有生产方法制得的饮用水中铝含量比原水一般高1～2倍。饮用水中残留铝等含量高，可能是絮凝过程不完善，导致部分铝以氢氧化铝的微细颗粒存在于水中。采用强化絮凝净化法改善絮凝反应条件，延长慢速絮凝时间等可有效地降低铝等含量。考虑到无机絮凝剂具有一定的腐蚀性和毒性对人类健康和生态环境会产生不利影响，人们研制开发出了有机高分子絮凝剂。

无机絮凝剂是现在市面上应用比较广泛的絮凝剂，原料来源广泛、制备工艺相对于其他有机大分子絮凝剂来说成熟简便，造价也不算高，但容易造成环境二次污染。铝具有低毒性，过量的铝元素会导致非缺铁性贫血症以及老年痴呆症。铁盐系絮凝剂也存在缺陷，其组成复杂并且不稳定，过量的铁离子易与水中一些杂质络合而产生黄色沉淀物质，使水体色度偏高。铝盐和铁盐系絮凝剂会对生态环境造成二次污染等问题限制了这类无机絮凝剂的大力推广和广泛应用。

3.3.3 溶解性有机质絮凝材料

溶解性有机质（dissolved organic matter，DOM），又称为水溶性有机质，泛指能够溶解于水、酸或碱溶液中的有机质。农药、医药、印染、化工等有机废水中，都含有多种高毒性和强稳定性的污染物。这些高浓度且难降解的有机污染物经过不同途径排入自然水体以及土壤中后，会迅速对水体和土壤造成污染，对周边的人、动物以及微生物等也会造成不同程度的不良影响。另外，废水内部的有机污染物也会因为长期滞留在自然环境中而难以被降解，甚至在长期自然环境的放置下，向周围逐渐扩散，并且随时间富集于各种生物体内，进而随食物链进入人体之中。另一方面，随着现代工业的高速发展，废水的种类以及排放量也越来越多，成分也变得更加复杂多变，难降解有机污染物的种类和数量也在日益增多，生态环境和人类健康受到的威胁也日益严峻。

有机絮凝剂的主要特点是分子链长、活性基团数量多且分子量大，其可以有效去除水体中的溶解性有机质。其在水体中的作用机理以吸附架桥为主，能够加速水体污染物的沉降，同时也有一部分电荷中和作用。有机型高分子聚合物，较之于无机型的优势在于其用量小、絮凝的体系更加紧凑且粒径大、沉降快、受环境因素（体系温度、酸碱度、盐组成等）影响小、絮凝性能和效果较为优异等。按照这类絮凝剂的来源不同，通常把有机高分子聚合物分成天然型以及合成型两大类。

(1) 人工合成有机高分子絮凝剂

合成型的有机高分子聚合物，即由活性单体底物之间经过一系列聚合获得的一类有机絮凝剂。这一类絮凝剂通常分子量大、分子链具有线性特征，而每个大的分子又可以细分出含有多种活性官能团的小分子链。一般来说，分子链上带电基团的类别和数量与絮凝剂的分子量大小及其絮凝性能有着紧密的关系。分子链上的这些活性官能团如磺酸基团（$—SO_3H$）、酰胺基团（—CONH—）和季铵基团（R_3N^+）等使该类絮凝剂具有一定带电性从而具备电荷中和能力。此外，合成型聚合物结构上的支链能够增强絮凝时网捕卷扫及吸附架桥作用。目前，在水处理领域中应用范围最广的该类聚合物是聚丙烯酰胺（PAM）型，按照活性基团电荷的属性又可将其归成阳离子型、阴离子型及非离子型等类别。其中阳离子 PAM（CPAM）聚合物受到了格外的青睐。污泥胶体颗粒表面带有负电荷，CPAM 通过静电使得污泥粒子黏附于聚合物的长链，再利用电中和机制减小其表层的电荷量，进一步降低胶体粒子交互的排斥，使得絮凝体系凝结下沉的速率更快。同时，高分子絮凝剂通过吸附架桥作用，使得污泥的胶体粒子和小的絮状粒子黏附，产生紧密联结的更大的体系，从而提升污泥的脱水性能。

(2) 天然有机高分子絮凝剂

自然界中存在许多天然的高分子化合物，例如壳聚糖（chitosan，CTS）、淀粉（starch）、甲壳素（chitin）和纤维素（cellulose）等，它们自身具有一部分的絮凝能力，这类化合物即天然高分子絮凝剂。这类物质具有低成本、来源广泛、可接枝改性、无二次环境污染和具备可生物降解性等一系列优点，受到了越来越多的关注。其中，CTS 是一种天然多糖甲壳素的衍生物，是甲壳素脱乙酰化的产物。CTS 是大自然中储备量仅次于纤维素的天然有机高分子物质。在 CTS 构象中包含丰富的游离态$—NH_2$。一旦将 CTS 置于酸性溶液，其内部的氨基则与 H_2O 中的 H^+ 电荷结合，产生阳离子，故而 CTS 是天然多糖中一种带正电高分子的正电荷聚电解质。作为一种具有高效阳离子絮凝剂开发潜质的聚合物，

CTS 能够诱发产生中和及架桥机制，对负电性的胶体颗粒起到更好的絮凝效果，在制备改性絮凝高分子聚合物中的应用价值和潜力大。然而，CTS 的结构之间具有的氢键决定了它在 H_2O 及碱性试剂中溶解性差，仅可溶于少数无机酸（例如 HCl、HNO_3 等）和有机酸（例如 CH_3COOH、C_6H_5COOH 等）当中。因此，为了扩大天然高分子絮凝剂的应用范围，需对其进行化学改性和重组，克服原有的局限性，使其絮凝能力及溶解性得到大幅提升。由于天然高分子絮凝剂的分子链中含有羟基（—OH）、氨基（$—NH_2$）等结构多样的活性基团，因此能够通过接枝共聚、醚化、酯化、交联和氧化等改性法以制备絮凝性能增强的改性天然高分子絮凝剂，拓展和强化其絮凝范围和性能。

3.3.4 重金属絮凝材料

重金属絮凝材料基本指高分子重金属絮凝剂，这是一类以聚丙烯酰胺、聚乙烯亚胺、壳聚糖等高分子絮凝剂为母体，将重金属的强配位基团巯基或二硫代羧基接枝到母体的大分子链上，使得高分子絮凝剂具有捕集重金属能力的絮凝材料。通过化学合成的方法将重金属的强配位基团引入现有高分子絮凝剂分子中，获得一类具有重金属捕集功能的絮凝剂。此类絮凝剂兼具捕集重金属离子和去除水中浊度的双重功效。

目前常见的巯基功能化重金属絮凝剂主要分为以下三种，即以聚乙烯亚胺为接枝母体、以壳聚糖为接枝母体和以聚丙烯酰胺为接枝母体的巯基功能化重金属絮凝剂。以聚乙烯亚胺为接枝母体的巯基功能化重金属絮凝剂，以聚乙烯亚胺、巯基乙酸为原材料，通过酰胺化反应将巯基引入到聚乙烯亚胺分子链上制备出一种新型水溶性高分子重金属絮凝剂——巯基乙酰化聚乙烯亚胺（MAPEI）。研究表明，MAPEI 能够有效去除水样中的 Cu(Ⅱ)、Hg(Ⅱ)、Cd(Ⅱ) 和浊度，且 Cd(Ⅱ) 的最高去除率可达 99.9%以上，Cu(Ⅱ)、Hg(Ⅱ) 的最高去除率高于 95%。而以壳聚糖为接枝母体的巯基功能化重金属絮凝剂是采用壳聚糖、巯基乙酸等为原料，在活化剂 EDC・HCl 的催化作用下，通过酰胺化反应将巯基接枝到壳聚糖分子链上，制备出一种新型高分子重金属絮凝剂——巯基乙酰化壳聚糖（MACTS）。研究发现，MACTS 对废水中的 Hg(Ⅱ)、Cu(Ⅱ)、Cd(Ⅱ)、Ni(Ⅱ) 等重金属离子以及浊度均具有较好的去除效果，且 MACTS 在捕集各种重金属离子时表现出一定的选择性，对不同重金属离子的选择性顺序为 Hg(Ⅱ)＞Cd(Ⅱ)＞Cu(Ⅱ)。此外，以聚丙烯酰胺为接枝母体的巯基功能化重金属絮凝剂是以丙烯酰胺、还原型谷胱甘肽为原材料，通过酰胺化反应制备出新型巯基化高分子絮凝剂——PAM-GSH，重金属模拟废水处理的实验结果表明 PAM-GSH 对 Mn(Ⅱ) 的去除率可以达到 99.1%。

此外，重金属絮凝剂根据其母体来源不同主要可以分为改性天然高分子重金属絮凝剂以及合成高分子重金属絮凝剂。改性天然高分子重金属絮凝剂是以壳聚糖或淀粉等天然高分子材料为母体，通过化学反应将巯基或二硫代羧基等重金属强配位基团接枝到母体的大分子链上，制备出了具有去除重金属和除浊双重特性的高分子重金属絮凝剂。有学者以玉米淀粉为基体，在弱碱性条件下，用环氧氯丙烷作交联剂生成交联淀粉；后又在弱酸性条件下以硝酸铈铵为引发剂，以丙烯酰胺为单体，合成了交联淀粉-丙烯酰胺接枝共聚物；

后又在碱性条件下与 CS_2 反应生成了高分子重金属絮凝剂——交联淀粉-聚丙烯酰胺-黄原酸酯（CSAX），并研究了 CSAX 的絮凝性能。结果表明，CSAX 对 Cu^{2+}、Cr^{3+}、Ni^{2+} 和 Hg^{2+} 都有较好的去除效果。同时有人以壳聚糖为母体，通过酰胺化反应向其分子链上接枝巯基，合成了高分子重金属絮凝剂——巯基乙酰化壳聚糖（MACTS）。研究发现，当用 MACTS 处理含浊重金属废水时，重金属离子去除率和浊度去除率都会升高，Cu^{2+} 残余量小于 0.5mg/L，余浊小于 3NTU。此外，以壳聚糖、苯甲醛、CS_2 和氢氧化钠为原料，制备了一种新型重金属螯合絮凝剂 *O*-黄原酸化壳聚糖（XCTS），研究发现，当体系 pH＝6.0 时，XCTS 对 Cu^{2+} 的去除率最高可达 92.42%；当体系 pH＝4.0 时，XCTS 对 Cr^{3+} 的去除率最高可达 98.77%。

而合成高分子重金属絮凝剂是以聚丙烯酰胺、聚乙烯亚胺或聚丙烯酰胺衍生物为母体，通过化学反应，将巯基、二硫代羧基等重金属强配位基团接枝到聚合物大分子链上，合成了高分子重金属絮凝剂。有学者以聚乙烯亚胺（PEI）为母体，通过化学合成的方法将二硫代羧基接枝到 PEI 的分子链上，合成了具有捕集重金属和除浊双重特性的高分子重金属絮凝剂——聚乙烯亚胺基黄原酸钠（PEX），并研究了 PEX 去除重金属的性能。结果表明，PEX 对废水中的 Cu^{2+} 具有很好的捕集效果，去除率最高可达 100%，当有多种重金属混合时，总体捕集顺序为 $Cu^{2+} > Pb^{2+} > Cd^{2+} > Ni^{2+} > Zn^{2+}$，絮体稳定性较好，且絮体中的重金属可以回收。此外有人通过酰胺化反应，将巯基接枝到聚乙烯酰胺的分子链上，制备了重金属絮凝剂——巯基乙酰化聚乙烯亚胺（MAPEI），并研究了 MAPEI 去除重金属的性能。结果表明，MAPEI 对 Cu^{2+} 有很好的捕集性能，最高去除率可达 95% 以上。有人通过将 PAM 分别进行氨甲基化以及羟甲基化改性制备了中间产物 APAM 以及 MPAM，然后通过酰胺化反应将巯基接枝到两种中间产物的分子链上，制备了两种新型重金属絮凝剂——MAAPAM 以及 MAMPAM。研究表明，两种重金属絮凝剂对水样中 Cu^{2+} 的去除率最高可达 99.59%和 97.92%，且对水样中的 Cd^{2+} 也有一定的去除效果，去除率分别为 90.26%以及 85.08%。

3.3.5 其他无机污染物絮凝材料

目前除磷絮凝剂应用广泛，存在用量大等特点。同时，对现有磷絮凝剂的改性也是一个发展趋势。许多学者对絮凝剂的改性方法进行了研究，主要有以下几类改性方法。

物理化学改性，即是采用一些物理化学手段使得絮凝剂的表面结构或者分子结构发生改变，从而提高它的除磷性能。现有学者研究过的物理改性方法主要有焙烧改性、热酸活化改性和微波改性等。采用焙烧、热酸活性两种方法对冶炼废渣（主要由钙、铝、铁、硅的氧化物组成）进行改性，得到了高效的、经济的除磷絮凝剂。焙烧之所以能够提高除磷效率可能原因为：焙烧使得废渣的比表面积增大，同时，脱水也导致了空隙的产生。热酸活化改性增加了废渣金属氧化物胶质表面的正电荷，这使得 PO_4^{3-} 更易吸附于废渣表面，同时，酸化也使得废渣表面有新的孔洞生成，比表面积增大。经过改性后的絮凝剂不仅除磷效率提高了，而且絮凝剂的投加量也减少了。实验表明：当未经改性的冶炼废渣投加量为 800mg/L 时，磷的去除率只能达到 91%；而当经过热酸活化后的冶炼废渣投加量为

600mg/L 时，在较短的反应时间内，磷的去除率就能达到 99.5%。有人使用粉煤灰和赤泥经 HCl 改性制得絮凝剂 PAFC。PAFC 具有独特的结构特点，例如它的表面积极大、孔隙率极高，这些十分有利于磷的吸附。实验表明，PAFC 具有良好的除磷性能，除磷效率达到了 97.55%，实现了这些工业固体废弃物的资源化利用，且实现了以废治废。以无机酸 HCl 改性铝矿渣和铝土矿（主要成分为 Al_2O_3、Fe_2O_3、SiO_2）制得的无机絮凝剂，对总磷、总氮、氨氮、COD 和浊度去除率分别为 94.69%、62.78%、47.94%、78.93% 和 89.30%，优于市场上销售的絮凝剂 PAC（总磷的去除率为 91.73%）。该絮凝剂的除磷机理主要以沉淀作用、电性中和作用为主，以吸附架桥作用、网捕卷扫作用为辅。

复合絮凝剂不仅可以克服单一絮凝剂的不足，还拓宽了絮凝剂的最佳絮凝范围，提高了絮凝效率，减少了絮凝剂的用量，同时使得絮凝剂的残留毒性得到降低。目前除磷复合絮凝剂主要分为无机高分子复合絮凝剂、有机高分子复合絮凝剂、无机-有机复合絮凝剂三大类。研究学者采用有机单体丙烯酰胺与壳聚糖接枝共聚得到壳聚糖衍生物（CAM），然后将其与阳离子型的聚丙烯酰胺（CPAM）进行复配，制备了一种有机复合絮凝剂 CAM-CPAM。实验结果表明，在投加量为 30mg/L 时，污泥脱水率可达 90%以上，同时兼具一定的除磷性能。通过在制备聚合氯化铝的过程中加入酸改性的凹凸棒石（黏土），经高温反应、熟化而得的无机高分子复合絮凝剂 APAC 是具有特殊结构的无机高分子絮凝剂，APAC 的絮凝性能增强原因是其分子结构中主要起吸附作用的改性凹凸棒石与主要起电中和、架桥作用的羟基铝离子相互协调互补。实验表明 APAC 对于实际生活废水中磷的去除率达 90%以上，出水可达国家一级排放标准。

由于无机-有机复合絮凝剂增强了吸附架桥能力，使得其絮凝效能得到很大提升。有研究学者制备了 PAFC-PDMDAAC 复合絮凝剂，制备方法为取不同质量的 PDMDAAC（聚二甲基二烯丙基氯化铵）在强烈的搅拌下加入到 PAFS（聚合硫酸铝铁）溶液中制成不同配比的液体絮凝剂，其中 PAFS-PDMDAAC 的质量分数为 10%。实验结果表明，复合絮凝剂的除磷率达到了 98.42%，同时除浊率为 98.53%。PAFS-PDMDAAC 作为絮凝剂对模拟污水和实际污水的除磷效果均较好，出水中磷的浓度达国家一级排放标准。

氟污染是指氟及其化合物所造成的环境污染。水体氟污染物主要以氟离子形式存在，部分为全氟有机化合物。全氟有机化合物是指分子中由氟取代碳氢键中的氢的一类化合物，具有重大毒性，对神经细胞会造成不可逆伤害。全氟有机化合物作为一种重要的疏水性表面活性剂，其主要来源于造纸、纺织等工业领域生产排放。地表水中氟离子污染更多来源于工业生产排放的含氟“三废”，涉及多种行业，例如铝电解、制药、磷肥、半导体行业等。

絮凝沉淀法适用于含氟较低的废水，常用铁盐絮凝剂，主要有改性聚铁、硫酸亚铁、氯化铁等。絮凝沉淀法与钙盐沉淀法相比，投加量少，处理量大，且一次处理后可达标。不过当含氟较高时，絮凝剂投加量多，成本较大，且产生污泥量多，所以常与中和沉淀法一起使用。用改性聚铁处理含氟离子为 300mg/L 的酸性废水，结果表明，当改性聚铁加入量为 50mg/L 时，氟离子浓度可达标，加入 100mg/L 时，除氟效果最好，而继续增加，效果不明显，且影响处理后废水的观感。而利用氟离子与金属阳离子如 Al^{3+}、Fe^{2+}、Fe^{3+}、Mg^{2+} 等发生络合反应，形成稳定络离子，再经由过滤从废水中去除。Al^{3+}、

Fe^{3+}等金属阳离子在水中不仅仅与氟离子发生络合作用，这些金属离子还会水解，生成$Al(OH)_3$、$Fe(OH)_3$等带有正电的胶体，对氟离子进行吸附，这些胶粒相互凝聚，最后形成足够大的絮状沉淀，得以从废水中去除。以$AlCl_3$和聚合氯化铝（PAC）为研究对象，研究了在不同pH条件下这两种铝盐的铝形态分布和除氟效果。结果表明，在pH为5～6时，$AlCl_3$较PAC具有更好的除氟效率，其在水溶液中以Al^{3+}和二铝化合物、三铝化合物等低聚态铝形式存在，且更易水解形成$Al(OH)_3$，由于电荷作用而与氟离子吸附凝聚。而在pH>7时，PAC较$AlCl_3$具有更好的除氟效率，且增加PAC的碱化度，氟的去除率也相应提高。

此外，絮凝剂一般适用于氟离子浓度较低的废水处理或者地下水及农村饮用水源处理。用城市自来水和氟化钠配制了氟离子浓度为10mg/L的模拟废水作为处理对象，采用PAC为混凝除氟剂。最终处理结果表明，以Al∶F=10∶1（质量比）的比例进行PAC的投加，可以达到最佳处理效果，即0.9mg/L（<1mg/L），符合国家标准。随着水温升高，除氟效率也同样升高，在温度较高的条件下，PAC的投加量相对较少。

金属阳离子类型的混凝剂在对低浓度含氟废水的处理过程中，具有药剂投加量小，可一次性处理大量废水并达到工业排放标准等优点，但该法处理后的水质不稳定，并且成渣量较大，最重要的还是在去除氟离子的同时会引入金属离子如Al^{3+}、Fe^{3+}、Mg^{2+}，需要二次处理。

聚丙烯酰胺（PAM）是目前应用最多的有机混凝剂，相较于无机混凝剂，PAM具有用量小且不会引入新离子无需二次处理的优点，但PAM本身具有毒性，无法安全应用于饮用水的除氟处理。PAM为水溶性高分子聚合物，具有极强的絮凝性，其作用机理为利用分子链吸附架桥对悬浮在水中的细小颗粒进行捕获，促进絮凝体的生成与沉降，增强混凝效果。但PAM本身不能用于除氟，其在除氟过程里，一般作为助凝剂使用。将PAM与无机絮凝剂联合使用是目前的常规工艺，比如聚合氯化铝（PAC）＋聚丙烯酰胺（PAM）的二段絮凝工艺、聚合硫酸铁（PFS）＋聚丙烯酰胺（PAM）的二段絮凝工艺等。

3.4 吸附分离材料

3.4.1 概述

吸附过程是自然界中最基本的过程之一。早在公元前3000年我们的先民就已经开始使用黏土、沙子和木炭进行吸附，用来纯化海水和咸水等。从科学的角度说，吸附作用是两个不可混合的物质相（固体、液体或气体）之间的界面性质。在两相界面上，一相的组分得到浓缩，或者两者互相吸附形成界面薄膜，基本上是由界面上分子间或原子间作用力所产生的热力学性质所决定的。吸附体系由吸附剂和吸附质组成。吸附剂一般是指固体或能够进行吸附的液体，吸附质一般是指能够以分子、原子或离子的形式被吸附的固体、液体或气体。而分离过程则是指，已吸附到某固体表面的组分从吸附表面脱离出来。所谓吸附分离法，是指利用某种固体（吸附剂），有选择地吸附气体混合物中的某个组分（吸附质），随后再使之从吸附剂上解吸出来，从而达到分离提纯的目的。

一般来说，吸附过程主要分为物理吸附和化学吸附。其中物理吸附是一种指通过弱相互作用（范德华力、偶极-偶极相互作用、氢键等）进行的可逆性吸附；化学吸附则是吸附剂和吸附质之间的强相互作用，吸附剂表面和吸附质之间会发生化学反应形成共价键、配位键和离子键等。吸附分离效果与吸附材料的比表面积、孔隙结构和特殊官能团等物理化学性质密切相关，通过设计出能与吸附质具有特定相互作用的吸附剂，就可以将一定的吸附质从混合物中高选择性地分离出来。

20 世纪，人们发现许多天然矿物质，如沸石、木炭、纤维素等，对复杂物质具有吸附分离作用。1905 年人们首次合成了实用的无机离子交换剂——人工沸石，用于锅炉给水的软化。20 世纪 40 年代合成有机离子交换树脂由于具备力学强度高、交换基团和形态的种类变化范围大、交换容量高、交换动力学性能好等优点，在吸附分离领域得到了越来越广泛的应用。近年来，由于生物吸附材料（如微生物细胞、植物或其衍生物）来源广、吸附量高、吸附速率快、可生物降解、不导致二次污染等优势，利用其对溶液中的金属离子进行吸附分离回收也引起了人们广泛关注。

吸附材料的分类方法有很多，按吸附机理进行分类，可分为化学吸附剂、物理吸附剂和亲和吸附剂。还可按材料的形态和孔结构进行分类，可以分为球形颗粒（大孔和微孔型）吸附剂、纤维形吸附剂、无定形颗粒吸附剂三类。按化学结构分类，可为碳质吸附材料、无机吸附材料、高分子吸附材料以及生物吸附剂，无机吸附材料包括天然沸石、黏土、粉煤灰等，有机吸附材料主要有离子交换树脂，碳质吸附材料以活性炭、活性碳纤维以及碳基纳米吸附材料为主，而生物吸附材料主要是细菌、真菌和藻类。但对于某一种材料而言，有时很难将它归为某一固定类型中。在实际应用中，如在环境科学和工程领域中，常常需要根据处理对象的成分组成、组分的化学结构和性质合理地选择吸附材料，本节对溶解性有机质、毒害污染物、重金属等不同污染物的吸附材料进行了简单的归纳整理，希望为今后吸附材料在环境领域应用提供一定借鉴。

3.4.2 溶解性有机质吸附材料

溶解性有机质（dissolved organic matter，DOM），又称为水溶性有机质，泛指能够溶解于水、酸或碱溶液中的有机质。DOM 可能存在的环境风险主要包括：①自然水体中的 DOM 与氯等消毒剂反应可产生致癌物三卤甲烷，对人体健康构成威胁；②DOM 对污染物的吸附/增溶作用是促进许多污染物向地表/地下水体迁移的重要因素；③DOM 对土壤中的重金属有很强的解吸作用，在含水多孔介质和地下含水层中，DOM 对重金属淋溶的促进作用尤其明显。目前，针对此类物质应用较为广泛和成熟的吸附剂以碳质吸附材料为主，主要包括活性炭（activated carbon，AC）和活性碳纤维（activated carbon fiber，ACF）（图 3-2）。其中，AC 发展较早，在吸附 DOM 方面的研究也较深入；ACF 因其微孔占总体积的 90%以上，适用于吸附较小分子量的 DOM。此外，土壤中黏土矿物也是 DOM 的重要吸附剂，常见的有高岭石和蒙脱石。

（1）碳质吸附材料

碳质吸附材料是以煤或有机物制成的高比表面的多孔含碳物质，这些材料以碳原子形

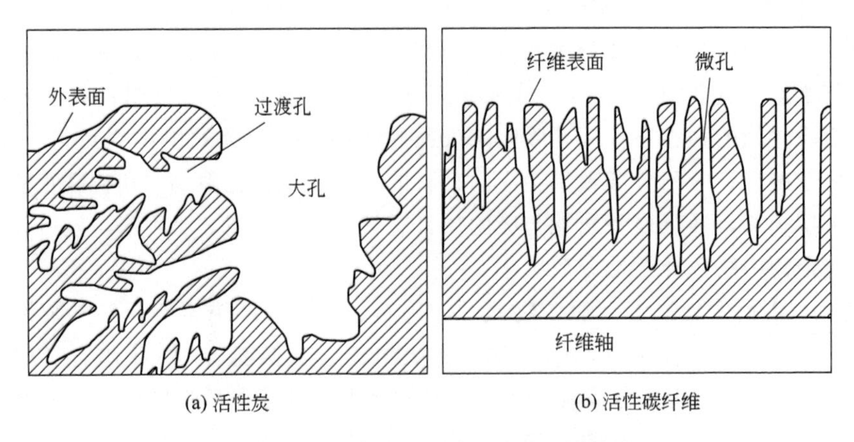

图 3-2 活性炭和活性碳纤维孔结构模型

成的稳定结构芳香环为主要骨架，往往具有较高的比表面积、较强的疏水性、发达的孔隙结构和丰富的表面官能团等特点，这些特点使得碳基吸附材料对污染物具有较强的吸附能力。碳质吸附剂孔隙的物理结构和孔表面的化学结构能极大影响其对 DOM 的吸附性能。此外，DOM 本身的结构、性质以及外界条件也影响着整体的吸附效果。吴金亮等以印染污泥为原料制备印染污泥热解炭材料（即印染污泥基炭材料，DSC），并将其应用于吸附去除疏浚余水中的 DOM，发现 DSC 可以有效吸附疏浚余水中的 DOM。在 DSC 的投加量为 2.5g/L 时，DOM 的饱和吸附量达到 18.53mg/g，且其吸附过程主要遵循准二级吸附动力学模型，以化学吸附为主。且 DSC 可以有效吸附疏浚余水中 DOM 的荧光组分，对芳香类蛋白和富里酸组分的去除率分别达到 36.8%和 58.3%，且 DOM 的中分子量物质比小分子量物质更容易被吸附。DSC 对疏浚余水中 DOM 的吸附机理主要涉及孔隙填充、氢键结合、π-π 共轭效应和疏水作用。

（2）黏土矿物吸附材料

黏土矿物是指粒径小于 2μm 的含水层状硅酸盐矿物，主要包括伊利石族、高岭石族、蒙皂石族、凹凸棒石等。特殊的晶体结构赋予土壤矿物许多特性，例如稳定的结构、较高的比表面积、较大的离子交换能力等。最常用作吸附材料的土壤矿物有高岭土和蒙脱土。由于其表面有羟基官能团，故可与 DOM 的羧基结合达到良好的吸附效果。图 3-3 和图 3-4 是常见的黏土矿物——高岭石和蒙脱石的结构示意图。

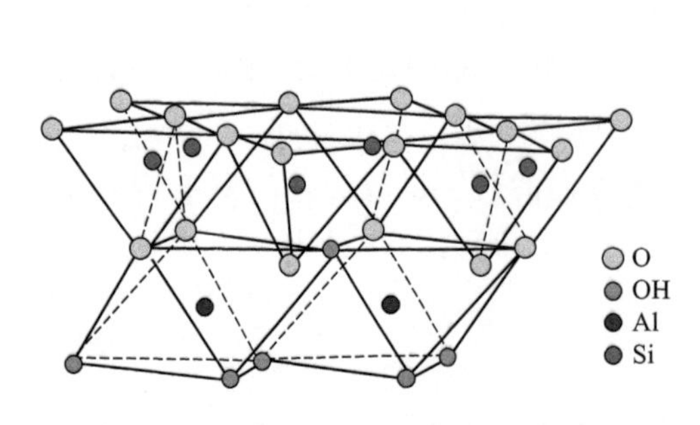

图 3-3 高岭石的基本结构示意图

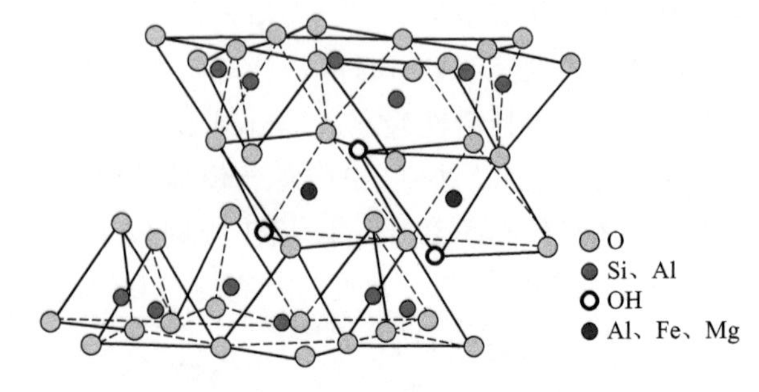

图 3-4 蒙脱石的基本结构示意图

凌婉婷等采用不同土壤矿物对土壤、农业废弃物（稻草）和污泥中水提取的DOM进行吸附，不同矿物对供试DOM的吸附能力由小到大依次为：高岭石＜蒙脱石及由金属离子（K^+、Ca^{2+}、Al^{3+}、Fe^{3+}）饱和处理的蒙脱石＜针铁矿≈铝氧化物。DOM羧基和矿物表面羟基官能团的结合是其在矿物上吸附的主要机制。DOM在矿物上的吸附与其疏水组分、高分子组分含量显著正相关。供试矿物选择性优先吸附DOM疏水组分；且针铁矿、铝氧化物、Al和Fe蒙脱石对DOM疏水组分的选择性优先吸附能力更强。

3.4.3 毒害污染物吸附材料

毒害污染物是指那些直接或者间接生物摄入体内后，导致该生物或者其后代发病、行为反常、遗传异变、生理机能失常、机体变形或者死亡的污染物。按照化合物的类型毒害污染物可分为有毒有机污染物和有毒无机污染物。其中有毒无机污染物主要包括重金属、毒金属等（将在后面小节阐述）；有毒有机污染物主要包括有机氯农药、多氯联苯、多环芳烃、高分子聚合物（塑料、人造纤维、合成橡胶）、染料等，对生态环境和人类健康均有很大的危害。有毒有机污染物的去除也一直是学者们的研究重点，吸附法由于操作简单、不产生二次污染等优势成为一种较为热门的方法。目前，常见的用于毒害有机物的吸附剂有生物吸附材料和硅基介孔材料等。

（1）硅基介孔材料

有序硅基介孔材料因其具有比表面积大、孔道规整、孔径均匀、孔径和酸性可调等特点，在催化、吸附、分离等领域都有着广泛的应用前景。硅基介孔材料表面存在大量硅羟基，因此具有亲水性，而多环芳烃（PAHs）分子本身是疏水的，所以未改性的硅基介孔材料对PAHs的吸附能力并不强。研究者们通常利用丰富的羟基实现对材料表面功能化及疏水改性，来提高材料的吸附能力。Mehdinia等用金纳米颗粒修饰磁性MCM-41，用于检测水溶液中痕量的PAHs，金纳米颗粒与PAHs分子之间形成电子供受体作用，使得该材料对PAHs有很强的吸附能力，检测限达到0.002～0.004μg/L。Bautista等通过后嫁接法将虫漆酶共价结合在SBA-15表面，研究了其对PAHs的吸附降解能力，这种材料结合了介孔材料优良的稳定性和虫漆酶的高活性，对萘、菲、蒽的去除率分别达到82%、73%、55%，易于回收，可重复利用。

（2）生物吸附材料

常用的生物吸附材料包括真菌、藻类等。真菌表面具有高度选择性的半透膜，有利于有机分子在其表面富集，处理PAHs时通常包括吸附和降解两个过程。其中吸附为快速过程，降解为慢速过程，因此真菌处理PAHs时通常需要较长的时间，但是去除彻底，不会产生副产物。Ding等研究了黄孢原毛平革菌对菲和芘的吸附：在最优条件下，60d内对菲和芘的去除率分别达到99.55%和99.47%；当向体系中加入$CuCl_2$溶液，Cu^{2+}的存在使得真菌表面疏水性增强，同时可以与PAHs之间形成π络合键，增强了真菌对菲的吸附能力，提高了短时间内对PHAs的去除效果。

（3）碳质吸附材料

农林废弃物主要包括稻草、秸秆、甘蔗渣、椰壳、米糠、竹屑和松针等，主要由纤维素及木质素组成，其表面含有大量的羟基、羧基、羰基等活性官能团，通常情况下由于表面亲水性，农林废弃物对PAHs的吸附效果一般，但是经热处理或化学处理后形成碳质材料，吸附效果会有明显的增强。KONG等研究了不同炭化温度下大豆秸秆炭化所得活性炭对水溶液中的萘、菲、芘等的吸附效果，吸附能力随炭化温度的升高而增强，700℃下炭化得到的活性炭，对萘、菲、芘的去除率分别达到99.89%、100%、95.64%。Ge等使用煤基活性炭经微波加热处理得到改性的活性炭，用于吸附水溶液中的萘，发现对萘的吸附容量达到189.43mg/g。

除了农林废弃物制成的碳质吸附材料，介孔炭这种新兴的纳米碳质材料也被用于吸附毒害有机物。袁彩霞等通过1,3,6,8-芘四磺酸钠改性介孔炭，极大地提高了介孔炭在水中的溶解度和分散性。改性介孔炭对牛奶中有机氯农药六六六、滴滴涕吸附能力最强，其性能优于商业活性炭，具有很好的稳定性，其最大回收率可以达到89.6%。

3.4.4 重金属吸附材料

由采矿、废气排放、污水灌溉和使用重金属超标制品等人为因素所致的重金属污染正在严重威胁到人类健康。2011年4月初，《重金属污染综合防治“十二五”规划》获得国务院正式批复，防治规划力求控制重金属铅（Pb）、汞（Hg）、镉（Cd）、铬（Cr）和类金属砷（As）。由于重金属离子污染伤害大，人们急需找到一种高效的、成本合理的方法减轻其给人类和环境带来的伤害。吸附法因自身独特的优点作为一种有效处理重金属废水的方法备受关注，可以避免其他方法在处理低含量（1～50μg/mL）重金属废水时往往受工艺条件和原料成本限制的缺点。

国内外学者用吸附法在处理的重金属废水方面开展了较多研究，其中涉及的重金属离子有Cu^{2+}、Zn^{2+}、Mn^{2+}、Cr^{2+}、Cd^{2+}等。高分子吸附剂材料、黏土矿物类吸附材料、生物吸附材料等在重金属吸附过程中具有较好的应用。其中，复合吸附剂大多是由不同的吸附剂组分复合而成，如铝矾土-钢渣吸附剂，凹凸棒石与钢渣混合制备AT-CS吸附剂，天然沸石与镁铝等化合物按一定配比混合制得FMA吸附剂，利用生化物质甲壳素、壳聚糖和活性炭制备的CCF高效复合生化吸附剂，复合吸附树脂等。

（1）高分子吸附剂

高分子吸附材料是一类具有优良吸附功能的多孔性高分子物质。高分子吸附树脂也是在离子交换树脂基础上发展起来的一类新型树脂，是指一类多孔性的、高度交联的高分子共聚物，又称为高分子吸附剂。高分子吸附树脂物理化学性质稳定，具有大比表面积、大孔容、孔道结构可调控等特点，同时高分子可以根据要求选择具有针对性的单体、交联剂和致孔剂来调制孔结构，同时还可利用化学修饰来改变表面化学状态，制备出更多符合实际需求的高分子树脂，使其适用领域和使用性能大大增加。根据吸附性高分子材料的性质和用途，可以分为非离子型高分子吸附树脂、亲水性高分子吸水剂、金属阳离子配位型吸附剂、离子型高分子吸附树脂。由于金属阳离子配位型吸附材料的骨架上带有配位原子或配位基团，能与特定金属离子进行络合反应，生成配位键而结合。这种材料也称为高分子螯合剂，常用于吸附和分离水相中的各种金属离子。

刘志勤等合成了聚合物重金属离子螯合剂 PATD，PATD 对 50mg/L 和 1.0mg/L 的 Cu^{2+} 和 Ni^{2+} 模拟重金属废水均具有很好的重金属离子去除效果。在合适的 PATD/重金属离子质量比下，PATD 螯合絮凝技术在较宽的 pH 条件下都能有效去除 Cu^{2+} 和 Ni^{2+}，残留金属离子浓度均能达到国家污水综合排放一级排放标准。Vidhyadevi 等合成了一种带氯苯甲亚氨基、硫脲基的聚酰胺树脂，对废水中的 Ni^{2+} 和 Zn^{2+} 的吸附率分别为 89.96%和 92.58%，且该树脂还具有良好的再生利用性能。

(2) 黏土类吸附剂

黏土矿物是胶体粒子尺寸的水化层状硅酸盐，由含氧原子（或离子）的四面体和八面体组成。其中四面体中心的配位原子（或阳离子）大部分是硅，也有可能是 Al^{3+} 或 Fe^{3+}；八面体中心的配位阳离子通常是 Al^{3+}、Mg^{2+}、Fe^{3+} 或者 Fe^{2+}。四面体四角处的四个可用氧原子中的三个构成了四面体片层，剩余的顶端氧原子则分布在片层之间（向上或向下），八面体与四面体通过共享顶端氧原子进行连接。连接方式主要有两种，一种是一个八面体片直接附着在一个氧化硅片上，从而得到 1∶1 型的两片式基本结构；另一种是一个八面体片夹在两个氧化硅片之间，形成 2∶1 型三片层结构。单个的黏土矿物粒子是由片层堆积而成的，而这些片层有时被有规律的夹层材料隔开。各层之间通过次级作用力（例如范德华力、氢键或弱静电吸引力）连接在一起。图 3-3 是理想状态下高岭石的结构图，两片层的上、下基面是截然不同的。层重复距离约为 0.72nm，这与原子半径的总和大致相同，因此在理想的结构中没有足够的空间来容纳任何夹层材料，所以硅被铝或者其他小原子同晶置换，过量的负电荷则由位于微晶外表面的阳离子补偿。这种特殊的无机阴离子骨架结构特性，使其对水体中的重金属等都能有效去除。

曹琦梅等通过研究发现，在膨润土∶黏土质量比为 60∶40，煅烧温度 100℃，接触时间为 60min，膨润土/黏土混合物的陶瓷过滤器可有效去除水中 98.9%的 Cd^{2+} 含量。柏文博等通过对钠盐改性凹凸棒石（ATP）的研究发现：在 Na(Ⅰ)-ATP 的投加量为 0.600g、吸附时间 3h、温度 30℃、pH＝2 时，对 Cu^{2+} 吸附率为 85.57%；在 Na(Ⅰ)-ATP 的投加量为 0.600g、吸附时间 4h、温度 20℃、pH＝5 时，对 Cr^{4+} 吸附率为 82.89%。

天然沸石具有与介孔分子筛类似的大孔结构，发达的比表面，丰富的表面羟基，因此是一种优良的离子筛基体。人工改性可以使沸石在高温下发生固相反应，生成部分钙钛矿型无机非化学计量化合物，从而在筛体上造成一定的缺陷浓度。这种非平衡的点缺陷具有较高的过剩自由能，有利于吸附的进行。霍爱群等对天然沸石进行人工改性，研究得出改性沸石的铅饱和吸附量为 6.10mg/g，其静态吸附行为是化学吸附。用改性沸石处理含铅 50mg/L 的原水，处理效果良好，出水水质优于《生活饮用水卫生标准》(GB 5749—2022) 中规定的 0.01mg/L。

(3) 生物吸附剂

利用生物分离水中的金属离子、非金属化合物和固体颗粒的过程称为“生物吸附”，在生物吸附过程中，生物吸附剂是最为重要的，一般是指具备选择性吸附分离能力的生物体及其衍生物，主要包括细菌、真菌、藻类和农林废弃物等。生物吸附剂与传统的吸附剂相比，具有以下主要特征：①适应性广，能在不同 pH、温度及加工过程下操作；②选择性高，能从溶液中吸附重金属离子而不受碱金属离子的干扰；③金属离子浓度影响小，在低浓度（<10mg/L）和高浓度（>100mg/L）下都有良好的金属吸附能力；④对有机物耐受性好，有机物污染（≤5g/L）不影响金属离子的吸附；⑤再生能力强、步骤简单，再生后吸附能力无明显降低。因此常被用于水体中金属的吸附回收。

谭荣等从电镀污泥中分离筛选菌株，分析其形态特征并结合16S rDNA测序和比对，确定此菌株为芽孢杆菌属中的枯草芽孢杆菌，命名为 *Bacillus subtilis*-TR1。该菌株对Cu^{2+}有较好的吸附效果，适宜条件（pH=5.0，初始Cu^{2+}质量浓度80mg/L，温度30℃，菌体加入3g/L，菌种培养时间48h）下对Cu^{2+}的吸附量为4.02mg/g，去除率为62.4%。

生物体吸收金属离子的过程主要有两个阶段。第一个阶段是金属离子在细胞表面的吸附，即细胞外多聚物、细胞壁上的官能团与金属离子结合的被动吸附；第二个阶段是活体细胞的主动吸附，即细胞表面吸附的金属离子与细胞表面的某些酶相结合而转移至细胞内，包括传输和积累。由于细胞本身结构组成的复杂性，目前吸附机理还没有形成完整的理论，这些机理在不同的吸附条件和环境下，可能单独作用，也可能同时作用，取决于吸附过程的条件和环境。目前发现的生物吸附的主要机理如下：①离子交换机理，细胞壁与金属离子的交换机理即在细胞吸附重金属离子的同时，伴随有其他阳离子的释放；②表面配合机理，生物体细胞表面的主要官能团中氮、氧、磷、硫可作为配位原子与金属离子配合；③氧化还原及无机微沉淀机理，变价金属离子在具有还原能力的生物体上吸附，有可能发生氧化还原反应；④酶促机理，非活性和活性的生物都能吸附重金属，活性生物细胞对金属的吸附与细胞上某种酶的活性有关。

在低浓度下，生物可以选择性地吸附水中的重金属，处理效率高且费用低，且生物吸附的pH和温度范围宽，可以有效地分离和回收重金属。但是当溶液呈强酸性时，菌体上重金属结合位点为H_3O^+所占据，会限制微生物对金属离子的吸附。王翠苹等创新性地将电气石和微生物联合，发现复合材料可有效提高微生物对酸性废水中铅的吸附性能，当溶液pH=5，在400min时，电气石和枯草芽孢杆菌联合对铅的吸附效果为75.35%，比电气石和枯草芽孢杆菌单独作为吸附剂时吸附率分别高出23.87%和31.66%，而当溶液pH=5.5，在400min时，两者联合对铅的吸附率达到99.97%，比电气石和枯草芽孢杆菌单独作为吸附剂时的吸附率分别高出25.72%和10.36%。

因此在未来，需要进一步对生物吸附剂的成分、结构和性能进行更详尽的定性定量分析，以便进一步将这项成本低廉、吸附高效的吸附剂应用于水体中金属离子的去除。

3.4.5 其他无机污染物吸附材料

水中无机污染物主要以离子形态存在，按照所带电荷的不同可以分为阳离子污染物和阴离子污染物。典型的阳离子污染物有Cu^{2+}、Pb^{2+}、Zn^{2+}、Cd^{2+}等重金属离子，而PO_4^{3-}、NO_3^-等则是水体中最常见的阴离子污染物。一般来说，去除此类污染物所用的吸附材料为无机吸附材料，无机吸附材料是指具有一定晶体结构的无机化合物，大多数是天然的无机物，往往具有离子交换性质，因此通常又称为无机离子交换剂。无机物分子聚合生成的无机延展材料（一维链、二维层、三维骨架）绝大部分骨架均呈现中性或负电性，中心金属原子在形式上带正电荷且被带负电的配体（例如 O 原子）包围。配体与金属相连形成延展共价网络结构，配体与金属的比例使材料呈中性或净负电性。该类吸附材料最大的吸附特点是离子交换，主要分为阴离子骨架无机吸附材料和阳离子骨架无机吸附材料。

(1) 阴离子骨架无机吸附材料

常见的黏土、沸石、粉煤灰等就是典型的阴离子骨架无机吸附材料，对水体中的 NH_4^+、重金属等都能有效去除。沸石是一种硅酸盐且一般都具有很高的水吸附能力、开放的孔道结构以及可交换的阳离子。而且，天然的铝硅酸盐沸石经常与黏土同时出现。沸石的一般通式为 $M_{x/n}[(AlO_2)_x(SiO_2)_y]\cdot 2H_2O$，沸石的组成结构单元可分为以下四个层次：①以硅和铝为中心氧原子分布在四周形成的硅氧四面体（电中性）和铝氧四面体（电负性）是构成沸石的基本结构单元；②初级结构单元之间通过共用氧原子连接形成多元环；③不同的多元环连接形成不同的笼状结构；④笼状结构通过不同的排列组合最终形成具有不同结构和性能的沸石。不同结构的沸石内部会形成多种孔道结构，孔径大小不一。由于铝原子是三价的，所以在铝氧四面体中，有氧原子的电价没有得到中和，使整个铝氧四面体带负电，为保持中性，必须有带正电的离子来抵消，通常是由碱金属和碱土金属离子来补偿。

沸石由于其特殊的结构特征，一般具有很高的水吸附能力、开放的孔道结构以及可交换的阳离子，相较其他材料对氨氮有更强的优先选择性而被用于氨氮废水处理中：一方面，晶体孔道的大小可以对分子进行选择性吸附，自动排除大分子物质；另一方面，借助水的传质作用，沸石内部的 Na^+、Ca^{2+} 可与水溶液中的 NH_4^+ 等离子进行阳离子交换吸附。在以沸石为主的无机阴离子骨架吸附材料中，天然无机矿物不仅对水体中的 NH_4^+ 离子具有交换作用，还可以转化为常效化肥，实现资源综合利用。目前国内外对于沸石去除水中氨氮开展了很多研究。刘玉良等发现天然斜发沸石在 35mg/L 氨氮浓度下，去除率可达 62.86%。Ji 等发现投加量为 8g/L 的低钙粉煤灰沸石在 pH 为 7～9 时氨氮去除率为 76.78%。Juan 等发现粉末状 *K*-沸石在投加量为 10mg/L 时，对 52.2mg/L 的氨氮的去除率可达 80%。任晓宇发现粉煤灰基 A 型沸石在投加量为 5g/L、初始氨氮浓度为 100mg/L、吸附时间为 60min 时，对氨氮溶液的吸附效果较好，可达 85%以上。但由于沸石本身结构的局限使其应用受到限制，比如吸附容量不大，对阴离子、有机物以及重金属的吸附性能较差等。为了进一步提高沸石的吸附、离子交换的容量及性能，可对沸石进行改性处理。目前常用的改性方法有高温焙烧、酸化处理、盐或碱化处理以及表面改性等。在实际中，可针对目标污染物，采用单一或者复合改性的方式，制备出更高效的吸附材料。

(2) 阳离子骨架无机吸附材料

层状双氢氧化物（LDHs）是目前最广泛使用的一种阳离子骨架层状结构无机材料，能够有效去除对水体中含氧酸根阴离子，如磷酸盐。谢发之等采用乙醇辅助液相共沉淀法制备了纯相 Ca-Al-LDH 层状双金属氢氧化物，当 pH 为 5.1、温度为 45℃、吸附时间为

600min、LDH 投加量为 0.6g/L、磷初始浓度为 80mg/L 时，磷的去除率高达 95.88%。Jiad 等将 Mg-Al-Fe 层状双氢氧化物去角质并掺入聚醚砜膜中，可以对水中的磷酸盐和氟化物进行有效去除，吸附量可分别达 5.61mg/g 和 1.61mg/g。吴俊麟等对镁铁层状双金属氢氧化物（Mg/Fe-LDH）吸附磷酸盐的机理进行了探究，发现阴离子交换、静电吸引、配位体交换和内层配合物形成是 Mg/Fe-LDH 吸附水中磷酸盐的主要机制。LDHs 是由两种及以上的金属阳离子和层间阴离子组成的一类具有层状结构的氢氧化物（结构图如图 3-5 所示），其化学组成可以表示为：$[M^{2+}_{1-x}M^{3+}_{x}(OH)_2]^{x+}(A^{n-})_{x/n} \cdot yH_2O$，其中 M^{2+} 和 M^{3+} 分别为层板中二价和三价金属离子，x 为 $M^{3+}/(M^{2+}+M^{3+})$ 摩尔比，一般在 0.2～0.33，A^{n-} 为层间可交换的阴离子（n 表示阴离子的价态），y 为层间结晶水的数量。LDHs 独特的结构使得主体层板上金属离子组成、层间阴离子种类具有很强的可调控性，不同二价和三价金属离子的配对以及不同阴离子的插入组成了种类繁多、性质各异的 LDHs 材料。因此根据无机阴离子污染物吸附机理，如静电作用、离子交换、表面吸附和结构重建等，针对不同污染物可筛选合适的制备方法制备高效的 LDHs 吸附材料。直接共沉淀法具有操作简单、易控制、合成周期相对较短以及产率高等诸多显著优势，是目前应用最广的 LDHs 制备方法。除了直接共沉法外，还有许多用于合成 LDHs 的方法，如尿素分解法、阴离子交换法、水热合成法、焙烧重构法、溶胶-凝胶法、成核/晶化隔离法、原位合成法、微波法、电合成法等等。

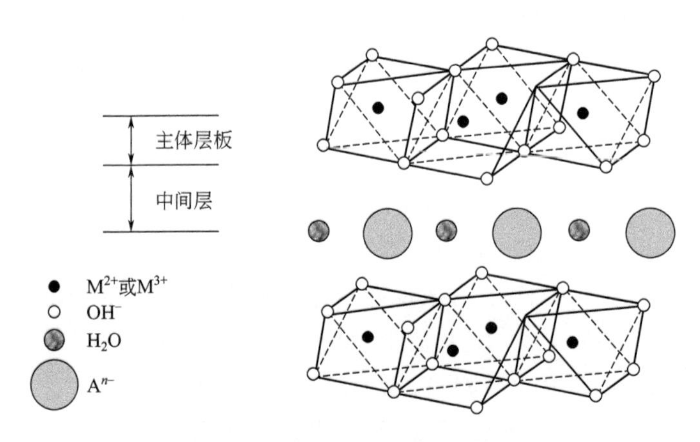

图 3-5　层状双氢氧化物结构图

(3) 其他类型吸附材料

除了上述提到的阳/阴离子骨架无机吸附材料，碳质吸附材料也可有效去除其他无机污染物。如利用生物质经过高温裂解所形成的生物炭，其具有比表面积大、孔道结构丰富等特点，且一般带有可通过孔道扩散等作用对磷酸盐以及硝酸盐进行吸附，可实现磷酸盐和硝态氮的富集。但未改性生物炭对氨氮的吸附量较低，实际应用中需要进行改性。He 等采用超声波/H_2O_2 消解结合氧化铁水合物/生物炭（HFO/生物炭）吸附工艺促进磷的溶解、释放和回收。结果表明，HFO/生物炭对磷的最大吸附量可达 220mg/g。丁玉琴等将芦苇通过氯化镁浸渍改性，分别在 300℃、450℃和 600℃条件下高温裂解，制得 3 种镁改性芦苇生物炭，通过等温吸附实验分析 3 种炭对磷酸盐的吸附特征，发现改性后的材料对磷酸盐的吸附能力显著提升。

生物炭对不同污染物的吸附效果在很大程度上取决于原材料种类和制备方法，为了改善常规活性炭选择性低的问题，提高吸附容量和吸附效率，可以通过改性调控其孔道结构和表面物理化学性质。常见的化学改性法主要有氧化法、还原法和负载金属法三种。氧化法能够将活性炭表面的官能团氧化，加大其表面极性和亲水性质。其中强氧化剂改变活性炭孔隙结构，增大孔隙，降低比表面积，增加活性炭表面活性基团；弱氧化剂对活性炭的比表面积与孔结构影响很小，主要是在活性炭表面引入更多的羧基和酮、醚等含氧官能团，从而极大地改善活性炭对极性分子的吸附性能。在实际应用过程中，需要根据吸附质的性质设计制定吸附剂调控方法，以实现对污染物的选择高效吸附。

3.5 催化和氧化材料

3.5.1 概述

现今，水处理和回收是应对环境问题的主要手段之一，尤其考虑到能源消耗和碳足迹的影响。在水处理领域，催化作用目前占据的比例较少，但是在过去的几十年其发展却呈现指数增长（图 3-6）。其中，水资源回收和循环性方面的重要进展意味着概念和实践之间的差距正在缩小。本节内容将关注污染物的化学性质与污染物去除手段之间的内在联系，侧重于专门用于去除可溶性难降解有机物的新型催化手段。

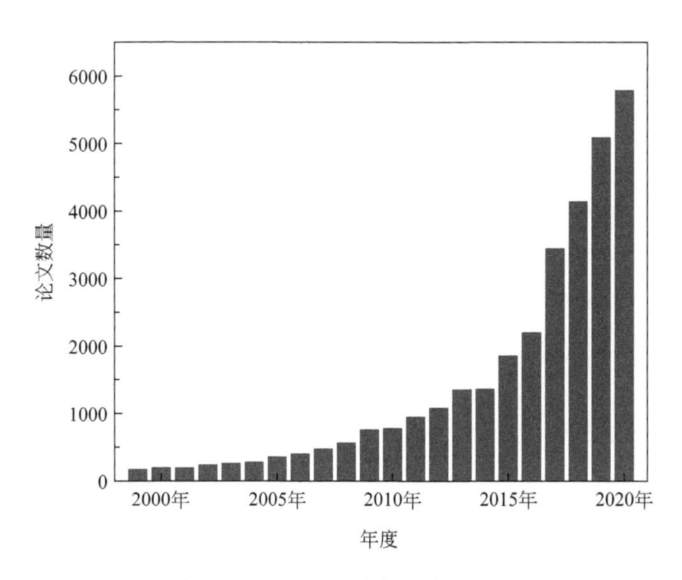

图 3-6 1999—2020 年 Web of Science 数据库中以 catalytic water treatment（催化水处理）为关键词的论文发表数

处理后的废水可根据其饮用程度分为从饮用水到再生水的不同类别。再生水目前用于灌溉、工业和各种非饮用水用途。而对于饮用水，硝酸盐和杀虫剂则是主要的污染源。然而，即使在极低浓度下去除微污染物也是一个日益严重的问题，因为长期暴露会带来潜在风险。饮用水的回用意味着能够处理含有微生物、药品和个人护理产品等的废水。一般采用经典的连续氧化预处理、混凝絮凝、沉淀、过滤和消毒工艺。然而，目前处理污染水的技术效率不够高，并且会产生二次废物流。举例来说，污染水的预氯化以使其氧化会导致形成致畸、致癌、致突变的氯化副产物。臭氧作为替代品的效率也因病原体的形成而受到质疑。多相催化则可以提供更快降解和改善矿化的替代方案。此外，可能会出现独特的选择，对于使用催化加氢脱氯工艺而不是催化臭氧氧化工艺来减少氯化微污染物尤其如此。在这种情况下，出现了一个关于催化过程的特异性及其在辅助或混合系统背景下的灵活性的问题。

基于利用臭氧处理、芬顿（Fenton）反应或紫外线照射产生的羟基自由基，各种先进的高级氧化工艺（AOP）已经被开发出来。这些工艺在大多数情况下，涉及两步过程，首先是活性氧化剂中间体的产生，然后与目标污染物发生反应。多种 AOP 策略已经被开发出来，为开发混合系统以处理难生物降解的有机化合物提供了新的机会。最近，催化技术作为一种替代方法出现，与用于废水和饮用水处理的 AOPs 的快速平行发展，引起了越来越多的兴趣。已经发现，包括催化在内的耦合技术可能是一种合适的方法，特别是对于开发连续流动催化反应器和环境工作温度下超低浓度持久性污染物减排相关的重要问题。单一或混合多相催化系统的开发并非易事，必须面临气-液-固三相界面复杂性所固有的重大挑战。纳米技术的快速发展也促进了绿色化学制造与社会福利的结合。

▶ 3.5.2 有机污染物催化材料

水中污染物的催化转化是一个热门的话题，它是指主要使用氧化剂和还原剂的多种催化过程，其共同目标是将污染物转化为对环境和人类健康无害的产品。当提到通过多相催化处理废水时，主要挑战是确保：①它是一个实际的多相过程，这意味着它可能真的发生在催化剂表面，而不是通过活性氧化之间的直接反应发生在水中，或还原物质在氧化处理的情况下通过涉及催化剂溶解元素反应的均相催化；②催化剂的活性位点不需要外部再生；③完全转化为无害化合物，不形成其他有毒化合物。

湿式空气氧化（WAO）和 AOP 是两种主要的非均相催化氧化水处理类型。WAO 有着较严苛的运行条件，即在高温下，通常在 125～320℃之间，在较高空气压力或 O_2 压力下（在 0.5～20MPa 之间），更适用于污染物浓度高、流量较大的工况。这意味着热引发的自由基链式反应涉及有机污染物 RH 的有机自由基·R 以及无机自由基，其中羟基自由基（·OH）是最具氧化性的自由基。已经测试了多种金属氧化物作为催化湿式空气氧化（CWAO）在合适条件下的催化剂。AOP 在 1987 年被定义为在接近环境温度和压力下运行的水处理过程，并基于通过 O_3 或 H_2O 的化学或光化学分解产生·OH。AOP 的定义后来扩展到物理化学过程，例如光（催化）解、声解、电解和电离辐射，以及涉及其他强氧化剂（SO_4^-·和 Cl·）的技术。

3.5.2.1 Fenton 反应材料

最古老的 AOP 是 Fenton 过程，最初仅指 Fe^{2+} 活化 H_2O_2，这是一种均相催化过程，根据以下反应产生强氧化性的活性氧（ROS）。

$$Fe^{2+} + H_2O_2 \longrightarrow Fe^{3+} + \cdot OH + OH^-$$

$$Fe^{3+} + H_2O_2 \longrightarrow Fe^{2+} + HO_2\cdot \cdot + H^+$$

该方法的主要缺点是：①大量消耗昂贵的 H_2O_2，其中一部分转化为分子氧，然后在该过程中损失；②最佳 pH 值低于 3；③反应速率低，限速步骤是 Fe^{3+} 的还原；④在以污泥形式回收铁物质的过程结束时需要中和反应介质。将活性物质固定在固体上产生的多相芬顿催化剂，除了更好的回收率外，相对于均相芬顿催化剂其优势在于可以在 2～10 之间的 pH 范围内使用。然而，非均相催化剂存在的主要问题是在强氧化条件下不可避免地浸出铁，废水中络合剂的存在可能会加速浸出过程。

限制浸出的一种方法是将氧化铁催化剂固定在其他基质中，例如核壳结构或碳基质中。多壁碳纳米管（CNT）中固定水铁矿不仅增强了双酚 A（BPA）的去除效率，并限制了铁的浸出。金属有机骨架（MOF），尤其是那些含有铁阳离子的金属有机骨架（如 MIL 类）及其衍生物，由于其高吸附性能、易于控制设计和活性位点的数量而成为类芬顿水处理的有前途的催化剂。然而，含 Fe MOF 仍需改进，以克服 Fe(Ⅱ)/Fe(Ⅲ) 循环效率低和污染物传质缓慢的问题。通过将微污染物集中在活性位点附近的孔隙内来去除微量有机污染物，已成为一种有前途的策略。

由于 Fe(Ⅲ) 还原为 Fe(Ⅱ) 的缓慢动力学决定了非均相 Fenton 过程的全局动力学，因此已经开发了一些策略来加快活性 Fe(Ⅱ) 的再生速率，这是生产最活跃的 HO· 所必需的。其中一些策略是在催化剂中引入额外的电子。这可以通过应用外部电子源、通过将非均相芬顿工艺与电化学工艺（电辅助芬顿工艺）或光催化工艺（光-芬顿工艺）相结合或通过将芬顿催化剂与富电子材料相结合来实现。

光-芬顿工艺包括将半导体（TiO_2、$BiVO_4$、g-C_3N_4）与非均相类芬顿催化剂相结合。半导体上的光生电子转移到非均相芬顿催化剂上，用于还原 Fe(Ⅲ)，也有可能通过光催化直接降解有机污染物。根据以下反应，电辅助芬顿工艺还具有许多优点，例如不仅可以再生固定在催化材料中的铁物质，还可以再生浸出的 Fe^{3+}，以及原位生成 H_2O_2：

$$Fe^{3+} + e^- \longrightarrow Fe^{2+}$$

$$2e^- + 2H^+ + O_2 \longrightarrow H_2O_2$$

另一方面，光-芬顿工艺除了还原 Fe(Ⅲ) 物质外，还允许直接光解 H_2O_2：

$$Fe^{3+} + H_2O \longrightarrow Fe(OH)^{2+} + H^+$$

$$Fe(OH)^{2+} \xrightarrow{h\nu} Fe^{2+} + HO\cdot \ (\lambda < 580nm)$$

$$H_2O_2 \xrightarrow{h\nu} 2HO\cdot \ (\lambda < 580nm)$$

当铁物种与感光材料结合时，光-芬顿工艺是最有效的策略。也可以通过在催化材料中引入富电子物质来提供电子，例如 nZVI、碳材料（生物炭、CNT、GO）和金属硫化物（MoS_2、WS_2、Cr_2S_3、CoS_2）。另外，微波-芬顿和超声波-芬顿工艺等其他组合在多相催化剂存在下污染物去除效率方面取得了令人鼓舞的结果。

3.5.2.2 催化臭氧氧化材料

O_3 具有高氧化还原电位（2.07V），可直接用于降解水污染物，尤其是那些具有不饱和碳键的污染物。然而，由其高生成成本和单独实现顽固污染物完全矿化的中等效率，臭氧通常与其他水处理技术（如 H_2O_2、UV 照射或增加 pH）相结合，以促进 HO·的生成。1940 年代后期表明，根据类似于芬顿过程的机制，在水中添加过渡金属离子（如 Co^{2+}）可以催化 O_3 分解为更具氧化性的羟基自由基 HO·物质。此外，对于芬顿反应，pH 非常重要，但臭氧化反应可以在很宽的 pH 范围内进行。

然而，pH 控制形成的活性氧物质的类型。在 $pH<4$ 时，优先发生直接臭氧化，而在 $pH>9$ 时，催化臭氧化占主导地位，在 pH 为 4～9 的范围内，这两种机制都有。各种金属离子也可催化促进污染物矿化的效率，例如 Mn^{2+}、Fe^{2+}、Co^{2+}、Ni^{2+}、Zn^{2+}、Fe^{3+}、Ce^{3+}等，不仅促进羟基自由基的产生，而且通过与污染物形成络合物，尤其是低分子量酸，因此有利于它们的降解。

许多类型的非均相催化剂已有效地应用于各种污染物的催化臭氧化。其中大部分是基于使用金属氧化物或羟基氧化物，如 Fe_2O_3、MnO_2、FeOOH、Fe_3O_4、Al_2O_3、AlOOH、MgO、CeO_2、TiO_2、ZnO、Co_3O_4；或混合金属氧化物，如尖晶石铁氧体 MFe_2O_4（M＝Mn、Cu、Ni、Co 等）；或钙钛矿 $LaMO_3$（M＝Mn、Fe 等）。这些氧化物可以单独使用，也可以负载或结合在另一种氧化物中，以改善它们暴露于反应物的表面及其稳定性。例如，载于介孔 Fe-MCM-41 上的锰和铈氧化物被证明对草酸的矿化有效，草酸是一种需要苛刻条件才能分解的顽固污染物。此外，各种沸石，通过改性可以实现多种参数的组合，包括它们的孔隙尺寸、高表面积、亲/疏水性和调节二氧化硅与氧化铝比例引起的酸度变化。负载在金属氧化物上的纯金属也是臭氧化的活性催化剂，通过促进 HO·的产生或有机污染物的吸附。基本上有三种机制可以解释催化剂与有机污染物和 O_3 的相互作用：①O_3 吸附在催化剂表面，分解成活性自由基，与水中的污染物发生反应；②有机污染物吸附在催化剂表面与水中的 O_3 反应；③O_3 和有机污染物在它们反应的催化剂表面上的吸附。

鉴于这三种机制的报道独立于催化剂的类型，文献没有提供选择合适催化剂的明确策略。当然，为了使吸附最大化，除了要有高表面积，其他参数在臭氧活化或污染物吸附中也发挥着重要作用：用于促进 HO·生成的表面羟基基团；pH 决定的氧化物的零电荷点（pzc），也就是羟基基团的电荷，关系到对于离子化污染物分子的吸附；结构缺陷；表面功能性。路易斯酸位点（LAS）也经常被认为是吸附 O_3、路易斯碱或阴离子（如羧酸阴离子）的重要因素。然而，由于 LAS 在反应条件下主要与水分子反应，其对催化活性的有益影响并不明显，可能与水中羟基的形成有关。

令人惊讶的是，金属氧化物的氧化还原行为往往被忽视，而它是金属氧化物在其他氧化反应中催化活性的关键点。催化臭氧化过程的挑战在于能够稳定活性物质的混合价态并有利于 Mn^{2+}/Mn^{+} 循环，同时降低粒径以增加它们对反应物的可及性。对于非极性分子，一些疏水功能可以结合在催化剂表面用于吸附。在沸石的情况下，可以使用具有高二氧化硅含量的固体。另一个关键点是活性相的固定效率，以避免其在反应条件下的浸出。

碳基材料（如活性炭）、碳纳米管、石墨碳氮化物或氧化石墨烯是用于臭氧化过程的其他类型的活性催化剂。至于金属氧化物，已经提出了许多类型的机制，这意味着表面官能团（含氧官能团）或掺杂剂已被证明是比表面积更重要的关键参数。令人惊讶的是，在某些情况下，提出了碱性位点是高反应性的原因，这似乎与为酸性位点起主要作用的金属氧化物催化剂提出的机制相矛盾。在最近的综述中报道了基于使用纳米碳材料的多相催化臭氧化的进展。无论研究何种非均相催化剂，由 O_3 产生的羟基自由基 HO·或超氧自由基 O_2^-·物质是最常提出的活性物质。然而，由于 O_3 具有高氧化还原电位，污染物也可以通过 O_3 氧化而发生非自由基氧化过程，不仅直接在均相中，而且通过催化剂间接地接触反应。在后一种情况下，催化剂可能有利于电子迁移率，因此电子从分子转移到臭氧，或 O_3 和有机分子的吸附有利于分子间电子转移而没有 O_3 离解。通过 O_3 的催化解离形成高活性单线态氧 $^1O_2$ 也作为水中污染物氧化的替代途径。非自由基氧活性物质的优势是它们对水基质中存在的清除剂具有很强的抵抗力。图 3-7 总结了各种臭氧化反应途径。

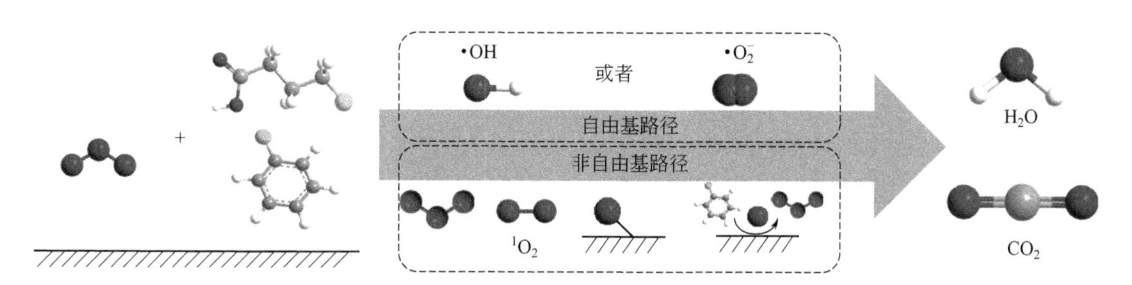

图 3-7 用于水处理的催化臭氧化过程中涉及的各种活性氧

3.5.2.3 催化硫酸根自由基氧化材料

在 1990 年代，通过 O—O 键的均裂或异裂裂解从过氧单硫酸盐（PMS）或过氧二硫酸盐（PDS）产生高氧化性的硫酸根自由基（SO_4^-·）作为 H_2O_2 的有效替代方案。PMS 和 PDS 的一个主要优点是它们表现出比 H_2O_2 更小的 pH 依赖性。应该注意的是，在 pH 高于 8.5 时，OH^- 被 SO_4^-·氧化，产生·OH 和 HSO_4^- 物质，而·OH 成为主要的氧化物质。SO_4^-·与有机化合物的反应与·OH 类似，但与可能氧化多种有机污染物的·OH 相反，SO_4^-·更具选择性，其反应性取决于底物。对于水处理，可以使用物理技术（如紫外线照射或超声波应用）或通过化学活化（如芬顿反应中的电子转移、使用均相中的过渡金属离子 Mn^+ 来促进 O—O 键解离）来对 PDS 和 PMS 进行活化。基于金属（Fe、Ni）、金属氧化物（Co_3O_4、MnO_x）的多相催化剂，无论是单独的、负载的（载体＝TiO_2、Al_2O_3、SiO_2、MnO_2、MgO、氧化石墨烯、沸石 ZSM-5、SBA-15）或作为混合氧化物（尖晶石铁氧体 MFe_2O_4，M＝Co、Cu、Mn、Ni、Mg 等）也被报道用于 O—O 键断裂：

$$S_2O_8^{2-} + Mn^{n+} \longrightarrow Mn^{n+1} + SO_4^{2-} + SO_4^- \cdot$$

$$HSO_5^- + Mn^{n+} \longrightarrow Mn^{n+1} + OH^- + SO_4^- \cdot$$

金属有机骨架（MOF），含有过渡金属阳离子，如含有 Fe^{2+} 和二羧酸的 MIL，或由阳离子如 Co^{2+} 或 Zn^{2+} 和咪唑盐组成的 ZIF，作为 SO_4^- 生成的催化剂也表现出有趣的特性。它们包括大表面积、高孔隙率、吸附污染物的能力，以及可将过硫酸盐活化为强氧化物质的不饱和金属位点的可及性。碳基材料（活性炭、氧化石墨烯或碳纳米管）也构成了另一类非均相催化剂，在 PMS 或 PDS 存在下对有机污染物的矿化具有活性。有研究报道了 PMS 和 PDS 使用碳基材料作为多相催化剂去除多种污染物的性能进行的研究。

由于 PMS 和 PDS 等过硫酸盐具有高氧化还原电位（2.08V 和 1.81V），因此它们可以直接氧化有机污染物，也可以通过有氧化还原作用的催化材料氧化有机污染物。一方面，已经给出了未活化过硫酸盐和有机分子之间直接相互作用的明确证据。例如，有研究证实了 PMS 与微污染物甲氧苄啶（一种在杂环上具有氨基的抗生素）之间的直接相互作用。降解途径选择性地产生羟胺中间体，其毒性小于通过深度氧化获得的亚硝基和亚硝基产物。另一方面，在碳材料（碳纳米管、石墨化纳米金刚石）、CuO 或贵金属（例如 Pd、Au）存在下有利于电子从污染物转移到过硫酸盐的非自由基机制也已经得到证实。也有人提出单线态氧$^1O_2$，由过硫酸盐自分解产生，或在某些铁基材料上与超氧自由基（O_2^- •）一起产生，也应该是源自过硫酸盐的氧化物质；$^1O_2$ 可以与自由基物种平行产生，即使其明确的鉴定仍有待讨论，该反应路线应继续研究。

3.5.2.4 催化湿式氧化（CWAO）材料

湿空气氧化（WAO）是在高温和高压下在氧气下运行的水热过程，旨在以中等负荷（化学需氧量 COD 通常在 20g/L 和 200g/L 之间）氧化水溶液中的有机或无机污染物。因为可以从氧化反应的放热中回收能量，这是一个非常有效的过程。WAO 允许转化难处理的污染物。WAO 是一项成熟的技术，在世界各地都安装了工业装置，主要用于处理污水污泥。由于在该过程中施加了高压（0.5～20MPa）和温度（125～320℃），大量的 O_2 溶解在水中，导致自由基的形成，包括高活性氧物质如羟基自由基，这将在产品的形成中发挥作用。基于铜盐的过渡金属催化剂的使用在一定程度上缓解了苛刻的操作反应条件，但代价是增加了额外的处理步骤以回收催化剂。这个缺点可以通过使用非均相催化剂来解决。用作催化剂的固体必须具有一定的机械和化学稳定性，不仅对高温和高压，而且对 CWAO 过程中生成的难溶羧酸而形成的腐蚀环境。因此，活性物质的浸出是该过程的主要关注点。

出于这个原因，即使非贵金属过渡金属由于其低成本而应该成为首选，但是贵金属基催化剂仍然值得研究和开发。由于它们对 CWAO 的高活性，Pt、Pd 和 Ru 是研究最多的贵金属，负载在各种氧化物上，例如 Al_2O_3、CeO_2、$Ce_xZr_{1-x}O_2$、TiO_2、MnO_x-CeO_x、TiO_2-CeO_x 等。即使在反应条件下的阻力可能受到限制，也被用于产生非常活跃的催化剂。载体的选择还取决于其有利于氧转移的能力，例如具有氧化还原特性的 CeO_2 载体。贵金属基非均相催化剂作为模型分子已被有效地用于去除有机污染物，其中苯酚以及羧酸（琥珀酸、苯甲酸或小分子不易燃烧的酸如乙酸等）和氮化合物被深入研究。除了模型分子，来自纸浆和造纸厂的工业废水或染料废水，也可以用 CWAO 工艺来进行处理。虽然载体负载降低了金属浸出的可能性，但流出物中可能存在的硫和卤素以及积碳仍然会对活性位形成阻隔，从而抑制催化剂的活性。由于成本更低、可用性更好，非贵金属基催化剂也被大量应用到 CWAO 工艺的研究中。与贵金属相比，通常需要更高的金属负载量才能达到理想的活性。当前的趋势是降低反应温度和压力以提高催化剂稳定性，因为非贵金属在高腐蚀性的经典CWAO条件下会发生浸出。在这种情况下，有机物完全矿化成二氧化碳并不总是可能的，但污染物可以转化为可生物降解的化合物，这使得该过程仍然值得关注。例如，研究表明，在标准大气压力和低至70℃的温度下，CWAO可以将含有吡啶及其衍生物的不可生物降解的工业有机废物利用CeO_2负载的MnO_x/Al_2O_3转化为可生物降解的化合物。

CWAO的另一个趋势涉及有机污染物的增值。例如，通过调整工艺，可以获得有价值的气体，例如沼气（$CO+H_2$）、H_2或烷烃，而不仅仅是二氧化碳。这可以通过将CWAO工艺与在类似条件下操作的水相重整（APR）相结合来实现。在这种情况下，目标是实现污染物的部分氧化，并通过将氧化产物转化为H_2或烷烃来提高氧化产物的价值。例如，虽然苯酚等芳香族化合物的直接APR会产生CO_2，但它们之间通过CWAO处理会产生羧酸，然后这些羧酸更容易通过APR转化为有价值的气体。证明苯酚的APR产生96.4% CO_2，而CWAO-APR耦合则得到CO_2（77.6%）和CH_4（22.4%）的混合物。

3.5.3 新污染物催化材料

随着工业化和城市化进程的不断推进，由废气、有机物、聚合物和生物质等引起的污染问题变得日益严峻。部分人工合成的有机污染物尽管在环境中浓度很低，但仍具有较高的毒性，其中就包括以抗生素、内分泌干扰物等为代表的新兴污染物。这些有机物通常分子量较小且化学结构稳定，难以在自然环境中自发降解，也不易被微生物降解，因此传统净水厂的混凝、沉淀、过滤、消毒工艺以及污水厂的活性污泥工艺对于这些有机物的处理效率非常低下，从而给饮用水供水安全以及自然水环境带来了潜在的安全隐患，这就需要通过高效且“绿色”的处理技术将这些污染物转化为非毒性（或低毒性）且不产生二次污染的物质。在过去几年里，一些物理方法和化学方法已经用于解决这一问题。物理处理技术主要包括吸附、超滤、絮凝等，化学处理技术主要包括臭氧氧化、紫外辐照、双氧水氧化、半导体光催化降解、超临界水氧化、芬顿工艺、电化学处理、酶处理工艺等。

3.5.3.1 光催化材料

(1) 氧化物光催化材料

在光催化中，具有足够高能量的光子被材料或分子化合物吸收，并且光子的能量在产生瞬态时转化，该瞬态源自电子激发从占据轨道到未占据轨道或来自电子态。光催化剂，通常存在于微秒时间尺度，可以促进底物和其他化合物的化学反应。在分子物质中，这些电子激发态涉及HOMO-LUMO跃迁，但在最常见的半导体固体光催化中，光子吸收会产生瞬态电荷分离状态，电子在导带（CB）中，正电子空穴在价带（VB）中。如果电子和空穴分离并移动到材料表面的不同点，它们可以在基材中独立促进导带电子的化学还原和价带空穴的化学氧化。电子-空穴复合，无论是在该位置还是在发生电荷分离或电荷迁移和随机重组之后，都是降低光催化过程效率的主要能量浪费过程。光催化反应机理如图3-8所示。

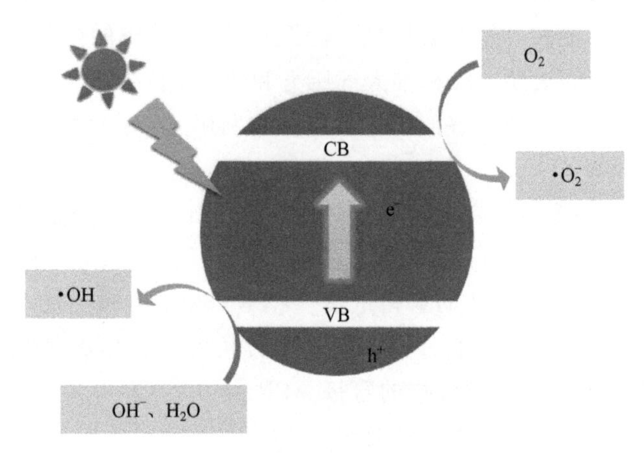

图 3-8 光催化反应机理示意图

20 世纪 80 年代初，人们认识到使用半导体，特别是 TiO_2 进行光催化从水中去除污染物的潜力，并从那时起一直是一个活跃的广泛研究领域。使用光催化进行环境修复的原因是光催化剂暴露在环境中产生活性氧物质的能力得到充分证明，该能力引发了一种普遍的非特异性机制，导致范围广泛的化合物氧化，包括大多数有机化合物。由于有机化合物完全光催化氧化的最终产物是无害的 CO_2 和 H_2O，因此这种理想的完全光催化过程将对应于稀释的有机化合物在接近环境温度甚至在水相中的矿化或燃烧。涉及活性氧物质的光催化污染物降解的一般机制适用于高级氧化技术的广泛领域，在光催化过程中不需要使用除空气或水分以外的氧化化学品并且光催化过程需要光子发生。光子可以被认为是最清洁的化学试剂，不需要额外的处理来去除任何副产物，而其他高级氧化过程则不能避免附加的处理程序。

最近的一些发现侧重于使用光催化去除水中特定的工业、农业和制药污染物，研究最多的是与纺织工业相关的染料以及颜料、杀虫剂、抗生素、卤代有机化合物和重金属。总的来说，这些研究反映了人们对某些类型的人为来源的化合物和代谢物的日益关注，并发现了这些化合物和代谢物对人类健康的负面影响，例如激素等效物、内分泌干扰物和其他生物效应，即使在低浓度或超低浓度下也是如此。

如前所述，光催化用于环境修复和污染物降解的优势在于，在半导体与环境接触的电荷分离状态下，只要电子和空穴有足够的能量与这些物质反应，就可以产生活性氧物质。这是因为暴露于空气和水或湿气中，大多数半导体的电荷分离状态更倾向于以 O_2 作为导带电子的最佳电子受体和 H_2O 作为价带空穴的最佳电子供体。通过这种方式，从 O_2（通过还原）或 H_2O（通过氧化）开始，生成高反应性自由基。这些氧自由基可以通过质子转移或者电子耦合的质子转移过程在它们之间相互转化。光催化剂是将光转化为化学能的关键成分。最广泛使用的光催化剂是无机半导体。在测试任何可能的半导体在水处理中的性能方面已经做出了相当大的努力。由于其固有的光催化稳定性，半导体金属氧化物如 TiO_2、ZnO、CuO、Fe_2O_3、WO_3 和 CeO_2 或含氧盐如钙钛矿已被广泛研究。

关于半导体，毫无疑问，TiO_2 仍然是最重要的光催化剂，大量研究集中在提高其活性上。然而，虽然 TiO_2 在紫外光下表现出高光催化活性，但锐钛矿光响应的开始（约 380nm 对应于 3.2eV）正好在到达地球表面的太阳发射光谱的极限，因此，其在阳光照射下的活性很低。缺乏太阳光响应和高电荷载流子复合率，意味着大多数吸收的光子是无用的，这是 TiO_2 的主要缺点，也是光催化的主要缺点。为了克服这两个重要的限制，人们付出了很多努力来调节 TiO_2 光响应并提高效率。因此，自从光催化开始用于废水处理以来，已经大量报道了通过各种手段制备的 TiO_2 的光催化剂。金属和非金属元素的掺杂，表面非晶化以呈现“黑色二氧化钛”，优先晶面生长，纳米尺度的空间结构化以及与其他半导体和助催化剂形成异质结以提高光催化 TiO_2 效率。

除了 TiO_2，还有其他半导体金属氧化物也被研究用作废水处理的光催化剂。ZnO 是一种宽带隙半导体，具有与 TiO_2 相似的导带和价带电位，在紫外光下表现出较大的活性。主要问题之一是即使在温和的酸性条件下这种金属氧化物的稳定性也不高。ZnO 在强碱性条件下也不稳定。因此，使用 ZnO 作为 TiO_2 的替代品没有优势。关于 TiO_2 稳定性或缺乏明显优势的类似结论也适用于其他金属氧化物。

(2) 金属有机框架光催化材料

金属簇与刚性多齿有机配体连接形成多孔的金属有机框架（MOF），其在许多方面有着类似于分子过渡金属配合物的性质，但将这些金属配合物固定在开放网络中，使其能够通过晶体孔隙接触污染物。如图 3-9 所示，MOF 的主要优点是高表面积、大孔径和体积以及相当大的组成和结构灵活性。MOF 通过考虑金属节点周围的配位几何形状和有机接头的结合方向性，可以进行大量的设计。

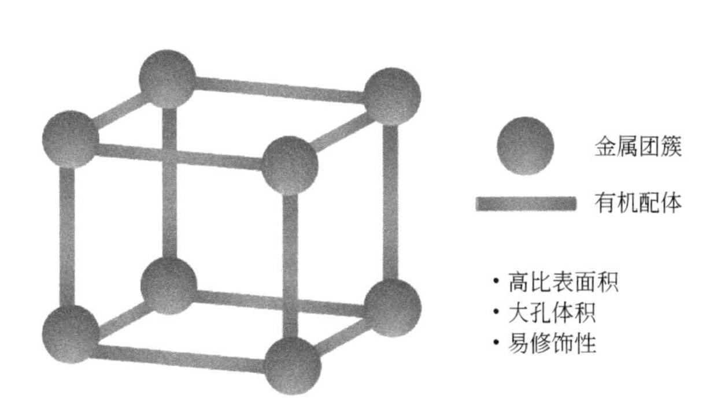

图 3-9 MOF 结构的示意图

MOF 还可以进行合成后修饰，以使其结构适应其作为光催化剂的作用。一种常见的合成后处理是掺入金属氧化物或金属纳米颗粒，它们具有助催化剂的作用，有利于电荷载流子捕获并将其转移到基材上。在其中一个实施例中，三金属 Cu-Co-Ni 纳米粒子均匀地掺入 MIL-101(Fe)-NH_2 中，所得材料表现出可见光光催化活性，可使用痕量 H_2O_2 去除阳离子亚甲基蓝和阴离子结晶紫染料。由于 MOF 结构基于比共价键弱的金属配体配位键，因此 MOF 的稳定性也经过仔细研究。MOF 用于水处理的光催化活性依赖于至少三个可能的中心，包括活性金属节点、连接体或封闭客体。在使用内部空隙空间包括光活性客体的一个示例中，原子团簇，例如 PW12 杂多金属氧酸盐，也已被结合到 MOF 中，并且所得的客体-主体材料用作光催化剂，用于在水中降解药物。除了金属和金属氧化物纳米粒子外，碳点作为光收集器和电荷捕获剂在光催化领域也引起了相当大的关注。例如将碳量子点和 MIL-88B(Fe)-NH_2 复合，用作 Cr(Ⅵ) 还原和亚甲蓝氧化的可见光光催化剂。碳点-MIL-88B(Fe)-NH_2 材料是一步合成的，并且增强的光催化活性源于碳点作为电子受体的作用，从而提高了光致电荷分离的效率。

通常，光催化活性随着两种或多种半导体的组合而增加。这些系统通常被称为“异质结”，并且根据两个组件的能带排列，可能会出现各种可能性（图 3-10）。这些异质结也被报道使用 MOF 作为组分。例如，已发现 $AgVO_4$ 和 ZIF-8 的异质结对罗丹明 B 的降解比单独的组分更有效。在另一个例子中，有报道称在 MIL-101(Fe) 中掺入红磷表现出对四环素降解具有出色的活性，该复合材料稳定且可重复使用。ZIF-67 和红磷的异质结对 Cr(Ⅵ) 盐的还原和罗丹明 B 的氧化具有光催化活性。超薄 2D 纳米片特别适合作为异质结中的组件，因为比表面积更大，并且在 2D MOF 中暴露于异质结的原子比例更高。这种异质结与 2D MOF 的一个特殊情况是 BiOBr 和超薄 MOF 纳米片形成 Z 型光催化剂。混合金属 MOF 可以表现出增强的光收集性能，并且在异质结中，这些 MOF 可以充当光敏剂。一个例子是 Ce 掺杂的 MIL-101-NH_2 与 Ag_3PO_4 形成异质结，该异质结对亚甲基蓝的脱色表现出高光催化活性。

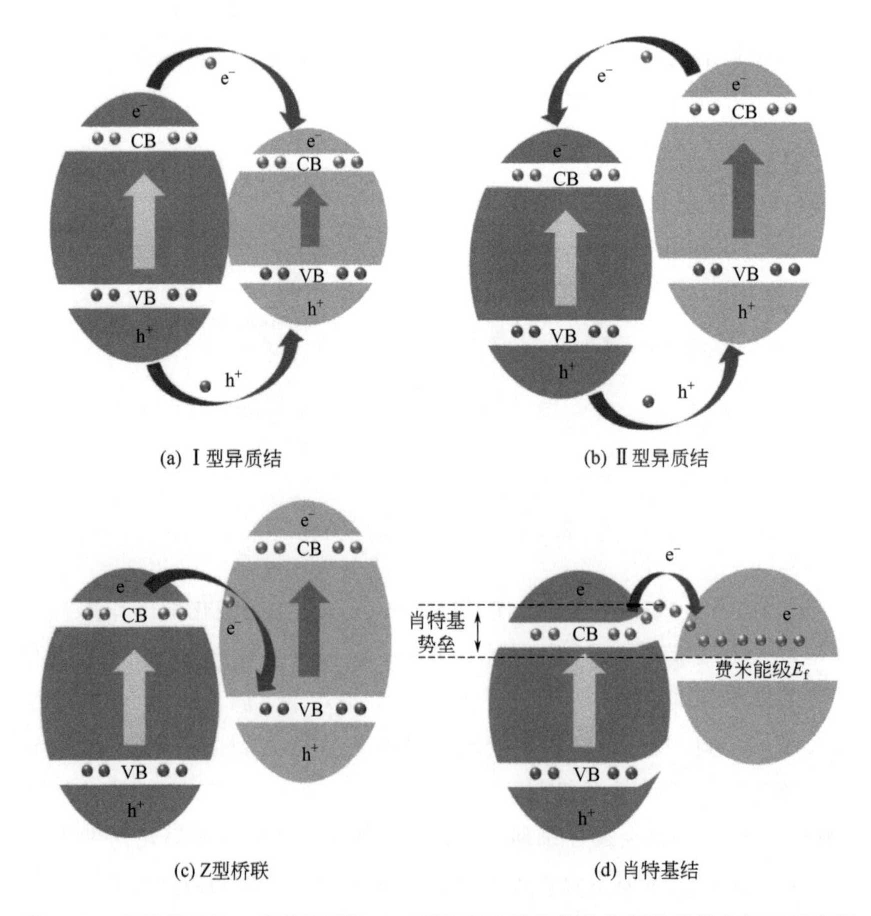

图 3-10　Ⅰ型异质结、Ⅱ型异质结、Z 型桥联和肖特基结的载流子转移机理示意图

(3) C_3N_4 光催化材料

石墨氮化碳(g-CN)的理想结构是具有s-三嗪和s-庚嗪单元的聚合物(图3-11)。制备过程决定了g-CN的质量及其光催化性能和光稳定性。与石墨烯一样,通过掺杂氮、硼、硫、磷等元素,可以增强g-CN用于水处理的光学性能和光催化活性。

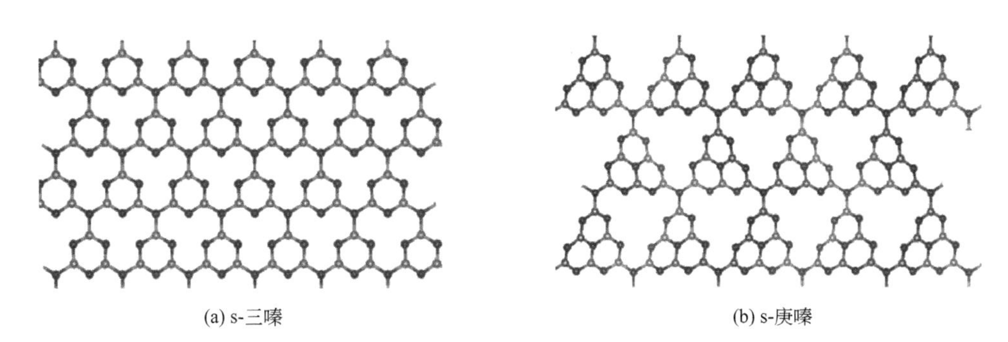

(a) s-三嗪　　(b) s-庚嗪

图3-11　C_3N_4 的s-三嗪和s-庚嗪结构示意图

在负载型光催化剂的制备中使用天然、可再生的原料代表了朝着可持续性和更好地利用资源的方向发展。文献报道了聚酯负载的全生物基含氧g-CN用于水处理。通过微波热处理盐酸胍和三(羟甲基)氨基甲烷形成g-CN。聚酯是通过甘油和油基二聚体和柠檬酸的混合物无溶剂缩合获得的。除了基于甘油的聚酯,g-CN还可以负载在皮克林纤维素泡沫、碳纳米管和许多其他基材上,从而更容易回收。g-CN被用作异质结中的一个组分和用于水处理的多组分光催化剂。在各种系统中,结合g-CN和 TiO_2 以及MOF的系统已得到深入研究。

(4) 光催化相关实际应用

由于处理时间长,需要透明度和低浊度,当污染物浓度高时,光催化不能成为首选的废水处理技术。当污染物浓度或总有机碳含量在1mg/L或以下范围内时,光催化可能是首选技术,因为其他替代方法,特别是高级氧化工艺,在此浓度范围内成本更高。因此,光催化结合膜过滤特别适合作为去除或灭活水中微量和超低浓度污染物的二级处理,但光催化具有降解或灭活微量污染物的优势,而膜必须在失去渗透性后进行处理。

由于公众普遍关注抗生素和其他治疗药物在人类和水生环境中的负面影响,即使在低浓度下,光催化微污染物降解这一领域也引起了人们的广泛关注。有文献对光催化处理低浓度污染物领域进行了综述。当污染物浓度较低时,可以使用太阳光或人工紫外线进行光催化照射,并且该过程可以在连续流动下进行。除了 TiO_2 及其异质结之外,其他光催化剂(如氮化碳)也经过测试以应对这些低浓度的新污染物,并发现比其他替代品更有效。

考虑到微污染物的低浓度,一个有趣的问题是淡水中天然存在的类似或更高浓度的其他有机化合物可能对降解效果产生影响。特别是,腐植酸和黄腐酸以及其他天然或人为性质的有机物会对微污染物的光催化降解性能产生不利影响。为了解决这个问题,除了模型水溶液之外,有必要进行实验,其中也存在这些可能的猝灭剂。

对于污染物浓度高于 1mg/L 或所需处理水的水质要求较高的废水，将光催化与其他兼容技术相结合更为方便。虽然高级氧化过程中许多研究的目标是污染物的完全矿化，但具有成本效益的方法可能是将温和的光催化过程与随后的生物处理相结合。这一两步法成功背后的基本原理是，光催化是一种氧化处理，可增加污染物中氧的占比，降低其分子量，这两种效应通常对提高有机物的生物降解性是积极的。一个可以作为其他案例模型的明显例子是苯酚，一种不可生物降解的有机分子。通过对光催化处理前后苯酚溶液的生物需氧量和最终总有机碳的比较，得出光催化过程提高了模型苯酚水溶液的生物降解性。

光催化已被广泛研究并用作高级氧化纯化过程的暗方法的补充。使用光催化剂，收集更长波长的光子克服了高级氧化过程中催化剂难以再生的问题，通过产生高能导带电子和价带空穴来促进氧化剂的分解。然而，虽然氧化剂促进了光催化的作用，但主要缺点是增加了辐照设备的成本以及添加化学试剂的操作成本。使用光催化进行水处理的另一个主要限制是污染物的完全降解通常需要活性氧物质的多次作用，但在完成矿化的过程中，随着副产品的氧化程度越来越高，进行进一步的氧化作用越来越难以进行。短链羧酸，如乙酸、丙酸和草酸，通常是污染物深度光催化降解的最终产物。这些羧酸中的一些仅被羟基自由基选择性地进一步降解，而其他活性氧物质不能活化它们。这意味着完全降解的辐照时间可能太长而没有实际意义，并且必须在总碳或有机碳含量的减少和光催化处理的持续时间之间折中。

值得注意的是，大多数光催化过程遵循一级动力学。因此，通过进一步增加辐照时间，污染物浓度的相对降低变得越来越小。因此，在光催化中，应在合理的辐照时间和最大污染物浓度降低之间折中。考虑到人工光源的成本以及光反应器的体积和设计，照射时间的优化尤为重要。换句话说，虽然遵循一级动力学的光催化可能是降低污染物浓度的有效处理方法，但对于污染物的完全矿化来说，它的成本似乎太高了。因此，光催化与其他互补技术（如微滤/超滤、生物降解、电渗析等）的结合可能更具成本效益和优势。

3.5.3.2 光电催化材料

光催化与电催化过程的耦合是一种通过阻碍电子-空穴（e^-/h^+）对的复合来增加空穴寿命的有趣方法。因此，该过程需要光能和电能，这允许通过在其上沉积半导体的导电表面上施加小的偏压，来分离在半导体表面光生成的 e^-/h^+ 对。与电催化相比，由于来自光源的光子参与到过程中，污染物完全矿化所需的电位要低得多。对于 n 型半导体，阳极处的光生电子被外部电路提取，集中在阴极，不能与空穴复合（图 3-12）。只有阳极表面的空穴仍然用于与水进行表面反应以产生强氧化性羟基自由基物质或直接与污染物反应以降解它们。即使水污染物氧化的研究主要集中在光阳极上，转移到阴极的光生电子也可用于提高有机污染物的降解效率，因为溶解氧可以被还原产生活性氧，其性质取决于阴极的组成。电子也可以被收集，光催化燃料电池能够在太阳能下处理废水的同时产生电能。电子也可以用于水分解产生清洁的 H_2 能源。

对于光电催化，必须将半导体沉积在导电基底上，构成光电极。因此，光电催化至少涉及两个界面，一个在半导体和导电基板之间，另一个在半导体和电解质之间。因此，光

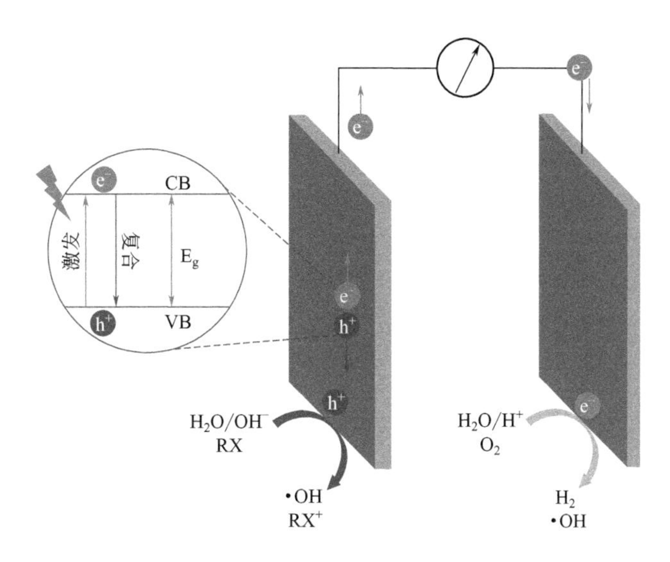

图 3-12 沉积在光阳极上的 n 型半导体的光电催化过程示意图

电催化过程的性能取决于所有成分，不仅取决于电解质（温度、pH 值、溶解氧化剂的存在、电解质离子）以及半导体的性质和形态，就光催化而言，还取决于基底的性质。为了改进工艺，特别是向反应物的电荷转移，可以在半导体和电解质之间引入助催化剂以及在半导体和助催化剂之间引入中间层，以更好地改善电荷分离和转移并保护光阳极免受腐蚀。另一方面，导电衬底-半导体界面对于电子收集过程至关重要，可以在半导体和导体之间插入各种中间层导电基以提高电子的提取效率。

(1) 常见的光电催化材料

关于光电催化水处理的第一次研究是在 1990 年，其形式是通过将 TiO_2 粉末沉积在各种导电基材［如导电透明玻璃、掺氟氧化锡（FTO）或氧化铟锡（ITO）玻璃、Ti 板］上而获得的低孔隙率薄膜。它被证明是一种高效的光电催化剂，可降解多种污染物，例如氯酚、各种染料或双酚 A。各种类型的纳米结构 TiO_2 证明了它们对许多污染物的光电催化降解的效率。

p-n 异质结光阳极也构成了有前途的光电催化材料。当两个具有不同费米能级的半导体接触时，光生的 e^- 和 h^+ 交换，直到达到热力学平衡，产生两个带相反电荷的区域：一侧为 e^-，另一侧为 h^+。这种材料可以调节光阳极空穴的氧化能力，以限制副产物的形成。通过将 WO_3 与 $BiVO_4$ 结合，可以调整价带位置，从而调节光生空穴的氧化能力，避免氨和氯化物的过度氧化。导电聚合物，如聚苯胺（PANI）、聚吡咯（PPy）或聚 3,4-乙烯二氧噻吩（PEDOT）还可作为电子受体、电子供体和光敏剂，可通过旋涂或电聚合沉积在 TiO_2 等无机半导体上，以提高其光电催化性能。因此，PPy 改性的 TiO_2 纳米管阵列被认为是一种 p 型半导体，构成了一种有效的 *p-n* 异质结，用于通过光电催化脱色亚甲基蓝，与未改性的 TiO_2 纳米管相比，在紫外光或可见光下具有更高的降解率。PPy 不仅增加了紫外线照射下的光电流密度，而且扩大了光电极对可见光的光吸附范围。

(2) 光电催化和电催化协同去除新污染物

光电催化和电还原相结合在废水处理中的主要应用涉及通过光电催化氧化同时去除有机污染物和通过电还原同时去除重金属。除了使用光生电子来减少污染金属外，这两个过程之间可能会产生协同作用，与单一过程相比，加速了这两种污染物的去除。通常施加小的外部偏置电位或电流以增强光电阳极处光致 e^-/h^+ 的分离，其中有机污染物发生氧化，而重金属在阴极处被还原。一方面，这种组合工艺可用于完全处理含有这两种污染物的废水。因此，大部分研究致力于将 Cr(Ⅵ) 还原为毒性更低的 Cr(Ⅲ)，而许多有机污染物则使用这种组合过程进行降解，例如亚甲蓝、四环素或苯酚。已经观察到苯酚的存在提高了 Cr(Ⅵ) 的还原率，这归因于有机污染物作为空穴捕获的作用，而 Cr(Ⅵ) 的还原消耗了不能与空穴复合的光生电子，促进苯酚降解。

由于光生 e^-/h^+ 更好分离，*p-n* 异质结也可用于光阳极材料以增强氧化性能。文献报道了由沉积在 3D Ni 泡沫 NiFeLDH 表面上的 Co_3O_4 纳米线制成的复杂光电阳极，来通过光电催化过程去除双酚 A（BPA），同时在阴极还原 Cr(Ⅵ)。使用可见光在 0.7V 的施加电压下 BPA 和 Cr(Ⅵ) 的去除超过 95%，而光催化仅去除 40%～45%，电催化法只去除了 13%的 BPA 和 5%的 Cr(Ⅵ)。另一方面，由于重金属和螯合剂之间可能存在相互作用，光电催化和电还原的耦合可以解决废水处理的一个重要问题，这是传统沉淀工艺去除金属离子的主要限制。因此，螯合剂［例如酒石酸盐、柠檬酸盐或乙二胺四乙酸（EDTA）］可能在光电阳极处被破坏，有利于释放的金属离子在阴极处的回收。

(3) 光电催化污染物降解与燃料电池相结合

光催化燃料电池（PFC）是一种很有前景的工艺，旨在将废水光电催化处理与能源生产相结合。在这个过程中，由光催化剂制成的光阳极浸入含有污染物的溶液中，阴极与另一个隔室中的电解质溶液接触。辐照后，光电阳极产生 e^-/h^+，电子通过外部电路转移到阴极发电，而空穴氧化废水中的水和其他化合物。该过程的主要优点是不需要对光电催化污染物降解施加外部偏差，从而降低了该过程的整体能耗。这种组合系统的性能取决于光电阳极和阴极的性质，但 PFC 性能主要取决于光电阳极吸收可见光和有效分离 e^-/h^+ 的能力。许多水污染物，如醇类（甲醇、乙醇、丙醇）、多元醇和糖类（甘油、木糖醇、山梨糖醇、葡萄糖等）或其他污染物（氨、尿素、表面活性剂等）都可以通过光降解。基于 TiO_2 的光阳极已成功用于此类应用，但很快被可见光响应光阳极和最近的异质结先进材料（如 $BiVO_4/WO_3/W$、$BiVO_4/TiO_2$，或 WO$_3$/ZnO/Zn）取代。例如，负载在六角棒状 ZnO/Zn 上的 WO_3 构成了一种非常有效的光阳极，不仅用于转化苯酚，而且还首次用于处理高 COD 浓度的实际食品废水，COD 的去除效率为 63.6%，同时电池产生的功率密度 P_{max} 达到了 $0.498\mu W/cm^2$。

其他具有三重功能的系统能够在阴极产生氢和电子，同时在光阳极降解有机污染物。最后，在污染物的光电催化转化与增值过程相结合的领域，最近的进展涉及合成气的生产，通过将光阳极产生的 CO_2 在阴极还原为 CO，同时将水还原为 H_2，从而产生合成气或甲烷。

3.5.4 无机污染物催化材料

氮循环是生物圈的基本元素循环。过度施肥和工厂排放等人为活动的干扰导致全球氮循环失衡，对环境和公众健康构成威胁。在过去的几十年里，硝酸盐的常规生物、物理和化学处理已经得到应用。生物反硝化法利用微生物在适当的细菌生长环境下转化和去除硝酸盐。但是，产生的污泥和可能产生的病原菌限制了生物反硝化法的广泛应用。至于物理去除方法，例如反渗透和离子交换，它们侧重于置换，而不是消除。因此，产生的含二次硝酸盐的盐水需要额外成本的后处理。化学还原是将硝酸盐选择性地转化为某些理想产物的另一种方法。化学还原的驱动力可分为热能、光能和电能。其中，硝酸盐的电化学还原被认为是一种很有前途的方法，因为使用绿色电子作为还原剂、环境操作条件以及所需的二次处理的缺乏。这一过程有利于将硝酸盐从环境保护的角度转化为无害的二氮，或从“变废为宝”的角度转化为可回收氨。为了设计和合成用于还原硝酸盐的高效电催化剂，有必要对其反应机理有一个基本的了解。反应机理涉及四个方面，包括含氮活性中间体、催化剂中活性中心、活性中间体与活性物种之间的相互作用以及动力学分析。

3.5.4.1 氮还原路径

硝酸盐还原是一个复杂的多电子转移过程，涉及许多+5 至－3 价态的含氮物质。对热力学最稳定的产品 N_2 和氨/铵进行了深入研究。从环保的角度来看，无害的氮气是最理想的产品。以“变废为宝”为目标，目标产品为可回收氨。

如图 3-13 所示，硝酸盐电还原过程分为两部分，包括间接自催化还原途径和直接电催化还原途径。当硝酸盐不参与电子转移过程时，称为间接自催化还原。硝酸盐的直接电还原包括两种途径：一是活性吸附氢原子（H_{ads}[1]）的调节，二是来自阴极的电子还原。在吸附氢介导的途径中，电子首先将阴极表面吸附的 H_2O 还原形成 H_{ads}。然后，H_{ads}通过 $NO_{2\ ads}^-$、NO_{ads}、N_{ads}、NH_{ads}、NH_{2ads} 等中间体逐步将硝酸盐直接还原为 NH_4^+。值得注意的是，两个 N_{ads}可以结合在一起产生 N_2。N_{ads}的计算迁移势垒（ΔE_a）为 0.75eV，远高于 H_{ads}的迁移势垒（0.10eV）。此外，N—N 键的形成在动力学上不如 N—H 键有利。因此，催化剂表面增强的 H_{ads}吸附可以有利于氨/铵的形成。至于电子介导的途径，第一个过程是将硝酸盐转化为亚硝酸盐，第二个过程是将 $NO_{2\ ads}^-$还原为一氧化氮（NO）。NO_{ads}是一种重要的中间体，是生成 N_2 或氨的一个分支。产生 N_2 的途径有很多。一种是 NO_{ads}被还原为解离的吸附氮（N_{ads}），然后两种 N_{ads}结合生成 N_2。另一种是 NO_{ads}与溶解在溶液中的 NO（NO_{aq}）反应生成 N_2O_{ads}中间体。一旦 N_2O_{ads}被还原而不是从阴极表面解吸，很容易产生 N_2。此外，当中间体 NO_{ads}继续被电子还原时，形成 HNO。还有一个类似的过程涉及快速 HNO 二聚生成次亚硝酸（$H_2N_2O_2$），在适当的酸度下它是一种稳定的中间体。然而，它的单阴离子形式（HN_2O_2）不稳定，会根据 pH 依赖性过程分解生成 N_2O。此后，产生的 N_2O 可以继续还原为 N_2。此外，在直接还原 NO_{ads}时，可以在适当的电位范围内生成 NH_{2ads}。然后，NO_{ads}也可以与 NH_{2ads}结合，通

[1] ads 表示“吸附”，下同。

过形成 $NONH_2$ 中间体最终生成 N_2。NO_{ads} 中间体也可以通过一个连续的电荷转移路径产生氨。当中间 NO_{ads} 被一个电子还原时，首先形成 HNO_{ads} 中间体，然后它获得另外一个电子产生 H_2NO_{ads}。接下来，H_2NO_{ads} 被还原为羟胺（NH_2OH_{ads}）。最后，吸附的羟胺被还原成氨，硝酸盐还原终止。

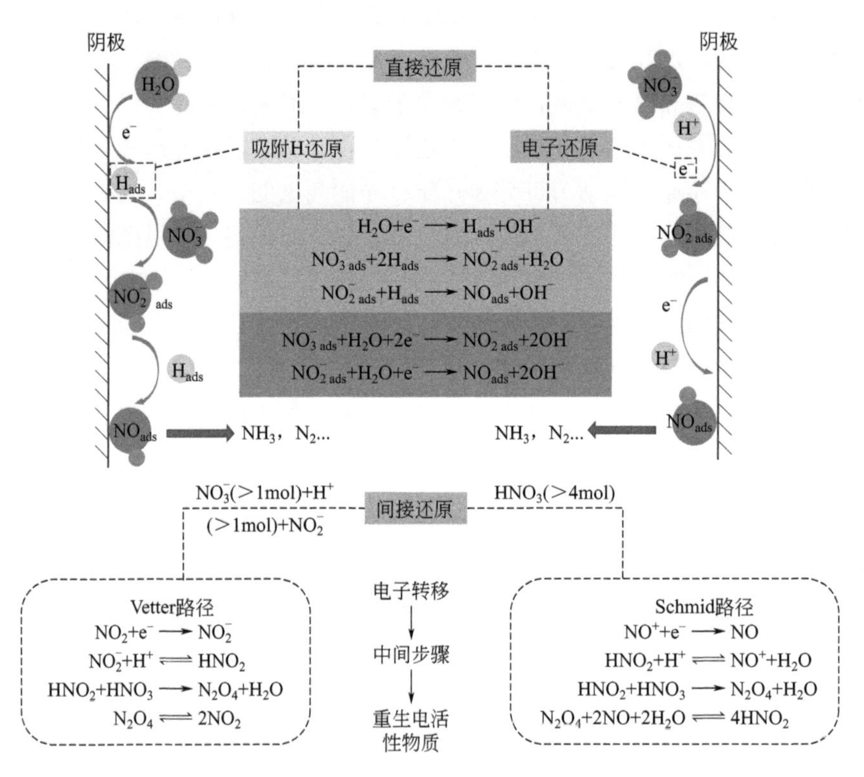

图 3-13　硝酸盐电还原的直接和间接路径

3.5.4.2　氮还原催化剂

为了催化动力学缓慢的硝酸盐还原，已经开发出来的催化剂包括金属、金属复合材料、杂原子掺杂碳、生物酶等。最初，汞被用作极谱法中的电极来研究硝酸盐的还原机制。基础研究表明，具有高度占据 d 轨道电子和未闭合 d 轨道壳的催化剂可以将电子注入硝酸盐的最低未占据分子 π^* 轨道。电化学硝酸盐还原在硼掺杂金刚石和金属电极（如 Ti、Fe、Ni、Ru、Rh、Ir、Pt、Pd、Cu、Ag、Au、Sn 和 Bi）中得到了广泛的研究。

硼掺杂金刚石电极的优势在于即使在酸性很强的介质中也具有高度的抗腐蚀性，此外在析氢之前具有宽的电位窗口。LévyClément 等成功地将硝酸盐转化为氮气，在－2V 与 CE 条件下电解后的选择性为 50%，但在 H_2 存在下会同时发生硝酸盐的化学还原并引发亚硝酸盐和铵盐的形成。乔治奥等表明，硼掺杂金刚石在将硝酸盐几乎完全还原为 N_2 方面具有高度选择性，最终硝酸盐浓度低于 50mg/L，能耗低于 25kW・h/kg NO_3^-。迪马等研究了硝酸盐在酸性溶液（0.5mol/L H_2SO_4）中还原贵金属和铂类金属的电化学性能。Ru 对硝酸盐还原的活性最高，铂类金属的活性降低顺序为 Rh＞Ru＞Ir＞Pd＞Pt，贵金属的活性降低顺序为 Cu＞Ag＞Au。在贵金属中，Cu 占主导地位，在中性和碱性介质中对硝酸盐还原的活性最高，但产物主要是亚硝酸盐、羟胺和氨，似乎总反应速率随着占据的 d 轨道电子和未闭合的 d 轨道壳层而增加。

对于对氮很少表现出高选择性的普通纯金属，制备了双金属合金或用外来金属吸附原子修饰的纯金属，以产生高氮产率。成分之间的协同作用使催化剂具有双功能特性。铂基双金属合金，例如 Pt-Ir、Pt-Sn 和 Pt-Pd，与纯金属相比，表现出更高的硝酸盐还原活性。在酸性介质中，发现氨是这些合金的主要产物。通过用 Cu 对铂类金属进行改性或合金化，最终产物可以转变为 N_2。Pd 和 Cu 的组合在将硝酸盐还原成 N_2 方面表现出高效性。然而，应有意识地控制 Pd/Cu 的表面原子比和还原电位，以防止产生其他不需要的产物（即 NH_3、NO_2^-、N_2O）。

限域在氮掺杂有序介孔碳（OMC）中的 Cu-Pd 纳米晶体（Cu-Pd@N-OMC）实现了高氮选择性（97%）和硝酸盐去除（91%）。Cu/Pd 比为 4/1 的 Cu-Pd 纳米晶体（4～9nm）嵌入碳介孔通道中。硝酸盐浓度的增加会提高能源利用效率（从 15%到 37%），而 N_2 选择性会略有下降（从 90%到 82%）。Cl^- 的存在可以进一步将 N_2 的选择性从 84%提高到 97%，这可能是由于 HClO 将 NH_4^+ 氧化为 N_2。硝酸盐去除的连续循环表明催化剂保持高稳定性。高选择性 N_2 产率的详细机制如下，其中 NO_3^- 最初被吸附并在 Cu 活性位点上还原为 NO_2^-。然后 NO_2^- 被吸附在 Pd[H] 活性位点上并还原成 N_2 和 NH_4^+。CuO 最终被 Pd [H] 回收，实现了可持续的催化循环。Pd-Cu 二元复合材料有望将硝酸盐电化学还原为 N_2。在此，Cu 充当捕获硝酸盐的吸附中心，并将硝酸盐吸附物还原为亚硝酸盐。在这种双功能催化剂中，Cu 首先吸附硝酸盐并将其转化为 NO。通过溢出和协同还原，NO 在邻近的 Pd 站点上转化为 N_2。Pd 可以提供 H 吸附原子或 H_2，并且可以直接将亚硝酸盐转化为 N_2。使用介孔二氧化硅 SBA-15 作为硬模板，将 PdCu 纳米颗粒均匀负载在 OMC 中，形成 PdCu@OMC 框架。1%PdCu@OMC（Pd/Cu/C 的质量比为 1/0.5/100）实现了 28.7%的硝酸盐转化率和 74%的氮选择性。由 77% $Pd_{80}Cu_{20}$ +23% Cu 组成的助催化剂成功地将硝酸盐还原为 N_2，选择性为 76%。

为新兴的电化学硝酸盐还原开发绿色且具有成本效益的材料具有重要的研究意义。一种具有成本效益且稳定的 P 掺杂 Co_3O_4/镍泡沫（NF）被用于电催化还原水中的 NO_3^-。高度有序的 $P_{2.1}$-Co_3O_4 纳米线阵列在镍泡沫上生长。$P_{2.1}$-Co_3O_4/NF 的 3D 结构具有松散的纹理和开放的孔隙率，可以通过增强阴极和电解质之间的界面接触来促进物质传输。由于 P 掺杂，硝酸盐去除效率得到了提高。NO_3^--N 在 80min 内降至 10mg/L 以下，并且在 120min 内实现了约 92%的总氮（TN）去除效率。此外，在 2500mg/L 氯离子的存在下可以获得几乎 100%的 N_2 选择性。Zhang 等在 Co_3O_4-TiO_2/Ti 阴极上也获得了接近 100%的 N_2 选择性。这种材料的高选择性是由阳极上产生的盐酸盐引起的，这有助于在溶液中形成 N_2。P 的掺杂可能导致 H^* 在 Co^{3+} 中的吸附增强，从而抑制不利于 N_2 形成的 H_2 释放。

氮掺杂石墨碳包封的铁纳米颗粒也具有电化学硝酸盐还原的潜力。在相同的操作条件下，与 Fe/N-C 阴极相比，Fe(20%)@N-C 阴极的电流显著增加。Fe(20%)@N-C 在没有 Cl^- 的情况下实现了最高的 N_2 选择性，并且通过添加 1.0g/L NaCl，选择性可以进一步提高到100%。N_2 的100%选择性归因于电氯化过程，该过程将 NH_4^+ 化学转化为 N_2。相比之下，N_2 的25%选择性可归因于 Voys-Koper-Chumanov N_2O 作为输入的机理，N_2O 是差的 σ 供体和 π 受体，偶极矩为0.161D（$1D=3.33564\times10^{-30}C\cdot m$），它是过渡金属的差配体（甚至比 N_2 更弱），因此使其本质上很难捕获。进一步增加 N_2O 的吸附可以提高其向 N_2 的转化率。

合成技术的蓬勃发展允许产生具有类似于硝酸盐或亚硝酸盐还原酶的高选择性和活性的催化剂。理论计算可以通过在特定条件下预测中间体和产品来解决这个问题。例如，刘等进行了DFT计算并预测了过渡金属上电化学硝酸盐还原的活性和选择性趋势。他们发现催化剂表面上氧和氮原子的吸附能是硝酸盐还原电催化剂的整体活性和选择性的描述符。研究表明，催化剂的选择性取决于施加的电位以及氧和氮的吸附强度。通过在所有电位下对O和N的强烈吸附，实现了高 N_2 选择性。而对 NH_3 或NO的选择性是通过适度吸附O和N的催化剂获得的。通常，更负的电位有利于 NH_3 的产生，而更多的正电位则促进 N_2 的产生。NO优先在吸附N较弱的金属（Ag、Au、Pt和Pd）上产生，因为它有利于其快速解吸。在 N_2 形成的八个候选者中，Rh呈现出最高的活性（$TOF=1\sim10s^{-1}$@0.1V）。他们还预测了四种不同过渡金属（Ru、Ir、Ni和Zn）和30种双金属合金催化剂（Fe3M、Pt3M、Pd3M和Rh3M合金）的硝酸盐活性和选择性，其中M=Ag、Co、Cu、Ni、Pt、Rh、Ru或Sn。对于Fe3M催化剂，Fe3Ru在−0.2V时对 N_2 的预测选择性最高。然而，在−0.2V时，Fe3M的预测活性仍低至约 $10^{-3}s^{-1}$。由于受氧和氮吸附到基材的限制，所有合金在火山图中大致落在一条线上。这种线性比例关系限制了单中心催化剂的最大可能活性。打破这一限制的一种可能策略是开发具有双活性位点的催化剂，它可以同时去除氧气和吸附氮气。

为了实现电化学硝酸盐去除在环境保护方面的广泛应用，具有成本效益的催化剂（如杂原子掺杂碳）将是理想的解决方案。在这些催化剂的应用方面已取得重大进展，如Fe-N-C、氯化血红素和卟啉-热解石墨、CoMg配合物，在还原硝酸盐、亚硝酸盐或NO领域显示出巨大的潜力。然而，催化剂开发仍面临着进一步提高选择性和能力的巨大挑战。

参考文献

[1] 任南琪，赵庆良．水污染控制原理与技术[M]. 北京：清华大学出版社，2007.

[2] 吴吉春，张景飞，孙媛媛，等．水环境化学[M]. 北京：中国水利水电出版社，2021.

[3] Van Der Bruggen B，Mänttäri M，Nyström M. Drawbacks of applying nanofiltration and how to avoid them：A review[J]. Separation and Purification Technology，2008，63（2）：251-263.

[4] Ghasemi M，Wan R，Ismail A F，et al. Membrane Technology for Water and Wastewater Treatment，Energy and Environment[M]. London：CRC press，2016.

[5] Wang L K，Chen J P，Hung Y T，et al. Membrane and desalination technologies[M]. Springer New York Dordrecht Heidelberg London，2011：1-38.

[6] Mukherjee R，Bhunia P，De S. Impact of graphene oxide on removal of heavy metals using mixed matrix membrane[J]. Chemical Engineering Journal，2016，292：284-297.

[7] Warsinger D M，Chakraborty S，Tow E W，et al. A review of polymeric membranes and processes for potable water reuse[J]. Prog Polym Sci，2016，81：209-237.

[8] Agoudjil N, Benkacem T. Synthesis of porous titanium dioxide membranes [J]. Desalination, 2007, 206 (1-3): 531-537.

[9] Zazouli M A, Kalankesh L R. Removal of precursors and disinfection by-products (DBPs) by membrane filtration from water; a review [J]. J Environ Health Sci Eng, 2017, 15: 25.

[10] Rodriguez C, Van Buynder P, Lugg R, et al. Indirect potable reuse: A sustainable water supply alternative [J]. Int J Environ Res Public Health, 2009, 6 (3): 1174-209.

[11] Wilf M, Aerts P. The guidebook to membrane technology for wastewater reclamation: Wastewater treatment, pollutants, membrane filtration, membrane bioreactors, reverse osmosis, fouling, UV oxidation, process control, implementation, economics, commercial plants design [M]. Balaban Publishers, 2010.

[12] Wintgens T, Melin T, Schäfer A, et al. The role of membrane processes in municipal wastewater reclamation and reuse [J]. Desalination, 2005, 178 (1-3): 1-11.

[13] Fu L, Hashim N, Liu Y, et al. Progress in the production and modification of PVDF membranes [J]. Fuel and Energy Abstracts, 2011, 375 (1-2): 1-27.

[14] Cheng S, Oatley D L, Williams P M, et al. Positively charged nanofiltration membranes: Review of current fabrication methods and introduction of a novel approach [J]. Advancesin ColloidandInterface Science, 2011, 164 (1-2): 12-20.

[15] Santhosh C, Velmurugan V, Jacob G, et al. Role of nanomaterials in water treatment applications: A review [J]. Chemical Engineering Journal, 2016, 306: 1116-1137.

[16] Liu F, Zhang G, Meng Q, et al. Performance of nanofiltration and reverse osmosis membranes in metal effluent treatment [J]. Chinese Journal of Chemical Engineering, 2008, 16 (3): 441-445.

[17] Bartels C, Franks R, Andes K. Operational performance and optimization of RO wastewater treatment plants [EB/OL]. (2013) https: //membranes. com/.

[18] Mondal P, Tran A T K, Van Der Bruggen B. Removal of As(Ⅴ) from simulated groundwater using forward osmosis: Effect of competing and coexisting solutes [J]. Desalination, 2014, 348: 33-38.

[19] Meng F, Chae S R, Drews A, et al. Recent advances in membrane bioreactors (MBRs): Membrane fouling and membrane material [J]. Water Res, 2009, 43 (6): 1489-1512.

[20] Roy Y, Warsinger D M, Lienhard J H. Effect of temperature on ion transport in nanofiltration membranes: Diffusion, convection and electromigration [J]. Desalination, 2017, 420: 241-257.

[21] Noyes R. Unit operations in environmental engineering [M]. NJ: Noyes, Park Ridge, 1994: 239-264.

[22] Rai U K, Muthukrishnan M, Guha B K. Tertiary treatment of distillery wastewater by nanofiltration [J]. Desalination, 2008, 230 (1-3): 70-78.

[23] Malaeb L, Ayoub G M. Reverse osmosis technology for water treatment: State of the art review [J]. Desalination, 2011, 267 (1): 1-8.

[24] Urtiaga A M, Pérez G, Ibáñez R, et al. Removal of pharmaceuticals from a WWTP secondary effluent by ultrafiltration/reverse osmosis followed by electrochemical oxidation of the RO concentrate [J]. Desalination, 2013, 331: 26-34.

[25] Radjenovic J, Petrovic M, Ventura F, et al. Rejection of pharmaceuticals in nanofiltration and reverse osmosis membrane drinking water treatment [J]. Water Res, 2008, 42 (14): 3601-3610.

[26] Tam L S, Tang T W, Lau G N, et al. A pilot study for wastewater reclamation and reuse with MBR/RO and MF/RO systems [J]. Desalination, 2007, 202 (1-3): 106-113.

[27] Tchobanoglous G, Cotruvo J, Crook J, et al. Framework for direct potable reuse [M]. Water Research Foundation, 2015.

[28] Bart, Van, Der, et al. A review of pressure-driven membrane processes in wastewater treatment and drinking water production [J]. Environmental Progress, 2003, 22 (1): 46-56.

[29] Salah F A, Lovert A, Eman A. Cellulose acetate, cellulose acetate propionate and cellulose acetate butyrate

membranes for water desalination applications [J]. Cellulose, 2020, 27: 9525-9543.

[30] Bhattacharyya D, Moffitt M, Grieves R B. Charged membrane ultrafiltration of toxic metal oxyanions and cations from single- and multisalt aqueous solutions [J]. Separation Science and Technology, 2006, 13 (5): 449-463.

[31] Sato T, Imaizumi M, Kato O, et al. RO Applications in wastewater reclamation for reuse [J]. Desalination, 1977, 23: 65-76.

[32] Abdullah N, Yusof N, Lau W J, et al. Recent trends of heavy metal removal from water/wastewater by membrane technologies [J]. Journal of Industrial and Engineering Chemistry, 2019, 76: 17-38.

[33] Barakat M A, Schmidt E. Polymer-enhanced ultrafiltration process for heavy metals removal from industrial wastewater [J]. Desalination, 2010, 256 (1-3): 90-93.

[34] Jamshidi Gohari R, Lau W J, Matsuura T, et al. Adsorptive removal of Pb(Ⅱ) from aqueous solution by novel PES/HMO ultrafiltration mixed matrix membrane [J]. Separation and Purification Technology, 2013, 120: 59-68.

[35] Zhang X, Fang X, Li J, et al. Developing new adsorptive membrane by modification of support layer with iron oxide microspheres for arsenic removal [J]. J Colloid Interface Sci, 2018, 514: 760-768.

[36] Masheane M L, Nthunya L N, Malinga S P, et al. Synthesis of Fe-Ag/f-MWCNT/PES nanostructured-hybrid membranes for removal of Cr(Ⅵ) from water [J]. Separation and Purification Technology, 2017, 184: 79-87.

[37] Kumar R, Isloor A M, Ismail A F. Preparation and evaluation of heavy metal rejection properties of polysulfone/chitosan, polysulfone/N-succinyl chitosan and polysulfone/N-propylphosphonyl chitosan blend ultrafiltration membranes [J]. Desalination, 2014, 350: 102-108.

[38] Hubadillah S K, Othman M H D, Harun Z, et al. A novel green ceramic hollow fiber membrane (CHFM) derived from rice husk ash as combined adsorbent-separator for efficient heavy metals removal [J]. Ceramics International, 2017, 43 (5): 4716-4720.

[39] Gherasim C-V, Cuhorka J, Mikulášek P. Analysis of lead(Ⅱ) retention from single salt and binary aqueous solutions by a polyamide nanofiltration membrane: Experimental results and modelling [J]. Journal of Membrane Science, 2013, 436: 132-144.

[40] Maher A, Sadeghi M, Moheb A. Heavy metal elimination from drinking water using nanofiltration membrane technology and process optimization using response surface methodology [J]. Desalination, 2014, 352: 166-173.

[41] Zeng G, He Y, Zhan Y, et al. Novel polyvinylidene fluoride nanofiltration membrane blended with functionalized halloysite nanotubes for dye and heavy metal ions removal [J]. J Hazard Mater, 2016, 317: 60-72.

[42] Zhu W P, Gao J, Sun S P, et al. Poly (amidoamine) dendrimer (PAMAM) grafted on thin film composite (TFC) nanofiltration (NF) hollow fiber membranes for heavy metal removal [J]. Journal of Membrane Science, 2015, 487: 117-126.

[43] Zhu W P, Sun S P, Gao J, et al. Dual-layer polybenzimidazole/polyethersulfone (PBI/PES) nanofiltration (NF) hollow fiber membranes for heavy metals removal from wastewater [J]. Journal of Membrane Science, 2014, 456: 117-127.

[44] Nayak V, Jyothi M S, Balakrishna R G, et al. Novel modified poly vinyl chloride blend membranes for removal of heavy metals from mixed ion feed sample [J]. J Hazard Mater, 2017, 331: 289-299.

[45] Ozaki I, Sharmab K, Saktaywirf W. Performance of an ultra-low-pressure reverse osmosis membrane (ULPROM) for separating heavy metal: Effects of interference parameters [J]. Desalination, 2002, 144: 287-294.

[46] Wu C Y, Mouri H, Chen S S, et al. Removal of trace-amount mercury from wastewater by forward osmosis [J]. Journal of Water Process Engineering, 2016, 14: 108-116.

[47] Jensen V B, Darby J L, Seidel C, et al. Nitrate in potable water supplies: Alternative management strategies [J]. Critical Reviews in Environmental Science and Technology, 2014, 44 (20): 2203-2286.

[48] Chen J, Zuo K, Li Y, et al. Eggshell membrane derived nitrogen rich porous carbon for selective electrosorption of nitrate from water [J]. Water Res, 2022, 216: 118351.

[49] Khataee A, Azamat J, Bayat G. Separation of nitrate ion from water using silicon carbide nanotubes as a membrane: Insights from molecular dynamics simulation [J]. Computational Materials Science, 2016, 119: 74-81.

[50] Srivastava A K, Kaundal B, Sardoiwala M N, et al. Coupled catalytic dephosphorylation and complex phosphate ion-exchange in networked hierarchical lanthanum carbonate grafted asymmetric bio-composite membrane [J]. J Colloid Interface Sci, 2022, 606 (Pt 2): 2024-2037.

[51] He J, Wang W, Shi R, et al. High speed water purification and efficient phosphate rejection by active nanofibrous membrane for microbial contamination and regrowth control [J]. Chemical Engineering Journal, 2018, 337: 428-435.

[52] Wang X, Dou L, Li Z, et al. Flexible hierarchical ZrO_2 nanoparticle-embedded SiO_2 nanofibrous membrane as a versatile tool for efficient removal of phosphate [J]. ACS Appl Mater Interfaces, 2016, 8 (50): 34668-34676.

[53] Mohammadi R, Hezarjaribi M, Ramasamy D L, et al. Application of a novel biochar adsorbent and membrane to the selective separation of phosphate from phosphate-rich wastewaters [J]. Chemical Engineering Journal, 2021, 407: 126494.

[54] Damtie M M, Woo Y C, Kim B, et al. Removal of fluoride in membrane-based water and wastewater treatment technologies: Performance review [J]. J Environ Manage, 2019, 251: 109524.

[55] Tolkou A K, Meez E, Kyzas G Z, et al. A mini review of recent findings in cellulose-, polymer- and graphene-based membranes for fluoride removal from drinking water [J]. C, 2021, 7 (4): 74.

[56] Chatterjee S, De S. Adsorptive removal of fluoride by activated alumina doped cellulose acetate phthalate (CAP) mixed matrix membrane [J]. Separation and Purification Technology, 2014, 125: 223-238.

[57] Chatterjee S, Mukherjee M, De S. Groundwater defluoridation and disinfection using carbonized bone meal impregnated polysulfone mixed matrix hollow-fiber membranes [J]. Journal of Water Process Engineering, 2020, 33: 101002.

[58] Suriyaraj S P, Bhattacharyyab A, Selvakumar R. Hybrid Al_2O_3/bio-TiO_2 nanocomposite impregnated thermoplastic polyurethane (TPU) nanofibrous membrane for fluoride removal from aqueous solutions [J]. RSC Advances, 2015, 5 (34): 26905-26912.

[59] Meng C, Zheng X, Hou J, et al. Preparation and defluoridation effectiveness of composite membrane sorbent MFS-AA-PVDF [J]. Water, Air, & Soil Pollution, 2020, 231 (2): 46.

[60] Chen X, Wan C, Yu R, et al. A novel carboxylated polyacrylonitrile nanofibrous membrane with high adsorption capacity for fluoride removal from water [J]. J Hazard Mater, 2021, 411: 125113.

[61] Pal M, Mondal M K, Paine T K, et al. Purifying arsenic and fluoride-contaminated water by a novel graphene-based nanocomposite membrane of enhanced selectivity and sustained flux [J]. Environ Sci Pollut Res Int, 2018, 25 (17): 16579-16589.

[62] Karmakar S, Bhattacharjee S, De S. Aluminium fumarate metal organic framework incorporated polyacrylonitrile hollow fiber membranes: Spinning, characterization and application in fluoride removal from groundwater [J]. Chemical Engineering Journal, 2018, 334: 41-53.

[63] Bessaies H, Iftekhar S, Asif M B, et al. Characterization and physicochemical aspects of novel cellulose-based layered double hydroxide nanocomposite for removal of antimony and fluoride from aqueous solution [J]. J Environ Sci (China), 2021, 102: 301-315.

[64] Jafarinejad S, Park H, Mayton H, et al. Concentrating ammonium in wastewater by forward osmosis using a surface modified nanofiltration membrane [J]. Environmental Science: Water Research & Technology, 2019, 5 (2): 246-255.

[65] 李海波. 碳及碳基复合材料的合成，表征与性能研究 [D]. 合肥：中国科学技术大学，2010.

[66] Haddad M, Oie C, Sung V D, et al. Adsorption of micropollutants present in surface waters onto polymeric resins: Impact of resin type and water matrix on performance [J]. Science of The Total Environment, 2019, 660: 1449-1458.

[67] Kutlu B, Leuteritz A, Boldt R, et al. Effects of LDH synthesis and modification on the exfoliation and introduction of a robust anion-exchange procedure [J]. Chemical Engineering Journal, 2014, 243: 394-404.

[68] 吴金亮，何航，黄佳音，等．印染污泥基炭材料制备及其对疏浚余水中溶解性有机质的吸附特性研究 [J]. 安全与环境工程，2022，29 (2)：174-182.

[69] 凌婉婷，高彦征，徐建明，等．矿物对溶解性有机质及其不同组分的吸附作用 [J]. 土壤学报，2009，46 (4)：710-713.

[70] Mehdinia A, Khojasteh E, Kayyal T B, et al. Magnetic solid phase extraction using gold immobilized magnetic mesoporous silica nanoparticles coupled with dispersive liquid-liquid microextraction for determination of polycyclic aromatic hydrocarbons [J]. Journal of Chromatography A, 2014, 1364: 20-27.

[71] Bautista L F, Morales G, Sanz R. Biodegradation of polycyclic aromatic hydrocarbons (PAHs) by laccase from Trametes versicolor covalently immobilized on amino-functionalized SBA-15 [J]. Chemosphere, 2015, 136: 273-280.

[72] Ding J, Chen B, Zhu L. Biosorption and biodegradation of polycyclic aromatic hydrocarbons by phanerochaete chrysosporium in aqueous solution [J]. Chinese Science Bulletin, 2013, 58 (6): 613-621.

[73] Kong H, He J, Gao Y, et al. Removal of polycyclic aromatic hydrocarbons from aqueous solution on soybean stalk-based carbon [J]. Journal of Environmental Quality, 2011, 40 (6): 1737-1744.

[74] Ge X, Tian F, Wu Z, et al. Adsorption of naphthalene from aqueous solution on coal-based activated carbon modified by microwave induction: Microwave power effects [J]. Chemical Engineering and Processing: Process Intensification, 2015, 91: 67-77.

[75] 袁彩霞，钱滢文，王克辉，等．改性介孔碳对有机氯农药吸附性能研究 [J]. 食品与发酵科技，2016，52 (6)：77-81.

[76] 刘志勤，陈锋．高分子重金属螯合剂 PATD 的制备及其去除 Cu^{2+}、Ni^{2+} 性能 [J]. 环境工程学报，2015，9 (10)：4724-4730.

[77] Vidhyadevi T, Arukkani M, Selvaraj K, et al. A study on the removal of heavy metals and anionic dyes from aqueous solution by amorphous polyamide resin containing chlorobenzalimine and thioamide as chelating groups [J]. Korean Journal Chemical Engineering, 2015, 32 (4): 650-660.

[78] 曹琦梅．黏土/膨润土吸附剂处理生活饮用水中镉影响因素研究 [J]. 化学工程师，2019，33 (11)：76-79.

[79] 柏文博．盐改性凹凸棒黏土吸附剂的吸附性能研究 [D]. 兰州：兰州交通大学，2020.

[80] 谭荣，龚杰，龚百川，等．用枯草芽孢杆菌吸附去除电镀废水中的铜 [J]. 湿法冶金，2022，41 (1)：40-46.

[81] 刘玉亮，罗固源，阙添进，等．斜发沸石对氨氮吸附性能的试验分析 [J]. 重庆大学学报，2004，27 (1)：62-65.

[82] Ji X, Zhang M, Wang Y, et al. Immobilization of ammonium and phosphate in aqueous solution by zeolites synthesized from fly ashes with different compositions [J]. Journal of Industrial & Engineering Chemistry, 2015, 22: 1-7.

[83] Juan R, Hernandez S, Andres J M, et al. Ion exchange uptake of ammonium in wastewater from a sewage treatment plant by zeolitic materials from fly ash [J]. Journal of Hazardous Materials, 2009, 161 (2-3): 781-786.

[84] 任晓宇．粉煤灰基沸石的合成、生长机理及其吸附性能的研究 [D]. 杭州：浙江大学，2020.

[85] 谢发之，汪雪春，杨佩佩，等．纯相钙铝层状双氢氧化物对磷的吸附特性 [J]. 应用化学，2016，33 (4)：473-480.

[86] Jia Z, Shuang H, Lu X. Exfoliated Mg-Al-Fe layered double hydroxides/polyether sulfone mixed matrix membranes for adsorption of phosphate and fluoride from aqueous solutions [J]. Journal of Environmental Sciences, 2018, 70 (8): 66-76.

[87] 吴俊麟，林建伟，詹艳慧，等．镁铁层状双金属氢氧化物对磷酸盐的吸附作用及对内源磷释放的控制效果及机制 [J]. 环境科学，2020，41 (1)：273-283.

[88] He X, Zhang T, Ren H, et al. Phosphorus recovery from biogas slurry by ultrasound/H_2O_2 digestion coupled

with HFO/biochar adsorption process [J]. Waste Management, 2017, 60: 219-229.

[89] 丁玉琴，李大鹏，张帅，等．镁改性芦苇生物炭控磷效果及其对水体修复 [J]. 环境科学，2020，41 (4)：8.

[90] Br A, Kaw A, Xd B, et al. A comprehensive review on algae removal and control by coagulation-based processes: Mechanism, material, and application [J]. Separation and Purification Technology, 2022, 293: 121106.

[91] Alexander J T, Hai F I, Al-Aboud T M. Chemical coagulation-based processes for trace organic contaminant removal: Current state and future potential [J]. Journal of Environmental Management, 2012, 111: 195-207.

[92] Renault F, Sancey B, Badot P M, et al. Chitosan for coagulation/flocculation processes-An eco-friendly approach [J]. European Polymer Journal, 2009, 45 (5): 1337-1348.

[93] Feng J, Yang Z, Zeng G, et al. The adsorption behavior and mechanism investigation of Pb(Ⅱ) removal by flocculation using microbial flocculant GA1 [J]. Bioresource technology, 2013, 148: 414-421.

[94] Fan H, Yu J, Chen R, et al. Preparation of a bioflocculant by using acetonitrile as sole nitrogen source and its application in heavy metals removal [J]. Journal of Hazardous Materials, 2019, 363: 242-247.

[95] Huang J, Huang Z L, Zhou J X, et al. Enhancement of heavy metals removal by microbial flocculant produced by Paenibacillus polymyxa combined with an insufficient hydroxide precipitation [J]. Chemical Engineering Journal, 2019, 374: 880-894.

[96] Tang H, Xiao F, Wang D. Speciation, stability, and coagulation mechanisms of hydroxyl aluminum clusters formed by PACl and alum: A critical review [J]. Advances in Colloid and Interface Science, 2015, 226: 78-85.

[97] Bhattacharjee S, Zhao Y, Hill J M, et al. Selective accumulation of aluminum in cerebral arteries in Alzheimer's disease (AD) [J]. Journal of Inorganic Biochemistry, 2013, 126: 35-37.

[98] Niwas K, Chiranjib B, Niraj K, et al. A novel non-starch based cationic polymer as flocculant for harvesting microalgae [J]. Bioresource Technology, 2018, 271: 383-390.

[99] 王在钊，徐佰青，任明海，孙云，曾祥永．混凝沉淀-Fenton 氧化法处理工业烟草废水研究 [J]. 当代化工，2021，50 (11)：2526-2530.

[100] Chen L, Sun Y J, Sun W Q, et al. Efficient cationic flocculant MHCS-g-P (AM-DAC) synthesized by UV-induced polymerization for algae removal [J]. Separation and Purification Technology, 2019, 210: 10-19.

[101] 焦世珺．无机高分子复合混凝剂 PPFS 的制备、表征及其应用 [D]. 重庆：重庆大学，2010.

[102] Bhargava S K, Tardio J, Prasad J, et al. Wet oxidation and catalytic wet oxidation [J]. Industrial &Engineering Chemistry Research, 2006, 45: 1221-1258.

[103] Glaze W H, Kang J W, Chapin D H, et al. The chemistry of water treatment processes involving ozone, hydrogen peroxide and UV-radiation [J]. Ozone-Science &Engineering, 1987, 9: 335-352.

[104] Vorontsov A V. Advancing Fenton and photo-Fenton water treatment through the catalyst design [J]. Journal of Hazardous Materials, 2019, 372, 103-112.

[105] Zhu R, Zhu Y, Xian H, et al. CNTs/ferrihydrite as a highly efficient heterogeneous Fenton catalyst for the degradation of Bisphenol A: The important role of CNTs in accelerating Fe(Ⅲ)/Fe(Ⅱ) cycling [J]. Applied Catalysis B: Environmental, 2020, 270: 118891.

[106] Lu S M, Liu L, Demissie H, et al. Design and application of metal-organic frameworks and derivatives as heterogeneous Fenton-like catalysts for organic wastewater treatment: A review [J]. Environmental International, 2021, 146: 106273.

[107] Wang J, Chen H. Catalytic ozonation for water and wastewater treatment: Recent advances and perspective [J]. Science of the Total Environment, 2020, 704: 135249.

[108] Jeirani Z, Soltan J. Improved formulation of Fe-MCM-41 for catalytic ozonation of aqueous oxalic acid [J]. Chemical Engineering Journal, 2017, 307: 756-765.

[109] Chen H, Fang C X, Wang X, et al. Sintering- and oxidation-resistant ultrasmall Cu(Ⅰ)/(Ⅱ) oxides supported on defect-rich mesoporous alumina microspheres boosting catalytic ozonation [J]. Journalof Colloid and Interface Science, 2021, 581: 964-978.

[110] Yu G，Wang Y，Cao H，et al. Reactive oxygen species and catalytic active sites in heterogeneous catalytic ozonation for water purification [J]. Environmental Science and Technology，2020，54：5931-5946.

[111] Zhang B T，Zhang Y，Teng Y，et al. Sulfate radical and its application in decontamination technologies [J]. Critical Reviews in Environmental Science and Technology，2015，45：1759-1800.

[112] Huang D，Zhang G，Yi J，et al. Progress and challenges of metal-organic frameworks-based materials for SR-AOPs applications in water treatment [J]. Chemosphere，2021，263：127672.

[113] Xia X，Zhu F，Li J，et al. A review study on sulfate-radical-based advanced oxidation processes for domestic/industrial wastewater treatment：Degradation，efficiency，and mechanism，front [J]. Chemosphere，2020，8：592056.

[114] Yang X，Ding X，Zhou L，et al. Direct oxidation of antibiotic trimethoprim by unactivated peroxymonosulfate via a non radical transformation mechanism [J]. Chemosphere，2021，263：128194.

[115] Duan X，Sun H，Shao Z，et al. Nonradical reactions in environmental remediation processes：Uncertainty and challenges [J]. Applied Catalysis B：Environmental，2018，224：973-982.

[116] Sushma，Kumari M，Saroha A K. Performance of various s catalysts on treatment of refractory pollutants in industrial wastewater by catalytic wet air oxidation：A review [J]. EnvironmentalManagement，2018，228：169-188.

[117] Martin-Hernandez M，Carrera J，Suarez-Ojeda M E，et al. Catalytic wet air oxidation of a high strength p-nitrophenol wastewater over Ru and Pt catalysts：Influence of the reaction conditions on biodegradability enhancement [J]. Applied Catalysis B：Environmental，2012，123-124：141-150.

[118] Sushma，Saroha A K. Biodegradability enhancement of industrial organic raffinate containing pyridine and its derivatives by CWAO using ceria promoted MnO_x/Al_2O_3 catalyst at atmospheric pressure [J]. Chemical Engineering Journal，2018，334：985-994.

[119] Oliveira A S，Baeza J A，Rodriguez J，et al. Aqueous phase reforming coupled to catalytic wet air oxidation for the removal and valorisation of phenolic compounds in wastewater [J]. Journal of Environmental Management，2020，274：111199.

[120] Al-Mamun M R，Kader S，Islam M S，et al. Photocatalytic activity improvement and application of UV-TiO_2 photocatalysis in textile wastewater treatment：A review [J]. Journal of Environmental Chemical Engineering，2019，7：103248.

[121] Anwer H，Mahmood A，Lee J，et al. Photocatalysts for degradation of dyes in industrial effluents：Opportunities and challenges [J]. Nano Research，2019，12：955-972.

[122] Moreira N F，Sousa J M，Macedo G，et al. Photocatalytic ozonation of urban wastewater and surface water using immobilized TiO_2 with LEDs：Micropollutants，antibiotic resistance genes and estrogenic activity [J]. Water Research. 2016，94：10-22.

[123] Tang W W，Zeng G M，Gong J L，et al. Impact of humic/fulvic acid on the removal of heavy metals from aqueous solutions using nanomaterials：A review [J]. Science of the Total Environmental，2014，468-469：1014-1027.

[124] Gaya U I. Heterogeneous photocatalysis using inorganic semiconductor solids [M]. Springer Science & Business Media，2014.

[125] Guo N，Zeng Y，Li H，et al. Novel mesoporous TiO_2@ g-C_3N_4 hollow core@ shell heterojunction with enhanced photocatalytic activity for water treatment and H_2 production under simulated sunlight [J]. Journal of Hazardous Materials，2018，353：80-88.

[126] Lee K M，Lai C W，Ngai K S，et al. Recent developments of zinc oxide based photocatalyst in water treatment technology：A review [J]. Water Research，2016，88：428-448.

[127] Chen J，Xing Z，Han J，et al. Enhanced degradation of dyes by Cu-Co-Ni nanoparticles loaded on amino modified octahedral metal-organic framework [J]. Journal of Alloys and Compounds. 2020，834：155106.

[128] Li G, Zhang K, Li C, et al. Solvent-free method to encapsulate polyoxometalate into metalorganic frameworks as efficient and recyclable photocatalyst for harmful sulfamethazine degrading in water [J]. Applied Catalysis B: environmental, 2019, 245: 753-759.

[129] Shao L, Yu Z, Li X, et al. Carbon nanodots anchored onto the metal-organic framework NH2-MIL-88B (Fe) as a novel visible light-driven photocatalyst: Photocatalytic performance and mechanism investigation [J]. Applied Surface Science, 2020, 505: 144616.

[130] Zhai B, Chen Y, Liang Y, et al. Modifying Ag_3VO_4 with metal-organic frameworks for enhanced photocatalytic activity under visible light [J]. Mater. Chem. Phys., 2020, 239: 122078.

[131] Lei X, Wang J, Shi Y, et al. Constructing novel red phosphorus decorated iron-based metal organic framework composite with efficient photocatalytic performance [J]. Applied Surface Science, 2020, 528: 146963.

[132] Ma Y, Tuniyazi D, Ainiwa M, et al. Confined amorphous red phosphorus in metal-organic framework as a superior photocatalyst [J]. Materials Letters, 2020, 262: 127023.

[133] Zhao D, Cai C. Adsorption and photocatalytic degradation of pollutants on Ce-doped MIL-101-NH_2/Ag_3PO_4 composites [J]. Catalysis Communications, 2020, 136: 105910.

[134] Wang Y D, Lee T W, Lo Y C, et al. Insights into photochemical stability of graphitic carbon nitride-based photocatalysts in water treatment [J]. Carbon, 2021, 175: 223-232.

[135] Safaralizadeh E, Mahjoub A R, Fazlali F, et al. Facile construction of C_3N_4-TE@TiO_2/UiO-66 with double Z scheme structure as high performance photocatalyst for degradation of tetracycline [J]. Ceramsite International, 2021, 47: 2374-2387.

[136] Navalon S, Martin R, Alvaro M, et al. Sunlightassisted Fenton reaction catalyzed by gold supported on diamond nanoparticles as pretreatment for biological degradation of aqueous phenol solutions [J]. ChemSusChem, 2011, 4: 650-657.

[137] Bessegato G G, Guaraldo T T, Brugner M F, et al. Achievements and trends in photoelectrocatalysis: From environmental to energy applications [J]. Electrocatalysis 2015, 6: 415-441.

[138] Zhang Y, Ji Y, Li J, et al. Efficient ammonia removal and toxic chlorate control by using $BiVO_4$/WO_3 heterojunction photoanode in a self-driven PEC-chlorine system [J]. Journal of Hazardous Materials, 2021, 402: 123725.

[139] Zhang J, Pang Z, Sun Q, et al. TiO_2 nanotube aray modified with polypyrrole for efficient photoelectrocatalytic decolorization of methylene blue [J]. Journal of Alloys and Compounds, 2020, 820: 153128.

[140] Ye S, Chen Y, Yao X, et al. Simultaneous removal of organic pollutants and heavy metals in wastewater by photoelectrocatalysis: A review [J]. Chemosphere, 2021, 273: 128503.

[141] Fei W, Gao J, Li N, et al. A visible-light active p-n heterojunction NiFe-LDH/Co_3O_4 supported on Ni foam as photoanode for photoelectrocatalytic removal of contaminants [J]. Journal of Hazardous Materials, 2021, 402: 123515.

[142] Lam S M, Sin J C, Lin H, et al. A Z-scheme WO_3 loaded-hexagonal rod-like ZnO/Zn photocatalytic fuel cell for chemical energy recuperation from wastewater treatment [J]. Applied Surface Science, 2020, 514: 145945.

[143] Cui R, Shen Q, Guo C, et al. Syngas electrosynthesis using self-supplied CO_2 from photoelectrocatalytic pollutant degradation [J]. Applied Catalysis B: environmental, 2020, 261: 118253.

第4章 大气环境治理材料

4.1 大气污染物概述

4.1.1 颗粒污染物

随着我国经济的高速发展，随之带来的环境问题日益突出，尤其是大气污染防治迫在眉睫。空气中的颗粒污染物是引起大气污染的主要污染物之一。颗粒污染物又称气溶胶状态污染物，在大气污染中，气溶胶是指沉降速度可以忽略的小固体粒子、液体粒子或它们在气体介质中的悬浮体系，其中，根据颗粒物（particulate matter，PM）的粒径大小可系统地分为飘尘（PM_{10}）、微尘（$PM_{2.5}$）和霾尘（PM_1）等，如表4-1所示。

表4-1 颗粒物的定义及危害

颗粒物	当量直径/μm	定义	危害
飘尘	$PM_{10} \leqslant 10$	环境空气中空气动力学当量直径小于等于10μm的颗粒物，也称可吸入颗粒物	能在大气中长期漂浮，漂浮范围可达几十公里，能随呼吸进入人体上、下呼吸道，对健康危害大
微尘	$PM_{2.5} \leqslant 2.5$	环境空气中空气动力学当量直径小于等于2.5μm的颗粒物，也称细颗粒物	大部分可通过呼吸道至肺部沉积，对人体危害更大
霾尘	$PM_1 \leqslant 1$	环境空气中空气动力学当量直径小于等于1μm的颗粒物，也称超细颗粒物	可见光的波长0.39～0.77μm，小于1μm尘埃能折光，影响空气能见度，形成霾

大气环境中颗粒污染物的来源主要有天然源和人为源：天然源起因于自然界中各种气象活动引起的地面扬尘、海面溅出的矿物盐粒、火山喷发排出的火山灰、森林火灾产生的燃烧物、土壤风化产生的风化石及植物产生的孢子、花粉等；人为源主要是在生产、建筑和运输过程以及燃料燃烧过程中产生的，比如人类生产活动产生的扬尘、燃烧各种可燃物造成的烟气和烟灰、工业生产产生的气体、机动车行驶产生的尾气等。由于颗粒污染物化学成分及污染来源的差异，不同地区的颗粒污染物亦呈现出不同的特征。但这些颗粒污染

物，特别是近地面的颗粒物对大气生态环境和人们的健康都有直接影响。因此，必须加强对大气细颗粒污染物的分析，进而加强政府的监督与管理力度、加强对燃煤污染的预防和治理、提高生态环境建设的力度，从源头上对污染物进行防控，这便要求开发新型环境功能材料控制颗粒污染物。

4.1.2 硫氧化物

大气中的硫氧化物（SO_x）污染主要为 SO_2 和 SO_3，都是酸性、刺激性有毒气体。如今煤、石油等化石燃料的燃烧贡献了硫氧化物的大部分。我国以煤为主的能源结构短期内不会发生根本性的变化。目前，我国原煤占能源消耗总量的比例高达 70%左右，其中电煤的消耗占全国煤炭产量的 51%左右。电站锅炉、工业锅炉及民用锅炉燃煤过程中排放到大气中的 SO_2 导致了大气环境质量的恶化，也严重影响到人类的生产和生活。此外汽车已成为人们日常出行不可缺少的交通工具之一，燃油消耗量也随着车辆的增长愈来愈大，同时，使用燃油尤其是含硫燃油的负面作用也日益严峻。燃油中的有机硫在高温燃烧时会生成硫氧化物，使得发动机尾气处理装置中的贵金属催化剂中毒，造成尾气处理效率降低，从而导致氮氧化物等其他燃油大气污染物排放增加，危害人类的身体健康。此外，SO_2 在大气中细颗粒物的催化下氧化为 SO_3，与大气中悬浮的水结合形成酸雨，造成户外建筑设施腐蚀、植被生长抑制甚至死亡、水体酸化等影响。

因此，多年来国家对硫氧化物的治理非常重视，并出台大量相关政策、法律法规以控制其排放。2011 年 7 月，国家环境保护部和国家质量监督检验检疫总局联合发布最新的火电厂大气污染物排放标准，并于 2012 年 1 月开始执行。21 世纪以来，燃油硫含量方面的要求也越来越高，从 2000 年油品中硫含量 0.08%到 2011 年“国四”的 0.005%，到如今的“国五”标准 GB 17930—2016 的 0.001%，进一步对汽油中的硫含量进行限制，使得降低燃油中的硫含量、生产低硫燃油逐渐成为关注的焦点。迄今为止，国内外各种烟气脱硫（FGD）技术已超过 200 种，被前人分为三类：燃烧前脱硫、燃烧中脱硫以及燃烧后脱硫。燃油脱硫技术中包括加氢脱硫以及非加氢脱硫。而在工业应用中，各式各样的 FGD 技术按照脱硫所用的吸收剂和脱硫产物的干湿状态可分为湿法脱硫、干法脱硫以及半干法脱硫。从脱硫吸收剂的角度可将脱硫技术主要分为吸收法、吸附法以及催化转化。

4.1.3 氮氧化物

大气中的氮氧化物指的是只由氮、氧两种元素组成的化合物。常见的氮氧化物有一氧化氮（NO）、二氧化氮（NO_2）和一氧化二氮（N_2O）、三氧化二氮（N_2O_3）、四氧化二氮（N_2O_4）等，大气中氮氧化物污染的主要由一氧化氮和二氧化氮造成。氮氧化物根据来源一般分为天然排放和人为活动排放。天然排放的氮氧化物，主要来自土壤和海洋中有机物的分解，属于自然界的氮循环过程；人为活动排放的氮氧化物主要来自化石燃料的燃烧和硝酸生产、使用的过程等，如工业窑炉燃烧和氮肥厂生产等。作为一种主要的大气污染物，氮氧化物对大气环境和人体健康都有重大的危害。

随着世界各国对环境污染问题的重视，降低人为活动排放的氮氧化物量已成为主要的环境治理趋势。我国早在《国家环境保护“十二五”规划》中就将氮氧化物列为约束性指标之一，严格控制氮氧化物的排放总量，使得各工业污染源氮氧化物的排放标准逐步达世界最严苛水平。目前控制氮氧化物排放的方法可分为源头控制法和末端控制法。源头控制法，即控制燃烧过程中产生的氮氧化物。常用方法有低过量空气燃烧技术、烟气再循环技术、浓淡燃烧术、空气的分级燃烧术等。这四者均是依靠降低燃烧温度或降低氧气浓度的方式减少氮氧化物的产生。末端控制法，主要是指对烟气尾气进行脱硝处理，降低氮氧化物的排放。目前常用的方法有选择性催化还原法和选择性非催化还原法等。

4.1.4 重金属

随着我国社会经济飞速发展及城市化进程加快，城市人口密度的增加、机动车数量的增多、化石燃料的持续消耗以及生活垃圾焚烧处置量的上升等，导致我国大气环境污染严重。我国采取多种措施有效地控制住了大气环境中传统污染物如 NO_x、SO_x 和总悬浮颗粒物，但近年来我国大气环境显现出新问题，主要表现为由传统的大气污染物污染转变成大气颗粒物、NO_x、SO_x 和重金属等复合污染。尽管重金属是大气颗粒物中的微量成分，但其分布方式并不总是与整体大气颗粒物保持一致，因此将其独立讨论有利于研究其排放特性及吸附技术。

大气颗粒物来源广泛、化学成分复杂，其中重金属被认为是重要组成成分，它们在环境空气中的来源有自然排放、交通排放、焚化排放、工业排放。重金属具有难降解、易累积以及毒性大等特点，此外大气降尘中重金属还有传输距离远、迁移能力强和影响范围大等特点。重金属可以气态或细颗粒态形式排入大气环境中，以及随废水废渣等形式进入土壤以及水环境中，进一步通过呼吸道、消化道及皮肤接触等方式进入人体，富集在人体中的重金属可引起组织器官的病变，进而危害人体健康。砷和各种重金属对人体的危害如表4-2所列。

表 4-2 砷和各种重金属对人体的危害

重金属	危害
砷 As	砷是一种蓄积性的元素，砷化合物不仅可通过口腔摄取，还可以经过与皮肤的接触等方式进入人体。砷会危及神经细胞，发展成为末梢神经炎，此外还会危及心脑血管，长期接触砷会引发细胞中毒，更严重的情况下会发生癌症
镉 Cd	人体摄入镉后，会造成血管损害、红细胞死亡等从而导致贫血；镉会对肾功能有影响，扰乱新陈代谢；长期摄入会影响骨骼发育，是“痛痛病”的元凶
铬 Cr	铬是人体的健康是必需元素之一，铬可以通过空气、水和食物进入人体，然后在肝、肾、肺以及内分泌系统中富集。六价铬是有害的，会刺激腐蚀人体皮肤和黏膜，可能导致人体过敏。当人体吸入过量的六价铬后，血液中部分蛋白质会沉淀，可能诱发贫血、肾炎等疾病，长期接触还可能引起呼吸道发炎，引起皮肤损害甚至诱发肺癌
铜 Cu	皮肤接触铜化合物可发生皮炎和湿疹，接触高浓度铜化合物时可造成皮肤坏死。含铜粉尘进入人体内，可导致急性中毒，眼睛接触铜盐可造成结膜炎和眼睑水肿，严重者导致眼混浊和溃疡

续表

重金属	危害
镍 Ni	镍可引起急性中毒，初期会有头痛、恶心、呕吐等症状。长期在含镍的环境中会导致皮肤、呼吸道的损伤。此外还会导致生殖系统的损伤。在镍富集的情况下会导致肺炎，出现肺水肿和呼吸道循环衰竭而致死的情况
铅 Pb	铅元素通过皮肤或口鼻进入人体后，会对人体的神经系统、内分泌系统以及造血系统等造成损害，此外儿童摄入铅后会造成发育迟缓、食欲不振和智力下降等状况，严重时会因脑部发育不全而导致终身残疾
硒 Se	在计量较小的情况下硒是一种有益的元素，一旦摄入过量，会对人体产生严重的危害。硒在动物体内会发生明显的累积现象，我国湖北省西部曾发生因燃煤导致的 Se 中毒事件，引起脱发、脱指甲、肢端麻木、偏瘫等病症
锌 Zn	大量的锌能抑制吞噬细胞的活性和杀菌力，降低人体的免疫功能，也会造成人体内胆固醇代谢紊乱，引起高血压及冠心病等

大气中的重金属不仅会导致人体功能障碍和各种疾病，还会影响生态循环，造成长期污染，且难以治理。随着重金属污染事件的频发，国内对重金属污染的管控越来越重视。各类重金属的污染防控已经是大气污染控制研究的一个重要内容。

4.1.5 挥发性有机化合物 VOCs

近年来，世界各国工业化的快速发展及人民生活水平的提升，导致挥发性有机化合物（VOCs）排放总量急剧增加，空气污染问题日益突出。不同国家、地区和机构根据 VOCs 的物理性质、化学活性和控制目的等方面对 VOCs 的定义不尽相同。世界卫生组织（WHO）将 VOCs 定义为熔点低于室温而沸点在 50～260℃之间的挥发性有机化合物。欧盟国家排放总量指令定义 VOCs 为人类活动排放的、能在日照作用下与 NO_x 反应生成光化学氧化剂的全部有机化合物（甲烷除外）。张卿川等在总结了国内外各种关于 VOCs 的定义后，提出了如下定义：在 101.3kPa 下，任何初沸点低于或等于 250℃的有机化合物（不包括甲烷）。目前，挥发性有机物对室内外空气质量及人体健康的影响已日益受到人们的关注，同时也成为国内外研究的焦点。

VOCs 种类繁多，通常含有 C、H、O、N、P、S 等元素，主要包括一些脂肪烃、卤代烃、芳香烃、醛类、酮类、酯类等。VOCs 的来源有两种，分别是天然源和人为源。天然源主要包括植物释放、火山内爆和森林大火等。人为源主要是工业排放和生活排放。其中生活排放途径主要是厨房油烟、秸秆燃烧、家居装潢以及汽车尾气等；而大部分来源还是工业排放。环境中的 VOCs 的浓度虽然较低（一般在 $\mu g/m^3$ 级），却在大气化学过程中扮演着极为重要的角色，影响着大气的氧化性、二次气溶胶的形成和大气辐射平衡等，对地区环境具有重大影响。VOCs 的存在会导致长期居住在这种环境中的人们面临多种疾病，尤其是对大脑和神经系统造成的最严重后果，还可能促使白血病、血液中毒和癌症的暴发。VOCs 还与许多空气污染直接相关：它们能够增加 $PM_{2.5}$ 和 O_3 浓度，以及增加雾霾天气、烟雾等。考虑到迄今为止可用的生产条件，这些污染物（VOCs）的排放是不可避免的；因此，用于处理它们的技术和材料尤为重要。

4.2 硫氧化物治理材料

4.2.1 吸收材料

目前，世界各国对烟气脱硫都非常重视，已开发了数十种行之有效的脱硫技术，但其基本原理都是以一种碱性物质作为 SO_2 的吸收剂，即脱硫剂。按脱硫剂的种类主要有钙基吸收剂、钠基吸收剂、氨基吸收剂、镁基吸收剂、碱式硫酸铝、柠檬酸钠、硫化钠、络合物吸收剂、有机胺类和离子液体、腐植酸等。

(1) 钙基吸收剂

钙基吸收剂主要为 $CaCO_3$、CaO 和 $Ca(OH)_2$。因价格相对便宜且容易获得，石灰石（$CaCO_3$）是湿法脱硫中的一种常用吸收剂。在钙基脱硫系统运行中，为了防止软垢的形成与堵塞，通常的做法就是降低吸收液的 pH 值；石灰法中循环槽浆液的 pH 值宜控制在 7～8，而石灰石法 pH 值宜控制在 5.8～6.2。在旋流板塔对钙基吸收剂（石灰和石灰石）进行的脱硫实验研究中，研究脱硫参数（脱硫剂、吸收液 pH 值、烟气流量以及液气比）对脱硫率的影响规律，并进行脱硫率的关联式的回归计算，为工业装置设计、操作和运行提供参考。为了促进石灰石的溶解和提高脱硫率，研究者通常将添加剂（如柠檬酸、己二酸和 DBA、甲酸等）加到钙基吸收剂中。在湍球塔中强化石灰石脱硫过程中，四种有机酸（甲酸、苯甲酸、己二酸和柠檬酸）均能提高石灰石的脱硫率，其中己二酸添加剂的强化能力最大；此外在 pH 值控制方面，柠檬酸的缓冲能力最强。有机酸添加剂具有促进石灰石溶解的同时抑制脱硫系统结垢，从而提高脱硫运行可靠性的特点，因此其备受研究者的关注。

电石渣［主要成分为 $Ca(OH)_2$］是一种碱性工业废物，不仅污染环境，而且还会占用一定面积的土地。研究者为了实现以废治废，将电石渣用于湿法烟气脱硫研究。但电石渣作为 SO_2 吸收剂用于脱硫过程中存在易结垢和浆液循环量大等缺陷，由此造成脱硫系统不稳定、能耗较高。为了克服此缺陷，常将有机酸添加到电石渣浆液中。通过采用喷淋吸收塔电石渣-柠檬酸混合浆液脱硫特性和反应动力学进行研究，柠檬酸对电石渣具有一定的促溶作用，添加 5mmol/L 柠檬酸可使电石渣浆液（电石渣浓度为 0.1%）的脱硫率从 58.9%增至 77.3%，但过高的柠檬酸浓度不利于 SO_2 吸收；当烟气 SO_2 浓度增加时，电石渣-柠檬酸混合浆液的脱硫率先增后降，SO_2 吸收由气膜控制过渡为液膜控制；提高混合浆液的 pH 值或者降低反应温度均能增加脱硫率；电石渣-柠檬酸浆液的脱硫反应为一级反应动力学，其反应级数约为 1.1，反应活化能约为 14.5kJ/mol。

(2) 钠基吸收剂

由于石灰石和石灰等钙基吸收剂存在着易结垢的缺点，研究者们考虑将钠基（如 NaOH、Na_2CO_3 与 Na_2SO_3 等）吸收剂水溶液用于吸收 SO_2。该类吸收剂具有脱硫反应速度快和吸收容量大等优点，但是其价格较高，实际应用成本不低。在 Na_2SO_3 循环法中，考察各吸收参数对脱硫率的影响以及再生脱硫特性，发现相同实验条件下 Na_2SO_3 溶液吸收 SO_2 的能力弱于 NaOH 和 Na_2CO_3 溶液，适宜脱硫的 Na_2SO_3 初始浓度为 5%～10%（相应的脱硫率高于 90%）、适宜再生的 $Ca(OH)_2$ ∶ $NaHSO_3$ 摩尔比范围为 0.5～0.8。

Ebrahimi 以 $NaHCO_3/Na_2CO_3$ 溶液为 SO_2 吸收剂，利用膜理论建立了逆流吸收-解吸速率模型。Chang 和 Rochelle 讨论了 SO_2 在 NaOH 和 Na_2SO_3 溶液中的化学吸收机理，并建立了相应的吸收传质模型。Hikita 等利用液柱喷射塔研究了纯 SO_2 在 $NaHSO_3$、NaOH 和 Na_2SO_3 溶液（不添加和添加表面活性剂，即乳化剂，$T=298K$）中的吸收传质，并讨论分析了吸收反应模型，研究表明：无表面活性剂的 NaOH 溶液因存在界面湍动（可能是表面张力梯度引起），导致该溶液具有较高的 SO_2 吸收速率（与有表面活性剂的 NaOH 溶液相对比）；然而，$NaHSO_3$-SO_2 体系和 Na_2SO_3-SO_2 体系均缺乏界面湍动，因此有无表面活性剂均不影响 SO_2 吸收速率的大小。

（3）氨基吸收剂

氨法 FGD 中，通常以氨水为 SO_2 吸收剂，其优点是脱硫率高、投资较低、占地小、无磨损等，其缺点是氨水易挥发逃逸并能引起气溶胶污染。在喷淋塔中研究氨法（以氨水为吸收剂）吸收参数对脱硫率的影响时，基于双膜理论，详细分析氨法脱硫过程，建立喷淋塔氨法脱硫的数学模型，并讨论吸收液 pH 值、液气比、烟气流速、SO_2 进口浓度对脱硫率的影响以及 SO_2 吸收传质速率与喷嘴（螺旋形）液滴直径的表达式，并建立相应的喷淋塔脱硫模型，且将实验值与模型计算值对比，其结果表明：增加液气比或吸收液 pH 值利于 SO_2 吸收，但是提高吸收温度、空塔气速却不利于 SO_2 吸收。

（4）镁基吸收剂

用于烟气脱硫的镁基吸收剂主要是 MgO 和 $Mg(OH)_2$。胡晓玥等以 MgO 浆液为吸收剂，利用洗涤塔（直径 10cm，高 200cm）研究了不同操作参数（曝气强度、浆液 pH 值与浆液温度）下 SO_3^{2-} 的氧化率，以及 SO_4^{2-} 浓度对脱硫率的影响，其结果表明：曝气强度是 SO_3^{2-} 氧化的主要影响因素，SO_4^{2-} 浓度的提高对脱硫率不产生负面影响。通过单因素脱硫实验考察各种吸收参数对脱硫率的影响，并确定了优化工艺参数：当镁硫摩尔比为 1.4、吸收液的 pH 值为 5.0，以及液气比为 4.7 时，其相应的脱硫率可达 95.8%。

在湿式镁法脱硫中硫代硫酸钠不仅能有效地抑制 $MgSO_3$ 的氧化（硫代硫酸钠浓度为 6.67mmol/L 时，氧化抑制率为 92.8%），且能改善脱硫效率。基于硫代硫酸钠对 $MgSO_3$ 的氧化抑制，通过喷淋塔考察 5 个吸收参数（烟气流量、SO_2 进口浓度、液气比、初始硫代硫酸钠浓度以及 pH 值）对 $Mg(OH)_2$ 脱硫率的影响，并根据双膜传质理论建立脱硫过程模型，确认在镁法脱硫中 SO_2 的吸收是一个气膜扩散控制的过程。

（5）碱式硫酸铝

碱式硫酸铝-石膏法用于冶炼烟气脱硫，阐述了工艺中 SO_2 吸收、氧化、中和以及过滤阶段的各自特点，发现该工艺与石灰洗涤工艺相比，具有较低的运营成本。高艺等研究了碱式硫酸铝溶液（其中铝量 30g/L、碱度 30%）再生循环脱硫特性，考察了脱硫过程中含硫离子（SO_4^{2-} 和 SO_3^{2-}）浓度、pH 值以及脱硫率随循环次数的变化，其结果表明：第 5 次循环吸收 SO_2 的前 10s 内其脱硫率仍高于 95%，并且脱硫率随含硫离子初始浓度的增加而降低、随 pH 值的增加而增加。另外，温高等将阻氧剂（对苯二酚或乙醇）添加到碱式硫酸铝溶液（铝量 30g/L，碱度 26%）中，研究了阻氧剂对 SO_3^{2-} 氧化抑制的影响，其结果表明：对苯二酚和乙醇均能有效抑制 SO_3^{2-} 的氧化，且二者均能提高 SO_2 解吸率。Chen 等提出用乙二醇（EG）抑制碱铝解吸法中 SO_3^{2-} 的氧化，利用小型鼓泡反应器考察了乙二醇联合碱式硫酸铝溶液的脱硫特性和 SO_3^{2-} 氧化特性，阐述了碱铝脱硫机理与乙二醇抑制 SO_3^{2-} 氧化的机理，在碱式硫酸铝吸收液中，SO_2 的吸收传质由气相扩散与液相扩散共同控制；并根据双膜理论分析了 SO_2 的吸收传质，建立了相应的鼓泡塔脱硫模型。铝量和碱度对 SO_2 吸收时间（脱硫率高于 90%的脱硫时间）有显著影响，将浓度（体积分数）高于 1%的乙二醇添加到碱式硫酸铝溶液（铝量为 15g/L，碱度为 25%，$T=303K$）中后 SO_3^{2-} 的氧化率可控制在 10%以下。

（6）柠檬酸钠

柠檬酸钠缓冲液具有无毒、低蒸气压、SO_2 吸收容量大、脱硫反应速度快，且低氧化损失等特点，因此引起学者们的广泛关注。挪威学者 Erga 较早地提出了以柠檬酸钠缓冲液为吸收剂，用于净化并回收烟气中的 SO_2 气体。Bravo 等测定了 20～50℃时 SO_2 在 1mol/L 柠檬酸钠溶液中的总质量传递系数。Dutta 等采用连续式搅拌系统研究了 SO_2 气体浓度、吸收液浓度、pH 值以及搅拌速度对 SO_2 吸收速率的影响，并根据膜理论和表面更新理论分别建立了 SO_2 的吸收模型，对比后发现基于膜理论的 SO_2 吸收传质模型能较好地解释吸收数据。

（7）硫化钠

由奥托昆普公司最早提出，中南大学开发了硫化钠循环法（又称硫化钠-单质硫法）烟气脱硫方法。该方法是一种自氧化还原法，进行液相歧化制硫，采用硫化钠溶液作为吸收液与二氧化硫反应生成单质硫，从而达到脱除二氧化硫回收硫黄的目的。其工艺原理为：在一定的温度和压力下使溶液中的二氧化硫与硫化钠反应，生成单质硫和硫酸钠；分离出单质硫后，用还原剂将硫酸钠还原成硫化钠返回系统循环使用。但是在吸收过程中，随着吸收液 pH 值的降低会生成硫化氢气体，带来二次污染；另外在转化阶段反应温度为 160℃，操作困难，严重地限制了该工艺的实际应用。

在最佳条件下，二氧化硫的吸收率可达 99.8%，吸收液自氧化还原的回收率可达 99%以上，单质硫的品位可达 97.95%，硫化钠的再生率可达 99%以上。硫化钠-单质硫法烟气脱硫工艺流程见图 4-1。

自氧化还原反应：

$$8SO_2+4Na_2S \longrightarrow 8S+4Na_2SO_4$$

以 CO 作还原剂再生还原反应：

$$Na_2SO_4+4CO \longrightarrow Na_2S+4CO_2$$

（8）络合物吸收剂

在气相直接还原脱硫中，催化剂长期与二氧化硫接触，会导致催化剂硫化，进而发生

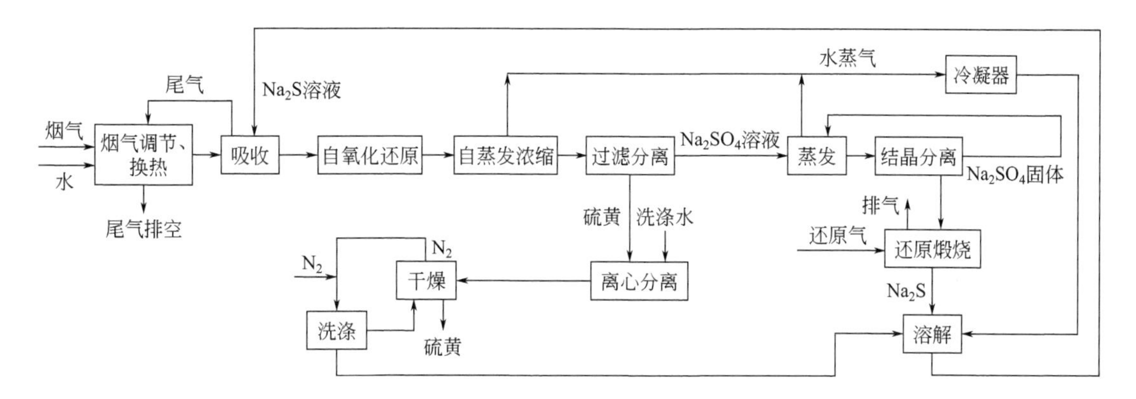

图 4-1　硫化钠-单质硫法烟气脱硫工艺流程

催化剂中毒；与气相吸收法不同，该技术采用具有强还原性的有机金属络合物为吸收液，在液相直接吸收并还原二氧化硫得到硫单质，而有机金属络合物则被氧化，氧化的有机金属络合物经氢气或一氧化碳再生后循环使用，常用有机金属络合物如 $Cp^*Ru(CO)_2H$ (Cp^* 表示手性环戊二烯配体)、$Mo(N_2)_2(DPPE)_2$ [DPPE 为 1,2-双(二苯膦)乙烷的英文缩写]、$Cp^*Mo_2S_4$ 等。采用有机金属络合物还原脱硫具有吸收效率高、反应快速、安全无毒等优点，同时有机金属络合物具有较好的抗硫能力，催化剂能长期稳定运行。但有机金属络合物再生过程反应条件苛刻，再生条件一般为反应温度 75℃和 0.24MPa 的氢气气氛，且再生不完全。且有机金属络合物中的金属一般为稀有金属或贵金属，价格较高，投资过大。采用 $Cp^*Mo_2S_4$ 为有机金属络合物，H_2 做还原剂的机理如图 4-2 所示。

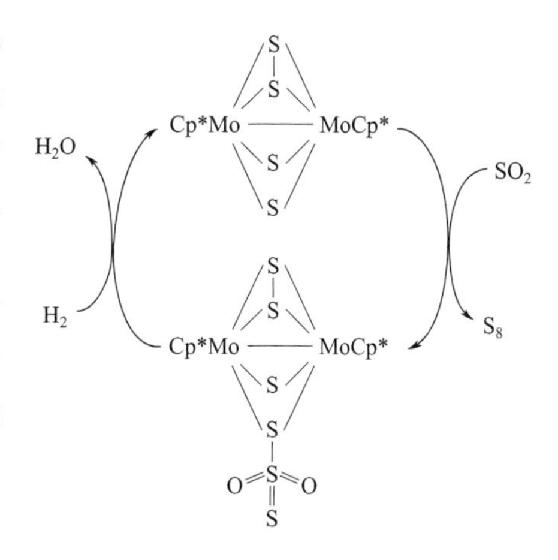

图 4-2　液相有机金属络合物还原脱硫机理

(9) 有机胺类和离子液体

可用于烟气脱硫的有机胺有乙醇胺、二乙醇胺、乙二胺、三乙醇胺、甲基二乙醇胺体系、位阻胺、甲基二乙醇胺以及 N-甲基甲酰胺等。由于有机胺具有较高的挥发性，因此会导致胺损失和二次污染。近年来，离子液体（ionic liquid，IL）由于具有良好的化学和热稳定性，并且蒸气压低以及化学结构可自由设计等优点，因此 IL 烟气脱硫技术备受研究者和工程师的广泛关注。Wu 等报道了一种新型可再生离子液体脱硫剂——1,1,3,3-四甲基胍乳酸盐（TMGL），测试了 TMGL 的 SO_2 吸收能力（在模拟烟气流量为 50mL/min、吸收温度 40℃、1.0bar 的环境压力下，1mol TMGL 可吸收 0.978mol SO_2），开展了吸收-解吸多次的循环实验；并用核磁和傅里叶红外手段表征了 TMGL 脱硫前后的变化，获得了低压情况下 TMGL 与 SO_2 发生交互反应的化学机理，同时也证明了 TMGL 具有选择性吸收 SO_2 的特性。2006 年，Anderson 等研究了 SO_2 在 [hmpy][Tf_2N] 和 [hmim]

[Tf_2N] 中的溶解性能（25～60℃），同时也比较了 SO_2 与 CO_2 在这两种 IL 中的亨利常数和偏摩尔焓熵，发现它们对 SO_2 有较好的吸收选择性（吸收类型为纯物理吸收）。

（10）腐植酸

腐植酸类物质（humic substances，HS）是指动植物的残骸（大部分是植物残骸）经过地球化学以及微生物分解转化而形成的一类不均一的有机高分子缩聚物，也可以说是高分子羟基芳香羧酸族类构成的混合物，其化学结构和构象比较复杂且难以完整准确地获得。Sun 等提出用腐植酸钠（HS-Na）作为吸收剂，同时脱硫脱硝并副产腐植酸复合肥料的一种新思路，深入探讨了脱硫操作参数（如腐植酸钠浓度、NO_2 浓度、气流量、温度以及氧气浓度等）对 SO_2 吸收特性的影响，并对脱硫副产物进行了红外表征分析，且比较了该工艺与石灰-石膏法的脱硫运行成本。

基于双膜理论，孙志国研究了鼓泡塔中 HS-Na 脱硫传质的数学模型，确定了 SO_2 气液传质模型的相关参数（拟一级反应速率常数、气含率以及气泡平均直径等），并采用 losopt 软件拟合得出了 SO_2 平衡压力的三元非线性回归数学模型，且对比分析了脱硫率的模拟数据与实验数据，其结果表明模拟数据与实验数据吻合较好。Zhao 和 Hu 通过碱解制备了污泥腐植酸钠，并采用鼓泡反应器研究了污泥腐植酸钠的 SO_2 吸收特性，获得了该吸收剂的最大脱硫率和脱硫容量，且与其他吸收剂（剩余污泥、活性污泥、氢氧化钠以及纯水）的脱硫能力进行了对照分析；此外，他们对污泥腐植酸钠脱硫产物开展了 FTIR、XRD 以及重金属元素分析，结果表明污泥腐植酸钠脱硫副产物满足制造复合肥料的原料要求。此外，还对腐植酸钠复合吸收剂（如腐植酸钠-氨水/α-Al_2O_3 和腐植酸钠-[CPL][TBAB]）烟气脱硫研究，探讨了 SO_2 气体在各种复合吸收剂中的吸收传质特性及脱硫反应机理。

▶ 4.2.2 吸附材料

吸附法烟气脱硫属于干法脱硫的一种，它是利用吸附剂吸附烟气中 SO_2 达到净化烟气的目的并能将吸附的 SO_2 变为各种产品加以利用。目前常用的吸附材料有：活性炭颗粒、活性焦、活性碳纤维、沸石分子筛以及活性氧化铝等具有多孔结构或者超大比表面积的材料。

（1）粒状活性炭

粒状活性炭（GAC）是一种含碳量高具有耐酸、耐碱、疏水性的多孔物质，有发达的孔结构，孔径分布范围比较广，能吸附各种物质，是应用范围很广的吸附剂。它是以高含碳量的碳氢化合物为原料，经高温炭化、活化制成的产物，不同的活性炭具有不同的物理性质及反应活性，其吸附性能和催化性能取决于其孔隙结构和表面化学特性，而表面化学特性主要取决于活性炭表面的含氧、含氮基团。活性炭具有大的比表面积、良好的孔结构、丰富的表面基团、高效的原位脱氧能力，同时有负载性能和还原性能，所以既可作载体制得高分散的催化体系，又可作还原剂参与反应，提供一个还原环境，降低反应温度。

活性炭对 SO_2 的吸附包括物理吸附和化学吸附。物理吸附由吸附质和吸附剂分子间作用力所引起，即范德华力。结合力较弱吸附的过程中没有电子的转移、化学键的断裂和生成及原子的重排等现象，物理吸附过程一般在低温（20～80℃）进行，被吸附物质也较容易解吸出来，所以物理吸附是可逆的。化学吸附需要一定的活化能，对温度有一定的要求，中温（60～80℃）以化学吸附为主；在高温（＞250℃）条件下，几乎全部为化学吸附。

活性炭使用一定时间后，吸附达到饱和而失去脱硫能力，在活性炭的孔隙中充满了硫及硫酸盐类，所以将它们从活性炭的孔隙中除去，以恢复活性炭的脱硫性能，这就叫作活性炭的再生。再生活性炭的方法，一种是在高温下，通常在400～800℃，用氮气吹脱饱和活性炭，活性炭中的硫被释放，同时氮气可以再循环使用。另一种方法是将过热的蒸汽通入活性炭吸附器中，把再生出来的硫经冷凝与水分离。用加热的氮气或过热蒸汽对活性炭再生是根据它们不与硫发生反应，同时吸附于炭中的硫黄能够升华为硫蒸气被热气体从活性炭表面及孔隙中解吸出去，使活性炭得以再生，硫蒸气冷凝后便可以得到硫黄。

活性炭脱硫在国内外的应用均比较成熟，但是单一经过活化开孔的活性炭脱硫速率慢、效率低。活性炭本身具有非极性、疏水性、较高的化学稳定性和热稳定性可进行活化和改性，为了提高脱硫能力特别是脱除有机硫的能力，可将一般用的活性炭进行改性。活性炭的脱硫性能取决于孔隙结构以及活性炭的表面化学性质，通常采用工艺控制和后处理技术对活性炭的孔隙结构进行调整，对表面基团进行改性。常用的改性方法有化学浸渍、氧化处理、添加活化剂、高温热处理、低温等离子体处理。活性炭经改性将物理吸附、化学吸附和催化反应有机地结合在一起进而可以提高其吸附和催化性能，满足生产需求。

（2）活性焦

活性焦属于无定形炭或微晶炭，是由多环芳香族组成的层面晶格。它具有丰富的微孔结构，氧、氢、氮、硫、卤族等元素在其微晶炭表面形成表面络合物，使其具有很强的吸附性和催化性。活性焦是一种低比表面积活性炭，其比表面积一般在150～250m^2/g，用于烟气脱硫的活性焦虽然比表面积低于活性炭，但由于在活性焦制备过程中形成了大量的脱硫活性点，SO_2在活性焦表面的吸附以催化氧化为主，因此其脱硫能力并不低于粒状活性炭，可达60～120mg/g，而且较少受吸附-解吸循环次数的影响。同时由于活性焦比表面积较低，其强度远远高于活性炭，使其用于电厂大型脱硫装置成为可能。

活性焦与活性炭的脱硫原理相同，国内外许多人员都对其脱硫过程中SO_2的吸附转化进行研究，活性焦对烟气中SO_2吸附分为物理吸附与化学吸附两个过程。物理吸附作用依赖于活性焦多孔比表面积大的特性，将烟气中的污染物截流在活性焦内，利用微孔与分子半径大小相当的特征，将污染物分子限制在活性焦内。物理吸附由分子间的作用力（范德华力）引起，该过程中没有电子的转移、原子重排，也无化学键的断裂和生成，因此物理吸附过程是可逆的。化学吸附依靠的是活性焦表面的晶格有缺陷的C原子、含氧官能团和极性表面氧化物，利用它们所带的化学特征，有针对性地固定污染物在活性焦内表面上。但是，该过程一般是不可逆的，且对条件有限制以及被吸附的对象有选择性。

活性焦脱二氧化硫是20世纪60年代发展起来的一种干法脱硫工艺，其优点在于脱硫过程中SO_2被转化为H_2SO_4，进而可以转化为其他产品。在一定温度条件下，活性焦吸附烟气中的SO_2、氧和水蒸气，在活性焦表面活性点的催化作用下SO_2氧化为SO_3，

SO_3 与水蒸气反应生成硫酸，吸附在活性焦表面。脱附时，加热到 300～600℃时，吸附在活性焦表面的硫酸与活性焦表面的碳原子发生化学反应，生成 SO_2、CO_2 和 H_2O 等，SO_2 含量为 20%～40%气体可以根据需要加工为硫酸、单质硫等化工产品，脱附 SO_2 的活性焦循环使用。采用活性焦脱硫的干法烟气脱硫技术脱硫效率高，脱硫过程不用水，无废水、废渣等二次污染问题，随着环保要求的日益提高，活性焦干法烟气脱硫技术引起越来越多国家的重视，逐渐在日本、德国等发达国家推广应用。目前活性焦的生产工艺为，原煤的破碎、筛分、混合后加入黏结剂，在一定压力下成型、炭化、活化，再经改性后筛分得到活性焦产品。

(3) 活性碳纤维

活性碳纤维（ACF）是继粉状、粒状活性炭后，20 世纪 70 年代发展起来的一种新型的高效吸附剂和催化剂。活性碳纤维无论在宏观还是微观结构上都和传统的粒状活性炭有着本质的区别。它以纤维素、酚醛树脂、聚丙烯腈、聚乙烯醇、人造丝、煤焦油沥青、废棉纱等为原料制成。近年来，ACF 的制备技术已经成熟，首先对原料进行预处理，使纤维在炭化和活化过程中不会发生熔融，常用的预处理方法有盐浸渍和在空气中炭化熔融；然后将纤维在惰性气体保护下炭化，排出纤维中可挥发非碳组分形成类石墨微晶结构；最后将炭化的纤维进行活化，使其具有理想的微孔结构和较大的比表面积。与粒状活性炭（GAC）相比，活性碳纤维具有独特的结构和性能，比表面积较大，吸附脱附速度快，微孔孔径小，孔径分布窄，吸附容量大，室温下可将烟气中 SO_2 连续不断地脱除而无炭的损失。ACF 的孔径分布狭窄而均匀，微孔范围为 5～14nm。ACF 大量的微孔都开口于纤维的表面，这不仅使 ACF 具有较大的比表面积和吸附容量，也使 ACF 在吸附和解吸过程中，分子吸附的途径短，吸附质可以直接进入微孔，吸附和解吸速度较 GAC 快得多。

由于活性碳纤维特殊的物理和化学特性，使得其吸附氧化过程相对复杂。一般认为活性碳纤维脱硫机理如下：烟气 SO_2 中被吸附至 ACF 表面并进入微孔活性位后，与烟气 O_2 中发生氧化反应生成 SO_3；在有 H_2O 的条件下，SO_3 被水合成 H_2SO_4，并被凝结的过量水洗脱出 ACF 表面，空出的吸附活性位继续吸附氧化 SO_2，从而开始新的吸附氧化循环。

ACF 对 SO_2 吸附量很大，其内外扩散阻力比普通 GAC 小 4 个数量级，故 ACF 对 SO_2 表现出非常迅速的吸附-脱附特性。在相同条件下，ACF 对模拟烟气中的 SO_2 的平衡吸附量比 GAC 大 5～6 倍，烟气中 SO_2 的空速（当 SO_2 的转化率＞90%）比 GAC（转化率＞70%）大 6 倍。活性碳纤维表面含有一系列活性官能团，如羟基、羰基、羧基、内酯基等含氧官能团，有的活性碳纤维还含有氨基、亚氨基以及巯基、磺酸基等含氮官能团，这些含氮官能团对含氮、硫化合物具有吸附亲和力，对氮、硫化合物表现出独特的吸附能力。较高的含氮量是 ACF 呈现高脱硫活性的重要因素，由油页岩制备的 ACF 脱硫活性明显高于煤焦油沥青 ACF。聚丙烯腈活性碳纤维（PAN-ACF）可连续不断地将 SO_2 吸附、氧化、水合为硫酸，显现出较大的脱硫活性。

(4) 沸石分子筛

沸石是一种呈结晶阴离子型架状结构的多孔硅铝酸盐矿物质。沸石晶体结构中存在大量空穴，空穴内分布着可移动的水分子和阳离子。这些阳离子使得沸石在溶液中很容易和外界阳离子进行离子交换，具有优良的离子交换性能。沸石的微孔与一般物质的分子大小相当，由此形成了沸石的选择吸附特性，能将比孔径小的分子吸附到空穴内部，而把比孔径大的分子排斥在外面，起到筛分分子的作用，特别是人工制备的沸石，孔径均匀，筛分能力更强，所以沸石也被称作沸石分子筛。沸石吸附选择性的主要表现：根据分子大小和形状的不同选择吸附；根据分子极性、不饱和度和极化率的不同选择吸附。

沸石脱水后，孔道或孔穴中的分子受到各方面孔壁表面的吸附力（即色散力）的作用，产生孔壁场叠加形成超孔效应，使沸石对低浓度、高温和高速的极性流体吸附力很大；另外由于沸石晶格空穴中分布着阳离子，同时部分格架氧具有负电荷，在这些离子周围便形成了强大的电场，使沸石具有较大的静电力，使其对极性、不饱和以及易极化的分子具有特别强的选择性吸附力，尤其对极性分子如 H_2O、NH_3、H_2S、SO_2 等有很高的亲和力。即使在低相对湿度、低浓度、较高温度条件下对这些极性分子仍能有效吸附，因此沸石是性能稳定、吸附效果良好的吸附剂，可用于废气处理和空气净化。另外，沸石具有良好的耐热、耐酸性能，并且有着优于其他脱硫吸附剂（如碳质吸附剂）的抗氧化能力。因此，沸石是一种很有前景的可再生干法脱硫剂。

基于沸石分子筛性质的气体分离技术已成功商业化，应用于大气污染控制的沸石技术仍处于起步阶段。沸石的吸附特性取决于它的孔特性和表面性质，而其脱硫工艺的完成还依赖于它的再生性能、力学性能、价格等。目前，虽然已合成了各种各样的沸石分子筛，但大多数还停留在实验室阶段，工业上应用最多的是铝硅酸盐沸石，其中主要是 A 型、X 型和 Y 型沸石。

（5）活性氧化铝

活性氧化铝（γ-Al_2O_3）具有多孔性和较多的吸附活性位点，吸附能力较强。通常情况下为白色或略带粉色的球状颗粒，机械强度大，热稳定性较好，能够与酸碱性物质发生反应不溶于水，吸附性和抗压耐磨性较好。活性氧化铝（γ-Al_2O_3）属于尖晶石布局，这种布局其基本结构中有 32 个氧原子紧密堆积，结构为 6 个八面体缝隙和 4 个四面体缝隙。而在活性氧化铝中仅有 21.5 个铝原子随意散布在 24 个阳离子缝隙中，所以仍具备较多吸附位点供其吸附。活性氧化铝表面有巨大的比表面积，是理想的吸附材料，对抗生素、阴离子、气体及重金属离子都有很好的吸附效果。

活性氧化铝本身不具备很让人满意的气体吸附性质，其吸附量虽然大，但并不稳定，吸附的气体很容易再次逸出。由于其比表面积大，对上载的其他活性物种分散性较好，因而常被用作其他吸收剂或催化剂的载体用在气体污染物去除过程中。例如，在工业脱硫上，通常以 CuO 作吸收剂，以有活性的 Al_2O_3 为载体制备脱硫剂。利用活性氧化铝的多孔性和吸收剂的高分散性，一方面活性氧化铝大量吸附 SO_2，金属氧化物又可以与 SO_2，反应生成 $CuSO_4$，从而保证了脱硫效果。$CuSO_4$ 在空气中可在高于 700℃的温度下再生为 CuO，也可以采用氢气还原再生，保证吸收剂的使用寿命。

4.2.3 催化转化材料

催化转化法烟气脱硫技术是一种高效、经济的脱硫方法，其原理是通过采用催化剂对烟气中二氧化硫进行催化反应，从而将二氧化硫转化为硫酸、单质硫或硫的其他形态回收利用。催化法烟气脱硫技术关键是高效经济的催化转化催化剂。目前常用的催化转化材料有：催化氧化（单金属氧化物、二氧化钛和金属离子液相催化体系）和催化还原（气体直接催化还原、固体直接催化还原、液相催化还原和光催化还原）。

(1) 催化氧化

① 单金属氧化物　单金属氧化物氧化法脱硫所用催化剂为金属氧化物负载在载体上构成，催化剂常用的氧化物为氧化铜，载体多采用氧化铝、二氧化硅、活性炭等。采用 CuO/Al_2O_3 为脱硫催化剂时，铜负载量以质量分数 8%～10%为最佳，但过高的铜含量对反应不利，反应温度在 350～500℃的情况下具有较高的活性，而反应体系中的 O_2 对于催化氧化吸附脱硫是必需的，水对反应影响不大。

将氧化铜负载在二氧化硅上作为催化剂，催化二氧化硫氧化过程。采用浸渍、离子交换、均相沉积沉淀和共沉淀等方法制备该类催化剂，并将催化剂的还原行为与常见的矿物（含铜硅酸盐）以及不含载体的氧化铜进行比较。共沉淀制备的催化剂中铜金属颗粒分散较差，不能提供良好的催化剂前驱体。而通过离子交换和均质沉积沉淀制备的催化剂更容易被还原，使得铜金属颗粒能够高度分散在高比表面积的二氧化硅载体上。活性炭作载体负载不同的金属氧化物作为氧化催化剂时，Cu/AC 对烟道气中的 SO_2 活性最好，反应要求反应温度在 200℃左右，其中由于氧化铜和活性炭相互作用，能使催化剂重复使用，具有良好的再生性能，但反应温度降低会导致脱硫效果大大降低。

② TiO_2　TiO_2 作为一种光催化活性高、相对廉价、无毒性、化学性质稳定且易于处理的催化剂材料，引起了国内外学者的广泛关注。TiO_2 是能带间隙约为 3.0～3.2eV 的半导体材料，所对应的波长约为 390nm。在接收到波长小于 390nm 的光线照射（主要是紫外光）后价带电子受到激发跃迁到导带，在导带和价带形成电子-空穴对。形成的光生电子-空穴对有三种反应路径：a. 电子-空穴发生复合；b. 光生电子迁移到颗粒表面被反应物捕集，发生还原反应；c. 光生空穴在颗粒表面被反应物捕集，发生氧化反应。其中 a 过程的电子-空穴复合是对光催化反应不利的，实际应用中需要抑制它们的复合以提高光催化剂效率。b、c 过程可以触发氧化还原反应，在污染物处理方面起重要作用。

研究者采用不同方法制备 SO_2 脱除的光催化剂：用溶胶-凝胶法将 TiO_2 负载在石英砂、活性碳纤维（ACF）、硅酸铝纤维（TAS）表面，制备成负载型 TiO_2 催化剂，在固定床中其对 SO_2 有着良好的光催化脱除效果；用静电纺丝及溶剂热法制得聚丙烯腈基 TiO_2 催化剂（TiO_2-PAN）；在多壁碳纳米管上负载 TiO_2，并用 Cu 对 TiO_2 进行改性等。这些方法表明 TiO_2 光催化技术在处理 SO_2 中有着显著的作用。SO_2 的光催化氧化过程同时伴随着较快的催化剂失活，活性降低的主要原因是反应产物覆盖催化剂表面活性位。在高浓度下，催化剂的高效利用时间更短，导致与传统的脱硫工艺相比并没有明显的优势可言。在低浓度下，因其反应效率高、有联合处理多种污染物的潜力以及高效利用时间会相对延长。

③ 金属离子液相催化体系　金属离子液相催化氧化是溶液中有很强的接受电子能力

的过渡金属离子，能够将 S(Ⅳ) 离子氧化为 S(Ⅵ)，从而达到脱除烟气中 SO_2 的目的。该技术理论上不消耗催化剂，过渡金属离子通过价态的变化可以再生，无二次污染，是一种绿色的脱硫工艺，而且可以制取有较高经济价值的副产品。金属离子液相催化氧化如表 4-3 所示。

表 4-3 金属离子液相催化氧化

离子体系	催化原理	案例
Mn(Ⅱ)离子体系	催化反应中 Mn(Ⅱ)以比较稳定的 $MnHSO_3^+$ 形式存在，并引发 SO_2 氧化的链反应	水中常见的 Cl^- 和 NO_3^- 离子对 Mn^{2+} 离子催化 SO_2 氧化反应的影响，认为 NO_3^- 离子对催化反应有抑制作用；而 Cl^- 离子的影响较为复杂，低浓度时有轻微的促进作用，高浓度时有抑制作用
Fe(Ⅱ)/Fe(Ⅲ)离子体系	Fe(Ⅲ)-S(Ⅳ)体系在一定条件下能快速发生氧化还原反应	在对工业尾气中低浓度的 SO_2 进行处理时能取得良好去除效率的同时，得到浓度 10%～20%的稀硫酸副产品；除了直接使用 Fe(Ⅱ)/Fe(Ⅲ)离子外，廉价易得的铁屑和粉煤灰也常用作 SO_2 液相催化氧化的催化剂
多种离子协同体系	氧化还原循环中，协同作用可加速还原性金属离子的再氧化；另一方面，过渡金属离子之间的协同作用得到的氧化速率较之于单一过渡金属离子产生的氧化速率总和还要大	已发现能产生协同作用的离子有 Fe-Mn、Fe-Co、Fe-Cu、Mn-Cu、Mn-Co 等二元离子组合以及多元离子组合，其中 Fe-Mn 离子之间的协同作用研究最为广泛
锰矿	锰矿中的主要成分为 MnO_2 和 Fe_2O_3，在酸性条件下可用来处理烟气中的 SO_2，使烟气中的硫以硫酸或硫酸锰的形式得以回收	软锰矿中除了主要含有 MnO_2 外，还含有 Fe_2O_3、Al_2O_3、CaO 等多种杂质，这些杂质或对脱硫具有催化氧化作用，或本身具有烟气脱硫的作用，在酸性的脱硫液中会游离出来，这些金属离子之间的协同作用使得 SO_2 的催化氧化速率更快

(2) 催化还原

目前治理 SO_2 的方法以湿法为主。这类脱硫工艺主要存在投资和操作费用大，容易产生二次污染等诸多缺点。采用催化还原 SO_2 为单质硫黄的方法不但可以彻底消除二次污染，而且还可以回收宝贵的硫黄资源。考虑到燃煤烟道气中含有一定量的 O_2，因此研制和开发适合含 O_2 烟气的催化还原 SO_2 为单质硫的催化剂具有重大的实际意义。

1) 气体直接催化还原法　气体直接催化还原法，又称直接硫回收工艺（direct sulfur recovery process，DSRP)，是指利用一氧化碳、氢气、甲烷和氨气等还原性气体在催化剂的作用下将 SO_2 直接还原为硫单质进行回收的技术（图 4-3)。该技术最大的优势在于可直接利用烟道气中的还原气体，具有操作简便、流程短的优势。

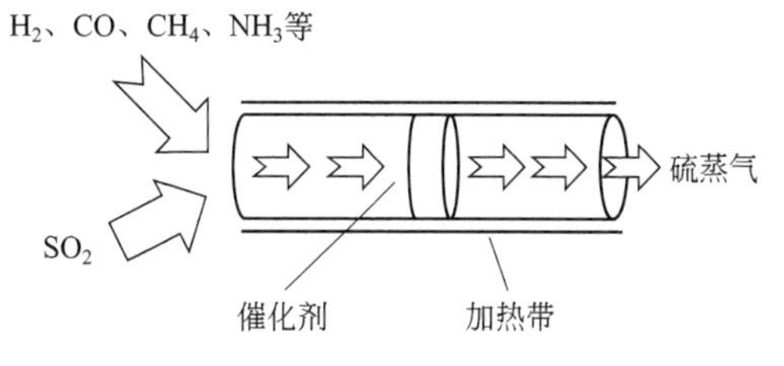

图 4-3 气体直接还原脱硫机理示意图

① H_2 还原法　没有催化剂的情况下，H_2 和 SO_2 需要在 500℃以上才会发生反应，而采用催化还原法反应温度可大大降低。还

原催化剂主要有 V_2O_5、铝矾土、Ru/Al_2O_3、Co/Al_2O_3 和 $Co\text{-}Mo/Al_2O_3$ 以及 Ru/TiO_2 等负载型催化剂。

以 $Co\text{-}Mo/Al_2O_3$ 催化剂选择性还原 SO_2 为例，该反应经历了 3 个过程：

$$SO_2+2H_2 \longrightarrow S+2H_2O$$

$$S+H_2 \longrightarrow H_2S$$

$$SO_2+2H_2S \longrightarrow 3S+2H_2O$$

在 $Co\text{-}Mo/Al_2O_3$ 催化剂表面的金属硫化物先把 SO_2 加氢还原成 H_2S，然后 Al_2O_3 载体催化 H_2S 和 SO_2 之间的克劳斯反应产生单质硫。此外采用活性炭作载体同样负载 Co、Mo 所制得的 Co-Mo/AC 同样具有较高活性和选择性，在 300℃硫的产率可达 85%，但在含氧情况下，起活性作用的金属硫化物类催化剂会失去活性。H_2 还原法具有反应温度低、硫回收率高、副产物少等优点，也存在还原剂氢气来源有限和储运困难等问题。

② CO 还原法　以 CO 为还原剂，SO_2 在 Sn-Zr 基催化剂上还原的机理途径一般分为三步：第一步，$SO_2+2CO \longrightarrow S+2CO_2$，二氧化硫直接被还原产生单质硫；第二步，单质硫形成羰基硫，$S+CO \longrightarrow COS$；最后一步，$SO_2+2COS \longrightarrow 3S+2CO_2$。CO 催化还原的反应机理有氧化还原机理、中介控制机理以及两者协同作用机理。催化还原脱硫过程中，不同催化还原材料（过渡金属硫化物、硫化稀土钙钛矿、稀土硫氧化物、萤石型 CeO_2 及 $TiO_2\text{-}CoS_2$）在含 O_2 反应条件下，从催化还原机理上看，具有不同的活性及结构变化趋势。

以中介控制机理进行催化还原脱硫的硫化物类催化剂，O_2 会对催化还原机理产生破坏作用，使过渡金属硫化物氧化成氧化物直至硫酸盐而失活。催化剂的活性与硫化物自身的氧化还原能力、所具有的晶相结构及其同 SO_2 的吸附键合作用力有密切的关系，其中 FeS 的催化性能较好。而氧缺位氧化还原机理的萤石型 CeO_2 催化剂中 O_2 占据了催化剂中的氧缺位，易引起催化剂失活。以中介控制-氧化还原机理进行催化还原脱硫的 $TiO_2\text{-}CoS_2$，O_2 氧化 CoS_2 生成氧化物直至硫酸盐，同时 O_2 使 TiO_2 的氧缺位无法形成而失活。与 H_2 还原法相比，由于 CO 通常存在于烟气和各种反应气中，CO 还原法的还原剂来源更为广泛，且反应温度低、单质硫回收率高，具有较好的工业化前景。

③ CH_4 还原法　CH_4 还原 SO_2 为单质硫的反应可表述为：$2SO_2+CH_4 \longrightarrow S_2+CO_2+2H_2O$。甲烷还原 SO_2 的反应中，由于甲基自由基的存在，会伴随许多副反应发生，同时产生 H_2S、COS、CS_2、CO、H_2 和炭黑等副产物。目前该过程的催化剂主要有活性铝矾土以及负载在不同载体的硅铝化合物。

以活性铝矾土为催化剂催化甲烷还原 SO_2 中，在 500～600℃、SO_2 与 CH_4 摩尔比为 2 时，硫黄选择性很高，但 SO_2 的转化率却很低。Co_3O_4 负载于不同的载体（SiO_2、5A 和 13X 分子筛、$\gamma\text{-}Al_2O_3$）上，其中 $\gamma\text{-}Al_2O_3$ 的性能最好，在 840℃和空速为 $5000h^{-1}$ 下硫的产率可达 87.5%。

④ NH_3 还原法　对于 NH_3 还原 SO_2 的反应机理普遍认为它是基于 NH_3 分解后所产生 H_2 对 SO_2 的还原。若选择合适的催化剂，当反应温度为 1000℃时，NH_3 分解率可以达到 99.99%，因为反应温度很高，所以对催化剂的稳定性有很高的要求，一般采用特殊的耐高温铝球负载的铜锰催化剂。NH_3 还原法与 H_2 还原法的硫回收率相似，但反应温

度高于 H_2 还原法，仅在没有碳、氢资源而氨气供应充足的条件下该工艺具有一定发展前景。

总之，气体直接催化还原法中由于 SO_2 比较稳定，其反应温度较高，对于工业操作不便，且烟气成分较复杂，如何有效实现气体的纯化也是需要重视的问题。就目前气相还原 SO_2 来说，还存在如下难点：还原反应选择性不高，烟气中的水蒸气和氧气会降低催化活性，大大降低 SO_2 还原率；催化活性较低，加入催化剂后虽然能使气相还原 SO_2 的温度降低，但反应温度仍普遍高于 300℃；催化剂易中毒，在 SO_2 浓度较高的情况下，催化剂易生成硫酸盐而导致催化剂失活；硫黄较难回收，硫黄熔点为 112℃，在反应过程中由于反应温度高于 300℃，硫黄会以硫蒸气的形式存在，并且一部分会黏附在催化剂表面，降低催化剂活性；此外，在硫黄冷凝过程中，硫黄会与烟尘中的粉尘共同结晶，从而降低硫黄纯度。

2）固体直接催化还原法　固体还原剂直接还原法是指在一定温度下（200～300℃）将含 SO_2 的烟气通过具有还原性的固体还原剂（如硫化钙、炭），使 SO_2 中的氧原子转移到固体还原剂的物质上从而实现 SO_2 的还原，而固体还原剂发生氧化，氧化后的固体还原剂可再生利用。该法将之前的还原过程分为两步进行，增加了操作的可控性，同时固体还原剂可以再生，无二次污染，选择性高，具有较好的发展前景。

① 硫化钙　在上述固体还原剂中，由于硫化钙来源更广泛、再生更容易、研究较多，发展也较为成熟。含 SO_2 的气体通入硫化钙的流化床或填充床中，与之反应生成硫酸钙，释放出硫蒸气，硫蒸气冷凝形成单质硫。硫酸钙通过焦炭重整后的天然气还原成硫化钙，硫化钙再循环反应（图 4-4）。该法更适用于高浓度 SO_2 烟气的处理，可广泛用于有色冶炼厂、燃煤发电厂和集中气化联合循环脱硫装置的高 SO_2 浓度气体。由于该法反应温度较高，其最主要的问题在于生成的硫蒸气会黏附在反应器表面，造成设备堵塞。

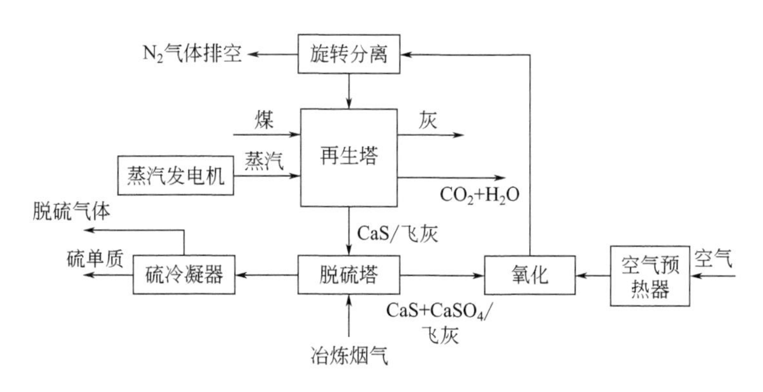

图 4-4　硫化钙直接还原脱硫机理

② 炭　炭还原 SO_2 的过程除发生还原脱硫反应 $C+SO_2 \longrightarrow S+CO_2$ 外，还会伴随发生一系列副反应，生成 CO、COS、CS_2 和 H_2S 等副产物；反应条件不同，产物中各组分含量也不同。不同炭材料（石墨、木炭、活性炭和焦炭）还原 SO_2 的动力学研究表明，其反应为二级动力学。使用焦炭时硫产率最高，活性炭的活性最好，但反应均很难迅速达到平衡。由于炭在反应过程中既是还原剂又是催化剂，因此炭的形态不同会使反应结果产

生很大差别。进气组分不同则产物含量有所不同：SO_2 含量偏高会导致 COS 和 CS_2 的产生；水蒸气浓度增加将会使 H_2S 的产率升高。反应温度不同产物也会不同。用炭作为还原剂不需要吸收剂及复杂的吸收系统，并且可以用煤炭、焦炭甚至是高硫煤作为还原剂，还原剂和产品均储运方便。南化集团研究院在二十世纪六七十年代利用白煤还原硫铁矿焙烧产生的 SO_2 炉气生产硫黄，并在淄川硫黄厂及洪山硫黄厂进行了生产性试验。近年来炭还原法制硫黄的研究仅限于实验室，工业性试验未见报道。

3）液相催化还原法　液相还原法反应温度通常低于 100℃，不仅远低于气相还原法的操作温度，还低于还原生成硫黄的熔点，不会堵塞反应器和管道。同时，液相还原法将脱硫反应转为液相，使气相 SO_2 更容易被观测和控制，增加了系统的可操作性和 SO_2 的选择性还原。另外，液相还原法还能同时去除烟气中的氮氧化物、烟尘、汞、砷、硒等，可在脱除 SO_2 的同时实现多污染的协同处理，有利于提升尾气品质。因此，液相还原法在 SO_2 脱除和硫资源回收领域具有较好的应用前景。液相催化还原法反应过程如图 4-5。

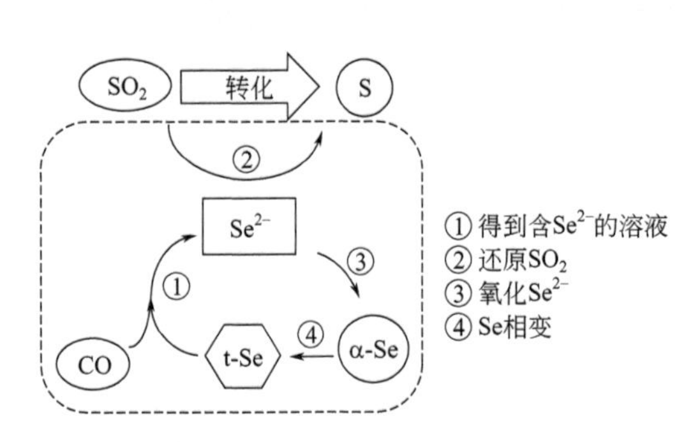

图 4-5　液相催化还原法反应过程

$Se/CO/H_2O$ 还原体系：基于硒在溶剂中可被 CO 和 H_2O 还原生成具有强还原性的还原性硒溶液的性质，将还原性溶液应用于还原脱硫，实现间接还原 SO_2 制备单质硫。该方法可以分为两大步骤：第一步，还原性硒溶液构成阶段；第二步，还原性硒还原脱硫阶段。由于硫黄不溶解于水，其容易从液相直接析出，可避免蒸发水造成的能量损失。且转化温度低于硫黄熔点，也可以有效避免硫黄结块。钢铁冶炼等冶金行业会产生的 CO 废气，可用作该方法的原料，具有极高的环保竞争力，但就其还原性硒还原脱硫转化过程还需进一步研究，为工业化提供理论基础。

4）光催化还原法　光催化还原法中硫酸根（SO_4^{2-}）或亚硫酸根（SO_3^{2-}）可在叶绿素的光合作用下转变成 S^{2-}，实现高价态硫的还原。叶绿素吸收光能的主要部分为镁卟啉结构，北京大学合成了四苯基卟啉镁（MgTPP）并应用于 SO_2 的光催化还原研究。首先采用四苯基卟啉镁-二氯甲烷溶液吸收 SO_2，然后在光照条件下使 SO_2 还原为硫离子，其次再通入 SO_2 使硫离子氧化得到单质硫。具体反应过程如下：

$$\mathrm{MgTPP} + x\mathrm{SO_2} \xrightarrow{h\nu} \mathrm{MgTPP(SO_2)}_x$$

$$\mathrm{SO_2} \xrightarrow{h\nu + \mathrm{MgTPP}} \mathrm{S^{2-}}$$

$$4\mathrm{H^+} + 2\mathrm{S^{2-}} + \mathrm{SO_2} \longrightarrow 3\mathrm{S} + 2\mathrm{H_2O}$$

光催化还原法采用光能作为能源，绿色环保，而且四苯基卟啉镁活性高，可重复使用。但是该反应所需时间长，使吸收的 SO_2 完全还原至少需 6h 的长时间照射，且还原反应选择性较低，SO_2 不能一步还原为硫单质，增加操作工序。

表 4-4 为主要硫黄回收技术比较。

表 4-4　主要硫黄回收技术比较

项目	气相还原法		液相还原法	
	气体直接催化还原	固体还原剂直接还原	液相催化还原	光催化还原
反应物	CO、H_2、CH_4、NH_3	CaS、$Fe_3O_{4-\delta}$、C	CO	MgTPP
副产物	COS、H_2S	$CaSO_4$	无	无
反应温度/℃	200～600	600～800	80	25
反应效率/%	85	90	90	75
产品纯度	高	中等	高	一般
工业规模	中试	中试	小试	小试

4.3 氮氧化物治理材料

氮氧化物源头控制的主要技术可能会降低燃烧效率，造成不完全燃烧损失增加，氮氧化物的降低率也有限，所以目前氮氧化物污染的防治主要是依靠末端尾气脱硝，常用的净化处理氮氧化物的方法可分为液体吸收法、固体吸附法和气相反应法等。这些方法主要是利用不同的材料对尾气中氮氧化物进行吸附、氧化还原或分解以实现氮氧化物脱除。

▶ 4.3.1 液体吸收材料

氮氧化物中的 NO_2 容易与水溶液生成硝酸，因此如果氮氧化物中 NO_2 含量高的情况下就可以利用液体材料吸收进化处理，这种方法优势是工艺简单，投资费用低廉。但是氮氧化物中含有大量的 NO 时，单纯依靠水溶液吸收去除氮氧化物就会导致效率偏低，于是利用液体氧化剂、螯合剂和还原剂将 NO 转化为 NO_2 后吸收或直接吸收 NO，以提高氮氧化物的吸收效率。根据这些液体吸收材料的作用原理可以将它们大致分为以下几类：水；酸吸收材料，包括稀硝酸和浓硫酸等；碱吸收材料，包括烧碱、纯碱和氨水等；液相还原吸收材料，包括尿素、亚硫酸盐和亚硫酸铵等的溶液；液相氧化吸收材料，包括次氯酸钠、高锰酸钾等；液相络合吸收材料，包括乙二胺四乙酸和硫酸亚铁混合液。

(1) 水

水吸收是最简单的液体吸收方法。水直接与氮氧化物中 NO_2 反应生成硝酸和 NO，其反应方程如下：

$$3NO_2+H_2O \longrightarrow 2HNO_3+NO$$

而 NO 不与水反应，它在水中的溶解度也很低，因此以水为吸收剂对氮氧化物进行物理与化学吸收，吸收效果差，只能用于气量小，净化要求低的场合；且主要针对 NO_2 的吸收，不适用于工业燃烧废气脱硝，因为工业燃烧废气中一氧化氮的占比高。增加压力虽然有助于水吸收 NO，但加压处理就需要增加投资和消耗。一般在硝酸工厂采用“强化吸收”或“延长吸收”法属于水吸收法，由于该法既能回收氮氧化物增产硝酸，又可减低出口氮氧化物浓度至排放标准以下，因此水吸收法可用于硝酸工厂尾气氮氧化物的治理。

(2) 酸吸收材料

相对于单纯的水溶液，选用浓硫酸或者稀硝酸作为吸收剂能够明显提高氮氧化物的吸收效率。

NO在稀硝酸中的溶解度有明显的提高，例如在质量分数12%以上的硝酸中NO的溶解度是水中的100倍，因此稀硝酸溶液比水更有利于脱除NO含量高的氮氧化物。提高吸收压力、降低吸收温度和适当提高烟气氧含量都可以促进稀硝酸对氮氧化物的吸收。该方法适合于硝酸工厂，具体的工艺流程为，吸收液首先分别与硝酸吸收塔和尾气吸收塔中与氮氧化物逆流接触反应，之后经过加热进入漂白塔进行二次处理，冷却后继续循环使用，因此得名为漂白硝酸。此方法已实际应用，其主要的优点是：不消耗化学物品，因为硝酸在过程内循环，洗涤器所需的水变成产品的一部分；氮氧化物回收为工业浓度的硝酸，氮氧化物的排放量低，且投资和操作费用较低。但该方法需要加压促进吸收，硝酸的循环量大、能耗高，所以工业应用的较少。

硫酸作吸收剂时，可以对氮氧化物进行物理和化学吸收，产物亚硝基硫酸是生产硫酸和浓硝酸的前驱物。因此，硝酸工厂和硫酸工厂也可利用硫酸吸收法脱除氮氧化物。缺点也同样是消耗动力较大。

(3) 碱吸收材料

碱液吸收法的原理是利用碱性溶液来与氮氧化物反应生成硝酸盐和亚硝酸盐。碱性溶液包括钠、钾、铵等的氢氧化物或弱酸盐溶液。烧碱（氢氧化钠）溶液吸收NO和NO_2后反应生成硝酸钠和亚硝酸钠，且当废气中所含的NO_2与NO的摩尔比大于或等于1时，NO_2和NO都能够被有效吸收。弱碱性的纯碱（碳酸钠）溶液同样也可以用于吸附氮氧化物，相对于氢氧化钠，碳酸钠的价格更低但效果稍差。利用氨水吸收氮氧化物的废气，可以使氮氧化物转变为硝酸铵与亚硝酸铵，含有亚硝酸铵和硝酸铵的溶液可用作肥料。但是挥发的气相氨与氮氧化物和水蒸气还可反应生成铵盐，这些铵盐微粒形成气溶胶，不易被水或碱液捕集，逃逸后形成白烟。此外吸收液生成的亚硝酸铵也不稳定，当亚硝酸铵的浓度较高，可能会发生剧烈分解导致爆炸。因此氨水吸收法应用存在限制。

碱液吸收应用较好的是氨-碱液两级吸收法。气相中氨气与氮氧化物及水蒸气反应，之后在液相中与氢氧化钠水溶液反应。反应方程式如下所示：

气相中：

$$2NH_3+NO+NO_2+H_2O \longrightarrow 2NH_4NO_2$$

$$2NH_3+2NO_2+H_2O \longrightarrow NH_4NO_3+NH_4NO_2$$

$$NH_4NO_2 \longrightarrow N_2+2H_2O$$

液相中：

$$2NaOH+2NO_2 \longrightarrow NaNO_3+NaNO_2+H_2O$$

$$2NaOH+NO+NO_2 \longrightarrow 2NaNO_2+H_2O$$

反应的基本流程是氨首先与含氮氧化物的烟气进行一级还原反应，之后混合后的气体进入吸收塔与碱液进行二级吸收反应，该工艺操作简单，造价低廉，但是脱硝效率并不高，一般处理后很难达到国家标准的要求。

(4) 液相氧化吸收材料

由于NO很难被水或者碱液吸收，所以为了提高对NO的脱除效率，可以采用将NO氧化为易溶于水的NO_2和N_2O_3，然后结合其他吸收液来达到液相脱除氮氧化物的目的，此类方法称为氧化吸收法。氧化吸收法解决了氮氧化物中NO的去除难题，可以大幅度提高氮氧化物的脱除效率。通常NO也会与烟气中氧发生反应，但这种氧化极为缓慢。液相的氧化剂包括次氯酸钠、高锰酸钾、硝酸等。强氧化剂次氯酸钠、硝酸溶液等常与强碱溶液配合脱除氮氧化物。利用次氯酸钠与氢氧化钠的混合溶液吸收NO时，脱硝效率大约在30%～70%之间。吸收液的浓度、pH值、液气比、反应温度和气体污染物初始浓度都会影响脱硝效率。例如，提高次氯酸钠的浓度明显有利于NO的吸收，因其脱除主要依靠的是次氯酸钠与NO的氧化还原反应。但氢氧化钠溶液浓度过高反而会降低反应速率，因为该反应适宜的pH值为6～7左右。次氯酸钠溶液氧化吸收NO在实验研究中效果优异，但是次氯酸钠工业原料成本较高，脱硝后会有废液产生，因此工业应用还存在一定困难。目前常用的氧化剂为高锰酸钾溶液，尤其是处理低浓度的氮氧化物时其吸收效率更高，高锰酸钾氧化剂可以将氮氧化物氧化固定为硝酸钾，具体反应如下：

$$KMnO_4 + NO \longrightarrow KNO_3 + MnO_2$$

$$KMnO_4 + 2KOH + 3NO_2 \longrightarrow 3KNO_3 + H_2O + MnO_2$$

该吸收过程中生成的二氧化锰可以分离再生，而硝酸钾也可以用作化肥，并且脱硝率达到了90%以上。但是高锰酸钾的价格较贵，不适合大量使用。

考虑到运行成本，硝酸因其成本较低而最具吸引力；而且无论是在气相氧化还是液相氧化过程中，硝酸还可以起到一定的自催化作用以促进氮氧化物吸收过程。硝酸氧化结合碱液吸收法可以对废气中大部分氮氧化物进行回收。研究表明，用40%的硝酸可以将氮氧化物氧化到适宜的氧化度，然后用碱溶液吸收即可高效脱除氮氧化物，整个工艺流程简单且投资小，工艺路线较成熟，反应产物为硝酸盐和亚硝酸盐，无二次污染，已用于工业生产尾气的脱硝处理。

(5) 液相还原吸收材料

液相还原吸收法是将含硝烟气与溶解于液相中的还原剂接触反应来脱除烟气中氮氧化物。液相还原法可以分为直接还原和先氧化再还原吸收两种方式。液相还原剂在吸收氮氧化物过程中会发生一些副反应，例如将NO还原生成N_2O，而且这一副反应反应速率较慢，会严重抑制氮氧化物的脱除效果。所以利用液相还原材料脱硝时可以先将NO先氧化为NO_2，然后再还原生成无污染的氮气。但考虑到这一操作的复杂性，液相还原吸收法一般作为其他技术脱硝处理后补充净化手段。

目前有研究的还原剂包括亚硫酸铵和尿素等。其中尿素是实际应用中最多的还原剂，在酸性条件下可以较快地将亚硝酸还原为氮气，反应最终生成氮气、二氧化碳和硝酸铵，而且吸收后的废液可以补充尿素溶液后继续使用，避免了其他液相吸附法存在的酸性废液污染、副反应多等问题。但是尾气中的氮氧化物氧化度低于50%或反应温度低于50℃时，会大幅抑制反应的进行，且酸性的尿素水溶液对不锈钢材料具有一定的腐蚀性。这些都是尿素脱硝应用中需要进一步解决的问题。

(6) 液相络合吸收材料

液相络合吸收法是利用络合剂直接同 NO 接触反应生成金属亚硝酰化合物的脱硝方法。但值得注意的是与 NO 反应生成的络合物在温度升高至一定程度时会发生分解而重新释放 NO。如果需要对 NO 含量高的尾气进行 NO 回收处理时，液相络合吸收法是一种更为合适的选择。目前氮氧化物络合吸收剂包括硫酸亚铁、乙二胺四乙酸和硫酸亚铁混合液等。硫酸亚铁中的 Fe(Ⅱ) 提供空轨道，乙二胺四乙酸和 NO 均可提供孤对电子，与金属离子形成络合物，其反应方程式如下所示：

$$\mathrm{Fe(II)\text{-}EDTA + NO \rightleftharpoons Fe(II)NO\text{-}EDTA}$$

络合吸收剂的脱硝效率很高，可以达到 75%以上；吸收条件要求不高，常温常压下即可进行。但是络合吸收液中的二价铁离子很容易被烟气中的氧气氧化，生成的三价铁离子丧失了与 NO 的亲和力，造成材料的脱氮能力大幅下降。虽然加入亚硫酸钠可以一定程度上延缓氧化反应，但是无法在根本上解决问题，而且使反应体系更加复杂，很难做到循环使用且增加了资金投入。还有研究利用生物法（常温性铁还原菌）、还原法（亚硫酸盐）和电解法对材料循环再生，但目前都很难使络合吸收法达到工业应用的程度。

通过几种液体吸收材料的介绍可以发现，湿法脱硝主要就是利用可以溶解氮氧化物或可以与它发生反应的溶液吸收废气中氮氧化物的方法。这些工艺相对比较简单、污染相对较小，但脱硝效率相对于成熟高效的干法脱硝还有一定的差距，因此湿法脱硝主要应用于特定行业的烟气脱硝处理。

4.3.2 固体吸收材料

用于脱硝的固体吸收材料主要是一些多孔性固体物质，利用这些材料可以吸附废气中的一种或多种有害组分的特性来处理废气。吸附作用可以分为物理吸附和化学吸附：化学吸附是吸附剂与被吸附物质之间产生的化学作用，生成化学键引起吸附；而物理吸附是由于分子间范德华力引起的。物理吸附的吸附质和吸附剂间不发生化学反应，吸附质和吸附剂间的吸附力不强，当气体中吸附质分压降低或温度升高时，被吸附的气体很容易从气体表面逸出，因此可用加热、降压等方式使吸附剂再生。吸附剂对氮氧化物的吸附量随温度或压力的变化而变化，通过周期性地改变操作温度或压力控制氮氧化物的吸附和解吸，使氮氧化物从气源中分离出来。常用的吸附剂有碳质材料（活性炭、焦炭等）、分子筛、水滑石、硅胶、煤类等，如表 4-5 所示。

表 4-5 固体吸附材料

固体吸附材料	定义及特性	案例
碳质吸附材料	碳质吸附材料主要是活性炭、焦炭等，碳质材料自身比表面积很大，即使没有经过改性处理，比表面积甚至也会超过 $500m^2/g$；但是碳质材料对于气体的吸附一般以物理吸附为主，物理吸附是利用其微孔结构和官能团来吸附氮氧化物，吸附选择性相对较差，因此需要对碳质材料进行适当的改性	目前日本最新烟道气脱硫脱硝技术就是用活性碳纤维来处理，其具有比表面积大、吸附/脱附速度快、吸附收率高、吸附容量大的特点，且能以织物形式使用，其对氮氧化物的静态吸附量可以是颗粒活性炭的 3 倍左右，活性碳纤维吸附脱硝可在常温下进行，氮氧化物被活性碳纤维吸附后，其中 NO 与尾气中的氧气在碳质材料表面催化氧化为 NO_2，进而再利用水或碱溶液脱除吸收的氮氧化物，将活性碳纤维再生后循环利用，能脱除 80%以上的氮氧化物，使排出的气体变成无色，多应用于硝酸厂的尾气处理

续表

固体吸附材料	定义及特性	案例
分子筛	分子筛具有孔道结构畅通、比表面积丰富、晶形结构稳定等特点，根据结晶体内的空穴体积吸附或解吸不一样的分子，同时根据分子极性或者可极化度而表示吸附的能力次序，达到吸附、分离的效果	分子筛作为吸附剂在国外已工业应用于硝酸尾气处理，其脱硝效率可以达到9%以上，用吸附法从尾气中回收硝酸量可达工厂生产量的2.5%。用作吸附剂的分子筛有氢型丝光沸石、氢型皂沸石、13X型分子筛等，吸附后的分子筛可用干燥后的净化气或水蒸气加热再生，这些沸石分子筛具有较高的吸附氮氧化物的能力
水滑石	水滑石类化合物又称层状双金属氢氧化物（LDHs），LDHs的主结构是由带电荷的羟基层板（包含两种或两种以上的金属阳离子氢氧化物）和带负电荷的层间的阴离子构成，且层间还存在与层板以羟基或层间阴离子以氢键形式结合的结晶水	有研究将锰、钴和铜等元素掺杂进镁铝水滑石，结果大大提升水滑石对于氮氧化物的吸附量，且这些金属元素掺杂量在很大程度上影响水滑石对于氮氧化物的吸附能力，这是因为铜、锰和钴等过渡金属元素的掺杂，使得水滑石具有一定的氧化性，有利于NO氧化成NO_2，从而对氮氧化物的吸附能力更加突出
硅胶	硅胶由硅氧四面体为基本单元相互堆积而成，属于无定型。硅胶表面具有大量的硅羟基以及气孔，以至于其拥有较大的比表面积，能吸附多种物质，尤其对水汽的吸附能力特别强，同时硅胶的化学性质稳定，不燃烧，具有开放的多孔结构，含水分的氮氧化物废气可用硅胶吸收去除	在干烟气脱硝方面，硅胶还可以发挥催化作用，可以将NO转化为NO_2之后吸附，待吸附饱和后可再加热脱附再生。但硅胶在温度超过200℃时会干裂，这种性质限制了它的应用范围
煤类	泥煤、褐煤和风化煤为低阶煤，大多都会含有大量的腐植酸，腐植酸具有很大的内表面积来提供吸附能力。经过氨化的这类材料可以吸附氮氧化物而得到硝基腐植酸铵，是有机肥料的重要成分	国外就有采用泥煤作为吸附剂来治理氮氧化物废气的案例，吸附氮氧化物后的泥煤直接用作肥料而不必再生。但这种材料的缺点是气体通过床层的压降较大，吸附过程也伴有化学反应，机理较为复杂，其稳定性还有待进一步的提高

氮氧化物固体吸附法的优点就是整个工艺流程操作方便、使用的是常规的设备、对氮氧化物的净化效率较高；但其也有很多的缺点，一是需要建造较大体积的设备才能满足污染物的脱除要求，且吸附饱和的吸附剂需要再生处理，会额外增加资金投入和资源消耗，还有就是吸附法脱硝处理过程需间歇运行，这也使得高浓度烟气脱硝不宜使用吸附法。

4.3.3 催化还原材料

催化脱硝包括直接催化分解法、选择性催化还原法（SCR）和非选择性催化还原法（NSCR）。直接催化分解法是指在催化剂作用下将氮氧化物直接分解为氮气和氧。N—O化学键的断裂需要克服较高能垒，所以在常温下分解速度非常慢，通过加入相应的催化剂可以降低反应能垒。非选择性催化还原法，顾名思义，就是没有选择性的催化还原，主要是使用少量催化剂把排出尾气中红棕色的NO_2还原成无色的NO而排空，实际上并没有真正的去除氮氧化物，在环保标准日益严格的今天，这种方法亟须改进。SCR技术是利用NH_3、NO等物质作为还原剂，将烟气中的氮氧化物有选择性地还原为对大气不会产生危害的氮气和水。而 NH_3 作为还原剂时选择性一般较高，因而以 NH_3 为还原剂的 SCR 技术研究的最多。SCR 技术由于其脱硝率能达到 95%以上，研究较多，技术也相对成熟，应用广泛。SCR 技术最先是由美国人提出的，后来经日本科学家深入研究并且实现了工业化，最终在发达国家实现了大范围的推广应用。在无催化剂存在下，还原反应只能发在一个狭窄的高温范围内（800～900℃），如果采用适当的催化剂，则可以将反应温度降低到 200～400℃，而且温度窗口也会变宽。脱硝催化剂是 SCR 技术的核心部分，催化剂的性能直接影响着 SCR 脱硝效率，SCR 技术的经费也主要投入于催化剂的研发和使用。目前主要的脱硝催化剂有以下几类：

（1）贵金属催化剂

最早阶段研究的 SCR 脱硝催化剂主要选择的是贵金属，其中常见的贵金属活性组分主要有铂、钯和铑等贵金属。兼顾贵金属催化剂的成本以及催化剂活性组分与载体的协同作用，贵金属活性组分通常被负载于氧化铝、氧化硅、蜂窝状陶瓷等载体。在这类催化剂中，铂金属催化剂的研究相对深入。基本反应过程为 NO 在铂的活性位上脱氧，然后碳氢化合物再将中间产物还原。贵金属催化剂的优点是具有脱硝效率较高、低温活性好，抗硫中毒能力和抗水蒸气失活能力强等，但其对氨气有很高的氧化能力，易生成 N_2O 造成二次污染，导致催化剂氨选择性差。由于这些缺陷，贵金属催化在传统 SCR 中逐渐被其他催化剂所替代。

（2）过渡金属氧化物催化剂

过渡金属氧化物在 SCR 工艺中研究最为广泛，过渡态金属氧化物及其复合氧化物在有氧条件能够容易催化氧化 NO 为 NO_2，利于氮氧化物的吸附，金属氧化物类催化剂主要包括五氧化二钒、氧化铁、氧化铜、氧化锰、氧化铬和氧化镁等金属氧化物或其联合作用的混合物。这些金属氧化物催化剂通常以氧化钛、氧化铝、氧化硅和活性炭等作为载体，这些载体主要作用是提供大比表面积的微孔结构。此外，复合金属氧化物通过引入其他各种金属离子可以调节活性组分的价态、构建一些不常见的价态或者稳定一些混合价态，可以调节活性位之间的距离、键能、氧在晶格中的活泼性等化学性质，使得催化活性明显提高，优于单一金属氧化物型催化剂。

（3）分子筛催化剂

分子筛是优秀的吸附剂，同时也是优秀的催化剂，最早应用于催化裂化、加氢裂化、歧化、芳香烃烷基化和甲醇制汽油等领域中。在 1990 年有人提出将 Cu-ZSM 催化剂应用于 SCR 脱硝处理。分子筛 Y 型、ZSM 系列、MFI 和发光沸石等常被用作 SCR 催化剂载体。SCR 过程中应用的沸石类催化剂主要是采用离子交换方法制成的金属离子交换，充分利用沸石发挥分子筛独有的结构特点，制备的催化剂金属分散度好、比表面积较大、表面酸位较多而且结构优良。利用沸石类催化剂的催化还原脱硝常采用碳氢化合物和氨作为还原剂。采用离子交换法构建的分子筛催化剂领域中，Cu-ZSM-5 催化剂因其还原活性高而引起了广泛关注，国外学者的研究工作较多，可用于离子交换的金属元素主要包括锰、铜、钴、铅、钒和铁等。这一类催化剂的特点是具有活性的温度区间较高，最高可以达到 600℃。

沸石具有丰富的均匀细孔，其有效入口孔径大小是影响沸石催化作用的重要参数。一方面沸石中的钠、钾、氢等离子经过与前述的金属元素阳离子进行交换后，可以调节晶体内的电场和表面酸性，从而可改变沸石的吸附和催化特性。但对其结构影响较小；另一方面也可以通过离子改性、水汽处理、硅烷化等方法来提高催化剂的选择性和稳定性，具有高硅铝比的发光沸石、镁碱沸石、斜发沸石以及 ZSM-5 系列，都可作为烟气脱硝催化剂的候选。此外，使用碳氢化合物作为还原剂的技术也将应用于柴油机以及汽油发动机的 NO 排放控制系统中。在沸石类催化剂的研究中发现，过渡金属元素离子交换沸石（特别是 ZSM-5 系列和发光沸石）具有比其他类型催化剂更高的 SCR 活性，并且分子筛的类型、热处理条件、硅铝比、交换的离子种类、交换度等都会影响脱硝性能。值得注意的是，分子筛催化剂体系有其自身的局限性，在水蒸气和二氧化硫存在时容易失活，这是分子筛催化剂在实际应用中有待解决的问题。

(4) 双功能催化剂

杂多化合物是一种兼具酸碱性和氧化还原性的双功能催化剂，杂多化合物环境友好型催化新材料在有机合成工业催化领域内得到成功应用。杂多化合物具有大的分子体积、可调变的酸性、“假液相”行为，是氮氧化物催化分解领域中较新颖的绿色催化剂。国内外关于杂多化合物催化还原氮氧化物的相关研究尚为数不多。1994 年杂多化合物首次应用于催化还原的氧化物，NO 可以通过取代杂多酸的水分子而被吸附至杂多酸二级结构中，待吸附饱和后加热处理杂多酸，60％以上的被吸附 NO 还原为氮气，且加热脱附后的杂多酸催化剂可循环使用。值得注意的是，水蒸气是杂多酸催化剂吸附 NO 的必要条件，且烟气中的 SO_2、O_2 和 CO_2 不会对杂多酸脱除氮氧化物产生负面影响。纯相的杂多酸的比表面积较小，机械强度低，热稳定性差，易溶于极性溶剂，难以重复利用，将杂多酸负载于适合的载体上，可以增加比表面积，提高稳定性，故而成为相关研究的热点。在众多载体中，以二氧化硅为载体的研究最为广泛。然而，迄今尚未见到杂多化合物催化分解氮氧化物的实际工业应用。

(5) 钙钛矿型催化剂

钙钛矿型氧化物是结构与钙钛矿 $CaTiO_3$ 相同的一大类化合物，常以 ABO_3 表示；类钙钛矿型氧化物以 A_2BO_4 表示。近年来，钙钛矿、类钙钛矿型催化剂用于氮氧化物的消除，已成为催化脱除氮氧化物的研究热点之一。钙钛矿及类钙钛矿型复合氧化物催化还原氮氧化物的机理与贵金属相似，NO 在贵金属上的分解速率方程适用于钙钛矿及类钙钛矿型复合氧化物，反应速率正比于 NO 的吸附浓度，同时也存在“氧抑制行为”，早期的研究认为，NO 在钙钛矿型催化剂上的分解反应遵循“活化催化过程”。NO 在钙钛矿型复合氧化物上的分解以 NO_2 为中间体，催化剂表面上吸附态的 NO 和氧原子反应形成 NO_2，NO_2 循环解离得到氧气，可认为 NO 的分解是以一个循环的方式进行的。钙钛矿及类钙钛矿型复合氧化物易于脱附氧，热稳定性高，具有较高的高温活性，是一种非常有潜力的 NO_2 分解催化剂，该系列催化剂的粒径大小适合于捕捉柴油机燃烧产生的炭黑颗粒，因而可以被开发成多用途催化剂，达到同时去除柴油机排气中的碳颗粒物和氮氧化物的目的。然而，采用高温烧结制备的钙钛矿及类钙钛矿型复合氧化物一般比表面积较低，催化活性的稳定性较差，低温高空速时的催化活性低，且易硫中毒。因此寻找更有利于NO催化分解的新颖的催化剂制备方法，提高其比表面积，采用新型材料取代A、B离子或添加助剂改性以提高催化性能以及寻找合适的催化剂载体，仍是今后该领域的研究热点。

所有脱硝催化剂的应用研究中，SCR脱硝催化剂材料的研究最为广泛，包括沸石、过渡金属氧化物、贵金属和钙钛矿型氧化物等，这是因为SCR技术最早是应用于固定源氮氧化物的排放控制技术，并且被认为是能满足越来越严格的氮氧化物排放标准要求的最好的技术之一。虽然现在SCR的应用已经非常普遍，但该方法依然存在诸多问题：一是所使用的还原剂有较强腐蚀性，会使得管路设备工程造价大大提高；二是由于工艺条件的原因，通入氨的计量很困难，会出现二次污染的情况；三是还原剂易发生泄漏，给操作、存储带来困难，并且产生易结晶的$(NH_4)_2SO_3$和$(NH_4)_2SO_4$。

4.4 重金属吸附与分离

近年来，许多学者对添加固体吸附剂抑制重金属的排放做了大量研究，发现固体吸附剂对抑制重金属元素的排放效果显著。对大气中重金属具有吸附作用的吸附剂主要分为碳基吸附剂、钙基吸附剂以及其他吸附剂。

4.4.1 碳基吸附剂

碳基吸附剂是以煤或有机物制成的高比表面的多孔含碳物质，由于制造方法、原料的不同，其性质有较大差异。常见的有活性炭、活性炭纤维、生物质焦等，由于碳基吸附剂在高于300℃温度下有自燃风险，因此碳基吸附剂脱除烟气中的重金属通常限于低温下。目前关于碳基吸附剂吸附烟气中重金属的研究中，捕获重金属汞的相关研究最多。根据在实验室反应装置中的测试结果，相对于非碳基吸附剂如金属氧化物和钙基类吸附剂等，碳基吸附剂可以从燃煤烟气中很好地去除Hg^0和Hg^{2+}。

目前相关研究主要在于以碳基吸附剂脱除痕量Hg^0为主的固相吸附上，尤其是活性炭注入技术（如图4-6）已经在实验室条件和实际系统应用中进行测试，都显示具有很好的脱除燃煤烟气中汞的能力。这一技术已经在部分电厂应用，据美国相关机构进行的数十

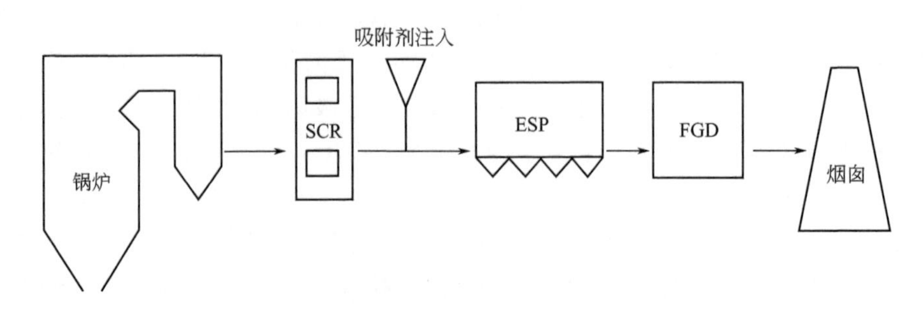

图4-6 活性炭注入法示意图

次测试研究表明，活性炭喷射注入技术可以脱除约90%的痕量Hg^0。据美国电力研究所（EPRI）等估算，在一个250MW的燃煤电厂采用活性炭注入方式，每年投入约300万美元的活性炭可以减少痕量单质汞排放66kg。然而由于活性炭吸附剂的高成本和高消耗，开发新型改性碳基吸附剂成了研究的趋势，并且已有实验证明改性碳基吸附剂脱汞效率同样可观。

(1) 碳基吸附剂的分类

① 活性炭

活性炭是一种经特殊处理的炭，将有机原料（果壳、煤、木材等）在隔绝空气的条件下加热，以减少非碳成分（此过程称为炭化），然后经过活化，表面被侵蚀，产生微孔发达的结构。由于活化的过程是一个微观过程，即大量的分子碳化物表面侵蚀是点状侵蚀，所以造成了活性炭表面具有无数细小孔隙。活性炭表面的微孔直径大多在2～50nm之间，即使是少量的活性炭，也有巨大的表面积，通常每克活性炭的表面积为500～1500m^2。

活性炭具有丰富的孔结构和较大的比表面积，对多种物质的吸附能力都很强，是目前较常用的烟气重金属固体吸附剂。利用活性炭的这种特性，可以对汞进行吸附脱除。与其他吸附剂脱汞技术相比，活性炭脱汞技术是目前唯一一个被商业化应用，也是最为成熟的脱汞技术。采用活性炭吸附技术进行脱汞，脱汞的最终效果与活性炭的物化性质、烟气温度、停留时间等有关。活性炭脱汞技术包括两种工艺布置方式。一种工艺布置方式是将活性炭的细粉喷入烟道中：一部分汞吸附于活性炭中，由除尘器脱除；另一部分汞被活性炭吸附后，进入脱硫系统中被脱除。另一种工艺布置方式是将活性炭布置在固定床反应器中，对汞进行吸附脱除。

目前，活性炭烟道喷射吸附脱汞技术在工程应用中有着良好的表现，但也存在着一定的问题，具体体现在：活性炭在使用过程中不断被消耗，这样会增加运行成本，且吸附汞的活性炭存在二次污染等问题；在处理吸附了汞的活性炭的过程中，会增加除尘系统的负担；烟气中硫含量较高时，往往脱汞效果会受到影响。

② 活性碳纤维

活性碳纤维是一种新型高效的吸附剂，与粒状活性炭相比，其比表面积高（一般1000～2000m^2/g）且孔道丰富。活性碳纤维有较多的微孔结构，单个纤维直径细，与汞的接触面积较大，同时孔径分布均匀，使其吸附速度快且容量大，脱汞性能优异。通过对活性碳纤维进行化学改性，如在表面负载卤素、硫等，可以提高其脱汞性能，但目前对活性碳纤维脱汞技术的研究大多还只是停留在实验室阶段。活性碳纤维表面含氧官能团丰富，能与Hg^0发生氧化反应，促进汞的吸附。常见的含氧官能团见图4-7，具有不同含氧官能团的活性碳纤维对Hg的吸附能见表4-6。由于具有比表面积大、吸附量高、吸附速度快、再生容易、脱附速度快等优点，活性碳纤维被认为是一种很有发展潜力的汞脱附材料。

表4-6　含不同官能团碳纤维对Hg的吸附能

官能团	羧基	羰基	酚羟基	内酯基
吸附能/(kJ/mol)	40.573	43.063	30.286	14.375

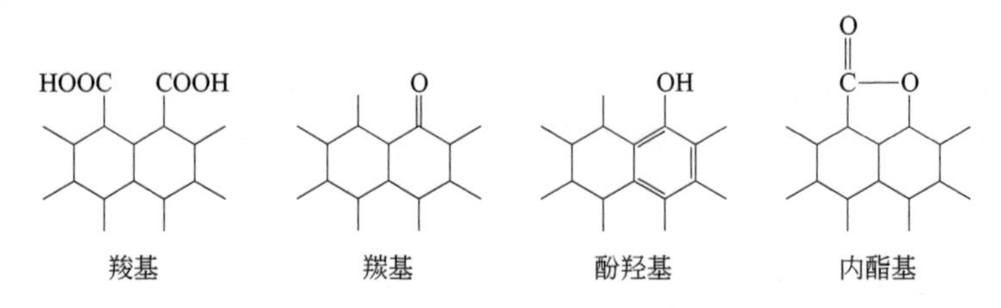

图 4-7 活性碳纤维上常见官能团

③ 活性焦

活性焦是一种类似于活性炭的碳质材料吸附剂，它以煤炭为主要原料而制成，是没有得到充分干馏和活化的活性炭类吸附剂，兼具吸附剂和催化剂两种功能。可分为定型活性焦和不定型活性焦两类。定型活性焦是将煤和黏结剂混合成型后，经炭化、活化制得，而不定型活性焦一般是将破碎的煤直接经过炭化、活化制得。活性焦的表面含有 C—C、C—O、COOH、C═O 及 π-π^* 等 5 种官能团或键，使得活性焦有一定碱度，碱度可以增加活性焦对汞的吸附量。和活性炭相比，活性焦的制备原料来源更为广泛，且价格更为低廉，是一种较有潜力的脱汞吸附剂。活性焦具有一定的机械强度，易于回收利用，是今后研究汞污染控制的热点之一。但总体来说，活性焦的脱汞效率与活性炭的脱汞效率相比，仍存在一定差距。

④ 生物质焦

生物质材料在 N_2 的保护下于一定温度热解一定时间所得的焦样为生物质焦，其脱汞性能相差较大，不同的生物质材料、不同热解温度和不同热解时间对脱汞性能都有影响。以稻秆、稻壳、松木屑和棉花秆制得的热解焦，结果表明，随热解温度的升高，热解焦的比表面积、微孔孔容等都具有先增大后减小的趋势，其比表面积在 5～310m^2/g 之间，且生物质焦的除汞效果不仅受比表面积、微孔孔容的影响，同时还受表面含氧官能团等因素的影响，在 600℃下制得的焦脱汞效果最佳。

各种碳基材料的比表面积及优缺点如表 4-7 所示。

表 4-7 主要碳基材料的比表面积及应用优缺点

名称	比表面积/(m^2/g)	优点	缺点
活性炭	500～1500	丰富的孔结构和较大的比表面积，工业应用成熟	其成本高、适用的温度范围窄、再生和吸附速度慢
活性碳纤维	1000～2000	比表面积高，吸附速度快且容量大，再生容易	研究仅限于实验室阶段
活性焦	600～1000	制备原料来源广泛，价格低廉	脱汞效率较低
生物质焦	5～310	材料易得，价格低廉	脱汞效率低

(2) 碳基吸附剂的改性

目前，通过在除尘装置（ESP 或 FF）上游喷射活性炭（AC）粉末控制汞排放是主要的发展方向。美国已将该技术（直喷和固定床）用于市政和危险废物焚烧炉的汞脱除，并取得了较好效果。活性炭的除汞性能与温度、汞的形态、汞含量和其他烟气组分有关，由于其成本高、适用的温度范围窄、再生和吸附速度慢等缺点，国内外的学者围绕着寻求脱汞效率高、价格低廉的吸附剂以及吸附剂改性手段进行了大量的研究，并取得了一定的成果。例如，将碳含量高的一些廉价材料如废旧轮胎、核桃壳和农业残留物作为生产活性炭的原料，以及对碳基吸附剂改性处理等，对碳基吸附剂的改性研究主要有卤素改性、硫改性、金属及金属氧化物改性。

① 卤素改性

燃煤烟气中 Hg^0 的氧化和捕获主要通过 2 个途径：a. 气相中的均相氧化，主要是与 Cl_2、HCl、Cl 自由基反应生成氯化汞；b. 被金属、金属氧化物或碳基吸附剂颗粒非均相氧化、捕获。由于停留时间短，Hg^0 的非均相脱除与吸附剂特性、Hg^0 到吸附剂表面的传质过程以及氯浓度有关。氯是煤中的主要卤素，它在 Hg^0 的均相和非均相氧化过程中起着非常重要的作用。研究表明，卤族元素改性能较好地提高活性炭的化学吸附。有关于 $ZnCl_2$ 浸渍活性炭对燃煤烟气中 Hg^0 脱除特性的研究发现，虽然浸渍改性会堵塞微孔导致比表面积降低，但是被 5%（质量分数）的 $ZnCl_2$ 浸渍改性的活性炭脱汞性能增强，而且测试证实在较宽的温度范围内都存在物理和化学吸附。实验表明负载过氯化锌的活性炭对单质汞具有很强的吸附性，是因为汞可以被活性炭表面的活性物质氧化。氯对脱汞有较好的氧化性能，但在高温下稳定性较低。关于氯和碘浸渍改性的活性炭对单质汞的吸附能力研究发现，随着吸附温度的升高，载碘活性炭对气态汞的吸附能力增强，氯浸渍的活性炭脱汞效率则随着温度的升高而降低。

② 硫改性

载硫活性炭的硫大部分覆于中孔，与汞反应生成硫化汞，然后沉积于孔隙中。吸附剂表面硫的实际形态是控制化学吸附过程的关键因素。吸附剂较大的比表面积和较多的中孔也有利于提高吸附效果，硫原子高度均匀地分布在活性炭表面，形成 S—C 化学键，通过化学键使汞吸附在活性炭的表面。最早进行渗硫活性炭脱汞的研究表明：反应温度在 150℃时，渗硫活性炭的吸附量远超过原始活性炭。制备温度对渗硫活性炭的性质有较大的影响，随着浸渍处理温度的提高，活性炭的脱汞性能下降，反应温度在 600℃时，渗硫活性炭的除汞效率有较大提高。

③ 金属及金属氧化物改性

将金属氧化物负载到活性炭上以控制汞排放的技术是提高活性炭脱汞效率并消除潜在二次污染的新方法。由于金属氧化物对 Hg^0 有催化氧化作用，将金属氧化物均匀分布于活性炭表面，使活性炭在更宽的温度范围内保持较好的吸附性能。同时，将使用过的金属氧化物加热到 673～773K，可实现再生，再生后富集汞可以用冷凝管收集或者与化学试剂（如 S）反应后再收集。CeO_2 在很多重要的催化反应中扮演着重要的角色，Ce^{4+}/Ce^{3+} 可以作为存储或释放氧气的储氧库，同样地，它也可以催化汞的反应，在 30～200℃的温度范围内，CeO_2/AC 抗高温性能较差，100℃时脱汞性能佳。

$CuCoO_4$ 改性同样能提升对汞的吸附性能，研究发现，随着负载 $CuCoO_4$ 量的增加，负载 $CuCoO_4$ 的活性炭对 Hg^0 的氧化能力增加。AC-Cl（$CuCoO_4+NH_4Cl$）和 AC-Br（$CuCoO_4+NH_4Br$）对 Hg^0 的氧化能力强于 AC-C（$CuCoO_4$）。当温度高于 423K 时，由

于 $CuCoO_4$ 的催化分解会使 AC 的孔隙结构遭到破坏。N 掺杂技术对八面体结构的 $CuCoO_4$ 中的阳离子 Co^{3+} 和 Cu^{2+} 没有任何负面影响，这使得掺杂 $CuCoO_4$ 的 NH_4Cl/NH_4Br 继承了 $CuCoO_4$ 优良的抗 SO_2 中毒的能力。

(3) 碳基吸附剂的再生

碳基材料消耗巨大，如果只用一次，会造成资源显著的浪费，因此对碳基材料进行循环再生是非常有意义的。目前对碳基吸附剂（主要是活性炭）的再利用、再生方法研究较多，包括电化学与化学溶液再生法、热再生法、微波再生法等等。碳基材料再生方法的优缺点对比见表 4-8。

表 4-8 碳基材料再生方法对比

再生方式	条件	特点
电化学与化学溶液再生法	外加电场、电解质	效率高,无二次污染
热再生法	加热	效率高、时间短,但炭损失大、强度下降
微波再生	微波电磁场	效率高、加热快、温度控制准确
超声波再生	超声	设备简单,易于操作、炭损失少
生物再生	微生物降解	操作简单、运行费用低、再生时间较长

4.4.2 钙基吸附剂

钙基吸附剂主要是指含钙及其化合物的材料，能通过物理吸附或者化学吸附的方式将污染物质吸附在其表面。国内外学者对钙基吸附剂的研究主要集中于 CaO、$Ca(OH)_2$、$CaCO_3$、$CaSO_4$，作为常见材料，其成本较低，储量丰富，被广泛应用于 SO_2、CO_2 的捕集等，现在也受到很多学者的青睐，将其作为吸附剂来吸附砷、硒等各种烟气中常见的元素，在实验室或者较大规模的试验台进行实验，研究其对各种元素的吸附效果以及机理。以上几种常见钙基吸附剂在不同的氛围下相互之间可以发生如下转化：

$$CaCO_3 + SO_2 + 0.5O_2 \longrightarrow CaSO_4 + CO_2$$

$$CaO + SO_2 + 0.5O_2 \longrightarrow CaSO_4$$

$$CaCO_3 \longrightarrow CaO + CO_2$$

$$Ca(OH)_2 \longrightarrow CaO + H_2O$$

$$CaO + 2HCl \longrightarrow CaCl_2 + H_2O$$

$$CaCO_3 + 2HCl \longrightarrow CaCl_2 + H_2O + CO_2$$

氛围对钙基吸附剂中钙的形态转化有非常大的影响：在含硫氛围中，碳酸钙和氧化钙均有可能转化为硫酸钙，在含氯氛围中，则会向氯化钙转变。$Ca(OH)_2$、$CaCO_3$ 在吸附过程中会受热分解最后以 CaO 的形式存在，分解后的吸附剂对重金属的物理吸附能力会提高，主要表现在孔隙结构、比表面积增大有利于物理吸附。大气中的重金属污染物大多是以重金属氯化物和重金属氧化物的形态存在，重金属氧化物较重金属氯化物的稳定性更高。在固体废物或者燃煤热处理过程中添加一些钙的化合物（碳酸钙、氧化钙、氢氧化钙等），钙能与燃烧固体中的氯优先发生反应，从而使高挥发性的金属氯化物减少，使金属在热解条件下生成氧化物，降低它的挥发性。

(1) 钙基吸附剂对Pb的吸附作用

固体废物焚烧后产生的底渣中的铅占重金属总量65%～85%，在飞灰中占13%～30%，在烟气中占2%～5%。由于城市生活垃圾和医疗废弃物中含铅量较大、含氯量很高，在焚烧过程极易生成活性的 $PbCl_2$，一种高挥发性的剧毒含铅化合物；另外，PbO和 $PbSO_4$ 也是烟气排放的烟尘成分。城市污泥在高温焚烧过程中，主要排放PbO、$PbSO_4$ 和 $PbCl_2$ 等含铅化合物。煤在高温燃烧过程中排放PbO颗粒，在飞灰中的形态以 $PbCl_2$ 为主，另一种形态为 $PbCO_3$，在熔融飞灰中则以PbO形态存在。钙基吸附剂吸附重金属Pb相关反应方程式总结如下：

$$2PbO+4CaO+O_2 \longrightarrow 2Ca_2PbO_4$$

$$2PbCl_2+6CaO+O_2 \longrightarrow 2Ca_2PbO_4+2CaCl_2$$

$$PbCl_2+CaO \longrightarrow PbO+CaCl_2$$

$$2CaCO_3+PbCl_2+O_2 \longrightarrow Ca_2PbO_4+Cl_2+2CO_2$$

$$2CaO+PbCl_2+O_2 \longrightarrow Ca_2PbO_4+Cl_2$$

$$PbCl_2+Ca(OH)_2 \longrightarrow PbO+CaCl_2+H_2O$$

焚烧烟气中氯和水分的存在以及烟气温度是影响钙基吸附剂吸附Pb的主要因素。氯的存在降低了吸附剂的捕集效率，高浓度Cl可导致Pb在污水污泥燃烧过程中富集于细颗粒表面，使重金属更易向飞灰或气相中迁移。温度对钙基吸附剂吸附重金属有非常大的影响，在高温下（>700℃）钙基吸附剂对挥发性重金属具有较好的吸附性能，并且随着温度的升高，吸附效果逐渐增强，此时是物理吸附与化学吸附的综合作用，而在低温（180～220℃）钙基吸附剂对挥发性重金属的控制效果不理想，因此主要是物理吸附。水在高温下能与重金属化合物作用，引起物质转变，导致更多的重金属由飞灰和气相转移至底渣。对于Pb吸附效果最佳的吸附剂是石灰石，尤其是给料废物含有机氯聚氯乙烯时，因为石灰石泥浆提供许多钙和碱，从而可与金属氯化物和酸性气体反应。

国内外科研人员针对钙基吸附剂进行多种改性研究，以提高吸附剂对重金属的吸附能力，以添加无机盐进行改性为主要思路。主要包括钙基吸附剂高温热活化、NaCl或 $CaCl_2$ 盐浸泡煅烧及直接加入负载等改性方法对吸附剂性能的影响。高温热活化方法所得CaO其比表面积增大两倍以上，盐浸泡煅烧所得产物为CaO/NaCl共晶体，其层间距比CaO增大，具有良好的表面活性和孔隙结构。

(2) 钙基吸附剂对As的吸附作用

烟气中的As大多是以 As_2O_3 的形态存在，钙基吸附剂吸附重金属As相关反应方程式总结如下：

$$CaSO_4+\frac{1}{3}As_2O_3 \longrightarrow \frac{1}{3}Ca_3(AsO_4)_2+SO_2+\frac{1}{6}O_2$$

$$CaO+As_2O_3 \longrightarrow CaO \cdot As_2O_3$$

$$As_2O_3+3CaO+O_2 \longrightarrow Ca_3(AsO_4)_2$$

$$2AsCl_3+3Ca(OH)_2 \longrightarrow As_2O_3+3CaCl_2+3H_2O$$

现在研究钙基吸附剂吸附 As_2O_3 的温度区间一般在 400～1000℃，大多数研究均表明钙基吸附剂对 As_2O_3 的吸附具有促进作用，有关于 CaO、$CaSiO_3$、$CaSO_4$ 等三种钙基物质对污泥焚烧过程中气态 As_2O_3 的吸附性能，结果发现三种钙基物质对 As_2O_3 的吸附性能的大小为：$CaO>CaSiO_3>CaSO_4$。升高温度可以促进钙基吸附剂对重金属的吸附作用，并且化学吸附是主导的吸附机理。但温度大于 900℃时，CaO 会发生烧结，表面塌陷，比表面积降低，抑制对重金属的吸附。有研究利用 $CaCO_3$、$Ca(OH)_2$ 和 CaO 作为燃煤钙基固砷剂，通过比较发现钙基固砷剂中 $CaCO_3$ 的固砷效果最好，原因是碳酸钙在高温下分解成氧化钙和二氧化碳，二氧化碳逸出使得氧化钙表面具有较多空隙，更不容易烧结。由于钙基吸附剂在 900℃易烧结的缺点，铁基吸附剂在 900℃以上展现出了优于钙基吸附剂的固砷能力，有研究采用 Al_2O_3 作为基底，因为其具有较大的比表面积和较好的孔隙结构，在其上负载 Ca^{2+} 和 Fe^{3+} 对其进行改性，这样能得到较广温度范围内对 As_2O_3 较为良好的化学吸附作用的复合吸附剂，同时 Al_2O_3 较大的比表面积和较好的孔隙结构，能够增强其砷吸附性能。

（3）钙基吸附剂对 Hg 的作用

美国环保署（EPA）研究采用钙基类物质［CaO、$Ca(OH)_2$、$CaCO_3$、$CaSO_4$］进行汞的脱除，发现钙基类物质的汞脱除效率与燃煤或废弃物燃烧烟气中汞存在的化学形式有很大关系，钙基类物质如 $Ca(OH)_2$ 对 $HgCl_2$ 的吸附效率可达到 85%，碱性吸收剂如 CaO，同样也可以很好地吸附 $HgCl_2$，但是对 Hg^0 的吸附效率却很低。传统的钙基材料可以对 Hg^{2+} 实现有效吸收，但对单质态 Hg^0 的吸附能力有限，故目前的研究主要集中在如何提高钙基吸附剂对 Hg^0 的吸附能力。

常见的钙基吸附剂改性方法主要包括：提高吸附剂的比表面积和改进其孔隙结构，提高吸附剂的碱性和氧化性，通过卤化物对吸附剂表面的官能团进行改进等。同时有研究采用液溴对钙基进行浸渍改性，并在固定床实验台上对其脱汞性能进行了实验研究。结果表明，吸附温度是影响改性钙基吸附剂脱汞性能最重要的因素。在实验温度 100～200℃内，吸附温度越高，吸附剂脱汞效果越好。有研究考察不同温度对飞灰掺混钙基吸附剂脱汞性能的影响规律，在 80～160℃范围内，飞灰-CaO 和飞灰-$CaCO_3$ 两种吸附剂的脱汞效率均随温度的升高而下降。当 80℃时，脱汞效果最好。目前对钙基吸附剂的改性机理和作用机制方面的研究还不成熟，钙基吸附剂对汞的脱除能力有限。

（4）钙基吸附剂对 Cr 的吸附作用

Cr 具有较高的沸点（2672℃），多存在于底灰中，且在炉排焚烧炉的实验研究发现，铬迁移方式以夹带为主；在 850℃左右，铬相对稳定，蒸发现象不明显；底渣中铬主要以 Na_2CrO_4、Cr_2O_3、$FeCr_2O_4$、K_2CrO_4 形态出现；飞灰中铬元素最主要的形态都是 Cr_2O_3；Cr^{3+} 在氧气存在下易转化成 Cr^{6+}，六价铬的主要化合物是 $CrO_2Cl_2(g)$ 和 $CrO_3(g)$ 钙基吸附剂吸附铬的相关方程式如下：

$$2CrCl_3+3CaO \longrightarrow Cr_2O_3+3CaCl_2$$

$$Cr_2O_3+CaO \longrightarrow Cr_2O_3 \cdot CaO$$

$$CrO_2Cl_2+Ca(OH)_2 \longrightarrow CrO_3+CaCl_2+H_2O$$

$$CrO+0.5Cr_2O_3+0.75O_2 \longrightarrow CaCrO_4$$

对于氧化钙吸附铬，有学者进行了废物燃烧过程中钙基吸附剂对重金属Cr的吸附研究，当温度低于700℃时，CaO和$CaCO_3$的吸附效果一致；当温度为900℃的状态下，CaO对重金属铬吸附效果较差，并且，样品生成的烟气中的铬主要以物理吸附的形式被捕获。在大于900℃时，氧化钙对六价铬脱除效率较高的原因是：在氧气存在下，氧化钙能使吸附剂上的三价铬（Cr_2O_3）转化为六价铬（$CaCrO_4$），而使吸附剂中六价铬含量升高。但由于六价铬的毒性较三价铬更大，因此在利用氧化钙吸附重金属铬的时候要避免有氧气的存在。温度和氯含量对氧化钙吸附重金属铬的影响较大，水分对其影响较小。主要是由于在大于900℃的情况下，反应才能发生，氯的加入会使铬优先与氯反应生成铬的氯化物，而减少了铬与吸附剂的反应。

（5）钙基吸附剂对Cd的吸附作用

钙基吸附剂与镉的主要反应方程式为：

$$CdCl_2+CaO \longrightarrow CdO+CaCl_2$$

钙基吸附剂对Cd的吸附较其他天然矿石类吸附剂来说作用更为显著，有研究表明，对于重金属氯化物来说，钙基吸附剂对$CdCl_2$的吸附优先级大于其他重金属氯化物，在垃圾焚烧过程中，CaO的加入有利于降低其挥发性，抑制Cd向飞灰迁移。Al_2O_3、SiO_2对于Cd的挥发性影响较小，850℃时，对于Cd的吸附效果顺序为$CaO>Al_2O_3>SiO_2$。对钙基吸附剂进行改性可以提高其表面活性点位，获得更高的高温吸附效率。用高温热活化、盐浸泡煅烧法对轻质碳酸钙进行改性，进行了一系列静态、动态实验发现，改性钙基吸附剂对镉的吸附作用既有物理吸附也有化学吸附，因此吸附效果明显提高，在低温下，其对氯化镉吸附效率能达到与粉状活性炭基本相同。

4.4.3 其他吸附剂

重金属由于具有可迁移性、生物累积性和高危害性等特征，已经是继粉尘、SO_x和NO_x之后的大气中第四大污染物，并逐渐成为近年来的关注热点。现有设备对重金属的捕集大多依靠对颗粒物的控制协同去除，然而高挥发性重金属如汞、硒的控制仍面临诸多不确定性，尤其是现有除尘设备对亚微米级别颗粒物较差的捕集效果造成部分气态重金属逃逸。尽管逃逸比例低，但其排放总量对环境容量而言仍影响巨大。因此，通过物理或化学方法将气态重金属捕获是非常必要的。利用吸附剂来捕集重金属是将一定量的吸附剂喷入烟道中，通过吸附剂对烟气中重金属的物理/化学吸附，将重金属固定在吸附剂中，后续通过除尘装置收集吸附剂颗粒进而去除重金属。该方法吸附效率较高，需要增加的额外设备较少，已得到了较为广泛的应用。除了上述的碳基、钙基吸附剂外，飞灰、黏土矿物等各类其他吸附剂在重金属吸附也有较为广阔的应用前景。

（1）飞灰

飞灰是含水率极低的微细粉末状尘粒，呈浅灰或土黄色，一般含水率在5.0%以下，在潮湿气氛下飞灰由于吸水含水率会有所升高；热灼减率为3.0%～5.0%。焚烧飞灰还具有颗粒小、比表面积大的特点。飞灰的空隙度较大，一般在30%～50%范围内。飞灰的粒径分布在1～1000μm之间，与一般砂质的粒径相近。利用扫描电镜观察飞灰颗粒发现，飞灰颗粒微观形态多种多样，其中不规则形状聚合体占多数，而絮状集合体和圆球体则相对较少，还有少数的棒状集合体，而且球状飞灰颗粒很少有重金属分布，不规则形状聚合体或絮状集合体的表面易分布重金属。主要的形态特征见表4-9。

表4-9 飞灰主要形态特征

名称	形态特征
球状体	颗粒为球状，表面附着碎屑颗粒，极少量颗粒表面分布孔隙
不规则形状聚合体	状似颗粒堆积而成，组成颗粒形状各异，有圆形、片状、块状，颗粒间结合较紧密。颗粒间多孔，孔隙放大后可见其周围由片状、块状颗粒堆积而成
絮状集合体	颗粒间疏松排列，絮状多孔。有球形、片状、不规则形状等
棒状集合体	由多种形状颗粒堆积而成棒状，颗粒间多孔

飞灰作为燃煤电厂的产物之一，将其作为烟气重金属吸附剂实现回收再利用已得到了许多学者的关注。飞灰被用来做重金属吸附剂主要优点为：在燃煤电厂中易获取、吸附后易处理以及对重金属吸附能力较强。这是由于飞灰中富含未燃尽炭等小颗粒，比表面积较大，物理吸附效果较好；其次飞灰中包含 CaO、Fe_2O_3、Al_2O_3、SiO_2 等多种无机化合物，可以和烟气中的重金属物质发生较为稳定的化学吸附；与此同时还能类比对活性炭吸附剂改性的方法来改性飞灰，在飞灰中加入化学试剂，从而增加其对重金属的吸附能力。

(2) 高岭土

含矿物组分的吸附剂由于成本低是目前应用最广的固态吸附剂，高岭土作为最常见的天然矿物之一，主要成分为高岭石，由多种矿物组成的含水硅铝酸盐，其晶体化学式为 $2SiO_2 \cdot Al_2O_3 \cdot 2H_2O$，理论化学组成为 SiO_2（46.4%），Al_2O_3（39.0%），H_2O（13.6%）；高岭土的结构是由一个硅氧四面体层和一个铝氧八面体层相互连接，组成一个1∶1型结构层结晶（如图4-8所示）。每个晶层的硅氧四面体当中，以一个硅原子为中心，四个顶点分布四个氧原子构成正四面体结构。硅氧四面体群的三个顶点氧原子分别与相邻的三个硅氧四面体相连接，重复循环此连接方式再延伸成一个晶体平面；除了三个顶点氧原子以外还有一个顶点上的氧原子与硅原子相连，且又与八面体中的铝相连，被四面体和八面体共同拥有。高岭土分子式中的 H_2O 并非以水分子形式存在，而是以羟基的形式存在于Al—O层。一部分羟基存在于Al—O层与Si—O层的交界处，称为内羟基；另一部分羟基存在于Al—O层外侧，与另一单片高岭土中Si—O层上的O原子形成氢键（约7.2Å）。连接两片高岭土层的羟基称为内表面羟基，存在于高岭土的内表面。高岭石的分散度较低，层与层之间键合力以氢键为主，键合力强，使得大分子较难进入高岭石层间，因而高岭石的性能比较稳定，几乎不存在晶格取代现象。此外，高岭土吸水性强，具有可塑性，干燥状态下具有粗糙感，表面有众多活性基团，如Si—OH、Al—O、Al—OH等，仅存在少数Mg、Fe等代替八面体中的Al，Al、Fe代替Si情况为数不多，而且数量较少。高岭石因晶格边缘断键的存在，可导致少量的阳离子交换情况发生，因此高岭土通常会混有少量的Na、Ca、Fe、K、Mg等元素在内。高岭石在我国分布广泛，并且价格低廉，是一种理想的天然矿物吸附剂。

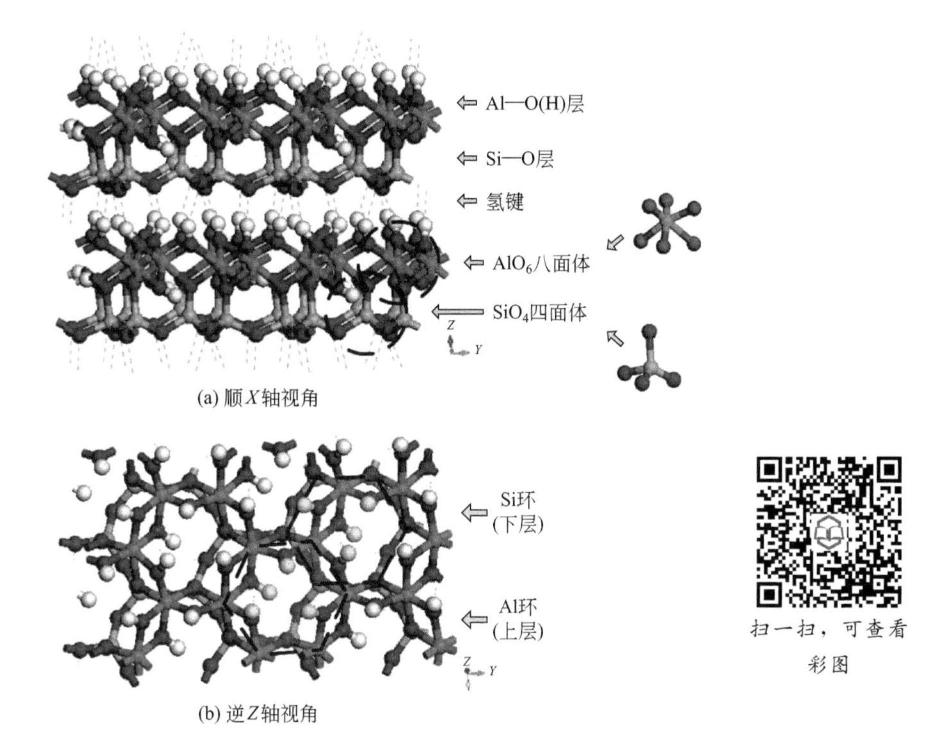

图 4-8　原生高岭土晶体结构示意图（黄球代表 Si 原子，紫球代表 Al 原子，红球代表 O 原子，白球代表 H 原子）

20 世纪末期，美国学者 Gullett 以高岭土为添加剂进行了高温炉的中试实验，研究了添加剂的注入对痕量重金属排放的影响，研究表明高岭土有助于捕获砷、镉和铅。近年来，国内学者在固体添加剂技术方面也做了许多研究，且不局限于电厂的重金属排放控制，还包括垃圾和污泥焚烧及热解过程的重金属污染控制，并且取得了许多研究成果。Wang 采用流化床研究 850～1000℃范围内，高岭土在两种添加模式下对亚微米铅排放控制的影响，研究表明当高岭土采用喷射方式入炉时的最佳温度为 850～900℃，而当高岭土与燃料均匀混合后同时入炉时的最佳温度为 950℃。总体而言，国内外众多研究均表明添加剂对燃烧及热解过程中的重金属有一定的影响，其作用效果与温度、添加剂种类、添加量、重金属种类均有关，且几乎所有添加剂对重金属都有选择性，无法同时对全部重金属起到吸附效果。

(3) 膨润土/蒙脱石

膨润土的主要成分是蒙脱石，因而膨润土的各项性能主要取决于蒙脱石的晶体结构特点。蒙脱石晶体是 2∶1 型层状硅酸盐矿物，由两层 Si—O 四面体片和一层夹于其间的 A1—O 八面体片构成，而两层 Si—O 四面体片夹一层 Al—O 八面体片构成了蒙脱石矿物单元层，结构如图 4-9 所示。因为天然的蒙脱石层间吸附的水合阳离子的种类、比例以及水分子的数量不同，使得蒙脱石晶层间的高度并不相同，所以天然蒙脱石的层间高度并不是固定的。此外，蒙脱石在水中能较好地分散成胶体状态，形成面端型“卡房式”空间结构，因而具有较好的悬浮性。同时蒙脱石具有吸水后膨胀的性能，吸湿性强，黏结性较好，一般密度在 $2g/cm^3$ 左右，蒙脱石受热自由水很快失去，100～200℃脱去吸附水，500℃时大量晶格水开始逸出。

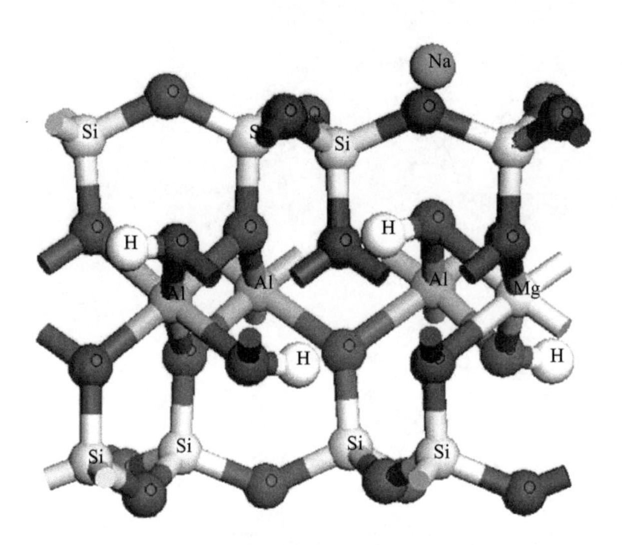

图 4-9　蒙脱石晶体结构示意图

蒙脱石矿物晶粒细小，具有较大的外表面积，同时由于层间作用力较弱，在溶剂的作用下层间可以剥离、膨胀，分离成更薄的单晶片，使蒙脱石具有较大的比表面积，蒙脱石表面积可达 800～900m^2/g。蒙脱石 Si—O 四面体片体有少量 Si^{4+} 会被 Fe^{3+}、Al^{3+} 等低价离子取代；Al—O 八面体片中的少量 $A1^{3+}$ 也会被 Mg^{2+}、Fe^{2+} 取代。因此，蒙脱石层间呈现永久电负性，周围介质中的阳离子（氢离子、碱金属离子、有机阳离子等）以静电引力的方式被吸附进入层间来平衡蒙脱石的电负性，而静电引力下的这些阳离子又可以被其他离子交换。因此它们的层间域具有良好的离子交换性能和分子吸附特征，能够对重金属进行有效吸附。

吕勇应用堇青石陶瓷蜂窝载体负载膨润土，对汽车尾气中各种重金属元素的吸附效果进行了研究，结果表明，堇青石陶瓷蜂窝载体负载膨润土对汽车尾气中多种重金属元素具有吸附效果，其中，堇青石陶瓷蜂窝载体 8 号膨润土对尾气中元素 Cr、Mn、Co、Ni、Mo、Ag、Cd、Hg 的吸附率分别为 48.47%、82.80%、45.39%、62.34%、73.60%、70.20%、82.59%、96.84%。

(4) 凹凸棒石

凹凸棒石又称坡缕石，是一种具链层状结构的含水富镁铝硅酸盐黏土矿物，结构属 2∶1 型黏土矿物，理论结构式为 $Mg_5Si_8O_{20}(OH)_2(OH_2)_4 \cdot 4H_2O$，可以看出凹凸棒石晶体没有达到最佳发育程度。其形成过程中存在类质同晶取代等现象，最终产出的凹凸棒石的晶体结构式与理论式存在差异，晶体中含有不定量的 Na^+、Ca^{2+}、Fe^{3+}、Al^{3+}，晶体呈针状、纤维状或纤维集合状。凹凸棒石是由两个 Si—O 四面体和一个 Al—O 八面体相互连接组成的结构层，它的层间含有可进行离子交换的无机阳离子，而且晶体表面上有部分氧原子电子暴露。这种特殊分子结构及不规则性的晶体缺陷，在结构中产生了大量的空穴和吸附点位，使较大的分子更易于吸附到凹凸棒石表面或进入孔道中。凹凸棒石的结晶形态和晶体结构使其存在大量平行于棒晶方向排列的微孔道，具有大内比表面积；同时，由于凹凸棒石晶体颗粒微小，也具有较大外比表面积，上述结构为重金属的吸附提供了有利条件。

王浩对凹凸棒石进行盐酸改性和氯化钙改性，然后分别按照煤基的3%添加与煤粉进行混烧实验，研究添加剂对超细颗粒物及富集在超细颗粒物上重金属Pb、V特性的影响，凹凸棒石能够捕集超细颗粒物上的重金属Pb和V，发现盐酸改性凹凸棒石从原样凹凸棒石减排效率的28.5%提升至44.1%，氯化钙改性后的凹凸棒石减排超细颗粒物的能力从原样凹凸棒石减排效率的28.5%提升至37.9%。盐酸改性能够进一步提高凹凸棒石对于这两种重金属的减排效果，Pb从33.7%升高到61.6%，V从9.1%升高到33.2%；盐酸去除了凹凸棒石中的杂质碳酸盐，使得添加剂颗粒更加蓬松多孔，比表面积显著增加；盐酸中H^+取代了部分凹凸棒石层间原有的金属离子，增大了孔容积，并释放了捕集、固定金属的空位；盐酸改性后产生了更多游离的无定型二氧化硅和Si—OH，提高了凹凸棒石的活性。

4.5 挥发性有机物治理材料

4.5.1 吸附材料

理想的吸附剂应具备吸附容量大、选择性高、吸附速率和脱附速率快、吸附热低、脱附比高、循环利用性能优良且廉价易得等优点。VOCs的吸附材料有很多种类，表4-10列出了常见吸附剂主要性质。通常，工业上应用较多的VOCs吸附剂为活性炭、吸附树脂和沸石分子筛。吸附法适用于中低浓度有机废气的处理，去除效率较高，但该法不适宜处理高浓度高温废气，且存在吸附饱和现象。

表4-10 常见吸附剂主要性质

吸附剂	真密度/(kg/m^3)	表观密度/(kg/m^3)	比表面积/(m^2/g)	平均孔径/nm	细孔体积/mL
活性炭	1900～2200	700～1000	500～1300	2～5	0.5～1.4
吸附树脂	1000～1400	600～800	50～800	4～15	0.6～1.2
沸石分子筛	2000～2500	900～1300	400～750	0.3～1.5	0.4～0.6
硅胶	2100～2300	700～1300	300～830	1～14	0.3～1.2
活性氧化铝	2400～2600	800～1200	100～350	2～20	0.6～0.8

(1) 活性炭

活性炭是一种具有大比表面积和多孔特性的吸附功能材料，它由微细的石墨状微晶和将它们连接在一起的碳氢化合物构成。其主要成分为碳，还有少量的氢、氧、氮、硫及灰分等。活性炭原料来源丰富，生物质、果壳、纤维、煤和活性污泥等均可制备成不同形状和性能的活性炭。不同活性炭的制备成本、比表面积、表面极性差异很大，直接影响活性炭的工业应用及其对 VOCs 吸附性能。

活性炭作为工业吸附 VOCs 最常用的吸附剂，其颗粒内的大量微孔使其对各类 VOCs 的平衡吸附量均较高，同时其廉价易得的特点满足废气处理设备投资要求。但可燃性和较大的吸附热效应使其在吸附过程中具有一定的燃爆风险，限制了其在处理含氧废气或特定种类 VOCs 中的应用。不仅如此，由于活性炭表面存在较多的亲水基团，当有机废气中含有大量水分时，活性炭对 VOCs 的吸附容量大幅下降，因此，具有较强的吸水性降低了其对含湿 VOCs 的选择性。同时，活性炭内极强的吸附能使脱附过程中大部分吸附质被困在吸附剂孔道中难以脱附，脱附率低，循环利用性能差。因此，基于环境保护与可持续发展的理念以及资源短缺的现状，废旧活性炭的回收、再生逐渐引起关注。

（2）吸附树脂

1935 年英国的 Adams 和 Holmes 发表了关于酚醛树脂和苯胺甲醛树脂的离子交换性能的工作报告，开创了离子交换树脂的领域。1944 年 D. Alelio 研发了性能优良的磺化苯乙烯-二乙烯苯共聚物离子交换树脂及交联聚丙烯酸树脂，也因此奠定了离子交换树脂现代化的基础。此后，Dow 化学公司的 Bauman 等人开发了苯乙烯系磺酸型强酸性离子交换树脂并实现了工业化。到了 20 世纪 60 年代后期，离子交换树脂已运用于多个领域。到了 21 世纪，在离子交换树脂的基础上，又发展了许多功能高分子吸附材料，如离子交换纤维、吸附树脂、螯合树脂、聚合物固载催化剂、高分子试剂、固定化酶等。吸附树脂也正是在离子交换树脂的基础上发展起来的一类新型树脂，指一种多孔性、高度交联的高分子共聚物，这类高分子材料具有适当的孔径及较大的比表面积，不仅作用于液相，甚至可以从气相中吸附目标物质。吸附树脂对有机物具有浓缩、分离作用，其吸附特性主要取决于树脂表面的化学性质、比表面积和孔径。由于大孔吸附树脂的基质是合成的高分子化合物，因此可以通过选择各种适当的单体、制孔剂和交联剂合成不同孔结构的树脂，同时还可以通过化学修饰改变表面的化学状态，因此，吸附树脂还具有品种丰富、性能优异的特点。

吸附树脂的物理性质主要指孔结构和表面性质，包括平均孔径、孔径分布、密度、比表面积、粒径和孔容等。单体、交联剂、制孔剂及制备方法的不同，合成吸附树脂的孔径、比表面积和极性等都有很大差异，对树脂的吸附性能有较大的影响。例如，对于聚苯乙烯功能性吸附树脂来说分散剂的选择及用量、单体配比、致孔剂、交联剂、升温速率和搅拌速率均影响着树脂的结构。在聚苯乙烯功能吸附树脂的制备过程中，通常采用二乙烯苯作为交联剂。该交联剂能够与苯乙烯、丙烯酸羟乙酯产生共聚效应，链接成交联的网状结构。当交联剂的密度越高时，吸附树脂干燥后的比表面积越大。而当交联剂与单体比例增大时，会导致吸附树脂的比表面积缩减。而温度的升高速率对于吸附树脂的性能也会产生较大的影响，如果升温速率过高，则会使吸附树脂的孔结构不均匀，降低吸附树脂的机械强度，反之则会提高吸附树脂的机械强度。对于致孔剂的使用，要调节配合不同的致孔剂，使之与反应单体相混溶。可以采用良溶剂、非良溶剂、混合溶剂等，通常来说可以选取甲苯良溶剂，并根据要求改变致孔剂甲苯的用量，一般来说，吸附树脂的比表面积、平均孔径、孔容与致孔剂甲苯的用量成正比。

(3) 沸石分子筛

沸石分子筛是天然或人工合成的含碱金属和碱土金属氧化物的硅铝酸盐。天然矿物沸石通常空隙中充满水，加热时因水析出起泡沸腾，因而叫沸石；人造沸石，有严格的结构和空隙，孔径大小跟一般分子差不多，所以叫分子筛。二者的化学组成和结构并无本质差别，通常混称沸石分子筛，其化学组成通式为 $M_{2/n} \cdot Al_2O_3 \cdot xSiO_2 \cdot yH_2O$，式中，M 为金属阳离子（一般为钠、钾、钙、锶、钡等），n 为阳离子的价态，x 为硅铝比，y 为水的物质的量。沸石分子筛属微孔极性吸附剂，特点是具有与分子大小差不多的均匀孔径，有分子筛分作用。沸石分子筛的结构由硅氧四面体和铝氧四面体单元通过氧桥连接而成，硅（或铝）原子处于四面体中心，每个硅（或铝）原子周围具有四个氧原子，多个这样的硅（或铝）氧四面体相互连接，可形成多种形状的立体骨架结构。一般分子筛的结构可以通过化学成分、骨架结构以多孔筛阳离子来区分。

沸石分子筛主要用于气体、液体物质的分离、干燥、净化、脱水、回收等。沸石分子筛具有均匀的孔道结构，比表面积和孔体积较大，水热稳定性好。相比活性炭、高聚物吸附树脂等，沸石分子筛具有比表面积大、孔容高、稳定性好、可再生等优点，能有效选择性地吸附 VOCs，因此在工业 VOCs 处理中得到广泛应用。目前在 VOCs 吸附领域广泛使用到的分子筛大致可分为 A 型分子筛、X 型分子筛、Y 型分子筛、MFI 型分子筛、β 型分子筛等微孔分子筛以及各类介孔分子筛（如 MCM-41、SBA-15、KIT-6）等。

分子筛本身是一种由硅、铝、氧以及其他金属阳离子组成的多孔硅铝酸盐晶体材料，其孔径大小和结构性质决定了它的吸附特性。分子筛吸附 VOCs 过程中既有物理吸附也有化学吸附。物理吸附的作用力与分子筛的孔径和分子直径等因素息息相关；化学吸附的作用力则与分子筛骨架结构、硅铝比、物质极性有关。此外，针对工业排放 VOCs 含水特性，普通分子筛表面因含有大量硅羟基以至于疏水性能较差，导致吸附效果不理想，所以研究者们致力于改善分子筛的疏水性能。因此，沸石分子筛的孔径结构、表面形貌、表面性质、带电性和合成过程中有机模板剂的使用与去除均对其吸附 VOCs 的性能具有重要影响。增强分子筛疏水性能和吸附性能的方法有以下几种：提高最初凝胶硅铝配比、脱铝改性、接枝改性、补偿阳离子等。

(4) 硅胶

硅胶是无定形结构的硅酸干凝胶，一种坚硬多孔的固体颗粒，有大的比表面积，属亲水性和极性吸附剂，可自非极性或弱极性溶剂中吸附极性物质。吸水后的饱和硅胶，可通过加热方法将其吸附的水分脱附，得到再生。硅胶是工业上常用的一种吸附剂，主要应用于气体干燥、蒸汽回收、有机液体脱水、石油精制，也常用作色谱载体、多相催化剂载体。

硅胶的主要成分是二氧化硅，其化学简式为 $mSiO_2 \cdot nH_2O$，基本的结构单元是硅氧四面体。硅氧四面体以不同的方式联结、堆积形成硅胶的骨架，进而形成空间网状多孔性固体，而 SiO_2 胶粒联结、堆积时产生的空隙就是硅胶孔隙产生的原因。硅与氧化合而形成的二氧化硅非常稳定，是分子量巨大的无机高分子。用作分离介质的硅胶是人工合成的多孔二氧化硅，它的特点是表面含有硅羟基，这是硅胶可以进行表面化学键合或改性的基础。作为进行硅胶表面化学键合或改性基础的硅羟基，由于其所含硅羟基类型不同，一般情况下，硅羟基分为四种类型，如图 4-10 所示。这四种不同的硅羟基中，以自由型硅羟基对各种键合反应最为重要。同时由于其多孔特性，表面存在大量物理吸附水，这增加了反应的复杂性。

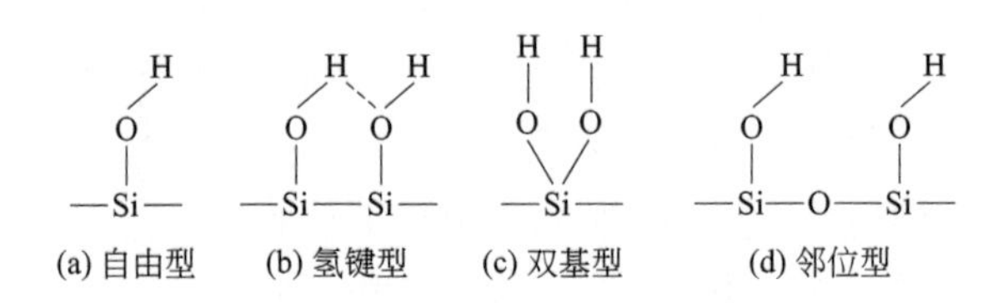

图 4-10　硅羟基的四种类型

硅胶作为吸附剂对尾气中的芳香烃（甲苯、二甲苯、邻二甲苯等）、丙酮和乙酸乙酯等 VOCs 气体均具有较好的吸附脱除效果。有研究表明：硅胶通过真空变压吸附在长周期运行时对邻二甲苯的去除率为 100%，直接液化回收率为 87%。但由于废气中有时会含有水蒸气，因此会对硅胶吸附 VOCs 产生一定影响。一般可通过改性枝接疏水性物质，可实现硅胶吸附的疏水性。硅胶通过正硅酸乙酯（TEOS）为疏水改性剂进行改性后，不仅得到具备一定疏水性的改性硅胶，而且机械强度增加到原来的 66.85%，稳定性也都得到提高。在高湿度高浓度的 VOCs 废气治理中，TEOS 改性硅胶表现出更高的吸附能力和优良的热再生性能。高浓度下改性硅胶的吸附容量是低浓度下的 10 倍且不受水汽的影响，此外，经过 10 次的吸附/脱附循环后，其吸附性能几乎不变，且在一定条件下，15～30min 就达到 90%的脱附率。疏水改性剂目前常用苯基三甲氧基硅烷、甲基三乙氧基硅烷、辛基三乙氧基硅烷、十六烷基三甲氧基硅烷等有机物。

(5) 其他吸附剂

活性炭、吸附树脂、沸石分子筛和硅胶在 VOCs 的吸附处理中较为常用，但还有一些吸附剂对 VOCs 也有较好的吸附性能，且廉价易得，如活性氧化铝、硅藻土等，此外还有甲壳素类吸附剂对 VOCs 也有不错的吸附效率。并且甲壳素类吸附剂具有资源丰富、成本低廉、可再生、可生物降解、安全无毒、不易造成二次污染等优点，具有优良的工业应用前景。

▶ 4.5.2 吸收材料

吸收法是控制大气污染的重要手段之一，不仅能消除气态污染物，而且能将有机污染物转化为有机产品。吸收技术处理 VOCs 的基本原理是：VOCs 废气溶于吸收溶液中，或者 VOCs 与吸收溶液发生化学反应，从而降低 VOCs 废气排放浓度。由于吸收法处理气态污染物技术成熟，设计及操作经验丰富，适用性强，因而在大气污染物治理中广泛应用，特别是在对无机污染物的治理中。但对于有机废气来说，由于其水溶性不好，因而应用并不广泛。但根据相似相溶原理，大多数有机物可以溶于大多数有机溶剂中，从而被吸收。吸收剂的选择应该考虑溶解度大、挥发性小、低成本、无腐蚀等因素。通常使用高沸点低蒸气压的油类作吸收剂来吸收废气中的有机物，工业常用的吸收剂为柴油、煤油等，而实验室常用吸收剂有环糊精、含表面活性剂的水溶液、离子液体-水复配溶液、植物油和润滑油等。

(1) 柴油

柴油是轻质石油产品，复杂烃类（碳原子数约10～22）混合物。主要由原油蒸馏、催化裂化、热裂化、加氢裂化、石油焦化等过程生产的柴油馏分调配而成，也可由页岩油加工和煤液化制取。分为轻柴油（沸点范围约180～370℃）和重柴油（沸点范围约350～410℃）两大类。柴油不溶于水，易溶于醇和其他有机溶剂。其生产方法众多，如利用油脂原料合成生物柴油的方法、植物油脂中提取石油制品的工艺方法、用等离子体热解气化生物质制取合成气的方法、用生物质生产液体燃料的方法等。

(2) 煤油

煤油属于轻质石油产品一类，由天然石油或人造石油经分馏或裂化而得，其基本性质如表4-11所示。煤油以石蜡基原油沸点230℃左右的馏分或环烷基原油215℃左右的馏分，经蒸馏、深度精制而得。不溶于水，易溶于醇和其他有机溶剂，无明显异味，对环境污染小。因此，可作为一种良好的VOCs吸收剂。

表4-11 煤油常见基本物理性质

项目	量值	项目	量值
颜色①	无色透明	密度/(g/cm^3)	约0.8
气味	略有臭味	熔点/℃	>40
沸程/℃	180～310	黏度/(mm^2/s)	1.0～2.0②
平均分子量	200～250		

① 纯品为无色透明液体，含有杂质时呈淡黄色。

② 该值为40℃时的运动黏度值。

(3) 离子液体-水复配溶液

离子液体作为一种绿色溶剂有着许多优于常规有机溶剂的性质，如热稳定性好、毒性低、溶解性强、挥发性小、易回收以及可重复使用，越来越受到人们的关注，因此离子液体吸收VOCs的研究也逐步开展起来。纯离子液体虽然有诸多优点，但是其黏度较高且价格昂贵，难以直接应用于工业过程。因此，在使用过程中常常与水复配使用，可有效解决黏度高和成本问题。常用离子液体为1-十二烷基-3-甲基咪唑双三氟甲磺酰亚胺盐、1-十二烷基-3-甲基咪唑双氰胺盐、1-乙基-3-甲基咪唑氯盐等的溶液。这些离子液体与水复配形成的复配溶液中，1-十二烷基-3-甲基咪唑双三氟甲磺酰亚胺盐与水形成的O/W型离子液体乳化液对甲苯、丙酮具有较好的吸收效果，并且该复配溶液具有良好的吸收循环回收性能。

(4) 环糊精

环糊精（cyclodextrin，CD）是由葡萄糖基转移酶作用于淀粉，从而得到的一类环状低聚糖。现实中常见的环糊精有 α-环糊精、β-环糊精、γ-环糊精，分别含有 6 个、7 个、8 个葡萄糖单元，其中以 β-环糊精产能产量最高，当然 β-环糊精的开发应用也是最为广泛的。

β-环糊精（β-cyclodextrin，β-CD），又名环七糖和环麦芽七糖，分子式是 $C_{42}H_{70}O_{35}$。通过查看环糊精的分子结构可知，环糊精的分子成笼状，其分子空腔外侧面为多羟基结构。根据相似相溶等原理，环糊精分子的特性是腔内亲油、腔外亲水，内部可吸收有机物质，而外部溶于亲水物质。该特性使得 β-环糊精在有机化工合成、制药、食品添加、材料化学等行业有广泛应用。

(5) 表面活性剂水溶液

表面活性剂（surfactant）被誉为“工业味精”，是指具有固定的亲水亲油基团，在溶液的表面能定向排列，并能使表面张力显著下降的物质。它是一大类有机化合物。表面活性剂分子一端是非极性的碳氢链（烃基），与水的亲和力极小，常称疏水基；另一端则是极性基团（如—OH、—COOH 等），与水有很大的亲和力，故称亲水基，总称“双亲分子”（亲油亲水分子）。

表面活性剂按其分子构成的离子性分成离子型、非离子型表面活性剂。离子型表面活性剂又可分为阴离子型、阳离子型、两性离子型三类。非离子型表面活性剂是一种在水溶液中不产生离子的表面活性剂，在水中的溶解是由于其具有对水亲和力很强的官能团。和离子型表面活性剂相比较，非离子表面活性剂乳化能力更高，并具有一定的耐硬水能力，是净洗剂、乳化剂配方中不可或缺的成分。当然，与离子表面活性剂相比，非离子表面活性剂也存在一些缺陷，如浊点限制、不耐碱、价格较高等。非离子型表面活性剂有很多系列，常用于 VOCs 处理的是吐温（Tween）系列，如吐温-20、吐温-40、吐温-60 与吐温-80 等。其中，吐温-80 对 VOCs 中的乙酸丁酯具有较好的处理效果。有研究表明：以体积浓度 3.0%的吐温-80 与 3.0%的斯盘-80 复配水溶液吸收乙酸丁酯废气，在吸收剂温度为 10℃，进塔废气流量为 $1.0m^3/h$，液气比为 $15L/m^3$ 时，乙酸丁酯吸收率可达 90.65%。最重要的是吸收剂在解吸后可以循环使用，但随着解吸次数的增加吸收率略有降低。

▶ 4.5.3 催化氧化材料

催化氧化是指在一定压力和温度条件下，以金属或金属氧化物为催化剂的情况下与以空气、氧气、臭氧等为氧化剂进行的氧化反应，包括“加氧”“去氢”两方面。应用到 VOCs，即通过催化剂作用，使得 VOCs 废气中的挥发性有机物氧化，VOCs 和 O_2 在催化剂上发生氧化反应，生成 CO_2 和 H_2O。催化氧化的核心在于催化剂，因此制备具有催化氧化功能的材料成为了研究的重点。基于各种催化剂现在已经衍生出许多类型的催化手段，主要包括光催化氧化和催化燃烧法等，因此催化氧化是具有前景的去除 VOCs 的方法之一。

关于催化氧化法的反应机理已经有很多学者进行了深入研究。目前，学术界认可度最高的是 Mars-van Krevelen（MVK）机理。该机理假定在有机分子与催化剂表面上的富氧部分相互作用后才进行反应，主要包括两个步骤：第一，催化剂表面活泼的晶格氧与反应物反应，晶格氧被消耗后形成氧空位，随着反应的进行，晶格氧逐渐减少；第二，通过吸附气态氧或氧原子，在催化剂表面补充晶格氧，这样即形成一个消耗—补给的循环过程。MVK 机理还可分为 Langmuir-Hinshelwood（L-H）机理以及 Eley-Rideal（E-R）机理。前者认为催化反应是在被吸附的氧物种和被吸附的反应物之间发生的，后者认为催化剂先吸附氧物种，被吸附的氧物种和气相中的 VOCs 分子进行反应。但是由于反应条件、反应材料、反应产物和 VOCs 性质等各种因素的多样性，使得目前所研究的机理仍然具有局限性，从而不能推广应用到更大的范围。

(1) 光催化氧化

1976 年 Frank 等将此技术应用于降解水中的污染物并取得了突破性进展，为光催化氧化技术在污染治理方面的应用奠定了理论基础。20 世纪 90 年代国际上开始尝试用光催化法去除有机废气并取得了较好效果，此后光催化氧化技术成为研究的热点。该技术不仅可对废水中的污染物进行有效控制，还在净化气相污染物方面也具有巨大的应用潜力。光催化氧化控制 VOCs 是基于光催化剂在紫外线照射下具有的氧化还原能力而净化污染物，主要是在 250～450℃ 的环境中，通过光能氧化吸附在具有光催化活性的催化剂表面的 VOCs，将 OH^- 和 H_2O 分子氧化成 OH·，利用 OH·的强氧化性将 VOCs 降解为 CO_2、H_2O 和其他小分子物质。光催化氧化处理低浓度废气，不受周围环境温度和压力的影响；易于操作、模型化、装置简单。此外，光催化剂无污染，整体上对很多有机废气效率高，是一种很有前景的 VOCs 治理材料，但该材料存在着易失活、难以固定等问题。

VOCs 的光催化效率主要取决于催化剂吸附 VOCs 的性能和光催化反应速率，因此寻找对 VOCs 具有高的吸附效率和较快降解速率的光催化剂极为重要。常见的光催化剂有 TiO_2、WO_3、Fe_2O_3、ZnO 等。其中 TiO_2 具有安全性高、成本较低、热稳定性较高、介电效应良好的特点被大量研究应用于 VOCs 的控制和治理。TiO_2 特定的能带结构，在波长大于等于 387nm 的紫外光照射时，其载流子快速形成和发生变迁，致使其具有足够的能带而进行催化反应生成光生电子-空穴对，对污染物进行有效的降解。对于光催化降解技术，关键在于对催化剂进行改性处理得到催化效率高且可重复使用的环保型催化剂，改性方法主要有掺杂金属离子（Pb^{2+}、Fe^{3+}、Cu^{2+} 等）、掺杂非金属离子（N、C、卤素原子等）、沉积贵金属（Pd、Pt、Ni 等）、半导体复合等。

① 掺杂金属离子

金属离子掺入到材料晶格中会占据离子的位置，掺入的离子能级位于材料的禁带当中对光生电子和空穴进行有效的捕获，从而改善光催化剂的光催化性能。黄献寿以四氯化钛和尿素为原料、六水合氯化钴为掺杂剂，采用水热法制备了钴掺杂板钛矿二氧化钛（Co-TiO_2）光催化剂，且当 Co 掺杂量 7%、异丙醇的初始浓度为 1.0×10^{-6} mol/L 和 Co-TiO_2 光催化剂的加入量为 50mg 时，Co-TiO_2 光催化剂的光催化性能高达 91%。Choit 等对 Fe^{3+}、Mo^{5+}、Re^{3+}、Ru^{3+} 等金属离子对 TiO_2 进行掺杂，结果表明金属离子掺杂后的板钛矿 TiO_2 均有较好的光催化性能，其中光催化活性最优的是 Fe^{3+}-TiO_2 光催化剂。Li 等通过掺杂 La^{3+} 和 Nd^{3+} 金属离子后发现，经掺杂后，La^{3+}-TiO_2、Nd^{3+}-TiO_2 催化剂的比表面积、孔容都得到了提高且吸附能力均明显增加，其中 La^{3+}-TiO_2 光催化剂对有机物乙苯光催化活性最高。

② 掺杂非金属离子

掺杂非金属离子也可以有效提升材料的光催化性能，这是因为掺杂的非金属离子进入晶格内部使其发生结构和光学性质的改变。赵文霞以活性碳纤维（ACFs）为载体，优化了 TiO_2/ACFs 复合光催化材料，且该材料对恶臭及异味中 VOCs 可实现不同程度的净化，并在运行初期的净化效率介于 47.4%～98.7%之间，取得了较好的效果。据报道，非金属离子的掺杂应该合理选取，若非金属原子掺杂使用非 C、S、N 等原子，则在光催化反应过程中产生副产品，导致其光催化降解效率降低。

③ 沉积贵金属

负载型贵金属催化剂因其在低温下可以高效去除 VOCs 而备受学者们的青睐。沉积贵金属可影响体系中的电子分布，进而影响材料的表面性质，提高降解能力。已报道的相关贵金属主要包括 Pt、Pd、Ag、Au、Ir、Ru 和 Rh，其中 Pd、Au 和 Pt 的改性相对要好，但它们的生产成本较高。虽然 Ag 的改性效果整体还有待提高，但是 Ag 具有毒性低，成本低等优点也得到了广泛关注。贵金属在半导体表面的沉积一般并不形成一层覆盖物，而是形成纳米级别的原子簇，且沉积的量应该合理控制，若沉积量过大有可能使金属成为电子和空穴快速复合的中心，从而不利于光催化降解反应，而沉积过少则导致反应活性不足，治理效果下降。例如，Mklare 研究了 Ag 沉积改性不同类型 TiO_2 的光催化效果，结果表明，在相同 Ag 沉积量下，TiO_2 比表面积越大，负载 Ag 后效果越好，过高或者过低的沉积量均不利于提高催化效果。Zhu 等通过反向胶束溶胶-凝胶法沉积贵金属制备了 Pt@TiO_2 核壳材料，开发了一种降解甲醛（HCHO）的高效光催化剂，结果表明该材料具有较好的光催化降解能力，最高可降解 98%且具备多次使用的特征。

贵金属颗粒尺寸、分散度对挥发性有机化合物催化氧化的效果具有重大影响。Centeno 等研究了 Au/CeO_2-Al_2O_3催化剂对正己烷、苯和 2-丙醇的氧化，CeO_2的加入改善了载体 Al_2O_3 的活性，增强了 Au 的固定和分散性，并且对 VOCs 催化效果显著提高，这可能与 CeO_2 增加了晶格氧的迁移率有关。Qiao 等报道了采用溶胶-凝胶法和浸渍法制备双峰介孔 SiO_2（BMS-x）负载 Pd 催化剂，这种独特的双峰介孔结构减小了 Pd 纳米粒子的粒径，并且提高了 Pd 的分散性，对甲苯的催化氧化性能明显优于单峰介孔结构催化剂。

(2) 催化燃烧法

催化燃烧法是指利用催化剂降低有机物发生氧化反应所需要的活化能，并提高反应速率，从而在较低的温度下进行无焰燃烧，最终转化为 CO_2 和 H_2O 等无害物质，其反应过程见如下反应式。

$$C_nH_m+\left(n+\frac{m}{4}\right)O_2 \xrightarrow{\text{催化剂}} nCO_2+\frac{m}{2}H_2O+\text{热量}$$

催化燃烧由于其净化效率高，燃烧温度相对较低（约 250～450℃），二次污染程度低（能够大量降低 NO_x 的产生），因此适用范围广。但是，该法的催化剂表面会因为 VOCs 中所含有的粉尘颗粒物引起活性降低。此外，当 VOCs 中含有 S、Cl 等元素会导致催化剂带有毒性，增加实验风险。与光催化氧化类似，目前用于治理污染的催化燃烧法的催化剂主要包括贵金属和过渡金属催化剂。

① 贵金属催化剂材料

贵金属催化剂在催化燃烧治理有机污染物方面得到了非常广泛的研究。贵金属催化剂一般有 Pd、Ru、Ir、Rh、Os 和 Pt 等，由于 Pd、Ru、Ir 和 Os 具有较强的挥发性，稳定性能较差以及价格相对昂贵，因而在催化燃烧治理有机污染物的应用中，主要研究的贵金属催化剂通常为 Pd 和 Pt。贵金属一般会负载到具有较高比表面积的催化剂载体上，以便能够使得贵金属的分散性和机械强度得到提高，从而有利于提高催化剂性能。

Sadd 等采用沉淀法研制了催化剂，考察了其对丁胺、甲醇和甲苯等的催化活性，研究结果发现，催化剂对这些都表现出较高的催化活性，转化率达到 99%时所需要的温度在 196～355℃之间。Peng 等用 TiO_2 为载体，以贵金属 Pd、Pt 和 Au 为活性组分，采用浸渍法研制了 Pt-TiO_2、Au-TiO_2、Pd-TiO_2 催化剂，并比较了它们催化燃烧甲醛的活性，研究结果发现 Pt-TiO_2 催化剂催化燃烧甲苯的活性最高。在相同条件下，尽管 Pd 没有 Pt 的催化活性好，但是要比其他贵金属的催化活性要高，并且其价格要比 Pt 低，因此多年来，国内外学者在提高 Pd 催化剂的低温活性方面开展了大量的研究工作。

② 过渡金属催化剂材料

虽然贵金属催化剂催化活性高，但是其价格昂贵，并且资源匮乏，因此大规模的推广使用具有一定的难度，所以研究高活性的非贵金属催化剂将是非常必要的。常用的非贵金属主要是在空轨道的过渡型金属，例如 Mn、Co、Cu、Ni 等。近些年，探索采用过渡性金属催化剂催化燃烧有机污染物的研究已经成为环境催化领域的研究热点。Mn 催化剂在治理 VOCs 污染中具有较高的活性，得到了国内外学者的广泛的研究。Soylu 采用斜发沸石为载体，以 Mn 为活性组分制备过渡金属氧化物，发现 Mn 基负载型催化剂具有较高的活性，其完全催化燃烧降解甲苯的温度为 350℃。Sang 研究 MnO_2、Mn_2O_3、Mn_3O_4 以及催化燃烧燃烧甲苯的性能，发现这三种催化剂对氧化甲苯的活性顺序为：$MnO_2<Mn_2O_3<Mn_3O_4$，发现 Mn_3O_4 催化剂的比表面积和表面氧的移动性都要高于另外两种催化剂，从而使得该催化剂具有最好的活性。由于单组分催化剂在活性、热稳定性和抗中毒性能等方面仍存在着一些的缺陷，因此人们会在原有的催化剂基础上去掺杂助剂，以期望它们之间能够发生协同作用从而能够进一步提高催化剂催化燃烧的性能。Morales 等采用共沉淀法制备了混合氧化物催化剂，结果表明 Mn-Ni 催化剂催化燃烧丙烷的效果要高于 MnO_2 和 NiO。

由于 Co 基催化剂也具有较好的催化活性，也受到了国内外学者广泛的关注和研究。Chen 等采用共沉淀法研制了 $NiCo_2O_4$ 催化剂、Al-$NiCo_2O_4$ 及 K-$NiCo_2O_4$，并进行了催化燃烧 VOCs 的实验。研究结果表明添加到催化剂之后，可以增强催化剂的比表面积以及还原能力，从而使该催化剂的活性得到了提高。Li 等采用共沉淀法制备了锰钴氧化物催化剂，并比较了它们催化燃烧甲烷的活性，研究者在 Co/Mn 摩尔比为 5∶1 的 Co5Mn1 催化剂上观察到了活性的明显改善，在 320℃时，催化活性达到了甲烷转化率的 90%。氧的流动性可能是影响 320℃以下甲烷氧化率的关键因素。

4.5.4 持久性有机污染物的降解材料

持久性有机污染物（persistent organic pollutants，POPs）能在环境中持久存在，在

土壤、沉积物、空气或生物中有较长的半衰期，具有生物毒性、持久性和生物蓄积性，并且能够进行长距离迁移，从而进入环境各介质中，因此，对人类的健康构成了威胁。其具有较强的致畸、致癌性，近年来引起了社会各界的广泛关注。有些 POPs 是农药，有些是工业产品或由工业过程或燃烧产生的意外副产品，由成千上万种化学品构成，而某一类的化学品，又可根据自身结构分成不同种同系物，但是这些化学品都具有相似的特性。排放到环境中的 POPs 能够进入大气、土壤、水体中，POPs 的半挥发性能够使它们在合适的温度条件下从水体、土壤中挥发出来，又重新进入大气环境中，由于它们对空气中的分解反应具有抵抗性，因此在重新沉降之前会进行很长一段距离的迁移，导致 POPs 在全球范围内广泛分布，包括人类从未涉足过的区域。

2001 年 5 月，联合国环境规划署在瑞典首都斯德哥尔摩组织召开了一次外交全权代表大会，会上通过了旨在减少或消除 POPs 排放的《关于持久性有机污染物的斯德哥尔摩公约》(简称《斯德哥尔摩公约》)。截至 2022 年 3 月，该修正案已对 185 个公约缔约国生效。目前共有 30 种 POPs 被分三批次列入《斯德哥尔摩公约》的优控名单中，并在全球范围内进行限制使用和消除，第一批次列入的污染物主要包括艾氏剂、氯丹和滴滴涕等；第二批次主要包括林丹、α-六六六和 β-六六六等；第三批次为硫丹。在 2022 年 6 月 10 日于瑞士日内瓦召开的国际化学品三大公约（即《巴塞尔公约》《鹿特丹公约》和《斯德哥尔摩公约》）缔约方大会（BRS COPs）上，成员国同意将全氟己烷磺酸（PFHxS）及相关化合物列入《斯德哥尔摩公约》附件 A “持久性有机物消除清单”，不设任何豁免条件。

目前，大气中被研究最多的 POPs 包括多氯联苯（polychlorinated biphenyls，PCBs)、有机氯农药（organochlorine pesticides，OCPs)、多溴联苯醚（polybrominated diphenyl ethers，PBDEs）和多环芳烃（polycyclic aromatic hydrocarbons，PAHs）等。但是，目前所报道的 POPs 多集中在水环境和土壤环境中，大气中 POPs 的报道较少且多集中在监测方法、污染分布、风险评价和污染源追踪等方面，有关大气中 POPs 的控制主要靠捕集后转移至水或者固体环境中进一步处理，而在大气中直接处理 POPs 的材料相对较少。持久性有机污染物的降解材料如表 4-12 所列。

表 4-12　持久性有机污染物的降解材料

持久性有机污染物	定义与特性	案例
PAHs	PAHs 是一类由两个及两个以上苯环组成的稠环化合物，具有高沸点、高熔点、易挥发等特点。据报道，我国城市大气中气态 PAHs 多以 3～4 环为主，而细颗粒物上主要附着了 4～6 环的 PAHs	张贺探究了玉米秸秆和根茬还田对多环芳烃降解的影响，结果表明，添加葡萄糖和秸秆显著增加了多环芳烃的降解率，添加葡萄糖、秸秆以及联合添加秸秆和葡萄糖处理下多环芳烃降解率与对照相比分别增加了 13.01%、20.62% 和 29.81%
PBDEs	PBDEs 的阻燃效率高、热稳定性好、价格便宜，是目前全球使用量最大的溴化阻燃剂。PBDEs 在环境中非常稳定，很难通过生物、化学和物理途径被降解，因而能在环境中持久存在，又因为它的高亲脂性，使得该类化合物能够通过食物链进行传递和富集，具有重大的环境危害性	穆启明选择具有天然一维纳米结构的黏土矿物——凹凸棒石（ATP）为载体前驱体，对其进行有机改性制得有机改性凹凸棒石（organic modified attapulgite，OMA）。通过分步还原法制备 OMA 负载的纳米零价铁/钯双金属复合材料（OMA-Fe/Pd）来处理 PBDEs。结果表明，OMA-Fe/Pd（0.025%）对 PBDEs 的累积去除量可达 116.5mg/g，显著高于未负载的 Fe/Pd（0.1%）

续表

持久性有机污染物	定义与特性	案例
OCPs	OCPs是一种氯原子取代的芳香烃衍生物，这类化合物可以通过侵害虫类神经系统和损害肝脏等途径达到杀虫的目的；OCPs具有内分泌干扰性，可以与激素受体相结合，使得内源激素被抑制或过度增强	蔡云东研究了Fe、N掺杂对TiO_2改性材料可见光催化降解阿特拉津的催化降解活性、影响因素、降解机理及其稳定性。结果显示，采用溶胶-凝胶法制备的N/Fe-TiO_2负载于软性材料上，负载量为2.25g/L，阿特拉津的光催化降解率达到55.1%，光催化剂负载于软性材料上具有较好的重复使用性和稳定性
PCBs	PCBs是一种人工合成的卤代芳香族化合物，由氯原子任意取代联苯各位置上的氢原子形成，根据氯原子的取代位置不同，可合成209种化合物。目前在环境中能检出135种，具有高毒性	Liu等采用Fe、Ni、Cu、Zn等金属氧化物降解PCBs，均达到99%以上的降解效果。此外还有研究采用Rh、Pt负载γ-Al_2O_3催化降解PCBs，降解率可达到99%，并且完全矿化，产物只剩余H_2、CO、CO_2、HCl

4.6 环境功能材料在大气污染治理中的应用案例

4.6.1 干法和湿法脱硫的应用

从现有脱硫装置的建设情况来看，脱硫技术以及相应的脱硫材料中，尽管干法和半干法脱硫技术部分替代了传统的湿法脱硫技术，但湿法脱硫工艺仍占重要的地位，尤其是石灰/石灰石湿法脱硫。工厂在选择脱硫技术时，优先考虑脱硫设施占地面积、投资及运营成本，在满足自身脱硫要求和国家地方标准的前提下才会进一步考虑脱硫副产物是否会产生二次污染和资源综合利用等问题。

4.6.1.1 湿法脱硫的应用

(1) 石灰石-石膏法在国电谏壁电厂石灰石-石膏法湿法脱硫的应用

① 项目基本情况：当前石灰石-石膏湿法脱硫技术占到现役火力发电烟气脱硫技术的85%以上。国电谏壁电厂8号机组，双塔双循环的一级塔的浆液控制较低的pH值，有利于石膏的氧化，降低氧化风机电耗；二级塔的浆液pH值较高，有利于SO_2的吸收，可以保证很高的脱硫效率，高硫煤可以达到98.5%左右。

② 技术概况：工艺流程图如图4-11所示，2个循环过程的控制是独立的，避免参数间的相互制约，可以使反应过程更优化，以便快速适应煤种和负荷变化。

③ 处理效果：一级循环中可以去除烟气中易于去除的杂质，包括部分的SO_2、灰尘、HCl、HF，那么杂质对二级循环的反应影响将大大降低，提高二级循环效率。石灰石在工艺中的流向为先进入二级循环再进入一级循环，两级工艺延长了石灰石的停留时间，特别是在一级循环中pH值很低，实现了颗粒的快速溶解，可以实现使用品质较差的石灰石并且可以较大幅度地提高石灰石颗粒度，降低磨制系统电耗。

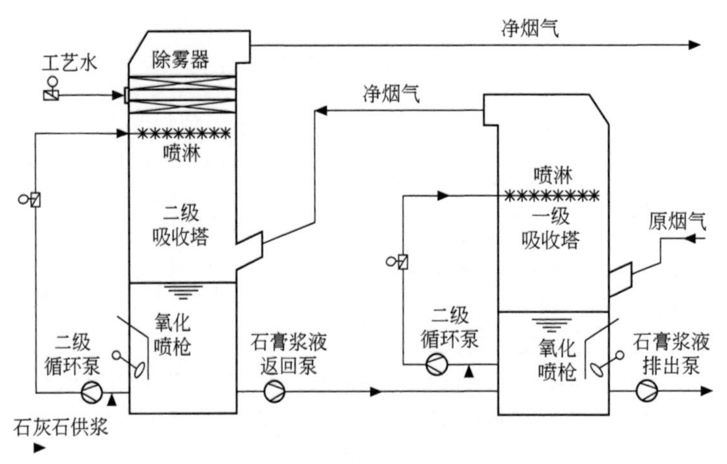

图 4-11　双塔双循环工艺流程

(2) 氨法脱硫在华电能源股份有限公司富拉尔基热电厂氨法脱硫的应用

① 项目基本情况：华东理工大学肖文德教授牵头负责的国家科技部“十五”863 计划项目“可资源化烟气脱硫技术”解决了氨法脱硫中的很多技术难题，带动了氨法脱硫技术的发展，解决了氨法脱硫工艺常见的可溶性盐、气溶胶等粉尘排放超标问题。

② 技术概况：烟气经除尘后通过吸收塔入口区从浆液池上部进入塔体 4 个独立区域，分别为浓缩区、吸收区、水洗区及除尘除雾区，然后由烟囱排入大气。氨法脱硫超低排放系统工艺流程如图 4-12 所示。

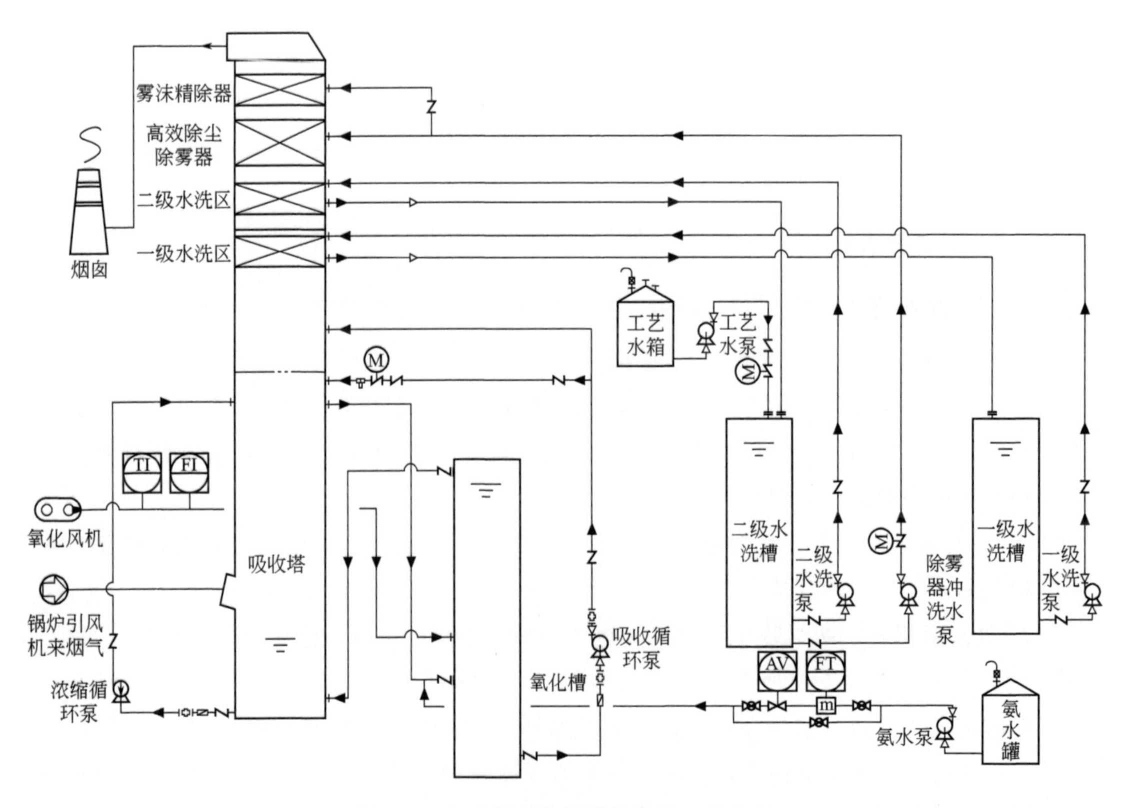

图 4-12　氨法脱硫超低排放系统工艺流程

③ 处理效果：该技术基于塔内结晶、塔外氧化的技术理念，对吸收塔浓缩区、吸收区、水洗区和除尘除雾区分别进行了针对性设计，采用2级不同质量浓度梯度的水洗层并将高效除尘除雾器与2级雾沫精除器进行组合；塔外氧化槽采用3层分布板技术，达到了充分氧化的目的，整体氧化率大于99%；2级水洗槽分质量浓度控制、逐级补水技术也最大限度地提高了水洗效果，保证了系统的水平衡。

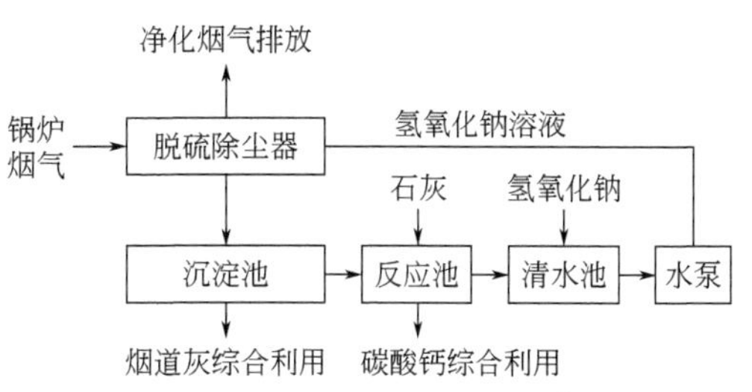

图 4-13 双碱法脱硫的工艺流程

(3) 双碱法湿法脱硫的应用

为了克服石灰石-石膏法容易结垢和堵塞的缺点，发展了双碱法，如图4-13。该法先用可溶性的碱性清液作为吸收剂吸收，然后再用石灰乳或石灰对吸收液进行再生。双碱法的明显优点是，由于主塔内采用液相吸收，吸收剂在塔外的再生池中进行再生，从而不存在塔内结垢和浆料堵塞问题，可以使用高效的板式塔或填料塔代替目前广泛使用的喷淋塔浆液法，减小吸收塔的尺寸及操作液气比，降低成本。另外，双碱法可得到较高的脱硫率，可达80%以上，应用范围较广。该法的主要缺点是再生池和澄清池占地面积较大。

钠钙双碱法消耗的主要是石灰和少量的钠碱。其他的双碱法还包括碱性硫酸铝-石膏法、氨-石膏法等。如碱性硫酸铝-石膏法采用的吸收剂为碱性硫酸铝溶液，吸收SO_2后经过氧化处理与石灰石浆液进行中和反应，再生出碱性硫酸铝。文凤煤焦化有限公司焦炉配套的烟气脱硫系统采用旁路布置方式，与焦炉原有烟气系统相对独立。其工艺流程如图4-14所示。

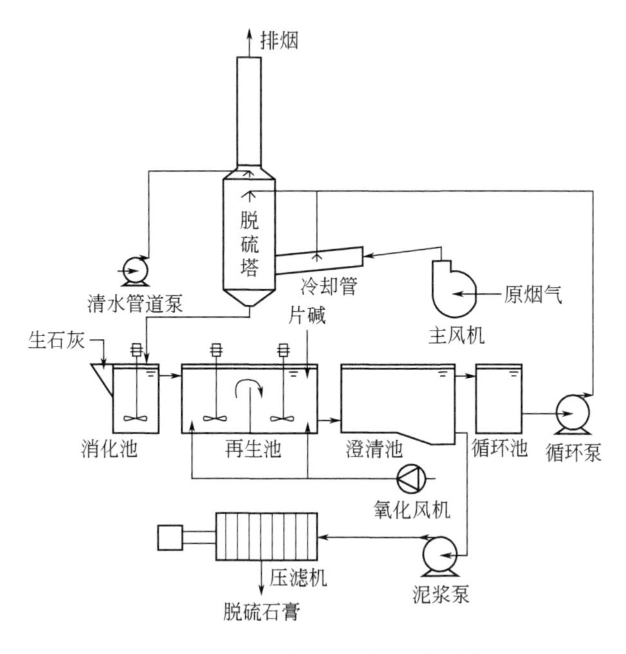

图 4-14 双碱法烟气脱硫工艺流程

(4) 镁基湿法脱硫的应用

第一个商业化的镁基浆液循环利用系统建在 Weyerhaeuser 造纸厂。Chemico-basic 公司是美国第一个完全市场化氧化镁脱除发电厂烟气中二氧化硫再生并制造硫酸的公司。1970 年，美国环保署、爱迪生电力公司、化学基础公司、艾克塞斯化学公司联合投资、设计、建造、操作了 Boston Edison's Mystic 电站 6 号机组的氧化镁吸收系统，另一套氧化镁吸收系统建在波托马克电力公司迪克森马里兰电站的 3 号机组上。生成的亚硫酸镁浆液通过脱水，干燥结晶后送到一个硫酸厂，焙烧生成的二氧化硫回收率达 90%以上。日本研究氧化镁化学性质和应用工艺也是很活跃的，以抛弃法、双碱法 $Mg(OH)_2$ 为主，Kawasaki Heavy Industries 股份有限公司研究了氧化镁吸收再生工艺（日本专利 577159）并建了一套和美国、俄罗斯相似的工艺。国外的工程应用如表 4-13 和表 4-14 所示。

表 4-13　国外氧化镁脱硫工程应用一

公司名称	烟气来源	烟气量/(m^3/h)	$\varphi(SO_2)$/%	脱硫效率/%
IHI	燃煤锅炉	363460	0.14	99.5
东洋工程	流化催化裂化炉	355000	0.16	99.0
东洋工程	锅炉	100000	0.31	99.0
大阪煤气	燃煤锅炉	165000	0.11	95.0
日本制钢	烧结厂	386000	0.024	95.0
日本制钢	燃煤锅炉	211420	0.082	84.0

表 4-14　国外氧化镁脱硫工程应用二

公司名称	电站名称	容量/MW	副产物	投产时间
Boston	Mystic	155	H_2SO_4	1972
Potmac	Dickerson	190	H_2SO_4	1975
Philadelphia	Eddystone	120	—	1973
Philadelphia	Comby	334	H_2SO_4	1975
Duquesne	Philips	—	—	1975

氧化镁湿法烟气脱硫技术在我国起步较晚，但近几年用镁法进行烟气脱硫在国内引起广泛的关注，其步伐明显加快。山东滨化采用了天津汉城夏普环保公司技术，辛店电厂采用的氧化镁脱硫技术是目前国内采用最大机组容量的镁法脱硫火电项目，鲁北化工拥有目前世界上最大规模的镁法脱硫装置。其他如玖龙纸业集团，台塑关系企业在大陆及台湾地区的热电厂、石化公司等的氧化镁湿法烟气脱硫项目，都是较小的项目。国内氧化镁脱硫工程应用见表 4-15。

表 4-15　国内氧化镁脱硫工程应用

项目	装机容量	SO_2 浓度/(mg/m^3)		脱硫效率/%	副产物处理	投产时间
		处理前	处理后			
山东滨化	240t/h×2	6400	50	95	硫酸镁回收法	2005
太钢电厂	130t/h×2	3800	100	98	抛弃法	2005

续表

项目	装机容量	SO_2 浓度/(mg/m³)		脱硫效率/%	副产物处理	投产时间
		处理前	处理后			
威海电厂	225MW×2	—	225	95	再生法	2006
辛店电厂	225MW×2	—	—	95	再生法	2007
宁波石化	225t/h	1260	120	90	抛弃法	2007
仪征化纤	200t/h	—	<200	97	—	2007
天津某厂	130t/h×2	2853	—	97	抛弃法	2008
鲁北化工	330MW×2	—	—	95	再生法	2009
抚顺石化	20t/h	1135	70～100	95	抛弃法	2009

4.6.1.2 干法脱硫的应用

(1) 克劳斯 (Claus) 催化干法脱硫在俄罗斯 Gintsvetmet 国家有色金属研究院催化干法脱硫的应用

① 项目基本情况：俄罗斯 Gintsvetmet 国家有色金属研究院长期从 $\varphi(SO_2)=10\%\sim40\%$的自热熔炼烟气中以 Claus 催化剂 CH_4 还原 SO_2 回收单质硫的甲烷法，已在诺里尔斯克冶炼厂投入工业规模运行。

② 技术概况：工艺流程见图 4-15。

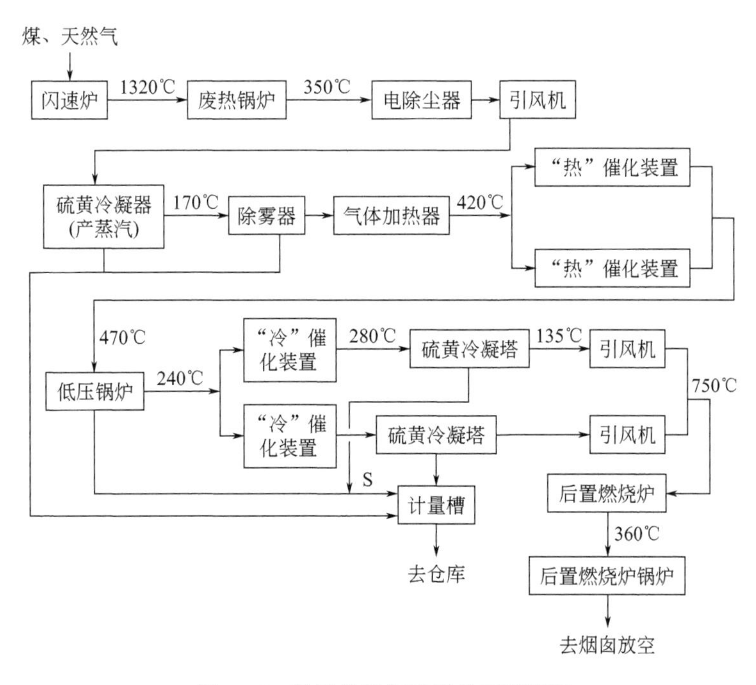

图 4-15 闪速炉烟气硫回收工艺流程

③ 处理效果：对烟气进行湿法洗涤以除去烟尘，其方法与硫酸厂所用的类似，然后在空反应器中 1100℃下用天然气还原烟气中所含的 SO_2。这种从闪速炉烟气中回收 SO_2

的方法存在一些缺陷：静电除尘器的效果下降，由于从生产蒸汽的硫黄冷凝器进入除尘器的气体中含尘量增高，常常导致硫回收装置停车以进行设备维修或更换催化剂。

(2) 循环流化床脱硫的应用

德国Lurgi公司在20世纪80年代后期研发及应用了循环流化床脱硫技术，该脱硫方法关键由石灰石粉体制备的系统、脱硫塔吸收系统、气体系统以及系统控制等组成。循环流化床技术中气体脱硫的工作主要分为以下几步：从烟道气通入的含硫气体首先通过脱硫塔底部进入脱硫塔，粉状的脱硫剂与气体接触，遇水反应生成二水硫酸钙及二水亚硫酸钙将SO_2吸收掉。粉状石灰石还可以脱除气体中的盐酸以及氟化氢等酸性气体。粉状的石灰石在反应塔内经多次循环延长了和SO_2接触时间，提高了脱硫剂的有效使用率，可在较低的钙硫比下获得较高的硫去除率。

(3) 活性炭吸附法脱硫的应用

活性炭基吸附剂是活性炭法烟气脱硫技术的重要组成部分，主要有活性炭、活性焦、活性半焦、活性碳纤维、金属离子改性活性炭等，国内外的研究者对其进行了广泛的研究开发。其中烟气脱硫工业中的吸附剂为柱状煤质活性焦或活性炭，包括三井-BF活性焦、GE-Mitsui-BF活性焦、住友-Toxifree活性焦、中国煤炭科学研究总院活性焦、山西新华环保公司ZL100与ZL50脱硫脱硝活性炭等，其均在工业上得到应用或具有广阔的应用前景。吸附设备的床层形式研究和应用较多的是固定床和移动床。

日本三井矿产公司（MMC）购得德国BF公司的许可，在日本进行了相关的研究开发，对BF工艺作了进一步改进，不仅可以脱除SO_2，还可以在加入NH_3的情况下脱除NO_x，称为MMC-BF法。工艺过程包括吸附、活性焦再生、副产物回收三部分。吸附部分由两段组成，活性焦由上至下缓慢移动，首先进入上部的脱硝层，在这一阶段由于NH_3的喷入，NO_x被还原，然后活性焦从脱硝层的下部进入脱硫层，在这一阶段大部分的SO_2及其他有害气体被吸附，吸附饱和的活性焦从脱硫层的下部排出进入再生器中进行再生。在吸附器内，NH_3最佳的喷入点是在脱硫层SO_2脱除效率达到最大的位置，这样可以避免因SO_2浓度较高与NH_3形成铵盐，即以最少的NH_3加入量而得到最大的脱硝效率。吸附饱和的活性焦送至两段再生器进行再生；在第一段首先被加热到400℃再生，产生的富SO_2气体送至副产物回收部分；在第二阶段冷却到120℃的再生活性焦，经过振动筛分过滤后，重新返回吸附器。细碎的活性焦可作为燃料使用。

4.6.2 脱硝催化剂在电力行业和非电力行业的应用

随着我国经济的快速发展，氮氧化物的排放迅速增加，加剧了大气环境污染。我国人类活动排放的氮氧化物主要来自电力行业以及钢铁、水泥、玻璃等非电行业。随着近年来我国对生态环境建设要求的不断提高，氮氧化物的有效消除已成为发展环境友好型社会的必然需求。目前，选择性催化还原（SCR）脱硝法具有高氮氧化物去除率、较低的二氧化硫转化率等特点，是最有效的脱硝方法。国内大部分电力企业已完成了脱硝改造，SCR脱硝法已成为电力行业的主要脱硝工艺，而钢铁、水泥、玻璃等非电行业面对日益严格的排放标准，也在逐步利用高效的SCR脱硝法进行尾气处理。SCR系统中的重要组成部分就是催化剂，催化剂在SCR反应中起着关键作用，氮氧化物脱除效率取决于催化剂的催化效率，工业上应用的SCR催化剂主要是钒系催化剂，通常以锐钛矿相TiO_2为载体，以V_2O_5为主要活性成分，以WO_3和MoO_3为辅助活性成分。

(1) 脱硝催化剂在电力行业应用

电力行业主要包括火电、核电、水电等，其中火电行业是氮氧化物最主要的排污大户。火力发电主要以煤、石油、天然气和垃圾等作为燃料，其中煤的使用最为广泛。火电厂烟气主要成分有氮氧化物、硫氧化物、汞及重金属等，其中氮氧化物排放浓度为100～1000mg/m³。《煤电节能减排升级与改造行动计划（2014—2020年）》和《全面实施燃煤电厂超低排放和节能改造工作方案》等政策要求火电厂尾气中氮氧化物的排放浓度控制在50mg/m³（标况下）以下，因此燃煤电厂普遍采用SCR脱硝。下面介绍脱硝催化剂在华能南京电厂脱硝催化剂的应用情况。

① 项目基本情况：华能南京电厂2×320MW超临界发电机组采用苏联技术设计，在环保要求日益严格的电力生产环境下，进行了选择性催化还原法（SCR）脱硝工艺线路脱硝工程改造。

② 技术概况：结合烟气温度、脱硝效率、飞灰特性及烟气参数等因素的影响综合考虑，该工程所选用的催化剂为蜂窝型钒钛基催化剂，主要成分为V_2O_5/TiO_2，可在310～420℃范围内保证脱硝效果及氨逃逸量。锅炉产生的烟气经省煤器进入脱硝装置喷氨格栅，经过导流板及整流板让高温烟气充分与氨气混合后进入SCR反应器，在催化剂作用下，与喷氨格栅喷出的氨气发生反应，将氮氧化物还原成氮气，为防止催化剂运行过程中被飞灰堵塞，SCR反应器内设置吹灰器，采用声波吹灰和蒸汽吹灰2种方式，按每一层催化剂设置3台声波吹灰器和2台蒸汽吹灰器。

③ 处理效果：改造后SCR装置按入口氮氧化物标况下浓度约为370mg/m³，出口浓度可降至50mg/m³以下，综合脱硝效率为80%以上。此外，还有某燃煤电厂5号330MW燃煤机组SCR烟气脱硝工程，脱硝反应装置位于省煤器与空预器之间，同样采用的蜂窝式钒钨钛基催化剂，运行温度范围为280～420℃。脱硝装置刚运行时，入口烟气氮氧化物标况下浓度大于600mg/m³，远超设计值，脱硝效率为60%以上；将尿素溶液质量分数从42%提至设计值50%，脱硝效率增至70%。当入口烟气NO_x质量浓度小于400mg/m³时，脱硝效率可达80%以上。

(2) 脱硝催化剂在非电力行业应用

不同于火电行业，非电行业通常排烟温度较低，难以直接移植电力行业成熟脱硝技术，其来源主要集中玻璃、水泥、陶瓷、钢铁、汽车尾气及焦化行业等污染源。结合不同领域烟气特点，相应脱硝催化剂的应用情况如下。

① 玻璃行业

玻璃行业既是耗能大户，又是高污染行业，在平板玻璃配料、物料熔化和玻璃成型等生产过程中，会产生的大量烟气污染物，玻璃窑炉的尾气具有烟温高、氮氧化物含量高、烟气波动大，以及由于燃料的多样性，造成玻璃熔窑烟气污染物的成分差异大等特点。针对以上特点常见的典型玻璃熔窑烟气处理工艺流程为“玻璃熔窑烟气+余热锅炉+电除尘+

SCR 脱硝＋余热锅炉＋脱硫＋烟囱”，如图 4-16 所示。其中脱硝工艺也采用了选择性催化剂还原脱硝技术，烟气经余热锅炉后，进入 SCR 反应器时温度正好又能满足脱硝催化温度，脱硝前除尘也能有效降低烟气中粉尘对 SCR 催化剂的冲刷及毒化作用，延长催化剂的使用寿命。

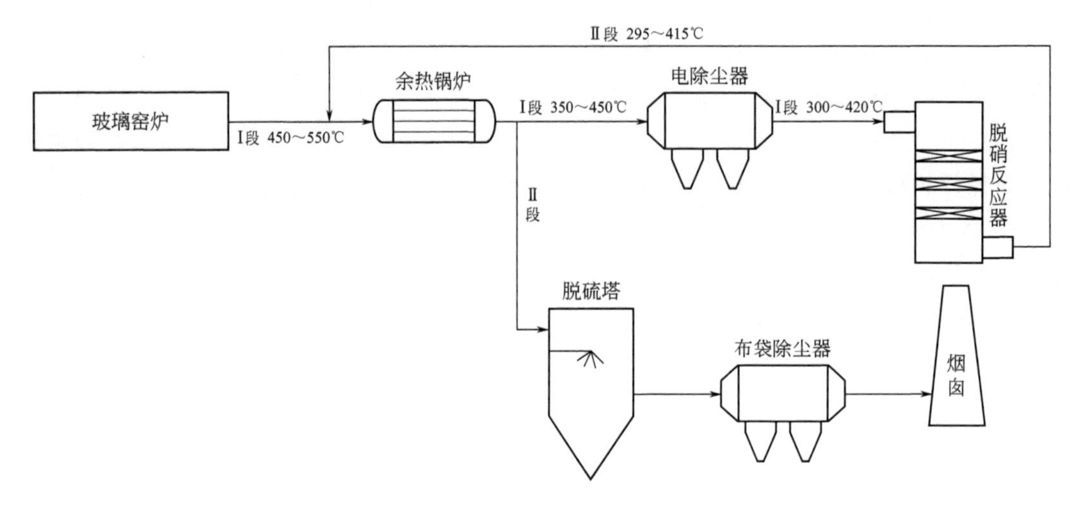

图 4-16 玻璃熔窑烟气处理工艺流程图

信义（四川）玻璃厂 1000t/d 玻璃窑炉脱硝处理采用了奥地利 Ceram 公司的 V_2O_5-WO_3/TiO_2 蜂窝催化剂。此玻璃生产线使用天然气作为燃料，标况下烟气流量 165×10^3 m^3/h，气态 H_2O 和 O_2 的体积分数均为 10%。烟气中 SO_2 最大浓度仅为 500mg/m^3，几乎达到了国家安全排放标准。经高温电除尘后，含尘量仅为 50mg/m^3。此项目入口 NO_x 浓度为 2300mg/m^3，脱硝效率达到 93.5%，出口 NO_x 浓度不高于 150mg/m^3，项目初始安装两层催化剂 V_2O_5-WO_3/TiO_2 蜂窝催化剂，该催化剂活性好，在足够的催化剂体积支持下，最高可达到 95%的脱硝效率，且同时保证 3mg/m^3 氨逃逸率。

② 水泥行业

水泥生产中熟料煅烧是产生废气的主要工艺，废气中含有 NO_x、SO_2、CO_2 和 HF 等。水泥生产过程中产生的氮氧化物主要是热力型和燃料型，由于水泥窑整体表现为碱性气氛，所以水泥窑产生的 SO_2 等酸性气体很少，但是粉尘含量大，碱金属含量高。2020 年，生态环境部印发《重污染天气重点行业应急减排措施制定技术指南（2020 年修订版）》，全面推行重点行业差异化减排措施，实行 ABCD 分级绩效分级，水泥行业 A 类企业要求 NO_x 排放浓度收严至 50mg/m^3 以下，氨逃逸小于等于 5mg/m^3。现行的“低氮燃烧＋SNCR”技术已难以满足新标准要求，新型高效脱硝技术的开发和应用将是水泥窑烟气脱硝市场的新方向。水泥窑炉烟气 SCR 脱硝技术路线一般采用高温中尘 SCR 脱硝技术，即高温电除尘器＋SCR 脱硝一体化技术路线。高温中尘 SCR 脱硝工艺流程见图 4-17。

河南省宏昌水泥有限公司采用“高温中尘”SCR 脱硝技术，催化剂采用辊压涂覆成型工艺制得一种能抗碱金属和硫中毒性能的 13 孔蜂窝式催化剂，这种催化剂载体为 TiO_2 固体超强酸，活性成分为五氧化二钒，催化助剂为三氧化钨、三氧化二锑和硫酸铜。该项

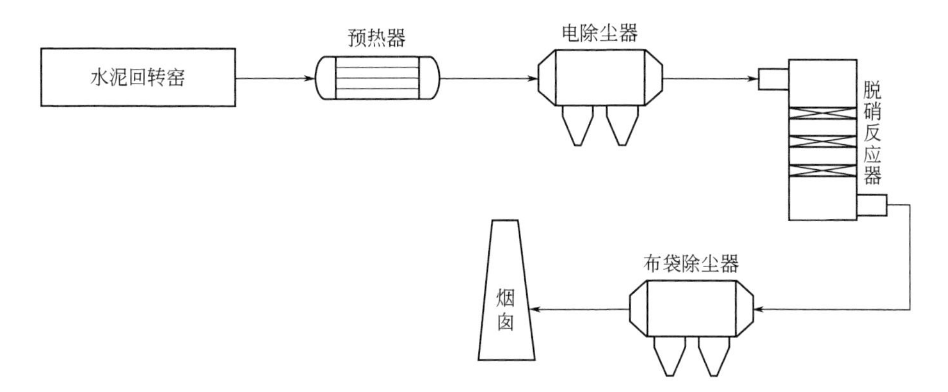

图 4-17　高温中尘 SCR 脱硝工艺流程

目自 2018 年 10 月至 2020 年 12 月运行至今已两年多时间，氮氧化物排放浓度稳定低于 $50mg/m^3$，脱硝效率大于 90%，整个 SCR 系统阻力 1000Pa 左右，系统温降 10℃左右，大幅降低了还原剂氨水的消耗量，降低了余热锅炉入口粉尘浓度，改善余热锅炉换热效率。

③ 钢铁行业

烧结工序是钢铁行业污染最严重的工序，其中排放的颗粒物占钢铁生产全流程大气污染物总量的 50%，排放的 SO_2 占全流程的 60%，排放的 NO_x 占全流程的 50%，排放的二噁英占 90%以上。烧结烟气脱硝在工程上一般采用 V_2O_5-WO_3/TiO_2 板式催化剂，反应温度为 250～350℃，脱硝效率可达 80%以上。板式催化剂具有抗飞灰腐蚀性强、压降低等优点。烧结烟气 SCR 脱硝技术中烟气通过换热、加热达到与电力行业接近的温度，避免了催化剂中毒失活的问题。宝钢湛江钢铁有限公司 500 万吨球团烟气 150℃超低温 SCR 脱硝项目应用了针对球团烟气成分复杂、烟气量及氮氧化物波动大、含氧量和含湿量较高的特点，专门研发的低温 SCR 过渡金属氧化物催化剂，具有较强的抗硫酸铵盐、碱（土）金属、HCl、HF 等中毒的能力，项目于 2020 年 12 月 9 日在宝钢湛江钢铁球团装置正式喷氨投运后，运行非常稳定，很快实现氮氧化物超低排放标准，排放浓度最低时为 $5mg/m^3$，在烟温 150℃、设计空速 $3204h^{-1}$ 的情况下，氮氧化物排放浓度基本上控制在 20～$38mg/m^3$ 范围内运行，氨逃逸约在 0.2～$0.6mg/m^3$ 之间，每层压降约为 220Pa，在运行温度为 135℃时 NO_x 排放浓度也能控制在 $40mg/m^3$ 以下，各项指标均达到或优于设计指标，达到超低排放的目标要求。

④ 汽车尾气

汽车尾气排放已成为主要的大气污染源之一。汽油是汽车最常用燃料，汽油车排放尾气主要包括 CO、CO_2 和 NO_x 等。汽油车的排气温度较高，产生的 NO_x 浓度高。汽车尾气中氮氧化物控制技术主要是通过汽车尾气催化净化器来达到脱硝效果，以三效催化剂为主，可以同时催化氧化 CO，还原 NO_x 为 CO_2、H_2O 和 N_2 无害气体。这种催化剂以贵金属 Pt、Rh 和 Pd 为活性组分，堇青石为第一载体，γ-Al_2O_3 为第二载体（活性涂层），将 γ-Al_2O_3 涂附在熔点达 1350℃的堇青石上，并向 γ-Al_2O_3 中加入 Ce、La 等作为改性助剂，制成的三效催化剂被广泛应用于减少汽油汽车的污染物排放。

⑤ 焦化行业

炼焦过程中产生 NO_x 的主要设备是焦炉，常用燃料是煤气，主要分为高炉煤气和焦炉煤气，其燃烧温度和速度不同。高炉煤气燃烧温度 1400～1500℃，燃烧速度慢，废气量大；焦炉煤气燃烧温度 1800～2000℃，燃烧速度快，废气量小。焦炉烟气中主要含有 SO_2、NO_x、CO、CO_2、H_2S 和苯并芘等，烟气排放温度较低（200～260℃），受生产负荷影响较大，因此炼焦尾气脱硝技术主要采用低温 SCR。山西亚鑫 100 万吨焦炉、河南中鸿煤化 130 万吨侧装捣固焦炉和山东铁雄新沙 150 万吨焦炉都采用了低温 SCR 脱硝技术，催化剂都为锰氧化物蜂窝式催化剂，烟气量都约为 $30\times10^4 m^3/h$，烟气温度在 250～300℃，脱硝反应器进口氮氧化物为 700～1000mg/m^3 之间，出口可控制在 1500mg/m^3 以下，脱硝效率达到了 85%以上，氨逃逸在 1mg/m^3 以下。

总体来说，随着国家对 NO_x 排放限值要求的不断提高，火电行业在 SCR 技术成熟的背景下，脱硝催化材料已广泛应用于火电行业烟气脱硝处理。玻璃、水泥、钢铁、汽车尾气及焦化行业等非电行业 NO_x 的污染占比逐年增长，在参考火电行业成熟脱硝技术条件上，也逐渐利用 SCR 脱硝技术作为烟气脱硝的主要治理方式，为适应不同行业烟气的复杂多样性，国内相关人士也研发多种具有抗硫、抗碱金属和抗重金属性能的低温脱硝催化剂，极大促进我国工业生产中环境污染的治理水平。

4.6.3 重金属吸附喷射技术的应用

4.6.3.1 320 MW 燃煤超净排放机组金属吸附喷射技术的应用

(1) 项目基本情况

320MW 燃煤超净排放机组布袋除尘器入口喷射载溴活性炭的方式实施汞的控制，同时结合 30B 手工烟气汞采样设备和汞在线监测系统，研究载溴活性炭喷射后，工艺过程中气态总汞浓度的变化。

(2) 技术概况

机组采用上海锅炉厂制造的 SG-1025/18.3-M831 型亚临界强迫循环汽包锅炉，π 型布置，平衡通风，四角喷燃，且已经实施超低排放改造。其中溴化钙溶液添加系统分成 5 个支路，分别为 5 个磨煤机添加溴化钙溶液；同时固体吸附剂喷射系统位于除尘器入口，采用正压传输技术，将载溴活性炭均匀喷射到除尘器入口的两个分支烟道内。在除尘器入口 30B 测点测试布袋入口气态汞的浓度及价态信息；脱硫塔入口 30B 测点用于测试脱硫塔入口气态汞的浓度及价态信息；烟囱 70m 平台处测试总排放口气态汞的浓度及价态信息。试验喷射的固体吸附剂为含有 7%溴的活性炭，其中 95%的粒径小于 325 目。布袋除尘器入口 A/B 烟道各安装四杆正压多点喷枪；失重控制技术精确计量载溴活性炭的喷射量，正压输送和恒流分配技术将载溴活性炭粉末均匀喷射到除尘器入口的两个分支烟道内，从而顺利地被布袋除尘器捕获并富集，形成汞过滤层。系统示意如图 4-18 所示。

(3) 处理效果

载溴活性炭喷射后，布袋除尘器对汞的脱除效率从不同工况下的 30%～80%提升到

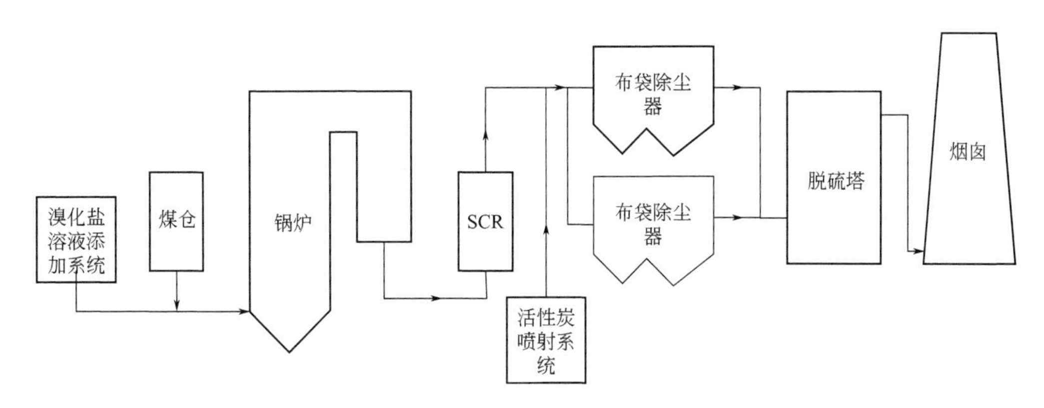

图 4-18　320MW 燃煤超净排放机组应用系统示意图

了 90%以上，最高可达 98.8%。采用的载溴活性炭因 95%粒径小于 325 目，从而成功被布袋除尘器所拦截，并滞留于布袋形成的滤饼内，形成固定吸附床层，对气态总汞有持续稳定脱除效果。载溴活性炭喷射后，布袋除尘器出口气态汞浓度急剧降低，最低至 0.1μg/m^3，气态汞被布袋除尘器成功拦截；重金属吸附剂喷射技术和后续布袋除尘器的联合使用可以显著提高系统对气态总汞的脱除效率。

4.6.3.2　广州市旺隆电厂金属吸附喷射技术的应用

（1）项目基本情况

广州市旺隆电厂 1 号机组（煤粉炉）锅炉为东方锅炉实业公司设计制造的 100MW 机组配套锅炉（G-420/9.8-Ⅱ2），锅炉尾部烟道安装有选择性催化还原装置（SCR）、4 电场电除尘器（ESP）和湿式石灰石-石膏烟气脱硫系统（WFGD）。现场测试期内，锅炉满负荷运行，燃煤煤质稳定。

（2）技术概况

在 ESP 前、后的烟道内选取取样点，其中，ESP 前对左右两侧烟道同时取样。吸附剂喷射点位于除尘器前的两侧平直烟道上，每侧 3 个喷嘴，总共 6 个喷嘴，料仓内的吸附剂由压缩空气送入两侧烟道中，喷射量由料仓底部阀门开度调节。选取了利用湿浸渍法以工业规模制备的氯化铜改性中性氧化铝和氯化铜改性人造沸石作为重金属吸附剂。两种吸附剂的作用机理为担载在非碳基载体表面的活性物质 $CuCl_2$ 可以催化烟气中的 HCl 转化为活性 Cl 的反应，生成的活性 Cl 有强氧化性，可以将 Hg^0 氧化为 Hg^{2+}，Hg^{2+} 更容易被载体吸附。HCl 是汞催化氧化和化学吸附反应的关键因素，烟气中高浓度的 HCl 可以促进汞的脱除。对燃煤电厂静电除尘器前的烟道内进行非碳基吸附剂喷射脱汞研究时，采用 EPA Method 30B 标准方法对 ESP 前后烟气汞浓度进行了取样测量，计算了 $CuCl_2$ 改性非碳基吸附剂的汞脱除效率。系统示意如图 4-19 所示。

（3）处理效果

$CuCl_2$ 改性氧化铝和 $CuCl_2$ 改性沸石吸附剂可以有效脱除烟气中的汞，汞脱除率最高可达 30.6%，电厂的协同脱汞率最高可达 80.1%；在喷射非碳基吸附剂后，烟气中 Hg^0

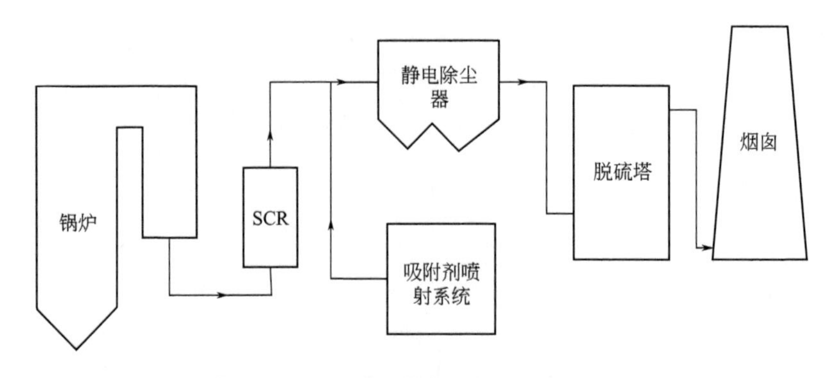

图 4-19 广州市旺隆电厂应用系统示意图

的含量由 40%降低至 22%以下；若非碳基吸附剂与 WFGD 系统协同使用，可以显著减少燃煤电厂向大气中的汞排放；非碳基吸附剂相比活性炭具有一定的经济优势，在中国具有较好的应用前景。

4.6.3.3 三河电厂金属吸附喷射技术的应用

(1) 项目基本情况

三河电厂 4 号机组上开展飞灰基改性吸附剂脱汞试验，该机组为 300MW 热电联产机组。锅炉为东方锅炉厂制造，亚临界参数、四角切圆燃烧方式、自然循环汽包炉，锅炉蒸发量为 1025t/h。4 号锅炉设计煤种为神华煤，校核煤种为神华煤与准格尔煤按 7∶3 比例的混煤，煤质较好且相对稳定，掺配煤煤质较好，实际燃煤平均硫分为 0.49%，在设计值（0.7%）范围内。4 号机组现有环保设施包括除尘、脱硫、脱硝、污水处理和灰渣系统等，锅炉采用低氮燃烧器，除尘采用双室五电场电除尘器，除尘效率 99.6%；脱硫采用高效石灰石-石膏湿法脱硫工艺，脱硫效率 98.5%；脱硝采用 SCR 烟气脱硝装置，脱硝效率 80.0%；排烟采用“烟塔合一”烟气排放。电厂于 2015 年对 4 号机组进行“绿色发电计划”改造，新增湿式电除尘器，使粉尘、二氧化硫、氮氧化物排放浓度达到“超低排放限值”的要求，实现“近零排放”。三河电厂开展了烟气中汞排放特征测试研究，现场实测烟气采样位置在电除尘器（ESP）前、ESP 后、FGD 后等部位。其他固体、液体样品采样位置包括：给煤机采集煤样、除尘器底采集灰样、锅炉排渣机采集渣样、脱硫塔采集石膏样、脱硫废水样、脱硫塔滤液样、工艺水样和石灰石样等。

(2) 技术概况

在获得汞排放特征实时数据基础上，三河电厂现场开展了飞灰基改性吸附剂喷射试验。在 4 号锅炉 12m 平台上安装吸附剂喷射装置，通过鼓风机、给料机喷射器以及喷射管将吸附剂以一定流速喷入电除尘器入口的水平烟道内，吸附剂进入烟道后，吸附烟气中的气态汞，吸附汞的飞灰被电除尘器捕集，从而达到脱除烟气中气态汞的效果。针对以上脱汞试验，同步开展电厂电除尘器前后、脱硫装置后等不同点位燃煤烟气中汞排放特征实测，验证不同控制技术的脱汞效率。运用 30B 法和 CEM 在线方法等国际先进技术对电厂烟气中分形态汞（Hg^0、Hg^{2+}）、总汞（Hgt）开展现场测试和实验分析，同时采集煤、灰、渣、石灰石、工艺水、脱硫石膏和脱硫废水等固液样品，并分析其中的汞含量，通过开展质量平衡分析进一步完善测试分析结果。飞灰基改性吸收剂脱汞试验期间，机组负荷稳定在85%BMCR以上。系统示意如图4-19所示。

(3) 处理效果

通过30B在线取样、离线分析方法监测了试验过程中ESP前、ESP后和脱硫吸收塔后3个位置烟气汞浓度。同时，通过汞在线烟气分析仪测量了烟气中脱硫吸收塔后汞的浓度。在喷射吸附剂过程中，烟气中汞浓度随之下降，实现了烟气中汞污染物的控制。不同的改性吸附剂对烟气中汞浓度下降的效果不同，改性吸附剂喷射能够在现有环保设施（脱硫、脱硝、除尘）基础之上降低汞浓度30%～50%，使综合脱除效率达到75%～90%。

4.6.3.4 湖北某电厂金属吸附喷射技术的应用

(1) 项目基本情况

湖北某电厂容量为330MW的1号机组配备双室四电场静电除尘器，设计除尘效率99.66%，于1998年投产。配套美国福斯特·惠勒公司设计制造的下冲火焰W型燃烧锅炉，采用晋城无烟煤和临汾烟煤6∶4掺烧。

(2) 技术概况

吸附剂喷射系统布置于SCR与ESP之间的烟道，通过将稀释后的吸附剂与压缩空气送入雾化喷嘴雾化后喷出。在吸附剂被雾化送入烟道后，由于其本身具有较强黏性，能够通过在范德华力、氢键、疏水作用力、偶极子吸引力以及静电吸引力等作用吸附细颗粒物，使其凝并为粒径较大的颗粒，从而达到吸附颗粒物及颗粒物上重金属的效果。拟采集ESP前后以及WFGD后三个点位烟气中颗粒物与重金属样品，分析凝并吸附剂喷射对颗粒物上重金属形态与含量以及烟气中气态重金属的影响，同时采集煤、炉渣、飞灰、石灰石、工艺水、脱硫废水、脱硫石膏，测量各工况下固体、液体样品重金属含量，用于计算电厂重金属排放质量平衡情况。

(3) 处理效果

加入凝并吸附剂之后，ESP前2.5～10μm、1～2.5μm和小于1μm颗粒物质量浓度均有明显降低，表明凝并吸附剂能够有效吸附烟气中细颗粒物，使其长大为粒径10μm以上的颗粒。ESP后2.5～10μm颗粒物占比从1.89%上升至11.46%，1～2.5μm颗粒物占比从0.56%上升至48.77%，而小于1μm颗粒物占比从97.55%降低至39.77%，表明凝并吸附剂能够促使PM_1凝并成为1～10μm颗粒。加入凝并吸附剂之前，重金属主要分布在1μm以下和2.5～10μm两个粒径区间，在凝并吸附剂加入之后，三个粒径区间的重金属含量均有增加，且1～2.5μm和2.5～10μm粒径段中重金属占比增加尤为明显；总的来说，在烟道中喷射凝并吸附剂后，单个颗粒上重金属含量增加，其中，Se元素在1～10μm颗粒物上增加尤为明显，而气相的重金属含量有所降低，表明异相凝并剂能够凝并小颗粒态与气态重金属，使其转移至新生成的大颗粒物之中。凝并后2.5～10μm颗粒占比由1.89%上升至11.46%，1～2.5μm颗粒占比由0.56%上升至48.77%，而PM_1占比由97.55%降低至39.77%，凝并吸附剂能够促使PM_1长大至1～10μm；在石膏当中，凝并之后砷、硒、铅含量分别降低 32.5%、67.6%、30.0%，表明能够到达脱硫石膏的重金属含量减少，ESP 对于重金属脱除作用显著提升。相较于未凝并工况，异相凝并后 ESP 前气态加 PM_{10} 中砷、硒、铅含量分别降低 70.6%、19.9%、70.9%，表明该比例的重金属由气态与 PM_{10} 中转移至 10μm 以上颗粒；最终排放至大气的砷、硒、铅元素含量分别降低 69.3%、77.8%、46.5%，经过异相凝并，排放至大气的重金属显著减少，吸附剂喷射技术对于重金属的控制有着关键作用。

总的来说，对大气污染物重金属的治理，向烟气中喷射各种类型的吸附剂是一种效果较好的脱除方法，该方法是将一定量的吸附剂喷入烟道中，通过吸附剂对烟气中重金属的物理/化学吸附，将重金属固定在吸附剂中，后续通过除尘装置收集吸附剂颗粒进而去除重金属。该方法吸附效率较高，需要增加的额外设备较少，已得到了较为广泛的应用。

▶ 4.6.4 挥发性有机物的吸附-催化氧化应用

4.6.4.1 延安石油化工厂“低温柴油吸收+催化氧化”技术

(1) 项目基本情况

延安石油化工厂隶属于陕西延长石油（集团）有限责任公司炼化公司，是延长石油集团炼化板块的核心企业之一，也是延长石油重组后建成投运的第一个大型的石油化工企业。作为陕西省的骨干企业，延安石油化工厂积极适应新环保形势，于 2017 年 4 月 28 日建成投用了一套采用“低温柴油吸收＋催化氧化”技术的 VOCs 综合治理设施，对汽油、甲醇、轻污油等储罐顶部挥发性有机物（VOCs）进行回收治理，以满足罐区 VOCs 排放达到《石油炼制工业污染物排放标准》(GB 31570—2015) 的要求。

(2) 处理方案

延安石油化工厂罐区柴油和汽油位于同一罐组，而附近是 240 万吨/年的柴油精制装置，选择柴油吸收方案，作为吸收剂的贫柴油供应方便，而富吸收油也可以就近输送至 49 单元柴油精制原料罐，不需要额外新增设备。所以该厂汽油、甲醇、MTBE 和轻污油储罐的 VOCs 回收采用“低温柴油吸收＋催化氧化”技术。

(3) 工艺概况

通过对油气储罐进行改造密封，在储罐顶部增设带有阻火器的呼吸阀，将呼吸阀后路罐顶气接至储罐区罐顶气回收总管，经由柴油吸收塔后的风机抽吸至油气回收撬装装置。

(4) 工艺流程简介

储罐顶挥发性油气进入总管后，通过罗茨鼓风机增压后从塔底进入柴油吸收塔，自柴油精制装置来的贫柴油经制冷机组降温后从塔顶进入柴油吸收塔，柴油与 VOCs 油气逆向接触，将油气中的重组分吸收，并脱除全部有机硫化物以及部分硫化氢，吸收后的富柴油返回到柴油精制中间储罐后付炼处理，剩余未吸收气体从塔顶出来后再进入脱硫罐脱除剩余的硫化氢，从脱硫罐出来的达标 VOCs 废气直接经放空线排放，而未达标 VOCs 气体则进入催化氧化单元进行后续处理。

未达标 VOCs 气体首先进入进气缓冲罐，进行初步的气液分离，分离出的气体进入配气箱，在配气箱内与催化氧化风机引入的空气进行充分混合，达到进料浓度（一般浓度降至 6g/m³ 以下）时，经换热器和电加热器加热至 280℃后进入反应器内，在催化氧化催化剂的作用下，进行分解反应，最终生成二氧化碳和水，并释放反应热，回收热量后的净化气经排气筒达标排放至大气中，具体如图 4-20 所示。

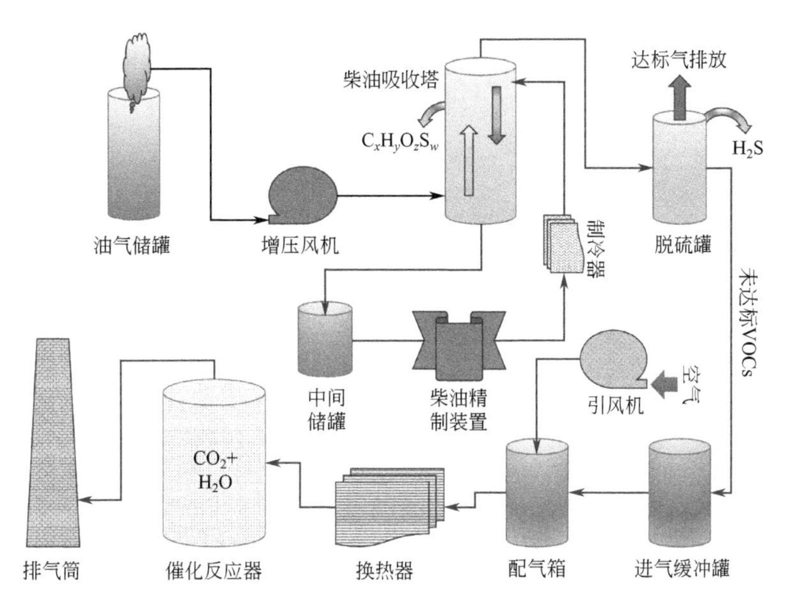

图 4-20　工艺流程图

(5) 社会效益

延安石油化工厂 VOCs 综合治理设施的建成投用，将之前直接排放至大气中的挥发性有机物进行回收治理，避免了因 VOCs 超标排放而被环保部门处罚，节约了可能的罚款金额。VOCs 综合治理设施，对罐区 VOCs 气体进行了密闭回收，柴油吸收年处理能力 720 万立方米，年处理能力约 400 万立方米，其中油气含量约占 80%，测得回收油气浓度为 2～5g/m³，所以年回收油气约为 6.4～16t。既从源头减少了 VOCs 气体的排放，使有机挥发物达到了国家环保最新排放要求，同时将废气回收也可产生一定的经济价值，实现节能减排的双重目标。这对于实施“治污降霾保卫蓝天”工程及建设环境友好型企业，履行企业社会责任、创造社会效益具有重要意义。催化氧化技术在 VOCs 治理中的应用也为集团公司兄弟单位乃至全国同行业提供了借鉴。

4.6.4.2　芜湖市某自动化装备生产企业活性炭吸附浓缩-蓄热式催化氧化装置

(1) 背景介绍

安徽省芜湖市某自动化装备生产企业位于市区经济技术开发区内，是一家主要生产物料输送自动化装备及配件的民营企业，其综合生产厂房内，建设有 1 条结构件加工涂装生产线，由抛丸打磨间、静电喷涂柜、油性漆喷漆车间、烘干车间等部分组成。其中，抛丸打磨间、静电喷涂柜、烘干车间都已单独设置了较为完善的除尘、废气净化系统。油性漆喷漆车间由于建设时环保要求相对较低，仅设置有初级漆雾净化棉层及地沟排风系统，未考虑 VOCs 有机废气的深度净化，已不能满足现行排放要求。因此需要进一步改进净化装置。

(2) 活性炭吸附浓缩-蓄热式催化氧化装置净化过程

通过对现场生产设施的分析与测量，针对该喷漆生产线设计采用活性炭吸附浓缩-蓄热式催化氧化装置净化喷漆 VOCs 有机废气，漆雾采用 2 级预处理净化，即采用喷漆车间地沟铺设漆雾过滤折板纸＋漆雾过滤棉进行无尘处理。活性炭吸附浓缩-蓄热式催化氧化装置选用铂金贵金属催化剂，为了使温控准确，采用电加热方式提供热源。净化工艺流程如图 4-21 所示。

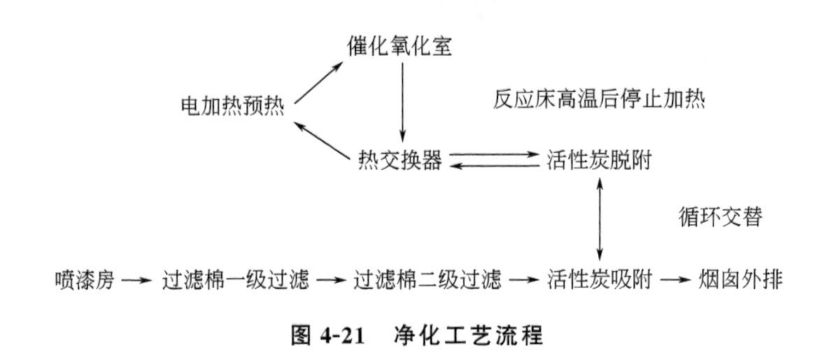

图 4-21　净化工艺流程

(3) 活性炭吸附浓缩-蓄热式催化氧化装置

活性炭吸附浓缩-蓄热式催化氧化装置主要由干式预过滤器、蜂窝活性炭吸附箱、催化燃烧室、脱附风机系统、进出风管道及阀门控制组构成。考虑到设备运输及安装简便，采用模块式框架结构。

(4) 项目改造后的净化效果

活性炭吸附浓缩-蓄热式催化氧化装置投入运行后，喷漆有机废气净化系统的排放浓度低于 20mg/m^3（非甲烷总烃计），符合国家现行排放标准。净化系统运行前后 VOCs 排放浓度检测结果见表 4-16。

表 4-16　废气净化系统 VOCs 排放浓度检测结果

检测地点	排放浓度/(mg/m^3)	
	改造前	改造后
喷漆废气净化系统烟囱检测孔	265	18

采用活性炭吸附浓缩-蓄热式催化氧化装置对涂装生产线有机废气进行深度处理，净化效率远高于湿式洗涤、低温等离子体、光氧催化等处理工艺，同时避免了单纯固定床吸附带来的填料频繁更换问题，且建设及运行成本较低，适用于处理低浓度大气量的涂装废气，在该领域有较为广阔的应用前景。

4.6.4.3　杭州格林艾尔环保科技有限公司：涂装废气吸附浓缩-催化氧化处理工程实例

(1) 设计工艺流程

根据该项目生产设备及产生的废气实际情况，废气成分都能被活性炭吸附，吸附后达到一定温度，废气可以很容易被脱附出来，因此本项目采用“吸附浓缩＋催化燃烧”技术处理。本项目废气设计风量为 50000m^3/h，废气处理工艺流程主要包括四部分：预处理流程、吸附气体流程、脱附气体流程、控制系统。

① 预处理流程：喷漆废气经收集系统首先进入旋流板塔再进入干式过滤器，拦截随废气出来的水汽和少量的漆雾。

② 吸附气体流程：经预处理后有机废气进入三吸一脱活性炭吸附床，有机废气分子吸附在活性炭表面，净化后的气体再经风机高空达标排放。

③ 脱附气体流程：当活性炭吸附饱和后，通过阀门切换至另一个吸附床。同时启动脱附风机对饱和床脱附，整个脱附系统采用多点温度控制，保证脱附效果的稳定。脱附气进入催化床中的预热器，在电加热器的作用下，使气体温度提高到 300℃左右，气体在催化流化床中进行脱附，通过陶瓷蜂窝体贵金属催化剂，被分解为 CO_2 和 H_2O。此外，有机废气浓度够高时，产生的燃烧热可满足催化燃烧升温，不需要外加热。

④ 控制系统：控制系统通过测温装置对风机、预热器、电动阀门等进行控制。通过电动阀门切换实现吸附床交替工作。通过温度控制预热器启闭；当催化床的温度过高时，开启补冷风阀，补充新鲜空气；当活性炭吸附床脱附温度过高时，自动启用补冷风机降低系统温度。温度超过报警值，自动开启火灾应急自动喷淋系统，确保系统安全。此外，系统中还有防火阀，可有效地防止火焰回串。

（2）净化系统优点

① 将大风量、低浓度的有机废气通过活性炭吸附脱附浓缩，当有机废气的浓度达到 2000mg/m^3 以上时，有机废气在催化床可维持自燃，不用外加热。

② 通过燃烧后净化气作为脱附气和热交换器达到预热回收的目的，有效降低了运行能耗。

③ 催化燃烧净化设备能在相对较低温度下对脱附浓缩后的有机废气进行燃烧（燃烧温度 280～350℃），相对于直接燃烧设备（燃烧温度 600～800℃）大大减少了能源的浪费。

④ 催化燃烧净化设备附带独立的浓度和温度检测装置，可根据有机废气浓度定时对活性炭进行脱附，根据炉膛温度控制催化室进气浓度和加热功率。

（3）工程运行分析

废气处理设备进口和烟囱出口各指标浓度和排放速率见表 4-17。烟囱排口非甲烷总烃（NMHC）、苯、甲苯和二甲苯浓度分别为 74.3mg/m^3、6.20×10^{-2} mg/m^3、0.108mg/m^3 和 0.164mg/m^3，均达到了《工业涂装工序大气污染物排放标准》（DB 331 2146—2018）中的排放规定。烟囱排口各污染物排放速率分别为 2.18kg/h、1.82×10^{-3} kg/h、3.19×10^{-3} kg/h 和 4.82×10^{-3} kg/h，满足《大气污染物综合排放标准》（GB 16297—1996）中二级排放标准。结合净化系统进气口浓度可知，各污染物处理效率分别为 89.9%、89.5%、90%和 90.5%，处理效果显著。活性炭对于苯以及苯系物等高沸点物质吸附效果良好，而催化燃烧技术对于此类热值较高的 VOCs 净化效果强且能耗低。二者净化技术耦合，可有效应对大风量、中高浓度有机废气的净化需求，保证了废气的达标排放。

表 4-17 各监测点监测指标浓度和排放速率

监测点	排放浓度/(mg/m³)				排放速率/(kg/h)			
	非甲烷总烃	苯	甲苯	二甲苯	非甲烷总烃	苯	甲苯	二甲苯
设备进气口	733	0.592	1.08	1.73	23.1	1.86×10^{-2}	3.40×10^{-2}	5.44×10^{-2}
烟囱排气口	74.3	6.20×10^{-2}	0.108	0.164	2.18	1.82×10^{-3}	3.19×10^{-3}	4.82×10^{-3}
去除率	89.9%	89.5%	90%	90.5%	—	—	—	—

针对涂装行业产生的大风量、低浓度含漆雾颗粒的有机废气，本工程在过滤预处理的基础上采用“吸附浓缩＋催化燃烧”组合工艺，处理后烟囱排口中非甲烷总烃、苯、甲苯和二甲苯浓度和排放速率均满足《工业涂装工序大气污染物排放标准》(DB/33 2146—2018) 和《大气污染物综合排放标准》(GB 16297—1996) 的规定，NMHC、苯、甲苯和二甲苯的去除率均不低于 89.5%，净化效果显著。工程实例证明“吸附浓缩＋催化燃烧”组合工艺对该类涂装废气具有良好的处理效果。

4.6.5 汽车尾气净化材料应用

随着我国汽车工业的迅猛发展，汽车的保有量不断攀升。截至 2021 年 9 月底，据公安部统计，我国机动车保有量达 3.9 亿辆，其中汽车 2.97 亿辆。汽车成为人们日常出行的主要交通工具，且使用的数量越来越多，导致汽车尾气骤增。汽车尾气主要是由汽车行驶过程中燃料未充分燃烧转化成有害气体，并以尾气的形式排放到空气中，包括固体颗粒物 (PM)、碳氢化合物 (HC)、一氧化碳 (CO)、二氧化碳 (CO_2)、氮氧化物 (NO_x) 以及铅硫氧化合物等污染物，其中 CO 和 HC 占污染物组分来源的 80%。这些汽车尾气排入大气会给环境和人体带来严重的危害。

汽车尾气作为大气污染源之一，随着人们对汽车尾气危害的认识，尾气排放控制备受关注，国家也出台越来越严格的排放限值标准。在限排方面，截至 2018 年 12 月 31 日，我国轻型汽油车实施的是“国五”排放标准 [《轻型汽车污染物排放限值及测量方法 (中国第五阶段)》(GB 18352.5—2013)]；2016 年 12 月 23 日，环保部和国家质量监督总局联合发布“国六”标准 [《轻型汽车污染物排放限值及测量方法 (中国第六阶段)》(GB 18352.6—2016)]，并在 2020 年 7 月 1 日开始施行。为满足更严格的限排要求，控制汽车尾气中有害气体的排放量和治理汽车尾气污染已经成为重中之重。

目前，利用汽车尾气净化材料的机内控制技术被认为是一种高效的处理方式，如开发汽车尾气催化转化器，对汽车排气管道采取安装尾气净化装置和系统的方式来减少尾气的排放，其主要功效是对汽车尾气进行净化，从而避免了汽车尾气排量过大的问题，以此来实现节能减排和环境保护的目的，其核心部分是催化剂，工作原理是利用排放的尾气中的残余氧气和较高温条件，在催化剂表面发生氧化还原反应，将尾气中的有害物质 CO、HC 和 NO_x 转换成无害的 CO_2、水和氮气，从而降低对大气环境的危害，其催化转换效率可以高达 95%～99%。汽车尾气净化的研究一直专注于净化材料和制备工艺的创新，对于汽车尾气催化剂的研究较多，迄今为止，众多研究学者应用较多的汽车尾气净化材料有贵金属催化剂、钙钛型催化剂、稀土型催化剂、介孔催化剂等。

4.6.5.1 贵金属催化剂应用

20 世纪 70 年代，研究学者发现以贵金属 Pt 和 Pd 为活性组分的催化剂对 CO 和 HC 的氧化反应的催化活性很高，例如 Rh-Pt、Rh-Pd、Pt-Pd、Rh-Pt-Pd、Pt-Rh-Pd-Ir 等，其具有起燃活性好、耐老化性能好、热稳定性良好和抗中毒能力强等优点，且研究较为成熟，在世界汽车尾气净化催化剂市场上占有显著优势。随着排放法规的日益严格，人们开始研制开发可同时催化转化 CO、HCs 和 NO_x 的氧化还原型催化剂，在原来铂钯氧化型催化剂的基础上引入 Rh，便可以同时有效地催化转化 CO、HC 和 NO_x，但 O_2 的浓度会直接影响其转化效率。在 20 世纪 80 年代中期，发达国家使用的 Pt-Pd-Rh 三元贵金属组成的三效催化剂（three way catalyst，TWC）对汽车尾气排放物中的 CO、HC 和 NO_x 转化率在 80%甚至 90%以上。除 Pt、Pd、Rh 已广泛用于汽车尾气净化催化剂外，也开展了 Au、Ag、Rb 等作为贵金属催化剂的研究。但贵金属催化剂在汽车尾气净化中的应用和推广过程中受到了限制，主要因为：其一，贵金属在 800℃以上会发生晶粒长大和结块现象，致使催化剂活性明显降低甚至失活；其二，汽车尾气中的铅硫氧化合物等污染物易使贵金属催化剂中毒；其三，贵金属资源紧缺、价格昂贵，造成整个催化剂成本较高。因此，亟须研制和开发催化性能高、经济耐用的催化剂。

下面是有关于贵研铂业股份有限公司低贵金属型汽车尾气净化三效催化剂的应用。

(1) 项目基本情况

贵研铂业股份有限公司成功研制出了可搭载在汽车上并满足“欧Ⅲ”排放标准要求的低贵金属型汽车尾气净化三效催化剂，并在整车上实现成功应用，以满足汽车市场需求和国家环保需求为主要研究目标。

(2) 技术概况

在对新型铂前驱体化合物的制备工艺进行改进后，又通过对 Pd、Rh 化合物制备工艺的改进，实现了 Pt、Pd、Rh 三种贵金属化合物的自主生产，完全由外部购买或外协加工转为自加工。从而不仅满足了自身催化剂生产的需求，而且还建立了一条集“失效催化剂回收—贵金属提取与精炼—贵金属化合物制备”为一体的生产线，一方面通过降低贵金属原料成本获取更大的催化剂销售利润空间，另一方面通过贵金属回收、加工获取直接经济效益。因此，这种从规避贵金属资源风险和提高催化剂市场竞争力为出发点的产业链策划具有广阔的应用前景。此外，他们成功开发的一系列新型涂层配方和制备工艺、新型催化剂配方和制备工艺，于 2004 年 1 月推广应用于“欧Ⅱ”汽油车催化剂及柴油车、天然气车及摩托车等催化剂产品生产中，顺利实现了材料与工艺技术的更新换代。

(3) 产品效果

由此成果研制的催化剂产品分别应用于柳汽、长安、奇瑞、卡达克华晨等 20 多种“欧Ⅲ”“欧Ⅳ”车用三效催化剂中，至 2008 年 5 月由新技术成果产品化实现产值 1.42 亿元、销售收入 1.37 亿元、利润 993.2 万元和税收 641 万元的显著经济效益。而且随着信誉度的不断提高和影响力的扩大，与柳微、神龙、渝安等主车厂也开始进入合作阶段。目前已有二十多个“欧Ⅲ”“欧Ⅳ”车用催化剂项目处于开发和启动阶段，待陆续开发完成进入批量供货，还将产生几倍于现在的经济效益。项目通过对新型贵金属前驱体合成技术、超微涂层材料、复合催化材料、催化剂制备工艺技术、生产关键技术及设备等的研究和开发，取得显著研究成果：设计并建成年产量达100万升/年的“欧Ⅲ”“欧Ⅳ”催化剂生产线；产品搭载于整车可分别满足“欧Ⅲ”“欧Ⅳ”排放标准及相应的8万公里、10万公里使用寿命要求，并通过了实车16万公里的车队试验。

4.6.5.2 钙钛矿型催化剂应用

钙钛矿（ABO_3）结构中A指的是稀土元素（La、Ce、Pr等），B指的是过渡金属元素（Fe、Co、Ni、Ti、Zr等）。稀土元素由于其独特的4f电子层结构而在化学反应过程中表现出良好的助催化效果。钙钛矿中：A位上的离子不直接参与化学反应，具有调节B位与O形成B—O键的能力，是一种能够稳定钙钛矿结构的惰性离子，一般是半径较大的稀土金属离子；B位上离子是另一种作为钙钛矿化合物催化最重要组成部分的金属离子，一般是离子半径较小的过渡金属离子。钙钛矿结构催化剂具有稳定性良好、催化效率较高、成本低廉等优点，国内外的研究者对此进行了大量研究。

1970年Libby提出ABO_3是一种潜在的汽车尾气净化催化剂以来，国内外大量学者对其结构特性与催化活性的关系进行了广泛研究。20世纪80年代日本学者Teraok和Yamazve等人对钙钛矿$LaMeCoO_3$（Me为掺杂的低价态元素）的结构特性与催化活性的关系进行了深入的研究，并提出其对汽车尾气的催化机理。其研究发现钙钛矿型化合物中存在α氧（吸附氧）和β氧（晶格氧），其中α氧存在于A位阳离子被部分取代造成的氧空位，数量取决于Co^{4+}的量；β可脱附氧与B位阳离子化合价降低有关。20世纪90年代有关学者对一系列钙钛矿复合氧化物进行系统的研究，并提出钙钛矿型和尖晶石型催化剂对PM的催化机理。随后，部分研究学者对A位和B位的离子掺杂改性钙钛矿催化剂进行了深入的研究，并提出A位使用稀土金属La可以使钙钛矿催化剂活性最好，对La系钙钛矿催化剂掺杂改性用价态较低的碱金属离子部分取代A位离子可以提高催化剂的催化活性。

下面是关于浙江永康市奥鑫科技有限公司高性能钙钛矿复合催化剂的应用。

（1）项目基本情况

浙江永康市奥鑫科技有限公司与国内科研院所合作，采用钙钛矿复合氧化物与稀土纳米材料的结合，自主开发了高性能钙钛矿复合催化剂。该催化剂不但具有贵金属燃烧催化剂的高活性特点，还表现出比贵金属燃烧催化剂更加优良的抗老化、抗水蒸气、抗硫氯中毒、抗高温烧结等性能。公司生产的稀土钙钛矿型催化剂已成功地应用于机动车尾气的净化处理，从而真正实现了最理想的燃烧技术“催化燃烧”在实际中的应用。

（2）技术概况

该公司生产的满足“国Ⅲ”及以上排放标准的汽油车尾气净化钙钛矿型催化剂是由高稳定的钙钛矿材料、稀土储氧材料和微量贵金属（Pt/Pd/Rh）复合，通过特殊的涂层技术负载到陶瓷蜂窝载体表面制备而成的。

(3) 产品效果

它具有完全转化温度较低（活性高）、耐热性好、寿命长等特点。催化剂能有效消除汽车尾气 CO、HC 和 NO_x 等有害物，催化性能达到国Ⅲ标准。在满足国Ⅲ的基础上，通过特殊的工艺，使催化剂具有更高的低温活性、高温稳定性、空速适应范围广及抗水蒸气失活和抗硫中毒能力，能有效应对空燃比范围波动大导致催化剂转化率降低的情况，满足“国Ⅳ”及以上排放标准的要求。

4.6.5.3 稀土型催化剂应用

稀土元素具有特殊的电子结构，其内层的 4f 电子被外层的 5s 及 5p 电子所屏蔽，在原子中定域，决定元素性质的最外层电子排布 4f 和 5d 形成导带，4f 电子的定域化和不完全填充使稀土具有独特的光学和磁学特性，这些性质使稀土在催化领域中得到广泛应用。实际上稀土元素本身不具有催化性能，但它与贵金属结合使用，可显著改善催化剂的催化性能。截至 2020 年，中国稀土产量占全球稀土总产量的 58.33%，而且种类齐全，17 类稀土金属都有，在如此丰富的稀土资源环境下，可将其充分利用在汽车尾气催化剂制备上。稀土金属对贵金属的分散、涂层的改性、催化剂的催化能力等都有很好的促进作用，其中氧化铈（CeO_2）被认为是催化剂必不可少的助剂。随着催化材料研究的进行，单一的 CeO_2 已经不能完全满足人们的需求，复合氧化物如 CeO_2-LaO_2 和 CeO_2-ZrO_2 等的研究日渐增多。比利时 Solvay、日本 DKKK、加拿大 AMR 等三家企业占据国际稀土材料 70%以上的市场份额，国内著名的铈锆固溶体生产企业，如淄博加华新材料资源有限公司系加拿大 AMR 独资企业。近年来，国内稀土材料企业正逐步成长，并正在突破国外专利封锁，抢占铈锆固溶体制高点和部分市场份额。

下面是关于南昌大学应用化学研究所稀土型催化剂的应用。

(1) 项目基本情况

2003 年，南昌大学应用化学研究所工业催化研究室研制出稀土型汽车尾气净化催化剂，研究成果已达“欧洲Ⅱ”号标准，在国内处于先进水平。

(2) 技术概况

结合江西省自身资源优势，大力发展稀土型催化剂，既是发展高新技术重要支柱，又是高新技术的一个极为重要的领域，是形成江西支柱产业的重要条件和可靠保证。汽车尾气净化催化剂是由稀土、某些过渡金属和贵金属（如铂、钯）负载在蜂窝陶瓷和氧化铝载体上制备而成的。江西稀土资源丰富，将其深加工并分离出富镧、富铈稀土，用作汽车尾气净化催化剂。汽车尾气净化催化剂载体，使用景德镇市特种陶瓷研究所和萍乡市三元蜂窝陶瓷制造公司等批量生产的 400 目蜂窝陶瓷载体。贵溪冶炼厂是中国最大、最先进的冶炼铜的企业之一。在冶炼铜的过程中还可获得少量贵金属（铂、钯、钌等），这些贵金属是生产汽车尾气净化催化剂的重要原材料。

(3) 产品效果

研制的稀土型汽车尾气净化催化剂经过国家权威单位检测，达到“欧洲Ⅱ号”标准，并在江西省的江铃和昌河等汽车制造厂的新车上完成了组装。

随着国家标准的逐步加严，2005年后又催生了中自环保科技股份有限公司、宁波科森净化器制造有限公司、山东艾泰克环保科技股份有限公司等一批三效催化剂生产企业。2015年无锡威孚力达催化净化器有限公司获得GM国Ⅴ平台120万台轿车催化剂配套订单，开创自主品牌催化剂进入国际主流汽车品牌先河，具有里程碑意义。在新的国内外形势下，2019年由天津大学牵头，联合稀土汽车催化行业产业链上下游领军企业，成立了国家级稀土催化研究院。2014年以来，在济南大学支持下山东艾泰克环保科技股份有限公司进军后处理市场，取得显著发展的基础上；2020年双方又联合成立了“济大-艾泰克催化剂研究院”，致力于原创催化剂研发。这些新型研发机构为稀土型三效催化剂相关产品的创新发展提供了新机会。

4.6.5.4 介孔催化剂应用

常用的介孔材料主要有多孔炭和沸石分子筛，多孔炭具有较大的比表面积、吸附性能较好，以多孔炭材料为载体，可以通过负载碱性材料或二氧化钛来净化汽车尾气，并取得了较为良好的效果。但其热稳定性较差，故用来尾气净化时，其中尾气中的有害物质脱附较困难。沸石分子筛具有丰富的微孔、较大的比表面积和优异的热稳定性，且其自身含有较多的酸位点，具有一定催化活性，十分适合作为催化剂载体材料。此外，将介孔材料与活性组分复合制备介孔基负载型催化剂，是十分重要的净化尾气的方法。介孔材料对尾气中分子的吸附性能主要取决于内部孔道结构，不同介孔材料的内部孔道结构不同，其吸附特性存在显著差异。沸石分子筛是一种孔隙较大的介孔材料催化剂，其是由TO_4四面体作为基本单元堆叠构成的，是一种分子尺度的多孔材料，T是基本单元四面体的中心原子，常见的T原子包括Si和Al等；沸石骨架结构中的二级结构单元（环）存在不同的排列方式，组合构成了各种不同的骨架结构，形成了新的孔笼，不同的孔笼会和另外的孔笼通过多元环窗口相连接，在沸石结构内形成了各种不同的孔道。

下面是山东齐鲁华信实业股份有限公司开发介孔分子筛催化剂的介绍。

(1) 项目基本情况

山东齐鲁华信实业股份有限公司为介孔分子筛催化剂行业龙头公司，专注于从事各类分子筛、新型环保助剂以及环保催化新材料的研发、生产、销售和服务，是国内主要的催化剂分子筛产品生产企业之一，预计募集资金2.7亿元，主要用于汽车尾气治理新材料产线建设和研发中心建设项目。

(2) 技术概况

根据QYResearch统计，2018年国内炼油和化工催化领域分子筛可市场化（剔除中石油、中石化自供部分）需求约为5.49万吨，按齐鲁华信当年产量计算，在国内石油化工催化分子筛领域约占22.09%的市场份额。公司当前通过万润股份有限公司间接向庄信万丰提供介孔分子筛型催化剂，且德国巴斯夫也为公司客户之一。

(3) 产品效果

汽车尾气分子筛型催化剂受益国家环保政策和国Ⅵ标准推进，根据中国内燃机工业协会数据，预计到2022年我国柴油机尾气催化净化器分子筛需求量为4.49万吨，公司本次募投年产2000吨汽车尾气处理分子筛催化剂产能，预计到2022年公司汽车尾气治理类分子筛产品产量将达到1万吨，市占率约22%。

参考文献

[1] 赵伦．大气颗粒物对人体健康影响的研究进展 [J]．山东环境，1997 (1)：44-45.

[2] 邢延峰．大气颗粒物污染危害及控制技术 [J]．资源节约与环保，2016，4：122.

[3] 周跃．大气中细颗粒物的来源及其危害 [J]．中国战略新兴产业，2017，16：28，62.

[4] 聂国力．大气细颗粒物污染的危害及控制策略 [J]．浙江水利水电学院学报，2020，32 (4)：57-60.

[5] 陈超．大气颗粒物污染危害及控制技术 [J]．科技创新与应用，2012，25：148.

[6] 赵琳，刘庆岭，彭学平，等．国内外烟气脱汞技术研究进展 [J]．水泥技术，2021 (4)：15-21，29.

[7] 刘登登．复合矿物吸附剂对砷和硒的吸附性能研究 [D]．济南：山东大学，2021.

[8] 唐彪．垃圾焚烧过程中矿物吸附剂对重金属迁移特性的影响及热力学模拟研究 [D]．上海：华东理工大学，2020.

[9] 顾海奇．氧化钙强化改性污泥基吸附剂对重金属的吸附特性和机理研究 [D]．广州：广东工业大学，2020.

[10] 张卿川，夏邦寿，杨正宁，等．国内外对挥发性有机物定义与表征的问题研究 [J]．污染防治技术，2014，27 (5)：3-7.

[11] 应红梅，朱丽波，徐能斌．空气中挥发性有机物 (VOCs) 的监测方法研究 [J]．中国环境监测，2003 (4)：24-29.

[12] 雷洁琼．VOCs治理技术分析及研究进展 [J]．化工设计通讯，2021，47 (5)：75-76.

[13] 黄心，刘荣，李红梅，等．VOCs处理技术研究进展 [J]．广州化工，2021，49 (13)：30-34.

[14] 杜谦，吴少华，朱群益，等．石灰石/石灰湿法烟气脱硫系统的结垢问题 [J]．电站系统工程，2004 (5)：41-44.

[15] 吴忠标，谭天恩．钙基湿法烟气脱硫主要参数的影响规律 [J]．中国环境科学，2000 (6)：557-560.

[16] 韩玉霞，王乃光，李鑫，等．有机酸添加剂强化石灰石湿法烟气脱硫过程的实验研究 [J]．动力工程，2007 (2)：278-281.

[17] 王惠挺，丁红蕾，姚国新，等．添加剂强化钙基湿法烟气脱硫的试验研究 [J]．浙江大学学报 (工学版)，2014，48 (1)：50-55.

[18] 刘盛余，能子礼超，邱伟，等．电石渣-柠檬酸复合浆液吸收去除烟气 SO_2 动力学 [J]．中国电机工程学报，2011，31 (32)：62-68.

[19] 蒋利桥，赵黛青，陈恩鉴．亚硫酸钠循环法烟气脱硫工艺实验研究 [J]．热能动力工程，2005 (4)：384-386，401-443.

[20] Ebrahimi S，Picioreanu C，Kleerebezem R，et al. Rate-based modelling of SO_2 absorption into aqueous $NaHCO_3$/Na_2CO_3 solutions accompanied by the desorption of CO_2 [J]. Chemical Engineering Science，2003，58 (16)：3589-3600.

[21] Chung，Shih，Chang，et al. Sulfur dioxide absorption into sodium hydroxide and sodium sulfite aqueous solutions [J]. Industrial & Engineering Chemistry Research，1985，24 (1)：7-11.

[22] Hikita H，Asai S，Tsuji T. Absorption of sulfur-dioxide into aqueous sodium-hydroxide and sodium-sulfite solutions [J]. Aiche J，1977，23 (4)：538-544.

[23] Jia Y，Zhong Q，Fan X，et al. Modeling of ammonia-based wet flue gas desulfurization in the spray scrubber [J]. Korean Journal of Chemical Engineering，2011，28 (4)：1058-1064.

[24] 刘国荣，王政威，魏玉垒，等．喷淋塔氨法烟气脱硫模型与实验研究 [J]．化工学报，2010，61 (9)：2463-2467.

[25] 胡晓玥，李多松，田立江．镁法脱硫浆液 SO_3^{2-} 氧化及对脱硫效率的影响 [J]．安全与环境学报，2014，14

(1)：168-171.

[26] 韩敏．氧化镁湿法烟气脱硫的工艺优化研究 [J]. 信阳师范学院学报（自然科学版），2016，29（2）：241-244.

[27] 亢万忠，沈志刚，周彦波，等．镁法烟气脱硫副产物热解回收 MgO 的研究 [J]. 洁净煤技术，2011，17（5）：62-65.

[28] Shen Z G，Guo S P，Kang W Z，et al. The kinetics of oxidation inhibition of magnesium sulfite in the wet flue gas desulphurization process [J]. Energy Sources，Part A：Recovery，Utilization，and Environmental Effects，2013，35（20）：1883-1890.

[29] Konada T N J. Application of the Dowa process to smelter gases [J]. JOM，1981，33（3）：57-60.

[30] 高艺，张子敏，温高，等．碱式硫酸铝再生法循环吸收 SO_2 性能的实验研究 [J]. 热力发电，2014，43（2）：47-50.

[31] 温高，武福才，张树峰，等．碱式硫酸铝解吸脱硫法抑制亚硫酸根氧化的试验 [J]. 热力发电，2015，44（7）：101-106.

[32] Chen M，Deng X，He F. Removal of SO_2 from flue gas using basic aluminum sulfate solution with the byproduct oxidation inhibition by ethylene glycol [J]. Energy & Fuels，2016.

[33] Erga O. SO_2 Recovery by a sodium-citrate solution scrubbing [J]. Chemical Engineering Science，1980，35（1-2）：162-169.

[34] Bravo R V，Camacho R F，Moya V M，et al. Absorption of SO_2 into tribasic sodium-citrate solutions [J]. Chemical Engineering Science，1993，48（13）：2399-2406.

[35] Dutta B K，Basu R K，Pandit A，et al. Absorption of sulfur dioxide in citric acid-sodium citrate buffer solutions [J]. Ind Eng Chem Res，1987，26（7）：1291-1296.

[36] Kubas G J，Ryan R R. Chem inform abstract homogeneous catalysis of hydrogen reduction of SO_2 to sulfur and water using $[(\eta^5\text{-}Me_nCp)Mo(S)(SH)]_2$ [J]. J Am Chem Soc，1985，107（21）：6138-6140.

[37] Lang R F，Ju T D，Hoff C D，et al. Synthesis and structure of $W(CO)(phen)(Sph)_2(\eta^2\text{-}SO_2)$-a tungsten(Ⅱ) sulfur-dioxide complex that spontaneously extrudes sulfur to form the tungsten(Ⅵ) dioxo complex $W(phen)(Sph)^2(O)_2$ [J]. J Am Chem Soc，1994，116（21）：9747-9748.

[38] Karet G B，Stern C L，Norton D M，et al. Synthesis and reductive sulfur-oxygen cleavage of sulfur oxide clusters：$[PPN][HFe_3(CO)_9SO_2]$ and $[PPN]_2[Fe_3(CO)_9SO]$ [J]. American Chemical Society，1993，115：9979-9985.

[39] Kubas G J. Fundamentals of H_2 binding and reactivity on transition metals underlying hydrogenase function and H_2 production and storage [J]. Chem Rev，2007，107（10）：4152-4205.

[40] 韩伟明，李建锡，段正洋，等．对钙法和有机胺法烟气脱硫技术的研究探讨 [J]. 硅酸盐通报，2016，35（1）：154-159.

[41] 李红霞，张良，李国江．胺法烟气脱硫最新进展 [J]. 河北理工大学学报（自然科学版），2011，33（1）：116-118.

[42] 徐亚楠，李红霞．胺法烟气脱硫技术的应用前景展望 [J]. 广东化工，2011，38（12）：56-57.

[43] Wu W，Han B，Gao H，et al. Desulfurization of flue gas：SO_2 absorption by an ionic liquid [J]. Angew Chem Int Ed Engl，2004，43（18）：2415-2417.

[44] Anderson J L，Dixon J K，Maginn E J，et al. Measurement of SO_2 solubility in ionic liquids [J]. J Phys Chem B，2006，110（31）：15059-15062.

[45] 杨镜奎．腐植酸类物质化学研究的独特性及新进展 [J]. 腐植酸，2009（5）：6-17.

[46] Sun Z，Zhao Y，Gao H，et al. Removal of SO_2 from flue gas by sodium humate solution [J]. Energy & Fuels，2010，24（2）：1013-1019.

[47] 孙志国．腐植酸钠吸收烟气中 SO_2 和 NO_2 的实验及机理研究 [D]. 上海：上海交通大学，2011.

[48] Zhao Y，Hu G. Removal of sulfur dioxide from flue gas using the sludge sodium humate [J]. Scientific World Journal，2013，2013：573051.

[49] Zhao Y，Hu G. Removal of SO_2 by a mixture of caprolactam tetrabutyl ammonium bromide ionic liquid and sodium humate solution [J]. RSC Adv，2013，3 (7)：2234-2240.
[50] 俞树荣，张婷，冯辉霞，等．吸附材料在脱硫中的应用和研究进展 [J]. 河南化工，2006 (8)：8-11.
[51] 刘溪．烟气活性炭脱硫的实验研究与数值模拟 [D]. 大连：大连理工大学，2012.
[52] 江霞，蒋文举，朱晓帆，等．改性活性炭脱硫剂的研究进展 [J]. 环境污染治理技术与设备，2003 (11)：12-15.
[53] 王力增．活性炭脱硫技术的研究 [J]. 山西化工，2018，38 (3)：46-48.
[54] 王成．活性焦脱硫技术研究进展 [J]. 内蒙古石油化工，2018，44 (5)：92-94.
[55] 杨丽．基于废弃塑料黏结剂的活性焦制备及其脱硫性能研究 [D]. 太原：太原理工大学，2021.
[56] 王芙蓉，关建郁．吸附法烟气脱硫 [J]. 环境污染治理技术与设备，2003 (3)：72-76.
[57] 曹向禹，李维鑫，田俊阳．活性炭纤维的制备及改性研究进展 [J]. 化工新型材料，2021，49 (4)：233-237.
[58] 李开喜，吕春祥，凌立成．活性炭纤维的脱硫性能 [J]. 燃料化学学报，2002 (1)：89-96.
[59] 张海波．沸石对二氧化硫吸附性能的研究 [D]. 哈尔滨：哈尔滨工业大学，2008.
[60] 杨琰琰．改性活性氧化铝对水中磺胺甲噁唑的吸附特性研究 [D]. 合肥：安徽农业大学，2015.
[61] 谢国勇，刘振宇，刘有智，等．$CuO/\gamma-Al_2O_3$ 脱除烟气中 SO_2 的研究 [J]. 燃料化学学报，2003 (5)：385-389.
[62] Pollack S S，Chisholm W P，Obermyer R T，et al. Properties of copper alumina sorbents used for the removal of sulfur-dioxide [J]. Industrial & Engineering Chemistry Research，1988，27 (12)：2276-2282.
[63] Friedman R M，Freeman J J，Lytle F W. Characterization of $Cu-Al_2O_3$ catalysts [J]. Journal of Catalysis 1978，55 (1)：10-28.
[64] Vandergrift C J G，Mulder A，Geus J W. Characterization of silica-supported copper-catalysts by means of temperature-programmed reduction [J]. Appl Catal，1990，60 (1)：181-192.
[65] 苑贺楠，何广湘，孔令通，等．工厂燃煤烟气脱硫技术进展 [J]. 工业催化，2019，27 (9)：8-12.
[66] Nakata K，Fujishima A. TiO_2 photocatalysis：Design and applications [J]. Journal of Photochemistry and Photobiology C：Photochemistry Reviews，2012，13 (3)：169-189.
[67] Zhao Y，Zhao L，Han J，et al. Study on method and mechanism for simultaneous desulfurization and denitrification of flue gas based on the TiO_2 photocatalysis [J]. Science in China Series E：Technological Sciences，2008，51 (3)：268-276.
[68] Yuan Y，Zhang J，Li H，et al. Simultaneous removal of SO_2，NO and mercury using TiO_2-aluminum silicate fiber by photocatalysis [J]. Chemical Engineering Journal，2012，192：21-28.
[69] 韩静．基于可见光催化 TiO_2/ACF 同时脱硫脱硝的实验研究 [D]. 北京：华北电力大学，2009.
[70] Su C，Ran X，Hu J，et al. Photocatalytic process of simultaneous desulfurization and denitrification of flue gas by TiO_2-polyacrylonitrile nanofibers [J]. Environ Sci Technol，2013，47 (20)：11562-11568.
[71] Liu H，Yu X，Yang H. The integrated photocatalytic removal of SO_2 and NO using Cu doped titanium dioxide supported by multi-walled carbon nanotubes [J]. Chemical Engineering Journal，2014，243：465-472.
[72] Turšid J，Grgič I，Podkrajšek B. Influence of ionic strength on aqueous oxidation of SO_2 catalyzed by manganese [J]. Atmospheric Environment，2003，37 (19)：2589-2595.
[73] 陈昭琼，童志权．锰离子催化氧化脱除烟气中 SO_2 的研究 [J]. 环境科学，1995 (3)：32-34，93.
[74] Bart H J，Ning P，Sun P S，et al. Chemisorptive catalytic oxidation process for SO_2 from smelting waste gases by Fe(Ⅱ) [J]. Separ Technol，1996，6 (4)：253-260.
[75] Zhang Y，Guo S，Zhou J，et al. Flue gas desulfurization by $FeSO_4$ solutions and coagulation performance of the polymeric ferric sulfate by-product [J]. Chemical Engineering and Processing：Process Intensification，2010，49 (8)：859-865.
[76] Li L，Fan M H，Brown R C，et al. Kinetics of SO_2 absorption with fly ash slurry with concomitant production of a useful wastewater coagulant [J]. J Environ Eng-Asce，2010，136 (3)：308-315.

[77] Grgić I, Berčič G. A simple kinetic model for autoxidation of S(Ⅳ) oxides catalyzed by iron and/or manganese ions [J]. Journal of Atmospheric Chemistry, 2001, 39: 155-170.

[78] Coichev N, Reddy K B, Vaneldik R. The synergistic effect of manganese(Ⅱ) in the sulfite-induced autoxidation of metal-ions and complexes in aqueous-solution [J]. Atmos Environ a-Gen, 1992, 26 (13): 2295-2300.

[79] Karatza D, Prisciandaro M, Lancia A, et al. Sulfite oxidation catalyzed by cobalt ions in flue gas desulfurization processes [J]. J Air Waste Manag Assoc, 2010, 60 (6): 675-680.

[80] 杨本涛，魏进超，李俊杰，等．二氧化硫还原回收单质硫技术研究及进展 [J]. 硫酸工业，2019，(1)：11-17.

[81] Paik S C, Chung J S. Selective catalytic reduction of sulfur-dioxide with hydrogen to elemental sulfur over Co-Mo/Al_2O_3 [J]. Appl Catal B-Environ, 1995, 5 (3): 233-243.

[82] 班志辉，王树东，吴迪镛．在 Ru/Al_2O_3 催化剂上用 H_2 对 SO_2 选择性催化还原的研究 [J]. 环境污染治理技术与设备，2001 (3)：36-43.

[83] Han G, Park N, Lee T. Effect of O_2 on SO_2 reduction with CO or H_2 over SnO_2-ZrO_2 catalyst [J]. Ind Eng Chem Res, 2009, 48: 10307-10313.

[84] 胡大为，秦永宁，马智，等．过渡金属硫化物催化剂上 SO_2 的还原 [J]. 催化学报，2002 (5)：425-429.

[85] 贾立山，秦永宁，马智，等．含氧气氛下预硫化钙钛矿 $LaCoO_3$ 上的 CO 还原 SO_2 反应 [J]. 催化学报，2003 (10)：751-754.

[86] Helstrom J, Atwood G. The kinetics of the reaction of sulfur dioxide with methane over a bauxite catalyst [J]. Ind Eng Chem Process Des Dev, 1978, 17 (2): 114-117.

[87] Sarlis J, Berk D. Reduction of sulphur dioxide by methane over transition metal oxide catalysts [J]. Chemical Engineering Communications, 2007, 140 (1): 73-85.

[88] 张钦辉，秦永宁．过渡金属氧化物催化剂上 NH_3 分解 Claus 反应机理研究 [J]. 化学物理学报，2002 (1)：46-50.

[89] Wang C H, Lin S S, Hwang W U, et al. Supported transition-metal oxide catalysts for catalytic reduction of SO_2 with CO as a reducing agent [J]. Industrial & Engineering Chemistry Research, 2002, 41 (4): 666-671.

[90] Sohn H Y, Kim B S. A new process for converting SO_2 to sulfur without generating secondary pollutants through reactions involving CaS and $CaSO_4$ [J]. Environmental Science & Technology, 2002, 36 (13): 3020-3024.

[91] Humeres E, Moreira F P M R, Peruch M G B. Reduction of SO_2 on different carbons [J]. Carbon, 2002, 40 (5): 751-760.

[92] Yang B, Chai L, Zhu F, et al. Selenium-assisted reduction of sulfur dioxide by carbon monoxide in the liquid phase [J]. Industrial & Engineering Chemistry Research, 2017, 56 (8): 1895-1902.

[93] Zhang J, Li C, Huo T, et al. Photochemical fixation and reduction of sulfur dioxide to sulfide by tetraphenylporphyrin magnesium: Spectroscopic and kinetic studies [J]. Science China Chemistry, 2012, 55 (9): 1881-1886.

[94] Zhang J B, Li C P, Huo T R, et al. Photochemical reaction of magnesium tetraphenyl porphyrin with sulfur dioxide [J]. Chinese Chemical Letters, 2010, 21 (7): 787-789.

[95] 任晓莉．常压湿法治理化学工业中氮氧化物废气的研究 [D]. 天津：天津大学，2006.

[96] 王卉．低温等离子体协同吸附催化剂的烟气脱硝工艺研究 [D]. 杭州：浙江大学，2014.

[97] 鱼潇．旋转填充床湿法脱硝新工艺研究 [D]. 北京：北京化工大学，2015.

[98] 程琳．用于 NO_x 吸附-分解的多酸新体系构建与过程特性研究 [D]. 济南：山东大学，2013.

[99] 王昊．分子筛结构调控合成用于 NH_3 催化还原脱硝的研究 [D]. 北京：北京化工大学，2021.

[100] 冯雅林．CoMnAl 基类水滑石的制备及其衍生复合氧化物低温脱硝性能研究 [D]. 太原：太原理工大学，2019.

[101] 许行勇，徐建昌，李雪辉，等．固体吸附/再生法同时脱硫脱硝技术的研究进展 [J]. 广州化工，2003，31 (1)：4-6，16.

[102] 于明强．多孔材料的制备及脱硝性能研究 [D]. 济南：济南大学，2014.

[103] 强华松．堇青石蜂窝陶瓷基体 V_2O_5-WO_3/SiO_2(TiO_2) 脱硝催化剂制备研究 [D]. 重庆：重庆大学，2009.

［104］ 梁宏旭．高性能碳基吸附剂制备及吸附机理［D］．西安：西北农林科技大学，2020.
［105］ 李晓诠．卤素改性稻壳焦脱除烟气痕量 Hg^0 的密度泛函理论研究［D］．上海：东华大学，2019.
［106］ 吴征帅．改性碳基吸附材料的制备及去除 Pb(Ⅱ) 研究［D］．南充：西华师范大学，2019.
［107］ 熊超．新型吸附剂的制备及性能研究［D］．昆明：昆明理工大学，2019.
［108］ 汤乐．$CuO-ZrO_2$ 改性卤素活化生物质炭脱除烟气中 Hg^0 的实验研究［D］．长沙：湖南大学，2018.
［109］ 府师敏．生物质灰改性钙基吸附剂脱汞性能及其动力学研究［D］．南京：南京师范大学，2018.
［110］ 王康．典型矿物质对重金属的高温固化特性研究［D］．沈阳：沈阳航空航天大学，2018.
［111］ 雷鸣．小型农村生活垃圾热处理炉二噁英及重金属的排放特性及控制研究［D］．广州：华南理工大学，2017.
［112］ 高彬彬．高比表面积生物质焦的制备及吸附单质汞特性研究［D］．北京：华北电力大学，2017.
［113］ 夏文青，黄亚继，查健锐，等．垃圾焚烧过程中铅和镉的排放控制研究进展［C］//浙江省能源研究会、浙江浙能技术研究院．以供给侧结构性改革引领能源转型与创新——第十三届长三角能源论坛论文集．浙江省能源研究会、浙江浙能技术研究院：浙江省科学技术协会，2016：5.
［114］ 王昕晔．垃圾焚烧过程中铅和镉的挥发特性及其排放控制研究［D］．南京：东南大学，2016.
［115］ 易秋，薛志钢，宋凯，等．燃煤电厂烟气重金属排放与控制研究［J］．环境与可持续发展，2015，40（5）：118-123.
［116］ 蔡旭．生活垃圾热处置过程中重金属形态及迁移转化特性［D］．杭州：浙江大学，2015.
［117］ 丛璟．工业窑炉共处置危险废物过程中低温段重金属的吸附冷凝特性研究［D］．杭州：浙江大学，2015.
［118］ 李勇．氢氧化钙的加速碳化机理研究［D］．大连：大连理工大学，2014.
［119］ 成乐为．烟气重金属形态分析及截留技术研究［D］．长沙：湖南师范大学，2014.
［120］ 吴沛东．城市固体废弃物焚烧中铬的形态释放及脱除［D］．武汉：华中科技大学，2013.
［121］ 谭增强，牛国平．烟气汞脱除的研究进展［J］．热力发电，2013，42（10）：1-8.
［122］ 张刚．城市固体废物焚烧过程二噁英与重金属排放特征及控制技术研究［D］．广州：华南理工大学，2013.
［123］ 毛宇．垃圾焚烧烟气中 Hg、Pb、Cd 的催化吸附净化及协同效应研究［D］．昆明：昆明理工大学，2013.
［124］ 占子玉，刘阳生．焚烧烟气中铅污染控制研究进展［J］．环境工程，2009，27（增 1）：258-261.
［125］ 郭欣．煤燃烧过程中汞、砷、硒的排放与控制研究［D］．武汉：华中科技大学，2005.
［126］ 李建新．垃圾焚烧过程重金属污染物迁移机理及稳定化处理技术研究［D］．杭州：浙江大学，2004.
［127］ 多喜．高岭土改性吸附材料的制备表征及其吸附性能的研究［D］．呼和浩特：内蒙古师范大学，2017.
［128］ Gullett B K. Reduction of coal-based metal emissions by furnace sorbent injection［J］. Energy & Fuels 1994，8：1068-1076.
［129］ Linak W P，Srivastava R K，Wendt J O L. Sorbent capture of nickel，lead，and cadmium in a laboratory swirl flame incinerator［J］. Combustion and Flame，1995，100：241-250.
［130］ Tran Q K，Steenari B M，Iisa K，et al. Capture of potassium and cadmium by kaolin in oxidizing and reducing atmospheres［J］. Energy & Fuels，2004，18（6）：1870-1876.
［131］ Kuo J H，Lin C L，Wey M Y. Effect of particle agglomeration on heavy metals adsorption by Al- and Ca-based sorbents during fluidized bed incineration［J］. Fuel Processing Technology，2011，92（10）：2089-2098.
［132］ 严玉朋，黄亚继，王昕晔，等．高岭土对焚烧烟气中 Pb、Cd 排放的控制特性研究［J］．燃料化学学报，2014（10）：1273-1280.
［133］ Wang X，Huang Y，Zhong Z，et al. Control of inhalable particulate lead emission from incinerator using kaolin in two addition modes［J］. Fuel Processing Technology，2014，119：228-235.
［134］ 吕勇．膨润土处理汽车尾气中重金属元素的研究［D］．沈阳：沈阳师范大学，2018.
［135］ 王浩．改性高岭土和凹凸棒石脱除燃煤超细颗粒物及重金属的实验研究［D］．武汉：华中科技大学，2019.
［136］ 王泽利，李鑫钢，郑成功，等．工业挥发性有机污染物控制与资源化利用［J］．过程工程学报，2019，19（增 1）：35-44.
［137］ 冯玉杰，孙晓君，刘俊峰．环境功能材料［M］．北京：化学工业出版社，2010.
［138］ 杨岳，关成立，陈珊媛．挥发性有机污染物 VOCs 处理技术研究进展［J］．广州化工，2020，48（7）：27-29.

［139］ 钱薇，张浩哲，陈超宇，等．活性炭和分子筛吸附 VOCs 的研究进展［J］. 化工生产与技术，2019，25（3）：19-23.
［140］ Nastaj J，Aleksandrzak T. Adsorption isotherms of water，propan-2-ol，and methylbenzene vapors on grade 03 silica gel，sorbonorit 4 activated carbon，and hisiv 3000 zeolite［J］. Journal of Chemical and Engineering Data：The ACS Journal for Data，2013，58（9）：2629-2641.
［141］ Wang H，Tang M，Han L，et al. Synthesis of hollow organosiliceous spheres for volatile organic compound removal［J］. Journal of Materials Chemistry，A. Materials for energy and sustainability，2014，2（45）：19298-19307.
［142］ 吴雪辉，李琳，郭祀远．离子交换技术在食品工业中的应用［J］. 中国食品工业，1997，11：44-45.
［143］ Clapp，Leallyn B. A laboratory manual of plastics and synthetic resins［J］. Journal of Chemical Education，1944，21（9）：467.
［144］ Haddad P R. Ion chromatography retrospective［J］. Analytical Chemistry，2001，73（9）：266-273.
［145］ 张全兴，张政朴，李爱民，等．我国离子交换与吸附树脂的发展历程回顾与展望［J］. 高分子学报，2018，07：814-828.
［146］ 汪洪武，刘艳清．大孔吸附树脂的应用研究进展［J］. 中药材，2005，4：353-356.
［147］ 张斯，莫锡乾，曾颖．探索功能性吸附树脂的制备与性能［J］. 化工管理，2018，26：55-56.
［148］ 刘俊池．沸石分子筛发展简述［J］. 云南化工，2021，48（10）：35-37.
［149］ 李昆，程宏飞．沸石分子筛的合成及应用研究进展［J］. 中国非金属矿工业导刊，2019，3：6-19.
［150］ 苏涛．廉价硅胶的疏水化改性及对 VOCs 的吸附性能研究［D］. 青岛：山东科技大学，2010.
［151］ 刘纪江，隋红，王泽利，等．极性 VOCs 组分在硅胶上的吸脱附性质研究［J］. 现代化工，2018，38（12）：181-185.
［152］ 安萍．硅胶变压吸附脱除与回收邻二甲苯［D］. 天津：天津大学，2017.
［153］ 何俊倩，蒋康，周瑛，等．硅胶表面 TEOS 疏水化改性及吸附 VOCs 特性［J］. 中国环境科学，2020，40（2）：600-608.
［154］ 莫梓伟，陆思华，李悦，等．北京市典型溶剂使用企业 VOCs 排放成分特征［J］. 中国环境科学，2015，35（2）：374-380.
［155］ 张文林，孙腾飞，闫佳伟，等．离子液体-水复配吸收剂对 VOCs 的吸收性能［J］. 石油学报（石油加工），2019，35（6）：1077-1086.
［156］ 袁东超，王洁，于美玲，等．复配表面活性剂水溶液吸收法处理乙酸丁酯废气［J］. 应用化工，2019，48（9）：2141-2144.
［157］ 谭昊存．负载型贵金属纳米复合催化剂的制备及其在催化氧化 VOCs 中的应用［D］. 苏州：苏州大学，2020.
［158］ Stoyanova M，Konova P，Nikolov P，et al. Alumina-supported nickel oxide for ozone decomposition and catalytic ozonation of CO and VOCs［J］. Chemical Engineering Journal，2006，122（1-2）：41-46.
［159］ Zhang Z，Zheng J，Shangguan W. Low-temperature catalysis for VOCs removal in technology and application：A state-of-the-art review［J］. Catalysis Today，2016，264：270-278.
［160］ 刘国光，丁雪军，张学治，等．光催化氧化技术的研究现状及发展趋势［J］. 环境污染治理技术与设备，2003，8：65-69.
［161］ 武宁，杨忠凯，李玉，等．挥发性有机物治理技术研究进展［J］. 现代化工，2020，40（2）：17-22.
［162］ 黄献寿．过渡金属钴改性板钛矿 TiO_2 光催化剂的制备及其性能研究［D］. 天津：天津大学，2017.
［163］ Choi W，Termin A，Hoffmann M R. The role of metal ion dopants in quantum-sized TiO_2：Correlation between photoreactivity and charge carrier recombination dynamics［J］. Journal of Physical Chemistry，1994，98（51）：13669-13679.
［164］ 石健，李军，蔡云法．具有可见光响应的 C、N 共掺杂 TiO_2 纳米管光催化剂的制备（英文）［J］. 物理化学学报，2008，7：1283-1286.
［165］ 赵文霞．ACFs 负载 TiO_2 及其 CdS 改性复合材料的制备及光催化性能的研究［D］. 天津：南开大学，2010.

[166] 张文彬，谢利群，白元峰．纳米 TiO_2 光催化机理及改性研究进展 [J]. 化工科技，2005，6：52-57.

[167] Martra G. Lewis acid and base sites at the surface of microcrystalline TiO_2 anatase: Relationships between surface morphology and chemical behaviour [J]. Applied Catalysis A General, 2000, 200 (1-2): 275-285.

[168] Li F B, Li X Z. Photocatalytic properties of gold/gold ion-modified titanium dioxide for wastewater treatment [J]. Applied Catalysis A: General, 2002, 228 (1-2): 15-27.

[169] Da W A, Kamat P V. Semiconductor-metal nanocomposites. photoinduced fusion and photocatalysis of gold-capped TiO_2(TiO_2/Gold) nanoparticles [J]. The Journal of Physical Chemistry B, 2001, 105 (5): 960-966.

[170] Minero C. Kinetic analysis of photoinduced reactions at the water semiconductor interface [J]. Catalysis Today, 1999, 54 (2-3): 205-216.

[171] Zhu Z, Wu R J. The degradation of formaldehyde using a Pt@TiO_2 nanoparticles in presence of visible light irradiation at room temperature [J]. Journal of the Taiwan Institute of Chemical Engineers, 2015, 50: 276-281.

[172] Centeno M A, Paulis M, Montes M, et al. Catalytic combustion of volatile organic compounds on Au/CeO_2/Al_2O_3 and Au/Al_2O_3 catalysts [J]. Applied Catalysis A General, 2002, 234 (1-2): 65-78.

[173] Qiao N, Li Y, Li N, et al. High performance Pd catalysts supported on bimodal mesopore silica for the catalytic oxidation of toluene [J]. Chinese Journal of Catalysis, 2015, 36 (10): 1686-1693.

[174] Liu Y, Dai H, Du Y, et al. Controlled preparation and high catalytic performance of three-dimensionally ordered macroporous $LaMnO_3$ with nanovoid skeletons for the combustion of toluene [J]. Journal of Catalysis, 2012, 287: 149-160.

[175] Tahir S F, Koh C A. Catalytic destruction of volatile organic compound emissions by platinum based catalyst [J]. Chemosphere, 1999, 38 (9): 2109-2116.

[176] Peng J, Wang S. Performance and characterization of supported metal catalysts for complete oxidation of formaldehyde at low temperatures [J]. Applied Catalysis B: Environmental, 2007, 73 (3-4): 282-291.

[177] Gülin S, Pozan, et al. Total oxidation of toluene over metal oxides supported on a natural clinoptilolite-type zeolite [J]. Chemical Engineering Journal, 2010, 162 (1): 380-387.

[178] Sang, Chai, Kim, et al. Catalytic combustion of VOCs over a series of manganese oxide catalysts [J]. Applied Catalysis B: Environmental, 2010, 98 (3-4): 180-185.

[179] Morales M R, Barbero B P, Cadús L E. Combustion of volatile organic compounds on manganese iron or nickel mixed oxide catalysts [J]. Applied Catalysis B: Environmental, 2007, 74 (1-2): 1-10.

[180] Chen M, Zheng X M. The effect of K and Al over $NiCo_2O_4$ catalyst on its character and catalytic oxidation of VOCs [J]. Journal of Molecular Catalysis A Chemical, 2004, 221 (1-2): 77-80.

[181] Li J, Xi L, Xu S, et al. Catalytic performance of manganese cobalt oxides on methane combustion at low temperature [J]. Applied Catalysis B: Environmental, 2009, 90 (1-2): 307-312.

[182] 陈露露．中国二噁英大气网格化排放清单、归趋模拟及人群暴露风险 [D]. 兰州：兰州大学，2021.

[183] 叶磊．西安市城区大气中 PBDEs 和 PCBs 的污染特征、气粒分配及来源研究 [D]. 西安：西安建筑科技大学，2020.

[184] 赵晓曦．信鸽作为生物采样器在大同市大气持久性有机污染物监测中的应用 [D]. 广州：暨南大学，2019.

[185] 田兆雪，刘雪华．环境中多环芳烃污染对生物体的影响及其修复 [J]. 环境科学与技术，2018，41 (12)：79-89.

[186] 张贺．秸秆还田对污染土壤中多环芳烃降解的影响 [D]. 西安：西北农林科技大学，2021.

[187] 施婵丽．多溴联苯醚在环境中迁移转化的研究进展 [J]. 化工设计通讯，2021，47 (4)：76-77.

[188] 穆启明．改性凹凸棒土负载纳米零价铁基材料对多溴联苯醚的降解性能研究 [D]. 常州：常州大学，2021.

[189] Swedenborg E, Ruegg J, Makela S, et al. Endocrine disruptive chemicals: Mechanisms of action and involvement in metabolic disorders [J]. Journal of Molecular Endocrinology, 2009, 43 (1): 1-10.

[190] 蔡云东．软性材料负载的改性 TiO_2 对水中除草剂的光催化降解 [D]. 南京：东南大学，2016.

[191] Tamm C, Ceccatelli S. Mechanistic insight into neurotoxicity induced by developmental insults [J]. Biochem Bio-

phys Res Commun，2017，482（3）：408-418.

［192］ Liu Y，Diao X，Tao F，et al. Insight into the low-temperature decomposition of Aroclor 1254 over activated carbon-supported bimetallic catalysts obtained with XANES and DFT calculations ［J］. Journal of Hazardous Materials，2019，366：538-544.

［193］ Couté N，Richardson J T. Catalytic steam reforming of chlorocarbons：Polychlorinated biphenyls（PCBs）［J］. Applied Catalysis B：Environmental，2000，26（4）：265-273.

［194］ 高广军，赵家涛，王玉祥，等．双塔双循环技术在火电厂脱硫改造中的应用［J］. 江苏电机工程，2015，34（4）：79-80.

［195］ 沈亚光，郭欢欢，卫平波，等．一种新型氨法脱硫超低排放技术的特点及应用［J］. 华电技术，2020，42（3）：52-58.

［196］ 莫建松．双碱法烟气脱硫工艺的可靠性研究及工业应用［D］. 杭州：浙江大学，2006.

［197］ Mc Glamery G G，Torstrick R L，Simpson J P. Magnesia scrubbing-regeneration：Production of concentrated sulfuric of concentrated sulfuric acid［D］. Washington，D. C.（USA）：Environmental Protection Agency，1973.

［198］ Shand M A. The chemistry and technology of magnesia［M］. USA：John wiley &Sons，2006.

［199］ Slack A V，McGlamery G G，Falkenberry H L. Economic factors in recovery of sulfuric dioxide from power plant stack gas［J］. Journal of the Air Pollution Control Association，1971，21（1）：9-15.

［200］ 吕天宝．镁法脱硫技术在 2×330MW 机组上的应用［J］. 电力科技与环保，2011，27（4）：45-47.

［201］ 亢万忠．镁法烟气脱硫副产物资源化利用研究［D］. 上海：华东理工大学，2011.

［202］ 郭如新．日本氧化镁、氢氧化镁生产应用与研发动向［J］. 苏盐科技，2003，2：8-10.

［203］ Nemirovsky M，Lebedskoi-Tambiev V. 消除冶炼烟气还原过程的硫排放［J］. 硫酸工业，2012，1：8-12.

［204］ 要建军．镁法脱硫在电厂烟气处理中的应用［J］. 锅炉制造，2008，5：35-38.

［205］ 郭如新．镁法烟气脱硫技术国内应用与研发近况［J］. 硫磷设计与粉体工程，2010，3：16-20，54.

［206］ TARASOV A V，YEREMIN O G，王爱群．关于从闪速炉烟气中回收硫黄新技术的经验［J］. 硫酸工业，2005，5：35-38.

［207］ OHMACHER T. Circulating dry scrubber with debuts new unit［J］. Power，1995，139（4）：88-91.

［208］ Olson D G，Tsuji K，Shiraishi I. The reduction of gas phase air toxics from combustion and incineration sources using the MET-Mitsui-BF activated coke process［J］. Fuel Processing Technology，2000，65-66：393-405.

［209］ Liu Q，Ju S G，Li J，et al. SO_2 removal from flue gas by activated semi-cokes 2. Effect of physical structures and chemical properties on SO_2 removal activity［J］. Carbon，2003，41（12）：2225-2230.

［210］ Davini P. Flue gas desulphurization by activated carbon fibers obtain from polyacrylonitrile by-product［J］. Carbon，2003，41（2）：277-284.

［211］ 李兵．粉末活性炭循环流化床吸附脱除烟气中 SO_2 的实验研究［D］. 济南：山东大学，2012.

［212］ 张宾，林永权，陶从喜，等．选择性催化还原（SCR）脱硝催化剂的应用现状（上）［J］. 中国水泥，2021，10：75-78.

［213］ 王淑勤，刘丽凤，程伟良．低温 SCR 脱硝催化技术的应用进展［J］. 能源与环境，2021，2：65-69.

［214］ 吴乐．大型火电厂 SCR 烟气脱硝技术应用研究［J］. 百科论坛电子杂志，2021，9：2481.

［215］ 高佳欣，孙康宁，肖立春．燃煤锅炉细颗粒粉尘凝并技术研究进展［J］. 电力科技与环保，2021，37（1）：28-31.

［216］ 赵静波．SCR 脱硝技术在玻璃产业 NO_x 治理应用中脱硝催化剂的典型问题分析［J］. 节能与环保，2020，10：95-97.

［217］ 夏辉．SCR 脱硝系统在玻璃窑炉系统改造中的应用［J］. 河南科技，2021，40（16）：111-113.

［218］ 刘成雄．玻璃熔窑 SCR 烟气脱硝技术探究［J］. 玻璃，2020，47（5）：8-12.

［219］ 范潇，雷华，李凌霄，等．水泥窑烟气 SCR 脱硝催化剂的选型及应用［J］. 中国水泥，2021，3：93-95.

［220］ 余其俊，陈容，张同生，等．水泥工业烟气脱硫脱硝技术研究进展［J］. 硅酸盐通报，2020，39（7）：2015-2032.

[221] 高困．钢铁行业焦炉烟气新型脱硫脱硝技术应用——以某钢铁企业为例［J］．绿色科技，2020，18：151-152，155.

[222] 温斌，宋宝华，孙国刚，等．钢铁烧结烟气脱硝技术进展［J］．环境工程，2017，35（1）：103-107.

[223] 黄忠．三元催化转化器对汽车尾气超标的影响研究［J］．时代汽车，2021，10：18-19.

[224] 张忠金，关磊，王莹．汽车尾气脱硝新型催化剂的制备及应用研究进展［J］．化工新型材料，2014，42（8）：219-221.

[225] 戴豪波，陈瑶姬，方华，等．非电行业钒基催化剂 SCR 脱硝研究进展［J］．广州化工，2020，48（24）：29-33.

[226] 樊琪．国内焦化企业烟气脱硫脱硝技术现状分析［J］．化工管理，2020，27：108-109.

[227] 王景荣．焦化厂焦炉烟气脱硫脱硝技术的应用［J］．冶金与材料，2020，40（4）：104，106.

[228] 张勇，余凌洁，兰吉勇，等．320 MW 燃煤超净机组喷射固体吸附剂的脱汞试验研究［J］．环境工程，2019，37：154-157.

[229] 杜雯，殷立宝，禚玉群，等．100 MW 燃煤电厂非碳基吸附剂喷射脱汞实验研究［J］．化工学报，2014，65（11）：4413-4419.

[230] 蒋丛进，刘秋生，陈创社．国华三河电厂飞灰基改性吸附剂脱汞技术研究［J］．中国电力，2015，48（4）：54-57.

[231] 刘静超，赵永椿，何永来，等．330 MW 燃煤机组异相凝并对重金属排放控制的实验研究［J］．燃料化学学报，2020，48（11）：1386-1393.

[232] 高春华．“低温柴油吸收＋催化氧化”技术在挥发性有机物治理中的应用［J］．化学工程与装备，2020，5：268-269.

[233] 陈磊．活性炭吸附浓缩-RCO 催化氧化装置在某涂装生产线废气净化系统中的应用［J］．现代矿业，2019，35（6）：255-257.

[234] 俞云锋，王捷，吕小军．涂装废气吸附浓缩-催化氧化处理工程实例［J］．广东化工，2020，47（2）：115-116.

[235] 孔大为．全国机动车保有量 3.9 亿辆驾驶人 4.76 亿人［N］．人民公安报·交通安全周刊，2021.

[236] 唐磊，熊新，李晓军，等．汽车尾气净化催化剂的载体研究综述［J］．汽车实用技术，2014，7：15-7.

[237] 裴建中，王彦淞，朱春东，等．汽车尾气路面净化材料研究进展与思考［J］．中国公路学报，2019，32（4）：92-104.

[238] 刘敬武．机动车尾气排放污染、危害及防治［J］．区域治理，2019，42：137-139.

[239] 蔚张茜．浅谈汽车尾气排放问题及节能减排的方法［J］．冶金管理，2019，7：139，41.

[240] 薛君．介孔材料在汽车尾气净化中的应用［J］．科技资讯，2013，15：147-148.

[241] 杨庆山，兰石琨．我国汽车尾气净化催化剂的研究现状［J］．金属材料与冶金工程，2013，41（1）：53-59.

[242] 张爱敏，宁平，黄荣光，等．汽车尾气净化用贵金属催化材料研究进展［J］．贵金属，2005（3）：66-70，50.

[243] 杨鹏．汽车尾气净化催化剂的研究［D］．武汉：武汉理工大学，2011.

[244] Libby W F. Promising catalyst for auto exhaust [J]. Science，1970，970（171）：199-500.

[245] Pedersen L A，Libby W F. Unseparated rare earth cobalt oxides as auto exhaust catelysts [J]. Science，1972，4041（176）：1355-1356.

[246] Teraoka Y，Yoshimatsu M，Yamazoe N. Oxygen-sorptive properties and defect structure of perovskite-type oxides [J]. Chemistry Letters，1984（150）：893-896.

[247] Nakamura T，Misono M，Yoneda Y. Reduction-oxidation and catalytic properties of $La_{1-x}Sr_xCoO_3$ [J]. Journal of Catalysis，1983，83（1）：151-159.

[248] Yamazoe N，Teraoka Y，Seiyama T. TPD and XPS study on thermal behavior of absorbed oxygen in $La_{1-x}Sr_xCoO_3$ [J]. Chemistry Letters，1981，10（12）：1767-1770.

[249] Teraoka Y，Kanada K，Kagawa S. Synthesis of La-K-Mn-O perovskite-type oxides and their catalytic property for simultaneous removal of NO_x and diesel soot particulates [J]. Applied Catalysis B：Environmental，2001（34）：73-78.

[250] Merino N A, Barbero B P, Grange P, et al. $La_{1-x}Ca_xCoO_3$ perovskite-type oxides: Preparation, characterization, stability, and catalytic potentiality for the total oxidation of propane [J]. Journal of Catalysis, 2005, 23 (1): 232-244.

[251] Teraoka Y, Nakano K, ShangguanW F, et al. Simultaneous catalytic removal of nitrogen oxides and diesel soot particulate over perovskite-related oxides [J]. Catalysis Today, 1996 (27): 107-113.

[252] Shangguan W F, Teraoka Y, Kagawa S. Promotion effect of potassium on the catalytic property of $CuFe_2O_4$ for the simultaneous removal of NO_x and diesel soot particulate [J]. Applied Catalysis B: Environmental, 1998 (16): 149-154.

[253] 王红霞．稀土掺杂过渡金属型汽车尾气净化催化剂的制备及其性能研究 [D]. 长沙：中南大学，2002.

[254] 杨遇春．稀土漫谈 [M]. 北京：化学工业出版社．1999.

第5章 固体废弃物处置材料

5.1 固体废弃物概述

固体废弃物（简称固体废物、固废）是指人类在生产建设、日常生活和其他活动中产生的，在一定时间和地点无法利用（不再具有原使用价值）而被丢弃的污染环境的固态或半固态废弃物质。固体废弃物包括各类垃圾、炉渣、污泥、废弃的制品和破损器皿、残次品、动物尸体、变质食品、人畜粪便等。《2020年全国大、中城市固体废物污染环境防治年报》显示，我国大、中城市一般工业固体废物的年产生量为13.8亿吨，工业危险固体废物的年产生量为4498.9万吨，医疗废物年产生量为84.3万吨，生活垃圾年产生量为23560.2万吨。面对如此巨大的固体废物累积堆存量和年产生量，实际能够得到安全妥善处理的固体废物只占很少比例，数以亿吨计的固体废物未得到妥善处理处置。

固体废弃物具有产生源分散、产量大、组成复杂、形态与性质多变的特点，常常可能含有毒性、燃烧性、爆炸性、放射性、腐蚀性、反应性、传染性与致病性，甚至含有污染物富集的生物，部分固体废弃物难降解或难处理，这些因素导致固体废弃物在其产生、排放和处理过程中对资源、生态环境、人民身心健康造成危害，甚至阻碍社会经济的可持续发展。

用于处理固体废弃物、防止固体废弃物造成环境污染和将固体废弃物资源化的环境工程材料是解决固体废弃物带来的环境问题的关键。一般来说，处理固体废弃物的环境工程材料主要有固体废弃物脱水调理剂、浮选剂、化学浸出剂、稳定化材料、固定化材料、填埋防渗材料、生物处理材料等。

5.1.1 固体废弃物的分类

(1) 按化学性质分类

固体废弃物按照化学性质可分为无机固体废弃物和有机固体废弃物。一般地，无机固体废弃物主要来自冶金、化工、矿山及城市复合型无机垃圾，包括废石、尾矿和矿渣等。而有机质含量较高的固体废弃物被称为有机固体废弃物，主要包括含有有机物的生活垃圾、人畜粪便、污水处理厂污泥及农业废弃物等。

(2) 按污染特性分类

固体废弃物按照其对环境的危害性一般可分为一般性固体废弃物、危险性固体废弃物和放射性固体废弃物。

一般性固体废物是指未被列入《国家危险废物名录》或者根据 GB 5085、GB 5086、GB/T 15555 规定的鉴别方法判定不具有危险特性的固体废物，如粉煤灰、煤矸石和炉渣等。

危险性固体废弃物是指具有毒性、腐蚀性、易燃性、反应性或感染性等特性中一种或几种的固体废弃物，还包括其他可能对人体健康或环境造成有害影响的固体废弃物。

放射性固体废弃物是指放射性核素含量超过国家限值的有害固体废弃物。按照比放射性活度和半衰期，放射性固体废弃物可分为高放长寿命、中放长寿命、低放长寿命、中放短寿命和低放短寿命五类。由于放射性固体废弃物的管理办法和处理处置技术与其他废弃物存在明显的差异，大多数国家默认不将其包含在危险废物的范畴内。《中华人民共和国固体废物污染环境防治法》也未涉及放射性废物的污染控制问题。

(3) 按照来源分类

固体废弃物按照来源可分为工矿业源的固体废弃物、城市生活源的固体废弃物、农业农村源的固体废弃物以及环境工程源的固体废弃物。

工矿业源的固体废弃物主要是指在工业生产活动中产生的固体废物，范围包括冶炼渣、化工渣、燃煤灰渣、废矿石及其他工业固体废物，包括《国家危险废物名录（2021年版）》中的 50 个大类和《一般工业固体废物管理台账制定指南（试行）》中的 18 个大类。废物产生的主要行业包括冶金、煤炭、电力、交通、轻工业、石油以及机械加工等。

城市生活源的固体废弃物主要是指在日常生活中或者为日常生活提供服务的活动中产生的固体废物，以及法律、行政法规规定的可视为生活垃圾的固体废物，又称城市垃圾，通常包括居民生活垃圾、园林废物、机关单位排放的办公垃圾等。

农业农村源的固体废弃物主要是指农业生产、畜禽饲养、农副产品加工以及农村居民生活所产生的废物，如农作物秸秆、人畜禽排泄物、废弃农用薄膜、农药包装废弃物及其他农林业固体废物。

环境工程源的固体废弃物主要是指环境污染控制工程中产生的废弃物，如污水处理厂的筛除物、沉砂、浮渣、污泥，达到使用寿命后废弃的吸附剂、催化剂、滤料，气态污染物在净化过程中被富集成的粉尘或废渣等。

(4) 按形态分类

固体废弃物按照形态可分为固态固体废弃物（块状、粒状、粉状）、半固态固体废弃物（废机油、高含水率的市政污泥等）以及容器中的液态或气态固体废弃物。

5.1.2 固体废弃物的特点

固体废弃物露天堆放在处置场内，必然会占用大量土地。据估算，每 1 万吨废渣需占地 1 亩（1 亩=666.67m^2）。固体废弃物的露天堆放，不仅会造成土地资源的侵占，还会造成土壤污染，土壤是许多细菌、真菌等微生物聚集的场所，这些微生物及其周围的环境会组成一个生态系统。固体废弃物中的病菌寄生虫等进入土壤环境，会逐渐渗透进入水体，从而对人类健康造成严重危害。此外，持久性有机污染物和重金属元素在土壤中难以挥发和降解，会不断积累，毒害土壤中的微生物，对土壤的生态平衡造成永久性的不可忽视的危害。由于微生物被杀死，土壤的自净能力逐渐被削弱，有害物质通过食物链逐渐富集，最终导致在人体内积存，诱发各种疾病。

固体废弃物中的有机质在适宜的温度条件下经某些微生物的分解，释放出有害的气体从而造成严重的大气污染并危害人类健康。同时，露天堆放的固体废物以及运输过程中的细粒粉末等受到风吹日晒，会加重粉尘污染。例如粉煤灰堆遇到四级以上的风力即可被剥离 1～1.5cm，灰尘飞扬高度可达 20～50m，导致可视程度降低 30%～70%。

固体废物堆积或随天然降水和地表径流，因颗粒随风飘迁进入河流湖泊等地表水体；或因废物产生渗滤液渗透进入土壤从而破坏地下水；或者是废物废渣直接被排进河流湖泊及海洋造成严重的水污染。另一方面，固体废物进入水体还会造成河床淤积，水面减少，导致水利工程设施效益减少甚至废弃，从长远来看，固体废弃物对水环境的污染既有直接影响又有间接影响。

如图 5-1 所示，固体废弃物对环境的影响是方方面面的。固体废物污染与废水、废气和噪声污染不同，其迟滞性大、扩散性小，固体废物所产生的污染往往不会被立即发现，而当发现后即已经造成了难以挽回的损失，它对环境的污染主要是通过水、大气和土壤进行的。气态污染物在净化过程中被富集成粉尘或废渣，水污染物在净化过程中以污泥的状态分离出。这些“终态物”中的有害成分，在长期的自然因素作用下，又会转入大气、水体和土壤，故又成为大气、水体和土壤环境的污染“源头”。因此固体废物既是污染“源头”，也是“终态物”。因此，固体废物污染控制不能简单采用末端治理的手段，必须采取全过程控制的方法。

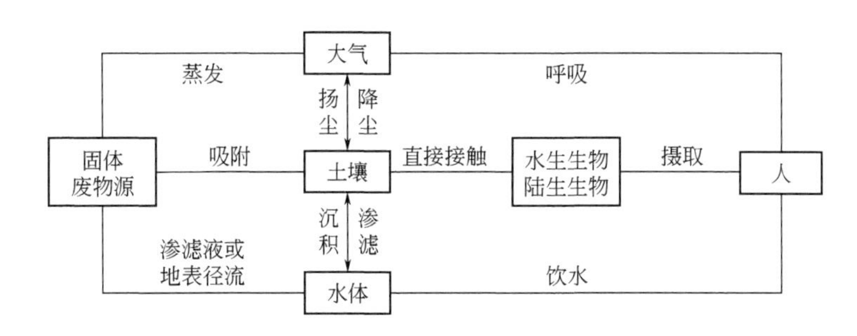

图 5-1 固体废弃物的主要污染途径

▶ 5.1.3 固体废弃物的处理处置原则

由于固体废物对环境的污染是随着固体废物的排放量的增加而加剧的，进入工业化以后，人口迅速增长，大量的矿产资源得到开发利用，使得生活废物和生产废物同步剧增，固体废物的污染控制已成为严重的环境问题。因此，《中华人民共和国固体废物污染环境防治法》规定，“固体废物污染环境防治坚持减量化、资源化、无害化的原则。”

（1）减量化

减量化是指通过实施适当的技术实现两个层次：一是固体废物的综合利用，即单纯通过处理和利用对已经生成的固体废物进行减量，如生活垃圾经过焚烧后体积可减少80%～90%，便于余烬的运输与处理；二是要通过产品设计和销售过程的规范，将“减量化”延伸到固体废物产生源的控制与管理，从而实现固体废物的根本减量化。减量化可通过四个途径实现：①选用合适的生产原料，拒绝品位低、质量差的原材料，采用更清洁的能源及利用可再生能源；②采用无废低废的生产工艺，深挖绿色的技术改造路径，从源头减少固废产生；③提高产品质量和使用寿命，减少物品遗弃和资源浪费；④废物综合利用，以自然资源开发利用为起点，综合运用现代科技成果，进行系统的资源联合开发和全面利用，这是最根本、最彻底、也是最理想的减量化过程。

（2）无害化

无害化是对已产生又无法或目前尚不能综合利用的固体废物，经过物理、化学和生物化学方法，进行无害化处理处置，达到对废物消毒、解毒和稳定化、固化，防止并减少固体废物的污染危害，以达到最终不损害人体健康、不污染周围自然环境的目的。

无害化处理处置主要包括热处理（焚烧、热解、焙烧、烧结）、填埋法、固化、稳定化、生物法等。然而，对废物进行无害化处理时也必须看到无害化处理的使用局限性，如焚烧垃圾需要垃圾本身具有很高的热值，发酵则需要垃圾有较高的可生物利用的有机物含量。同时它们也可能产生二次污染，如垃圾填埋会产生渗滤液污染地下水，垃圾焚烧会产生二噁英等强致癌物质。

（3）资源化

固体废物资源化的基本任务是采取工艺措施从固体废物中回收有用的物质和能源，没有绝对的废物，只有当前尚无法利用的资源。固体废弃物也是人类有限资源的一个重要组成部分，必须确立废弃物资源化的一个方针，资源化并不是单纯地通过固体废物的末端综合利用来实现的，而是应该贯穿固体废物的产生、收集、运输和处理处置的每一个环节，使其充分发挥经济效益，达到变废为宝，如产品的设计、分类、收集等都是实现固体废物“资源化”的重要途径。

我国是一个发展中国家，面对经济建设的巨大需求和能源资源的巨大不足的严峻冲突，推行固体废物资源化，不仅可以为国家节约投资降低成本，还能治理环境，维持生态系统的良性循环。同时具有环境效益高、生产成本低、生产效率高、能耗低的特点，但是固废资源化的过程不一定都具有良好的经济性，技术可行性和经济可行性可能存在冲突。因此需要综合考虑市场因素，避免盲目投资造成浪费。

因此，固体废物资源化应遵循以下原则：a. 技术可行性，实现资源化过程的技术方案是否具有可操作性和工程化的可能，同时资源化技术能否保证二次产品达到原生产品的质量水平和安全标准，这取决于科学和技术的发展；b. 经济可行性，主要指资源综合利用中系统的投入和产出的平衡，再生资源的处理、处置和再利用的平衡，一次资源和二次资源的再利用的比较；c. 资源化和环境效益，资源化过程的二次污染要明显小于固体废物的直接污染，否则难以立项落实。

5.2 脱水调理材料

5.2.1 脱水调理的目的及适用对象

脱水调理是固体废弃物减量化最直接、最原始的处理技术。很多固体废弃物的处理处置技术要求固体废物的含水率下降到一定程度方可进行，例如污泥焚烧要求污泥的含水率要降低到20%以下，填埋要求固废的含水率小于60%，堆肥处理要求含水率在50%～60%之间。固体废弃物脱水的对象含水率一般在45%以上，如清淤污泥、造纸废渣，市政垃圾、打捞蓝藻的藻泥等。有些污泥的含水率甚至高达95%以上，高含水率的污泥严重阻碍了运输以及后续的处理处置，因此污泥脱水是很有必要的，这不仅能有效减少污泥的体积，而且能减少运输和处理处置的成本。据估算，将污泥的干物含量从2%提升到30%，污泥的体积会降低90%。然而，由于污泥的胞外聚合物（EPS）结合了大量的水，形成了稳定的生物聚合物絮体结构，很难直接脱水，传统的板框压滤只能达到15%～25%的干泥含量，很难对其形成有效的脱水。

污泥调理脱水预处理是利用物理、化学等方法，通过向污泥中外加能量或者化学试剂等，破坏污泥的絮体结构，使污泥中的部分胞内水和孔隙水释放出来，从而达到降低污泥中的水分含量的目的。由于污泥组成成分复杂，是由有机残片、无机颗粒和细菌菌体等组成的复合物，其中包裹在细菌体周围的胞外聚合物是一种具有三维结构的亲水性凝胶状物质，表面带有负电荷，约占总污泥质量的60%～80%。胞外聚合物对污泥表面的理化性质具有重要的影响。其包裹在污泥的外部形成保护层，阻止污泥细胞的破裂和溶解，从而恶化污泥的脱水性能。因此，在污泥脱水前，需要对污泥进行预处理，破坏稳定的污泥絮体结构，改变胞外聚合物中不同水形态的分布，从而提高污泥脱水性能。

按照水分与污泥颗粒的物理结合位置，可以将污泥中的水分分为自由水、毛细结合水、表面吸附水和内部结合水四种形态。通常可以简单地将污泥中的水分为自由水和结合水。详细的水分分类如下：

① 自由水：又称游离水和间隙水。约占污泥水分的70%。存在于污泥颗粒间隙中的水，这部分水可借助重力、离心力或压力差与污泥颗粒分离。

② 毛细结合水：约占污泥水分的20%。存在于污泥颗粒间的毛细管中，有可能用物理方法分离出来。

③ 表面吸附水：约占7%，黏附于污泥颗粒表面的附着水。

④ 内部结合水：约占3%，存在于生物细胞内的水分。

常规的脱水手段能去除大部分自由水得到含水率80%的脱水污泥，降低污泥中结合水的含量，是提高污泥脱水性能的重要突破点。化学调理就是实现由结合水向自由水转化的一个途径。常见的化学调理方式有酸、碱、无机絮凝剂、有机絮凝剂和氧化剂等。

▶ 5.2.2 酸调理剂

酸预处理调理脱水是指通过创建酸性环境，使 H^+ 与污泥结合改变污泥絮体表面电荷，或将污泥絮体中的带负电的官能团（羧基和氨基等）质子化，从而将污泥的 Zeta 电位由负值增加至接近于 0，瓦解污泥中的 EPS 和微生物细胞结构，减少静电排斥，提高污泥的聚集性，释放结合水，以达到改善污泥脱水性能的预处理方法。

常用的酸调理剂一般为无机酸，如 HCl、H_2SO_4、H_3PO_4 和 HNO_3 等。最常用的酸为盐酸，工业盐酸产量大价格便宜，具有很强的市场优势。研究显示，盐酸预处理可以使污泥中的碳水化合物、多糖、COD 等溶解，增加反应体系中可溶性碳水化合物的浓度，使污泥中可溶性碳水化合物和蛋白质的含量分别增加 4 倍和 6 倍。硫酸处理污泥时能水解污泥中的胞外聚合物，破坏微生物的细胞结构，改变水分在污泥中的分布比例，使污泥内部的间隙水和细胞内部的结合水转化成自由水，从污泥中分离出来，提高污泥的脱水性。然而，酸预处理虽然能改善污泥的脱水程度，但是对脱水速率无明显的促进效果。此外，这种调理技术的缺陷在于药剂需求量很大，对设备（特别是金属设备）的耐腐蚀性能要求很高。

▶ 5.2.3 碱调理剂

碱预处理是指通过添加碱溶液或碱性氧化物溶解污泥中生物的细胞壁和细胞膜等，进而提升污泥的脱水性能的预处理方式。碱可以通过皂化作用破坏污泥中微生物的膜蛋白，进而破坏污泥的细胞结构，溶解污泥中的 EPS，将污泥絮体中的 EPS 转化为以液体形式存在的有机物。

氢氧化钙、氢氧化镁等二价离子的碱及其金属氧化物对污泥脱水性能有良好的改善效果，而氢氧化钠等一价离子的碱及其金属氧化物常常会恶化污泥的脱水性能，这是由于二价金属离子具有络合性能。此外，$Ca(OH)_2$ 可以增强污泥的絮凝能力，提高污泥絮体的强度和密度，减少污泥中的结合水和污泥絮体之间的水分，从而提高污泥的脱水性能。

▶ 5.2.4 絮凝调理剂

5.2.4.1 无机絮凝调理剂

无机混凝剂是一种电解质化合物，主要有铝系、铁系、钙系、钛系等类型。

（1）铝系调理剂

铝系絮凝剂包括氯化铝、明矾、硫酸铝以及聚合氯化铝等。氯化铝和硫酸铝的混凝效果好，但是当温度较低时水解困难，形成的絮体松散，pH 使用范围较窄，明矾的作用机理与氯化铝和硫酸铝相同。一般来说，使用铝盐时的药剂投加量较大，所形成的絮体密度较小，调理效果较差，在后续的机械脱水过程中会堵塞滤布。聚合氯化铝能形成大而密集的矾花，沉淀性能好，适宜的 pH 范围在 5～9 之间，处理后污泥的 pH 和碱度下降较小，低温条件下也能保持稳定的脱水效果。此外由于其碱化度一般较高，因此药剂对设备的腐蚀较轻。

(2) 铁系调理剂

铁系絮凝剂包含氯化铁、硫酸铁、聚合硫酸铁和亚铁盐等。铁盐形成的矾花具有良好的沉淀性能，在较低的温度和较宽的 pH 范围内具有良好的脱水性能，但是对设备具有一定的腐蚀性，亚铁盐只能生成简单的单核络合物，絮凝脱水效果较差。聚合硫酸铁能快速形成密集且质量大的絮团，耐低温，适宜 pH 范围在 4～14 之间，腐蚀性很小，环境安全性高于铝系混凝剂。

(3) 其他无机调理剂

钙基、钛基絮凝剂因优良的脱水性能及安全无毒等优点也已成为备受关注的新型调理剂。四氯化钛、聚合氯化钛铝、聚合氯化钛铁和钛铁基干凝胶复合混凝剂是常见的钛基混凝脱水调理剂。

无机调理剂与有机调理剂相比，药剂投加量较大。在利用真空过滤机和板框压滤机使污泥脱水时，可以考虑采用无机调理剂。

5.2.4.2 有机高分子絮凝剂

与无机调理剂相比，有机调理剂药剂投加量较小，形成的絮体粗大，具有良好的电荷中和及吸附架桥作用，在污泥调理脱水方面具有良好的性能。

(1) 合成高分子絮凝剂

合成高分子絮凝剂主要包括聚丙烯酰胺及其阳离子型、阴离子型、非离子型以及两性型改性聚合物，以及以丙烯酸为单体聚合的阴离子型絮凝剂。其中，聚丙烯酰胺系列产品的市场份额占整个高分子絮凝剂产业的 80%以上，其中非离子型聚丙酰胺在污泥调理脱水方面应用较少。

① 阳离子型聚丙烯酰胺

阳离子型聚丙烯酰胺主要是指以丙烯酰胺为基体，通过在合成过程中或后改性增加阳离子化合物，以达到阳离子改性的目的。常见的阳离子改性基团包含季铵基团和季鏻基团两种，阳离子型聚丙烯酰胺分子量可达 700 万～1300 万甚至更高，离子度为 10%～80%，通常具有很高的电荷密度，其水溶解性好，能以任意比例溶解于水且不溶于有机溶剂，能中和污泥颗粒表面的负电荷并在颗粒间产生架桥作用而显示出较强的凝聚力，阳离子聚丙烯酰胺常用于处置有机污泥，尤其是在碱性很强时可以应用，絮凝剂使用量随含固量升高而增大。调理效果显著，但费用较高。

② 阴离子型聚丙烯酰胺

阴离子型聚丙烯酰胺主要是指以丙烯酰胺为基体，通过在合成过程中增加阴离子单体或在后改性过程中产生阴离子基团。一般参与改性的阴离子基团为羧基。阴离子聚丙烯酰胺絮凝剂用于无机污泥，如钢铁厂废污泥、电镀厂废污泥、冶金废污泥、洗煤废污泥等污泥脱水，一般来说，酸性很强时不宜使用阴离子聚丙烯酰胺。

③ 两性型聚丙烯酰胺

两性离子聚丙烯酰胺兼具阴阳离子。经红外线光谱分析，该产品链接上不但有丙烯酰胺水解后的羧基阴离子电荷，而且还有乙烯基阳离子电荷。因此，构成了分子链上既有阳电荷，又有阴电荷的两性离子不规则聚合物。两性离子型绝非阴离子型、阳离子型的混合。如果把阳离子聚丙烯酰胺与阴离子聚丙烯酰胺配合使用则会发生反应产生沉淀。两性型聚丙烯酰胺可有效在污泥进入压滤之前进行污泥脱水，脱水时，产生絮团大，不粘滤布，压滤时不散，流泥饼较厚，脱水效率高，泥饼含水率在80%以下。

此外，市售的絮凝剂还有聚乙烯亚胺、聚苯乙烯磺酸、聚乙烯吡啶等有机絮凝剂，然而，尽管有机絮凝剂具有很好的絮凝性能，但絮体强度较低，比无机调理剂形成的絮体更容易破碎。而且一旦絮体被破坏，不论采用无机调理剂还是有机调理剂，都不易恢复到原来的状态。因此在利用离心脱水机和带式压滤机使污泥脱水时，可以考虑采用有机调理剂。

(2) 天然高分子絮凝剂

天然高分子絮凝剂包括藻朊酸钠、羧甲基纤维素等纤维素衍生物、羧甲基/醚化阳离子淀粉系列衍生物、改性植物胶系列衍生物以及壳聚糖衍生物等。此外由于天然高分子絮凝剂的自然属性，无毒无害可降解，是一种绿色的环保材料。

① 壳聚糖及其衍生物

壳聚糖是脱除甲壳素分子N原子上的乙酰基后的产物（一般要求脱乙酰度大于55%），具有生物降解性、细胞亲和性和生物效应等许多独特的性质。尤其是含有游离氨基的壳聚糖，是天然多糖中唯一的碱性多糖。壳聚糖本身是一种良好的絮凝剂，溶解后的壳聚糖呈凝胶状态，具有较强的吸附能力，能吸附污泥中的小颗粒使其形成大絮团。但是由于其只在酸性条件下溶解因而限制了它的应用。壳聚糖中含有羟基、氨基等极性基团，使其具有良好的改性条件。改性壳聚糖包括阴离子改性和阳离子改性，由于具有较好的正表面电荷，能增加其水溶性，对污泥脱水具有良好的效果。

② 淀粉衍生物

淀粉是由葡萄糖缩聚而成的一种多糖类物质的天然高分子化合物，是自然界来源丰富的一种可再生物质，可降解，不会对环境造成污染。淀粉本身没有絮凝性能，但是其分子链中存在着大量可反应的羟基，从而为淀粉的改性提供了结构上的基础。改性淀粉的品种、规格达两千多种。阳离子型淀粉衍生物絮凝剂无毒，易降解，可以与水中微粒起电荷中和及吸附架桥作用，常被用来处理携带有负电荷的污泥，最常见的阳离子淀粉是采用醚化剂改性的淀粉。阴离子型淀粉絮凝剂也能用于污泥处理，它与重金属离子生成难溶物沉淀，从污泥中去除重金属离子。两性改性淀粉絮凝剂处理污水常比单使用一种离子型絮凝剂更有效，但是生产工艺复杂，成本很高。

③ 纤维素及其衍生物

纤维素类的天然有机高分子絮凝剂主要包括纤维素衍生物类絮凝剂和木质素类絮凝剂两部分。改性纤维素絮凝剂对污泥的脱水性能与改性淀粉相似。常见的纤维素絮凝剂是阴离子型羧甲基纤维素。

5.2.5 高级氧化调理剂

化学氧化法主要是在强氧化作用下，降低胶体颗粒表面负电荷和双电层的排斥作用，减小颗粒间空间位阻，达到有利于颗粒间碰撞的效果，使水中颗粒易于脱稳，从而有利于有机物降解。通过改变和破坏水中胶体颗粒表面的有机物结构、破坏污泥絮体的结构和污泥细胞的细胞壁，降解大分子的有机物，释放污泥中的间隙水和胞内水，从而改善污泥的脱水性能达到强化过滤效果。目前常用的氧化剂种类有高锰酸钾、芬顿试剂、臭氧及过硫酸盐四种。氧化法所涉及的机理主要包括：污泥絮体的氧化，疏松结合胞外聚合物的分解，结合水的释放和转化、细胞结构的破坏、污泥颗粒的絮凝等。氧化剂的氧化电位越高，氧化力越强，越容易将污泥絮体破坏。

（1）高锰酸钾

高锰酸钾是一种多功能强氧化剂，已被用作一种高效的氧化调理脱水剂，可降解污染物并从废弃活性污泥中回收资源。采用 $KMnO_4$ 破解污泥时，发现 $KMnO_4$ 对污泥具有良好的破解作用，适宜的调理反应时间约 30min。$KMnO_4$ 破解污泥的机理主要是对污泥颗粒表面的胞外聚合物（EPS）进行氧化剥离，并且 $KMnO_4$ 对蛋白质的氧化剥离效果好于对多糖的作用。$KMnO_4$ 破解污泥的驱动力来自 $KMnO_4$ 的强氧化性，其强氧化性改变了污泥系统的氧化还原电位平衡。当污泥浓度为 5000mg/L 时，$KMnO_4$ 氧化污泥的优化投加量为 500mg/L，优化条件下污泥破解度可到 34.4%。$KMnO_4$ 对污泥的破解效果随污泥浓度的升高而下降。$KMnO_4$/TS（质量比）是污泥氧化的重要参数，$KMnO_4$/TS 不变时，污泥氧化效果基本相同；当 $KMnO_4$/TS 为 0.1 时，污泥氧化效果最好，污泥的沉降性能和脱水性能变强。

（2）芬顿试剂

芬顿试剂在污泥调理方面的应用颇为广泛，通常芬顿氧化体系由 Fe^{2+}-H_2O_2 组成，在酸性介质中，H_2O_2 在 Fe^{2+} 的催化下，产生自由基（·OH），利用·OH 的氧化能力（标准氧化还原电位为 2.80V）破解细胞，促进污泥 EPS 的分解从而促进污泥细胞中结合水的释放。但是，芬顿反应存在的一些缺点也限制了其在环境中的发展，例如严格的 pH 范围、高 H_2O_2 用量、导致氧化速率下降的 Fe^{3+} 泥的堆积等。通常使用芬顿试剂处理后，污泥的 pH 呈酸性，且黏度较大、脱水速率较慢。

如图 5-2，污泥经类芬顿试剂处理后，污泥的含水率可从 80%降低至 65%左右，污泥絮体结构发生分解，但污泥絮体中的重金属（Zn、Mn、Cu、Cd、Pb 和 Ni）释放进入上清液中。污泥中结合水的含量大幅降低，这主要是由于经类芬顿试剂处理后，污泥的接触角变大，Zeta 电位由负值逐渐升高，静电斥力变小，污泥细胞的疏水性得到了提高，污泥细胞疏水的表面热力学特性促进了自由水和表面水的释放，从而提高了污泥的脱水

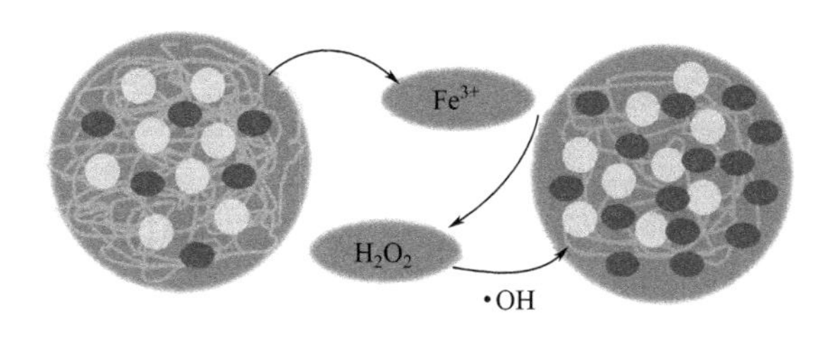

图 5-2　芬顿氧化污泥机理

性能。

(3) 臭氧

臭氧是氧气的一种同素异形体，气味类似鱼腥味。但当浓度过高时，气味类似于氯气。臭氧有强氧化性，是比氧气更强的氧化剂，可在较低温度下发生氧化反应。臭氧可以破坏细胞膜和菌胶团结构，加速胞内物质的释放，并将其氧化生成小分子物质，提高污泥的脱水性能。臭氧氧化污泥预处理的作用机理如图 5-3 所示。

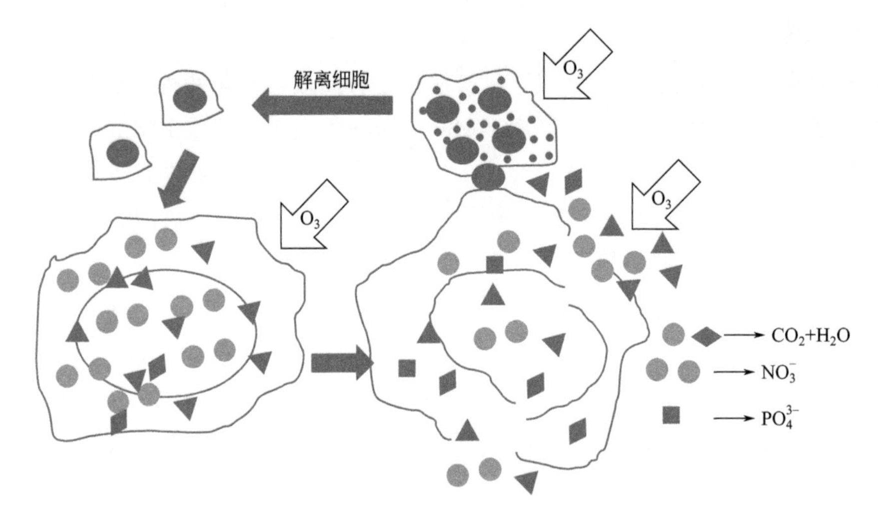

图 5-3　臭氧氧化污泥作用机理

(4) 过硫酸盐

如图 5-4，过硫酸盐氧化是指过硫酸盐可以在高温、紫外光照射和过渡金属的激发下，生成具有氧化能力的硫酸根自由基。从而破坏荧光物质的特定官能团，引起聚合链断裂，并且破坏污泥细胞，导致胞外聚合物中的结合水、胞内物质及胞内水的释放，增强污泥的脱水性能。Fe^{2+} 和 Fe^0 可以活化过硫酸盐提升其氧化性能。不同的温度对过硫酸盐氧化也有影响，在相同的过硫酸盐投加量情况下，污泥的脱水性能随着温度的升高而提高。这主要是由于过硫酸盐可以通过高温引发反应，当温度升高时，过硫酸盐分解生成自由基，加速胞外聚合物的降解和污泥细胞的溶解。此外，当向污泥中投加铁盐和过硫酸盐时，污泥的 Zeta 电位也随着升高。这主要是由于铁盐和过硫酸盐投加，并且反应体系中的 Fe^{2+} 和 Fe^{3+} 具有电中和的作用，从而使污泥絮体间的静电斥力降低，有利于污泥的絮凝沉降。

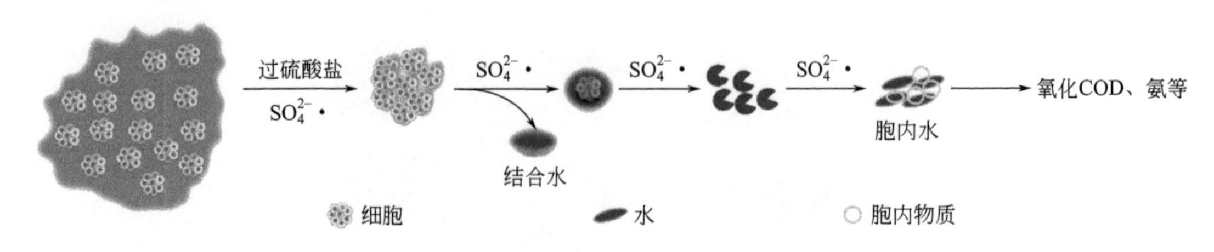

图 5-4　过硫酸盐氧化污泥作用机理

5.3 浮选材料

▶ 5.3.1 浮选的目的及适用对象

浮选又称泡沫浮选，是常见的固液气三相分离方法。它是依据各种物料的表面性质的差异，在浮选剂的作用下，借助于气泡的浮力，从物料悬浊液中分选物料的过程。浮选在宏观上是一个物理过程，其目的是实现物料分离；然而在微观尺度，浮选过程发生的是一系列物理和化学的过程。物料颗粒浮选的难易取决于其表面的润湿性，物料破裂以后，有的表面呈现亲水性，有的表面呈现一定的疏水性，这主要跟表面键的性质有关。物料表面是强的离子键或共价键，则具有强的亲水性，易被水润湿；物料表面是弱的分子键，则具有较强的疏水性，可浮性好。

根据在浮选过程中的作用，浮选药剂可分为捕收剂、起泡剂和调整剂三大类。

▶ 5.3.2 捕收剂

5.3.2.1 捕收剂的结构

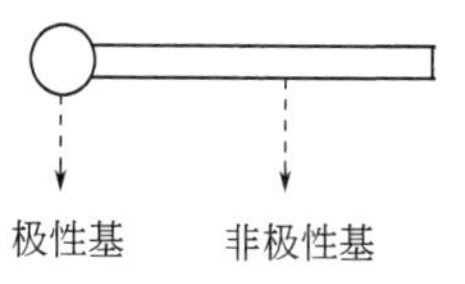

图 5-5 捕收剂的结构示意图

能够选择性地吸附在目标颗粒上，使目标颗粒表面疏水，增加其可浮性，使其易于向气泡附着的药剂称为捕收剂。

常用的捕收剂主要有极性捕收剂和非极性油类捕收剂两类。典型的极性捕收剂分子由极性基（亲固基）和非极性基（疏水基）两部分组成，如图 5-5 所示。非极性油类捕收剂没有极性基。极性基活泼，能与废物表面发生作用而吸附于废物表面，决定药剂在废物表面的固着强度和选择性；非极性基起疏水作用，朝外排水而造成废物表面的“人为可浮性”，决定药剂在废物表面的疏水性。良好的捕收剂应具有以下特点：捕收作用强，具有足够的活性；有较高的选择性；易溶于水、无毒、无臭、成分稳定不易变质；价廉易得。

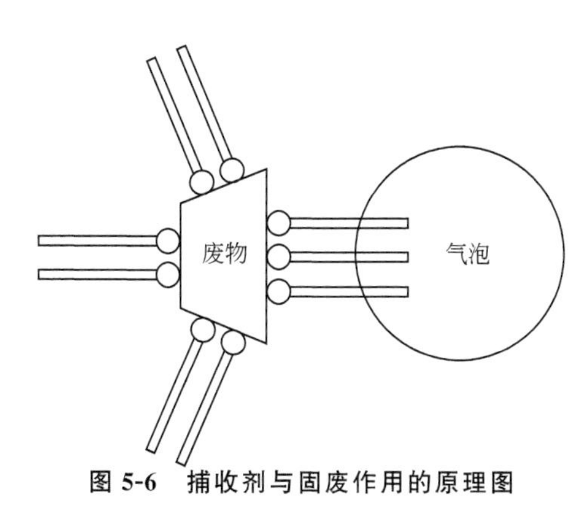

图 5-6 捕收剂与固废作用的原理图

捕收剂与固废作用的原理图见图 5-6。捕收剂极性基端的亲固原子作用于废物表面，产生非极性基向外的定向排列结构，具有疏水亲气性的非极性基吸附在气泡表面，降低气泡的表面张力，从而增强了矿化气泡的机械强度，气泡在上升过程中将负载的废物带至浮选泡沫层。

5.3.2.2 捕收剂的分类

按照在溶液中的解离状态，将捕收剂分为离子型捕收剂和非离子型捕收剂。而根据解离之后起捕收作用基团的电性，又可将离子型捕收剂分为阴离子捕收剂和阳离子捕收剂。捕收剂的分类如表 5-1 所示。

表 5-1 捕收剂的分类

<table>
<tr><th colspan="3">捕收剂分子结构特征</th><th>类型</th><th>品种及组分</th><th>应用范围</th></tr>
<tr><td rowspan="6">极性捕收剂</td><td rowspan="4">离子型</td><td rowspan="2">阴离子型</td><td>巯基捕收剂</td><td>黄药类：ROCSSM
黑药类：$(RO)_2PSSM$
硫氮类：R_2NCSSM
硫醇类：RSH</td><td>捕收自然金属及金属硫化矿</td></tr>
<tr><td>氢氧基捕收剂</td><td>羧酸类：RCOOH(M)
磺酸类：$RSO_3H(M)$
硫酸酯类：$ROSO_3H(M)$
胂酸类：$RAsO(OH)_2$
膦酸类：$RPO(OH)_2$
羟肟酸类：RC(OH)NOM</td><td>捕收各种金属氧化矿及可溶盐类矿物
捕收钨、锡及稀有金属矿物
捕收氧化铜矿物</td></tr>
<tr><td>阳离子型</td><td>胺类捕收剂</td><td>脂肪胺类：RNH_2
醚胺类：$RO(CH_2)_3NH_2$</td><td>捕收硅酸盐、碳酸盐及可溶盐类矿物</td></tr>
<tr><td>两性型</td><td>氨基酸捕收剂</td><td>烷基氨基酸类：RNHRCOOH
烷基氨基磺酸类：$RNHRSO_3H$</td><td>捕收氧化铁矿、白钨矿、黑钨矿等</td></tr>
<tr><td colspan="2" rowspan="2">非离子型</td><td>酯类捕收剂</td><td>硫氨酯类：ROCSNHR′
黄原酸酯类：ROCSSR′
硫氮酯类：R_2NCSSR'</td><td>捕收金属硫化矿物</td></tr>
<tr><td>双硫化物类捕收剂</td><td>双黄药类：$(ROCSS)_2$
双黑药类：$(RO)_2PSS\text{-}SSP(OR)_2$</td><td>捕收沉淀金属粉末及硫化物</td></tr>
<tr><td colspan="3">非极性捕收剂</td><td>烃类油</td><td>烃油类 C_nH_{2n+2}　C_nH_{2n}</td><td>捕收非极性矿物及作辅助捕收剂</td></tr>
</table>

注：表中 R、R′为不同烃基，M 为 Na、K、NH_4 或 H，其余为元素符号。

5.3.2.3 阴离子捕收剂

阴离子捕收剂是解离之后吸附于矿物表面使矿物疏水的活性基团。具体可分为两大类：巯基捕收剂和羟基捕收剂。

(1) 巯基捕收剂

巯基捕收剂主要有黄药、黑药、硫氮捕收剂、硫醇类捕收剂等。

① 黄药

黄药（烃基二硫代碳酸盐）也称烃基黄原酸盐。常用的黄药烃链中含碳数为 2～5 个。一般烃链越长，捕收作用越强，但烃链过长时，其选择性和溶解性均下降，反而降低其捕收效果。黄药对含碱土金属成分的废物（如 $BaSO_4$、$CaCO_3$、CaF_2 等）没有捕收作用，这是由于黄药与碱土金属（Ca^{2+}、Mg^{2+}、Ba^{2+}等）形成的黄原酸盐易溶于水。但黄药能与许多含重金属和贵金属离子的废物生成表面难溶盐化合物，如含 Hg、Au、Bi、Cu 等废物，它们与黄药生成的表面化合物的溶度积小于 10^{-10}。

② 黑药

黑药（二烃基二硫代磷酸盐）在硫化矿浮选中应用广泛，仅次于黄药。黑药的品种较多，早期应用的品种大部分为黑褐色液体，故在我国统称黑药，实际上，二烃基二硫代磷酸盐的纯品并非黑色。黑药可视为磷酸二烃酯中有二个氧原子被硫原子取代的衍生物。酸式黑药在水中的溶解度较小，但胺类黑药或钠类黑药在水中的溶解度较大。相比于黄药，黑药稳定性更强，在酸性矿浆中不易于水解，也较难被氧化。但是条件改变时也能氧化成“复黑药”。黑药类捕收剂的优点在于其较好的选择性与起泡性，并对金银等贵金属的浮选回收也非常有效，在黑药类捕收剂存在的情况下，可减少起泡剂用量，且泡沫更加稳定。苯胺黑药通过与表面未氧化的方铅矿形成阳极氧化产物，使方铅矿表面疏水。在强碱性介质中，丁铵黑药可以和方铅矿结合生成捕收剂金属盐，同时可以通过引入乙硫氮来抵消其因高用药浓度导致选择性变差的问题。黑药类捕收剂对方铅矿的选择性及捕收能力均较强，并且对方铅矿中伴生贵金属的回收效率高，能较好改善银的浮选指标。因此，黑药类捕收剂是协同回收方铅矿中伴生贵金属的主流捕收剂。

③ 硫氮捕收剂

硫氮捕收剂（*N*,*N*-二烷基二硫代氨基甲酸盐）中，最常见的为二乙基二硫代氨基甲酸钠，即“铜试剂”。其浮选特性为捕收能力强于黄药，浮选速度快，高碱度下可改善 Pb、Zn 分离效果，不用或少用氰化物作为抑制剂。硫氮类捕收剂是一种十分高效的硫化矿捕收剂，因其捕收效果与捕收速率强，被广泛应用于铅锌矿浮选分离。中性及弱碱性矿浆环境有利于乙硫氮在方铅矿表面吸附；在高碱条件下，添加石灰可以稳定方铅矿浮选矿浆电位。所以，硫氮类捕收剂对铅矿物有非常好的捕收效果，甚至优于黑药类捕收剂，尤其在加入亚硫酸钠后，黄药、黑药均受抑制，对乙硫氮反而有促进作用。

④ 硫醇类捕收剂

硫醇类捕收剂是含—SH 基最简单的捕收剂，通式为 RSH，具有恶臭，与金属能形成不溶性化合物，可作为某些钼矿，含金硫化矿和硫砷铜矿的捕收剂。硫醇及其衍生物中作为选矿药剂的有二硫醇、白药（二苯硫脲）、2-巯基苯并噻唑（MBT）和咪唑硫醇等。邻氨基苯硫酚可以较好地捕收铁闪锌矿。MBT 可以浮选方铅矿和闪锌矿，并在铜、铅、锌浮选分离时表现出很好的选择性。邻氟基苯硫酚、对氯/邻氨基苯硫酚和邻羟基苯硫等一系列新型捕收剂可以在不活化铁闪锌矿的情况下将铁闪锌矿捕收。丁基乙氧羰基硫脲（BECTU）和硫氨酯类捕收剂具有较好的黄铜矿浮选能力，且浮选效果随着捕收剂用量的增加和 pH 的降低而增强。新型捕收剂乙氧羰基硫脲（ECTU）在碱性和偏中性的 pH 环境中对闪锌矿和黄铁矿的分选效果较好。

（2）氢氧基捕收剂

氢氧基捕收剂主要有羧酸类捕收剂、羟肟酸类捕收剂、膦酸类捕收剂等。

① 羧酸类捕收剂

羧酸类捕收剂主要包括脂肪酸、妥尔油及氧化石油产物。脂肪酸按其碳链的饱和程度可分为饱和脂肪酸和不饱和脂肪酸。典型饱和脂肪酸有软脂酸（$C_{15}H_{31}COOH$）和硬脂酸（$C_{17}H_{35}COOH$），不饱和脂肪酸主要有油酸（顺式十八碳-9-烯酸）、亚油酸（顺式十八碳-9,12-二烯酸）、蓖麻酸（顺式-12-羟基十八碳烯-9-酸）。脂肪酸的结构对捕收剂的捕收性能会产生影响。其中亚油酸、油酸的比值越大，相同碳原子的碳链长度越短，碳链中双键的含量越高，则捕收剂的性能越好，选矿综合指标越优。α 取代的羧酸、脂肪酸、多元有机酸及其酯等脂肪酸衍生物是有效的磷酸盐捕收剂，其与少量的其他某种特定表面活性剂掺杂可以产生显著的协同效应，能实现环境温度下的磷矿浮选，从而具有很好的经济效益。

② 羟肟酸类捕收剂

羟肟酸类捕收剂是研究得较早且具代表性的类螯合捕收剂，螯合捕收剂分子结构中含有至少两个基团或原子，能同时与金属离子产生配位作用。羟肟酸是一种相当活泼的有机弱酸，通常以酮式或烯醇式两种形式存在。羟肟酸及其盐类捕收剂在钨矿、锡石、氧化铜矿、氧化锌矿等矿的浮选应用中取得了较好的选别指标（衡量选矿厂生产情况的重要指标，包括有用矿物或成分的原矿品位、精矿品位和选矿回收率等）。羟肟酸在稀土选矿及难选氧化类有色矿（如孔雀石、钛酸盐矿、锡石、钛铁矿及烧绿石）选矿中得到广泛应用。

③ 膦酸类捕收剂

磷酸 $(HO)_3PO$ 分子中一个或两个羟基为烷基或芳基置换的化合物称为脂肪族膦酸和芳香族膦酸。根据置换的烷基数目，可分为烷基膦酸 $RP(O)(OH)_2$ 和二烷基膦酸 $R_2P(O)OH$。苯乙烯膦酸为芳香族膦酸，它不仅是锡石的有效捕收剂，而且对黑钨矿、金红石等矿物也有良好的捕收性能。芳香族膦酸的捕收性能随烃链的增加而增强，但选择性下降，因此高级芳香族膦酸不适于用作锡石捕收剂。烷胺双甲基膦酸（浮锡灵）、二烷基次膦酸、二(2-乙基己基)膦酸（DE-2HPA）、有机膦酸螯合物等脂肪族膦酸对锡石的捕收性能较强。其中二烷基次膦酸兼有起泡性能和强捕收能力。同时，有机膦酸螯合物还可应用于萤石、磷矿、钨矿以及一些氧化矿物的浮选。

5.3.2.4 阳离子捕收剂

阳离子捕收剂为脂肪胺类捕收剂，根据结构可分为伯胺、仲胺、叔胺和季铵盐四种，根据 N 原子所连接烃链的特性，可分为脂肪胺、醚胺、醚二胺和缩合胺。

(1) 脂肪胺捕收剂

脂肪胺在水中的溶解度小，作为捕收剂使用时应配置成脂肪胺醋酸溶液或盐酸溶液使用。近年来，脂肪胺捕收剂在我国的应用得到了迅速发展。它可以捕收大多数氧化锌矿物，也是当前氧化锌矿浮选过程中应用最多的捕收剂。在弱碱性条件下，脂肪胺可作为反浮选脱硅的捕收剂。并且，它可用于浮选未经 CaO 活化的石英及其他硅酸盐矿物，也可用于浮选可溶性钾盐，从光卤石中浮选分离氯化钾，还作为络合剂浮选菱锌矿等。

(2) 醚胺捕收剂

醚胺类捕收剂的通式为 $ROCH_2CH_2CH_2NH_2$，其中 R 是 $C_{10}\sim C_{13}$ 的醚胺醋酸盐。与脂肪胺相比，醚胺在脂肪胺的烷基上引入一个醚基，这使得其熔点降低，溶解度增加，在矿浆中较易分散，浮选效果得到改善。

醚胺作为捕收剂反浮选石英、磷精矿时，矿物的品位显著提升，其效果好于脂肪酸类捕收剂。但由于醚胺捕收剂起泡性过强，所以在适应过程中存在泡沫多、消泡难和浮选剂易跑槽等缺点。

5.3.2.5 两性捕收剂

两性捕收剂指分子中同时带有阴离子官能团和阳离子官能团的异极性有机化合物。其阴离子官能团主要是—COOH、—SO_3H、—OCSSH 等，阳离子官能团主要是—NH_2。

两性捕收剂在酸性介质中荷正电，为阳离子捕收剂；在碱性介质中荷负电，为阴离子捕收剂。

两性捕收剂包括各种氨基酸、氨基磺酸以及用于浮选镍矿和次生铀矿的胺醇类黄药、二乙胺乙黄药等。自二十世纪七十年代，人们就对两性捕收剂在浮选各个领域的应用作了大量的研究。*N*-十二烷基亚氨基二乙酸钠浮选铬铁矿与硅孔雀石；C_{10}～C_{18}烷基氨基丙酸浮选磷灰石；*P*-氨基烷基膦酸盐分离萤石与白钨，*N*-酰氨基羧酸浮选分离萤石和方解石等说明两性捕收剂良好的捕收性能。但两性捕收剂在工业上的应用不多，其主要原因之一为成本较高。

5.3.2.6 非离子型和非极性捕收剂

非离子型捕收剂主要是非极性烃类油和不溶性的酯类，在水溶液中不能溶解形成离子。前者是非极性物质，主要用于分选非极性矿物，如煤、石墨等，也可以作某些极性矿物的辅助捕收剂。后者主要用于分选重金属硫化矿。

（1）硫氨酯类捕收剂

硫氨酯（硫代氨基甲酸酯），不溶于水，同时药剂有起泡性，对黄铜矿等有很强的捕收作用，对黄铁矿的捕收能力很弱，且在自然pH条件下选择性更好，可降低抑制黄铁矿所需的石灰用量。浮选时常将它们添加到磨矿中，用量仅为黄药的1/4～1/3。与传统的硫化矿捕收剂黄药相比，硫氨酯性质比较稳定（尤其在酸性介质中），它比黄药和黑药更贵。

（2）硫氮酯类捕收剂

硫氮酯是硫氮的衍生物，主要有硫氮丙烯酯、硫氮丙腈酯（酯-105）、硫氮丙烯腈酯等。新型硫氮丙烯腈酯捕收剂对硫化铜矿进行浮选的效果较好，矿物的回收率和品位均提高，且该药剂对复杂难选硫化矿捕收能力好、选择性高。新型硫氮酯在铜钼硫化矿的浮选中作为捕收剂时，铜、钼矿的回收率明显提高，同时捕收剂用量大幅度降低。

（3）非极性烃类油

非极性烃类油按照烃族组成可分为芳烃、烯烃和烷烃。烷烃又可分为正构烷烃、异构烷烃和环烷烃。在烃类油中还有一些含氧、含氮的化合物。非极性烃类油各组分的捕收作用强弱次序为：芳烃＞烯烃＞异构烷烃＞环烷烃＞正构烷烃；重芳烃（多环）＞轻芳烃（单环）。

煤油是煤泥浮选中应用最广泛的非极性烃类捕收剂之一。轻柴油组成波动比煤油大，尤其是芳烃含量，捕收性能比煤油高，但选择性不如煤油。因此，轻柴油作为浮选变质程度较低煤的捕收剂比较有利。页岩轻柴油中含有较多的不饱和烃（烯烃、芳烃），以及含氧、含氮物质，所以页岩轻柴油具有较强的捕收性能和一定的起泡性能，通常作为易选或中等易选煤泥浮选的捕收剂。

5.3.2.7 组合捕收剂

由于选矿难度的不断增加，组分单一的捕收剂通常难以满足难选矿石的选矿要求。组合用药不仅能使药剂成本大大降低，还能运用不同药剂之间的协同效应，提高药剂的浮选效果，捕收剂组合用药包括同类药剂间的混合使用以及不同类药剂混合使用两方面，如

表 5-2所示。

表 5-2　捕收剂的组合使用

混用体系		混用组合类型	举例
二元组合体系	异型组合体系	阴离子型+阳离子型	胺与高级黄药组合浮选氧化锌
		阴离子型+非离子型	黄药或黑药与 Z-200 组合浮选硫化铜
		阴离子型+非极性型	黄药与烃油组合浮选铜钼矿
		阳离子型+非离子型	—
		阳离子型+非极性型	胺与烃油组合浮选钾盐矿
		非离子型+非极性型	黄原酸酯与烃油组合浮选铜钼矿
	同型异类组合体系	阴离子型+阴离子型	黄药与黑药组合浮选含金硫化矿
		阳离子型+阳离子型	脂肪胺与醚胺组合浮选硅酸盐
		非离子型+非离子型	乙基黄原酸甲酸乙酯与 Z-200 组合浮选硫化铜
		非极性型+非极性型	石油、页岩油、柴油组合浮选辉锑矿
	同型同类组合体系	阴离子型+阴离子型	氧化石蜡皂与妥尔油组合浮选铁矿石
		阳离子型+阳离子型	高沸点脂肪胺与低沸点脂肪胺组合浮选石英
		非离子型+非离子型	—
		非极性型+非极性型	不同黏度的同类烃油组合浮选辉铜矿
多元组合体系	三元异型组合体系		伯胺与脂肪酸和煤油组合浮选镍矿
	三元同型组合体系		黄药与黑药和 HM-50 组合浮选镍矿
	三元异型、同型组合体系		黄药与黑药和 Z-200 组合浮选硫化铜矿

▶ 5.3.3　起泡剂

起泡剂指能降低水的表面张力形成泡沫，使充气浮选矿浆中的空气泡能附着于目的矿物颗粒上的一类表面活性剂。起泡剂的分子结构与捕收剂有相似之处，大多数是极性基和非极性基组成的异极性分子表面活性物质。

5.3.3.1　起泡剂性质

① 起泡剂的分子构造，通常一端是极性基，另一端为非极性基；极性基亲水，非极性基亲气。这使得起泡剂分子在空气与水的界面上产生定向排列。

② 起泡剂是表面活性物质，能够降低水的表面张力。表面活性指在溶液中由于增加单位起泡剂浓度而引起的表面张力降低的数值。一般来说，同一系列的有机表面活性剂，其表面活性按“三分之一律”（特鲁贝规律）递增，其溶解度按同样规律递减。以醇类为例，由乙醇起，任何一个醇的表面活性强度都是它的最邻近的低级醇的三倍，也是它的最邻近的高级醇的三分之一，而溶解度则按同样规律渐减。

③ 起泡剂要求有中等的溶解度一般为 0.2～5g/L。在同系物中表面活性随分子量增大而增强，但同时溶解度则随分子量增大而减小。起泡剂分子中的碳原子数一般为 5～11 个较为适合。

5.3.3.2 起泡剂作用机制

起泡剂使水-气界面的界面张力降低，促使空气在料浆中弥散，形成小气泡，防止气泡兼并，增大分选界面，提高气泡与颗粒的黏附和上浮过程中的稳定性，以保证气泡上浮形成泡沫层。起泡剂与捕收剂有联合作用。

起泡剂在气泡表面的吸附作用如图 5-7 所示。起泡剂分子的极性端朝外，对水的偶极有引力作用，使水膜稳定而不易流失。有些离子型表面活性起泡剂，带有电荷，各个气泡因同性电荷相互排斥而阻止兼并，增加了气泡的稳定性。

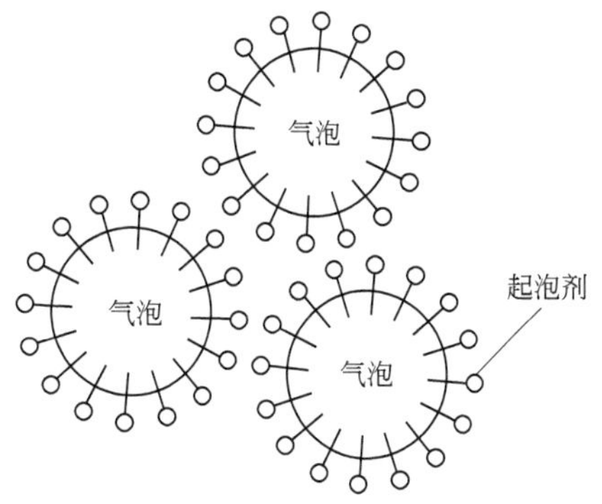

图 5-7 起泡剂在气泡表面的吸附作用

起泡剂与捕收剂的相互作用方式如图 5-8 所示。起泡剂与捕收剂不仅在气泡表面有联合作用，在废物表面也有联合作用，这种联合作用称为“共吸附”现象。由于废物表面和气泡表面都有起泡剂与捕收剂的共吸附，因此产生共吸附的界面“互相穿插”，这是颗粒向气泡附着的原因之一。

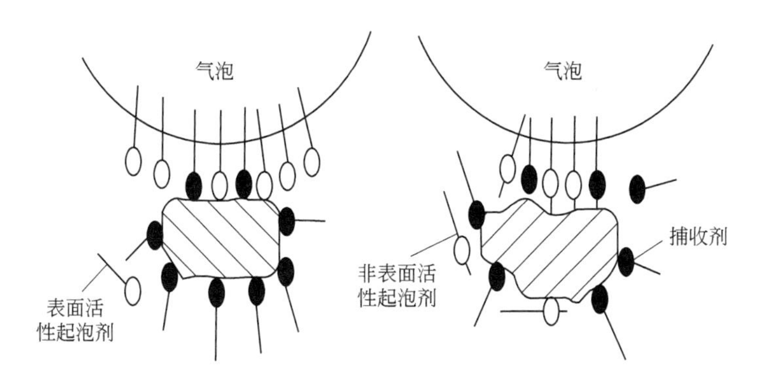

图 5-8 起泡剂与捕收剂相互作用方式

5.3.3.3 起泡剂的分类

常见的起泡剂有松油、松醇油、樟脑油、甲酚酸、醇类起泡剂、醚醇类起泡剂、醚类起泡剂、酯类起泡剂与其他起泡剂。

(1) 松油

松油是一种组成不定的萜类混合物，主要成分为 α-萜烯醇（占 55%～65%），其次为萜烯、仲醇及醚类化合物（占 40%左右）。松油是一种很好的起泡剂，它可以与黄药一起浮选铜矿、铅锌矿、金矿、碳酸钡矿等，也可以与胺类联合使用浮选磷矿、钾盐矿、锂辉石、独居石等。松油不但是起泡剂，而且具有一定的捕收能力。可以单独用松油或与其他起泡剂联合使用浮选辉钼矿、铋矿、硫黄、石墨等，或代替煤焦油浮选煤矿。

（2）松醇油

松醇油俗称 2# 油，有效成分为 α、β、γ 三种萜烯醇，含量大于 40%，此外还含有二十多种萜类化合物。2# 油用于工业生产后发现，其获得的浮选效果比天然松油好，所以自生产 2# 油以来，国内矿山普遍使用 2# 油。在东北、福建、湖南、云南等地都有大规模的 2# 油生产基地。

（3）樟脑油

樟脑油是我国的特产，用水蒸气蒸馏樟木片可以得到 1.0%～3.0%的挥发油，将挥发油冷却（冷冻）及用部分结晶法除去其中的樟脑及萨富罗尔香料后，余下的副产品就是樟脑油。樟脑油用作起泡剂选择性比松油好，多在精矿质量要求高或优先浮选的情况下使用。

（4）甲酚酸

甲酚酸又称甲酚油，是一种含有苯酚、甲苯酚、二甲苯酚、乙苯酚等低级酚的黄色至褐色油状物，可以从煤焦油和石油中提取。甲酚酸的亲水基为羟基，亲气基为苯环，可用作硫化矿浮选的起泡剂，但酚类有腐蚀性和毒性，为减少环境污染，很少使用。

（5）醇类起泡剂

醇类起泡剂的功能基是羟基（·OH），通式是 R—OH 或 ArR—OH（芳基烷基醇）R 代表直链、支链烷基或环烷基，Ar 代表芳香基。烷基醇一般称为脂肪醇，例如 2-乙基己醇和甲基异丁基甲醇等；环烷基醇如环己醇、环戊基甲醇等；芳基烷基醇的羟基不是直接连在芳烃基上，而是连在芳烷基的烷基上，如苄醇类。大量工业实践表明，人工合成醇类起泡剂在浮选中的使用效果优于天然起泡剂，并且没有捕收性能，起泡性能受矿浆 pH 影响较小，因此被广泛应用于许多选矿厂。

（6）醚醇类起泡剂

醚醇类起泡剂分子中既有醇基又有醚基。醇基氧原子及醚基氧原子存在的孤对电子都可以与水分子亲水结合，烃基亲气使气泡稳定，由于它们具有多个亲水基团，所以能完全溶解于水，降低水的表面张力。目前醚醇类及甲基异丁基甲醇起泡剂在选矿中的用量约占金属矿浮选起泡剂总用量的 90%。醚醇类起泡剂具有优良的起泡性能，可用于多种类型的硫化矿浮选，特点是用量少。

（7）醚类起泡剂

醚类起泡剂可以看作是醇类羟基中的氢原子被烷基所取代。三乙氧基丁烷（1,1,3-三乙氧基丁烷，英文缩写为 TEB，我国称为四号油）是最重要的醚类起泡剂，也是浮选起泡剂中使用较普遍的一种，它起泡性能好，对浮选介质酸碱度适应性强，同为各种金属矿和非金属矿的优良起泡剂。醚类药剂在选矿中不但作为起泡剂，而且还可以作为捕收剂等应用。含有炔基的醚类化合物还可以代替丁基黄药作为捕收剂使用，主要用于铜钼矿或铅钼矿以及铜矿的浮选。

（8）酯类起泡剂

酯类起泡剂一般由脂肪酸或芳香酸与醇反应制得，主要有混合脂肪酸乙酯和邻苯二甲酸酯类，其中混合脂肪酸乙酯是用石蜡氧化制备高级脂肪酸产生的低碳脂肪醇，而邻苯二甲酸酯类包括邻苯二甲酸双-3-甲氧基丙酯、邻苯二甲酸双-2-乙氧基乙酯和邻苯二甲酸双-2,3-二甲氧基丙酯，它们适用于浮选含有辉铜矿、黄铜矿及斑铜矿的硅酸盐铜矿，可以提高浮选效率及铜的回收率。

(9) 其他起泡剂

除了上述醇、醚、醚醇及酯类合成起泡剂外，目前出现了一些新型起泡剂，它们的分子中不仅含碳、氢、氧原子，而且还含有硫、氮、硅及磷等原子（杂原子）。

▶ 5.3.4 调整剂

调整剂是一种用来调整捕收剂的药剂及介质条件。其包括促进欲浮废物颗粒与捕收剂作用的活化剂、调整介质 pH 值的调整剂、控制非欲浮颗粒可浮性的抑制剂、促使料浆中非欲浮细粒成分分散状态的分散剂、使得料浆中欲浮细粒联合变成较大团粒的絮凝剂等。

常用的调整剂种类如表 5-3 所示。

表 5-3 调整剂类型

调整剂系列	pH 值调整剂	活化剂	抑制剂	絮凝剂	分散剂
典型代表	酸、碱	金属阳离子、阴离子 HS^-、$HSiO_3^-$ 等	O_2、SO_2 和淀粉、单宁等	腐植酸、聚丙烯酰胺	水玻璃、磷酸盐

(1) pH 值调整剂

pH 值调整剂用来调节矿浆的酸碱度，用以控制矿物表面特性、矿浆化学组成以及其他各种药剂的作用条件，从而改善浮选效果。常用的有石灰、碳酸钠、氢氧化钠和硫酸等。

① 石灰

石灰石（$CaCO_3$）在 1200℃高温条件下煅烧分解为生石灰（CaO）与 CO_2，生石灰易于吸水成为熟石灰［$Ca(OH)_2$］。熟石灰为白色粉状物质，不易溶解于水中，在浮选作业中通常直接添加到球磨机或者浮选前的搅拌槽中，也可以在搅拌中用水调成石灰乳，然后加入浮选机中，氢氧化钙是强碱，溶于水中的氢氧化钙完全电离，使溶液呈强碱性。石灰是最便宜的矿浆 pH 值调整剂，在多金属硫化矿床中，采用优先浮选时，常用石灰提高矿浆 pH 值，使黄铁矿受到抑制。

② 硫酸

工业上使用的硫酸呈褐色，常见的浓硫酸含 H_2SO_4 96%～98%，稀硫酸含 H_2SO_4 63%～65%。硫酸是浮选作业中最常用酸性调整剂。浓硫酸可以与水任意混溶。硫酸是一种强酸，在水溶液中电离出大量的氢离子。在稀释使用时要特别注意将硫酸向水中慢慢注入，避免大量的热使加入的水沸腾，致使硫酸飞溅造成烧伤事故。

③ 碳酸钠

苏打在工业上叫纯碱，是一种弱酸强碱盐，无色固体，易溶于水。碳酸钠水溶液显弱碱性，pH 值在 8～10 之间。在选硫化铅锌矿时采用优先浮选，选方铅矿抑制闪锌矿、黄铁矿，矿浆 pH 值调整为 8～10 之间。用碳酸钠而不用石灰的原因不仅是维持矿浆 pH 值稳定，而且避免 Ca^{2+} 对铅矿物的抑制作用。

(2) 活化剂

活化剂能增强矿物同捕收剂的作用能力，使难浮矿物受到活化而浮起，用作活化剂的选矿药剂有：硫酸、亚硫酸、硫化钠、硫酸铜、草酸、石灰、二氧化硫、硝酸铅、碳酸钠、氢氧化钠、铅盐、钡盐等。在浮选过程中增加矿物可浮性的作用叫活化作用，用来改变矿物表面组成。活化作用大致可分为自发活化作用、预先活化作用、复活作用、硫化作用。

(3) 抑制剂

抑制剂能提高矿物的亲水性并且阻止其与捕收剂作用，使其可浮性受到抑制。例如在优先浮选过程中使用石灰抑制黄铁矿，用硫酸锌和氰化物抑制闪锌矿，用水玻璃抑制硅酸盐脉石矿物，利用淀粉、栲胶（单宁）等有机物作为抑制剂达到多金属分离浮选的目的。常用抑制剂有硫化钠、硫酸锌、氰化钠、重铬酸钾、水玻璃、石灰、巯基乙酸钠、黄血盐、单宁、淀粉、羧甲基纤维素等。

① 硫化钠

硫化钠是有色金属氧化矿的活化剂，当添加量足够大时又是硫化矿的抑制剂。硫化钠是以煤、木炭等燃烧作为还原性气体还原硫酸钠（Na_2SO_4）而制得的。

硫化钠在浮选作业中作为硫化矿的抑制剂使用，在选钼的生产实践中用煤油为捕收剂浮选辉钼矿，由于辉钼矿的天然可浮性好，不受硫化钠的抑制，因此硫化钠使黄铁矿受到抑制，经过几次精选便可得到合格的钼精矿。

② 硫酸锌

利用金属加工厂的锌屑与稀硫酸作用而制得。硫酸锌是闪锌矿的抑制剂，单独使用效果不明显，而在与碱氰化钠、亚硫酸钠等共用时抑制作用强烈，且矿浆的 pH 值越高抑制效果越好。

③ 氰化钠（钾）

多金属矿床采用优先浮选工艺流程时，使用氰化钠抑制黄铁矿、闪锌矿、黄铜矿等硫化矿物，氰化钠与硫酸锌混合使用对闪锌矿的抑制效果良好，当氰化钠用量较少时就能抑制黄铁矿，用量稍多时便能抑制闪锌矿，用量加大时能抑制各种硫化铜矿物。

但在生产实践中，由于氰化钠有毒性，时常采用二氧化硫或亚硫酸钠代替。二氧化硫、亚硫酸钠的抑制效果弱，但其毒性更小。另外，被二氧化硫、亚硫酸钠抑制过的矿物较容易被硫酸铜活化，而被氰化钠抑制过的矿物较难活化。

④ 石灰

石灰可以抑制黄铁矿，在其表面生成硫酸钙、碳酸钙和氧化钙的水合物薄膜。被石灰抑制的黄铁矿可以用碳酸钠和硫酸铜，也可以通过加入硫酸将矿浆 pH 值降低至 6～7 的方法进行活化，从而进一步加丁基黄药浮选黄铁矿。

⑤ 水玻璃

水玻璃是一种无机胶体，是浮选作业最常使用的抑制剂。水玻璃对石英、硅酸盐类矿物以及铝硅酸盐矿物（如云母、长石、石榴子石等）有很好的抑制作用，并作为脉石的抑制剂大量使用。

水玻璃的抑制作用主要是由于含有 $HSiO_3^-$ 和 H_2SiO_3，硅酸分子 H_2SiO_3 和硅酸离子 $HSiO_3^-$ 具有较强的水化性，是一种亲水性很强的胶粒和离子。它们与硅酸盐矿物具有相同的酸根，容易在石英及硅酸盐矿物的表面发生吸附而形成亲水性薄膜，增大矿物表面的亲水性，使之受到抑制。

⑥ 巯基乙酸钠

巯基乙酸钠用于选钼精选作业，钼精矿含铜比较高时加入巯基乙酸钠抑制铜。可以将钼精矿含铜量降低。

⑦ 草酸

草酸（乙二酸）是一种饱和的二元酸，它是重晶石和石榴子石的有效抑制剂，并且常用作各种硅酸盐的抑制剂，在稀有金属矿的分离，如稀土矿、钽铌矿、独居石、锡石等浮选时应用。

⑧ 羧甲基纤维素

羧甲基纤维素，工业产品为淡黄色絮状物质，化学性质比较稳定，可溶于水。羧甲基纤维素是辉石、蛇纹石、角闪石、高岭土、绿泥石等含镁硅酸盐矿物的有效抑制剂，对石英、碳质脉石、泥质脉石（硅酸盐矿物风化产物）等也有抑制作用。在镍矿浮选用羧甲基纤维素抑制辉石、角闪石，比用水玻璃的效果好。

（4）分散剂

分散剂能阻止细矿粒聚集，使其处于单体状态。分散剂的作用与絮凝剂恰恰相反，常用的分散剂有水玻璃、磷酸盐等。

在浮选作业中，最常用的分散剂是水玻璃。水玻璃对矿泥有分散作用，对提高有价金属的精矿品位也有明显效果。

同一种药剂在不同的浮选条件下，往往有不同的作用。例如水玻璃对矿泥有分散作用，对石英有抑制作用，也能调整矿浆的 pH 值。所以，调整剂的分类具有良好的灵活性。

5.4 化学浸出材料

5.4.1 化学浸出的目的及适用对象

所谓溶剂浸出，是用适当的溶剂与废物作用使物料中有关的组分有选择性地溶解的物理化学过程。浸出主要用于处理成分复杂、嵌布粒度微细且有价成分含量低的矿业固体废物、化工和冶金过程的废弃物。浸出的目的是要使物料中有用或有害成分能选择性地最大限度地从固相转入液相。所以，溶剂的选择成为浸出工艺的关键环节。选择溶剂一般要注意以下几点：①对目的组分选择性好；②浸出率高，速率快；③成本低，容易制取，便于回收和循环使用；④对设备腐蚀性小。

5.4.2 酸浸出剂

凡废物中的成分可溶解进入酸溶液的都可以采用此方法。酸浸包括简单酸浸、氧化酸浸和还原酸浸。常用酸浸剂有稀硫酸、浓硫酸、盐酸、硝酸、王水、氢氟酸、亚硫酸等。

(1) 简单酸浸

适用于浸出某些易被酸分解的简单金属氧化物、金属含氧盐及少数的金属硫化物中的有价金属。

$$M_2O_y + 2yH^+ \longrightarrow 2M^{y+} + yH_2O$$

$$MO + Fe_2O_3 + 8H^+ \longrightarrow M^{2+} + 2Fe^{3+} + 4H_2O$$

$$MAsO_4 + 3H^+ \longrightarrow M^{3+} + H_3AsO_4$$

$$MO \cdot SiO_2 + 2H^+ \longrightarrow M^{2+} + H_2SiO_3$$

$$MS + 2H^+ \longrightarrow M^{2+} + H_2S\uparrow$$

大部分金属的简单氧化物、铁酸盐、砷酸盐和硅酸盐能简单酸浸。大部分金属硫化物不能进行酸浸，只有 FeS、α-NiS、CoS、MnS 和 Ni_3S_2 能简单酸浸。简单酸浸是含铜废物回收金属铜的重要方法。

常见的含铜矿物有孔雀石［$CuCO_3 \cdot Cu(OH)_2$］、蓝铜矿［$2CuCO_3 \cdot Cu(OH)_2$］、黑铜矿（CuO）、赤铜矿（Cu_2O）、硅孔雀石（$CuSiO_3 \cdot 2H_2O$）、铜蓝（CuS）、辉铜矿（Cu_2S）、黄铜矿（$CuFeS_2$）和自然铜。一般的含铜矿物均较易酸浸出，但赤铜矿、硫化铜矿（包括铜蓝、辉铜矿和黄铜矿）需要氧化剂的参与才能完全浸出。而原生的黄铜矿和自然铜即使有氧化剂存在其浸出率也相当低，其含量高时宜用氧化酸浸或其他浸出方法。

(2) 氧化酸浸

多数金属硫化物在酸性溶液中相当稳定，不易简单酸浸。但在有氧化剂存在时，几乎所有的金属硫化物在酸液中或在碱液中均能被氧化分解而浸出，其氧化分解反应式为：

$$MS + H^+ + \text{氧化剂} \longrightarrow M^{2+} + S^0 \text{ 或 } SO_4^{2-}$$

常压氧化酸浸常用的氧化剂有 Fe^{3+}、Cl_2、O_2、HNO_3、NaClO、MnO_2、H_2O_2 等。通过控制酸用量和氧化剂用量来控制浸出时的 pH 和电位，使金属硫化物中的金属组分呈离子形式转入浸液，使硫化物中的硫元素转化为单质硫或硫酸根。

在氧气的作用下，直接将硫化锌精矿中的硫化物溶解到溶液中，而不需要经过焙烧工序，也不产生 SO_2 气体，主要的化学反应方程式如下：

$$2ZnS + O_2 + 4H^+ \longrightarrow 2Zn^{2+} + 2S + 2H_2O$$

$$4FeS + 3O_2 + 12H^+ \longrightarrow 4Fe^{3+} + S + 6H_2O$$

$$2Fe^{3+} + ZnS \longrightarrow Zn^{2+} + 2Fe^{2+} + S$$

$$4Fe^{2+} + O_2 + 4H^+ \longrightarrow 4Fe^{3+} + 2H_2O$$

氧化酸浸还常用于浸出某些低价化合物，使其中的低价金属氧化成高价金属离子转入酸液中。如赤铜矿、辉铜矿中的铜的氧化酸浸：

赤铜矿 $$2Cu_2O+8H^+ +O_2 \longrightarrow 4Cu^{2+} +4H_2O$$

辉铜矿 $$2Cu_2S+8H^+ +O_2 \longrightarrow 4Cu^{2+} +2H_2S+2H_2O$$

热的浓硫酸为强氧化酸，可将大部分的金属氧化物转变为相应的硫酸盐，其反应式为：

$$MS+2H_2SO_4 \xrightarrow{\triangle} MSO_4 +SO_2\uparrow +S+2H_2O$$

加压酸浸法是利用高温、高压强化浸出的过程。随着铁酸锌的分解，溶液中高浓度的 Fe^{3+} 提高氧化还原电位以及抑制溶液中其他有价金属的高效浸出。加压酸浸工艺使 Fe^{3+} 减少对锌铁尖晶石的分解过程的阻碍作用，且提高锌、锗等有价金属综合回收率。主要化学反应方程式如下所示：

$$GeS_2 +4H^+ +4NO_3^- \longrightarrow GeO_2 +2SO_{2(g)} +4NO_{(g)} +2H_2O$$

$$3Ge+2H^+ +2NO_3^- \longrightarrow 3GeO+2NO_{(g)} +H_2O$$

$$GeS+2H^+ +2NO_3^- \longrightarrow GeO+SO_{2(g)} +2NO_{(g)} +H_2O$$

与常压氧化浸出相比，加压酸浸出工艺具有工艺流程短，生产效率高，没有废气和烟尘产生，操作环境好，很大程度减少对环境的危害等优点。但加压酸浸出渣体量大，铅、银等有价金属在浸出渣中的品位较低、综合回收比较困难。此外，加压酸浸出工艺对于浸出设备要求较高，投资大。

(3) 还原酸浸

主要用于浸出变价金属的高价金属氧化物和氢氧化物。还原酸浸反应式如下：

$$M_xO_y[\text{或 }M(OH)_y]+H^+ +\text{还原剂} \longrightarrow M^{n+} +H_2O$$

有色金属冶炼过程产出的镍渣、锰渣、钴渣等可进行还原酸浸，其反应式如下：

$$MnO_2 +2Fe^{2+} +4H^+ \longrightarrow Mn^{2+} +2Fe^{3+} +2H_2O$$

$$3MnO_2 +2Fe+12H^+ \longrightarrow 3Mn^{2+} +2Fe^{3+} +6H_2O$$

$$2Co(OH)_3 +SO_2 +2H^+ \longrightarrow 2Co^{2+} +SO_4^{2-} +4H_2O$$

$$2Ni(OH)_3 +SO_2 +2H^+ \longrightarrow 2Ni^{2+} +SO_4^{2-} +4H_2O$$

在酸浸过程中，铁酸锌分解会有大量的 Fe^{3+} 产生，这会促进反应的氧化还原电位升高，从而影响锌和锗的浸出过程，对其产生抑制作用。为了降低甚至消除这种消极影响，在酸浸出过程中将 Fe^{3+} 离子还原成 Fe^{2+} 的思路得到广泛的认可，使其为促进铁酸盐溶解提供了新思路。用硫酸肼作为还原剂可以得到理想效果，硫酸肼使得锌矿与铁矿的溶解效率提高。用硫化钠作为还原剂，能实现将热酸中的 Fe^{3+} 还原为 Fe^{2+}，使得铁酸锌的分解效率提高，从而提高金属浸出率。

5.4.3 碱浸出剂

碱性溶剂浸出（碱浸）过程选择性高，可获得较纯净的浸出液，且设备防腐问题较易解决。常用的碱浸药剂包括碳酸铵、氨水、碳酸钠、苛性钠和硫化钠等，相应的浸出方法包括氨浸、碳酸钠溶液浸出、苛性钠（NaOH）溶液浸出和硫化钠溶液浸出等。

(1) 碳酸钠溶液浸出

凡是能与碳酸钠反应生成可溶性钠盐的固体废物，都可采用碳酸钠溶液浸出的方法来提取其中的有价金属，特别是碳酸盐含量较高的废物更适宜采用这种浸出方法。如经焙烧过的钨矿中的 W 可用 Na_2CO_3 浸出，生成可溶性的钨酸钠，其化学反应式为：

$$CaWO_4+Na_2CO_3+SiO_2 \longrightarrow Na_2WO_4+CaSiO_3+CO_2\uparrow$$

(2) 氨浸

在碱性溶液浸出中，氨浸是对含 Cu、Ni、Co 元素的固体废物的浸出中应用较多的方法。Cu、Ni、Co 能与氨生成稳定的络合物，而其他金属或不生成络合物，或只生成不稳定的络合物。因此氨浸对 Cu、Ni、Co 具有较高的选择性，对设备的腐蚀性小。

工业实践中，浸出剂往往用 $NH_3 \cdot H_2O$ 和 $(NH_4)_2CO_3$ 混合液。其主要反应过程如下所示：

$$CuO+2NH_4OH+(NH_4)_2CO_3 \longrightarrow Cu(NH_3)_4CO_3+3H_2O$$

$$Cu(NH_3)_4CO_3+Cu \longrightarrow Cu_2(NH_3)_4CO_3$$

$$Cu_2(NH_3)_4CO_3+(NH_4)_2CO_3+2NH_3 \cdot H_2O+\frac{1}{2}O_2 \longrightarrow 2Cu(NH_3)_4CO_3+3H_2O$$

浸出液经固液分离得到含铜的氨浸液，对其进行蒸馏，氧化铜以沉淀析出，NH_3 和 CO_2 冷凝吸收得 $(NH_4)_2CO_3$ 和 $NH_3 \cdot H_2O$，返回浸出作业再利用。

(3) NaOH 浸出

NaOH 浸出法俗称烧碱浸出法。用氢氧化钠与混合稀土精矿反应生成氢氧化稀土沉淀，分解过程中发生的主要反应化学方程式如下所示：

$$REFCO_3+3NaOH \longrightarrow RE(OH)_3+NaF+Na_2CO_3$$

$$REPO_4+3NaOH \longrightarrow RE(OH)_3+Na_3PO_4$$

$$Th_3(PO_4)_4+12NaOH \longrightarrow 3Th(OH)_4+4Na_3PO_4$$

该方法在分解过程中无有害气体产生，产生的废渣含量少，废水比较容易处理，并且所需的分解温度低，通过后续处理即可得到较高纯度的氯化稀土溶液。但是混合稀土精矿中含有萤石，该工艺很难将其中的钙元素从沉淀中分离，这就影响了稀土的回收率。而且该工艺对混合稀土精矿的品位要求较高，浸出剂烧碱的价格高且对设备要求高，成本增加。所以，该工艺很少运用于工业生产中。

(4) 硫化钠浸出

硫化钠浸出-空气氧化法属于硫化钠浸出法的一种。该法利用硫化锑溶于硫化钠水溶液而硫化铅不溶于硫化钠水溶液的原理实现铅锑分离。

精矿中的硫化锑在 Na_2S 作用下，将会发生溶解反应：

$$Sb_2S_3+3Na_2S \longrightarrow 2Na_3SbS_3$$

该工艺具有可一步有效地使锑与铅等有价金属分离，直接生产出合格的焦锑酸钠产品以及无废水、废气排放等优点，但产生的铅渣需另行处理。

5.4.4 盐浸出剂

中性浸出剂是水和盐，如氯化钠、高价铁盐、氯化铜和次氯酸钠等溶液。

当硫化铜矿经硫酸酸化焙烧后，其可溶性的 $CuSO_4$ 即可用水浸出。其浸出反应为：

$$CuSO_4(固)+H_2O \longrightarrow Cu^{2+}+SO_4^{2-}+H_2O$$

当铌铁矿与 NaOH 一起进行焙烧之后，变成 Na_5NbO_5，它可以用 H_2O 浸出，生成含水的铌酸钠：

$$Fe(NbO_3)_2+10NaOH \xrightarrow{熔融} 2Na_5NbO_5+FeO+5H_2O$$

$$12Na_5NbO_5+55H_2O \longrightarrow 7Na_2O \cdot 6Nb_2O_5 \cdot 32H_2O+46NaOH$$

某些重金属及其硫化物可以用 $FeCl_3$ 或 $Fe_2(SO_4)_3$ 浸出。如废料中含有 NiS，则可以用 $Fe_2(SO_4)_3$ 浸出。其化学反应式为：

$$NiS+Fe_2(SO_4)_3 \longrightarrow NiSO_4+2FeSO_4+S$$

实际生产中，为了提高浸出效果和防止液相中盐类水解，往往将其调成酸性，所以实际是在酸性条件下浸出的。

用 NaCN 溶液浸出含金废渣是典型的氰化物浸出工艺，其化学反应式为：

$$2Au+4NaCN+H_2O+\frac{1}{2}O_2 \longrightarrow 2NaAu(CN)_2+2NaOH$$

Au 在含 NaCN 0.03%～0.15%的低浓度溶液中溶解的速率最快，浸出也较彻底，但当 NaCN 浓度超过 0.2%时，则 Au 的溶解速率反而下降。工业上常常用提高溶液中含氧浓度来强化 Au 的浸出率。由于反应产物生成 NaOH，溶液总是显碱性的，所以也可以把 NaCN 溶液浸出归入碱性浸出，但其浸出剂 NaCN 是盐。

5.5 用于固体废弃物的稳定化材料

5.5.1 稳定化的目的及适用对象

固体废弃物的稳定化是指通过化学手段将有毒有害污染物转变为低溶解性、低迁移性及低毒性的物质的过程。化学稳定化技术对于酸性废物、氧化剂、硫酸盐废物、卤化物废物以及重金属盐等均有良好的适应性。化学稳定化处理固体废弃物的优点在于技术上已经非常的成熟，根据使用化学试剂的不同已有多种化学稳定化技术的应用，且不同的技术都有良好的稳定化效果，基本上不会增容或者增重，处理处置的成本比较低廉，能保证长期的稳定性。

化学稳定化的方法主要被用于处理具有毒性和强反应性等的危险性质废物，使其满足填埋处置的要求。稳定化材料的基本要求包括材料使用过程简单，能避免二次污染、产品性能高，能有效减少有毒有害物质逸出和价格低廉、来源丰富等。然而，化学稳定化的缺点在于需要根据不同的废物研究合适的配方，当废物成分发生变化时，特别是 pH 值等变化会严重影响稳定化效果。药剂稳定化技术可以通过改进药剂的结构和性能使其与废水中危险成分之间的化学作用得到强化，进而提高稳定化产物的长期稳定性，减少最终处置过程中稳定化产物对环境的影响。

▶ 5.5.2 中和剂

在化工、冶金、电镀等工业生产中经常产生大量的含重金属的酸、碱性泥渣，威胁土壤和水体，需进行中和处理便于后续处理。

(1) 酸性中和剂

在固体废弃物的无害化处理过程中，一个重要的处理条件就是废弃物的酸碱性。酸性中和剂的作用在于调节废弃物的 pH 值，使之达到可以发生沉淀的 pH 值或者是完全中和的目的。常见的木质素废渣和造纸污泥及废渣是典型的高 pH 值废物，处理时常通过加酸中和调节。常用的酸为价格低廉的无机酸，如盐酸、硫酸、磷酸等。

(2) 碱性中和剂

碱性中和剂一般包括碱和强碱弱酸盐及碱性氧化物。碱的作用主要是调节 pH 值，而使用强碱弱酸盐和碱性氧化物的主要目的一般是发生沉淀作用。

① 氢氧化物

和酸相似，氢氧化物作为中和剂主要目的在于调节 pH 值，也可使某些物质如重金属等达到溶度积进而发生沉淀，减少金属离子的迁移性。淀粉生产工艺残留的废渣是典型的酸性废弃物，处理时可用碱进行调节。常见的碱中和剂有氢氧化钠、氨水、氢氧化钾、氢氧化钡等。

② 硫化物

硫化物作为一种常见的沉淀剂，可以与重金属离子发生沉淀反应。在硫化沉淀过程中，为了防止 H_2S 的逸出和沉淀物的再溶解，需要将 pH 值保持在 8 以上，由于固体废物中金属都容易与硫离子反应，因此硫化剂的添加量应根据所需达到的指标综合确定，废物中的 Ca、Mg、Fe 等会与重金属竞争硫离子。常见的硫化物沉淀剂包括硫化钠、硫氢化钠、硫化钙、硫化亚铁和单质硫等。

③ 硅酸盐

硅酸盐沉淀剂也可用来稳定重金属。重金属与硅酸根之间生成一种可被看作是由水合金属离子与二氧化硅或硅胶按照不同比例结合而成的混合物，由于硅酸盐材料在较宽的 pH 值内（2～11）溶解度都较低，因此该方法在实际应用中不广泛。

④ 碳酸盐

碳酸盐沉淀剂适用于一些碳酸盐溶解度低于其氢氧化物的重金属如钡、镉、铅等，碳酸盐溶解度比氢氧化物低，当 pH 值低时，CO_2 被逸出，pH 值很高时，最终产物也只能是氢氧化物而不是碳酸盐沉淀，因此碳酸盐沉淀剂的使用需要合适的 pH 值范围，这大大缩窄了碳酸盐沉淀法的适用范围，应用受到限制。

⑤ 磷酸盐

磷酸盐沉淀剂是利用磷酸根与可溶性的重金属离子反应，生成不溶的金属磷酸盐，如 $Pb_2(PO_4)_2$、$Cd_2(PO_4)_2$，或者是具有高稳定性的磷灰石族矿物，从而达到稳定重金属的目的，在处理过程中不会产生有毒有害的气体，相比于硫化物更安全可靠。但是该技术也存在弊端，如受到金属磷酸盐沉淀溶解度以及所发生的矿物稳定性的限制和对不同金属沉淀的性能差异很大等。

▶ 5.5.3 氧化解毒剂

氧化解毒剂是指向废物中投加某种强氧化剂，可以将污染物转化成 CO_2 和 H_2O，或转化成毒性很小的中间产物或化学性质稳定的组分，以达到稳定化目的。常用的氧化剂有臭氧、过氧化氢、氯气和漂白粉等。

（1）臭氧

臭氧氧化可以去除固废中的酚、氰等污染物质。用臭氧法处理含酚、氰等污染物实际需要的臭氧量和反应速度，与废物中所含其他还原性污染物的量和 pH 值有关，因此应进行必要的预处理。

一般来说，把酚氧化成为二氧化碳和水，臭氧需要量在理论上是酚含量的 7.14 倍。用臭氧氧化氰化物，第一步把氰化物氧化成微毒的氰酸盐，臭氧需要量在理论上是氰含量的 1.84 倍；第二步把氰酸盐氧化为二氧化碳和氮，臭氧需要量在理论上是氰含量的 4.61 倍。此外，臭氧还可分解废水中的烷基苯磺酸钠、蛋白质、氨基酸、有机胺、木质素、腐殖质、杂环状化合物及链式不饱和化合物等污染物。

（2）过氧化氢

H_2O_2 是一种绿色的氧化剂，具有较强的氧化能力，氧化分解有机污染物的机理与臭氧相似，当污染物中存在某种催化剂时，H_2O_2 可以产生氧化性能更高的羟基自由基，从而大大提高 H_2O_2 体系的氧化性能，降低有机污染物的毒性，使其达到稳定化。H_2O_2 可有效地氧化氰化物，既能处理高浓度氰化物如丙烯腈生产排放物，也能用于处理沥取金矿时产生的含氰废渣，用 H_2O_2 处理含氰废渣效果好、无二次污染、处理过程简单，但处理成本较高。

（3）氯漂白粉

用氯的氧化物破坏剧毒的氰化物是一种经典的方法，但是一般需要在碱性条件下方可进行。氯气和氯化物在废物处理中常被用作氧化剂，主要是氯水解产生或氯化物中的 ClO^- 进行氧化污染物，解离过程受 pH 值影响，pH 值高于 7.5 时，ClO^- 为主要存在形式，氧化效果最好。如果废物是液态的则可以将氯气直接通入废物中发生水解反应生成次氯酸，反应为 $Cl_2 + H_2O \longrightarrow HClO + H^+ + Cl^-$，次氯酸是一种弱酸，可以解离为 $HClO \longrightarrow ClO^- + H^+$。漂白粉是次氯酸盐，主要是次氯酸钠和次氯酸钙，电离生成的次氯酸根具有氧化性。

▶ 5.5.4 还原解毒剂

还原解毒剂和氧化解毒剂作用机理相反，通过加入还原剂促进还原反应发生以降低废弃物中有毒物质的毒性。常见的还原解毒剂有硫酸亚铁、硫代硫酸钠、亚硫酸氢钠、二氧化硫、煤炭、纸浆废液、锯木屑和谷壳等还原性较强的物质。

(1) 硫酸亚铁

电镀含铬废渣的铬的存在形式有Cr(Ⅵ)和Cr(Ⅲ)两种，其中以Cr(Ⅵ)的毒性最大。硫酸亚铁还原法处理含铬废弃物是一种成熟的较老的处理方法。由于药剂来源容易，若使用钢铁酸洗废液的硫酸亚铁时，成本较低，除铬效果也很好。硫酸亚铁中主要是亚铁离子起还原作用，在酸性条件下（pH值=2～3），其还原反应为：

$$H_2Cr_2O_7+6FeSO_4+6H_2SO_4 \longrightarrow Cr_2(SO_4)_3+3Fe_2(SO_4)_3+7H_2O$$

用硫酸亚铁还原六价铬得到的最终产物中同时含有Cr^{3+}和Fe^{3+}，所以Cr^{3+}和Fe^{3+}一起沉淀，常出现增容，废物回收价值较低，这是本法的最大缺点，但是该方法的优点是不产生有毒致癌的气体且价格低廉。

(2) 硫代硫酸钠

硫代硫酸钠是无色透明的晶体，易溶于水，其水溶液呈弱碱性，是一种常见的还原性物质，在不同条件下可以被氧化为不同的物质。硫代硫酸钠在废弃物处理过程中能够帮助络合剂结合更多的金属离子，特别是铬和汞等重金属离子，以及氰化物、铊和砷等。硫代硫酸钠在碱性和中性条件下很稳定，酸性条件下易分解。

(3) 亚硫酸氢钠/二氧化硫

亚硫酸氢钠和二氧化硫都属于+4价硫，具有较强的还原性。在处理废弃物时主要生成硫酸盐沉淀，既可以改变化合物价态使其往低毒方向转化，又可使其沉淀减弱其迁移性。

▶ 5.5.5 其他稳定化材料

螯合剂包括无机螯合剂和有机螯合剂两类，主要目的在于螯合重金属。磷酸酯、柠檬酸盐、葡萄糖酸、EDTA、二硫代氨基甲酸盐、硫脲、硫代酰胺和黄原酸盐等是常见的螯合试剂。与重金属可形成稳定的螯合物。高温、强氧化剂、高的pH值会破坏螯合。

从理论上来说，有机螯合剂相比于无机螯合剂具有很多优点，例如有机含硫化合物普遍具有很高的分子量与重金属形成的不可溶性沉淀具有相当好的工艺性能，易于沉降和过滤等后续单元操作，在实际应用中，有机含硫化合物可以将废水或固体废弃物中的重金属离子降至很低，适应的pH值范围也较大。

5.6 用于固体废弃物的固定化材料

▶ 5.6.1 固定化的目的及适用对象

固体废弃物固化材料是通过物理或化学方法与有害的固体废弃物结合，从而使固体废弃物被固定或包容的惰性材料。固体废弃物的固化处理方法按原理可分为包胶固化、自胶结固化和玻璃固化。包胶固化又可根据包胶材料分成水泥固化、石灰固化、热塑材料固化和有机聚合物固化；自胶结固化是利用废物自身的胶结特性来达到固化目的的方法，只适于含有大量能成为胶结剂的废物；玻璃固化是废物掺和在玻璃基料中形成玻璃固化体的过程，主要用于处理放射性废物。目前固化处理的材料主要有水泥、石灰、热塑性材料、热固性材料、玻璃等。

5.6.2 水泥固化材料

水泥固化技术用水泥将工业固体废弃物密封起来，阻止工业固体废弃物中的有害物质扩散到环境中，同时不会对环境造成二次污染。水泥固化技术可以起到将废弃物与环境隔绝的作用，实现对工业固体废弃物的无害化处理。因此，水泥是最常用的一种固化剂，也是一种无毒无害的固化剂。

水泥属于无机胶凝材料中的水硬性胶凝材料，它与土体拌和后能起到固结土粒、填充粒间孔隙的作用，从而改变土体力学性质。此外，水泥在空气中和水中均能很好地硬化，并保持和发展其强度，水硬性胶凝材料的耐水性好，可用于潮湿环境或水中。当它与水反应后会形成一种水合凝胶对废物进行固化，形成具有一定强度的固化体，从而达到降低废物中危险成分浸出的目的，包括两种作用：凝胶包容和离子沉淀。凝胶包容指水泥与污泥中的水发生水化反应，生成的凝胶将污泥中的固态物质包容（污泥中的固态物成为水化物的骨料从而被水泥凝胶包容）。离子沉淀是由于水泥是一种碱性物质，污泥中的重金属离子与水泥中的 OH^- 反应生成难溶于水的沉淀（重金属离子以其稳定的化合物形式存在于水泥制品中）。

水泥的种类有很多，主要有：硅酸盐水泥，以石灰、黏土为主要原料的水泥；矿渣水泥，加入了一定量的高炉水淬渣；粉煤灰水泥，加入了一定量的粉煤灰；高铝水泥，加入了一定量的高铝原料，如铝土。每种水泥固化的特点和应用范围也不同：硅酸盐水泥，适用于腐蚀性不强的污泥（因硅酸盐水泥易于和污泥中的油类、有机酸、金属氧化物反应，损害凝结硬化过程）；矿渣水泥，具有抗硫酸盐和抗化学腐蚀性；粉煤灰水泥，可用于抗硫酸盐。其中最常用的是硅酸盐水泥和火山灰质硅酸盐水泥。

水泥土的性能因水泥矿物颗粒各成分之间配比不同而有所区别，用于固化土体的水泥主要是硅酸盐水泥、普通硅酸盐水泥和矿渣硅酸盐水泥。水泥与土体拌和后，水泥中的矿物成分将会与土颗粒中的水发生剧烈的水解和水化反应，各成分之间的反应过程如下：

① 硅酸三钙（$3CaO\cdot SiO_2$）水化反应生成水化硅酸钙和氢氧化钙，两者均对土体具有胶结特性，这是提高固化土强度的决定因素：

$$2(3CaO\cdot SiO_2)+6H_2O\longrightarrow 3CaO\cdot 2SiO_2\cdot 3H_2O+3Ca(OH)_2$$

② 硅酸二钙（$2CaO\cdot SiO_2$）水化反应生成水化硅酸钙和氢氧化钙，主要形成固化土的后期强度：

$$2(2CaO\cdot SiO_2)+4H_2O\longrightarrow 3CaO\cdot 2SiO_2\cdot 3H_2O+Ca(OH)_2$$

③ 铝酸三钙（$3CaO\cdot Al_2O_3$）水化反应生成水化铝酸钙，其水化速度最快，剧烈反应产生的热量也最快，对大体积混凝土会带来严重不利后果，但能促进混凝土的早凝：

$$3CaO \cdot Al_2O_3 + 6H_2O \longrightarrow 3CaO \cdot Al_2O_3 \cdot 6H_2O$$

④ 铁铝酸四钙（$4CaO \cdot Al_2O_3 \cdot Fe_2O_3$）水化反应生成水化铝酸钙和水化铁酸钙，这类生成物能促进固化土体的早期强度：

$$4CaO \cdot Al_2O_3 \cdot Fe_2O_3 + Ca(OH)_2 + 11H_2O \longrightarrow 3CaO \cdot Al_2O_3 \cdot 6H_2O + 2CaO \cdot Fe_2O_3 \cdot 6H_2O$$

⑤ 硫酸钙（$CaSO_4$）与铝酸三钙一起与水发生反应，生成水泥杆菌（$3CaO \cdot Al_2O_3 \cdot 3CaSO_4 \cdot 32H_2O$），把大量的自由水以结晶水的形式固定下来：

$$3CaSO_4 + 3CaO \cdot Al_2O_3 + 32H_2O \longrightarrow 3CaO \cdot Al_2O_3 \cdot 3CaSO_4 \cdot 32H_2O$$

在不同的温度条件下，水泥会生成不同类型的水化产物，有的会进一步硬化形成水泥石骨架，有的则与土相互作用，其相互作用可归纳为离子交换及团粒化作用、硬凝反应、碳酸化作用。在实际工程应用中，水泥土的物理力学性质受原状土成分的影响较大；此外，水泥固化土的干缩系数和温缩系数均较大，在不利的养护条件下，易导致水泥土开裂；同时水泥的初凝和终凝时间较短，一般要求在3～4h内完成加水、拌土、碾压各个工序。

以水泥为基本材料的固化技术最适用于处理无机类型的废物，尤其是含有重金属污染物的废物，这是由于水泥的pH较高，使得几乎所有的重金属形成不溶性的氢氧化物或碳酸盐形式而被固定在固化体中。但是，有机物对水化过程有干扰作用，使凝结时间延长，稳定化过程变得困难，使固化体最终强度减小，这可能导致生成较多的无定型物质而干扰最终的晶体结构形式。在固化过程中加入黏土、蛭石以及可溶性的硅酸钠等物质，可以缓解有机物的干扰作用，提高水泥固化的效果。但水泥在处理重度重金属和复合重金属污染场地时固化效果较差。另外，生产水泥不仅需要消耗大量自然资源，如石灰石、黏土、铁矿粉及石膏等，而且会产生大量粉尘、氮氧化物、CaO_2等污染物，造成环境污染。因此，有必要研发一种经济、环保、高效的新型固化剂或添加剂替代水泥处理与日俱增的重金属污染场地。

改善传统水泥固化的途径主要有：通过添加粉煤灰、硅灰或钢渣等掺和材料，降低水化热；或者通过添加沸石、蒙脱石等对核素具有吸附性能的材料，降低浸出率；或者选用其他的胶凝材料体系，如硫铝酸盐水泥、碱激发胶凝材料、地聚物水泥、磷酸盐水泥等改善其固化性能。

(1) 硅酸盐水泥

硅酸盐水泥，即国外通称的波特兰水泥（Portland cement），通称为第一系列水泥，是由熟料、适量石膏和小于5%的石灰石或高炉渣混合细磨而成。普通硅酸盐水泥是由熟料、适量石膏和6%～15%的混合材料混合细磨而成。因此，硅酸盐类水泥可以看成是以硅酸钙为主（≥70%）的胶凝材料。目前，硅酸盐可主要分为六大类，如表5-4所示。

表5-4　硅酸盐水泥的六大分类

名称	简称	组成	特性	代号
纯熟料硅酸盐水泥	矿渣水泥	硅酸盐熟料，以石灰石和黏土为主要原料	发热快，强度高	P·Ⅰ、P·Ⅱ
普通硅酸盐水泥	普通水泥	硅酸盐水泥熟料、5%～20%的混合材料及适量石膏	早期强度高，水化热高，耐冻性好，耐热性差，耐腐蚀性差，干缩性较小	P·O

续表

名称	简称	组成	特性	代号
矿渣硅酸盐水泥	矿渣水泥	硅酸盐水泥熟料、20%～70%的粒化高炉矿渣及适量石膏	抗渗性能好	P·S
火山灰质硅酸盐水泥	火山灰水泥	硅酸盐水泥熟料、20%～50%的火山灰质混合材料及适量石膏	泌水性较小、保水性好，但抗冻性及耐磨性较差	1·P·P
粉煤灰硅酸盐水泥	粉煤灰水泥	硅酸盐水泥熟料、20%～40%的粉煤灰及适量石膏	结构比较致密、耐腐蚀性好、和易性好、干缩性小、水化热低	P·F
复合硅酸盐水泥	复合水泥	硅酸盐水泥熟料、两种或两种以上规定的混合材料、适量石膏	早期强度低，耐热性好，抗酸性差	P·C

(2) 铝酸盐水泥

铝酸盐水泥（aluminate cement），通称为第二系列水泥，是以铝矾土和石灰石为原料，经煅烧制得的以铝酸钙为主要成分、氧化铝含量约50%的熟料，再磨制成的水硬性胶凝材料，也称为高铝水泥。铝酸盐水泥常为黄或褐色，也有呈灰色的。铝酸盐水泥的主要矿物成分为铝酸一钙（$CaO \cdot Al_2O_3$，CA）及其他的铝酸盐，以及少量的硅酸二钙（$2CaO \cdot SiO_2$，CS）等。铝酸盐水泥包括铝酸钙、铝酸钡、铝酸钡锆三种水泥。

铝酸盐水泥具有以下特性：早强特性、水化热较大、抗硫酸盐侵蚀性能强、耐高温性好。评价铝酸盐水泥的品质指标通常有：

① 标号，铝酸盐水泥以铝含量为划分标准，设立了按照3d强度细分的如A600，A700，A900等品种。

② 细度，0.088mm方孔筛筛余不得超过10%。

③ 凝结时间，初凝不得早于40分钟，终凝不得迟于10h。

④ 强度，单位为kg/cm^2，通常不同标号水泥在不同天数下有不同强度。

⑤ 化学成分，通常$SiO_2 \leqslant 10\%$，$Fe_2O_3 \leqslant 3\%$。

(3) 硫（铁）铝酸盐水泥

硫铝酸盐水泥和铁铝酸盐水泥以及它们派生的其他水泥品种通称为第三系列水泥。该系列水泥的矿物组成特征是含有大量C_4A_3矿物。第三系列水泥有早强、高强、高抗渗、高抗冻、耐蚀、低碱和生产能耗低等基本特点并已在中国得到广泛应用。

硫（铁）铝酸盐水泥主要是以无水硫（铁）铝酸钙和硅酸二钙为主要矿物组成的新型水泥。其矿物组成如表5-5所示。

表5-5 硫铝酸盐和铁铝酸盐水泥熟料化学成分与矿物组成

项目	化学成分/%					矿物组成/%		
	Al_2O_3	SiO_2	CaO	Fe_2O_3	SO_3	C_4A_3	C_2S	C_4AF
硫铝酸盐水泥熟料	28～40	3～10	36～43	1～3	8～15	55～75	15～30	3～6
铁铝酸盐水泥熟料	25～30	6～12	43～46	5～12	5～10	35～55	15～35	15～30

第三系列水泥通过调节熟料、石膏和混合材的掺量，可以获得若干个性能各异的水泥

品种。生产的水泥品种有：①硫铝酸盐水泥类，包括快硬硫铝酸盐水泥、高强硫铝酸盐水泥、膨胀硫铝酸盐水泥、自应力硫铝酸盐水泥、低碱度硫铝酸盐水泥等5个品种；②铁铝酸盐水泥类，包括快硬铁铝酸盐水泥、高强铁铝酸盐水泥、自应力铁铝酸盐水泥等3个品种。这两类水泥具有的主要性能有：

① 早强高强性能：该两种快硬水泥不仅有较高的早期强度，而且有不断增长的后期强度。同时具有满足使用要求的凝结时间。

② 高抗冻性能：该两种快硬水泥均表现出极好的抗冻性。

③ 耐蚀性能：该两种水泥对海水、氯盐（NaCl、$MgCl_2$）、硫酸盐［Na_2SO_4、$MgSO_4$、$(NH_4)_2SO_4$］，尤其是它们的复合盐类（$MgSO_4+NaCl$）等，均具有极好的耐蚀性。快硬铁铝酸盐水泥的耐蚀性优于快硬硫铝酸盐水泥。

④ 高抗渗性能：该两种水泥的水泥石结构较致密。

硫铝酸盐和铁铝酸盐除可用于抢修抢建工程、玻璃纤维制品、海洋建筑工程等，因其对有害废弃物的固结具有特殊效能等优越性能，也适用于有害、有毒废弃物的固化处理。

(4) 氟铝酸盐水泥

氟铝酸盐水泥是一种以氟铝酸钙（$11CaO \cdot 7Al_2O_3 \cdot CaF_2$）为主要组成的快凝快硬水泥，又称双快水泥。通过适当成分的生料烧成以氟铝酸钙为主要成分，硅酸二钙为次要成分的熟料，加适量石膏、粒化高炉矿渣和激发剂等，共同磨细制得的水硬性胶凝材料。其具有凝结快、早期强度高等特点。常温凝结时间只有几分钟，可加缓凝剂按需要调节。其硬化速度快，主要用于抢修工程及堵水工程，也可用作型砂黏结剂。

(5) 磷酸盐水泥

磷酸镁水泥（MPC）由过烧氧化镁、磷酸盐、缓凝剂及矿物掺和料按一定比例配制而成，其中氧化镁是由菱镁矿在1700℃左右经高温煅烧而成。磷酸盐主要为水化反应提供酸性环境和酸根离子，目前配置磷酸镁水泥多用磷酸二氢铵（$NH_4H_2PO_4$）和磷酸二氢钾（KH_2PO_4）等。

磷酸镁水泥的生产成本低、能耗小、CaO_2 排放量少、固定重金属效果显著。其早期强度高，1h抗压强度可达20MPa以上，3h抗压强度可达40MPa以上；低温凝结速度快，能在－20～5℃的低温环境中迅速凝结；修复后土壤呈弱碱性，便于污染场地的二次开发利用；此外，MPC还具有长期稳定性、干缩小、耐磨性及抗冻性好的优点，在混凝土修复、钻孔密封、道路快速修复及处理低含量的核废料和危险废弃物等领域效果显著。

以磷酸二氢钾为例，MgO和 KH_2PO_4 主要发生以下水化反应：

$$MgO+KH_2PO_4+5H_2O \longrightarrow MgKPO_4 \cdot 6H_2O$$

生成的镁钾磷酸盐晶体（$MgKPO_4 \cdot 6H_2O$，MKP）类似于天然的磷酸盐矿物，具有非常好的物理、化学稳定性，且镁钾磷酸盐晶体极难溶于水，具有良好的隔离性，可替代水泥处理含有铅、铬、镉等重金属污染固体废弃物。

(6) 以火山灰或潜在水硬性材料及其他活性材料为主要组分的水泥

火山灰质混合材料是以天然或人工合成的含有以活性氧化硅、活性氧化铝为主的矿物质材料，经磨成细粉后与石灰加水混合，不但能在空气中硬化，而且能在水中继续硬化，具有玻璃相和微晶相的两重性质。最初火山灰是指火山爆发喷出地面的岩浆，因地面温度低、压力小而聚冷生成的玻璃质物质，后人们发现在石灰中掺入火山爆发时喷出的“火山灰”后，不但能在空气中硬化，而且也能在水中硬化，具有与一般水泥相似的水硬性质。这说明火山灰质混合材料是一种活性混合材料，它可以作为硅酸盐水泥的混合材料，制成火山灰质硅酸盐水泥和粉煤灰硅酸盐水泥。

火山灰化学成分的波动范围：45%～60% SiO_2；15%～30% $Al_2O_3+Fe_2O_3$；15%左右 $CaO+MgO+R_2O$(杂质)；10%左右烧失量。火山灰质混合材料的活性来源是其中的活性 SiO_2 和活性 Al_2O_3 对石灰的吸收。所以，按其活性的大小，可分为三类：①含水硅酸质混合材料，以无定形的 SiO_2 为主要活性成分，含有结合水，形成 $SiO_2 \cdot nH_2O$ 的非晶体质矿物，反应能力强、活性好，但拌和成浆时的需水量大，影响硬化体性能，且干缩较大；②铝硅玻璃质混合材料，除以 SiO_2 为主要成分外，还会有一定数量的 Al_2O_3 和少量的碱性氧化物（Na_2O+K_2O），由高温熔体经过不同程序的急速冷却而成，其活性取决于化学成分及冷却速度，并与玻璃体含量有直接关系；③烧黏土质混合材料，活性组分主要为脱水黏土矿物，如脱水高岭土（$Al_2O_3 \cdot 2SiO_2$），其化学成分以 SiO_2 和 Al_2O_3 为主，其中 Al_2O_3 含量与活性大小有关。

从物理性质上比较，火山灰质水泥基本与矿渣水泥相同：如密度小、水化热低、耐硫酸盐侵蚀性比较好，但抗冻性差、早期强度低、后期强度高。由于火山灰质水泥的熟料相对减少，水泥的水化速度和水化热都较低，但总的硅酸钙凝胶数量比硅酸盐水泥水化时还多，故后期强度较高，需要较长时间的养护；此外，普通水泥在水化过程中如遇水分不足，使 $Ca(OH)_2$ 长期受到 CO_2 的作用而生成 $CaCO_3$，就会使水泥水化物分解而破坏水泥石的结构，这种水泥石表面起霜，大气稳定性较差，加入火山灰质混合材料后，可以使水泥具有较好的抗溶出性腐蚀；最后，火山灰水泥是多孔细颗粒物质，故需水量较大、干缩比较大，所以应用火山灰水泥作固化材料时要注意用水量的问题。

利用水泥进行固定化有以下优点：首先，水泥被长期使用于建筑业，所以无论是它的操作、混合、凝固和硬化过程的规律都已经为人们所熟知。其次，相对其他材料来说，其价格和所需要的机械设备比较简单。由于水泥的水化作用，在处理湿污泥或含水废物时，无须对废物做进一步脱水处理。事实上，在进行水泥固化操作时由于含水量大，已经可以使用泵输送的方式。最后，用水泥进行稳定化可以适用于具有不同化学性质的废物，对酸性废物也能起到一定的中和效果。但是，通过使用水泥材料进行固化的产品一般都比最终废物原体积增大 1.5～2.0 倍，废物有的需做预处理或需要加入添加剂，因而可能影响水泥浆的凝固，并会使成本增加，废物体积增大，水泥呈碱性使铵离子变成氨气释出。

目前，水泥固化剂广泛用于大型的工厂、车间、机场、地下车库、超市和医院等。主要是因为它具有防滑耐磨，抗腐蚀性强等功能，而且因为密封固化剂的燃点比较高，能有效地阻止水分、油污等渗透到地面，可以在人流量大的地方时刻保持地面干净整洁。

5.6.3 石灰固化材料

石灰固化是以石灰为固化剂，以活性硅酸盐类（粉煤灰、水泥窑灰）为添加剂的一种固化处理技术。石灰固化处理技术能使石灰和活性硅酸盐与水反应生成坚硬的物质，而达到包容废物的目的；其次，石灰固化的处理技术整体成本较低，而且操作不需要特殊设备和技术；最后，石灰固化处理技术对整体环境影响较小，因其本身就是易获取的天然材料，再加上石灰具有消毒作用，所以在工业固体废物处理中运用石灰固化，能在对工业固体废弃物进行处理的同时，起到保护环境、对环境消毒等作用。石灰不仅是固化处理的固化剂，它在土木工程中应用范围也很广，在我国还可用于医药。

石灰是一种以氧化钙为主要成分的气硬性无机胶凝材料，石灰是用石灰石、白云石、白垩、贝壳等碳酸钙含量高的原料，经 900～1100℃煅烧而成，得到白色或灰白色的块状材料即为生石灰，因呈块状，俗称块灰。生石灰的主要化学成分为氧化钙（CaO）和氧化镁（MgO）。当氧化镁含量不大于 5%时称为钙质石灰，氧化镁含量大于 5%时称为镁质石灰。

石灰作为固化材料，常见的类型有白云石生石灰、水化白云石石灰、水化富钙石灰和普通生石灰，CaO 作为石灰中的主要成分。将石灰和土体进行拌和后，石灰将会发生一系列的物理和化学反应，主要包括 $Ca(OH)_2$ 结晶反应、离子交换反应、火山灰反应和碳酸化反应。

$Ca(OH)_2$ 结晶反应是使石灰将土体中的水分吸收出来形成含水晶格 $Ca(OH)_2 \cdot nH_2O$。这些晶体互相结合在一起，并和土体颗粒结合成为共晶体，铰接土体颗粒并与之成为整体，能够大幅度提高石灰土的水稳定性。

离子交换反应是指将石灰和土体拌和之后，石灰在水的环境下离子化并分解成 Ca^{2+} 和 OH^-，Ca^{2+} 将会和粉土颗粒表面吸附的 Na^+、K^+ 发生离子交换，减薄胶体表面的吸附层，絮凝黏土胶体，能够有效改善土体的湿坍性。

火山灰反应是在石灰的碱激发下，土体中的铝矿物、活性硅发生离解，在有水的环境下与 $Ca(OH)_2$ 反应生成富含水的铝酸钙和硅酸钙等胶结物。产生的胶结物会逐渐由凝胶状态向晶体状态转化，能够大大增强石灰土的强度。

碳酸化反应是 $Ca(OH)_2$ 与空气中的 CO_2 起化学反应生成 $CaCO_3$，产生的 $CaCO_3$ 的强度和水稳性很高。

将石灰和其他凝硬性物料相结合，会产生一系列的物理及化学反应，能够形成一种结性物质并将废物包裹起来。天然和人造材料都可以使用，其中包括人造凝硬性物料和火山灰，人造材料如烧过的黏土、废油、页岩、烧过的纱网、烧结过的砂浆和粉煤灰等。

石灰固化在适当的催化环境下进行，能够将污泥中的重金属成分吸附于所产生的胶体结晶中。石灰固化处理产生的结构强度不及水泥固化物的强度，因此不常单独使用。常见的处理方法是加入氢氧化钙（熟石灰）来稳定污泥。石灰中的钙与废物中的硅铝酸根发生化学反应生成硅酸钙、铝酸钙或硅铝酸钙等水化物，将污泥中的重金属成分吸附于所产生的胶体结晶中。向废弃物中同时加入石灰和少量的添加剂，可以获得额外的稳定效果（如存在可溶性钡时可加入硫酸根）。使用石灰作为固化剂产生的效果和使用烟道灰产生的效果一样，具有提高 pH 值的作用，此种方法也同样应用于处理被重金属污染的污泥等无机污染物。

石灰固化也存在一些应用限制，该技术仅对部分受污染的土体或水质存在较好的处理效果。此外，石灰不宜长期在潮湿和受水浸泡的环境中使用，在处于潮湿环境时，石灰中的水分不蒸发，二氧化碳也无法渗入，硬化将停止；加上氢氧化钙易溶于水，已硬化的石灰遇水还会溶解溃散。

目前，由于石灰物料取材方便，且成本低廉，石灰固化技术主要用于处理钢轨、机械工业酸洗钢铁部件时排出的废水和废渣、电镀工艺产生的含重金属污泥以及由于采用石灰吸收烟道气或石油精炼气而产生的泥渣等。此外，石灰具有较强的碱性，在常温下，能与玻璃态的活性氧化硅或活性氧化铝反应，生成有水硬性的产物，产生胶结。因此，石灰还是建筑材料工业中重要的原材料。

5.6.4 沥青固化材料

沥青是一种防水防潮和防腐的有机胶凝材料，是以天然或合成的高分子化合物为基本组分的胶凝材料。沥青属于憎水性物质，完整的沥青固化体具有优良的防水性能。沥青还具有良好的黏结性和化学稳定性与一定的弹性和塑性，对大多数酸和碱具有较高的耐腐蚀性，一定的辐射稳定性。此外，沥青的价格比较低廉。所以长期以来沥青被用作低水平放射性废物的主要固化材料之一。

沥青主要来源于天然的沥青矿和原油炼制行业。我国目前使用的沥青大部分为石油蒸馏残渣，其化学成分复杂，以脂肪烃和芳香烃为主，包括沥青质、油分、游离碳、胶质、沥青酸和石蜡等。沥青材料通过与固体废物在一定的温度、配料比、碱度和搅拌作用下发生皂化反应，使有害物质包容在其中并形成稳定固化体。从固化的要求出发，较理想的沥青应含有较高的沥青质和胶质以及较少的石蜡质。如果石蜡质含量过高，则固化体在环境应力作用下容易开裂。可用于固化处理危险废物的沥青包括氧化沥青、直馏沥青和乳化沥青等。

① 氧化沥青　氧化沥青是指在一定范围的高温下向脱油沥青吹入空气，使其组成和性能发生变化，所得的产品称为氧化沥青。其原料是原油蒸馏的减压渣油和重油溶剂脱沥青装置所得的沥青。

② 直馏沥青　直馏沥青又称残留沥青，是石油经馏出不同沸点馏分后直接得到的沥青。其工艺是直接蒸馏原油，减压工艺后残留得到。优点是与同样软化点（或针入度）的氧化沥青相比它具有较大的延伸度，但其温度稳定性和气候稳定性较低。

③ 乳化沥青　乳化沥青是指把沥青加热熔融，在机械搅拌作用下，以细小的微粒分散于含有乳化剂及其助剂的水溶液中形成的水包油型（O/W）乳液。乳化沥青黏结性、抗老化性和防水能力强。

使用沥青材料进行固化有很多优点。例如，所得固化产物空隙小、致密度高、难于被水渗透，同水泥固化相比，有害物质的浸出率小 2～3 个数量级，为 10^{-4}～10^{-6} g/(cm^2·d)，且不论废物的性质和种类如何，均可得到性能稳定的固化体。此外，沥青固化处理后随即就能固化，而水泥固化必须经过 20～30d 的养护。

但是固化剂有一定的危险性，固化过程易造成二次污染。首先，由于沥青的导热性不好，加热蒸发的效率不高，若废物中含水率较大，蒸发时会有起泡现象和雾沫夹带现象，容易排出废气发生污染。其次，沥青具有可燃性，因此必须考虑加热蒸发时如果沥青过热就会着火，在贮存和运输时也要采取适当的防火对策。最后，废物必须预先脱水和加热高温混合，因此，具有操作复杂、动力消耗大、设备投资高、管理较困难的缺点。

沥青固化法一般被用来处理放射性蒸发残液、放射性废水化学处理产生的污泥、放射性焚烧灰产生的灰分等。这种方法一般要求先将废物脱水，再同沥青在高温下混合；也可以将废物与沥青共同加热脱水，再冷却、固化。目前，沥青固化一般被用来处理具有中、低放射性的蒸发残渣，废水化学处理产生的污泥，焚烧炉产生的灰分、塑料废物，以及毒性较大的电镀污泥和砷渣等有毒有害废物。

5.6.5 塑性固化材料

塑性材料固化是以塑料为固化剂，与危险废物按一定的比例配料，并加入适量催化剂和填料进行搅拌混合，使其共聚合固化，将危险废物包容形成具有一定强度和稳定性固化体的过程。按塑性材料的种类分为：热塑性塑料固化和热固性塑料固化。

（1）热塑性塑料固化

热塑性塑料是一类在一定温度下具有可塑性，冷却后固化且能重复这种过程的塑料。分子结构特点为线型高分子化合物，一般情况下不具有活性基团，受热不发生线型分子间交联。热塑性塑料中树脂分子链都是线型或带支链的结构，分子链之间无化学键产生，加热时软化流动、冷却变硬的过程是物理变化。热塑性材料在常温下呈固态，在高温时可变成熔融胶黏性液体。热塑性材料固化就是利用它的这一性质。

热塑性材料固化与沥青固化相似，是利用热塑性塑料与固体废弃物在一定温度下混合，产生皂化反应，将废物包容在热塑性塑料中，形成稳定固化体。热塑性材料如聚乙烯、聚氯乙烯等在常温下呈固态，高温时可变成熔融胶黏性液体，这时将废物掺和并排出，待混合物冷却即完成固化过程。

使用热塑性材料进行固化处理有很多优点：所得固化体不需长时间的养护、固化产品孔隙率低、致密度高；对溶液或微生物具有强抗侵蚀性；浸出率低于水泥法和石灰法；增容比小；固化基材对溶液或微生物具有强抗侵蚀性。但热塑性材料固化也存在一些限制：基材具有可燃性，产品应有适宜的包装；热塑性材料价格昂贵、操作复杂、设备费用高。此外，热塑性固化材料是热的不良导体，蒸发过程的热效率低。因此，当废物中含有大量的水分时，需先进行冷冻、融解、离心脱水或干燥处理。否则，固化时产生的蒸发过程会有起泡现象，气泡破碎易污染空气。

（2）热固性塑料固化

热固性塑料是一类在一定温度下，经过一定的时间加热或加入固化剂后，即可固化的塑料。热固性塑料的树脂固化前是线型或带支链的，固化后分子链之间形成化学键，成为三度的网状结构，不仅不能再熔融，在溶剂中也不能溶解。

热固性材料固化是一种以热固性塑料为固化剂的固化方法。热固性材料如脲醛树脂、未饱和树脂等单体在加热或在常温条件下加入催化剂可聚合形成具有一定强度的稳定固体化合物，热固性塑料固化就是利用这一性质。

使用热固性材料进行固化处理有很多优点：浸出速率低；需要的包容材料少，在高温下蒸发了大量的水分，增容率较低；固废物的渗透性较其他固化法低；对水溶液有良好的阻隔性；接触液损失率远低于水泥固化与石灰固化法。但需要高温操作，耗能较多；会产生大量的挥发性物质，其中有些是有害的物质；有时废物中含有热塑性物质或某些溶剂，影响稳定剂和最终的稳定效果。

已经开发的塑料固化放射性废物工艺较多，主要有脲醛固化、聚乙烯固化、聚氯乙烯固化、聚苯乙烯固化、聚酯固化、环氧树脂固化、聚合物浸渍混凝土等。

① 脲醛固化　脲醛固化工艺简单，开发最早，20 世纪 70 年代在美国应用较多，由于其固化过程和存放期间泄出酸性水分，对容器有腐蚀作用，现在已经淘汰。

② 聚乙烯固化　氯乙烯均聚物和氯乙烯共聚物统称为氯乙烯树脂。聚乙烯固化类似于沥青固化法，日本用聚乙烯包容 50％废树脂，美国橡树岭实验室用聚乙烯包容 40％蒸发浓缩物或 20％～50％磷酸三丁酯（TBP）废溶剂等。

③ 聚氯乙烯固化　聚氯乙烯（polyvinyl chloride，英文简称 PVC）是氯乙烯单体（VCM）在过氧化物、偶氮化合物等引发剂或在光、热作用下按自由基聚合反应机理聚合而成的聚合物。聚氯乙烯固化与聚乙烯固化相似，联邦德国卡尔斯鲁厄研究中心研究用它包容 40％～50％ TBP 废溶剂。

④ 聚苯乙烯固化　聚苯乙烯固化工艺过程相对简单，联邦德国和荷兰一些核电站用其流动装置处理核电站废物。

⑤ 聚酯固化　聚酯固化是由法国格勒诺布尔核能中心研究成功的，此法已应用在美国和日本的一些核电站，并建成车载式流动固化装置。

⑥ 环氧树脂固化　环氧树脂固化的固化体性能优良，但成本较高，尚未推广使用。

⑦ 聚合物浸渍混凝土　工艺复杂，工程应用尚待开发研究。

综上所述，热塑性塑料固化工艺类似于沥青固化，需要加热熔融。热固性塑料固化工艺类似于水泥固化，废物含水量有限制，必要时需脱水处理或者加入乳化剂搅拌乳化。为了控制聚合速度和聚合热释放，需要选择适当的引发剂、催化剂、促进剂和适当的配料比。塑料固化所用的设备是通常的化工设备，根据辐射防护的要求，需要设屏蔽和气密系统，产生的尾气和二次废液需要适当的去污净化。

▶ 5.6.6 玻璃陶瓷固化材料

玻璃固化技术是把废物掺和在玻璃基料中形成玻璃固化体的过程。将待处理的危险废物与细小的玻璃质，如玻璃屑、玻璃粉混合，经混合造粒成形后，在 900～1100℃高温熔融下形成玻璃固化体，借助玻璃体的致密结晶结构，确保固化体的永久稳定。在固化处理高放射性废料的诸多方法中，由于玻璃的化学稳定性好，机械强度高，热稳定性与耐辐射性好，而且加工方便、容易实现自动化操作，因此，玻璃固化处理方法是最佳的。在固体废物的利用上，采用了玻璃固化的原理，如用危险废物铬渣作玻璃着色剂，既生产了玻璃制品，又对危险废物做到了无害化处理。

玻璃是一种非晶无机非金属材料，一般是用多种无机矿物（如石英砂、硼砂、硼酸、重晶石、碳酸钡、石灰石、长石、纯碱等）为主要原料，另外加入少量辅助原料制成的。玻璃具有很好的化学稳定性，其浸出的重金属浓度很低；同时高温熔制过程可分解飞灰中的二噁英类毒物，因此常以玻璃为固化材料处理固体废弃物。按玻璃的作用可分为石英玻璃、硅酸盐玻璃、钠钙玻璃、氟化物玻璃、高温玻璃、耐高压玻璃、防紫外线玻璃、防爆玻璃等。尽管可用于玻璃固化技术的玻璃种类繁多，但是，普通钠钾玻璃熔点较低、制造容易，但在水中的溶解度较高，不能用于高放射性废液的固化；硅酸盐玻璃腐蚀能力强，但熔点高、制造困难，也难以使用。通常使用较多的是硼硅酸盐玻璃、磷酸盐玻璃等。

（1）硼硅酸盐玻璃

硼酸盐玻璃是以氧化硼为主要成分的玻璃，是人们研究较早的一类固化体玻璃基质。其熔点低、软化点低、化学稳定性很差，常加入氧化硅制成硼硅酸玻璃作为固化剂使用。而且在含有各种重金属的电镀污泥中添加 Zn 和 SiO_2 进行玻璃固化处理时，不但可以抑制铬的析出，其他金属也不会溶出。此外，由于具有良好的耐热性和化学稳定性，所以可以固化高放废物中大部分组分。除此之外，由于具有较好的光泽和透度，较强的力学性能、耐热性、绝缘性和化学稳定性，还可用于制造高级化学仪器和绝缘材料。

但硼硅酸盐也并非完美，当核废物含有大量硫酸盐、氧化铁、磷酸盐和其他一些重金属氧化物如 Bi_2O_3、Cr_2O_3 时，其在硼硅酸盐中溶解度很低，因此用硼硅酸盐固化处理之前需先进行稀释，这会增加玻璃固化体的体积并需要更多的储存空间，增加处理工艺的成本。而且硼硅酸盐在高温下黏度大，不利于玻璃均质化，熔制温度高，一般需要 1200℃ 以上。

在硼硅酸盐中，B_2O_3 既能明显降低玻璃的黏度，又能改善玻璃的热膨胀系数、玻璃化转变温度和化学稳定性等性能。单纯含有 B_2O_3 和 SiO_2 成分的熔体，由于它们的结构不同（B_2O_3 是层状结构，SiO_2 是架状结构），因此难以形成均匀一致的熔体，是不可混熔体，在高温冷却过程中，将各自富集成一个体系，形成互不溶解的两种玻璃。加入 Na_2O 后，不但可以降低玻璃的熔点，还可以降低玻璃溶体的黏度。Na_2O 提供的游离氧，使得玻璃体中的三氧化硼（BO_3）转变为四氧化硼（BO_4），导致硼的结构从层状向架状结构转变，与此同时，四氧化硼（BO_4）的两个极性共价键 Si—O 断裂，形成两个较弱的非极性离子键 Na^+—O^-。通过向硼硅酸盐玻璃中加入少量的碱土氧化物（CaO、BaO 和 SrO），同样可以产生游离氧，改变玻璃的结构，并且 CaO 能显著改善固化体的化学稳定性。Al_2O_3 属于中间体，对硼硅酸盐玻璃固化体的物理化学结构有着重要的影响，比如在硼硅酸盐中增加 Al_2O_3 的含量，玻璃的转变温度和机械稳定性也随着增加，但是会降低玻璃熔体的黏度。

（2）磷酸盐玻璃

磷酸盐玻璃是以 P_2O_5 为主要成分的玻璃。它以 PO_4^{3-} 四面体相互连成网络，具有透紫外线、低色散等特点；但化学稳定性差，熔制时对耐火坩埚的侵蚀较大。与硼硅酸盐玻璃相比较，磷酸盐玻璃固化体熔制温度低，玻璃化转变温度和软化温度都比较低，且黏度小等；对硫化物、氧化铬和其他一些重金属氧化物包容量大。

磷酸盐玻璃作为高放废物固化材料的初步研究，基质材料为钠磷酸盐。类似硼酸盐玻璃固化，磷酸盐用于玻璃固化时也常加入其他成分共同作为固化剂使用。由于钠磷酸盐化学稳定性较差，在高温的熔融态下容易析晶且具有较强的腐蚀性，导致整个玻璃固化领域逐渐放弃对磷酸盐玻璃固化的研究。

通过在钠磷酸盐中添加 Al_2O_3 进行改性，发现 Al_2O_3 能够显著改善钠磷玻璃的化学稳定性，钠磷酸盐中 PO_4 的化学键发生 P—O—P→Al—O—P 的转变是玻璃化学稳定性提高的主要原因，主要用于固化富氯化物和富 Na 型高放废物。由于 PO_4 与 BO_3 和 BO_4 相连，其中氧化硼掺量越高，玻璃因水解析会导致析晶相的含量增加，所以为了改善钠磷酸盐玻璃的热力学稳定性和析晶过程，在玻璃中添加改性氧化物（如 Fe_2O_3、ZnO 和 B_2O_3）。在玻璃中添加 Fe_2O_3 和 PbO 能够降低玻璃的熔制温度和粗度，提高化学稳定性，抑制玻璃析晶。其化学稳定性的提升，主要是由玻璃体中 P—O—P 键被 P—O—Fe 键取代造成的。为了进一步提高玻璃的耐腐蚀性和软化湿度以及抑制玻璃析晶，组成为 $40PbO\text{-}10Fe_2O_3\text{-}50P_2O_5$（摩尔比）的玻璃体系对放射性废物具有较大包容量（质量分数为 15%～20%），玻璃体中的晶相分别为 $Fe_2Pb(P_2O_7)$ 和 $Fe_3(P_2O_7)_2$。与硼硅酸盐相比，这种固化体具有较为优异的抗浸出性能。

因此，对含盐量低、放射水平极高的普雷克斯废液最适于采用磷酸盐玻璃固化法。对于含有过渡金属/重金属氧化物或稀土金属的氧化物，其在含铁的磷酸盐玻璃中有较大的溶解度，因此多采用含铁的磷酸盐玻璃作为固化剂；对于含硫酸盐的高放废液，多采用铝、钙和钠的磷酸盐作化学添加剂，有时还加入亚磷酸盐和酸式亚磷酸盐代替磷酸盐降低钌、铯的挥发度；对于不含硫酸盐的废液，则以磷酸盐和铅作添加剂；而对组分复杂的废液，只要加入适量的磷酸盐就可制得玻璃体。

使用玻璃材料的固化方法在所有固化方法中效果最好，其有害组分的浸出率最低，增容比最小，产生的粉尘量少，玻璃固化体有较高的导热性、热稳定性和辐射稳定性。但由于烧结过程需要在高温下进行，会有大量有害气体产生需要尾气处理装置，也导致工艺操作困难且处理成本增加。另外，由于玻璃是非晶态物质，其稳定性和耐久性较差，特别是含硼玻璃易被微生物降解。

（3）水玻璃固化

水玻璃固化是以水玻璃为固化剂，无机酸类为助剂，与有害污泥按一定的配料比进行中和与缩合脱水反应，形成凝胶体，将有害污泥包容，经凝结硬化逐步形成水玻璃固化体。水玻璃固化工艺操作简便，原料价廉易得，处理费用低，固化体耐酸性强，抗透水性好，重金属浸出率低。

水玻璃是由碱金属氧化物和二氧化硅结合而成的可溶性碱金属硅酸盐材料，又称泡花碱。水玻璃可根据碱金属的种类分为钠水玻璃和钾水玻璃，其分子式分别为 $Na_2O \cdot nSiO_2$ 和 $K_2O \cdot nSiO_2$，式中的系数 n 称为水玻璃模数，是水玻璃中的氧化硅和碱金属氧化物的分子（摩尔）比。水玻璃模数越大，氧化硅含量越多，水玻璃黏度增大，易于分解硬化，黏结力增大。

水玻璃应用范围很广，可用于涂刷材料表面、加固土壤、配制速凝防水剂、配制耐热胶凝材料、配制耐酸胶凝材料和防腐工程等等。以水玻璃为原料的深加工系列产品已发展到 50 余种，有些已应用于高、精、尖科技领域。水玻璃能溶解于水中，并能在空气中凝结、硬化；水玻璃的黏结强度，抗拉和抗压强度较高；耐热性好，耐酸性强，能经受大多数无机酸与有机酸的作用，在建筑中常用于配制耐热砂浆、耐热混凝土；涂刷于混凝土结构表面，可提高混凝土的不透水性和抗风化性；可用在加固地基上，提高基础承载力和增强不透水性。

（4）玻璃陶瓷固化

玻璃陶瓷，又称微晶玻璃，是经过高温熔化、成型、热处理而制成的一类晶相与玻璃相结合的多晶玻璃复合材料，具有机械强度高、热膨胀性能可调、耐热冲击、耐化学腐蚀、低介电损耗等优越性能。玻璃基体的结晶一般包括两个过程：晶核的形成（核化）与晶体的长大（晶化）。这是实现控制析晶的关键，同时也是陶瓷晶体固化核素的阶段。在这两个过程中，放射性核素可参与晶体的形成及长大的过程，占据晶格点阵。

玻璃陶瓷固化是把特定的基础玻璃组分，通过在热处理过程中控制析晶温度及程序，从而获得既含有微晶相又含有玻璃相的质地坚硬、密实均匀的复相材料——玻璃陶瓷固化体。它兼具玻璃固化和陶瓷固化的优点，能将长寿命的放射性核素固定到材料结构中的陶瓷相晶格，而其他一些核素或不具有放射性的组分包容到玻璃相中，从本质上解决了玻璃固化基材核素包容量和化学稳定性两者之间不可协调的矛盾，以及纯陶瓷固化基材对高放废料中核素的选择性强且技术不成熟的局限，且用玻璃陶瓷固化能直接利用制备玻璃固化体的生产设备及部分工艺。因此，优于已知的玻璃固化体和陶瓷固化体的玻璃陶瓷固化体，已成为高放废料固化处理技术的发展方向之一。到目前为止，被研究用于高放废物固化的玻璃陶瓷种类很多，包括硼硅酸盐玻璃陶瓷、磷酸盐玻璃陶瓷、硅酸盐玻璃陶瓷和钛酸盐玻璃陶瓷等。

① 硅酸盐玻璃陶瓷

硅酸盐玻璃陶瓷主要可分为镁铝硅酸盐玻璃陶瓷和玄武岩玻璃陶瓷。镁铝硅酸盐玻璃陶瓷的晶相由顽辉石、印度石和堇金石组成，且晶相的热膨胀系数与氧化锆相近，主要用于固化在电镀锆合金过程中产生的氧化锆基废物。天然玄武岩经重熔、析晶形成玄武岩玻璃陶瓷，与硼硅酸盐玻璃相比，玄武岩玻璃陶瓷形成的固化体具有较为优异的化学稳定性，较高的机械强度和较大的化学包容量，利用其对高放废物进行固化研究，但这种固化体的析晶时间较长，成本相对较高。

② 钛酸盐陶瓷

钛酸盐陶瓷被研究用于高放废物固化的种类很多，主要包括钡钛硅酸盐玻璃陶瓷、碱钛硅酸盐玻璃陶瓷、人造矿（SYNROC）玻璃陶瓷和榍石玻璃陶瓷固化体等。

由于钡钛硅酸盐玻璃陶瓷含硼量较少，其化学稳定性较钡长石玻璃陶瓷体更为优异。与硼硅酸盐玻璃相比，钡钛硅酸盐玻璃陶瓷表现出较好的力学性能，但其耐久性并没有明显的改善，因此较少使用。钙钛矿（$CaTiO_3$）玻璃陶瓷由于具有较差的化学稳定性也较少使用。碱钛硅酸盐玻璃陶瓷主要应用于军用放射性废物的固化，因此研究报道也较为少见。

由于榍石（$CaTiSiO_5$）对废物中的 An、Ln、Sr 和 Ba 等元素具有较大的包容量，且其在环境中能够表现出极为优异的化学稳定性以及热力学和动力学性能，因此选择采用榍石中的Ca位和Ti位以及玻璃陶瓷中的玻璃固化高放废物。与硼硅酸盐玻璃相比，榍石玻璃陶瓷具有较为优异的化学包容性、力学性能以及耐辐照稳定性。

（5）陶瓷固化

目前，生产陶瓷的主要原材料为天然土、天然矿等不可再生资源，在生产过程中，由于经过高温烧制，烧成过程难以控制，不可避免地会有大量不合格产品出现。其 Al_2O_3 的含量一般在20%～30%之间，SiO_2 的含量一般在60%～70%之间，含铁等杂质少，耐碱性好。可用来处理固体废弃物，达到以废治废的目的。

陶瓷是一种多相或单相的多晶材料，一般是将前驱体粉末在相对较高的温度下经过压制烧结而成，主要合成方法有冷压烧结、热等静压烧结、单轴热压烧结和电火花等离子体烧结等。陶瓷固化体比较于玻璃固化体，具有如下优点：①更高的机械性能；②热稳定性更好，而且热导率通常都高于玻璃；③化学稳定性也更好，同化学组成的玻璃的化学稳定性要比陶瓷低一到二个数量级；④高浓度的某种特定废物可以包容在陶瓷的结构中，比如次锕系元素和锕系元素。

陶瓷固化和人工合成岩固化同玻璃固化工艺和方法大体相同，但固化剂不同。陶瓷固化添加的是黏土页岩，人工合成岩固化添加的是锆、钛、钡、铝的氧化物。与玻璃固化以及陶瓷固化相比，陶瓷固化的固化体具有较为稳定的结构及优异的化学稳定性和抗辐射稳定性，且其在固化放射性核素后整体的热稳定性变化不大，导致放射性核素的抗浸出率较低；在深地质处置条件下，陶瓷固化体对环境有较强的适应性，因此可以降低对固化体进一步加工的成本；在合适的晶体中，陶瓷固化体对放射性核素的包容量极大，能够最大限度地降低固化体的体积。陶瓷固化的灵活性不如玻璃固化，比较适用于分离后的放射性废物，如分离后的锕系元素（如U、Np、Pu、Am和Cm）和裂变产物（如Cs和Sr）。有望应用于工业生产的陶瓷分别为人造岩、独居石和磷钇矿。

目前，多个国家都在研究陶瓷固化技术，旨在提高废物固化体在贮存、运输和处置过程中的环境安全性。现在研究中的主要陶瓷相包括了烧绿石、钙钛锆石、钙钛矿、锰钡矿、石榴石等，表5-6给出了研究用于固化锕系核素的陶瓷种类。

表5-6 研究用于固化锕系核素的陶瓷分类

组合种类	矿物名称	理想分子式
简单化合物	氧化锆	ZrO_2
复杂氧化物	烧绿石	$(Na,Ca,U)_2(Nb,Ti,Na)_2$，$Gd_2Zr_2O_7$
	钛锌钠石	$(Na,Y)_4(Zn,Fe)_3(Ti,Nb)_6O_{18}(F,OH)_{14}$
	钙钛锆石	$CaZrTi_2O_7$
	钙钛石	$CaTiO_3$
硅酸盐	锆石	$ZrSiO_4$
	钍石	$ThSiO_4$
	石榴石	$(Ca,Mg,Fe^{2+})_3(Al,Fe^{3+},Cr^{3+})_2(SiO_4)$
	铈硅磷灰石	$(Ca,Ce)_5(SiO_4)_3(OH,F)$
	榍石	$CaTiSiO_5$

续表

组合种类	矿物名称	理想分子式
磷酸盐	稀土磷酸盐	$LnPO_4$
	磷灰石	$Ca_{4-x}Ln_{6+x}(PO_4)_y(O,F)_2$
	磷钇石	YPO_4
	磷酸锆钠(NZP)	$NaZr_2(PO_4)_3$
钼酸盐	焦磷酸钍粉末	$CaMoO_4$

▶ 5.6.7 自胶结固化

自胶结固化是利用废弃物自身特性来达到固化目的的方法，该技术主要用来处理含有大量硫酸钙和亚硫酸钙的废物，如磷石膏、烟道气脱硫废渣等。通常先将8%～10%的废物进行煅烧，然后加入特殊的药剂与未经煅烧的废物混合，最后得到的产物是一种稳定易处理的固体。自胶结固化法的主要优点是工艺简单，不需要加入大量的添加剂，已经得到了大规模的市场应用，如美国泥渣固化公司（SFT）利用自胶结固化原理开发了 Terra-Grete 技术，用以处理烟道气脱硫的泥渣，处理后的废物减量可达90%以上。

自胶结固化示意图如图5-9所示，一般地，自胶结固化系统可采用干的粉煤灰或湿的粉煤灰作为辅助添加剂，根据待处理工业固体废弃物的不同而选用干的粉煤灰或湿的粉煤灰，从而可以提高固化效果，而现有的自胶结固化系统结构比较单一，无法实现灵活的调节，给操作过程带来了不便。

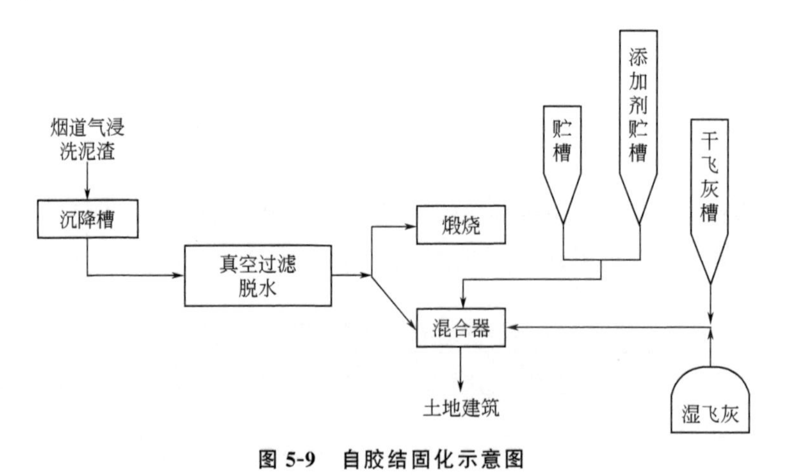

图 5-9 自胶结固化示意图

5.7 用于固体废弃物填埋处置的防渗材料

▶ 5.7.1 防渗的目的及适用对象

固体废弃物的与日俱增给我们的生活带来了巨大的压力，针对高产量和高污染性的固体废弃物，常规的处理方法有卫生填埋法、堆肥法和焚烧法。不同固体废弃物处理方式的优缺点如表5-7所示。

表5-7 固体废弃物处理方式比较

处理技术	优点	缺点
填埋	操作简单;处理能力大;运行成本较低	浪费土地资源;造成环境污染;需长途运输
堆肥	转化为有机肥,部分实现资源化;减少固废填埋量	建设和维持费用高;肥效低;占用空间大;污染土壤和大气
焚烧	减量化和无害化程度高;占地面积较小;可回收利用热能;过程稳定可控	建设成本和运营成本较高;焚烧导致空气污染问题,需再次处理

以目前的社会经济、技术水平，卫生填埋仍然是世界通用的、不可缺少的对固体废物的最终处理手段，也是现阶段我国对固体废弃物处理的主要方式之一。固体废弃物填埋处置技术的核心，是防止填埋场释放的有害物质对周围环境造成影响，尤其是因雨水、地表径流、废物自身分解等产生的渗滤液渗入地下水层而对地下水造成污染，以及有害气态污染物向周围扩散造成的大气污染。

为了保护填埋场周围环境免受污染（主要是地下水），在垃圾填埋场的底部、四周边坡及顶部覆盖层均要设防渗层。防渗层必须具备渗透性低，抗化学反应性、坚固持久性以及抗断裂穿透等性能。因此，垃圾填埋场的防渗系统设计是卫生填埋的关键，而防渗材料的选择搭配则又是防渗系统设计的关键，故选择合适的防渗材料进行处理尤为重要。

目前常用的填埋防渗材料主要可分为三类：无机天然防渗材料，如黏土、亚黏土、膨润土等；天然与有机复合防渗材料主要指聚合物水泥混凝土（PCC），如沥青水泥混凝土；人工合成有机材料，主要是塑料卷材、橡胶和沥青涂层等。现在广泛使用的是高密度聚乙烯（HDPE）防渗卷材，通常称为柔性膜，用它建成的衬层称为柔性膜衬层（FML）。

为了保护填埋场周围环境免受污染，传统的压实黏土垫层（CCL）或者土工膜（GM）单层防渗系统已不能满足现代环保要求。目前，几乎所有的垃圾填埋场均采用复合防渗系统（如GM＋CCL），有的地方甚至做了双层或多层防渗系统（即包含两层GM＋CCI或CCL）。

防渗材料的选择与许多因素有关，如待处理废物的性质、场地的水文地质条件、场地的级别、场地的使用年限、覆盖材料的来源以及建设费用等。要能够很好地控制渗滤液的污染，对填埋场的防渗层必须要有严格的规定，而首要的就是防渗材料的选用必须满足《一般工业固体废物贮存和填埋污染控制标准》（GB 18599—2020）中规定的基本原则：

① 当浸出液中任何一种特征污染物浓度均未超过GB 8978—1996最高允许排放浓度，且pH值在6～9范围之内的一般工业固体废物。

a. 当天然基础层饱和渗透系数不大于1.0×10^{-5}cm/s，且厚度不小于0.75m时，可以采用天然基础层作为防渗衬层。

b. 当天然基础层饱和渗透系数小于1.0×10^{-5}cm/s或厚度大于0.75m时，可采用改性压实黏土类衬层或具有同等以上隔水效力的其他材料防渗衬层，其防渗性能应至少相当于渗透系数为 1.0×10^{-5}cm/s 且厚度为 0.75m 的天然基础层。

② 当浸出液中一种或一种以上特征污染物浓度均超过 GB 8978—1996 最高允许排放浓度，且 pH 值在 6～9 范围之外的一般工业固体废物。采用单人工复合衬层作为防渗衬层，并符合以下技术要求：

a. 人工合成材料应采用高密度聚乙烯膜，厚度不小于 1.5mm。采用其他人工合成材料的，其防渗性能至少相当于 1.5mm 高密度聚乙烯膜的防渗性能。

b. 黏土衬层厚度应不小于 0.75m，且经压实、人工改性等措施处理后的饱和渗透系数不应大于 1.0×10^{-7}cm/s。使用其他黏土类防渗衬层材料时，应具有同等以上隔水效力。

▶ 5.7.2 无机天然防渗材料

目前采用的天然防渗材料主要是黏土、亚黏土、膨润土和蒙脱土等。其来源广泛、价格较低，过去被视为唯一的防渗材料，这些材料仍在许多国家使用。

(1) 天然黏土

天然黏土单独作为防渗材料必须符合一定的标准，选用的黏土材料在最佳湿度条件下，当被压制到 90%～95%的最大普氏（Proctor）干密度时，其渗透性很低（通常为 10^{-7}cm/s 或者更小），可以作为填埋场衬层材料。结合多年来具体工程经验，具有下列特性的黏土较适宜作为防渗衬垫材料：①液限，即黏质土流动状态与可塑状态间的界限含水率在 25%～30%之间；②塑限，即黏质土可塑状态与半固体状态间的界限含水率在 10%～15%之间；③粒径小于或等于 0.074mm 的颗粒所占比例在 40%～50%之间；④黏土中粒径小于 0.002mm 的颗粒含量所占比例在 18%～25%之间。

(2) 膨润土

膨润土是一种优良的天然黏土，其主要成分是蒙脱石矿物，膨润土的渗透系数 $K<10^{-7}$cm/s，具有极强的防水性，这主要是由于该土壤吸水后，体积会迅速膨胀，形成一层连续不透水柔性隔离层，而且可以自动修补土层中的缝隙，阻止水分子通过。随时间的推移，膨润土还会吸收周围环境的细小颗粒，特别是重金属，吸收后抗渗性能还会增加，膨润土这种优良特性已被广泛应用于国内外各种卫生填埋场的防渗结构中。

(3) 人工改性防渗材料

人工改性防渗材料一般是指在垃圾填埋场及其附近没有足够合适的黏土资源或者所具备的黏土资源在渗透性能上无法满足填埋场的防渗要求的情况下，在黏土、黄土或砂土中掺入一定量的人工改性添加剂，使填埋场的土质可以达到各方面要求而制成垃圾填埋场的防渗衬垫层。人工改性的添加剂主要分为两种：有机添加剂和无机添加剂。有机添加剂通常是由有机单体（如甲基脲）聚合而形成的，而无机添加剂则通常包括水泥、石灰、粉煤灰以及膨润土等。由于无机添加剂效果较好、费用较低，适合于推广应用。目前应用最多的是改良膨润土改性技术，效果优于其他无机添加剂。

① 石灰、水泥改性黏土的技术

在黏土中添加一定量的石灰或水泥可以有效地改善黏土的渗透性能，通过石灰、水泥中的化学成分与黏土中的有关物质发生反应，可以提高黏土的吸附能力和酸碱缓冲能力。由于添加了改性剂，因此在击实的过程中，改性剂会与黏土发生凝胶作用，使黏土的孔隙率明显减小，渗透系数降低，抗渗能力提高。经过石灰、水泥改性后的黏土渗透系数可以达到 9^{-10} cm/s，已经完全符合垃圾填埋场对于防渗衬垫的渗透性要求。但是，改性材料的使用范围也存在一定的局限性，例如石灰中由于 OH^- 离子的存在使其具有一定的碱性，因此并不是适用于所有种类的土；而且经过改性后的土，比原状土更易产生裂缝，且自愈能力较差。

② 膨润土改性黏土的技术

膨润土改性黏土技术意指在天然黏土中添加少量的膨润土矿物，来改善黏土的性质，使其达到防渗材料的要求，这是因为膨润土的主要组成部分是蒙脱石，众多的负电荷黏附在其表面，且其比表面积非常大，所以膨润土具有极强的吸水能力和与阳离子进行水化作用的能力。水化过程中发生层间分离，因此水化膨润土有较大的孔隙空间。然而水是不能在其大部分空间内移动的，并且可以自由流动的重力水所占比例又较小，其不规则的流动路径使得水流动更加的不顺畅，因此当水渗滤蒙脱石时，其渗透系数很低。影响吸附层厚度的孔隙溶液对膨润土的影响非常大，并且蒙脱石在膨润土中所含比例越大，污染物对其影响越大。所以，膨润土改性后的天然黏土的防渗性能受渗滤液的影响较大。膨润土矿物质的添加量应视具体情况而定。

在黏土中添加膨润土较其他无机改性材料的优点在于：膨润土具有吸水膨胀的性质和巨大的离子交换容量。膨润土吸水后，其体积可以膨胀至原体积的 10～30 倍，而且在其内部会形成低渗透性的纤维。因此，在黏土中添加适量的膨润土后，不仅可以降低黏土的孔隙率，进而减小其渗透系数，还可以提高防渗衬垫层的吸附能力和力学强度。因此，膨润土改性黏土在填埋场中的应用前景非常广阔。

5.7.3 人工合成有机防渗材料

(1) 土工膜

土工膜是一种薄的、不透水的、有一定韧性的合成材料。根据原材料的不同，主要分为聚合物以及沥青两大类。一般聚合物类的膜多数在工厂制造完成，而沥青类膜则主要在现场制作。在生产土工膜时，往往还要掺入一定量的添加剂来改善其部分性能并达到降低工程造价的目的。例如，在土工膜中掺入少量炭黑，可以提高抗紫外线腐蚀的能力，延缓老化；掺入铅盐、钡、钙等衍生物可以改善土工膜的抗热和抗光照稳定性等。沥青类的土工膜主要掺料是细矿粉或者纤维。加入细矿粉和纤维均可以提高土工膜的强度，而细矿粉的使用还可以降低工程造价。常用的柔性膜主要有高密度聚乙烯膜（HDPE）、低密度聚乙烯膜（LDPE）、聚氯乙烯（PVC）、氯化聚乙烯（CPE）等。柔性膜防渗材料通常都具有渗透系数较小的特点，均可达到 11^{-10} cm/s 左右，高密度聚乙烯膜的渗透系数甚至可以达到 12^{-10} cm/s，因此可以在垃圾填埋场防渗衬垫层中广为应用。

(2) 土工布

土工布（无纺布）是垃圾填埋场中经常使用的一种非织造土工用织物，一般用于反滤和排水。其主要目的是保护土工膜不被垃圾中的尖锐物品刺破，防止垃圾渗滤液收集管被垃圾堵塞等。根据黏合方式分为热黏合、化学黏合和机械黏合。其产品厚度一般在1mm以上，孔隙率较大，大面积使用时多采用简单缝合的方式。

(3) 人工合成有机材料

人工合成有机材料种类很多，可分为：合成橡胶系，如加硫橡胶系——乙丙橡胶（EPDM）、异丁橡胶（IIR）、氯磺化聚乙烯（CSM）；合成树脂系，如氯乙烯系——聚氯乙烯树脂（PVC）、聚乙烯树脂（PE）、氯化聚乙烯树脂（CPE）、乙烯-醋酸乙烯共聚物（EVA）、高密度聚乙烯（HDPE）；沥青系，如沥青喷涂布、沥青浸布等。主要的人工合成柔性膜如表5-8所示。

表5-8 几种主要的人工合成柔性膜

材料	特点	费用	优点	缺点
丁基橡胶	异丁烯与少量异戊二烯聚合物	中等	对水体、水蒸气渗透性较低；热稳定性好；氧化性和极性溶剂对它有轻微影响	遇烃类溶剂和汽油易膨胀；难焊接、修补
氯化聚乙烯	氯气和高浓度的氯乙烯化学反应而得	中等	较好的拉伸强度；不受无机物的影响	遇芳香烃和油类时易膨胀，拉伸性好但无弹性
氯磺化聚乙烯	氯乙烯和氯气、二氧化硫反应所生成的聚合物	中等	能耐臭氧、酸、碱和热，容易焊接	拉伸强度随使用年限的增加而增强，有支撑物时拉伸性好；易受油的影响
聚醚橡胶	高分子量、脂肪族聚醚与氯甲基的反应产物	中等	较好的拉伸强度，耐磨性、热稳定性好；气体和水蒸气的渗透率低；不易老化；不受烃类溶剂、燃料、油类等的影响	难以现场焊接和修补
乙丙橡胶	乙烯、丙烯以及非共轭碳氢化合物的三元共聚物	中等	不受稀的酸、碱、硅酸、磷酸和盐溶液的影响；能耐高温；不受紫外线和气候的影响	不能与汽油、卤代溶剂接触；难以焊接和修补；抗撕裂程度低
氯丁橡胶	氯丁二烯合成	较高	不受油类、臭氧、紫外线等影响；不易撕裂；耐磨性和抗机械损伤性好	难以焊接和修补
聚氯乙烯	氯乙烯的聚合物，产品呈筒状，有不同宽度和厚度	较低	不受无机物影响；拉伸性较好；抗撕裂性、耐磨性好；物理性能好；易于焊接	易受有机物影响，包括烃类溶剂和油；易于老化，不能暴露于紫外光之下
热塑性橡胶	极性范围从高极性到无极性	中等	能耐油、燃料和水；拉伸强度高；抗老化和臭氧	耐热性较差，压缩变形，弹回性、耐久性等较差，价格略贵
高密度聚乙烯（HDPE）	吹制或压制而成	中等到较高	不受油和化学品的影响；抗老化；耐高温，厚度可达0.5～3.75mm	较厚则需现场焊接；易裂缝；若厚度较薄，易撕裂，且裂口易蔓延

为了更有效地密封防渗，现代填埋场尤其是危险废物填埋场普遍使用人工合成有机材

料（柔性膜）与黏土结合作为填埋场的防渗材料。高密度聚乙烯（HDPE）膜具有优良的机械强度、耐热性、耐化学腐蚀性、抗环境应力开裂和良好的弹性，随厚度增加，其断裂点强度、屈服点强度、抗撕裂强度和抗穿刺强度逐渐增加，而且高密度聚乙烯制造工艺成熟、易于现场焊接，且人们已经积累了较成熟的工程实施经验。因此，高密度聚乙烯膜是目前应用最为广泛的填埋场防渗材料，在填埋场建设中的用途包括基础防渗、最终覆盖层防渗、各种水池及垃圾堆放场地的防渗，污水调节池覆盖和填埋场作业区临时覆盖，以及制成 HDPE 管材等。

柔性膜防渗材料通常具有极低的渗透性，其渗透系数均可达到 10^{-11}cm/s，高密度聚乙烯的渗透系数达到 10^{-12}cm/s 甚至更低。常用的柔性膜有 HDPE(高密度聚乙烯)、LDPE 等，应用最普遍的是高密度聚乙烯柔性膜，有极低的渗透系数，通常可达 10^{-11}cm/s。高密度聚乙烯膜的性能要求包括原材料性能和成品膜性能，主要指标包括密度、熔流指数、炭黑含量、HDPE 原料、膜厚度、抗穿能力、抗拉强度和渗透系数等。

① 密度

密度反映材料的分子结构和结晶度，与材料的物理性能和强度、变形等有关。用于安全填埋场的高密度聚乙烯防渗膜的密度为 0.932～0.940g/cm^3，最佳值为 0.95g/cm^3。

② 熔流指数

熔流指数反应材料的流变特性。熔流指数低，材料脆，但刚性增强。反之，则材料弹性增强，刚性减弱。熔流指数的最佳值为 0.22g/10min。一般熔流指数在 0.05～0.3g/10min范围可满足要求。

③ 炭黑含量

炭黑含量反映了材料抗紫外线辐射的能力。一般，炭黑添加量为 2%～3%。不含炭黑的高密度聚乙烯膜不能用在露天填埋场的设计和施工中。

④ 原料材料

聚乙烯原材料必须是一级纯品，不含杂质。不能用废聚乙烯再生。

⑤ 膜厚度

选择高密度聚乙烯膜的厚度，一般不以其抗渗能力为依据，因为 HDPE 膜的抗渗能力是有保证的。例如，渗滤液穿透 0.5mm 厚的高密度聚乙烯膜大约需要 80 年。

虽然用于安全填埋场工程的 HDPE 膜是加炭黑的，但紫外辐射仍然对膜的强度有很大影响。如果填埋场衬层从施工到运行自始至终膜不暴露，则可选择较薄的膜，否则应考虑选择较大厚度的膜。因此，选择膜厚度应主要考虑膜的抗紫外线辐射能力。此外还应考虑膜的抗穿透能力和抗不均匀沉降能力。虽然膜厚度大对后两者有利，但膜厚度增加将使膜的价格成比例增加，所以必须综合考虑。我国实际使用较多的膜厚度为 0.5～2.5mm。

在具体工程应用时，应先结合该填埋场的地质条件、设计年限、容量大小等综合考虑，选出适合该场地条件的材料进行室内试验。尽量使用与垃圾填埋场渗滤液性质相近的液体作为试验液体，验证该材料是否能够满足垃圾填埋场的抗渗和强度要求。

▶ 5.7.4　复合防渗材料

（1）土工合成膨润土衬垫（GCL）

土工合成膨润土衬垫（geosynthedc clay liner，GCL，又称膨润土防水毯）是在2层土工合成材料之间夹封1层膨润土或其他透水性极小的材料，通过针刺、缝合或黏接加工而成的一种土工复合防渗材料，主要作用是防渗或者密封。有的GCL产品只有1层土工膜，其上用水溶性黏合剂黏合1层薄薄的膨润土。覆盖层土工织物可以是无纺织物，也可是有纺织物。采用针刺工艺可使上层土工织物的一部分纤维穿过膨润土和下层土工织物，使三者形成一个整体。穿透底层土工织物的纤维靠自身缠绕、摩擦或通过加热的方法使它和土工织物层结合在一起。按其结构组成，将几种基本的GCL产品作以下分类：黏合GCL（双层）、针刺GCL、缝合GCL和黏合GCL（单层）。

GCL常作为HDPE膜的辅助防渗层，相对于其他防渗材料，具有防渗性能优越、施工方便、增加库容等优势，可充分弥补单一的HDPE膜防渗缺陷引起的渗漏问题；同时对地下水较高地区，可有效降低地下水潜在污染的可能性。尤其对危险废物安全填埋场，采用GCL作为压实黏土的替代材料，不仅可以节省压实黏土占用的库容，还可增加防渗衬垫系统的安全性，显著提升填埋场的经济效益和环境效益。

GCL中的膨润土具有吸水膨胀的性质，遇水时体积迅速膨胀，可以使渗透系数降低。在膨润土外部一般为无纺土工织物，可以起到加固和保护膨润土的作用，使GCL具有整体的强度。一般，GCL的厚度为6～10mm，在遇水膨胀时厚度可以增大至原来的4～5倍，渗透系数约为9^{-10}～8^{-10}cm/s。

GCL主要用于水坝、水库的防渗设计以及废物填埋场场底防渗漏和封场时的密封。可以独立使用，也可与土工膜或压实黏土衬垫层搭配使用。与压实黏土衬垫层相比，它的优点主要为：厚度较薄，可以节省出较大的体积填埋废物，增大了填埋容量；由于其良好的吸水膨胀性，使渗透系数降低明显，防渗效果更好；由于土工织物的存在，强度也有了一定的提高；施工方便，速度快。

与土工膜相较，其优点主要为：①受到外部土工织物的保护，抗刺破能力有了明显提高，对于施工器械、场地、施工技术等要求较低；②具有良好的界面摩擦性能；③柔性较好，适应不均匀沉降的能力较强；④与周围建筑物或者管道连接时，施工更加方便，而且接缝处的密封性良好；⑤防渗性能不会因为干湿循环或冻融循环而降低；⑥易于保管、运输。

（2）无机物质和有机物质复合而成的防渗材料

有机天然复合防渗材料主要是指沥青水泥混凝土、聚合物水泥混凝土（PCC）防渗材料等。

聚合物水泥混凝土是由水泥、混凝土骨料以及聚合物胶结料混合而成的垃圾填埋场防渗材料，在水泥混凝土搅拌的过程中逐渐掺入适量的聚合物单体，然后经过浇筑养护而成。由于聚合物参与了水泥的水化过程，并发生了一系列物理化学反应，从而聚合物水泥混凝土具有良好的阻水抗渗性能和抗碳化性能，再加之聚合物具有网络成膜的性能，因此聚合物水泥混凝土的孔隙结构较为密实，耐磨性以及耐久性较好，并且其抗压、抗折强度都得到了提高，可以达到预期要求。国内研制的聚合物水泥混凝土材料抗压强度达到20MPa，渗透系数由普通水泥砂浆的 $10^{-6}\sim10^{-8}$cm/s 降低到 10^{-9}m/s，抗渗性比普通砂浆高 2～3 个数量级，抗碳化性提高 3～6 倍。根据我国的实际发展水平，聚合物水泥混凝土也是经济实用且又能满足防渗要求的填埋场防渗材料。

聚合物水泥基防水涂料是由合成高分子聚合物乳液（如聚丙烯酸酯、聚醋酸乙烯酯、丁苯橡胶乳液）及各种添加剂优化组合而成的液料和配套的粉料（由特种水泥、级配砂组成）复合而成的双组分防水涂料，是一种既具有合成高分子聚合物材料高弹性，又有无机材料良好耐久性的防水材料。水泥聚合物防水涂料是柔性防水涂料，即涂膜防水。聚合物水泥基材料中常用的聚合物种类极其繁多，如表 5-9 所示。

表 5-9　聚合物水泥基材料中常用的聚合物种类及性能

<table>
<tr><th colspan="4">聚合物</th><th rowspan="2">聚合物改性材料特性</th></tr>
<tr><th>种类</th><th>名称</th><th>代号</th><th>应用形态</th></tr>
<tr><td>环氧树脂类</td><td>环氧树脂</td><td>EP</td><td>乳液</td><td>提供极强的黏结性、耐水性。弥补水泥微观结构缺陷，防止微裂纹的产生或扩展</td></tr>
<tr><td rowspan="2">聚丙烯酸酯类</td><td>丙烯酸酯均聚物</td><td>PA</td><td>乳液</td><td rowspan="2">对新拌混合物提供良好的施工性和保水性；对硬化材料提供非常好的黏结性、柔韧性、防止微裂纹的产生和扩展</td></tr>
<tr><td>苯乙烯-丙烯酸酯聚合物</td><td>St/BA</td><td>乳液；乳胶粉</td></tr>
<tr><td rowspan="2">VAE 类</td><td>乙烯-乙酸乙烯酯共聚物</td><td>VAE</td><td>乳液；乳胶粉</td><td rowspan="2">新拌混合物提供良好的施工性和保水性；对硬化材料提供良好的柔韧性、耐水性、防水性和黏结性等，弥补水泥微观结构缺陷，防止微观裂纹的产生和扩展</td></tr>
<tr><td>氯化烯-月桂酸乙烯酯-乙烯三元共聚合物</td><td>VC/VL/E</td><td>乳胶粉</td></tr>
<tr><td>聚乙烯醇类</td><td>—</td><td>PVA</td><td>微细粉末、水溶液</td><td>提供良好的施工操作性和保水性，改善水泥基材料的黏结性，弥补水泥微观结构缺陷，防止微裂纹的产生和扩展</td></tr>
</table>

5.8 其他处理材料

5.8.1 酶

酶处理材料主要用于农作物秸秆、餐厨垃圾、畜禽粪便、市政污泥等有机固体废物的处理，主要包括降解各种木质纤维素的微生物及酶。

漆酶、木质素过氧化酶（LiP）和锰过氧化物酶（MnP）是最重要的木质素降解酶，主要由白腐真菌产生。不同的白腐真菌所产的木质素降解酶种类不同。大部分白腐真菌都产漆酶和 MnP，但只有一部分真菌产 LiP。根据白腐真菌的产酶情况，将它们分成三类：第一类产 LiP、MnP 和漆酶，第二类产 MnP 和漆酶，第三类产 LiP 和漆酶。另外一些真菌只产漆酶而不产过氧化物酶，属于第四类。

除了漆酶和过氧化物酶这些能直接攻击木质素的酶以外，木质素的降解还需要其他一些辅助酶的协同作用。由于过氧化物酶降解木质素需要 H_2O_2 作为其底物，因此白腐真菌中 H_2O_2 的来源受到关注。目前在白腐菌中分离和表征的 H_2O_2 产生酶主要有乙二醛氧化酶、芳香醇氧化酶、葡萄糖-1-氧化酶、吡喃糖-2-氧化酶、纤维二糖脱氢酶等。

(1) 木质素过氧化酶 (LiP)

LiP 是一类含血红素和糖基化酶的单质，从白腐真菌黄孢原毛平革菌中发现，是一种分子量 40kDa 左右的糖蛋白，具有酸性等电点和最适 pH。这种酶是亚铁血红素蛋白，活性中心含有一分子原卟啉，可降解木质素。与其他血红素过氧化物酶类似，LiP 作用于木质素的过程分为三步：H_2O_2 将铁酶 LiP-Fe(Ⅲ) 氧化为中间产物 [LiP-Fe(Ⅳ)]$^+$，通过从底物上获得一个电子还原为 LiP-Fe(Ⅳ)，最后由第二个底物上获得单电子还原为自然状态 LiP-Fe(Ⅲ)。反应依赖于电子转移和 H_2O_2 的消耗。

LiP 可以氧化木质素中的非酚型结构单元生成芳基阳离子自由基，氧化酚型结构生成苯氧自由基，这些自由基接下来发生一系列的自发反应，可以导致木质素发生多种反应，包括侧链断裂、苄亚甲基羟基化、苄醇氧化为相应的醛或酮以及芳香环开裂等。

(2) 锰过氧化物酶 (MnP)

MnP 是一种含血红素的糖蛋白，分子量比 LiP 稍大 (5 万～6 万)，可以有效地解聚木质素和木质纤维素，广泛存在于白腐菌中。MnP 在 H_2O_2 和 Mn 的作用下氧化破坏木质素结构。类似于 LiP，其反应计划提出了三步过程：铁酶 MnP-Fe(Ⅲ) 被 H_2O_2 氧化成中间体 [MnP-Fe(Ⅳ)]$^+$，从底物上得到一个电子，还原成 MnP-Fe(Ⅳ)，最后通过第二个底物还原成 MnP-Fe(Ⅲ)。Mn 作为电子传递介质在 MnP 体系中对复杂木质素结构的攻击中起着重要的作用。通过对不饱和脂肪酸的过氧化作用，MnP 还可氧化木质素中的非酚型结构。

(3) 漆酶

漆酶是由真菌和细菌共同鉴定的一种具有氧化还原酶功能的芳香型供氢酶。漆酶以氧气为氧化剂，能在相对较小的酚类木质素化合物中裂解化学键。漆酶含有四个铜离子 (Cu^{2+})，根据它们的光谱和电子自旋共振特征可分为三类：一个Ⅰ型铜离子，一个Ⅱ型铜离子，两个Ⅲ型铜离子。

漆酶催化 4 个底物分子的单电子氧化，将 4 个电子传递给 O_2，将 O_2 还原为 H_2O。Ⅰ型铜离子负责底物的单电子氧化。在底物氧化过程中，Ⅰ型铜离子首先夺取底物的电子，然后通过一个高度保守的三肽基序，将电子传递给Ⅱ型、Ⅲ型铜离子组成的三核铜簇中心，然后在三核铜簇中心将分子氧还原为水。最终 4 个底物分子被氧化生成 4 个自由基，1 分子 O_2 被还原生成 2 分子 H_2O。

活性自由基可自发地进行多种非酶促反应，包括：①通过 C—C、C—O 和 C—N 键共价偶合生成二聚物、寡聚物和聚合物；②通过打断共价键，特别是烷基—芳基连键（有时需要借助介体），来降解复杂聚合物，释放出单体物质；③芳香化合物的开环反应。

(4) 纤维二糖脱氢酶

纤维二糖脱氢酶（CDH）是一种胞外酶，见于多种木腐真菌。CDH 有两个辅基，黄素腺嘌呤二核苷酸（FAD）和血红素，分别位于两个不同的结构域，这两个结构域被限制性蛋白酶水解，可以互相分离。

CDH 的催化机制为乒乓机制。在 FAD 辅基的还原性半反应中，它将纤维二糖、纤维寡糖、乳糖等氧化成相应的内酯，在 FAD 的氧化性半反应中，它可以将电子传递给一系列的电子受体，包括醌类、苯氧自由基、Fe^{3+}、Cu^{2+} 等。分子氧是比较差的电子受体。血红素辅基的作用可能是促进单电子的传递。

CDH 可以通过间接地产生羟自由基降解木质纤维素。CDH 可以将 Fe^{3+} 还原为 Fe^{2+}，将 O_2 还原为 H_2O_2，Fe^{2+} 和 H_2O_2 通过芬顿反应可以产生羟自由基。羟自由基可以攻击纤维素、半纤维素和木质素。CDH 可以和 LiP 或 MnP 协作，共同促进过氧化物酶对木质素的降解。

(5) 纤维素酶

纤维素降解酶主要有内切葡聚糖酶（EG）、外切葡聚糖酶（CBH）、β-葡糖苷酶（BG），三种酶协同作用将纤维素分解为葡萄糖单体。内切酶主要随机水解非结晶区的 β-(1→4)-糖苷键，产生葡萄糖、二糖等结构大小不等的纤维糊精。外切葡聚糖酶将内切酶作用后的纤维素分子依次水解为 β-(1→4) 葡萄糖苷键，产生纤维二糖，真菌的外切葡聚糖酶可作用于纤维素结晶区；β-葡糖苷酶进一步降解由内切酶和外切葡聚糖酶降解生成的纤维素二糖和纤维糊精。

① 内切纤维素酶

内切纤维素酶是一类可以作用于纤维素链内部无定形区域的酶，可以在纤维素长链内部位点随机切割，产生不同长度的短链纤维素，进而可以生成新的链端。内切纤维素酶通常作用于无定形纤维素或纤维素的可溶性衍生物，如羧甲基纤维素 CMC、纤维寡糖。

② 外切纤维素酶

外切纤维素酶通常作用于纤维素链的末端（还原或非还原端），释放出纤维二糖或寡糖。外切纤维素酶通常以结晶区纤维素为底物，如微晶纤维素 Avicel，其酶活测定也常以 Avicel 为底物测定其释放还原糖的量。因外切纤维素酶通常由多个 α 螺旋形成一个喇叭形的孔洞，即活性位点所在区域。在降解纤维素时，纤维素链进入该孔洞，一次切割下一个二糖分子或葡萄糖分子，并呈链式顺序进行，该种作用方式也决定了外切纤维素酶的降解效率普遍较低。

③ β-葡萄糖苷酶

β-葡萄糖苷酶是一类具有催化特异性的酶，可以通过转糖基化反应催化水解纤维素二糖、低聚糖或其他多糖复合物中的 β-D-葡萄糖苷键。β-葡萄糖苷酶基于底物特异性可以分为三类：第一类，水解芳基 β-葡萄糖苷键（例如：水杨素）；第二类，对纤维二糖和纤维寡糖表现出强烈的水解能力；第三类，具有广泛的底物特异性，可以水解糖苷残基和多种糖苷配基分子之间的 β-糖苷键。

除了用作纤维素酶降解纤维素，还可应用于生物精炼厂进行生物质转化，食品工业中纤维素分解产生葡萄糖。热稳定的β-葡萄糖苷酶在工业应用中具有更好的优势：加快反应速度、提高底物溶解度、降低污染风险，还可以降低溶液的黏度并增加溶剂的可溶性等。

5.8.2 液化转化催化剂

污泥中含有蛋白质、多糖、脂质、水溶性有机物等，作为未来生物炼制实践的一种优秀的、可再生的替代碳源，在燃料的可持续生产过程中蕴含着巨大的潜力。热解和液化是污泥制备生物油的主要方法。

低温水热液化（200～380℃）由于对原料的含水率没有限制以及相对温和的反应条件，被认为是一种有前景的湿固体废物热化学过程。水热液化由于可以破碎污泥的细胞结构，所以可以破坏污泥的介稳体系，改变污泥的沉降平衡。

(1) 污泥提取生物质油提取剂

浸出法是一种制油工艺。其理论依据是萃取原理，优点是含残油少、出油率高、加工成本低、经济效益高。一般需使用有机溶剂对原料进行浸取。

正己烷、甲醇、丙酮、氯仿、乙烷、二甲苯、二氯甲烷、环己烷等是常用的萃取剂。此外，离子液体增强萃取剂1-乙基-3-甲基-咪唑四氟硼酸盐具有很强的对污泥中生物质油的萃取性能。

(2) 塑料催化液化催化剂

Nb_2O_5催化剂可以在40h内100%光降解PE，随着PE光降解成CO_2，所产生的CO_2可以进一步被光还原，并选择性生成CH_3COOH。国内外塑料热解常用催化剂如表5-10所示，美国Susannah L. Scott教授等提出使用负载铂的γ-氧化铝催化剂，在280℃下基于串联氢解/芳构化反应将废弃聚乙烯转化为高价值的长链烷基芳烃和烷基环烷烃。对于聚烯烃塑料而言，HZSM沸石是选择性生产轻烯烃的合适催化剂，在450℃的催化温度下轻烯烃为主要馏分，其产率为56.4%(质量分数)，丙烯为主要单体产品，收率为25%(质量分数)，同时，白云石催化剂半间歇催化裂化反应催化塑料衍生液体可获得高质量燃料用油，反应温度一般在300～500℃。此外，废塑料在分子筛催化剂作用下热裂解过程也可以使之液化，废塑料首先热解产生碳链的烯烃，烯烃进而从催化剂表面上获得H^+形成正碳离子，正碳离子先在β位断裂成伯、仲碳离子，然后异构化成更稳定的叔碳离子，最后，稳定的叔正碳离子将H^+还给催化剂，自身变为烃类。各类催化剂在催化过程中的优缺点如表5-11所示。

表5-10 国内外塑料热解常用催化剂表

类型	相关催化剂
沸石类催化剂	ZSM-5，USY，Y，酸处理斜发沸石，HZSM-5，HUSY，HY，Hβ，HMOR
非沸石类催化剂	MCM-41，SBA-15，SiO_2-Al_2O_3，H-稼硅酸盐
高岭土类催化剂	地质结合物类具有较大比表面积的物质
固体碱催化剂	BaO、MgO

表 5-11 对不同催化剂的性能分析

催化剂种类	优点	缺点
非晶体 SiO_2-Al_2O_3	可协调的酸度	无定形的性质抑制了 PSW 分子完全进入活跃的位点
介孔 SiO_2 和 SiO_2/Al_2O_3	可协调的酸度	无定形的性质抑制了 PSW 分子完全进入活跃的位点
沸石 Y	1. 裂化能力强，对汽油和柴油馏分选择性好； 2. 活性点位利用率高； 3. 容易再生	1. 大的微孔有利于凝结和次生反应； 2. 快速失活
ZSM-5	1. 聚烯烃的高裂化活性； 2. 强大的酸度； 3. 对芳构化有活性	1. 生成焦炭活性物质； 2. 微孔抑制快速扩散
β-沸石	对气体组分的选择性较好	1. 对二次反应有活性； 2. 产生大量的残留物和蜡
天然沸石	1. 温和的开裂能力； 2. 对液体产品有选择性	1. 催化剂效率与 p/c 比密切相关； 2. 活跃的炭生产； 3. 含有杂质
掺杂沸石	1. 酸性比未掺杂沸石高； 2. 对轻烯烃选择性高； 3. 具有去除杂原子的活性	一些掺杂剂很昂贵(如 Pt,Pd)
FCC 催化剂	1. 用于石油裂化的商业应用可以避免结垢的问题； 2. 支持轻烃生产	1. 双峰孔隙结构允许体积大的次生反应发生； 2. 不是聚合物降解最快的催化剂
多孔隙复合催化剂	1. 诱导协同效应(即增加表面积)； 2. 一种催化剂和另一种催化剂的酸性增强； 3. 与热裂解相比缩小产品的碳数分布	1. 高度依赖于催化剂混合比例； 2. 催化反应速率受扩散速率限制
层次核壳催化剂	1. 增强了 PSW 分子的可及性，易于晶间扩散； 2. 与微孔相比，空间位阻降低； 3. 催化剂耐焦化； 4. 能够支持金属增强酸度； 5. 次生孔隙改善了气体和芳香物质碳氢化合物的生产	1. 难以扩大生产； 2. 双重孔隙之间必须分明，否则就会降低转化率和增加结焦率
活性炭	1. 价格低廉适合大规模生产； 2. 表面积大，便于塑料分解成热解挥发物； 3. 酸度可以用掺杂剂(如 Pt 和 Pd)调节	1. 与硅铝或沸石相比不会明显提高产品的选择性； 2. 一般为弱酸性
黏土	1. 孔径大，耐焦炭； 2. 改性黏土(如 PILC)可再生； 3. 可掺杂以改善酸度(如 Fe,Ti,Zr,Al)	1. 弱酸性； 2. 减少了 PSW 与活性位点的联系
金属氧化物	1. 可根据氧化物的性质或通过调节酸度预处理； 2. 贵金属掺杂可以提高 PSW 的转化率； 3. 可用于制造双功能酸/碱催化剂	1. 容易因结焦而失活； 2. 产品需要进一步升级
碳酸盐	1. PSW 分解率高； 2. 活性位点提高了天然气产量	热处理容易分解

5.9 环境功能材料在固体废弃物处理处置中的综合应用案例

5.9.1 化工污泥调理脱水案例

本小节介绍市政污泥机械脱水絮体结构调理项目。

(1) 项目基本情况

昆山多个污水厂污泥干化点及生物质处置基地，突破了污泥调理深度脱水-原位低温干化-协同废弃物处理的关键技术，集成创新了污水厂污泥干化-污泥协同园林（农林）废弃物-生物质耦合燃煤发电-燃煤机组改造超低排放的全过程工艺及其成套设备。污泥含水率（80%）高，作为燃煤辅助燃料，造成燃烧温度不是很高，容易产生恶臭和二噁英气体等污染环境的问题。采用传统制粒方法需要消耗大量能量，制粒全过程消耗的能量占25%～35%，加之成型过程中对机器的磨损比较大，所以传统颗粒成型机的产品制造成本较高。本项目拟研发及优化新型造粒技术及设备，结合污泥机械脱水调理和低温干化技术，将含水率95%的污水处理厂污泥通过环保友好型材料调理机械脱水后至含水率60%，低温干化至含水率20%以下进行造粒，制备热值大于3000kcal/kg(1cal＝4.1868J）的生物质燃料，实现污泥无害化、减量化和资源化的规模化工程应用和处理处置及资源化技术突破。

(2) 处理概况

本项目选用三种混凝絮凝剂（三氯化铁、阳离子聚丙烯酰胺、铝盐增强剂）和三种骨架构建体（锯屑、煤粉、粉煤灰）按照混凝絮凝剂和骨架构建体由单独调理到联合调理，明确混凝絮凝剂单独调理时对污泥脱水的效果影响，得到混凝絮凝剂的最佳投加范围。流程示意图如图5-10所示。

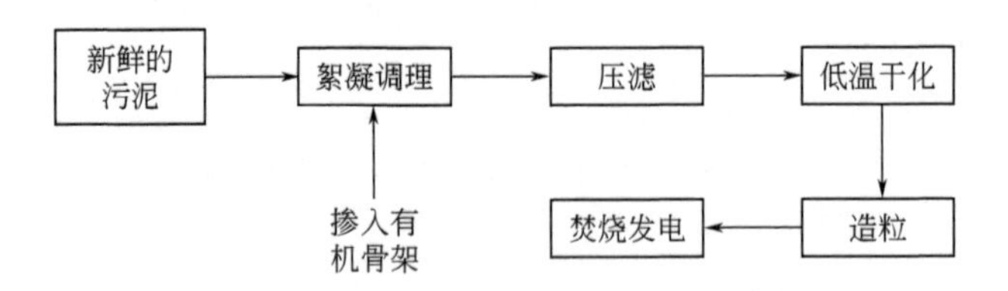

图 5-10 污泥调理脱水应用流程示意图

(3) 处理效果

混凝絮凝剂和骨架构建体单独调理污泥时，$FeCl_3$ 和 CPAM 组合使用且投加量分别为污泥干重的20%和0.25%时调理效果最佳，铝盐增强剂投加量为2%时调理效果最佳，锯屑、粉煤灰、煤粉都在投加量为20%时效果最佳。铝盐增强剂（2%）＋锯屑（20%）组合泥饼性能优于 $FeCl_3$（20%）＋CPAM（0.25%）＋粉煤灰（20%），有机质含量为

59.12%比原污泥增加了29.73%，热值增加显著。铝盐增强剂（2%）+锯屑（20%）组合调理污泥改善污泥的脱水性能，提高泥饼有机质含量和热值，有利于焚烧处置。

5.9.2 清淤淤泥+打捞藻泥协同建材化案例

本小节介绍江苏太湖流域某陶粒厂藻泥和淤泥资源化利用技术集成研发项目。

（1）项目基本情况

太湖蓝藻水华在夏季时常暴发，打捞后的蓝藻所形成的藻泥含水率仍很高，且释放藻毒素和臭气。亟须对其进行深度脱水处理，同时固定过的蓝藻泥含大量藻毒素，具有很高的环境风险。太湖底泥蓄积量达19.15×10^8万立方米，富含很高的硅铝元素赋存量，具有很高的资源化利用价值。淤泥中含有大量的重金属，存在浸出风险。深度脱水处理淤泥和藻泥，并利用其高有机物含量和硅铝元素赋存的特点对其进行资源化利用生产轻质陶粒。

（2）处理材料概况

采用南京师范大学研究团队开发的功能化两性淀粉基絮凝调理剂调理淤泥和蓝藻泥，然后用板框压滤深度脱水。两性淀粉基脱水调理剂同时含有阴离子羧基基团和阳离子季铵基团，能有效破坏淤泥和蓝藻泥的结构，使之脱水性能大幅提升。同时，该调理剂对于蓝藻泥的藻毒素和淤泥的重金属具有良好的稳定化作用。

另一方面，采用粉煤灰、高岭土和氧化钙作为调理剂，结合脱水后的淤泥和藻泥，在无需二次添加水的条件下直接进行混料、造粒、预升温、烧结、冷却，最终生产出轻质陶粒。流程示意图如图5-11所示。

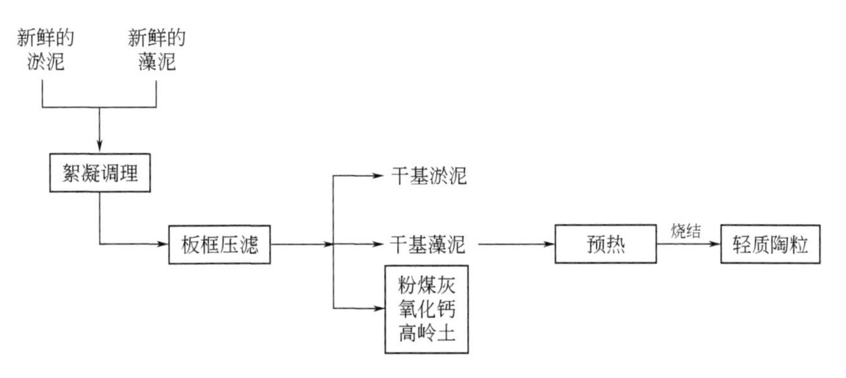

图5-11 烧制轻质陶粒流程示意图

（3）处理效果

两性淀粉基脱水调理剂具有明显的脱水优势，主要表现在用量低，调理脱水效果明显，调理后的淤泥和蓝藻泥的含水率可降至低于60%。淤泥减量化可达90%。相比于传统的陶粒烧结方案，本项目开发的陶粒生产技术不仅可以生产完全符合国家标准的轻质陶粒，而且能有效避免重金属的二次浸出，藻毒素在高温条件下被完全消纳，同时由于蓝藻泥有机质和热值高，烧结过程不需要外加致孔剂，能源消耗减少。原料中淤泥、藻泥用量比例不低于80%，最终陶粒产品的筒压强度、容重、吸水性、安定性等性能指标及有害物质含量应达到相应的国家标准（GB/T 17431.1—2010），每生产 $1m^3$ 的轻质陶粒净利润可达 90 元。

▶ 5.9.3 尾矿浮选处理案例

5.9.3.1 HK 浮选剂浮选超高浓度无烟煤项目

（1）项目基本情况

某选煤厂通过块煤跳汰工艺，分选 50～200mm 粒级的大块物料，50mm 以下的物料进入旋流器分选。在块煤跳汰系统未运行之前，浮选入料浓度为 92～131g/L，接近正常的浮选入料浓度。然而块煤跳汰洗选后的 20 余次测定表明，浮选入料浓度大都高于 200g/L，入浮浓度非常高，十分不利于浮选。且浮选入料中＜0.125mm 粒级含量平均为 48.66%，且＜0.125mm 粒级灰分比＞0.125mm 粒级灰分高 10 个百分点以上。高灰细泥含量多，浮选难度大，浮选药剂要求高。

（2）处理材料概况

HK 浮选剂包括 HK-LN 型捕收剂和 HK-LLN 型起泡剂。HK-LN 型捕收剂主要成分为非极性烃及其衍生物，并根据不同的煤质特性加入不同的促进剂，颜色为棕色，密度在 $0.9 \sim 1.0 g/cm^3$，pH 值为 7.0～7.5。HK-LLN 起泡剂主要成分为各种醇类，颜色为黄棕色，密度在 $0.9 g/cm^3$，黏度较小，泡沫层稳定，选择性较强。采用捕收剂和起泡剂分别添加的方式来进行调试，低灰精煤灰分确定为 11%～12%。

（3）处理效果

由表 5-12 可知，HK 浮选剂生产较低灰分的精煤时，其回收率平均在 20%以上，特别是生产高灰分（19.76%）浮选精煤时，其回收率和尾矿灰分分别达到了 76.22%和 84.62%，尾矿已呈黄色，说明浮选效果良好。无论是生产低灰精煤还是生产高灰精煤，HK 浮选剂的效果明显优于一般复合煤油药剂，HK 浮选剂适合超高入浮浓度的无烟煤煤泥浮选。

表 5-12 HK 浮选剂调试结果

序号	入料浓度/(g/L)	加药量/(kg/L)	灰分/%			精煤回收率/%
			总精煤	尾矿	入料	
1	150	0.15	11.45	82.56	32.83	69.93
2	207	0.36	15.89	67.20	34.65	63.44
3	215	0.50	19.76	84.62	35.18	76.22
4	250	0.22	11.95	37.14	32.26	19.37
5	220	0.20	11.42	42.20	35.43	21.99
6	212	0.18	11.27	34.28	28.84	23.64

5.9.3.2 CO_2+ O_2 中性地浸法及其强化法采铀

（1）项目基本情况

采区位于蒙其古尔矿床 P15～P19 勘探线之间，目标层为三工河组下段矿体。采用

“五点式”井型，共30个抽注单元，抽注液井距30m。采取矿层埋深介于455～483m，有稳定的泥岩顶、底板，砂体厚度11.63～20.38m，平均厚度14.99m。砂体岩性以粗粒砂岩、含砾粗粒砂岩为主，胶结疏松，局部砂体中存在一层泥岩夹层，厚度0.3～1.2m。矿体平均厚度5.64m，平均品位0.0619%，平均铀量7.6kg/m^2。

(2) 处理材料及工艺概况

CO_2+O_2 中性地浸法作为一种更加绿色环保的采铀工艺，其原理大体上与碱法地浸采铀方法一致，即四价铀经氧化后以碳酸铀酰络合物形式溶解浸出。酸法与碱法浸出易产生硫酸钙和碳酸钙沉淀，为避免产生化学堵塞，采用 CO_2+O_2 地浸工艺。为解决采铀的中后期浸出液铀浓度出现下降，采用 CO_2 的配加浓度以及补加碳酸氢铵为主要技术手段的强化浸出。

采用碳酸氢铵强化，初期在溶浸液中配加 NH_4HCO_3 溶液，CO_2 加入量在750mg/L左右，溶浸液pH值控制在6.6～6.8，溶浸液中 HCO_3^- 从本底850mg/L左右提高至1200mg/L左右。后期鉴于浸出液中的溶解氧及硫酸根较高，O_2 加入量降至200mg/L。之后提升 NH_4HCO_3 配加量，CO_2 加入量提高至850mg/L左右，溶浸液pH值与 O_2 加入量控制不变，溶浸液中 HCO_3^- 提高至1500mg/L左右。

(3) 处理效果

CO_2+O_2 中性浸出剂的投加后，集合样铀浓度稳定上升，最高达到89.04mg/L，单孔铀浓度峰值相继出现。之后，铀浓度短期小幅上升后开始下降，至50mg/L左右。碳酸氢铵强化处理后，试验采区单孔铀浓度提升1.73～44.33mg/L，集合样铀浓度提升8mg/L。扩大到10个采区开展强化浸出推广应用，大部分浸出液铀浓度及 HCO_3^- 浓度出现不同程度的提升，集合液 HCO_3^- 浓度从854mg/L提升至1050mg/L。强化浸出后，各采区铀浓度涨幅2.6～42.3mg/L，平均涨幅13.30mg/L，效果显著。

5.9.4 钙砷渣氧化解毒案例

本小节介绍炼锑砷碱渣氧化解毒项目。

(1) 项目基本情况

我国的锑矿大都含有砷，其中砷多呈砷黄铁矿形态存在。熔炼这种含砷锑矿时，全部砷都氧化挥发，并在还原熔炉中进入粗锑。工业上利用砷和锑高价氧化物的生成自由焓值有很大差别的特点，采用碱性精炼法使砷优先氧化除去，最终得到含砷达到标准的锑和含砷5%～10%的碱性渣。本项目处理炼锑砷碱渣的热水浸出-氧化钙沉砷-硫酸溶砷-还原-冷却结晶的半封闭式工艺流程，不仅没有排放废渣和废水，而且还从砷碱渣中回收了含锑55%以上的二次锑精矿和纯度很高的 As_2O_3 以及可供工业生产用的纯碱和石膏（含砷<0.2%）。

(2) 处理概况

确定了如图5-12所示的工艺流程。

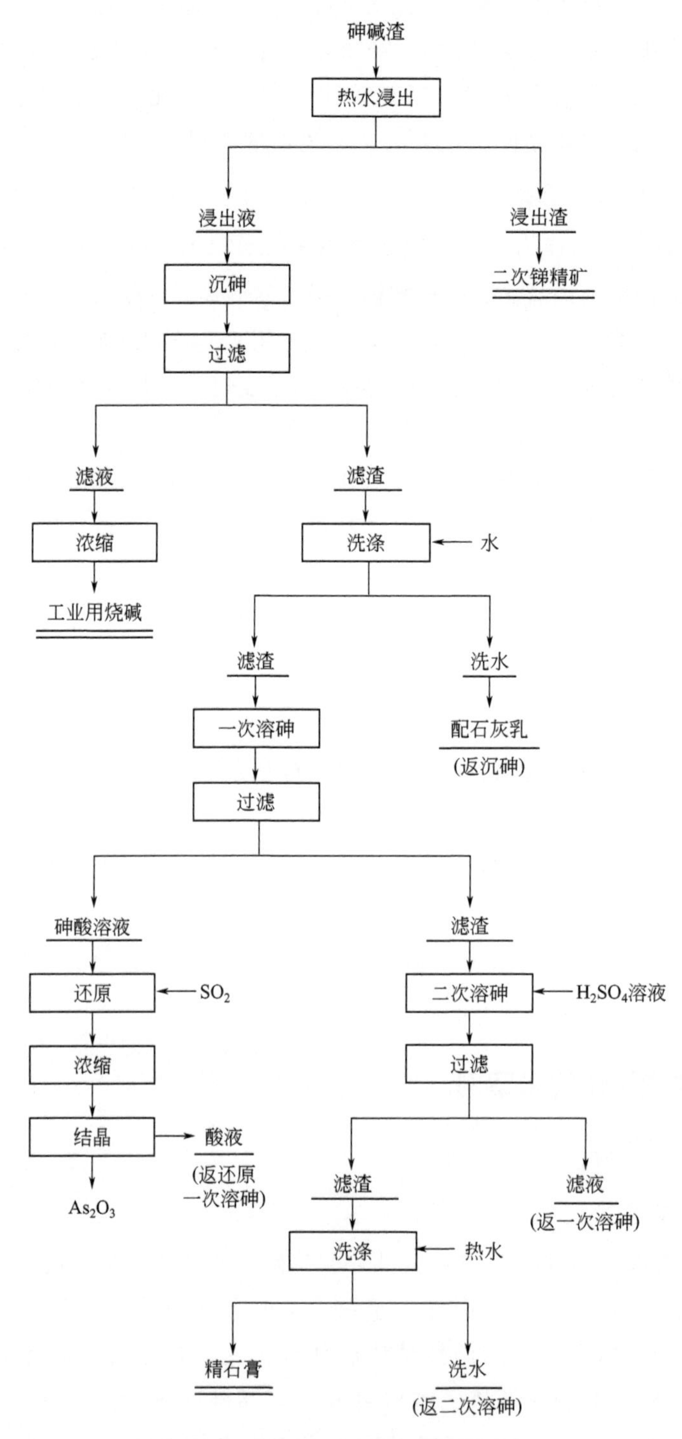

图 5-12　炼锑砷碱渣氧化解毒工艺流程

(3) 处理效果

浸出液沉砷采用石灰乳沉砷法，当钙砷当量比超过 1.85、处理温度为 85℃时，沉砷率可达到 95%以上。用石灰乳沉砷后不仅可以对得到的砷钙渣进一步处理提砷，而且还有利于砷碱渣中碱的回收。砷钙渣用硫酸溶液溶解时，当 H_2SO_4/CaO 比为 1.2、试验温度为 85℃时，溶砷率已达到了 98%以上。处理得到了含砷很高的砷酸溶液和粗石膏，粗石膏经过二次溶砷得到了含砷小于 0.2%的精石膏。最后，通过还原、冷却结晶试验，得到了纯度达到 95%以上的粗三氧化二砷。图 5-12 所示的处理砷碱渣的工艺流程是到目前为止处理砷碱渣的最有效的方法。这一方法成本低、工艺容易实现，不仅能够彻底消除砷碱渣带来的环境污染问题，而且还能够取得一定的经济效益。

5.9.5 电子垃圾浸出处理案例

本小节介绍锌锰干电池的回收项目。

(1) 项目基本情况

本项目基于 Zn、MnO_2 可以溶解于酸的原理，将电池中的 Zn、MnO_2 与酸作用生成可溶性盐进入溶液，溶液经过净化后电解生产金属锌和电解 MnO_2 或生产其他化工产品(如立德粉、氧化锌等)、化肥等。

(2) 处理概况

焙烧浸出法处理锌锰干电池的流程图如图 5-13 所示。对于废干电池进行机械切割，分选出碳棒、铜帽、塑料，并使电池内部粉料和锌筒充分暴露。汞主要存在于浆糊纸和锌筒上，充分暴露有利于汞的蒸发，在 600℃的高温条件下，在真空焙烧炉中焙烧 6～10h，使金属汞和氯化铵等挥发成为气相，然后通过冷凝加以回收金属，焙烧过程中发生的主要反应如下：

$$MO+C \longrightarrow M+CO\uparrow$$

浸取过程发生的反应如下：

$$M+2H^+ \longrightarrow M^{2+}+H_2$$

$$MO+2H^+ \longrightarrow M^{2+}+H_2O$$

电解时，阴极的主要反应：

$$M^{2+}+2e^- \longrightarrow M$$

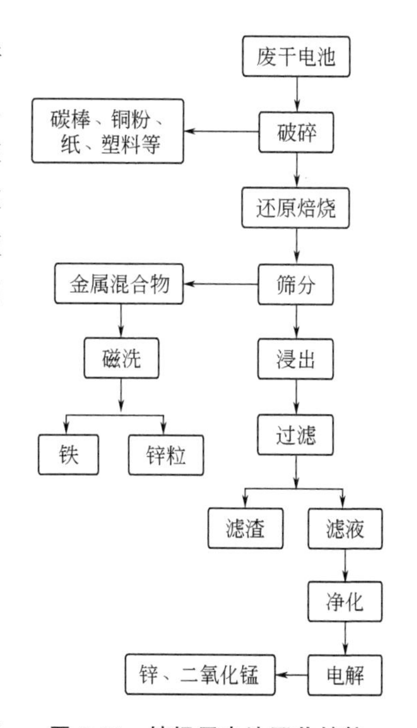

图 5-13 锌锰干电池回收锌粒工艺流程图

(3) 处理效果

富士电机有限公司将废干电池经过破碎焙烧，去除纸、碳棒、石墨、炭黑以及塑料等杂质，经磁选得到 75%的产品，余料用 10～20mm 的筛分机筛选，得到纯度为 93%的锌粒，剩下的粉末中含锰元素约 32%、锌元素约 28.1%，以及少部分 Fe、Cu、Ni、Cd 等杂质元素。将此粉末用盐酸溶解后使用氨水调节 pH 值至 5，收获铁沉淀，然后继续调节至 9，并添加二氧化锰继续沉淀，干燥后的沉淀物锰元素含量约为 62%，锌元素仅含 1.7%。大大提高了锰元素的回收率，实现了固体废物的回收再利用。

▶ 5.9.6 农业有机废弃物处理案例

本小节介绍江苏武进新康村农业有机废弃物处理示范项目——多元生物质废弃物生产高品质有机肥。

（1）项目基本情况

太滆运河流域地处长三角地区，流域水体富营养化、蓝藻滋生现象时有发生。以江苏武进新康村为例，该地区蓝藻治理以打捞为主，藻泥露天堆放将产生强烈恶臭，且易造成藻毒素释放。同时，该地区畜禽养殖粪污和农作物种植产生的秸秆也缺乏有效的处理处置技术，粪污处理处置不当造成氮磷流失，已成为该流域河网水体氮磷污染的主要来源之一。秸秆的无序处置也可能造成碳的不当排放。针对以上涉及同一农业区域内多元农业废弃物综合处理处置的问题，在“十三五”水专项“太滆运河农业复合污染控制与清洁流域技术集成与应用课题”（2017ZX07202004）的支持下，南京师范大学的科研人员综合考虑蓝藻泥和畜禽养殖粪污具有高有机质、高氮磷养分等特点，突破了多元混合物料协同发酵、氮源养分高效利用、藻毒素深度去除等关键技术，解决了混合物料物性差异性大、发酵过程不同步、氮源养分流失比高、藻毒素及发酵副产物毒性高等问题，在江苏武进新康村开展了多元生物质废弃物生产高品质有机肥示范项目，产品各项指标连续稳定达到中国农业有机肥料行业标准（NY 525—2021）要求，并已在全国 30 余家农村合作社/养殖农户推广应用。

（2）处理概况

该技术的主要工艺过程是：将秸秆收集运送到处理车间，通过特制秸秆粉碎机粉碎后，与脱水后的蓝藻藻泥、收集的畜禽养殖粪污按一定比例向高温好氧发酵设备进料，混匀后，接种一定量的外源微生物复合菌剂（仅在初次堆肥过程中添加；第二次及以后的堆肥过程中，按总物料量的 1%添加前一批次的堆肥产品），恒温加热搅拌，辅助温度和水分变化检测，进行自动间歇式通风曝气，物料从设备中出料后静置腐熟装袋。

工艺参数控制：进料阶段的物料含水率在 60%左右，碳氮比约为（25～20）∶1。在发酵过程中，采用通风间歇式发酵手段，每间隔 2～4h 通风 0.5～1h，恒温 75℃搅拌发酵 18 小时，发酵过程的尾气经淋洗后进入生物滤池处理，不排放恶臭。装置如图 5-14 所示。

图 5-14 多元农业废弃物高温好氧发酵设备

1—进料输送机；2—主要发酵舱体；3—废气喷淋塔；

4—出料输送机；5—生物滤池

(3) 处理效果

堆肥产品种子发芽指数达到114.5%，有机质质量分数持续高于47%，养分（总氮+总磷+钾）质量分数高于5%，含水率低于30%，pH值在6.5～7.5之间，镉含量低于1.8mg/kg、铬含量低于29mg/kg、铅含量低于8.4mg/kg、砷未检出、汞含量低于0.23mg/kg，各项指标均持续稳定达到中国农业有机肥料行业标准（NY 525—2021）要求。投资效益方面，每1t废弃物的日处理量设备投资约15万元，项目建成后，有机肥生产成本143元/t，按长三角地区高品质有机肥售价，利润率在200%以上。该项目实现了分散式养殖粪污和农业废弃物养分全量还田，减少了农业源碳排放，为清洁小流域建设提供了重要支撑。

5.9.7 垃圾填埋场案例

本小节介绍HDPE膜、钠基膨润土防水毯在填埋场防渗工程中的应用。

(1) 项目基本情况

工程选址于天然沟壑，场地西侧建有快速公路，交通便利，只需建设进出场道路。主要工程包括：填埋场系统工程、生产生活辅助区建设、渗滤液处理站、其他场内绿化及厂区围栏等附属设施。其中填埋场系统工程包括防渗工程、分期分区坝工程、防洪系统工程、渗滤液收集导排系统及污水调节池等工程。建设规模：日均处理垃圾520t，最大日处理750t，填埋场有效库容$330 \times 10^4 m^3$，总库容$390 \times 10^4 m^3$，设计使用年限14年。

(2) 处理概况

防渗层一般采用黏土以及土工膜进行结合的方式，黏土延缓渗漏，土工膜防止渗漏。库底防渗采用高密度聚乙烯（HDPE）膜、膨润土防水毯（GCL）等多种防渗材料铺设，构造从下到上依次为：场区底部整平夯实铺设300mm膜下土质保护层（渗透系数小于1×10^{-7}cm/s），铺设4800g/m^2钠基GCL（渗透系数小于等于5×10^{-11}cm/s），铺设HDPE环境膜（1.5mm），铺设600g/m^2土工布，铺设300mm厚卵石渗滤液导流层（直径15～35mm），铺设200g/m^2土工布。在库区侧壁及内坝坡防渗同样采用HDPE膜、GCL等多种防渗材料，结构由里到外依次为：场区侧壁整平夯实—铺设4800g/m^2钠基GCL（渗透系数小于等于5×10^{-11}cm/s）—铺设HDPE环境膜（1.5mm）—铺设600g/m^2土工布—铺设1200g/m^2三维复合排水网。示意图如图5-15所示。

(3) 处理效果

HDPE环境膜、GCL具有较强的防渗性能，物理性能良好，施工过程中操作简单，资金花费较少，对附近地下水取样检测，未发现渗滤液相关污染物。

5.9.8 废塑料液化催化转换案例

本小节介绍含卤废旧塑料回收利用。

(1) 项目基本情况

由于石油资源有限、原油质量日趋变差，而对于具有与石油馏分元素相似的废塑料来

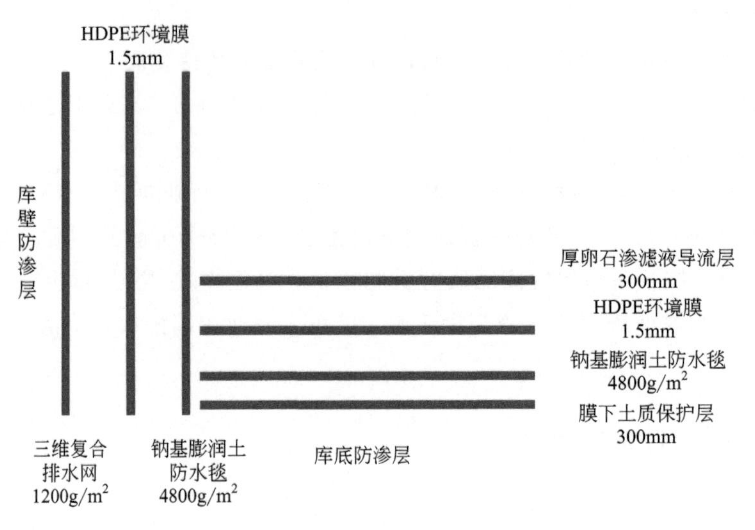

图 5-15 防渗槽底部和侧壁示意图

说，将含卤废塑料进行处理作为炼油厂的原料或化工原料是目前回收利用废塑料的主要思路和途径。在处理回收含有卤素的废塑料过程中，由于卤素很容易形成诸如卤化氢、卤代酚、二噁英类和呋喃类等易腐蚀、有毒害的含卤化合物，同时液体产品中的有机卤和气相中的无机卤限制了作为炼厂原料和化工产品的二次利用。因此，对于含卤的废塑料不仅要考虑塑料的降解技术，还要考虑合适的脱卤技术，其中的脱卤技术是降解过程中的关键技术。

（2）处理概况

催化热解是在一定温度、压力和催化剂作用下，塑料发生裂解、氢转移、缩合等一系列特征反应得到特定范围分子量和结构的液体产品。热降解-催化改质法通过对热解产物进行催化改质以得到品质较高的油品，类似于石油炼制中的裂解-催化重整过程。在热解过程中加入少量催化剂以提高反应速率和缩短反应时间可形成催化热解-催化改质加工方法。在该过程中可利用催化剂将塑料大分子裂解成小分子，同时将含卤塑料中的卤原子转变为易于脱除的卤化氢以得到优质的液体产品。混合塑料催化改质常用催化剂如表 5-13 所示。

表 5-13 混合塑料催化改质常用催化剂

催化剂	特点	产品性能
ZSM-5	孔径小，接近内扩散速率慢，反应在催化剂的外表面附近进行	汽油选择性较低，燃气收率约 60%～70%
HY	孔径大，重质油分子在孔内扩散进行催化裂解反应	活性高，易结焦失活
REY	有稀土金属离子存在，酸强度中等，孔径大	汽油产率高，结焦失活率下降，汽油辛烷值大
改性 Y	平均孔径 2.5～4mm，以中强酸位、弱酸位为主	汽油、柴油液体收率高
MCM-41	平均孔径 2～10nm，高达 $1000m^2/mg$ 的比表面积	汽油馏分选择性高达 80%，多为 C_7 和 C_8 的馏分

（3）处理效果

流程示意图如图 5-16 所示，由于 Pd 向催化剂表面迁移形成小的 Pd-Fe 双金属颗粒而使 Pd-Fe-C 复合催化剂具有高稳定性和活性，用于 PVC 的催化加氢可得到无 HCl 的优质燃料油。对含 HCl 的模型化合物进行脱 HCl 研究中发现，具有较高活性和稳定性的氧化铁、Fe-C、ZnO、MgO 及以红泥为催化剂的金属氧化物，在反应最初阶段起吸附剂的作用，同时氧化铁吸收 HCl 后生成的 $FeCl_2$ 同样具有催化脱 HCl 的作用。以 $FeCl_2$ 含量（质量分数）为 6%的 $FeCl_2/SiO_2$ 为催化剂，在对 PVC 催化脱 HCl 反应中同样得到了证实。电子废弃塑料［阻燃高抗冲聚苯乙烯（含 HIPS-Br）］与 PP 的混合物或与 PVC 的混合物采用 Fe-C 复合催化剂在适当的工艺条件下可生成无卤、平均碳数为 9.3、液收高的清洁燃料或化工原料。

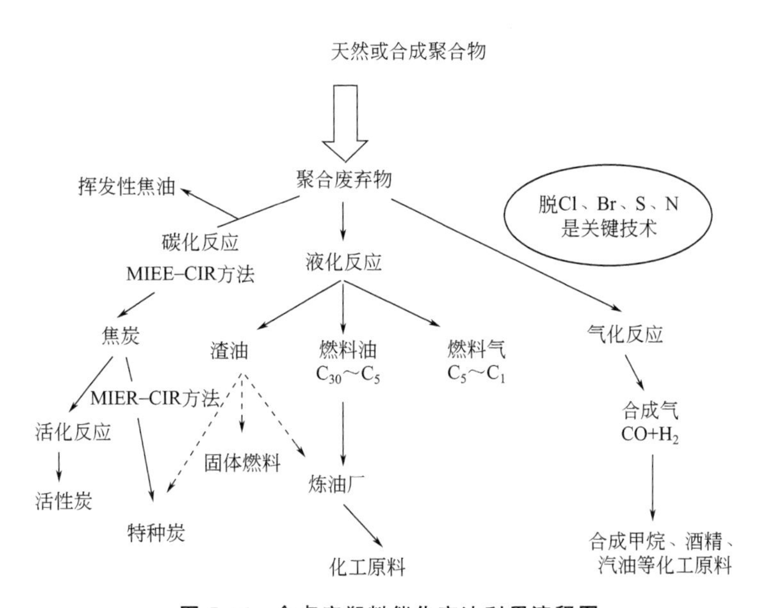

图 5-16　含卤废塑料催化产油利用流程图

参考文献

［1］ 程琍琍，李啊林，何勇，等．方铅矿与丁铵黑药作用的电化学反应机理及其浮选行为［J］．中国矿业，2013，22（12）：113-116.

［2］ 胡真，汪泰，李汉文，等．某富银铅锌多金属矿浮选研究［J］．矿山机械，2012，40（10）：100-103.

［3］ 胡红喜，龙卫刚，彭光继，等．某低品位铅锌矿铅浮选工艺研究［J］．有色金属：选矿部分，2020（2）：38-43.

［4］ 敖顺福，王春光，胡红喜，等．某含银低品位铅锌矿石选矿试验研究［J］．有色金属：选矿部分，2019（4）：32-39.

［5］ 梁焘茂，邱廷省，艾光华．内蒙古某低品位铅锌硫化矿石铅锌浮选试验［J］．金属矿山，2019（7）：97-102.

［6］ 王志远，马斌．南京栖霞山铅锌矿提高铅精矿中伴生银回收率试验及应用［J］．现代矿业，2018，34（11）：124-128.

［7］ 韦振明，潘菊芬，赖春华，等．某铅锌银硫化矿的分段电位调控浮选［J］．金属矿山，2010（5）：81-85.

[8] 王庚辰，魏德洲．锡铁山含银铅锌硫化物矿石浮选分离研究 [J]. 金属矿山，2005 (11)：27-30，33.

[9] 罗仙平，周贺鹏，周跃，等．提高某复杂铅锌矿伴生银选矿指标新工艺研究 [J]. 矿冶工程，2011，31 (3)：35-39.

[10] 陈玉平，曾科，何名飞，等．使用MA捕收剂提高白牛厂铅锌矿浮选指标的研究 [J]. 矿冶工程，2009，29 (5)：43-45.

[11] 郑伟．我国浮选起泡剂的研究进展 [J]. 有色金属 (选矿部分)，2004 (1)：37-40.

[12] 匡敬忠，邹耀伟，李琳，等．改性水玻璃和捕收剂KC2对萤石与方解石、石英浮选分离的作用效果 [J]. 化工矿物与加工，2016，45 (10)：21-24.

[13] 杨香风．石墨选矿及晶体保护试验研究 [D]. 武汉：武汉理工大学，2010.

[14] 胡海山，王兴涌，周蕊．国内磷矿浮选捕收剂研究的新进展 [J]. 矿山机械，2009，37 (14)：34-38.

[15] 李颖，杜国勇．浮选剂制备与性能评价 [J]. 能源与环境，2007 (1)：44-46.

[16] 刘军．氧化铅锌矿的浮选 [J]. 矿业快报，2006 (10)：26-29.

[17] 刘炜，吴洪叶，刘如意．深度氧化铅锌矿选矿试验研究与生产应用 [J]. 企业科技与发展，2013，353 (11)：51-53.

[18] 艾明强．吡喃糖氧化酶和漆酶在木质素生物降解中作用的研究 [D]. 济南：山东大学，2016.

[19] 张俊辉．浅谈氧化铅锌矿的浮选现状 [J]. 四川有色金属，2004 (4)：13-17，22.

[20] 叶军建，张谭，姜毛，等．组合捕收剂浮选氧化锌矿试验研究 [J]. 有色金属 (选矿部分)，2014 (6)：46-50.

[21] 詹信顺，钟宏，刘广义．提高德兴铜矿铜浮选回收率的新型捕收剂研究 [J]. 金属矿山，2008 (12)：70-73.

[22] 唐林生，李高宁，林强．*O*-乙基-*N*,*N*-二甲基硫氨酯的催化合成及浮选性能 [J]. 有色金属 (选矿部分)，2000 (3)：45-47.

[23] 钟康年，罗惠华，姚杨．捕收剂的亚油酸油酸比值对磷矿浮选的影响 [J]. 化工矿物与加工，2003 (11)：1-3.

[24] 罗惠华，李成秀，汤家焰，等．几种植物油脂酸化油的组成及其浮选性能 [J]. 武汉工程大学学报，2012，34 (12)：21-24.

[25] 曾清华，赵宏，王淀佐．锡石浮选中捕收剂和金属离子的作用 [J]. 有色金属，1998，50 (4)：5.

[26] 张永锋，张焕然，衷水平，等．卡尔多炉熔炼渣提取铅铋工艺研究 [J]. 有色金属 (冶炼部分)，2017 (11)：21-24.

[27] 赵瑜，谢宇琪，郭彦霞，等．利用粉煤灰硫酸浸取液制备十二水硫酸铝铵 [J]. 环境工程学报，2015，9 (12)：6034-6040.

[28] Ding J，Ma S H，Zheng S L，et al. Study of extracting alumina from high-alumina PC fly ash by a hydro-chemical process [J]. Hydrometallurgy，2016，161：58-64.

[29] 丁健．高铝粉煤灰亚熔盐法提铝工艺应用基础研究 [D]. 沈阳：东北大学，2016.

[30] 汪泽华．亚熔盐法粉煤灰提铝渣资源化利用应用基础研究 [D]. 北京：中国科学院大学 (中国科学院过程工程研究所)，2019.

[31] Wang Z H，Zheng S L，Wang S N，et al. Research and prospect on extraction of vanadium from vanadium slag by liquid oxidation technologies [J]. Transactions of Nonferrous Metals Society of China，2014，24 (5)：1273-1288.

[32] 郑诗礼，杜浩，王少娜，等．亚熔盐法钒渣高效清洁提钒技术 [J]. 钢铁钒钛，2012，33 (1)：15-19.

[33] 李兰杰，陈东辉，白瑞国，等．含钒尾渣NaOH亚熔盐浸出提钒 [J]. 过程工程学报，2011，11 (5)：747-754.

[34] 王秀艳，李梅，许延辉，等．包头稀土精矿浓硫酸焙烧反应机理研究 [J]. 湿法冶金，2006，25 (3)：134-137.

[35] 陈建利，柳凌云，董福柱，等．硫酸焙烧分解包头混合稀土精矿添加铁泥的研究 [J]. 稀土，2012，33 (3)：96-97.

[36] Liu H，Zhang S，Pan D，et al. Rare earth elements recycling from waste phosphor by dual hydrochloric acid dis-

solution [J]. Journal of Hazardous Materials，2014，272：96-101.
[37] 刘海蛟，许延辉，孟志军，等．浓碱法分解包头混合稀土矿的静态工艺条件研究 [J]. 稀土，2011，32（1）：68-71.
[38] 赵留成，孙春宝，李绍英，等．石硫合剂对金精矿浸出特性的影响 [J]. 中国有色金属学报，2015，25（3）：786-792.
[39] Sahin M，Akcil A，Erust C，et al. A potential alternative for precious metal recovery from E-waste：iodine leaching [J]. Separation Science and Technology，2015，50（16）：2587-2595.
[40] Liu F，Liu Z，Li Y，et al . Extraction of gallium and germanium from zinc refinery residues by pressure acid leaching [J]. Hydrometallurgy，2016，164：313-320.
[41] 闵小波，张建强，张纯，等．锌冶炼中浸渣锌还原浸出行为研究 [J]. 有色金属科学与工程，2015，6（5）：1-6.
[42] Koleini S J，Mehrpouya H，Saberyan K，et al. Extraction of indium from zinc plant residues [J]. Minerals Engineering，2010，23（1）：51-53.
[43] 孟宇群，代淑娟，刘德军，等．某金矿石浸渣浮选精矿预氧化及氰化提金研究 [J]. 有色金属（冶炼部分），2007（1）：17-19.
[44] 鄢祖喜．在三相流化床中 NO_x 全循环催化氧化预处理氰化尾渣的试验研究 [D]. 上海：东华大学，2010.
[45] 宁平．固体废物处理与处置 [M]. 北京：高等教育出版社，2007.
[46] 薛光，于永江．加压氧化-氰化浸出法从氰化尾渣中回收金 [J]. 矿产综合利用，2004（6）：48-49.
[47] 聂铁苗．SiO_2-Al_2O_3-Na_2O（K_2O）-H_2O 体系矿物聚合材料制备及反应机理研究 [D]. 北京：中国地质大学，2006.
[48] 李青松．白泥作为固体废物填埋场覆盖材料的性能研究 [D]. 青岛：中国海洋大学，2004.
[49] 韩卓韦，林海，施建勇．不同温度下水化针刺 GCL+GM 复合衬里的剪切特性 [J]. 岩土工程学报，2021，43（5）：962-967.
[50] 彭雯．城市生活垃圾焚烧飞灰中重金属的浸出特性及沥青固化飞灰的实验研究 [D]. 杭州：浙江大学，2004.
[51] 王文轩，沈桢琪，杨美健，等．放射性废物填埋场防渗系统探究 [J]. 当代化工研究，2021（15）：29-30.
[52] 潘玲玲．飞灰固化材料的力学环境特性及在路基加固中的应用研究 [D]. 苏州：苏州大学，2018.
[53] 李巧云．粉煤灰基地质聚合物材料的应用研究进展 [J]. 红水河，2021，40（1）：52-55，65.
[54] 仇秀梅．粉煤灰基地质聚合物固封重金属及原位转化分子筛的研究 [D]. 武汉：中国地质大学，2015.
[55] 孙新宗，吴昕昊．工业固废的收集、处理与资源化利用技术 [J]. 化工管理，2019（9）：62-63.
[56] 李克亮．工业固体废弃物制备具有固化重金属功能的胶凝材料技术 [D]. 郑州：华北水利水电大学，2018.
[57] 童艳光，王亚伟，张亿凯，等．固体废弃物联合水泥固化疏浚淤泥的试验研究 [J]. 广东土木与建筑，2021，28（5）：46-50.
[58] 万斯，陈伟，吴兆清，等．固体废物的固化/稳定化研究现状 [J]. 湖南有色金属，2011，27（1）：48-51.
[59] 王铁军．固体废物填埋场防渗层改良研究 [D]. 长春：吉林大学，2008.
[60] 冯霞．固体废物综合处理技术的现状及对策 [J]. 中国资源综合利用，2019，37（10）：50-52.
[61] 毛豫兰，乔秀臣．国外有害固体废弃物固化与稳定技术的研究进展 [J]. 国外建材科技，2007（3）：8-11.
[62] 王晶，周永祥，王伟，等．水泥固化作用对固体废弃物中重金属浸出特性的影响 [J]. 粉煤灰，2015，27（1）：1-4.
[63] 李华．固体废弃物填埋场调节池污泥处理技术探讨 [J]. 山西建筑，2019，45（19）：134-136.
[64] 金晓丽．纤维素降解菌的筛选及其在农林废弃物资源化中的应用 [D]. 拉萨：西藏大学，2021.
[65] 马玲玲．纤维素降解细菌 *B. subtilis* 1AJ3 的纤维素酶的克隆表达、协同作用及其应用研究 [D]. 咸阳：西北农林科技大学，2020.
[66] Ahmed Z，Suffian Y M，Kamal N. Application of natural coagulants for sustainable treatment of semi-aerobic landfill leachate [J]. AIP Conference Proceedings，2020，2267，20024.
[67] 温凌嵩，宋立华，臧一天，等．蚯蚓处理畜禽粪便研究进展 [J]. 家畜生态学报，2020，41（7）：85-89.

[68] 李晓娟，刘国涛，刘安平，等．活化过硫酸盐高级氧化技术处理垃圾渗滤液的研究进展［A］．中国环境科学学会2021年科学技术年会——环境工程技术创新与应用，北京：中国环境科学学会环境工程分会，2021：101-105.

[69] 于继图，刘红丽，韩超，等．采煤矿井污泥固化工程实例分析［J］．中国煤炭，2019，45（2）：105-107.

[70] 石普霖．淤泥脱水固化技术在黑臭水体治理中的应用［J］．资源节约与环保，2019（6）：106-107，112.

[71] 张建忠，张尊贤，陈赞，等．HK浮选剂在东林公司无烟煤超高浓度浮选中的应用［J］．选煤技术，2017（2）：46-48.

[72] 谢志生．某生活垃圾焚烧厂渗滤液处理工程案例［J］．化工设计通讯，2019，45（5）：237，260.

[73] 张瑞青，杜鹏，梁恒，等．餐厨垃圾厌氧发酵＋好氧发酵处理技术工程应用［J］．环境卫生工程，2018，26（4）：90-93.

[74] 张青林，周义朋，穆志军，等．CO_2+O_2地浸采铀强化浸出试验［J］．有色金属，2020（12）：48-53.

[75] Zhao L N，Hu M，Muslim H，et al. Co-utilization of lake sediment and blue-green algae for porous lightweight aggregate（ceramsite）production［J］. Chemosphere，2022，287：132145.

[76] Zhang Z P，Hu M，Bian B，et al. Full-scale thermophilic aerobic co-composting of blue-green algae sludge with livestock faeces and straw［J］. Science of the Total Environment，2021，753：142079.

[77] Bian B，Hu X R，Zhang S P，et al. Pilot-scale composting of typical multiple agricultural wastes Parameter optimization and mechanisms［J］. Bioresource Technology，2019，287：121482.

[78] Bian B，Zhang L M，Zhang Q，et al. Coupled heating/acidification pretreatment of chemical sludge for dewatering by using waste sulfuric acid at low temperature［J］. Chemosphere，2018，205：260-266.

第6章 土壤及地下水污染修复材料

6.1 土壤及地下水污染物分类

土壤污染是指污染物通过多种途径进入土壤，其数量和迁移速度超过了土壤自净能力，导致土壤的组成、结构和功能发生变化，微生物的活动受到抑制，有害物质或其分解产物在土壤中逐渐积累，通过“土壤—植物—人体”，或通过“土壤—水—人体”间接被人体吸收，危害人体健康的现象。地下水污染的定义是：凡是在人类活动的影响下，地下水水质变化朝着水质恶化方向发展的现象，统称为地下水污染。土壤污染与地下水污染的形式多种多样，污染物的类型也纷繁复杂。根据污染物性质，可大致分为无机污染物和有机污染物两大类（表 6-1）。

表 6-1　土壤及地下水主要污染物质

污染物种类			主要来源
无机污染物	重金属	汞(Hg)	制碱、汞化物生产等工业废水和污泥，含汞农药
		镉(Cd)	冶炼、电镀、染料等工业废水、污泥和废气，肥料
		锌(Zn)	冶炼、镀锌、纺织等工业废水、污泥和废渣，含锌农药
		铬(Cr)	冶炼、电镀、制革、印染等工业废水和污泥
		铅(Pb)	颜料、冶炼等工业废水，汽油防爆燃烧排气，农药
		镍(Ni)	冶炼、电镀、炼油、染料等工业废水和污泥
	放射元素	铯(Cs)	原子能、核动力、同位素生产等工业废水和废渣，大气层核爆炸
		锶(Sr)	
	其他	氟(F)	冶炼、氟硅酸钠、磷酸和磷肥等工业废气，肥料
		盐、碱	纸浆、纤维、化学等工业废水
		酸	硫酸、石油化工、酸洗、电镀等工业废水
		砷(As)	硫酸、化肥、农药、医药、玻璃等工业废水和废气
		硒(Se)	电子、电路、油漆、墨水等工业的排放物

续表

污染物种类		主要来源
有机污染物	有机农药	农药生产和使用
	酚	炼油、合成苯酚、橡胶、化肥、农药等工业废水
	氰化物	电镀、冶金、印染等工业废水，肥料
	苯并芘	石油、炼焦等工业废水
	石油	石油开采、炼油、输油管道漏油
	有机洗涤剂	城市污水、机械工业
	有害微生物	厩肥

6.1.1 无机污染物

6.1.1.1 土壤中的无机污染物

污染土壤的无机物，主要有重金属（汞、镉、铅、铬、铜、锌、镍）、类金属（砷、硒等）、放射性元素（铯137、锶90等）以及其他（氟、酸、碱、盐等）。其中尤以重金属和放射性物质的污染危害最为严重，因为这些污染物一旦污染了土壤，就难以彻底消除，并较易被植物吸收，通过食物链进入人体，危及人类健康。

6.1.1.2 地下水中的无机污染物

地下水中最常见的无机污染物是NO_3^-、NO_2^-、NH_4^+、Cl^-、SO_4^{2-}、F^-、CN^-，总溶解性固体，重金属汞、镉、铬、铅，以及类金属砷等。其中，总溶解性固体、SO_4^{2-}（硫酸盐）、NO_3^-（硝酸盐）和NH_4^+等为无直接毒害作用的无机污染物，当这些组分达到一定的浓度之后，有可利用价值，但也会对环境甚至对人类健康造成不同程度的影响或危害。例如，硝酸盐在人胃中可能还原为亚硝酸盐，并与仲胺作用形成亚硝胺。而亚硝胺是致癌、致突变和致畸的“三致物质”。此外，饮用水中硝酸盐过高还会在婴儿体内产生变性血红蛋白血症。

此外，亚硝酸盐、氟化物、氰化物及重金属汞、镉、铬、铅和类金属砷是有直接毒害作用的污染物。根据毒性发作的情况，此类污染物可分两种：一种毒性作用快，易为人们所注意；另一种则是通过在人体内逐渐富集，达到一定浓度后才显示出症状，不易为人们及时发现，但危害一旦形成，后果可能十分严重，例如在日本所发现的水俣病和骨痛病。

6.1.2 有机污染物

6.1.2.1 土壤中的有机污染物

污染土壤的有机物，主要有人工合成的有机农药、酚类物质、氰化物、石油、多环芳烃、洗涤剂、高浓度耗氧有机物等。其中尤以有机农药、有机汞制剂、多环芳烃等性质稳定不易分解的有机物为主，它们在土壤环境中易累积，污染危害大。

6.1.2.2 地下水中的有机污染物

目前，地下水中已发现有机污染物180多种，主要包括芳香烃类、卤代烃类、有机农药类、多环芳烃类与邻苯二甲酸酯类等，且数量和种类仍在迅速增加，甚至还发现了一些没有注册使用的农药。这些有机污染物虽然含量甚微，一般在 ng/t 级，但其对生态环境却造成了严重危害。因而，地下水有机污染问题越来越受到关注。WHO《饮用水水质准则》中对来源于工业与居民生活的 19 种有机污染物、来源于农业活动的 30 种有机农药、来源于水处理中应用或与饮用水直接接触材料的 18 种有机消毒剂及其副产物给出了限值。美国 EPA 现行《美国饮用水水质标准》88 项控制指标中，有机污染物控制指标占据 54 项。人们常常根据有机污染物是否易于被微生物分解而将其进一步分为生物易降解有机污染物和生物难降解有机污染物两类。

(1) 生物易降解有机污染物

这一类污染物多属于碳水化合物、蛋白质、脂肪和油类等自然生成的有机物。这类物质是不稳定的，在微生物的作用下，借助于微生物的新陈代谢功能，大都能转化为稳定的无机物。如在有氧条件下，通过好氧微生物作用转化，将污染物转变为 CO_2 和 H_2O 等稳定物质。由于分解过程需要消耗氧气，因而，称之为耗氧有机污染物。在无氧条件下，则通过厌氧微生物作用，最终转化形成 H_2O、CH_4、CO_2 等稳定物质，同时释放出硫化氢、硫醇等具有恶臭气味的气体。

耗氧有机污染物主要来源于生活污水以及屠宰、肉类加工、乳品、制革、制糖和食品等以动植物残体为原料加工生产的工业废水。这类污染物一般都无直接毒害作用，主要危害是其降解过程中会消耗溶解氧（DO），从而使水体 DO 值下降，水质变差。在地下水中此类污染物浓度一般都比较小，危害性不大。

(2) 生物难降解有机污染物

这一类污染物性质比较稳定，不易被微生物所分解，能够在各种环境介质，（大气、水、生物体、土壤和沉积物）中长期存在，因此又称为持久性有机污染物（POPs），是目前国际研究的热点。POPs 一般具有较强的毒性，包括致癌、致畸、致突变、神经毒性、生殖毒性、内分泌干扰特性、致免疫功能减退特性等，严重危害生物体的健康与安全。

2001 年 5 月，127 个国家的环境部长或高级官员代表各自政府在瑞典首都斯德哥尔摩共同签署了《关于持久性有机污染物的斯德哥尔摩公约》（简称《POPs 公约》），截至 2008 年已有 151 个国家签署了该公约。《POPs 公约》中首批控制的 POPs 共有三大类 12 种化学物质。

▶ 6.1.3 新污染物

经研究发现，随着工业的发展，土壤与地下水中发现了新型污染物，其中为首的是新型有机污染物。新型有机污染物是近年出现的结构、功能各不相同的人工合成有机污染物，其结构复杂，无法用传统方法进行分离、提取、检测。目前，从化学结构和使用方向上来看，主要包括药品及个人护理品（pharmaceutical and personal care products，PPCPs）、多环芳烃（polycyclic aromatic hydrocarbons，PAHs）、二噁烷、新型阻燃剂、全氟化合物（perfluorochemicals，PFCs）、甜味剂等。大多数新型有机污染物经人类活动排放后，很难被传统污水处理厂有效去除，会随着污泥、出水等环节再次进入环境。随着智慧水务的发展，污水处理厂处理后的水经常被用作景观用水，同时，污泥也常被用于制作肥料，使污水处理厂的出水和污泥成为环境中新型有机物的主要来源之一，对周围生态环境造成了一系列的生态安全问题。为避免造成二次污染，新型有机污染物的去除已成为污水处理的重要任务之一。

(1) 药品及个人护理品

PPCPs作为新型有机污染物，目前尚不能被传统污水处理厂有效去除。有学者对14个污水处理厂的进水、出水和剩余污泥进行研究，发现其中污染物以酚类雌激素化合物、大环内酯类和氟喹诺酮类为主。

(2) 多环芳烃

多环芳烃PAHs不仅能被动物快速吸收，并且能在动物体内蓄积。研究显示，人类接触PAHs的时间与人类患哮喘病、过早死亡的风险呈正相关。哈尔滨某污水处理厂出水中就检出16种PAHs，城市污水中存在的PAHS会对人类造成致癌风险。

(3) 1,4-二噁烷

1,4-二噁烷作为工业溶剂，主要用于生产劲合剂和纸张等，具有持久性和致癌性。目前，在欧洲和亚洲部分区域的地下水、地表水和污水处理厂出水等水体中均已发现1,4-二噁烷的存在。

(4) 新型阻燃剂

阻燃剂是各种家用设备中均含有的化学品，其作用为抑制火灾。欧盟已采用有机磷酸酯类阻燃剂（organophosphate flame retardants，OPFRs）替代溴代阻燃剂。OPFRs具有致癌性、神经毒性、生殖毒性和富集性。目前学界普遍认为土壤与地下水中的OPFRs主要来自污水处理厂排放。

(5) 全氟化合物

PFCs种类很多，其中最值得关注的是全氟辛烷磺酸盐（perfluorooctane sulphonate，PFOS）和全氟辛酸（perfluorooctanoic acid，PFOA）。两者具有很强的持久性和较高的生物积累能力。有研究人员发现日本青鳉鱼在接触PFOA或PFOS后产生的后代，即使在对照组（无全氟烷基化物质）培养基中孵化、培养，但与对照组产生的后代相比死亡率仍然偏高。另有研究表明，PFCs中的PFOS和PFOA可以对哺乳动物产生毒性效应。此外，低剂量PFOA暴露下，PFOA能够影响黑斑蛙生殖情况、增加精子畸形率。因此，去除环境中的全氟化合物是人类的迫切需求。

6.2 土壤无机污染物修复材料

《2020年中国生态环境状况公报》指出，全国农用地土壤环境状况总体稳定，影响农用地土壤环境质量的主要污染物是重金属，其中镉为首要污染物。针对土壤的无机物污染，常用的修复方法包括固化稳定化修复、化学淋洗修复和植物修复等方法，在使用上述几种修复手段时，需配合使用相应的修复材料。主要可以分为固化稳定化材料、淋洗药剂、植物修复材料等。

6.2.1 土壤重金属固化稳定化材料

土壤固化稳定化（solidification/stabilization，S/S）修复技术作为一种常用的污染土壤修复技术备受关注。其中土壤固化稳定化材料是指能够通过固化稳定化的形式将土壤中的污染物固定起来，或者将污染物转化成化学性质不活泼的形态，进而阻止污染物在土壤环境中迁移、扩散等过程，从而降低土壤中污染物的毒害程度的修复材料。

土壤固化稳定化修复材料是影响修复效果的主导因素，固化稳定化修复技术常用的胶凝材料可以分为：无机黏结物质，如水泥、石灰、碱激发胶凝材料等，能够将污染物固化在固化体内部；添加剂，如活性炭、硅酸盐、混凝土添加剂、铁铝化合物等，能够进一步提高固化稳定化技术对污染物的固化和稳定化效果。

由于技术和费用问题，水泥和石灰等无机材料在污染土壤修复的应用最为广泛，占项目总数的94%，以水泥或石灰为基础的无机黏结物质固化/稳定化修复技术可以通过以下几种机制稳定污染物：①在添加剂表面发生物理吸附；②与添加剂中的离子形成沉淀或络合物；③污染物被新形成的晶体或聚合物所包被，减小与周围环境的接触界面。

6.2.1.1 无机黏结剂

无机黏结剂材料是最常见的土壤固化稳定化修复材料，主要包括水泥、石灰、粉煤灰、炉渣、沥青、窑灰等。在实际工程中，两种黏结剂材料经常被同时用于固化稳定化过程中。

（1）水泥

水泥是由石灰石和黏土在水泥窑中高温加热而成的，其主要成分为硅酸三钙和硅酸二钙。水泥是水硬性胶凝材料，加水后能发生水化反应，逐渐凝结和硬化。水泥中的硅酸盐阴离子是以孤立的四面体存在，水化时逐渐连接成二聚物以及多聚物水化硅酸钙，同时产生氢氧化钙。水化硅酸钙是一种由不同聚合度的水化物所组成的固体凝胶，是水泥凝结作用的最主要物质，可以对土壤中的有害物质进行物理包裹吸附，化学沉淀形成新相以及离子交换形成固溶体等作用，是污染物稳定化的根本保证。同时其强碱性环境有利于重金属转化为溶解度较低的氢氧化物或碳酸盐，从而对固化体中重金属的浸出性能有一定的抑制作用。其类型一般可分为普通硅酸盐水泥、火山灰质硅酸盐水泥、矿渣硅酸盐水泥、矾土水泥以及沸石水泥等，可根据污染土壤的具体性质，根据需要对其进行有效选择。

水泥固化有着独特的优势：①固化体的组织比较紧实，耐压性好；②材料易得、成本低；③技术成熟，操作处理比较简单；④可以处理多种污染物，处理过程所需时间较短，在国外已有大量的工程应用。目前，国内还缺乏工程实践的经验，因而有必要加强该技术的研究，为实际工作提供基础数据。但水泥固化也有一定的局限性，其增容很大，一般可达1.5～2，这主要是由于硫酸钠、硫酸钾等多种硫酸盐都能与硅酸盐水泥浆体所含的氢氧化钙反应生成硫酸钙，或进一步与水化铝酸钙生成钙矾石，从而使固相体积大大增加，造成膨胀。此外，水泥固化稳定化污染土壤，仅仅是一种暂时的稳定过程，属于浓度控制，而不是总量控制。我国很多地区酸雨较严重，硅酸盐水泥的不耐酸性使得经水泥固化的重金属在酸性环境中重新溶出，其固化的长期有效性值得怀疑。

（2）石灰

石灰是一种非水硬性胶凝材料，其中的Ca能够和土壤中的硅酸盐形成水化硅酸钙，起到固定稳定污染物的作用。与水泥相似，以石灰为基料的固化/稳定化系统也能够提供较高的pH值。但是，石灰的强碱性并不利于两性元素的固化/稳定化。另外，该系统的固化产品具有多孔性，有利于污染物质的浸出，且抗压强度和抗浸泡性能不佳，因而较少单独使用。由于石灰可以激活火山灰类物质中的活性成分以产生黏结性物质，对污染物进行物理和化学稳定，因此石灰通常与火山灰类物质共用。石灰/火山灰固化技术指以石灰、水泥窑灰以及熔矿炉炉渣等具有波索来反应的物质为固化基材而进行的固化/稳定化修复方法。火山灰质材料属于硅酸盐或铝硅酸盐体系，当其活性被激发时，具有类似水泥的胶凝特性，包括天然火山灰质材料和人工火山灰质材料。根据波索来反应，在有水的情况下，细火山灰粉末能在常温下与碱金属和碱土金属的氢氧化物发生凝结反应。所以在适当的催化环境下进行波索来反应，可将污染土壤中的重金属成分吸附于所产生的胶体结晶中。

（3）水泥-粉煤灰

硅酸盐水泥和粉煤灰在混凝土中使用了许多年，围绕这一应用衍生出了很多技术。粉煤灰不仅能够提高混凝土的性能，而且在固化稳定化应用过程中，粉煤灰的使用还能够提高经济性能，主要是因为粉煤灰通常能够取代25%～30%的硅酸盐水泥。在硅酸盐水泥/粉煤灰的应用过程中，粉煤灰充当填充剂和火山灰。使用硅酸盐水泥/粉煤灰的不足之处是，由于粉煤灰的大量引入导致固化体的体积增大。在固化稳定化过程中，粉煤灰与水泥的质量比应为2～4，总质量增加量为50%～150%，总体积增加量为25%～75%。

（4）石灰-粉煤灰

石灰、粉煤灰和水三者之间反应的最初产物是一种非结晶的凝胶，最终演变为硅酸钙水合物。通常情况下，上述反应的速度比水泥和粉煤灰对应的速度慢，且不会生成理化性质一样的产物。同水泥-粉煤灰一样，石灰-粉煤灰中采用的粉煤灰主要来源于火力发电厂的副产物，粉煤灰的组成和反应特性与燃煤的组成和电厂的运行情况有关。由于石灰和粉煤灰作为黏结剂材料能够固化稳定多种有机污染物和无机污泥，因此，石灰-粉煤灰常被用于含油废物和其他有机污染物的固化稳定化。

（5）窑灰

在过去的几十年间，美国有上百个土壤固化稳定化修复项目采用了石灰窑灰和水泥窑灰。窑灰通常作为吸附剂或膨胀剂广泛应用在危险废物处置中，另外，石灰窑灰可以作为酸性废物的中和剂使用。窑灰的特殊功效主要归因于其含有的大量氧化钙，氧化钙提高了窑灰的碱度，同时其水合过程能去除水分。通常情况下，窑灰和粉煤灰固化稳定化的产物具有脆性，甚至产物为颗粒产品，如果修复后土壤拟运至垃圾填埋场，那么窑灰是一种很好的选择。

(6) 土聚物

土聚物是一种新型的无机聚合物，其分子链由 Si、O、Al 等以共价键连接而成，是具有网络结构的类沸石，通常是以烧结土（偏高岭土）、碱性激活剂为主要原料，经适当工艺处理后，通过化学反应得到的具有与陶瓷性能相似的一种新材料，能长期经受辐射及水作用而不老化。聚合后的终产物具有牢笼型结构，它对金属元素的固化是通过物理束缚和化学键合双重作用而完成的。因此，如能把含重金属污泥制备成土聚水泥，以土聚物的形式来固化重金属，则会取得比硅酸盐水泥更令人满意的效果。同时，由于它的渗滤性低，对重金属元素既能物理束缚也能化学键合，加上它的强度又比由硅酸盐水泥制成的混凝土高出许多，因此其固化物及产物可被应用于道路或其他建设领域，作为资源化应用具有广阔的发展前景。国外在利用土聚物固化/稳定化处理污染物方面的研究刚刚起步，迄今仅有极少量的研究报道。

Jaarsveld 等研究了 Pb、Cu 对粉煤灰制成的土聚物水泥物理化学性质的影响，发现土聚物水泥是通过化学键合作用和物理裹限作用把污染物进行固化的，而且金属离子的半径越大，被固化的效果越好，越难被滤出。在某些情况下，金属污染物的浓度越大，所形成的固化体（土聚物）的结构越强。金漫彤等用土壤聚合法对 Zn^{2+}、Pb^{2+}、Cu^{2+} 和 Cd^{2+} 四种重金属离子进行固化，结果发现土聚物不仅具有很好的物理性能，而且对重金属离子的固化效果较好，对上述 4 种重金属离子的捕集效率为 96.86%～99.86%，其中对 Cd^{2+} 的捕集效率最高，近似 100%，其次是 Pb^{2+}、Zn^{2+}、Cu^{2+}。徐建中以粉煤灰为主要原材料，先用硅酸钾与碱金属的氢氧化物溶于蒸馏水中制成碱溶液，再将偏高岭土与粉煤灰分别加入其中，以胶砂搅拌机搅拌 3min 后加入已配制好的重金属硝酸盐溶液（各组试样中添加的重金属质量分数均为 0.1%），继续搅拌 5min 后倒入三联模中振荡 1min，以聚乙烯薄膜密封，最后在 60℃ 下养护 24h 后脱模，室温下放置 14d 后进行抗压强度测定及 X 射线衍射、扫描电镜观察和傅里叶变换红外分析。各试样对 Zn^{2+}、Pb^{2+}、Cu^{2+}、Cd^{2+}、Cr^{3+} 和 Ni^{2+} 的固化效果还进行了毒性滤取程序检验，试验结果表明，土聚物对上述重金属有很好的固化效果。

(7) 其他材料

除上述无机黏结材料外，还有一些无机黏结剂材料用于土壤固化稳定化修复过程中，常见的黏结剂材料有以下几种。

① 石膏：半水合硫酸钙（$CaSO_4 \cdot 1/2H_2O$）作为主要作用成分在专利和文献中报道较多，但在实地的土壤固化稳定化修复过程中应用较少。

② 炉渣：高炉渣既可以单独使用也可以作为添加剂加入水泥中用于污染物的固化稳定化过程，还能用于还原高价态的金属污染物。

③ 乳化沥青：沥青固化过程在常温下进行，进而避免了沥青过热，挥发性污染物释放引发的二次污染问题。当乳化沥青的结构遭到破坏或者乳化沥青失掉其中的水分形成一个连续的沥青相后，该疏水性有机相通过沉淀作用围绕固体废物形成一个连续的固体壳，进而生成固态的、低渗出性的能够满足填埋场理化性质要求的固化产物。目前，沥青已成功应用于石油污染土壤的治理中。

6.2.1.2 添加剂

固化稳定化添加剂的种类有很多，常用的添加剂有活性炭、碳酸盐、混凝土添加剂（缓凝剂、防水剂等）、铁铝化合物、中和剂、氧化剂、有机黏土、磷酸盐、还原剂、橡胶颗粒、硅粉、炉渣、溶解性硅酸盐、吸收剂（粉煤灰、黏土、矿物）、有机和无机硫化物、表面活性剂、有机溶剂等。添加剂的作用可分为 3 种：金属稳定化、有机成分固定化、提高耐久性。其中，金属稳定化药剂具有多种功能：pH 值控制与缓冲、形成新产物、氧化/还原和吸附。酸、碱和盐（如石灰、烧碱、硫酸亚铁）可用于控制系统的 pH 值。缓冲剂（如碳酸钙和氧化镁）能够将 pH 值控制在期望的范围。碳酸盐、硫化物、磷酸盐和铁化合物可以通过共沉淀等方式将污染物转为难溶形态。硫酸亚铁、零价铁、次氯酸钠和高锰酸钾可以降低或提高金属的价态。吸附剂（如活性炭、离子交换树脂）可以固定金属，特别是复杂难沉淀的金属。众多添加剂中应用最为广泛的是磷酸盐，磷酸盐很早就被广泛用作污水处理药剂，然而直到 20 世纪 80 年代末才被广泛用作稳定化添加剂。磷酸盐主要用于固体污染物，如受污染的土壤和焚烧炉飞灰，经过磷酸盐处理后上述固体废物能够保留原有颗粒性质。此外，磷酸盐和水泥基材料配合使用能够提高固化物的物理性能且磷酸盐对铅的固定化效果较好。

6.2.2 土壤重金属淋洗药剂

土壤淋洗技术是一种利用水或其他淋洗剂，通过螯合、沉淀等物理及化学作用使污染物脱离土壤颗粒表面转移至淋洗液混合液相中，再对含污染物的混合液相进行处置的土壤修复技术。

6.2.2.1 常用土壤淋洗药剂

土壤淋洗法效率高，可从根本上去除重金属。常用的土壤淋洗药剂主要包括无机淋洗剂（水、酸、碱、盐等）、螯合剂和表面活性剂等。

（1）无机淋洗剂

无机淋洗剂包括无机酸或无机盐，其作用机理是通过酸解、离子交换等作用破坏重金属与土壤的结合，然后用淋洗液将重金属浸取出来。常用的无机淋洗剂有 HCl、H_2SO_4、$FeCl_3$ 和 $CaCl_2$ 等溶液。其中 HCl 和 $FeCl_3$ 溶液的处理效果最好。然而，无机酸因具有较高的酸度，会破坏土壤的物理、化学和生物性质。

（2）螯合剂

螯合剂是可以通过螯合作用与多种金属离子形成稳定的水溶性络合物。人工螯合剂不但价格昂贵，而且生物降解性也较差，在淋洗时若残留在土壤中很容易对土壤造成二次污染，同时还可能对地下水造成污染。另外，对含有重金属的螯合剂的回收还存在许多未解决的技术问题，这也限制了其在实际修复中的应用。

（3）表面活性剂

表面活性剂的作用原理是通过增溶、增流、促进离子交换等作用，增加重金属污染物在水中的溶解性。然而，由于其价格昂贵、生物降解性差，使用受到限制。相对于化学合成的表面活性剂，生物表面活性剂无毒，可生物降解，对环境影响很小，主要包括鼠李糖脂、单宁酸、皂角苷、腐植酸、环糊精及其衍生物等。

6.2.2.2 新型绿色淋洗剂

传统的土壤淋洗剂存在淋洗效率低、淋洗剂用量大及二次污染等问题。要从根本上解决淋洗法土壤修复的二次污染问题，就必须开发新型绿色淋洗剂，目前主要有可降解螯合剂、生物浸提液和生物表面活性剂等。这些淋洗剂组合使用，有望达到更好的土壤修复效果。

(1) 可降解螯合剂

由于乙二胺四乙酸（EDTA）不易生物降解，从绿色角度考虑，EDTA 并非用于土壤修复的良好螯合剂。谷氨酸二乙酸四钠（GLDA）是一种可用于清洁产品或化妆品中的成分，不仅有较强的螯合能力，且容易降解，价格低廉。

(2) 植物浸提剂

植物浸提液不仅是良好的天然复合淋洗剂，也是对植物残体废物的有效利用。植物浸提液中含有丰富的有机酸、无机盐和生物表面活性剂。

(3) 生物表面活性剂

生物表面活性剂是指由植物、动物或微生物新陈代谢过程中产生的集亲水基团与憎水基团于一体的具有表面活性的一类物质，其来源主要是动植物提取、发酵和人工合成。但生物表面活性剂的重金属去除能力比传统螯合剂差，因此可通过与其他淋洗剂复合或添加助剂等方式强化其处理效果。

(4) 淋洗助剂的使用

化学淋洗能去除大部分水溶态和可交换态的重金属，使用淋洗助剂可进一步提高土壤结合态和残渣态重金属的去除率。有研究人员利用马桑、短尾铁线莲、清香木和蓖麻提取液进行土壤重金属去除实验，并研究了两种可生物降解的助剂水解聚马来酸酐（HPMA）和 2-膦酰基丁烷-1,2,4-三羧酸(PBTCA）与植物淋洗剂的组合使用效果，结果表明添加 HPMA 或 PBTCA 的植物淋洗剂可进一步提高土壤重金属的去除率。

6.2.3 农田重金属修复材料

6.2.3.1 概述

随着农业不断地实现现代化，工业发展水平越来越高，这虽然给人们带来了便利，但是农田重金属污染已经成为一个越来越严重的问题，其在农作物生长过程中被作物吸收之后进入人体，给人类健康带来很大的危害。随着人类的生产和活动规模越来越大，农田重金属污染已经成为全人类共同面对的严重问题。近年来，重金属钝化手段已经成为修复农田重金属污染的主要方法。所用修复材料主要包括碱性材料、有机材料、金属材料、含硅材料以及新型材料、植物修复材料、植物源生物炭材料等。

6.2.3.2 碱性材料

碱性材料是最常见的金属钝化材料类型，以石灰和碳酸盐为代表。相关研究已经表明，如果在土壤当中加入0.2%的石灰材料，可以降低其中97%的Cu和86%的Cd。除了石灰之外，碳酸钙镁也是一种用途较广、效果较好的材料，可以说碳酸钙的使用量越大，重金属含量的降低就越明显。这是通过离子之间的交换作用和吸附作用、沉淀作用和离子拮抗作用所实现的。

6.2.3.3 有机材料

在现阶段使用的有机钝化材料中存在很多活性基团，例如·OH、·COOH等。土壤中的溶解性机制可以成为土壤中的重金属离子交换的平台，可能会严重影响重金属离子在吸附与解吸上的作用力，这些吸附能力可以让重金属的形态发生改变。现阶段，在人们生活中出现频率较高的有机钝化材料主要包含两种：一种是城市污泥，另一种是有机肥料。经过相关实验研究可以发现，如果土壤中的Cu元素含量较少，在其中加入一些有机材料以后，产生的钝化效果可以让土壤的迟滞系数降低，土壤的净化能力提升。

6.2.3.4 金属材料

金属材料不仅包括金属材料本身，还包括部分金属氧化物，现在比较常见的有针铁矿、硫酸亚铁和氢氧化铁等。对于受到砷污染的土地来说，使用硫酸亚铁的效果较好，但也容易导致土壤出现酸化问题，这样一来，土壤当中如果存在已经固定的Cu、Cd和Zn等材料都会被重新释放，反而会导致土壤情况的恶化，这就需要和生石灰配合使用控制土壤的pH值。上述问题比较容易出现在硫酸亚铁当中，如果采用零价铁，其生成氧化物的速率较低，所以并不会导致酸化问题的出现。从长期稳定性来看，零价铁在多价态重金属的修复中展现出更好的修复效果，零价铁目前主要用于修复As和Cr，但还未应用到Cu和Cd的修复中。

6.2.3.5 含硅材料

含有Si元素的材料对重金属Al、Fe、Zn、Cd、Mn等具备一定修复效果，常用的含硅材料包括含硅元素的肥料、硅酸钙、含有硅元素的污泥等，其通过作物的吸收，能增加作物对土壤中的重金属元素的耐受性，降低重金属对农作物的伤害。同时，这些黏土矿物在土壤中拥有超强的自净力，这些成分可以从化学的修复中分离出来，是继物理修复、化学修复、生物修复技术之后的另一种新型污染修复治理方法。在修复重金属污染土壤的方法中较为常用的黏土种类有高岭石、凹凸棒石、海泡石等。一些研究数据显示，沸石、膨润土等黏土性质的矿物因子其组织构成独特的晶体结构与化学性质，拥有较强的离子交换容量与较为强大的吸附力。

6.2.3.6 新型材料

应用于农田重金属污染处理中的新材料，目前主要有介孔材料、纳米材料、功能膜材料以及多酚物质等。这些材料的表面结构较为独特，并且修复效果较好。

6.2.3.7 植物修复材料

农田重金属植物修复一般是指利用绿色植物的生命代谢活动来转移、转换或固定土壤环境中的重金属元素，从而使其有效态含量减少或生物毒性降低而达到环境净化或部分恢复的过程，是一种非常经济的绿色修复技术，适合大面积使用；战略上符合可持续发展，经植物修复过的土壤，其有机质含量和土壤肥力都会增加，适于农作物种植；技术上可行，操作简单、安全、可靠。

土壤 pH 值、有机质、根系分泌物、微生物生物量和竞争性阳离子等因素会影响土壤中重金属的可用性。一旦被植物根部吸收，特定的重金属可能会积聚在根组织中，或者通过木质部血管经共生和/或凋亡途径转移到植物的地上部分。图 6-1 是土壤重金属植物修复机理的简易图示。常用的重金属污染植物修复材料利用的是植物提取、植物挥发、植物稳定、植物降解等原理。植物提取（又称植物萃取）是指利用植物根系从土壤中吸收重金属，并将其转移、积累至地上植物体（芽、叶等）中，一般又分为自然植物提取和化学物质诱导植物提取；植物挥发是利用根系分泌物或根际微生物作用来吸取、积累土壤中的污染物，并将其转化为毒性较小、易挥发形态，最后利用植物蒸腾作用释放到大气中；植物稳定又称植物固定，主要是植物根系积累、吸附、沉淀土壤中的重金属，降低流动性和生物利用度，限制其浸出进入地下水和食物链中并减少水土流失；植物降解又称植物转化，其原理是植物通过根系分泌物将污染物降解或转化为对环境友好的形态，主要针对大部分复杂有机分子和少数重金属污染物。土壤植物修复材料主要是指对重金属的富集作用较强，能够吸收或过量吸收重金属污染物的植物。

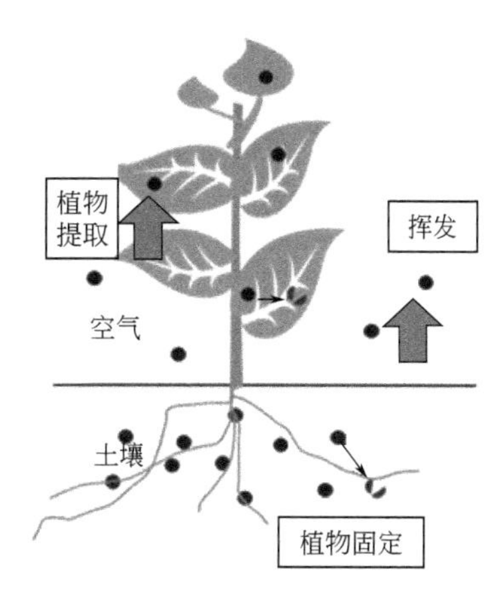

图 6-1　土壤中重金属/类金属的植物修复机理图

（1）重金属超富集植物材料

超富集植物是指对某种或某几种重金属的吸收量超过一般植物 100 倍以上的植物。1977 年这一概念被提出，具体规定为植物积累的 Cr、Co、Ni、Cu、Pb 等含量达到 1000mg/kg 以上，积累的 Mn、Zn 含量一般在 10000mg/kg 以上，同时富集系数大于 1，即植物体内重金属富集含量与土壤中重金属含量的比值大于 1。超富集植物的应用效果受生长条件、生长周期、富集特性等多方面因素影响。

（2）超富集植物在土壤重金属修复中的应用模式

超富集植物在土壤重金属修复中的应用模式主要有植物-强化材料联合修复、植物-微生物联合修复和植物-植物联合修复 3 种。

① 植物-强化材料联合修复

研究表明，10％菜园土和 1％赤泥能够强化黑麦草修复处理铅锌尾矿砂的效果，可以使污染土壤中的细菌、真菌、放线菌数量以及微生物 C、N 含量显著提高，同时土壤中脲酶、磷酸酶、蔗糖酶等酶活性增加。在复合污染条件下，需要植物具备耐重金属毒性的能力，以维持土壤中其他污染物的降解去除。例如，在处理 PCBs＋Cd 复合污染时，添加纳米零价铁及负载纳米零价铁可以提高孔雀草修复 PCBs 能力；在 PCBs＋Pb 复合污染条件下，蛭石负载纳米零价铁和活性炭负载纳米零价铁对凤仙花修复 PCBs+Pb 复合污染土壤特别是提取 Pb 有一定促进作用。但纳米零价铁的改性方法不同对修复效果也会有不同表现，例如纳米零价铁的添加对 Pb 的富集有一定抑制作用。

② 植物-微生物联合修复

通过添加能够产生铁载体的微生物，可以为植物提供生长必需的铁元素，有研究发现，接种砷抗性内生菌的平板培养基中铁载体含量明显提高，验证了含砷抗性内生菌的蜈蚣草光合作用水平更活跃的现象。也有研究者将以 1-氨基环丙烷基-1-羧酸（ACC）作为唯一氮源的内生细菌接种到伴矿景天根系中，能够使伴矿景天生物量明显提高，胞外酶分泌明显增多，并促进了多种重金属的吸收。

③ 植物-植物联合修复

据研究发现，遏蓝菜与大麦间作能够减少大麦对 Zn 的吸收。樟-茶种植模式也会影响土壤重金属元素含量，在间作模式下，土壤重金属元素含量明显降低，但是茶树新梢中重金属含量增加。使用超富集植物“东南景天+遏蓝菜+黑麦草”与玉米套种的方式进行重金属污染土壤修复发现，超富集植物的生物量会下降，但对重金属的提取量、提取效率仍保持较高的水平，且能够明显降低重金属的迁移性，减少由于雨水淋滤造成的重金属污染扩散的风险，能够有效避免二次污染。也有研究证实，玉米和蜈蚣草套作能提高玉米生物量，同时降低其茎、叶、籽粒中 As 的含量，在此模式下均能强化蜈蚣草对 As 的富集能力。

6.2.3.8 生物炭材料

生物炭是生物质在无氧条件下进行高温热解后产生的固体残留物。根据生物质材料来源，生物炭可以分为木炭、秸秆炭、竹炭、稻壳炭以及动物粪便炭等。由于生物炭丰富的孔隙结构、较大的比表面积以及众多表面活性基团，其对重金属、有机物等污染物都具有较强的亲和能力，因此经常用于污染土壤的修复。除了吸附土壤中的污染物外，生物炭还能作为土壤改良剂，改善土壤肥力。影响生物炭修复效果的因素包括处理时间、生物炭和污染物种类以及生物炭投料时间等。生物炭吸附重金属的机理与重金属种类关系密切，络合和静电作用是生物炭去除环境中污染物的主要机理。

▶ 6.2.4 盐碱地植物修复材料

我国盐碱土面积为 9900 万公顷，主要分布在东北平原，西北干旱、半干旱地区，黄淮海平原及东部沿海地区。其中，黄海、渤海和东海的海岸沿线盐碱土面积约 800 万公顷。随着蔬菜大棚等现代农业设施的迅猛发展，盲目施肥、不合理轮作加上缺少雨水淋溶，致使盐分在耕作层大量积累，土壤出现不同程度次生盐渍化，进而诱发棚内作物各种生理障碍，是新时期、新业态下的盐碱土改良新需求。盐碱地天然生长的许多植物，不仅能适应不良的盐渍环境，还能改造盐碱土壤，建立逆境中的特色生态系统。20 世纪 90 年代以来，许多学者就将耐盐植物作为生物手段修复盐碱地进行了大量的研究。

耐盐植物是指具有强盐耐受能力且能够在盐碱环境中良好生长的植物。耐盐植物对盐胁迫的抗性是耐盐和避盐的。避盐性意味着植物不具有减少外部环境中盐胁迫的能力，但可以在体内建立某些屏障和机制以防止盐进入植物；或者在盐进入植物体后，将盐以某种方式排出，以避免或减少损害，以保证植物正常的生理活动。

1980年，Greenway和Munns提出，能在渗透势为3.3bar（1bar＝10^5Pa，相当于70mm单价盐）以上渗透压盐水生境中生长的自然区系，称为盐生植物。耐盐植物对盐碱土改良应用技术基础分为以下三方面：①耐盐生物在收割周期内带走土壤中的盐分，改善盐碱土壤，特别是一年生盐生植物；②提高土壤植被覆盖率，减少土壤表面水分蒸发，减少耕作层中的盐分积累；③耐盐植物根系的呼吸作用及有机质分解，改善土壤结构、增加土壤养分含量，改善土壤理化性质。通过特有的生理生化特性、分子机制降低盐胁迫损害，如阻止或排出盐碱的方式，耐盐植物能适应盐碱环境。

据统计，自然界中已发现盐生植物1560余种，117科，550余属。我国有丰富的盐生植物资源，达到502种，71科，218属，约占世界盐生植物总量的四分之一。其中耐盐植物最多的有藜科106种、菊科72种、禾本科53种和豆科33种，4科种数总和约占我国盐生植物的52.6%。滨海地区常见的品种为海滨锦葵、碱蓬、中亚滨藜、狭叶香蒲、二色补血草、西伯利亚白刺、地肤等；在西北内陆干旱地区以碱蒿、画眉草、盐地碱蓬、风毛菊、盐角草、滨藜、芨芨草、白茎盐生草、黄毛头，以及杨树、胡杨等乔木较为常见。目前，已经用于改良盐碱土的耐盐植物有翅碱蓬、千金子、鼠尾粟、狗牙根、波斯三叶草、羊草、紫苜蓿、大黍、光头稗、木麻黄、无脉相思树，以及盐角草、碱蓬、星星草等。选种耐盐碱植物的原则如下：①耐盐能力强；②耐旱、涝能力强；③易繁殖，生长快；④能够改良土壤；⑤优先选用乡土树种。

工程造林是常用改善盐碱地的措施，密集的树冠可以改善小气候，减少土壤水分蒸发量，有助于防止土壤盐分回流。成年柳树或杨树是常用木科植物，研究表明，此类植物每年能锁住80～90m^3的水分。在生长季节，林地蒸腾量比自由水面蒸发量多1倍以上，因此造林是降低地下水位的好方法。

根据水盐运动的客观规律，土壤中的盐分首先在植物吸收水分或水力冲刷作用下被逐步脱除，然后辅助以肥料的施加，以达到逐步改良土壤的目的。实践表明，盐碱地土壤的改良工作应基于管理部门的合理规划和综合管理等措施有效实行，其中实行基于“水利-农业-生物”高效结合的综合措施，是耐盐植物生态修复技术区别于传统土壤改良措施的最大优势之处。例如，在我国沿海盐渍土壤的修复和开发利用工程中，应合理研发因地制宜、适用于我国盐碱地土壤修复的优质耐盐性经济植物，并通过长期实践筛选出优势植物，且进行大规模种植，以此在保护生态的前提下带动地区经济发展。

6.3 土壤有机污染物修复材料

6.3.1 石油烃修复材料

石油是一种包含有气态、液态和固态的以烃类为主的混合物，其包含有数百种单体化学物质，其中烃类物质占比95%以上。烃类物质可细分为烷烃、芳烃、胶质和沥青质等。石油组分中的芳烃、多环芳烃等对人体健康具有极大危害，可导致急性中毒效应，甚至会引起白血病，同时石油烃类污染物（petroleum hydrocarbon contaminant，PHC）对生态环境的危害也极为严重。其修复材料主要有植物修复材料、生物炭修复材料、化学氧化修复材料等。

6.3.1.1 植物修复材料

石油污染土壤的主要污染物是原油，原油是数千种石油烃和非烃化合物的复杂混合物。根据分子结构，可将 PHC 分为 4 大类：直链烷烃、支链烷烃、环烷烃和芳烃。植物修复过程中，植物根系和根际微生物的共生体系是植物修复体系建立的关键。糖类、醇类、酸类等植物根际分泌物可为微生物的生长提供碳源、氮源等营养元素，有效提高了微生物对石油烃等污染物的生物降解能力，同时这种降解作用又提高了污染物的生物利用度，促进了植物根系对污染物的吸收和转化，因此这种协同降解作用使植物修复法成为 21 世纪最环保、最具潜力的石油土壤修复技术。

修复植物吸收 PHC 的数量和速率取决于植物的种类和部位（叶、茎、根和芽等）。不同植物对 PHC 的耐受能力和提取能力不同，因此筛选培育对 PHC 耐受的超富集植物是植物修复石油污染土壤的首要目标。自然界中的多种植物均具有富集 PHC 的能力，如三叶草、孔雀草、芦苇、凤眼蓝、蚕豆、玉米、水稻、番茄、卷心菜、红树植物和杨树等。在众多植物中，杂草类植物的广泛纤维根系可提供较大的根表面积，因此被认为是最有潜力的植物。目前，常用于修复 PHC 污染土壤的杂草类植物包括高羊茅、黑麦草、首楷、光滑草地草、马草、紫花首楷、百慕大草和柳枝草等。利用紫花首楷在石油开采区进行植物修复研究，发现紫花首楷能使土壤中石油的去除率达到 90%以上。

同一种植物的叶、茎和根等部位对污染物的富集能力有所不同。关于石油类污染物在红树不同部位细胞中的富集研究发现，在红树叶片中，栅栏组织和海绵组织中有许多油类沉积物，在根部的根冠、分生组织、皮质和传导组织中也同样观察到油类沉积物。大量研究表明多数植物在枝条中比在根系中积累了更多的 PHC。其他植物如水稻则以根＞芽＞稻壳＞稻米的顺序积累 PHC；番茄富集 PHC 的顺序为：根＞茎＞叶。在蚕豆中，与根和芽相比，在种子中检测到的烃的浓度最高。在植物 *I. walleriana* 和 *B. brizantha* 中，对于挥发性化合物如苯的吸收，则表现为茎和叶中的浓度高于根中的浓度；蕨类植物 *P. vittata* 中苯的吸收主要体现在根部。另一方面，对于多环芳烃（PAHs）的处理，多位学者认为在根部富集的数量通常多于芽，这可能是由于 PAHs 的疏水性导致其很难通过蒸腾作用在植物体内转运。

6.3.1.2 生物炭修复材料

石油进入土壤环境后，一部分被土壤或吸附剂吸附，固定在土壤或吸附剂表面和颗粒内部；另一部分随土壤水分迁移至地下含水层，对地下水造成二次污染；而剩余的部分则被土壤环境中的微生物作为可利用的营养物质降解利用，最终彻底分解，以 CO_2、H_2O 和能量的形式释放到环境中。生物炭因其特殊的孔隙结构和巨大的比表面积，施入土壤后不仅会改善土壤的理化性质，提高石油烃类污染物的生物可用性，还能为土壤微生物提供有利的生存条件，有效促进微生物的生长和繁殖。微生物的数量增加对于促进降解土壤中的有机污染物的能力具有重要的影响。

土壤环境结构复杂，微生物种类繁多，多种因素都会影响生物炭对土壤中石油烃类污染物的修复效果，如生物炭的种类、制备工艺、施入量、施入时间、土壤污染程度以及保留时间等。探究生物炭类型对石油烃微生物降解的影响发现，麦秆炭和木屑炭两种生物炭输入土壤均强化了石油烃的降解效果，且降解效果具有显著差异。不同原料生物炭对辽河油田石油污染土壤的修复效果研究也进一步证实了生物炭种类对石油污染土壤中石油烃的去除效果存在差异，其中芦苇秸秆生物炭对石油污染土壤的修复效果最佳。

6.3.1.3 化学氧化修复材料

污染土壤化学氧化技术是指向污染土壤添加氧化剂材料，通过氧化作用，使土壤中的污染物达到修复目标值的过程。常用的化学氧化药剂包括芬顿试剂、高锰酸盐、臭氧以及过硫酸盐等。

(1) 过氧化氢与芬顿试剂

过氧化氢化学式为 H_2O_2，纯过氧化氢是淡蓝色的黏稠液体，可以任意比例与水混合，是一种强氧化剂。其水溶液俗称双氧水，为无色透明液体。H_2O_2 在一般情况下会缓慢分解成水和氧气。过氧化氢可以直接以 5%～50%浓度溶液注入污染土壤中，与土壤中有机污染物和有机质发生反应，或者在数小时之内分解为水和二氧化碳，并放出热量，所以要采取特别的分散技术避免氧化剂的失效。也可以利用芬顿反应（加入 $FeSO_4$）开展原位化学氧化技术，产生的自由基·OH 能无选择性地攻击有机物分子中的 C—H 键，对有机溶剂、酯类、芳香烃以及农药等有害有机物的破坏能力高于 H_2O_2 本身。芬顿试剂反应 pH 值相对较低，在 2～4 之间，因此需要调节过氧化氢溶液 pH 值，硫酸铁同时具有提供催化剂和调节 pH 值的作用。由于在高碱度土壤、含石灰岩土壤或者缓冲能力很强的土壤中使用芬顿试剂，将消耗大量的酸，不利于经济高效修复土壤。

由于羟基自由基反应速率很快，一般很难提供和目标污染物接触的有效时间，因此可以处理渗透性强的土壤，但是难以处理渗透性弱的土壤中的有机污染物。

(2) 高锰酸盐

高锰酸盐又名过锰酸盐，是指所有阴离子为高锰酸根离子（MnO_4^-）的盐类的总称，其中锰元素的化合价为＋7 价。通常高锰酸盐都具有氧化性，常见的高锰酸盐，如 $KMnO_4$、$NaMnO_4$ 易溶于水，与有机物反应产生 MnO_2、CO_2 和反应中间产物。锰是地壳中储量比较丰富的元素，MnO_2 在土壤中天然存在，因此向土壤中引入 $KMnO_4$，氧化反应产生的 MnO_2 对环境不会产生风险，并且 MnO_2 比较稳定，容易控制。不利因素在于对土壤渗透性有负面影响。

高锰酸盐的氧化性弱于臭氧、过氧化氢等其他氧化剂，难以氧化降解石油烃中苯系物、甲基叔丁基醚（methyl tert-butyl ether，MTBE）等常见的有机污染物，但是有 pH 值适用范围广，持续生效，不产生热、尾气等二次污染物的优点。但是价格低廉的高锰酸盐采自矿石，一般钾矿都伴随砷、铬、铅等重金属，故使用时要避免二次污染，另外注意对注入井和格栅的堵塞问题。

(3) 臭氧

臭氧（O_3）是氧气（O_2）的同素异形体。在常温下，它是一种有特殊臭味的淡蓝色气体。臭氧主要存在于距地球表面20～35km的同温层下部的臭氧层中。在常温常压下，稳定性较差，可自行分解为氧气。臭氧具有青草的味道，吸入少量对人体有益，吸入过量对人体健康有一定危害。氧气通过电击可变为臭氧。O_3是活性非常强的化学物质，在土壤下表层反应速率较快。因此，一般在现场通过氧气发生器和臭氧发生器制备臭氧，然后通过管道注入污染土层中，另外也可以把臭氧溶解在水中注入污染土层中。使用的臭氧混合气体浓度在5%以上，臭氧可以直接降解土壤中的有机污染物，也会溶解于地下水中，与土壤和地下水中的有机污染物发生氧化反应，自身分解为氧气，也可以在土壤中一些过渡金属氧化物的催化下产生氧化能力更强的羟基自由基，分解难降解有机污染物，臭氧氧化法可以降解BTEX(苯系物，包含苯、甲苯、乙苯、二甲苯)、PAHs、MTBE等难降解有机污染物。臭氧氧化技术在净化土壤的过程中会产生大量氧气，使土壤中的好氧微生物活跃起来，臭氧在水中的溶解度远大于氧气，臭氧的注入往往使局部地下水的溶解氧达到饱和，这些都有助于土壤中微生物的繁衍和对有机污染物的持续降解。

(4) 过硫酸盐

过硫酸盐是近年来在土壤修复中应用越来越广泛的修复药剂，其在水中电离产生过硫酸根离子$S_2O_8^{2-}$，其标准氧化还原电位为2.01V(相对于标准氢电极)，接近于臭氧(2.07V)，其分子中含有过氧基O—O，是氧化性较强的氧化剂。在催化条件下，$S_2O_8^{2-}$可活化分解为SO_4^-，SO_4^-中含有一个孤对电子，其标准氧化还原电位为2.50～2.60V，远高于$S_2O_8^{2-}$(2.01V)，接近于羟基自由基(E=+2.80V)，从而对有机污染物有很强的降解能力。常见污染土壤化学氧化修复药剂特征参数见表6-2。

表6-2 常见污染土壤化学氧化修复药剂特征参数

化学氧化试剂	芬顿试剂	臭氧	高锰酸钾	过硫酸盐
适用污染物	氯代试剂，BTEX，MTBE，轻馏分矿物油和PAH，自由氰化物，酚类	氯代试剂，BTEX，MTBE，轻馏分矿物油和PAH，自由氰化物，酚类	氯代试剂，BTEX，酚类	氯代试剂，BTEX，MTBE，轻馏分矿物油和PAH，自由氰化物，酚类
pH值	经典芬顿试剂需在酸性环境下，改良型试剂可用在碱性环境中	中性或偏碱性土壤	最好7～8之间，但其他pH值下也可用	根据活化方式不同，可适用于酸性、中性及碱性环境中
药剂在土壤中的稳定时间	经常少于1天	1～2天	几周	几周至几个月
土壤渗透性	推荐高渗透性土壤，当土壤渗透性较低时可能需要大量氧化剂			
其他因素	—	—	会使地下水呈紫色，考虑周边影响	需要活化

6.3.2 有机农药修复材料

6.3.2.1 概述

农药是现代农业发展的物质保障，农药种类繁多，其中主要是除草剂、杀虫剂和杀菌剂，农药滥用导致了严重的土壤污染问题。据统计，目前我国有机农药总施用量达131.2

万吨（成药），平均施用量为1.40g/m^2。土壤的农药污染，不仅会改变土壤的正常结构和功能，影响植物的生长发育，而且可通过食物链影响人体健康。

6.3.2.2 植物修复材料

植物材料作为农药的最终受益群，对农药本身有一定的抗性和吸收性，在农药污染严重的土壤修复中能够起到良好作用。对受农药污染的土壤修复是通过优选种植（图6-2），同时利用植物与根际微生物的协同作用，以植物积累、代谢、转化为基础去除或降解土壤有机农药污染物，以恢复土壤系统正常功能。

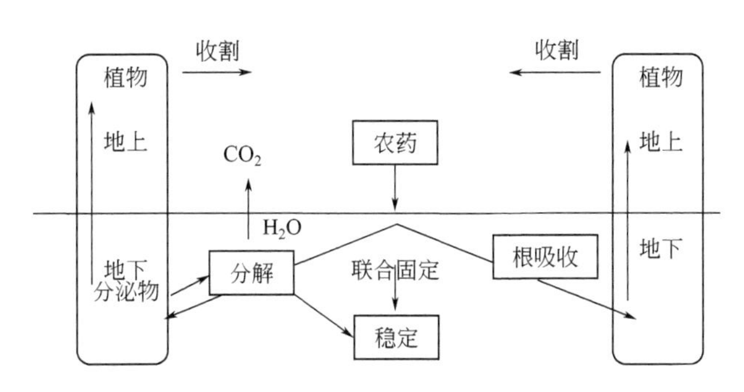

图6-2 植物修复的类型和过程

植物对土壤有机农药的去除原理包括三个方面：植物对有机污染物的直接吸收和降解；释放的分泌物和酶刺激微生物的活性，加强其生物转化作用，且分泌的部分酶能够直接分解有机污染物；根区及根部共生微生物增强根区有机物的矿化作用。实际上对于农药污染土壤的修复，往往是植物与微生物协同完成。整个植物修复系统由植物、微生物、酶类物质、土壤胶体等组成，系统活性高，可通过一系列的物理、化学和生物过程去除污染物。农药被植物根部吸收后，有多条转化途径，例如可转化为植物体的组成部分，无毒的中间产物如木质素等在植物细胞中储存，或者通过挥发、代谢或矿化作用使其转化成 CO_2 和 H_2O。同时植物根部可分泌低分子有机物（氨基酸等）刺激微生物繁殖，提高其活性，同时植物的丰富根系也为微生物提供了稳定的生长环境，促进根际微生物降解作用。

但由于多数植物的大部分根系集中在土壤表层，超出修复植物根系范围的土壤或不利于修复植物生长的土层修复效果甚微。另外植物修复周期较长，难以满足快速修复污染土壤的需求，因此植物修复技术也存在着一定的局限性。植物材料修复农药污染土壤相关发现见表6-3。

表6-3 植物材料修复农药污染土壤的相关发现

研究学者	研究内容	研究结论
Lunney 等	小胡瓜、大牛毛草、紫苜蓿、黑麦草和南瓜5种植物在温室内对DDT及其代谢产物DDE运输传导和修复能力	2种葫芦科植物南瓜和小胡瓜具有较强的运输和富集能力，且嫩芽的富集能力高于根系
安凤春等	采用植草法，进行受DDT及其主要降解产物污染土壤修复，比较草地早熟禾、高羊茅、多年生黑麦草等10种草在不同污染物质量浓度下对不同土壤的修复能力	种草3个月后，DDT及其主要降解产物总含量分别降低19.6%～73.0%；种植不同品种的草对土壤中污染物有不同的去除能力

续表

研究学者	研究内容	研究结论
周宁	采用盆栽法,以狼尾草、高丹草、黑麦草 3 种牧草为试材,研究 3 种牧草对受莠去津污染土壤的修复作用	3 种牧草对莠去津污染土壤均具有一定的修复效果,修复效果最好的是狼尾草,其次是高丹草,黑麦草的修复效果最差

6.3.2.3 微生物修复材料

微生物修复材料是指自然界中存在的或人工培养的功能微生物群，能够在适宜环境条件下，通过吸收、沉淀、氧化还原等作用降低有毒污染物的活性或将其降解成无毒物质。这些具有特定功能的微生物已成为污染土壤生物修复技术的重要组成部分。微生物修复既可以用于修复受有机物污染的土壤，也可以用于修复某些受重金属污染的土壤。由于微生物修复技术是一种绿色、低成本、不会产生二次污染的土壤修复技术，在污染土壤中的应用受到了广泛的研究。

微生物降解有机农药污染物的机理分为以下两类：一类是矿化作用，是指微生物直接以有机物作为生长基质，将其完全分解成无机物如 CO_2 和 H_2O 等；另一类是共代谢作用，是指微生物在有可利用碳源存在时，对原来不能利用的物质进行分解代谢的现象。微生物降解途径大致分为两种：酶促途径和非酶促途径。酶促反应即微生物本身含有可降解该农药的酶系基因，通过氧化、脱氢、还原、水解、合成等作用直接作用于农药。或者，虽然不含降解该有机物的酶系，但在有机物的胁迫下，微生物的基因发生重组或改变，产生了新的降解酶系。非酶促反应是微生物活动使环境 pH 值发生变化而引起农药降解，或产生某些辅助因子或化学物质参与农药的转化。土壤环境生态系统中的重要成员，包括细菌、放线菌、真菌、藻类和原生动物等，它们对有机物具有降解作用。细菌由于其生化上的多种适应能力以及容易诱发突变菌株，从而在降解有机物的微生物中占有主要地位。虽然大多数降解有机物的微生物是细菌，但细菌对污染物的降解并不彻底，降解的底物也不专一。白腐真菌在治理污染物上具有细菌不具有的优点，能降解环境中的低浓度污染物，并能将其降到几乎测不出的水平。此外，某种有机物往往会同时有多种降解菌，同一种菌也会对多种不同有机污染物具有降解作用。部分有机农药降解菌如表 6-4 所示。

表 6-4 用于土壤有机修复的各种微生物

微生物	种类	有机污染物
细菌类	微球菌属	DDT、狄氏剂、异狄氏剂、茅草枯、艾氏剂
	黄单胞杆菌属	DDT、对硫磷、杀螟松、杀螟腈、灭草隆
	棒状杆菌	2,4-D、DDT、茅草枯、百草枯、石油烃
	埃希菌	γ-六六六、扑草净、杀草强、氯硝胺
	大肠杆菌	对硫磷、石油烃
放线菌类	诺卡氏菌	七氯、艾氏剂、狄氏剂、茅草枯、五氯硝基苯
	小单胞菌	七氯
	链霉素	艾氏剂、七氯、五氯硝基苯、茅草枯、西玛津

续表

微生物	种类	有机污染物
真菌类	根霉	七氯、灭幼脲3号、阿特拉津、艾氏剂
	青霉	狄氏剂、七氯、敌百虫、阿特拉津、艾氏剂
	曲霉	甲胺磷、乐果、七氯、DDT、艾氏剂、狄氏剂

6.3.2.4 化学淋洗材料

化学淋洗技术是借助能促进土壤中污染物溶解或迁移作用的溶剂作为修复材料，通过水力压头推动淋洗剂，将其注入污染土壤中，使有机污染物从土壤相转移到液相，然后再把包含有污染物的液相从土壤中抽提出来，从而达到土壤中污染物的减量化处理。淋洗剂可以是清水，也可以是包含增效剂助剂的溶液，一般有机污染选择的淋洗剂为表面活性剂、有机溶剂等。常见淋洗剂分类如表 6-5 所示。

表 6-5 常见淋洗剂分类

淋洗剂种类		示例
无机淋洗剂		清水、酸、碱、盐等无机化合物
螯合剂	人工螯合剂	乙二胺四乙酸(EDTA)、氨基三乙酸(NTA)、乙二胺二琥珀酸(EDDS)等
	天然有机螯合剂	柠檬酸、苹果酸、草酸以及天然有机物胡敏酸、富里酸等
表面活性剂	人工合成	十二烷基苯磺酸钠(SDBS)、十二烷基硫酸钠(SDS)、曲拉通(triton)、吐温(tween)等
	生物表面活性剂	鼠李糖脂、槐糖脂、单宁酸、皂角苷、卵磷脂、腐殖酸、环糊精及其衍生物等

(1) 有机溶剂

运用特定的有机溶剂作为淋洗剂来去除土壤中污染物质。常用的特定有机溶剂往往是低分子量短链醇类和酮类。有机溶剂可同时溶解于水相和有机相，通过降低土壤中污染物质与水相间的界面张力，增加土壤中有机污染物在水相中的溶解度，实现淋洗去除污染物的过程，并且有机溶剂便于回收利用，修复成本低廉，因而近年来此技术也得到了快速发展。有研究人员采用体积浓度 50%的甲醇、乙醇和正丙醇对有机氯农药污染场地土壤进行修复，去除率分别为 18%、25%和 81%，且发现淋洗效率与醇类的碳链长度有关。

(2) 表面活性剂

表面活性剂是指能使目标溶液表面张力显著下降的物质，具有固定的亲水亲油基团，在溶液的表面能定向排列。可以分为化学表面活性剂和生物表面活性剂。其中，生物表面活性剂是指运用微生物、植物和动物产生的具有表面活性剂特性的物质（如糖脂、多糖脂、脂肽或中性类脂衍生物等）。有研究人员采用多种生物表面活性剂作为淋洗剂，用于修复农药类污染场地土壤，发现低质量浓度的生物表面活性剂对农药类污染有良好的去除效果。

常州市染化厂原址污染场地土壤在采用十二烷基苯磺酸钠进行淋洗修复时，发现土壤中苯酚、硝基苯去除率分别达 93%和 78%，土壤中其他主要污染物洗脱率也能达到 90%

以上。以表面活性剂作为修复材料对土壤中持久性有机污染物去除的研究具有重要意义。

▶ 6.3.3 多环芳烃与多氯联苯类污染修复材料

多环芳烃（PAHs）和多氯联苯（PCBs）是典型的持久性有机污染物，具有持久性、半挥发性、生物累积性和剧毒性，主要来自生物能源和化石燃料以及其他工业废水的燃烧。由于多环芳烃具有致畸、致癌和诱变作用，因此受到人们的广泛关注，被欧盟和世界卫生组织等多个国际组织列为最有害的持久性有机污染物（persistent organic pollutants，POPs）之一。作为典型的污染物，多环芳烃和多氯联苯已成为土壤迁移转化研究的热点。其修复材料与上述土壤有机污染物类似。

值得注意的是溶剂萃取材料是一种利用溶质在不同溶剂的溶解性不同来分离和去除沉积物、污泥和土壤中危险性有机污染物的修复材料。这些危险性有机污染物包括多氯联苯、多环芳烃、润滑油、石油产品等。这些有机污染物通常不溶于水，会牢固地吸附在土壤以及沉积物和污泥中，使用一般的修复材料难以将其去除。而采用溶剂萃取技术，以相应溶剂萃取剂作为修复材料，由于相似相溶原理，则可以有效地溶解并去除这些有机污染物。另外，由于在溶剂萃取过程中不会破坏污染物，因此污染物经溶剂萃取收集和浓缩后，可以采用其他修复手段进行无害化处理或者回收利用。溶剂萃取修复技术的主要原理是利用批量平衡法，即将污染土壤挖掘出来并放置在一系列提取箱（除出口外密封很严的容器）内，在提取箱中溶剂会与污染物离子发生交换。溶剂萃取材料类型的选取依赖于污染物的化学结构和土壤特性。有监测数据显示，当土壤中的污染物基本溶解于浸取剂时，可以借助泵的力量将其中的浸出液排出提取箱并引导到溶剂恢复系统中。按照这种方式重复进行提取过程，直到目标土壤中有机污染物水平达到预期标准。同时，要对处理后的土壤引入活性微生物群落和富营养介质，这样可以快速降解残留的浸提液。

▶ 6.3.4 化学药剂注入工艺

在采用化学方法修复有机污染土壤时，需要考虑药剂的注入问题，化学药剂在注入到土壤中时主要可以分为原位注入和异位注入。

6.3.4.1 原位修复注入法

（1）原位浅层搅拌法

适用于非饱和层和饱和层浅层（3m以内）有机污染土壤；适用于苯系物、硝基苯、氯苯及酚类等可以被氧化的有机污染土壤；适用于不便于异位清挖需原位处置的污染土壤。

浅层搅拌化学氧化药剂投加方式分为粉末状药剂投加和液体状药剂投加两种方式，粉末状药剂投加一般应用于饱和层污染区，液体药剂投加一般应用于非饱和层污染区（亦可应用于饱和层污染区）。

（2）原位注入井法

适用于渗透系数较高的饱和砂性污染土壤场地，不适合黏土质污染场地及非饱和层污染场地；可应用于苯系物、硝基苯、氯苯及酚类等可以被氧化的有机污染土壤；适用于不便破坏地上建筑物、工作空间较为狭小、需要保持地层结构和地基承载力等污染场地。

一般地，原位注入井化学氧化工艺系统由四个部分组成：动力源系统、溶配药系统、原位注入系统、注入井系统。四个系统相互关系：动力源系统给耗能设备（包括加药泵、注入泵及搅拌器）提供动力源；溶配药系统配制一定配比的化学氧化混合药剂；原位注入系统由注入泵以一定压力和流量把配置好的药剂输送到注入井；注入井系统通过筛管将氧化药剂扩散到目标污染区域内。

(3) 原位直压式

原位直压式化学氧化适用范围较广，除了可适用于原位注入井化学氧化适用的范围外，原位直压式化学氧化还适用于砂土、粉土、黏土等一切饱和层和非饱和层污染土壤和地下水修复。

其药剂注射系统包含钻进系统、溶配药系统和注入系统三个部分。钻进系统提供液压动力将钻杆压入到预定深度。注入系统提供高压脉冲，使药剂从钻杆前端的注射孔注入到地层中，并克服阻力充分扩散，达到预期的分散效果。

(4) 原位高压旋喷法

高压旋喷桩技术是20世纪70年代日本首先提出的，是在静压灌浆的基础上，引进水利采煤技术而发展起来的，是利用射流作用切割掺搅地层，改变原地层的结构和组成，同时灌入水泥浆或复合浆形成凝结体，形成连续搭接的水泥加固体，借以达到加固地基和防渗的目的。将高压旋喷注浆技术用于土壤修复，利用钻机把带有喷嘴的注浆管钻至土层的预定深度后，以高压设备使化学药剂喷射出来，土壤在喷射流的冲击力、离心力和重力等作用下，与药剂搅拌混合，并起化学反应，从而达到清除或减少污染物的目的。

原位高压旋喷化学氧化适用范围较广，除了可适用于原位注入井化学氧化适用的范围外，原位高压旋喷化学氧化还适用于砂土、粉土、黏土等一切饱和层和非饱和层污染土壤和地下水修复。

根据喷射方法的不同，高压-旋喷注射法可分为单管法、二重管法和三重管法。单管法仅注射氧化剂，影响半径较小。二重管法在注射氧化剂的同时注射高压空气，可冲击破坏土体，加速氧化剂的扩散并加大氧化剂的作用范围。采用三重管法可使氧化剂的影响半径达到最大。

6.3.4.2 异位修复注入法

异位修复注入适用于一切可以清挖异位修复的污染土壤；可应用于苯系物、硝基苯、氯苯及酚类等可以被氧化的有机污染土壤。

异位化学氧化药剂投加方式有粉末和液体两种方式，异位修复的主要过程主要包括污染土壤预处理、污染土壤和药剂混合。污染土壤预处理是对开挖出的污染土壤进行破碎、筛分或添加土壤改良剂等，预处理的设备包括破碎筛分铲斗、挖掘机、土壤改良机等。污染土壤和药剂混合设备包括行走式土壤改良机、双轴搅拌机及挖掘机等。

6.4 土壤地下水污染物阻隔材料

土壤地下水污染物阻隔技术通过敷设阻隔材料形成阻隔层以阻断土壤中污染物的迁移扩散途径，使污染介质与周围环境隔离，避免污染物与人体接触和随降水或地下水迁移进而对人体和周围环境造成危害的技术。该技术将污染土壤或经过治理后的土壤置于防渗阻隔区内，与四周环境相隔离，避免污染物与人体接触和因降水或地下水迁移而对环境造成的危害。其中，由阻隔材料组成的阻隔系统主要有几方面的功能：①阻断污染土壤与人体的直接接触；②阻止受污染地下水迁移扩散；③阻断污染土壤或污染地下水挥发出的气体扩散。阻隔材料仅能切断暴露路径，限制污染物迁移，但不能彻底去除污染物质或降低污染地块上的污染物浓度，因此，阻隔技术尽管可以单独用于污染地块的风险管控，也经常需要与其他修复技术结合使用才能达到修复目标。阻隔材料一般是对小面积、高污染的土壤和地下水进行风险防控。适用于土壤和地下水中重金属、有机物及重金属有机物复合污染，可以分为原位阻隔覆盖和异位阻隔填埋。

原位阻隔覆盖是将污染区域通过在四周建设阻隔层，并在污染区域顶部覆盖隔离层，将污染区域四周及顶部完全与周围隔离，避免污染物与人体接触和随地下水向四周迁移。也可以根据场地实际情况结合风险评估结果，选择只在场地四周建设阻隔层或只在顶部建设覆盖层。

异位阻隔填埋是将污染土壤或经过治理后的土壤阻隔填埋在由高密度聚乙烯（HDPE）膜等防渗阻隔材料组成的防渗阻隔填埋场里，使污染土壤与四周环境隔离，防止污染土壤中的污染物随降水或地下水迁移，污染周边环境，影响人体健康。该技术虽不能降低土壤中污染物本身的毒性和体积，但可以降低污染物在地表的暴露及其迁移。

常用的土壤地下水污染物阻隔材料有混凝土类路面、柔性膜衬层（FML，又称弹性膜衬层）、土壤阻隔层、聚乙烯土工膜、防渗阻隔剂、阻隔墙、钠基膨润土、土工排水网、天然黏土等。其中阻隔材料在应用的过程中要求渗透系数小于 10^{-7} cm/s，具有极高的抗腐蚀性、抗老化性，具有强抵抗紫外线能力，使用寿命 100 年以上，无毒无害。此外，阻隔材料应确保阻隔系统连续、均匀、无渗漏，以免对周围环境产生污染。

6.4.1 天然阻隔材料

天然阻隔材料主要有黏土、膨润土和蒙脱土、土壤阻隔层等。其来源广泛、价格较低，常用作地下水和渗滤液阻隔和防渗材料。但是一般的天然阻隔材料往往只能起到延缓垃圾渗滤液的渗漏，并不能彻底地阻止渗滤液。表 6-6 是几种常见阻隔材料。

表 6-6　几种常见的天然阻隔材料

天然阻隔材料	优点	缺点	费用
黏土	来源广泛、价格较低	防渗能力相对较差	低
膨润土	来源广泛、价格较低、防渗能力强、用量小、易于运输	对施工条件要求比较苛刻，失水时易干燥，不适于暴露条件	低
抗渗混凝土	兼有防水和承重两种功能，能节约材料，加快施工速度	成本相对较高，没有净化和过滤污染物的能力	中等

6.4.1.1　黏土

黏土是颗粒尺寸较小的（<$2\mu m$）硅酸铝盐，湿润后具有可塑性。黏土被压实后，其在实验室测定的渗透系数能达到 10^{-9}cm/s，而根据规范要求，黏土作为阻隔材料，其渗透系数需小于 10^{-6}cm/s，因此黏土作为受污染土壤的阻隔材料在渗透性方面的要求是合格的。在黏土资源较为丰富的地区，黏土是用来作为垃圾填埋场防渗衬垫层较好的天然阻隔和防渗材料。黏土阻隔的特点是：在当地具有合适资源时，易于施工，建设费用较低；可以保持一定的渗透水量，从而有利于维持水质和原有的生态环境；此外，由于黏土具有一定的过滤能力和离子交换容量，在一定条件下对地下水中污染物具有截污和净化能力。黏土阻隔的主要缺点是渗透系数较高。虽然使用某些种类的黏土能够得到更低的渗透系数，但这种性能的黏土并非随处可得，而长距离的运输会大大增加成本。

对于用天然黏土做防渗衬垫层的垃圾填埋场，首先需要保证黏土的质量，需确定在自然状态或压实状态下，其渗透系数可以满足填埋场的防渗要求。在用作阻隔材料时要用压实机按一定的压实标准进行碾压，使其达到最大干密度和较低的透水率，这样防渗效果和工程性能都会得到提升。但是渗滤液中部分有机物会使黏土在吸附过程中产生絮凝和收缩，出现裂缝，吸附有机污染物的能力迅速下降，从而使渗透系数急剧增加。因此通常在黏土中添加一定量的添加剂将黏土进行改性来提高防渗能力，称为改性黏土衬垫层，主要改性填料有膨润土、石灰、粉煤灰、沸石等具有吸湿膨胀性的材料，使黏土层渗透系数降低并具有自我修复能力。天然黏土和改性黏性土是填埋场防渗系统的理想材料，但从严格意义上来说，它们都只能降低渗滤液的渗透速度，而不能完全阻隔渗滤液，除非黏土的渗透系数极小且黏土层的厚度较大，但这无疑会占用填埋容积，造成一定的浪费。

6.4.1.2　膨润土

膨润土是以蒙脱石为主要矿物成分的黏土，因具有良好的吸水膨胀性、吸附性及黏结性而被广泛应用于防渗工程中。近几十年来，以膨润土为主要原料的防渗材料因耐久性好、自愈能力强、施工便利、环境友好、综合造价低等优势而被广泛用于地下工程、垃圾填埋场、核废料处理、尾矿库防渗、湖泊防渗等工程中。目前，膨润土的主要类型有钙基膨润土和钠基膨润土。我国已探明膨润土储量的 90%以上为钙基膨润土。与钠基膨润土相比，钙基膨润土遇水膨胀性能较差，且钙基土在水中迅速崩塌成散粒状团块，可塑性与吸水率均低于天然钠基土。但由于数量庞大，价格便宜，目前国内的塑性混凝土防渗墙所使用的膨润土主要为钙基膨润土。基于钠基膨润土的优异特性，国内常常将钙基膨润土进行钠化改性，即所谓人工钠化膨润土。主要利用蒙脱石层间阳离子的可交换性，通过添加钠化剂（无机钠盐或有机钠络合改性剂），提高介质的钠离子浓度，使其进入蒙脱石层间，置换出原已吸附的阳离子的改性技术，被称为人工钠化。人工钠化土与天然钠基土在性能上仍然有很大的差异，主要表现为以下几点：

① 人工钠化土稳定性差，其物理性能的稳定时限大致小于 18 个月。特别对富含方英石和碳酸钙的膨润土，当其外界环境处于 pH＜7.8 时，人工钠土物理性能的稳定时限会更短。

② 人工钠化膨润土的碱度是天然钠基膨润土碱度的 10 倍，碱度过大会削弱其抗渗性能。

因此，鉴于钙基膨润土和人工钠化膨润土在使用过程中存在的问题，美国、欧洲等地黏土-膨润土、水泥-膨润土等泥浆防渗墙采用的为天然钠基膨润土。

6.4.1.3 土壤阻隔层

土壤阻隔层主要有黏土阻隔层、清洁土阻隔层、石头阻隔层，这几种阻隔层可单独使用，也可复合使用，这需根据土壤污染程度、设计需求、预期目的来确定。虽然以黏土作为土壤阻隔层具有很好的防渗作用，且材料成本低、容易获得、操作简单，但经压实后的黏土含水率降低后易收缩而产生裂缝，导致渗透系数增大影响防水效果。清洁土阻隔层是由砂砾、黏土组成，根据需要覆盖一定的厚度，有时会在土壤层上种植各种植物达到美观的效果。石头阻隔层是由小石料和回用混凝土混合而成，用于阻断污染土壤与皮肤直接接触的途径，该阻隔材料的渗透系数大，不适用于经常下雨的区域。《污染地块风险管控技术指南——阻隔技术（试行）（征求意见稿）》给出了受污染土壤阻隔技术达到控制目标所需的厚度要求，具体内容如表 6-7 所示。

表 6-7　受污染土壤阻隔措施达到控制目标需要的厚度

阻隔措施	达到控制目标需要的厚度
土壤阻隔层	45.7～152.4cm
混凝土	7.6～10cm 混凝土层，下层为 10～15cm 基底层
沥青	2.5～6.7cm 沥青层，下层为 10～15cm 的基底层；或 10～15cm 全深度沥青
弹性膜衬层(FML)	FML 衬层与结构单元结合

6.4.2 人工合成阻隔材料

严格来说，只采用黏土并不能完全阻止渗滤液或者地下水渗漏，只能说黏土可大大延缓渗滤液的渗漏。因此，开发可以替代甚至优于黏土型衬里的人工合成有机材料十分必要。人工合成材料是将高分子聚合物作为原材料而加工制作成的各种材料，它们将从煤、石油、天然气中提炼而来的化学物质，经过加工而形成纤维或合成材料。在垃圾填埋场中使用的人工合成有机材料主要是土工膜、土工布以及土工合成膨润土衬垫（GCL，又称膨润土防水毯）等。

6.4.2.1 土工膜

土工膜是一种薄的、不透水的、有一定韧性的合成材料。根据原材料的不同，主要分为聚合物以及沥青两大类。其中，HDPE 土工膜是目前垃圾卫生填埋场应用最广泛的土工膜，具有抗拉伸、耐腐蚀、抗紫外线等性能，厚度为 0.5～1.5mm，厚度越大使用寿命越长，最长可达 50 年之久，是垃圾填埋领域性能优异的防渗材料。这种材料是由 97%的高密度聚乙烯材料，添加炭黑、抗氧化剂等辅助材料制作而成，具有优良的防水防渗、拉伸、抗老化、耐腐蚀等性能，在垃圾填埋领域有着得天独厚的优势，是不可多得的土工材料。另外，HDPE 膜拉伸强度高，最大可拉伸 3 倍以上。土工合成材料的性能特点决定了它们在工程领域的应用尤其广泛。近年来，HDPE 土工膜作为一种阻隔材料在垃圾填埋场防渗方面的应用逐渐被行业所接受，在防止土壤或渗滤液中污染物迁移扩散方面有着重要应用。HDPE 防渗在应用中主要有化学性质稳定、防渗性高、耐老化性强、能够很好地抗植物根系以及机械强度较高等优点，因此在施工中可以通过对其接触部分进行加热处理，并使得 HDPE 防渗膜的表面容身范围之内产生相应的分子渗透与互换，最终融为一体。

(1) HDPE 土工膜进行施工之前的技术要求

在垃圾填埋场中运用 HDPE 防渗膜进行施工，应首先根据其材料的各种性质以及特点做好相关的技术分析与准备工作，主要工作为以下几点：

① 对施工设计图的准确把握。施工设计图作为整个工程施工的指导性文件，为了保证安全高效的施工，相关施工管理人员以及施工操作人员都应对其有较为准确的把握。

② 施工设备以及电源的准备。目前电源是工程施工不可或缺的重要能源，因此在施工前应调配合适的电源，另外就是对施工过程中的工具机器进行规划。

③ 对施工人员的岗前培训。HDPE 防渗膜虽然已经得到了较为广泛的应用，但是其仍具专业特点，需要对施工操作人员进行合理的注意事项的讲解。

④ 对 HDPE 防渗膜的检查与验收要严格按照相关规范标准执行，即在施工前对 HDPE 防渗膜的各种型号、规格以及质量进行标准化检查，合格后才给予接收使用。

⑤ 基层应在 $2cm/m^2$ 左右的平整度之内，压实度控制在 95%左右，洁净度方面要求垂直深度 2.5cm 内不能出现碎石、瓦砾、根须、钢筋混凝土颗粒或玻璃碎片等会严重损坏 HDPE 膜等尖锐的杂物。

(2) HDPE 防渗膜铺设中的注意事项

HDPE 防渗膜铺设过程中应该注意的事项主要包括铺设温度、环境条件、铺设顺序以及相关的铺设要求几个方面。

① 铺设温度。一般而言较适宜 HDPE 防渗膜铺设施工的温度在 5～40℃之间，而且还应考虑 HDPE 防渗膜的热胀冷缩的特性，在温度较低时防渗膜应铺设得相对较紧一些，温度较高时应松弛一些，在夏季对 HDPE 进行铺设时应避免中午时分的高温铺设。

② 环境条件。环境条件主要是指在施工场地风力高于四级时或者雨天不应进行 HDPE 防渗膜的铺设工作，在风力较小时，应采用沙袋（土）压于 HDPE 防渗膜之上，以利于施工的正常进行。

③ 铺设顺序。在 HDPE 防渗膜的铺设工作中，应根据施工场地的具体条件，一般采用先铺边坡后埔场底，在边坡的铺设过程中采用从上至下的顺序，在场底的铺设过程中采

取从底部向上部进行高位延伸。

④ 铺设要求。HDPE 防渗膜在铺设中应具体注意一些实践要求。

6.4.2.2 土工合成膨润土衬垫

土工合成膨润土衬垫（GCL）是一种新型土工合成材料，它是由经过级配的天然钠基膨润土颗粒和相应的外加剂混合均匀而成，经特殊的工艺及设备，把膨润土颗粒固定在两层土工布之间，制成膨润土防水毯，既具有土工材料的全部特性，又具有优异的防水防渗性能。作为一种新型环保生态复合防渗材料，以其独特的防渗漏性能已在水利、环保、交通、铁道、民航等土木工程中得到广泛使用。可以用作垃圾填埋场中渗滤液的基础处理和封顶，人工湖、水库、渠道、河流、屋顶花园的阻隔防渗。其防水机理为：膨润土颗粒遇水膨胀，使其形成均匀的胶体系统，在两层土工布限制作用下，使膨润土颗粒从无序变为有序，持续吸水膨胀的结果是让膨润土层自身达到密实，从而具有防水作用。市面上常见的膨润土防渗材料包括胶黏法膨润土防水毯、针刺法膨润土防水毯、针刺覆膜法膨润土防渗衬垫和预水化型膨润土防渗衬垫。其结构示意见图 6-3。

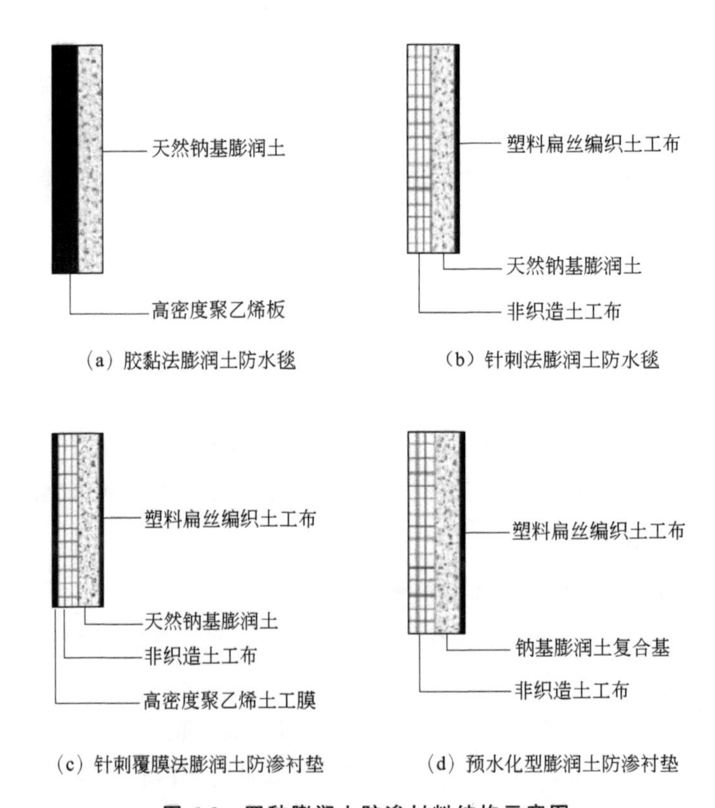

图 6-3 四种膨润土防渗材料结构示意图

膨润土防水毯在实际应用时具有施工简便，工期短、对人体无害无毒、具有良好的环保等特性。和其他防水材料比较，施工相对比较简单，不需要加热和粘贴。只需用膨润土粉末和钉子、垫圈等进行连接和固定。GCL 的连接，尤其是 GCL 与管道或建筑物周边连接时，比土工膜简便，并且接缝处的密封性也容易得到保证。施工后不需要特别的检查，如果发现防水缺陷也容易维修。此外，膨润土防水毯作为阻隔材料时可以和对象一体化：钠基膨润土和水反应时，具有13～16倍的膨胀能力，即使混凝土结构物发生震动和沉降，GCL内的膨润土也能修补2mm以内混凝土表面的裂纹。

6.4.2.3 弹性膜衬层

弹性膜衬层（FML）是一种防水性好、相对较薄的可阻隔气体以及液体迁移的人工合成有机膜，FML主要有低密度聚乙烯（LDPE）膜、高密度聚乙烯（HDPE）膜、聚四氯乙烯（PCE）膜、聚氯乙烯（PVC）膜等，这些材料可用作垃圾填埋场的衬层材料，也可用于有害废物包装、运输及处理过程的防漏、防水。该类材料具有相对密度小、防水阻隔能力好的优点，但自身结构强度低、耐老化性能差，易被基层尖锐物刺破或划破、焊接口处易开裂，影响防水阻隔效果，存在安全隐患。

6.4.2.4 聚合物水泥基防水材料

聚合物水泥基防水材料是一种高性能的防水材料，它主要是由液料和粉料两部分组成，其中液料主要包括聚合物乳液、助剂和水，粉料主要包括胶凝材料水泥、无机填料等。两组分按照一定的比例搅拌均匀成浆料，将其喷涂在基体表面，随着水分的蒸发、水泥的水化固化成膜。因此聚合物水泥基防水材料不仅具有水泥的刚硬强度、易与潮湿基面黏结的性能，并具备了聚合物乳液的柔韧性能、变形能力以及防水性能。由于聚合物水泥基防水材料是以水作为分散介质的涂料，故是一种环境友好型的环保材料，与其他表层阻隔材料相比，聚合物水泥基防水材料更适合用在污染场地的风险防控上。

6.4.2.5 抗渗混凝土

抗渗混凝土是指抗渗等级等于或大于P6级的混凝土。抗渗混凝土按抗渗压力不同分为P6、P8、P10、P12。抗渗混凝土通过提高混凝土的密实度，改善孔隙结构，从而减少渗透通道，提高抗渗性。常用的办法是掺用引气型外加剂，使混凝土内部产生不连通的气泡，截断毛细管通道，改变孔隙结构，从而提高混凝土的抗渗性。原料要求：

(1) 水泥

① 普通硅酸盐水泥强度不低于32.5MPa。

② 采用低水化热水泥，水泥的7天水化热指标不高于275kJ/kg，不得使用带有R字样的早强水泥。

③ 水泥的碱含量须满足每立方米混凝土中水泥的总碱量不大于2.25kg。

(2) 粉煤灰

粉煤灰的级别不低于Ⅱ级，不得使用高钙粉煤灰。

(3) 粗骨料

宜采用5～31.5mm级配均匀的机碎石，含泥量不得大于1%。

(4) 细骨料

为减小混凝土的后期收缩，宜采用中粗砂，细度模数2.5～3.0。砂的含泥量不得大于3%。

(5) 外加剂

应采用高效减水剂，外加剂应采用低碱、低水化热的外加剂。掺量不大于水泥质量的5%。

6.4.3 阻隔材料的应用

在应用阻隔技术时，阻隔材料未对污染物进行降解和去除，仅仅是防止污染物的进一步迁移和扩散。由于"以风险控制为目标"的修复理念尚未被国内环境管理部门认可，该技术在国内尚未大规模推广。在利用土壤阻隔技术及阻隔材料前，应进行相应的可行性测试，目的在于评估污染土壤或者地下水是否适用该技术或阻隔材料。其中测试参数包括土壤和地下水污染类型及程度、场地水文地质、土壤渗透系数等，可根据需要在现场进行工程中试。

根据污染种类及污染程度的不同情况，该技术可以与其他修复技术联合使用。对于高风险污染土壤可以联合固化/稳定化技术使用后，对污染土壤进行填埋；对于低风险污染土壤可直接填埋在阻隔防渗的填埋场内或原位阻隔覆盖。该技术一方面可以隔绝土壤中污染物向周边环境迁移，另一方面可使其污染物在阻隔区域内自然降解。

原位土壤阻隔覆盖技术主要实施过程：①确定污染阻隔区域边界；②在污染阻隔区域四周设置由阻隔材料构成的阻隔系统；③在污染区域表层设置覆盖系统；④定期对污染阻隔区域进行监测，防止渗漏污染。

异位土壤阻隔填埋技术主要实施过程：①对挖掘后的污染土壤进行适当的预处理；②建设填埋场防渗系统，根据地下水位情况建设地下水导排系统；③将预处理后的污染土壤填埋在阻隔填埋场；④填埋完毕后进行填埋场封场，并建设相应的排水系统，根据填埋土壤性质建设导气收集系统；⑤填埋场监测系统，定期监测地下水水质，防止渗漏造成污染。

6.4.3.1 HDPE 土工膜在潮州生活垃圾填埋场的实际应用

(1) 项目基本情况

潮州市某垃圾卫生填埋场是粤东地区第一座生活垃圾卫生填埋场，总占地面积209万平方米，总库容198万立方米，预计使用年限为20年，分为三个填埋区和污水处理区以及生活区，设有防渗系统，污水收集和处理系统，排洪及地下水收集系统。该工程地处山区，场地土类别为Ⅱ类，基岩以上主要为风化岩层、粉质黏土、素填土等。地下水类型主要为潜水、上层滞水和基岩裂隙水，以大气降雨为补水源。防渗系统设计采用水平防渗形式，利用现有山坳地形，先进行地表土处理，然后设置防渗层阻止污染水下渗，并对污水进行收集处理。

(2) 修复材料与技术概况

防渗层主体是防渗膜，选用 HDPE 土工膜作为阻隔材料，防渗膜下方设有地下水收集沟和排水管，其作用是降低地下水位高度，防止地下水顶托防渗膜，按要求将地下水位控制在防渗膜以下2m处；防渗膜上方铺设无纺土工布、石粉层、碎石排水层和 HDPE

排污管，其作用是收集、排放垃圾渗滤液并保护防渗膜不会受到尖锐硬物的破坏。HDPE土工膜抗渗性能良好，渗透系数 $K<10^{-13}$ m/s，大大优于其他防渗材料。此外，其抗紫外线性能稳定，HDPE 中的炭黑增强了抗紫外线能力，解决了暴露在紫外线下易被分解的问题；可采用温控热熔的方式焊接，接缝强度高，严密性可靠。根据《生活垃圾卫生填埋处理技术规范》（GB 50869—2013）中“高密度聚乙烯土工膜厚度应不小于1.5mm，并应具有较大延伸率”的规定，结合工程实际，本工程选用 2mm 厚单糙面平挤膜，以及与卷材同性的 HDPE 焊条。

（3）阻隔效果

经检验渗滤液不会对周围环境造成影响，填埋场使用效果良好，以 HDPE 土工膜为主体的阻隔材料发挥了其应有的作用。

6.4.3.2 HDPE 膜和土工布在重金属污染场地的应用

（1）项目基本情况

某区域原为企业用地后变更为水源地，亟须对水源地重金属污染土壤进行综合治理，污染土壤占地面积 17 万立方米，主要污染物为 Cr、Pb、Cd、As、Cu、Zn 等。其中，Cr 最高污染浓度 28500mg/kg，Pb 最高污染浓度 7514mg/kg，Cd 最高污染浓度 0.97mg/kg，As 最高污染浓度 30.41mg/kg，Cu 最高污染浓度 3560mg/kg，Zn 最高污染浓度 3926mg/kg，重金属严重超标。

（2）修复材料与技术概况

以异位土壤阻隔填埋方法治理土壤中重金属污染，由于该工期较短为 5 个月，修复标准严格，清挖土壤需符合《土壤环境质量 建设用地土壤污染风险管控标准（试行）》的限值，阻隔填埋标准参照《地表水环境质量标准》Ⅳ类水体标准值。高风险污染土壤经清挖处置后，采取土壤阻隔填埋技术。考虑到本项目重金属污染较为严重，首先采取固化/稳定化处置，再进入填埋场阻隔填埋。污染土壤固化/稳定化采用土壤改良机，该设备由进料设备、加药设备和搅拌出料设备构成，履带移动式，可方便到达任何修复现场，最大处理能力 50～80m^3/h。填埋场阻隔材料主要选用 1.5mmHDPE 膜和 600g/m^2 土工布，采用热熔挤压式手持焊接机、温控自行式热合机、土工布缝纫机等设备进行焊接。

（3）修复效果

项目实施后满足修复要求并通过环保局的修复验收，防止了污染土壤对水源地的污染，保护了水源地水质安全。

6.5 污染地下水修复材料

地下水修复材料是指能够通过氧化或还原作用，使地下水中的污染物转化为无毒或相对毒性较小的物质，或者在地下安装透水的活性修复填充材料墙体拦截污染物羽状体，当污染羽状体通过反应墙时，污染物在可渗透反应墙内发生沉淀、吸附、氧化还原、生物降解等作用得以去除或转化，从而实现地下水净化的目的。

常见的具有氧化作用的修复材料包括高锰酸盐、过氧化氢、芬顿试剂、过硫酸盐和臭氧。具有还原作用的修复材料包括硫化氢、连二亚硫酸钠、亚硫酸氢钠、硫酸亚铁、多硫化钙、二价铁、零价铁等。

6.5.1 化学氧化还原材料

地下水的化学修复是指利用化学处理技术，以化学药剂作为修复材料与污染物发生氧化、还原、吸附、沉淀、聚合、络合等反应，使污染物从土壤中分离、降解、转化或稳定成低毒、无毒、无害的形式，也可以通过形成沉淀除去。根据作用原理不同，修复材料可以分为化学氧化修复材料、化学还原修复材料。目前化学氧化修复材料经常被用于修复地下水中的石油烃、BTEX(苯、甲苯、乙苯、二甲苯)、酚类、MTBE(甲基叔丁基醚)、含氯有机溶剂、多环芳烃、农药等所造成的有机污染。化学还原修复材料则作用于分散在地表下较大、较深范围内的氯化物等对还原反应敏感的污染物质，将其还原、降解。究竟选择何种修复材料要依赖于对地下水实地勘察和预备试验的结果。

6.5.1.1 化学氧化修复材料

地下水污染化学氧化技术是指向污染土壤添加氧化剂作为修复材料，利用氧化剂与污染物之间的氧化反应将污染物转化为无毒无害物质或毒性低、稳定性强、移动性弱的惰性化合物，从而达到对地下水修复的目的。为促进混合，可通过抽出-回灌实现地下水和氧化剂在井之间循环，通过循环可以更快地处理更大范围的污染。地下水常用的化学氧化药剂与污染土壤中所使用的药剂类似，以芬顿试剂、高锰酸盐、臭氧以及过硫酸盐为主。表 6-8是几种常见化学氧化药剂的优缺点。

表 6-8 常见化学氧化药剂的优缺点

氧化剂	优点	缺点
高锰酸盐	高稳定性和高持久性，适用于污染范围大的区域	药剂成本高，氧化不具选择性
过硫酸盐	适用范围广，氧化性强，降解能力强	对施工条件要求比较苛刻，失水时易干燥，不适于暴露条件
臭氧	较强的脱色和去除有机污染物的能力	成本和运行费用相对较高
芬顿试剂	氧化效果好，容易获得，不产生二次污染	去除污染物的能力易受影响

(1) 高锰酸盐

化学修复中常用的高锰酸盐一般为高锰酸钾（$KMnO_4$）和高锰酸钠（$NaMnO_4$）。高锰酸钾是固体晶体，通过与水按照一定比例的混合，可获得浓度不高于 4%的溶液，但其固体的性质使得高锰酸钾的传输受限。高锰酸钠通常为液态（浓度约为 40%），经稀释后应用。高锰酸钠的高浓度赋予其更高的灵活性。虽然高锰酸盐氧化剂具有高稳定性和高持久性的优势，但不适用于地下水中氯烷烃类污染物，如 1,1,1-三氯乙烷。因为饱和脂肪族化合物不含有可以自由移动的电子对，因此不容易被氧化。对于含有碳碳双键的不饱和脂肪族化合物，因其具有更多的自由电子对，所以高锰酸盐氧化剂对其具有很高的氧化效率，但是芳香族化合物除外。当芳环或脂肪链上含有取代基（如—CH_3 或—Cl 等）时，双键键长增加的稳定性反倒降低，所以氧化反应的活性会增强。此外，与大多数氧化剂相同，高锰酸盐氧化不具选择性。

(2) 过硫酸盐

过硫酸盐包括一硫酸盐和二硫酸盐，一般指二硫酸盐，是一种常见的氧化剂。过硫酸盐在水中电离产生过硫酸根离子，其标准氧化还原电位达＋2.01V，分子中含有过氧基—O—O—，所以是较强的氧化剂。硫酸根自由基在中性和酸性水溶液中较稳定，pH＞8.5 时，硫酸根自由基氧化水或 OH^- 生成羟基自由基，有一个孤对电子，氧化还原电位为＋2.6V，远高于过硫酸根离子（＋2.01V），与羟基自由基（＋2.8V）接近，具有较强的氧化能力。此外，过硫酸盐一般较稳定，反应速率较低，在光、热、过渡金属离子（如铁、银、钴等）等条件活化成硫酸根自由基。过硫酸盐氧化原理类似于羟基自由基，较其稳定时间长，适用范围广，在任何条件下均可适用，可氧化某些羟基不能氧化的污染物，无选择性氧化降解大多有机物。

(3) 臭氧

O_3 在氧化污染物方面主要通过直接反应和间接反应两种途径得以实现。其中直接反应是指臭氧与有机物直接发生反应，这种方式具有较强的选择性，一般是进攻具有双键的有机物，通常对不饱和脂肪烃和芳香烃类化合物较有效；间接反应是指臭氧分解产生·OH，通过·OH 与有机物进行氧化反应，这种方式不具有选择性。O_3 虽然具有较强的脱色和去除有机污染物的能力，但该方法的运行费用较高，对有机物的氧化具有选择性，在低剂量和短时间内不能完全矿化污染物，且分解生成的中间产物会阻止臭氧的氧化进程。可见臭氧氧化法用于垃圾渗滤液的处理仍存在很大的局限性。O_3 是活性非常强的化学物质，在污染地下水中反应速率较快。因此，一般在现场通过氧气发生器和臭氧发生器制备臭氧，然后通过管道注入污染水层中，另外也可以把臭氧溶解在污染中。

(4) 芬顿试剂

芬顿氧化法是在酸性条件下，H_2O_2 在 Fe^{2+} 存在下生成强氧化能力的羟基自由基（·OH），并引发更多的其他活性氧，以实现对有机物的降解，其氧化过程为链式反应。其中以·OH 产生为链的开始，而其他活性氧化反应中间体构成了链的节点，各活性氧被消耗，反应链终止。其反应机理较为复杂，这些活性氧仅供有机分子并使其矿化为 CO_2 和 H_2O 等无机物。从而使芬顿氧化法成为重要的高级氧化技术之一。H_2O_2 与 Fe^{2+} 的混合溶液可以将很多有机化合物如羧酸、醇、酯类氧化为无机态。另外，产生的羟基自由基具有很高的电负性或亲电性，其电子亲和能很高使其具有很强的加成反应特性，因而芬顿反应具有去除难降解有机污染物的高能力，在印染废水、含油废水、含酚废水、焦化废水、含硝基苯废水、二苯胺废水等废水处理中体现了很广泛的应用。

6.5.1.2 化学还原修复材料

地下水还原修复材料主要是指硫酸亚铁、亚硫酸钠、亚硫酸氢、铁屑、H_2S 气体和

Fe^0 胶体等具有还原作用的化学药剂。还原剂适用于处理地下水中低价态情况下离子生物毒性较小的重金属，如汞、铬和铅等，可以降低地下水污染程度。

（1）硫酸亚铁和亚硫酸盐

废水处理中常用硫酸亚铁和亚硫酸盐还原处理含铬废水等。如先加硫酸亚铁，将废水中六价铬变成三价铬，然后调 pH 值为 7.5～8.5，使生成氢氧化铬沉淀，得以去除。此外，硫酸亚铁在作为还原剂方面具有很强的还原性，在应用污水处理时，尤其是在电镀厂废水的处理过程中，可以代替其他一些价格较贵的净水药剂，并且处理污水的效果较好。硫酸亚铁在污水中也可以被用作絮凝剂，具有沉降速度快、污泥量少且密实，并且硫酸亚铁还具有很好的脱色效果，经过硫酸亚铁处理的污水，可以放心地进行生化处理，不会对生活的菌种有抑制的效果，这也是目前硫酸亚铁作还原修复材料的一大优点。

（2）铁屑

以铁屑作为还原剂的处理方法是将废水流经装有铁屑的过滤器中，废水中的铜、铬、汞等离子相应地与铁屑发生化学反应，通过沉淀去除。

（3）Fe^0 胶体

Fe^0 胶体是很强的还原剂，能够脱掉很多氯代试剂中的氯离子，适用于处理地下水中对还原敏感的元素（如铬、铀、钍等）及氯化溶剂。Fe^0 既可以通过井注射，也可以放置在污染物流经的路线上，或者直接向天然含水土层中注射微米甚至纳米 Fe^0 胶体。注射微米、纳米 Fe^0 胶体的优势在于，由于反应的活性表面积增大，因此用少剂量的还原剂就可达到设计的处理效率。深度土壤混合技术和液压技术都能用来向土壤下层注射 Fe^0 胶体，也可以布置一系列的井创造 Fe^0 活性反应墙。

▶ 6.5.2 PRB 填充功能材料

6.5.2.1 PRB 技术简介

二十世纪八十年代，美国国家环境保护署（USEPA）首先提出可渗透性反应墙（permeable reactive barriers，PRB）概念，在地下水修复领域受到广泛关注。PRB 是进行地下污水原位修复处理所选择的主要方法之一，其设备使用周期长、维修和运行成本低。PRB 工作原理是在高污染地域的关键位置安装除污净化装置，并且需要在净化装置中根据水质污染情况填入合适的反应功能材料，装置内功能材料会对流经的受污染地下水进行降解、吸附、沉淀等反应以去除金属、有机物等，实现污染水质修复和环境污染控制的目的。与传统污水处理方法比较，PRB 系统具有不影响生态环境、处理成本较低、去除污染物效果较好、持续运行时间长等优点，受到国内外科技工作者的广泛研究和关注。

PRB 技术修复污水水体的原理与系统的填充介质有很大关联性。当其作用原理为吸附和沉淀时，此时使用的填充物一般为有机黏土、沸石、火山渣等吸附性物质。当 PRB 系统利用氧化还原反应作为工作原理时，常使用具有还原性的零价铁作为填充物。零价铁可以使重金属离子发生还原反应降低价态，实现重金属污染物的毒性或迁移率降低。当PRB系统中填充碳源、营养物质或微生物载体时，是以生物降解为工作原理。反应壁放置在被污染水的流道上时，通过与介质的物理、化学反应和各种生物作用，将水中的污染因子完全去除，从而达到净化污染的目的。

PRB设备的结构设计会直接影响受污染地下水修复效果，PRB结构设计和规划应着重关注以下几点：第一，PRB反应墙应直接嵌入地下水的隔水层或弱透水层中，运行时可防止地下水通过工程墙下部迁移，反应墙装置可捕获地下水中的所有污染区。第二，保证受污染的地下水与反应介质发生充分反应，必须保证污水在反应墙中有足够长的停留时间。第三，需要保证各种反应墙都具有良好的水穿透性能，防止堵塞。

通常情况下，PRB有两种常见的类型，分别是如图6-4所示的连续墙型和漏斗-导水门型。连续墙型结构的特点是将PRB反应墙放置在受污染地下水流的流淌路径上；而PRB漏斗-导水门型中反应墙的放置位置和连续墙型相同，不同点在于漏斗-导水门型需要在垂直放置的反应墙两侧分别增加具有隔水性的隔离墙，主要目的是防止受污染的地下水再次渗漏。隔离墙是指一种具有不透水性的墙体，通常情况下可以使用泥墙、板桩等作为隔离墙。此外，漏斗-导水门型PRB的反应壁长度一般小于连续墙型PRB的反应壁长度。

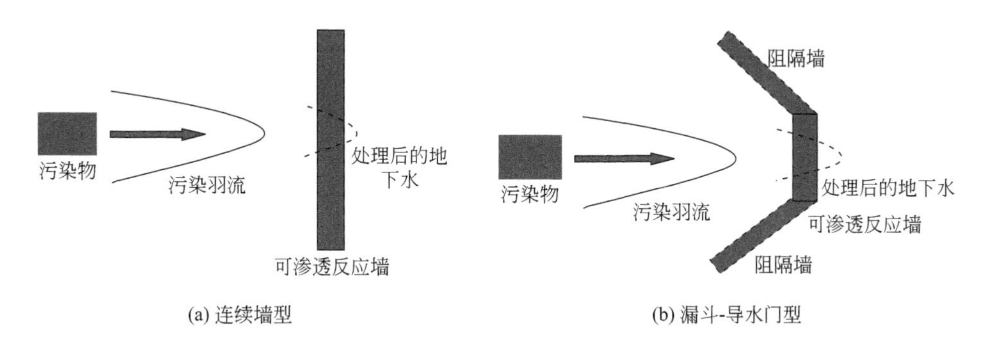

图6-4 常见两种类型的PRB技术

连续墙型PRB适用于地下水污染羽流较小、埋深较浅的结构。通常，反应壁需要垂直设置在水污染羽流的运动路径上，并且需要反应壁横穿整个污染羽流。漏斗-导水门型PRB则一般由三个结构组成，分别是隔水漏斗、导水门、反应墙。当受到污染的地下水流经时，首先会被隔水漏斗引导到装置的导水门处聚集，与反应墙充分的接触。一般情况下漏斗-导水门型PRB适用于污染羽流范围较大且潜水埋藏较浅的场景。

除此之外，灌注反应带型PRB也常用于处理地下水污染。与上述两种类型不同，灌注反应带型PRB(图6-5）是通过在污染地下水区域上方地表打井，向井中注入反应活性物质，在地下水流经区域形成反应带，污染地下水经过反应带时产生反应从而去除其中的污染物。该类型PRB较之前两种操作简单，成本低，但构建的地下反应带具有不确定性，不适用于低渗透含水层区域，且采取直接注入导致无法更换活性介质，对系统的维护和寿命会产生影响。

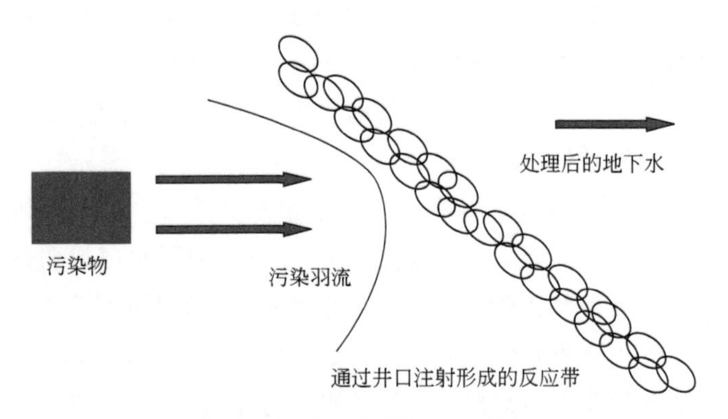

图 6-5 灌注反应带型 PRB 技术

不同类型 PRB 设备区别和特性如表 6-9 所列。

表 6-9 各类型 PRB 对比

PRB 类型	适用场景	局限性
连续墙型	适用于地下水污染羽流的结构比较小且需要较浅的埋深	有产生堵塞的可能，且一旦污染羽流很宽或延伸深，反应墙则要做得足够大，安装费用昂贵
漏斗-导水门型	适用于污染羽流范围较大并且潜水埋藏深度比较浅的污染地下水	有产生堵塞的可能，反应墙较连续型更小，使用方式灵活，但结构更为复杂
灌注反应带型	适用于难以构筑形成 PRB 反应墙的情景，并且该方法操作更简单，成本更低	地下反应带具有不确定性，在低渗透含水层区域不适用。且由于直接注入导致无法更换活性介质，维护成本高

6.5.2.2 PRB 技术修复机理

按照修复基本原理可将常用的 PRB 系统分为化学沉淀型、氧化还原型、物理吸附型以及生物降解型四类（表 6-10）。

表 6-10 PRB 反应墙类型

PRB 类型	定义	使用特点
化学沉淀型	以沉淀剂作为功能材料，并可与污染物发生化学反应形成相应沉淀的反应墙	原理简单，需要保证沉淀剂本身不具有毒性，并且沉淀剂的溶解度应高于沉淀产物
氧化还原型	以还原性/氧化性物质作为功能材料的反应墙	处理效果好，使不同的污染因子变成无污染或危害性更小的物质
物理吸附型	以具有良好吸附能力的物质作为功能材料的反应墙	吸附介质种类繁多，廉价易得，但在实际使用过程中吸附容量存在上限
生物降解型	以具有促进生物降解作用的活性物质作为功能材料的反应墙	常见两类：含有一氧化氮的混凝土颗粒以及含释氧化合物的混凝土颗粒。运行维护成本较低

(1) 化学沉淀反应墙

以沉淀剂作为反应墙体中的填充介质时，主要依赖化学沉淀反应起作用，该类反应墙多用于金属离子去除。然而，化学沉淀反应的产物经过长时间的累积，会降低系统导水性能，进而降低系统的工作效率。因此，为保证以沉淀剂为介质的 PRB 系统持续运行，需要对系统定期清理。沉淀反应墙使用的反应介质是与污染物对应的沉淀剂，以保证与污染物反应生成相应的稳定沉淀。经常使用的反应介质较多，例如羟基磷酸盐、碳酸钙等。通常会发生如下反应：

$$3Ca^{2+} + 3HCO_3^- + PO_4^{3-} \longrightarrow Ca_3(HCO_3)_3PO_4$$

$$2Ca^{2+} + HPO_4^{2-} + 2OH^- \longrightarrow Ca_2HPO_4(OH)_2$$

$$2Ca^{2+} + HPO_4^{2-} + 2OH^- \longrightarrow Ca_2HPO_4(OH)_2$$

$$Ca^{2+} + HPO_4^{2-} + 2H_2O \longrightarrow CaHPO_4 \cdot 2H_2O$$

(2) 氧化还原反应墙

将还原性材料作为填充介质时利用的是氧化还原原理，可以使金属离子、有机物等污染物质快速降解，最常用的还原剂是 Fe。但铁盐化合物等副产物会由金属离子和零价铁反应生成，并会附着在零价铁表面，阻隔表面与污染物的接触，使得活性降低，影响处理性能。常见的还原性反应介质有亚铁离子、Fe^0、双金属等。通常会发生如下反应：

$$Fe + CrO_4^{2-} + 8H^+ \longrightarrow Fe^{3+} + Cr^{3+} + 4H_2O$$

$$2Fe + HSeO_4^- + 5H^+ \longrightarrow 2Fe^{2+} + SeO(s) + 3H_2O$$

$$4Fe + NO_3^- + 10H^+ \longrightarrow 4Fe^{2+} + NH_4^+ + 3H_2O$$

(3) 物理吸附反应墙

一般情况下，吸附反应墙是将作为吸附剂的材料填充在发生吸附反应的墙体之中，通常以无机吸附剂为主，常见的有铁的氢氧化物、颗粒活性炭、沸石等。当地下水中的目标污染物为有机化合物时，则常用有机碳等作为吸附材料。当污染水体中存在大量有机污染物时，则需要增加有机碳吸附剂的比例。在实际使用中，当吸附材料表面吸附污染物达到饱和状态后，处理能力就会下降，需要定时清理或者更换反应介质。因此在实际环境中使用，一定要有清除和更换反应墙中吸附剂的方法和装置。如无法采取便捷有效的解决办法，那么这种反应墙不仅会花费较高的费用，还可能无法达到修复目的。

(4) 生物降解反应墙

此类反应墙以具有生物降解作用的活性物质作为填充材料，常见有以下两种：一种是含有一氧化氮的混凝土颗粒，这种活性介质在水中可以释放出大量的 NO_3^- 电子受体，使一些有机类化合物在反硝化的环境中发生厌氧（缺氧）型的生物降解反应。另外一种反应介质是由含释氧化合物的混凝土颗粒组成，通常情况下此类固态物质是一些金属过氧化物，例如 MgO_2、CaO_2 等，这些物质在水中释氧，为好氧性微生物提供大量的氧源及电子受体。主要的化学反应如下：

$$2CH_2O + SO_4^{2-} + 2H^+ \longrightarrow H_2S + 2CO_2 + 2H_2O$$

$$Me^{2+} + H_2S \longrightarrow MeS + 2H^+ \text{（Me 主要包括 Mg、Ca 等金属元素）}$$

6.5.2.3 PRB 技术国内外研究现状

国内外研究者、工程技术人员对 PRB 在污水处理中的应用进行了深入的研究。但要实现大规模地下水修复工程应用，还需要进行大量的研究和验证。首先，对 PRB 功能填充材料的选择和配比是该项技术推广的重难点。其次，对于装置运行的多种影响因素，还需要进行深入的研究。此外，装置的生产和安装方面存在的问题，也阻碍该技术的进一步发展。

PRB 技术已经被欧美国家率先广泛应用于地下水修复工作。事实上，在进行实际地下水修复工程时，会依据具体情况，而不局限于某一种 PRB 填料类型进行选择，常常会出现各种功能填料混用的情况。位于美国东南部的北卡罗来纳州海岸机场附近的河流受到严重的 Cr(Ⅵ) 和 TCE 污染，科技人员利用铁屑作为填充材料，设计的 PRB 污水处理系统，成功修复了污染水体。加拿大 Nickel Rim 矿附近水流受到硫酸根离子、二价铁离子污染，修复系统利用腐烂的树叶、木屑、污泥和砾石作为填充介质，经过处理后，水质明显改善。英国 Shibottle 地区利用绿色废弃物发酵料、高炉液、马粪和石灰石作为反应介质，也取得显著效果。加拿大某工业区由于大量工业废水排放，地表水受重金属污染严重，科技人员利用硫酸盐还原菌作为反应介质设计生物降解反应墙，对河水进行修复处理，在较短时间内就能实现重金属有效去除。Ha IK Chunga 等在受污染黏土层修复的技术基础上，将 PRB 填充的功能介质更换为雾化矿渣，大量的实验数据显示处理效果良好，对 TCE 和 Cd 的去除效果明显优于单一介质。为处理污水中的氯甲烷和氯乙烯，加拿大滑铁卢大学将零价铁作为功能填料介质，设计的 PRB 系统有非常好的含氯有机物降解能力，14 种氯化有机化合物的降解速度比自然降解速度快 4～15 个数量级。国外 PRB 工程案例如表 6-11。

表 6-11　国外 PRB 工程案例

案例出处	主要污染类型	填料类型	修复效果
美国北卡罗来纳州	Cr(Ⅵ)、TCE	零价铁	Cr(Ⅵ)：>99% TCE：>99%
加拿大安大略省	Fe^{2+}、SO_4^{2-}	腐叶、木屑、污泥和砾石	—
英国诺森伯兰郡	BTEX、杂环烃	绿色废弃物发酵料、高炉液、马粪和石灰石	BTEX：97.57% 杂环烃：96.98%
美国伊利诺伊州	$CHCl_3$、CCl_4	零价铁、活性炭	$CHCl_3$：93.28% CCl_4：90.71%

相较于国外，我国对于 PRB 领域的研究和应用起步较晚。目前大多数 PRB 技术还处在研究和中试调整阶段，关注侧重点多在于对有机氯化物的处理，例如李琳、马长文、钟佐案等人的大量研究都着重关注氯代有机物的去除。董军等人设计的 PRB 系统，使用零价铁、活性炭以及沸石为反应介质，对污染水体进行修复处理，能够实现将总氮含量从 50mg/L 降到 10mg/L 以下，NH_3 去除率达到 78%～91%。孙继朝等人利用还原铁粉作为反应介质，发现在硝态氮的去除中，随着酸碱度值降低，反应速度逐渐加快。中国海洋大学的汪水兵等在还原性零价铁作 PRB 填料的研究中也得到同样结论。浙江大学优化的 ORC-GAC-FeG(ORC，释氧化合物；GAC，活性颗粒炭）修复技术在实验研究中得到非常理想的处理结果，并已经在示范工程上使用。

宗芳等分别将陶粒和活性炭组成的吸附性混合介质 A 以及沸石和活性炭组成的吸

附性混合介质B填充到PRB反应墙中，发现混合介质A(85%陶粒+15%活性炭）对COD和铵根离子的去除效率可以达到71%和13.5%左右，混合介质B（90%沸石+10%活性炭）能达到63.4%和58.7%；B相较于A对污染水中的重金属离子去除也有更好的效果。

吕淑然等设计的双层生物降解PRB系统，分别由释氧材料、生物降解物质组成内外层反应墙，对MTBE和TBA污染的修复能够实现48.9%的去除率。国内PRB研究如表6-12所示。

表6-12 国内部分PRB研究

研究人	主要污染类型	填料类型	修复效果(去除率)
董军等	氨氮	零价铁、活性炭以及沸石	氨氮:78%~91%
宗芳等	COD、NH_4^+	沸石/陶粒、活性炭	COD:63.4%~71% NH_4^+:13.5%~58.7%
吕淑然等	MTBE、TBA	释氧材料、生物降解物质	MTBE:48.9%

6.5.2.4 常见PRB填充功能材料

PRB技术的关键是反应墙中修复填料的选择，合理高效的修复填料需要满足以下几个基本条件：

① 填料介质可通过物理、化学或生物反应快速去除地下水中的污染成分，不会造成二次污染问题。

② 导水率符合污染场地的水文地质条件，粒度均匀，粒径适当，具有较高的渗透系数。

③ 在地下水水力和矿化作用下具有稳定性和抗腐蚀性。

④ 易于大量获得，确保处理系统能够长期有效运行。

目前已投入场地工程应用、经济适用的修复填料主要包括ZVI(零价铁）填料、铁的氧化物和氢氧化物、有机填料（如活性炭等)、碱性络合剂（如硫酸铁、硫酸亚铁等)、磷酸矿物（如磷石灰等)、硅酸盐、沸石、黏土、离子交换树脂、微生物、高分子聚合物等。根据其作用原理，将不同PRB填料进行分类叙述。

(1) 化学沉淀PRB填料

即以化学沉淀反应为主要功能的填料，这些填料通常被称为沉淀剂，可以和污染水中的污染物生成相应的沉淀，从而实现对污染水体的净化。使用该种填料首先应保证其沉淀物环境友好、无毒性，并且应保证沉淀剂的溶解度大于与污染物产生的沉淀产物的溶解度，反应后可溶物不产生二次污染。

化学沉淀类填料主要包括消石灰、石灰石、磷灰石等，一般应用于重金属离子的去除。在处理过程中，介质与重金属离子反应形成氢氧化物沉淀、碳酸根沉淀、磷酸氢根沉淀和氧化物沉淀等，并将生成的沉淀产物截留于反应墙中。被截留的沉淀物逐渐累积并充填于介质中的孔隙，使反应墙的渗透系数减小，导致其净化能力减弱。因此，PRB堵塞是化学沉淀类PRB需解决的首要问题。除堵塞问题外，Ca^{2+}、Mg^{2+}为主的阳离子沉淀类介质可引起地下水中硬度的增加，因此还需根据地下水质量要求和用途对沉淀类介质进行优化。

(2) 氧化还原 PRB 填料

即以氧化-还原反应作为主要污染物去除途径的活性填料组分，将地下水中具有还原性或者氧化性的金属或有机污染物转化降解，以此达到净化地下水的目的。在处理方式上，还原类介质主要通过氧化还原反应将无机污染物从高价态还原为低价态，最后形成沉淀或毒性较弱的形式，或通过芬顿氧化法、还原脱卤反应等方式将有机污染物进行处理。

① 零价铁

零价铁（ZVI）是最为常见的还原型填料，从 PRB 技术推广之初就被广泛应用，能有效去除 Cr、Cd、As、Pb、Mn、NO_3^-、PO_4^{3-} 等多种金属/非金属污染物，以及各种卤代烃、芳香烃等多种有机污染物。零价铁具有极强的还原性，作为优良的电子供体，零价铁可以使高价金属元素及各类有机污染物接受电子形成无污染或危害更小的物质，然后通过生物降解后矿化，从而实现污水净化。

有研究人员在对位于北爱尔兰最早商业应用的零价铁 PRB 处理三氯乙烯（TCE）的性能进行评价时，结果表明，受污染的地下水流经 PRB，三氯乙烯仍能够得到有效去除，浓度低于检测限值。在 PRB 中，钙和铁碳酸盐、结晶和无定形铁硫化物以及铁（氢）氧化物沉淀分布在粒状 ZVI 材料中。

② 双金属系统

双金属还原材料作为单金属还原填料的改进，是通过电镀、涂层等方式在一种金属（通常是零价铁）的表面加载另一种具有高还原电位的金属而形成的还原填料。通常采用 Cu、Ag、Ni、Pt 等作为表面负载金属。在双金属系统中，负载金属与零价铁形成化学原电池，能够增加零价铁的腐蚀速率，提高零价铁的反应活性，生成具有强氧化性的 Fe^{3+} 可加强对烃类污染物的去除能力。

潘煜等针对零价铁作为 PRB 介质时易氧化、易团聚等缺点，通过羧甲基纤维素钠（CMC）对纳米零价铁（nZVI）进行表面改性，隔绝氧气，然后采用化学方法将 Cu 负载在零价铁上，制得的改性纳米 Fe/Cu 双金属作为填料，对 2,4-二氯苯酚(2,4-DCP）的去除效果可达到 85.76%。

在使用氧化还原填料作为 PRB 反应介质时，除了氧化还原反应外还伴随着沉淀、吸附等反应，因而还原型填料在污染物去除过程中，反应产物也将不断覆盖在介质表面，导致材料的利用率减小。

(3) 吸附 PRB 填料

以吸附功能为主要污染物去除能力的介质填充 PRB 反应墙时，利用物理吸附、化学吸附、离子交换、表面络合等吸附机制，将污染物吸附在活性物质的表面和孔隙上，能够防止污染物的再扩散。

吸附型 PRB 填料种类复杂，包括火山碎屑、活性炭、草炭土、粉煤灰、铸造废砂、木屑、纸灰、磷酸盐化合物、植物壳和杂草、再生混凝土、黏土矿物（蒙脱石、硅藻土等）、斜发沸石和方解石等。吸附填料一般具有廉价易得的优点，并且对于重金属、有机物以及氨氮等地下水污染物有良好的去除效果。

① 火山碎屑

火山碎屑或火山渣是一种具有丰富孔隙结构的岩石，由火山喷发的岩浆冷却形成。其颜色为红褐色或黑色，主要由活性氧化铝、活性氧化硅等成分组成，具有比表面积大、密度低、渗水性好等诸多优点，是良好的吸附填料，可有效吸附石油烃类有机物。

祁宝川对火山渣作为 PRB 填充材料修复地下水中铜污染进行研究，结果表明，该系统对 Cu、Zn、Ni 等重金属都有很好的去除效果，其主要机理包括沉淀、吸附和共沉淀。

② 草炭土

沼泽形成过程中会产生草炭或泥炭等物质，其含有大量水分、一部分矿物质以及各种动植物残骸，及其经生物分解形成的腐殖质。草炭土具有成本低，来源充沛的优点，自然状态下纤维含量丰富，疏松多孔，对于水体中的石油烃类污染物有良好的去除效果。

张超宇等将草炭土、活性炭、高岭土、陶粒、聚乙烯醇作为 PRB 填料，对石油污染地下水进行处理，5 种材料中草炭土对石油烃类污染物的去除效果最佳，去除率可达 97.91%。

③ 粉煤灰

粉煤灰成分非常复杂，以氧化铝和二氧化硅为主要组分，还含有少量的氧化铁，可以与吸附质进行化学结合，并且粉煤灰具有较高的孔隙率和比表面积，在重金属污染的地下水修复领域的应用越来越广泛，针对 COD、SO_4^{2-} 有很好的去除效果。粉煤灰的吸附机制包括物理吸附、化学吸附、离子交换吸附以及协同吸附和絮凝。

黄玉洁等利用酸改性粉煤灰对 Cr(Ⅵ) 污染的地下水进行了修复，经实验发现在恒定 pH 值的情况下，反应 3h 后 Cr(Ⅵ) 的去除率可达到 99%以上，符合地下水质量标准的限值。

④ 沸石

由 AlO_4 和 SiO_4 组成的水合架状硅铝酸盐矿物称为沸石。其独特的内部化学结构和晶体性质决定了沸石具有较强的阳离子交换能力和吸附能力。常见作为 PRB 填料的沸石包括斜发沸石、丝光沸石、钠丝光沸石等。

在探究初始 pH 值、矿物组分、粒径和流速对不同沸石填料 PRB 去除 Zn 污染地下水性能的影响时发现，沸石中的蒙脱石含量与其阳离子交换能力呈正相关，且沸石粒径会影响 PRB 的渗透系数，但对于 Zn 的去除没有显著影响。Zn 的去除率随着 pH 值的增加而增加，溶液初始 pH 值≥4 时，Zn 几乎完全被去除。流速越快，到达穿透点的时间越短，这是由于金属离子迅速到达沸石表面和 Na^+、Ca^{2+}、Mg^{2+} 发生离子交换反应。

（4）生物降解 PRB 填料

生物降解型 PRB 的工作原理是利用好氧/厌氧微生物在拥有充足碳源和电子供体的情况下，对受污染水体进行净化。在此过程中，降解类介质起着提供电子供体、碳源、好氧或厌氧环境、微生物载体 4 种作用。被划分的 4 种功能可形成不同类型的降解类介质，主要用于处理水中 BTEX、氯代烃、有机氯农药等有机污染物以及硝酸盐等氮素无机污染物。降解类介质具有环境友好的特点，是一种较为环保绿色的材料。但需保证充足碳源与合适条件，保持介质中较高的微生物活性。因此，寻找能持续提供充足营养物质的碳源，并考虑如何保持合适条件是降解型PRB研究应重点关注的内容。

黄国兴等研究了释氧化合物（ORC）和斜发沸石的混合介质对去除地下水中NH_4^+-N的效果，结果显示NH_4^+-N去除率可达90%以上。

（5）组合PRB填料

综合考虑地下水污染复杂性以及填料介质的处理长效性和可靠性等问题，仅依靠单一填料介质很难进行有效的修复。因此，将上述不同类型的填料进行组合使用，不仅可以提高对污染物的处理能力，同时也能阶段性地解决填料介质使用长效性与可靠性问题。按照填料组合使用方式，可以分为以下三种：复合型、混合型以及排列型。

复合型介质是将介质制备在颗粒粒径适中、表面粗糙的材料之上，使得涂层材料不容易团聚或与负载材料形成原电池，从而提高介质的去除率、利用率以及渗透性。如Cu-零价铁双金属系统，石英砂-FeS系统等。

混合型介质是由2种或2种以上的介质材料按一定质量比例进行混合的组合介质，相较于某一单一组分介质，其污染物去除率、渗透性以及长效性都得到了提高。如零价铁-钢渣-火山灰混合物，零价铁-浮石-粉煤灰混合物等，均能减少零价铁所产生的次生矿物，并改善零价铁的长效性。

排列型介质是由2种或2种以上的介质材料按一定顺序排列而成的组合介质。PRB内不同的介质按照特定的顺序排列并形成不同反应区域，依次对污染物进行处理，从而增强修复效果，实现各介质扬长避短。如磷灰石-活性炭/零价铁-石英砂/沸石依次排列形成三个不同的反应介质区，能有效去除重金属，并且可以使磷灰石产生的磷以及零价铁产生的铁离子依次被后续介质处理，保证无二次污染。

6.6 土壤及地下水污染修复材料的应用案例

6.6.1 土壤固化稳定化药剂修复案例

6.6.1.1 水泥修复材料在污染土壤中的应用

（1）项目基本情况

该污染场地位于甘肃省白银市白银区东大沟流域西北铅锌冶炼厂的下游河床。由于历史和现实条件的原因，东大沟流域数十家冶炼、选矿企业在生产过程中把大量含有铜、铅、锌、镉、砷等重金属的废水排入东大沟，最终流入黄河，威胁黄河水环境质量，造成沿线土壤重金属严重污染。重金属总量及毒性浸出试验表明，超标污染物主要是Cd、Zn、Pb。污染场地土壤以黏土为主，并夹杂有淤泥、碎石。不同深度土壤中重金属含量差异较大，Zn、Cd的含量随深度变化而呈现出中间高两端低的变化趋势，且都在地下1.5m处达到最高，Pb的含量在地下2.5m处达到最高。

（2）修复材料与技术概况

研究区域以水泥作为土壤的修复材料，使用改良后的高压喷射搅拌机械，通过两搅两拌施工方法，搅拌强度为20r/min，将水泥粉体通过空气压缩系统直接注入拟修复区域。水泥为当地王岘水泥厂生产的P.O42.5普通硅酸盐水泥。通过在施工区域上游约30m处修建一座简易的水坝，并通过6台水泵不间断地把水坝中的蓄水抽送到施工区下游约30m处，使地下水埋深保持在1.0m以下，并进行实时监测。施工前后采用平地机整平，养护28d后取样检测。修复场地养护完成后采用系统布点法加密布设采样点。按照《建设用地土壤污染风险管控和修复监测技术导则》（HJ 25.2—2019）有关规定，对修复区域进行钻探孔全断面取芯，深3m，深度范围内每间隔0.5m采取原状样，装于聚乙烯自封袋，带回实验室风干。重金属浸出毒性测定：按照国家标准《固体废物　浸出毒性浸出方法　硫酸硝酸法》（HJ/T 299—2007）的要求，利用1号浸提剂（浓硫酸∶浓硝酸＝2∶1，pH＝3.20±0.05）浸提，使用电感耦合等离子体发射光谱仪检测浸出液中重金属浓度。

（3）修复效果

经过一段时间的检测发现水泥能够对Cd、Zn起到较好的固化稳定化作用，当添加5%水泥时，Cd浸出液浓度已低于检测限值。Zn浸出浓度最高为0.1256mg/L，浸出浓度下降了98.3%～99.9%，远低于《地表水环境质量标准》中Ⅴ类标准限值。经过上述结果看出水泥对于该污染场地的重金属起到良好的修复效果，水泥作为修复材料在重金属污染场地修复工程中具有良好的优势，但在具体应用过程中需注意场地及环境条件的特殊性。

6.6.1.2　硫系和铁系稳定化药剂对铬渣污染场地土壤修复工程实例

（1）项目基本情况

该污染区域位于云南省中北部，楚雄彝族自治州中部的牟定县。县内某化工厂年产重铬酸钠7000t，铬酸酐2000t，铬盐生产过程中产生大量含铬废渣，其堆放场地“三防”达不到要求，废渣亦未及时进行无害化处理，形成了历史堆存铬渣场。由于铬渣的长期堆放，渣场堆放点的土壤铬污染严重，虽然铬渣已清理完毕，但场地土壤污染依然存在。经调查，土壤中污染物为重金属复合污染，其中重点关注的污染物为六价铬和砷。

（2）修复材料与技术概况

施工修复手段主要通过向污染土壤中加入特定复配的还原稳定化药剂，将污染物转化为不易溶解、迁移能力或毒性更小的形态，实现其无害化，降低对环境的风险。本项目采用的修复材料是还原稳定化药剂Meta Fix，其前身产品已列入《2014年国家重点环境保护实用技术公示名录》（第二批），是经过大量案例实践和国家认可的重点环境保护实用技术。Meta Fix药剂包括A、B两种成分，是由强还原性、反应性矿物质、活化剂、催化剂、pH调节剂和吸附剂组成的复合配方产品，结合了生物化学还原、络合和吸附作用，其主要组成均为天然矿物质或原材料，安全且无毒害。根据本项目小试中试实验结果，在充分考虑各污染区六价铬污染浓度并参考国内类似项目实施经验的基础上，设定第一层污染土壤药剂投加比为5%，第二层和第三层投加比为4%，第四层投加比为3%，其中药剂A与B的配比为4∶1。最后，修复后土壤通过堆体苫盖和喷水养护，为加药后的土壤提供一个避光、厌氧的反应环境，可有效提高药剂的反应活性和修复效果。修复后土壤堆置养护周期为 15d。具体养护周期，可由现场技术人员根据污染状况进行适当调整，最低养护周期不得少于 10d，以确保反应效果。

(3) 修复效果

之后根据《建设用地土壤污染风险管控和修复监测技术导则》（HJ 25.2—2019）中关于污染场地修复工程验收监测点位的布设条款规定，对于原地异位治理修复工程措施效果的监测，处理的污染土壤应布设一定数量监测点位，每个样品代表的土壤体积应不超过 500m^3。通过自验收发现修复后土壤各项指标满足修复目标值，还原稳定化效果好，项目修复的土壤土方量约 2 万立方米。

6.6.1.3 膨润土、磷酸盐修复材料对广东某工业场地重金属污染土壤稳定化修复工程案例

(1) 项目基本情况

该污染场地位于珠江三角洲腹地，整体地势东高西低、南高北低，地下水埋藏浅，径流途径短，总体流向大致为由南向北，其中松散岩类孔隙水各含水层存在联通现象。场地内土层自上而下可划分为 4 层：填土层（杂填土为主，含砖块碎石）、粉质黏土层、粉砂和淤泥质土层、花岗岩层。经调查，区域内土壤受到重金属 Ni、Pb、Hg 不同程度污染。其中 Ni 超标率 12.85%，平均浓度为 54mg/kg，最大浓度为 987mg/kg（Ni 评价标准 150mg/kg），最大浓度超标 5.58 倍；Pb 超标率 10.32%，平均浓度 129mg/kg，最大浓度为 1287mg/kg（Pb 评价标准 300mg/kg），最大浓度超标 3.29 倍；Hg 超标率 4.3%，平均浓度为 1.47mg/kg，最大浓度为 14.2mg/kg（Hg 评价标准 4.0mg/kg），最大浓度超标 2.55 倍。

(2) 修复材料与技术概况

该工程采用异位修复作业，污染土壤清挖后应运输至修复作业区进行暂存、预处理和稳定化处置，根据设计方案环境保护要求，在就近区域建设异位修复作业区。将清挖出的污染土壤运输至异位修复作业区暂存，采用专业筛分混合设备（Allu 筛分破碎斗）进行破碎、筛分等预处理，确保筛下物粒径小于 5cm。当污染土的含水率和粒径达到稳定化混合设备进料要求时，分两批次向污染土中投加膨润土加磷酸盐 3∶1 复配药剂作为修复材料进行污染土的修复，投加比为 3%，安全系数按 1.2 计，采用 Allu 筛分混合设备对药剂和污染土壤进行充分混合，混合时间为每批次 2～2.5h。药剂与污染土壤混合处理后，转运至待检区堆置成长条土垛进行养护，用防尘网和防雨布苫盖，养护期间定期采集土壤样品检测其含水率，如低于 25%，需及时洒水，使混合土壤含水率保持在 25%～30%之间，养护时间在 20d 以上。具体修复流程如图 6-6 所示。

(3) 修复效果

修复后的土壤基坑底部和侧壁土壤样品中关注污染物 Ni、Pb、Hg 总量的最大值分别为 64mg/kg、119mg/kg、0.5mg/kg，平均值分别为 35.8mg/kg、46.6mg/kg、0.34mg/kg，均低于项目要求的修复目标值 150mg/kg、300mg/kg 和 4.92mg/kg，基坑清挖合格。且修复前土壤中 Ni、Pb、Hg 最大浸出浓度分别为 0.259mg/L、0.063mg/L、

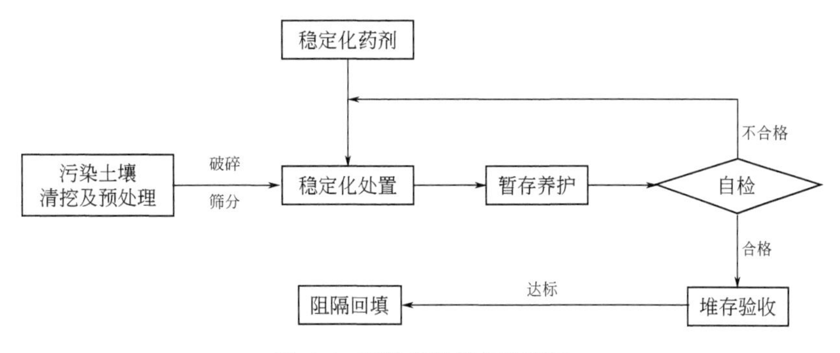

图 6-6　污染场地修复流程图

0.0087mg/L，经稳定化修复后最大浸出浓度分别为 0.048mg/L、0.02mg/L、0.000mg/L，均低于《地下水质量标准》(GB/T 14848—2017)Ⅳ类标准，验收合格可进行阻隔回填。

6.6.2　土壤化学氧化药剂修复案例

本小节介绍过硫酸钠修复材料在制革企业旧址污染场地修复工程实例。

(1) 项目基本情况

该污染地块整体地势较为开阔平坦，土质主要为杂填土和黏土。项目地块土壤修复总面积为 5890m^2，修复厚度 0～4.5m，土方量为 12530m^3，主要污染物为石油烃类污染物。经初步调查和详细调查，结合风险评估的参数，确定本场地土壤中对人体健康存在风险的目标污染物。污染物修复目标值采用中国科学院南京土壤研究所的 HERA 评估软件（health and environmental risk assessment）进行逆推模式计算，并结合相关场地环境详细调查及风险评估报告的结果，最终确定将本地块目标污染物的风险控制值作为土壤修复目标，其中总石油烃修复目标值按照《土壤环境质量建设用地土壤污染风险管控标准（试行）》中总石油烃第二类用地筛选标准确定并结合土壤样品的检测和风险评估结果。

(2) 修复材料与技术概况

本项目有机污染物采用化学氧化技术进行处理。化学氧化技术的关键是针对场地特征污染物确定氧化剂，结合小试实验结果分析可知，高锰酸钾处理场地内污染物的效果偏差，不适宜选用。过硫酸盐和过氧化氢对石油烃的氧化效果优良。但由于过氧化氢氧化时效较短，土壤中有机物质会对过氧化氢的氧化效果产生影响，因此不适合采用该药剂。而过硫酸钠对于多种有机物的修复效果好、药剂持久性较好、环境友好性强，选择将其作为本项目的主要修复药剂材料。本项目的实施流程主要为有机物污染土壤开挖转运至修复中心，经过均质化筛分，采用土壤修复一体机进行土壤破碎以及药剂的定量混合，之后进行养护和自检，达标后外运做道路绿化的垫层土。该项目的修复流程如图 6-7 所示。

(3) 修复效果

经过一段时间对污染土壤的修复，对本项目开挖基坑底部及侧壁分别取 25 个样品、

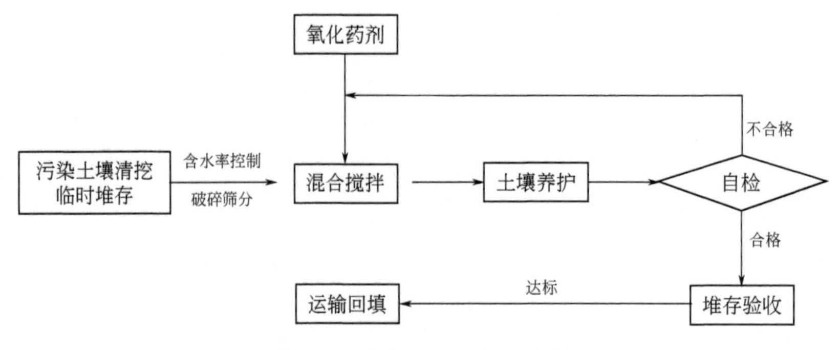

图 6-7　污染土壤修复流程图

51 个样品，对修复后土壤取 30 个样品，累计取 101 个样品。经对比检测结果与场地修复目标值，上述六种污染物均低于修复目标值，修复效果达标，满足验收要求。本工程完成了某制革厂旧址有机物污染土壤的修复处置，总计修复面积 5890m^2，土方量 12530m^3。

6.6.3　地下水化学氧化药剂修复案例

6.6.3.1　过硫酸盐与氢氧化钠修复材料在地下水污染修复中的工程实例

（1）项目基本情况

该污染区域位于南方某特大城市，污染地块面积 45139m^2，有生产香精香料近 60 年历史，停产异地搬迁后用地规划拟调整为二类居住用地为主。地块调查评估结果：地下水污染因子为石油烃（C_6～C_{36}），超标点位均值 16.11mg/L、最大值 203.36mg/L；共 4 个污染区域（原生产车间、仓库、储油罐与污水站等区域），总面积 20218.05m^2、最大深度 4.5m。

（2）修复材料与技术概况

地下水治理采用原位氧化修复技术，通过向地下水污染区域注入经催化激活的过硫酸盐与氢氧化钠作为修复材料，通过化学氧化作用，使地下水污染物转化为无毒或相对毒性较小的物质。通过实验室小试、现场示踪中试、现场直压注入化学氧化中试，确定原位化学氧化修复中氧化剂过硫酸盐、活化剂氢氧化钠的添加量、药剂影响半径等参数。根据试验结果，地下水修复技术采用的过硫酸盐与氢氧化钠，投加比分别为污染地下水质量的 4%～6%与 0.52%～0.78%。设计地下水单点原位注入影响半径为 3m，采用正三角形布点法，注入井间距 5.2m，注入点位共 913 个。原位注入井布点如图 6-8 所示。在施工过程中，为避免地下水修复实施对周边地下水及地表水体的影响，先对地下水修复区外围进行止水帷幕施工，隔断污染地下水与周边地下水的联系。修复过程中若遇到地下水中石油烃浓度较高的区域，通过一轮注射无法达到修复目标，则进行多轮注入修复。原位注入完成后确保有足够养护时间使药剂与地下水污染物充分接触反应，达到氧化降解去除污染物的效果。

（3）修复效果

在修复地下水一段时间后，进行抽样检测，其中所采集的 285 个地下水样品中目标污

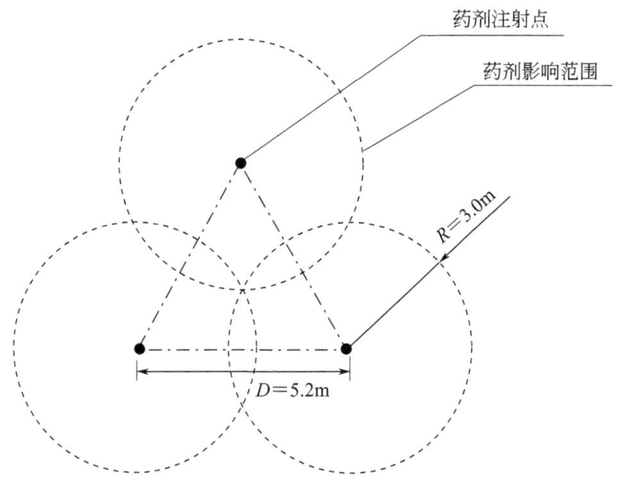

图 6-8 原位注入井布点图

染物石油烃检测值最大为 0.386mg/L，全部达到地下水修复目标值（0.6mg/L），连续监测的各监测井地下水污染物未见明显规律性上升趋势。这说明地下水原位化学氧化修复技术可以有效降解地下水目标污染物石油烃。后期地下水监测结果表明，石油烃污染物未见明显规律性上升，地下水原位化学氧化修复达标，取得了预期的治理效果，表明原位化学氧化修复技术是降解地下水中石油烃污染物的有效手段，过硫酸盐和氢氧化钠可作为地下水修复材料进行工程应用。

6.6.3.2 以芬顿试剂作为修复材料在杭州某遗留场地中的应用案例

（1）项目基本情况

该场地位于杭州某大型油漆油墨厂，始建于 1987 年，2016 年全面停产搬迁，主要从事醇酸树脂、各类成品油漆及辅助材料漆类的生产。该厂区总占地面积约 8.3hm^2，厂区主要建筑包括生产车间、办公楼、食堂、仓库、储罐区等。将近 30 年的生产历史导致该退役场地存在重金属、苯系物及石油烃复合污染。经前期场地详细调查及风险评估，该场地地下水修复面积约 11488m^2，污染最大深度达 6m，修复地下水方量 48651m^3。地下水主要污染物为苯、甲苯、乙苯、二甲苯、萘、1,2,4-三甲基苯和总石油烃。

（2）修复材料与技术概况

该项目通过采用抽出-原位氧化的方式进行地下水污染的治理，选取芬顿试剂作为污染地下水修复材料。首先建设地下水抽水井，将地下水抽出至地表。之后抽出的地下水在水处理站内进行处置，抽出的地下水先在水处理站经沉淀池絮凝沉淀后，得到上清液流入氧化反应池。氧化反应池是去除地下中有机污染物的最为关键一步，通过采用化学氧化法进行污水处理，利用芬顿试剂作为修复材料的强氧化性去除污水中的有机污染物，双氧水设计投加比例为 0.5%。通过药剂泵将双氧水、硫酸亚铁溶液注入氧化反应池，两种药剂在氧化反应池中用搅拌桨充分混合、发生反应。最后对于化学氧化后出水中残余的微量污染物，少量污染水经二沉池沉淀达标后直接排放，大部分污染水采用活性炭进一步吸附去除，保证出水水质达标排放。地下水修复技术路线如图 6-9 所示。

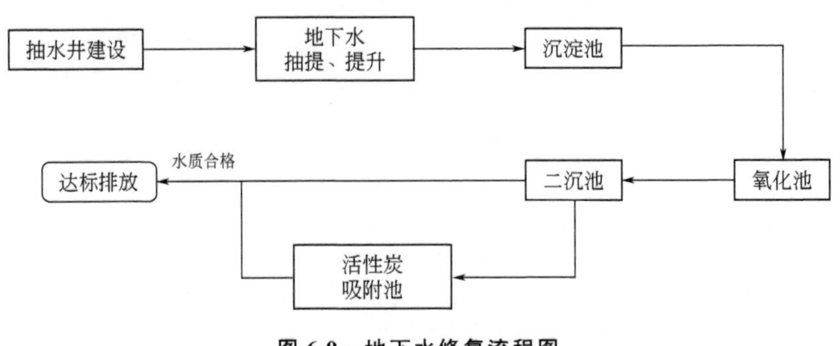

图 6-9 地下水修复流程图

(3) 修复效果

在修复完成后，由效果评估单位进行效果评估验收监测。根据监测结果表明场地内所有效果评估样品中目标污染物浓度均低于修复目标值，表明以芬顿试剂作为修复材料在地下水有机污染的治理过程中能取得良好效果，给其他地下水污染修复的工程提供重要的借鉴意义。

6.6.4 土壤地下水高分子絮凝剂修复案例

本小节介绍高分子絮凝剂修复材料在江苏某厂旧址有机污染场地应用案例。

(1) 项目基本情况

污染场地位于江苏某化工厂旧址，历史上曾作为某化工厂的工业用地，主要生产精蒽、咔唑、氧化蒽醌，涉及化工基础原料制造等工艺。根据《土壤环境质量建设用地土壤污染风险管控标准（试行）》(GB 36600—2018)，后期本场地拟规划为第二类用地。经过前期场地环境调查和风险评估发现地下水中目标污染物有 2 种，分别为 1,2-二氯乙烷、萘。地下水污染深度为 5.0m，待修复地下水约 5000m^3。场地污染地下水目标污染物需满足《地下水质量标准》(GB/T 14848—2017)Ⅳ类水质标准。

(2) 修复材料与技术概况

该场地地下水污染采取的治理方式是“多相抽提＋异位臭氧氧化”工艺。在污染范围内布设井群抽提系统，抽提系统运行时，抽提井周边地下流体和挥发性气体被抽提出来，通过控制抽提速率，保持抽提井中地下流体和土壤气体以气水混合物的形式被持续稳定抽提出来。抽提出来的混合物首先进入旋风气液分离器中，液体泵入沉淀罐进行初沉后进入地面水处理设备进行修复，抽提气体排入活性炭吸附罐。初沉后的污染地下水进入混凝沉淀池，以聚合氯化铝（PAC）混合作为修复材料，利用高分子絮凝剂的巨大表面吸附作用使水体中的杂质和悬浮物快速沉淀。之后经石英砂过滤后的污水泵进入污废水主体处理系统——化学氧化反应系统中。在化学氧化反应罐中，由臭氧发生器持续曝气，产生羟基自由基，对废水中有机污染物进行强氧化降解，从而去除废水中有机污染物。

(3) 修复效果

在修复完成后，进行修复效果评估，评估单位分三次对修复后地下水验收采样，共采集样品 20 个（含 3 组平行样），监测水样中目标污染物及纳管排放主要因子，经检测修复后地下水中关注污染物检出浓度达到了修复目标的要求。纳管排放主要因子（pH、COD、SS、氨氮、总磷、石油类、动植物油、色度）检测浓度同时满足《污水排入城镇下水道水质标准》（GB/T 31962—2015）相关限值和当地污水处理厂的准入标准，说明修复后的地下水顺利通过了第三方评估单位的验收。该案例丰富了有机污染场地修复治理工程应用案例，具有较好的参考价值，可为同类污染场地的修复提供借鉴和参考。

6.6.5 土壤地下水生石灰、金属盐类修复案例

本节介绍生石灰和金属盐类作为修复材料治理上海某污染场地工程案例。

(1) 项目基本情况

该场地位于上海市嘉定区（北纬 31°31′，东经 121°31′），面积 13000m^2。场地土层主要为填土、粉质黏土、淤泥质粉质黏土，埋深 6m，地下水位 0.54～1.39m。通过对该场地进行详细调查，发现土壤和地下水受到不同程度的污染。具体而言，土壤中六价铬的浓度超过其标准值，污染面积约为 500m^2，污染深度为 2m。地下水中铬（Ⅵ）、总铬（T-Cr）、磷酸盐、砷和 1,2-二氯丙烷的浓度超过其标准值，污染面积约为 2700m^2，污染深度为 6m。

(2) 修复材料与技术概况

采用现场提取和后处理方法去除地下水中的重金属和有机污染物（即 1,2-二氯丙烷）。通过选取生石灰、氯化钙和硫酸亚铁作为修复材料来去除地下水中的磷酸盐，以硫酸亚铁、焦亚硫酸钠和亚硫酸氢钠作为修复材料去除地下水中的铬。为了优化药剂剂量和输入方法，根据实验室规模试验的结果进行了田间试验。通过对现场试验结果的分析，可以为指导现场修复提供最佳的程序和参数。在试验结束之后开始地下水的处理，被污染的地下水先被提取出来，并运送到一个特定的地点进行修复。然后通过还原、絮凝、沉淀和过滤进行处理。经过多次提取补给循环后，地下水中的污染物被去除，以实现修复目标。在修复完成后，将地下水补充回该场地中，修复工作的现场施工在 42 天内完成。

(3) 修复效果

经过检测，六价铬、总铬、磷酸盐、砷和 1,2-二氯丙烷的最大浓度分别小于 0.004mg/L、0.001mg/L、0.17mg/L、0.005mg/L 和 0.0005mg/L，小于这些污染物的标准值。结果表明，该项目采用的治理方法和修复材料能有效减少该类场地的污染物，且环境风险相对较小。

6.6.6 地下水 PRB 应用工程案例

目前，PRB 技术在北美和欧洲等地区已经拥有大量实践应用和工程研究，下面是部分案例简介：

(1) 美国科罗拉多州 Lowry 空军基地修复案例

此地附近河流三氯乙烯（TCE）污染严重，研究人员利用铁屑作为填充材料，构建的由一座 1.5m 深、3.0m 厚的反应墙和两座 4.3m 长的障碍墙组成的隔水漏斗-导水门处理系统。地下水水质分析表明，TCE 在反应墙表面前 0.6m 内就已完全降解，达到预期目标。

(2) 北卡罗来纳州伊丽莎白海岸警卫飞机场修复案例

北卡罗来纳州 Elizabeth 海岸警卫飞机场污染点 Cr(Ⅵ) 和 TCE 污染严重，现场土层 Cr(Ⅵ) 达到 14.500g/kg。此项工程采用 450t 铁屑作为活性材料，构建长 45.0m，深 5.5m，厚 0.6m 的连续型透水性反应墙，成功修复了被污染的地下水。地下水通过活性渗滤墙后，Cr(Ⅵ) 由上游 10.000mg/L 降为 0.010mg/L，TCE 由 6.000mg/L 降为 0.005mg/L，远低于规定的最大浓度水平。根据成本核算，若该系统平稳运行 20 年，相比于异位处理系统将节约 400 万美元的运行和维护成本。

(3) 伊利诺伊州谷粮仓场地修复案例

位于美国伊利诺伊州的一处谷粮仓场地，地下水和土壤中四氯化碳、三氯甲烷、二氯甲烷和氯甲烷含量超标，该场地地质主要为松散的沉积物，覆盖地区由页岩组成，地下水位在 1～10m 范围，流向为东南方向，垂直水力梯度为 0.002～0.004，地下水流速大致为 0.3～0.7m/d。该地区地质松散，不适合开挖，因此采用灌注带式 PRB 方法，通过注射井注射的形式，将 24t 的活性炭与零价铁的混合填料注入污染羽流范围内的饱和含砂层中，并在地下水流经的地方形成由铁炭组成的反应带，处理流经反应带的污染地下水，并配有监测用的监测井。系统运行 22～54 个月后，通过监测井获得数据可知，深度为 183m 的监测井中四氯化碳降解率达到 91%，浓度由 140μg/L 降至 13μg/L，三氯甲烷浓度降至 8.4μg/L，二氯甲烷和氯甲烷均未检测出。

国内 PRB 的研究应用逐渐兴起，目前在我国处于中试阶段，下面是 PRB 在河南省焦作市某工程的应用案例：

河南省焦作市工程示范区，使用复合介质材料搭建 PRB 修复地下水中的三氯乙烯和甲苯，该可渗透反应墙系统包括两个 PRB 反应墙单元：一个是主要用于去除三氯乙烯的零价铁反应墙，另一个是用于去除甲苯的高效生物挂膜陶粒反应墙。其中零价铁反应墙长 1m、宽 5m、高 3m，反应介质为零价铁（ZVI），高效生物挂膜陶粒反应墙长 1m、宽 5m、高 3m，反应介质为负载甲苯降解菌的生物挂膜陶粒组成。结果表明，该 PRB 系统对三氯乙烯和甲苯的去除效果比较明显，但当地下水中污染物浓度较高时，会严重影响零价铁反应墙的使用长效性。

在实际污染场地修复中，要考虑的因素很多，如水文地质条件、污染物特征、应用深度等，这些因素都会影响对材料、PRB 类型的选择，最终影响修复效果，其中对修复效果影响较大的是水流速度，水流速度决定了反应墙的厚度及填充材料的填充程度，地下水流速较快，反应墙厚度要相对的增加，选取的填充材料粒径小且填充的更紧实，以此增加污染物与活性材料的接触时间，维持修复效果。在进行实际工程应用之前，一般都要根据场地各种条件进行实验室实验和中试实验，探索出最佳的操作条件，最后投入应用。

参考文献

[1] 生态环境部 . 2020 年中国生态环境状况公报（摘录）[J]. 环境保护，2021，49（11）：47-68.

[2] 陈能场，郑煜基，何晓峰，等 .《全国土壤污染状况调查公报》探析 [J]. 农业环境科学学报，2017，36（9）：1689-1692.

[3] 徐松，唐芬 . 采矿区土壤环境污染及其修复研究 [J]. 科技创新与应用，2018（21）：81-82.

[4] 沈萍 . 国内土壤污染现状及治理措施分析 [J]. 皮革制作与环保科技，2021，2（17）：57-58.

[5] 李娇，吴劲，蒋进元，等 . 近十年土壤污染物源解析研究综述 [J]. 土壤通报，2018，49（1）：11.

[6] 刘剑楠 . 浅析我国土壤污染的现状、危害及治理措施 [J]. 南方农业，2015，9（15）：182，184.

[7] 解丽娟，谢志远，郭光光 . 试论我国土壤污染的现状、危害及治理策略 [J]. 新农业，2020（19）：63-64.

[8] 王超 . 土壤及地下水污染研究综述 [J]. 水利水电科技进展，1996（6）：3-6.

[9] 叶仙勇，沈磊 . 我国土壤环境污染的现状分析与防治措施 [J]. 资源节约与环保，2016（4）：178，180.

[10] 方建新，王璞 . 我国土壤污染现状分析及防治对策研究 [J]. 资源节约与环保，2019（8）：79.

[11] 刘志超，高良敏，刘宁，等 . 我国土壤污染现状及解决途径分析 [J]. 江苏科技信息，2015（15）：10-12.

[12] 王滢，张晓岚，王冉 . 中国台湾地区土壤污染调查和管理情况综述 [J]. 土壤，2018，50（1）：7-15.

[13] 谢会雅，陈舜尧，张阳，等 . 中国南方土壤酸化原因及土壤酸性改良技术研究进展 [J]. 湖南农业科学，2021（2）：104-107.

[14] 潘根兴，冉炜 . 中国大气酸沉降与土壤酸化问题 [J]. 热带亚热带土壤科学，1994（4）：243-252.

[15] 张璐，逄洪波，张雨欣，等 . 我国土壤酸化的原因及改良措施研究进展 [J]. 贵州农业科学，2017，45（8）：49-52.

[16] 李继红 . 我国土壤酸化的成因与防控研究 [J]. 农业灾害研究，2012，2（6）：42-45.

[17] 戎秋涛，杨春茂，徐文彬 . 土壤酸化研究进展 [J]. 地球科学进展，1996（4）：71-76.

[18] 张玲玉，赵学强，沈仁芳 . 土壤酸化及其生态效应 [J]. 生态学杂志，2019，38（6）：1900-1908.

[19] 王代长，蒋新，卞永荣，等 . 酸沉降下加速土壤酸化的影响因素 [J]. 土壤与环境，2002（2）：152-157.

[20] 崔凤娟，王振国，李默，等 . 不同施肥方式对盐碱地土壤特性的影响 [J]. 安徽农业科学，2018，46（26）：116-119.

[21] 董军，赵勇胜，赵晓波，等 . 垃圾渗滤液对地下水污染的 PRB 原位处理技术 [J]. 环境科学，2003，24（5）：151-156.

[22] 张璐，杨帆，王志春 . 碱化对土壤性质和植物生理生态特征的影响 [J]. 东北农业科学，2021，46（2）：30-36.

[23] 褚冰倩，乔文峰 . 土壤盐碱化成因及改良措施 [J]. 现代农业科技，2011（14）：309，311.

[24] 俞仁培 . 土壤碱化及其防治 [J]. 土壤，1984（5）：163-170.

[25] 李俊 . 综述我国土壤环境中微塑料污染现状 [J]. 皮革制作与环保科技，2021，2（11）：150-151.

[26] 冯莫沉，王海茳，赵迪斐 . 我国富硒土壤重金属污染现状及修复必要性分析 [J]. 能源技术与管理，2019，44（2）：12-14.

[27] 黄伟杰，刘学智，唐红亮，等 . 水环境中持久性有机污染物污染现状及处理技术简析 [J]. 广东化工，2021，48（20）：181-183.

[28] 孟祥帅，吴萌萌，陈鸿汉，等 . 我国典型钢铁企业地下水污染特征及防治对策分析 [J]. 环境工程，2019，37（12）：90-97.

[29] 马永和，许瑞，王丽敏，等 . 植物修复重金属污染土壤研究进展 [J]. 矿产保护与利用，2021，41（4）：12-22.

[30] 贾燕芳 . 盐生植物修复盐碱地应用及资源化利用途径 [J]. 农业开发与装备，2020（1）：41-42.

[31] 李佳，曹兴涛，隋红，等 . 石油污染土壤修复技术研究现状与展望 [J]. 石油学报（石油加工），2017，33

(5)：811-833.
［32］ 王新，姚梦琴，祝虹钰，等．土壤农药污染原位生物修复技术及其研究进展［J］．安徽农业科学，2016，44(31)：67-71.
［33］ 王嘉伟．水生植物在水环境生态修复中的净化作用与配置原则［J］．绿色科技，2020 (10)：28-32，35.
［34］ 唐剑津．水环境保护与生态修复措施研究［J］．科技创新导报，2020，17 (4)：130-131.
［35］ 童李明．水生植物在水环境生态环境修复中的应用研究［J］．农业技术与装备，2021 (8)：95-96.
［36］ 邓绍云，徐学义，邱清华．我国石油污染土壤修复研究现状与展望［J］．北方园艺，2012 (14)：184-190.
［37］ 龙良俊，张晓娅，罗晶晶，等．生物炭材料的制备与改性及其在土壤修复中的应用［J］．应用化工，2021，50(12)：3510-3514.
［38］ 黄冰，李故功，冯晓静，等．壳聚糖稳定纳米铁材料在水环境修复中的应用［J］．广东化工，2018，45 (22)：69-70，78.
［39］ 徐佰青，李平平，王山榕，等．植物修复石油污染土壤的研究进展［J］．当代化工，2020，49 (7)：1527-1531.
［40］ 崔友源．植物修复在水环境生态修复领域的实践［J］．中国标准化，2019 (24)：295-296.
［41］ 李芙荣．重金属污染土壤修复技术研究综述［J］．清洗世界，2021，37 (1)：125-126.
［42］ 刘玲，徐文彬，甘树福．PRB技术在地下水污染修复中的研究进展［J］．水资源保护，2006，6：76-80.
［43］ 根俊芳，郑西来，林国庆．地下水有机污染处理的渗透反应墙技术［J］．水科学进展，2003，3：363-367.
［44］ 王俊辉，宋玉．地下污染水原位处理PRB技术研究进展［J］．中国资源综合利用，2007，25 (10)：25-29.
［45］ 崔海炜，孙继朝，王金翠，等．PRB修复垃圾渗滤液污染地下水过程中pH值变化分析［J］．农业环境科学学报，2011，30 (6)：1185-1192.
［46］ 宗芳，赵勇胜，董军．混合PRB介质处理渗滤液污染地下水的可行性研究［J］．世界地质，2006，6：182-186.
［47］ 李宗良，丁爱中，唐广鸣．修复渗滤液污染地下水的实验研究［J］．污染防治技术，2007，20 (3)：13-16.
［48］ 侯延民，李松田，尚桂花，等．活性炭对水中有机物吸附的选择性［J］．松辽学刊（自然科学版），2001，1：37-39.
［49］ 赵德明，史惠祥，徐根良．微电解法预处理对氟硝基苯废水的研究［J］．化工环保，2002 (1)：15-18.
［50］ 崔海炜，孙继朝，向小平，等．PRB技术在地下水污染修复中的研究进展［J］．地下水，2010，32 (3)：81-83.
［51］ 潘煜，孙力平，陈星宇，等．CMC改性纳米Fe/Cu双金属模拟PRB去除地下水中2,4-二氯苯酚［J］．中国环境科学，2019，39 (9)：3789-3796.
［52］ 张超宇，张莹，张玉玲，等．不同PRB材料修复东北某油田采区石油污染地下水的效果对比及影响因素分析［J］．中国矿业，2016，25 (7)：67-71.
［53］ 黄玉洁，张焕祯，刘光英．改性粉煤灰处理含铬（Ⅵ）地下水的实验研究［J］．环境工程，2012，30 (增2)：20-22，29.
［54］ 王茂森．石油污染土壤修复技术分析［J］．化工设计通讯，2020，46 (8)：236-237.
［55］ 于宝勒．盐碱地修复利用措施研究进展［J］．中国农学通报，2021，37 (7)：81-87.
［56］ 徐楠楠，林大松，徐应明，等．生物炭在土壤改良和重金属污染治理中的应用［J］．农业环境与发展，2013，30 (4)：29-34.
［57］ Bhupendra K，Pooja T. Biotechnological strategies for effective remediation of polluted soils［M］. Singapore：Springer，2018.
［58］ Sunita J V，Avinash K. Bioremediation：Applications for environmental protection and management［M］. Singapore：Springer，2018.
［59］ Oves M，Zain Khan M，Ismail I M I. Modern Age Environmental Problems and their Remediation［M］. Cham：Springer，2018.
［60］ Luo Y，Tu C. Twenty years of research and development on soil pollution and remediation in china［M］. Singapore：Springer，2018.

[61] Oliveira F R，Patel A K，Jaisi D P，et al. Environmental application of biochar：Current status and perspectives [J]. Bioresource technology，2017，246：110-122.

[62] Chen Y F，Liu D X，Ma J H，et al. Assessing the influence of immobilization remediation of heavy metal contaminated farmland on the physical properties of soil [J]. The Science of the Total Environment，2021，781：146773.

[63] Dharni S，Srivastava A K，Samad A，et al. Impact of plant growth promoting Pseudomonas monteilii PsF84 and Pseudomonas plecoglossicida PsF610 on metal uptake and production of secondary metabolite（monoterpenes）by rose-scented geranium（Pelargonium graveolens cv. bourbon）grown on tannery sludge amended soil [J]. Chemosphere，2014，117：433-439.

[64] Li D N，Li G H，Zhang D Y. Field-scale studies on the change of soil microbial community structure and functions after stabilization at a chromium-contaminated site [J]. Journal of hazardous materials，2021，415：125727.

[65] Hatzisymeon M，Tataraki D，Rassias G，et al. Novel combination of high voltage nanopulses and in-soil generated plasma micro-discharges applied for the highly efficient degradation of trifluralin [J]. Journal of hazardous materials，2021，415：125646.

[66] Soliu O G，Carlos A，Manuel A R，et al. Renewable energies driven electrochemical wastewater/soil decontamination technologies：A critical review of fundamental concepts and applications [J]. Applied Catalysis B：Environmental，2020，355：270-272.

[67] Liu L，Li W，Song W，et al. Remediation techniques for heavy metal-contaminated soils：Principles and applicability [J]. Science of the Total Environment，2018，633：206-219.

[68] Gustave W，Yuan Z F，Liu F Y，et al. Mechanisms and challenges of microbial fuel cells for soil heavy metal (loid)s remediation [J]. The Science of the total environment，2020，756：143865.

[69] Khan S，Naushad M，Zhang S X，et al. Global soil pollution by toxic elements：Current status and future perspectives on the risk assessment and remediation strategies—A review [J]. Journal of Hazardous Materials，2021，417：126039.

[70] Anae J，Ahamd N，Kumar V，et al. Recent advances in biochar engineering for soil contaminated with complex chemical mixtures：Remediation strategies and future perspectives [J]. Science of The Total Environment，2020，221：144351-144360.

[71] Du K，Li Z，Yang G，et al. Influence of no-tillage and precipitation pulse on continuous soil respiration of summer maize affected by soil water in the North China Plain [J]. Science of The Total Environment，2020，766：144384.

[72] Zhao C，Dong Y，Feng Y，et al. Thermal desorption for remediation of contaminated soil：A review [J]. Chemosphere，2019，221：841-855.

[73] Wei Z H，Peng W X，Yang Y F，et al. A review on phytoremediation of contaminants in air，water and soil [J]. Journal of hazardous materials，2021，403：123658.

[74] Barrios-Estrada C，Soundarapandian K，Muñoz-Gutiérrez B D，et al. Emergent contaminants：Endocrine disruptors and their laccase-assisted degradation—A review [J]. Science of The Total Environment，2018，612：1516-1531.

[75] Chen X Y，Cao C J，Deepkia K，et al. A review on remediation technologies for nickel-contaminated soil [J]. Human and Ecological Risk Assessment：An International Journal，2020，26（3）：571-585.

[76] Liu S J，Wang X D，Guo G L，et al. Status and environmental management of soil mercury pollution in China：A review [J]. Journal of Environmental Management，2020，277：111442-111454.

[77] Zhang H，Ma D，Qiu R，et al. Non-thermal plasma technology for organic contaminated soil remediation：A review [J]. Chemical Engineering Journal，2017，313：157-170.

[78] Andrea K M，Sameek R，Sangeeta G，et al. Beyond seed and soil：Understanding and targeting metastatic pros-

tate cancer; report from the 2016 Coffey-Holden Prostate Cancer Academy Meeting [J]. The Prostate, 2017, 77 (2): 123-144.

[79] Pan H, Yang X, Chen H B, et al. Pristine and iron-engineered animal- and plant-derived biochars enhanced bacterial abundance and immobilized arsenic and lead in a contaminated soil [J]. The Science of The Total Environment, 2020, 763: 144218-144238.

[80] Hua L, Wu C, Zhang H, et al. Biochar-induced changes in soil microbial affect species of antimony in contaminated soils [J]. Chemosphere, 2020, 263: 127795-127807.

[81] ElNaggar A, Chang S X, Cai Y J, et al. Mechanistic insights into the (im) mobilization of arsenic, cadmium, lead, and zinc in a multi-contaminated soil treated with different biochars [J]. Environment international, 2021, 156: 106638.

[82] Fu J T, Yu D M, Chen X, et al. Recent research progress in geochemical properties and restoration of heavy metals in contaminated soil by phytoremediation [J]. Journal of Mountain Science, 2019, 16 (09): 2079-2095.

[83] Zhu F X, Zhu C Y, Wang C, et al. Occurrence and ecological impacts of microplastics in soil systems: A review [J]. Bulletin of Environmental Contamination and Toxicology, 2019, 102 (6): 741-749.

[84] Ramadan B S, Sari G L, Rosmalina R T, et al. An overview of electrokinetic soil flushing and its effect on bioremediation of hydrocarbon contaminated soil [J]. Journal of Environmental Management, 2018, 218: 309-321.

第7章 矿物性水环境生态修复材料及其应用

7.1 概述

7.1.1 环境生态修复材料需求

水环境污染及其生态系统的破损，是由多种原因同时作用促成的。随着社会经济快速发展，人们向水环境、水资源施加了过多的环境压力，同时还为了防洪、航运、水资源利用等自身安全和经济发展目的，对环境要素实施了大规模的人工改造，并采用现代工程技术手段和非生态性的硬质化材料技术，改变了环境要素的自然属性。近年来，随着环境、材料以及生态工程等学科的发展，以及对非生态性工程措施后果认识的进一步加深，生态水处理技术以及水体原位性生态修复工程逐渐成为人们关注的问题之一。对于水环境系统构建来说，生态工程技术以生态仿生学为基本原理，在天然环境生态系统中引进工程的力量，从而提高环境自净能力，该技术体系是以生态系统为基础，以食物链为纽带，为细菌、藻类、原生动物、微小后生动物到鱼类、两栖类动物在水域、陆域等环境生态场所提供有机的链接功能，并用仿生工程学的方法予以污染控制。环境生态修复技术及其工程应用的特点是强化自然净化机能，强化物质、能量和信息通过生物之间的相互转换，实现生态系统的功能健全，进而使包括人类在内的环境系统实现和谐统一。

随着环境工程学、材料工程学以及生态工程学等学科的发展，环境生态修复技术已从单一性的修复技术发展到多学科交叉的综合性控制技术。总的看来，现有的水环境生态修复技术措施还存在以下问题值得商榷：

（1）过分强调近期污染控制或净化效果

以水环境生态修复为例，河、湖等地表水体的污染一般都是一个长期积累的过程，也是外源污染逐渐转化为内源污染的过程。长期以来，原本健康的生态系统逐渐遭受破坏，并且逐渐退化。要恢复破坏的生态系统，在施加人为的控制措施条件下，还需要一个相对较长的时间过程。此外，水体水质受到河流地形条件、水动力学条件，以及水体内源、外源污染负荷的共同影响，因此仅强调水质恢复的治理措施只能起到治标不治本的效果。

(2) 生态修复整治过程限制了水体的局部使用功能

人们往往习惯择水而居，水体在满足饮水要求的同时，也在运输、防洪等功能方面发挥着重要的作用。在对水体实施生态修复或水质改善的工程措施时，向水体中填设人工载体或生物浮床等，严重影响水体的行洪条件，导致岸坡侵蚀，妨碍船只通行。

(3) 应用范围相对较小，可能对生态系统造成负面影响

大多数生态工程技术，如人工湿地、生态浮床、滞留塘等技术，往往只对局部水体实施修复整治，而无法实现对整个水域产生影响，尤其对平原水网地区来说，水体交互强烈，局部水体的生态修复工程一般不会产生太大的效果。另外，局部水体生态条件的改变，会牵制整个水体，甚至流域的生态变动，带来一定的负面影响。

(4) 过度强调植物的生态修复作用

绿色植物是生态系统中最重要的生产者，然而，生态系统是一个高度的复合体，过度地强调绿色植物的生态修复作用，短期内可有效改善水体水质，长此以往可能会导致水生生态系统失衡，妨碍水体的航运、行洪功能，同时会产生大量的植物残体，导致二次污染。

由于污染水体的水文条件的不确定性，环境条件的复杂性，对水体实施生态修复工程技术时，可能对其结构和使用功能估计不足，从而导致水质改善效果和生态系统恢复不理想。因此，有必要探索对水体扰动小、效率高、适用范围广的新型生态修复技术。同时，结合我国水体污染的自身特点，在应用过程中尽可能保持水体的原始面貌和使用功能，确保生态工程技术的可行性、通用性，改变传统仅注重水质改善效果的基本思想，强化水体自身特点，采取新型环保型材料和工程技术加强水体自身生态条件的改变。

目前，针对水环境修复功能材料的研究报道大多集中于内涵、结构和功能的描述、讨论上，对于堤岸生态护砌的水生态效应尚缺乏定量性、系统性的研究报道。因此，基于水利工程生态化思想的大背景下，提出以环保型的新型材料为河道岸坡生态护砌及生态修复材料，综合生态学、环境学、水利工程学等学科的理论研究成果，开展矿物性生态修复材料及其水质改善效果、水质净化机制、生物多样性修复等研究，提出矿物性生态修复材料的应用模式。

7.1.2 环境生态修复应用模式

(1) 生态修复功能与材料性能

环境生态系统构建与传统意义上的环境污染控制存在一定的差别，主要表现为：生态系统中物种生境的恢复、重建与植被恢复、水利安全、水质改善等同等重要；综合考虑水分、土壤、植物与生态功能之间的相互依赖、相互制约关系构建生态岸线；遵循自然植被演替规律设计群落结构；生态水文功能、水利功能优于景观功能。基于上述原因，水环境生态修复过程中必须首先完成植被恢复，必须解决水域生态的生境基底稳定性、生境重建与改良、植物群落及物种多样性和水体水利功能等四个方面的生态问题。水环境生态修复的目标是通过修复水域生态系统功能并使受损的生态恢复到一个更自然的条件下，并实现两个目标：保证呵护岸线等物理基底的稳定性，即防止边坡淘刷、水土流失、岸坡垮塌等；植物群落恢复，最理想的效果是恢复到近自然、可持续的状态，使其在整体协调性和生态效益方面都接近于周边的自然群落，并维护生态系统平衡。

保证河湖生境基底的稳定性，是河湖生态堤岸生态系统构建的前提条件。由于河湖边坡是一个倾斜的土体，根据岩土力学原理，边坡及其表面的物体在重力和其他外力作用下总是存在一种向下运动的趋势，这种趋势就是边坡的不稳定性。当各种力的作用达到平衡时，向下运动趋势受到抑制，边坡及其表面体就处于稳定状态。一般来说，边坡的不稳定性可以分为表层不稳定性、浅层不稳定性和深层不稳定。生境基底的稳定性问题主要是指边坡表层的不稳定性，造成不稳定性的主要原因有外力侵蚀（风、雨、波）所带来的坡体表层水土流失和风蚀。水土界面表层即生境层不稳定，影响植物生长发育的生境基底就要受到破坏，植物的生存受到威胁，水土界面植被恢复也难以实现。

土壤等多孔性载体是植物生存的场所，同时也是绿色植物的立地条件，河湖水土界面植被恢复的基础工作是解决生境重建与改良问题。对于因水土流失和冲刷失去生境基质的河湖水域生态来说，生态修复最为直接的措施是通过选用适宜植物种类改造介质或直接更换基质以适合植物生长。在修复改善后的河湖水土界面的生境中，种植什么样的植物群落，是河湖水生生态修复的核心内容。在植物群落上需要遵循的主要原则有地带性或地域分异规律原则和群落演替原则。基于生态学基本理论，顶级群落是当地自然环境条件下最稳定的植物群落，但构成顶级群落的物种初期生长极为缓慢，而且在贫瘠的立地条件几乎不能生长发育，必须通过草本、灌木等先锋群落改变环境，顶级群落才能生长发育。因此，在河湖生态修复中必须遵循生态修复材料的孔隙率原理与植物群落的演替理论。

（2）高孔隙率基质——多孔混凝土修复材料

多孔混凝土（porous concrete）也称为生态混凝土（ecological concrete）、环境友好型混凝土（environment-friendly concrete）。多孔混凝土的制备是采用特殊级配的骨料作为骨架，通过胶凝材料或加入少量细骨料的砂浆薄层包裹在粗骨料颗粒的表面，作为骨料颗粒之间的胶结层。骨料颗粒通过硬化的水泥浆薄层胶结而形成多孔的堆积结构，其内部存在着大量的连续贯通的孔隙，孔径在微米级至毫米级之间变化。多孔混凝土的抗压强度一般为8.5～18.5MPa，孔隙率10％～30％，透水系数1.5～3.0cm/s，可广泛应用于水污染控制工程、河湖岸坡生态修复工程、透水铺装、海绵城市等工程领域，能有效降低环境污染负荷，实现人和环境的和谐共存。

多孔混凝土制备技术已经有了比较系统的研究成果，孔隙率的控制、配合比的优化、掺和剂的选用使得多孔混凝土强度在满足工程使用要求的同时，具有类似土壤的孔隙率、适宜的碱度和透水透气性，为植物的生长和微生物的富集提供良好的基质条件。多孔混凝土在多个国家均有应用，日本于2000年成立了多孔混凝土协会，推动了多孔混凝土的研究和应用，美国及欧洲国家也相继开展了多孔混凝土的研究和开发。多孔混凝土在我国的研究和应用也越来越受到重视，例如，冯辉荣等研究了轻质绿化混凝土和“沙琪玛骨架”的绿化混凝土，并对植物相容性和力学特性进行了实验研究；此外，有研究人员在粗集料级配对多孔混凝土的表观密度、抗压强度、孔隙率、透水系数等物理性能的影响进行研究，优化了多孔混凝土制备时的原材料配比；东南大学在多孔混凝土制备和应用过程中通过优化配合比、投加掺和剂和低碱性的胶凝材料，研制出了碱性适宜的植生型多孔混凝土，并设计了多种构型的多孔混凝土预制砌块，通过砌块组合，尽可能大地提高了多孔混凝土护砌面的孔隙率，工程效果较好；胡春明等通过多孔混凝土孔隙水环境 pH 值的测定，考察了孔隙状态、高效减水剂以及蜡封等方法对孔隙碱性水环境的影响，提出多孔混凝土经过配合比优化及蜡封处理后，孔隙状态和孔隙水环境均能满足植被植生的需求。

目前，多孔混凝土作为矿物功能性的生态修复材料，已广泛应用于污水处理、生态修复、生态护坡、道路铺装、低影响开发等，其中多孔混凝土应用于水质净化和生态护砌的研究最受重视。

(3) 多孔混凝土的水质改善性能

多孔混凝土作为一种新型的绿色的生态材料，在力学性能满足工程使用要求的同时，形成蜂窝状的结构，具有良好的过滤和吸附功能，多孔结构和巨大的比表面积非常适宜富集微生物及生长绿色植物，因此多孔混凝土可作为水处理和地表水体生态构建的生态型环保材料。应用于水质改善的多孔混凝土通常掺加缓释性的净水材料，如添加含 Mg^{2+}、Al^{3+} 的掺和剂，以提高多孔混凝土的净水效果。日本将直径 1m、高 0.5m 的圆柱形有孔试块 10 个一组投入海中，每月监测水质变化，发现多孔混凝土有富集营养物质的功能。多孔混凝土作为透水材料制作集沉淀、过滤、曝气于一体的污水处理装置，污水中固体物去除率达 90%以上。Park 等研究了多孔混凝土水质净化过程中污染物去除与其表面附着微生物量及其活性之间的关系；吴义锋等把多孔混凝土作为生态介质的形式预处理富营养化原水，经过 3 个月的培养，TP 去除率为 18.6%～53.8%、TN 去除率为 13%～70%。此外，多孔混凝土护砌的生活污水管渠的自净能力明显高于普通混凝土和块石砂浆护砌灌渠，经过 79 天的运行，TOC(以 C 计)、NH_3-N(以 N 计)、NO_3-N(以 N 计) 等底物消耗速率分别达到 480mg/(m^2·h)、87mg/(m^2·h) 和 170mg/(m^2·h)，护砌面微生物活性较高。

根据多孔混凝土的结构特征和相关实验研究成果，多孔混凝土介质的净水过程及作用机制主要表现为以下 3 个方面：

物理作用，多孔混凝土的孔隙率一般为 20%～30%，孔径从微米级至毫米级之间变化，并在制备过程中加入缓释性材料以增加其内部的微孔结构，其多孔特性能有效吸附和滤除水中的污染物。

化学作用，多孔混凝土沉浸在水中，会溶析出 $Ca(OH)_2$、Al^{3+}、Mg^{2+} 等物质，这些均为水处理中常用的混凝剂，可使水中的胶体物质脱稳、絮凝而沉淀。另外，Al^{3+}、Mg^{2+} 与水中的 NH_4^+ 发生离子交换，$Ca(OH)_2$ 与水中的磷酸根离子反应生成磷酸氢钙沉淀物，因此，多孔混凝土通过化学作用可有效去除水中氮、磷等营养物质，降低水体的营养等级。

生物化学作用，多孔混凝土的多孔结构提供了微生物生长的载体，沉浸在水中时，其表面和内部能有效富集微生物而形成生物膜，包括硝化菌、甲烷菌、脱氮菌等好氧性和兼性细菌，生物膜中的微生物高度密集，形成了污染物、细菌、原生动物、后生动物的完整生态链。

（4）河湖基底生态修复

多孔混凝土与传统混凝土相比，其最大特点是其内部连续多孔、具有类似土壤的透水性和透气性，在达到或接近普通混凝土强度要求的条件下，孔隙率可达20%～30%，从根本上克服了传统混凝土护坡无法生长植被的缺点。此外，多孔混凝土连续的孔隙结构适于植物根系在其内部生长和延伸，它的多孔结构同时提供了适于微生物富集的基质条件，因此，多孔混凝土具备强大的生态功能，其护坡技术已成为相关学者关注的课题之一。

多孔混凝土以现浇式和预制构件式等作为基质修复河湖生态系统基底，铺装后的生态护砌面，根据水位变化情况，应选择水生植物、陆生植物等进行护砌面绿化，因此多孔混凝土护坡囊括了全系列生态护坡的所有功能。1993年日本达成建设技术研究所研制了植生型的多孔混凝土，并应用于河道护岸的工程实例，河道生态效果显著恢复。近年来，国内也相继开展了多孔混凝土基质生态修复的应用研究，吉林水利科学研究所、同济大学、东南大学等单位对多孔混凝土的研制及其在国内的推广做了较多的研究工作，取得了一定的研究成果。樊建超等研究了多孔混凝土制备时材料的各种配合比对植物生长效果的影响，为推广多孔混凝土的工程应用奠定基础。陈庆锋等阐述了多孔混凝土的生态特性和净水机理，提出利用多孔混凝土建设城市透水性路面和绿地，从源头上控制水体面源污染的建设性思想。蒋彬等提出了多孔混凝土护坡技术在饮用水源区生态修复的工程模式。陈杨辉介绍多孔混凝土应用于黄浦江生态护坡的工程实例，表明多孔混凝土护坡生态效应良好，同时维护了黄浦江的岸坡稳定。多孔混凝土应用于上海市南汇五灶港护坡的工程和水土修复水土界面制备绿化措施，生态修复水土界面植物成活率高，长势良好。

多孔混凝土作为高孔隙率基质的生态修复研究进展已从构思、理念发展到示范工程应用研究阶段，但大多数多孔混凝土生态修复工程规模偏小，对于研究多孔混凝土护坡的植物生长特性和岸坡稳定性具有实际意义，但欲考察生态修复对河湖水质改善和生态效应，就需要相对较大规模的生态护坡工程，保证岸坡与水体足够的交互时间，这也是造成目前关于多孔混凝土护坡水质改善的定量化、系统化研究成果较少的主要原因。

7.1.3 多孔矿物生态修复材料的发展趋势

高孔隙率基质应用于河湖的生态修复的特定生态系统，已从构思、理念发展到应用研究阶段。然而，目前生态修复及其功能评价的研究应用还存在一定问题：水体的流动特性使得修复基质与其交互时间较短，水质改善效果不明显。此外，在研究应用阶段受多种因素限制尚未建设一定规模的生态护岸作为研究模型，这也是目前岸线修复的研究多集中于功能上的定性描述，而缺乏定量性研究成果的主要原因。关于河湖生态系统的水文过程中氮磷物质的界面过程及其调控机制的研究范围还较窄，多集中于水体岸边带或缓冲带氮磷营养盐输移的源和汇两个端点以及岸边带硝酸盐浓度变化的分析研究，主要表现为以下三点：点源氮磷输移通量和岸边带中其他污染物的形态转化或协同效应研究相对分离；河渠岸边生态修复的特定生态系统中氮素物质的输移转化过程与源汇浓度水平等研究相对分离；岸边带营养盐的迁移转化模型及参数率定还存在较多的不确定性。这些都为岸坡生态修复的特定生态系统水文过程中污染物质的界面过程和污染负荷削减调控研究提出了新的课题。

7.2 水环境材料的生态修复方式

河流岸坡生态受损的主要根源是在强化河流水利功能的同时，由于自然力、人为因素或者两者共同作用破坏了河湖岸线植物、微生物的生境条件，导致了水生生态系统生命要素的缺失。通常情况下，河道生态修复的关键是选用合适的植物种类改造介质，或者采用物理、化学和生物学技术方法直接改良和改造介质，使之更适合植物生长，以恢复河流健康生态系统。土壤具有透水透气性，是绿色植物天然的生境载体，由于天然土坡强度低，难以抵御水浪、水流的长期冲击、淘刷，同时水土界面径流也会造成水土流失，危及堤岸安全。因此，对于河道堤岸生态修复来说，寻求具有一定力学强度和类似土壤透水透气，且适合植物生存的多孔结构介质是目前亟待解决的问题之一。

河湖等水环境生态修复或生态建设的主要目标是为植物和微生物提供生存、繁衍的空间。河湖的天然土质由于水力冲蚀、风化、雨水滴溅等因素容易被侵蚀和崩塌，并带来一定生态健康和环境安全的风险，而河湖生态基底的硬质保护措施却剥夺了生态系统中生命要素的生存空间，导致生态系统破损。因此，河道生态堤岸建设的新型材料是具有一定力学强度、内部具有连续贯通孔隙的天然土质替代产品，为植物和微生物提供栖息繁衍空间。河湖岸线生态修复的新型材料应具有取材方便，具有较好的经济性能，易于现场化和工程化。多孔混凝土具有透水性和透气性，其基本组成材料与普通混凝土材料没有本质的区别，所不同的是普通混凝土总是想方设法减少孔隙率，以使其密实，达到高强度及高耐久性的目的，而多孔混凝土通过选择特殊级配的集料和胶凝材料，在力学性能满足工程使用要求的同时，仍能实现其结构多孔且连续的特点，使其具有良好的透水性。在集中降雨的时候，雨水可以通过连通孔隙及时渗入地下，达到迅速排水及补充地下水资源的目的。同时通过多孔混凝土的构型优化设计，创造植物在多孔混凝土介质中生长的立地条件，从而营造生物多样性的环境，恢复河湖水生生态系统。

7.2.1 生态修复高孔隙率基底修复材料

高孔隙率基底修复材料主要是指多孔混凝土，其具有较大的比表面积，应用成本较低，在生态环境中常用于污染物的吸附与去除。

7.2.1.1 多孔混凝土的制备

多孔混凝土主要由粗骨料、细骨料、水泥、矿物掺和料和外加剂等组分按一定配比，再与水按一定程序混合搅拌而成。多孔混凝土的制备过程和性能要求比普通混凝土更为严格，可调范围小，所以对原材料的指标要求普遍高于普通混凝土的制备原料。多孔混凝土制备材料配合比通过试件试验和理论计算，提出抗压强度不小于10MPa、孔隙率15%～25%的岸线生境修复型多孔混凝土的最优材料比，同时测试材料的孔隙率、抗压性能、孔隙水环境pH值、渗透系数等性能指标，增强其河湖岸线生态建设适用性。

（1）骨料

多孔混凝土有粗、细两种骨料类型。

粗骨料为多孔混凝土的结构骨架，以单粒级配的饱满砾石为主，粒径范围为15～25mm，堆积孔隙率为35%～45%，砾石压碎指标宜小于15%，不宜使用表面光滑的鹅卵石。粗骨料中的粉尘、黏土和泥块含量应小于0.5%，针片状颗粒的比例应小于10%，卵石率应小于14%。粗骨料应符合《普通混凝土用砂、石质量及检验方法标准》（JGJ 52—2006）的规定，进场骨料应提供检验报告、出厂合格证等资料。进场后骨料应按照上述方法标准中的规定复验合格后才能使用。

细骨料一般为中砂，掺加细骨料可控制浆体收缩，其质量应符合国家现行标准《普通混凝土用砂、石质量及检验方法标准》（JGJ 52—2006）的规定。细骨料一般选择级配良好的中砂，材料可为河砂、人工砂或工业废渣，其含泥量不大于1.5%，泥块含量不大于1.0%。

（2）水泥

多孔混凝土制备原料中水泥的活性、品种、数量是影响多孔混凝土强度的关键因素之一，对于水泥强度等级要求较高。选用符合《通用硅酸盐水泥》（GB 175—2007）质量要求的硅酸盐水泥、普通硅酸盐水泥和矿渣硅酸盐水泥，水泥强度等级应为42.5及以上。当采用其他品种的水泥时，其性能指标必须符合相应标准的要求。此外，水泥浆的最佳用量是刚好能够完全包裹骨料，形成均匀的水泥浆膜为适度，并以采用最小水泥用量为原则。

（3）胶结材料

矿物掺和料也称为矿物外加剂，可选用硅灰、磨细矿渣粉和粉煤灰等，或者多种外加剂的混合物。制备多孔混凝土材料所选用矿物外加剂应符合《高强高性能混凝土用矿物外加剂》（GB/T 18736—2017）中规定的质量要求。矿物外加剂可替代部分水泥用量，应用粉煤灰时，应选用Ⅰ级粉煤灰，掺和量一般不超过15%。使用的磨细矿渣粉（矿渣微粉）一般为S-95型号，其用量按多孔混凝土抗压强度要求适配。

增强胶结材，也称为外加剂，用于提高水泥浆与骨料间的黏结强度，可采用少量树脂配合无机胶材使用，常用树脂有水溶性环氧树脂、丙烯酸树脂和苯丙共聚物树脂等，一般用量控制在4%以下，主要作为无机胶结材的改性剂。

选用的化学外加剂必须符合《混凝土外加剂》（GB/T 8076—2008）、《混凝土外加剂均质性试验方法》（GB/T 8077—2012）和《混凝土外加剂应用技术规范》（GB 50119—2013）。

（4）减水剂

为改善多孔混凝土成型时的和易性，并提高强度，可加入一定量的减水剂。一般可选用粉剂、多聚羧酸高效减水剂等，使用中应注意不同类型减水剂与水泥、有机胶结材料的适用性。

（5）拌和用水

制备多孔混凝土所用拌和用水应符合国家现行标准《混凝土用水标准》（JGJ 63—2006）的有关规定。

7.2.1.2　多孔混凝土的配合比设计

多孔混凝土是由粗细骨料、胶结材、水、添加剂等混合而成的多组分体系，其配合比设计是把各原材料的体积与孔隙体积之和作为混凝土的体积来计算。公式为：

$$\frac{m_g}{\rho_g}+\frac{m_c}{\rho_c}+\frac{m_f}{\rho_f}+\frac{m_w}{\rho_w}+\frac{m_s}{\rho_s}+\frac{m_a}{\rho_a}+R=1 \tag{7-1}$$

式中　m_g、m_c、m_f、m_w、m_s、m_a——单位体积混凝土中粗骨料、水泥、矿物掺和料、水、细骨料、外加剂的用量，kg/m^3；

ρ_g、ρ_c、ρ_f、ρ_w、ρ_s、ρ_a——粗骨料、水泥、矿物掺和料、水、细骨料、外加剂的表观密度，kg/m^3；

R——设计孔隙率。

多孔混凝土的制备原料中，外加剂的使用量一般很少，因此，式中的 m_a/ρ_a 可忽略不计。

多孔混凝土的配合比目标孔隙率为20%，工程使用时多孔混凝土的孔隙率与抗压强度等性能相关，其孔隙率应为15%～25%。

7.2.1.3　多孔混凝土工艺设计

（1）水灰（胶）比

水灰（胶）比即水与水泥的质量比，不仅影响多孔混凝土的强度特性，还是影响多孔混凝土透水性以及预制构型制备的关键工艺参数。对特定的某一单粒径级配骨料和胶结材组分及掺量，存在最适水灰（胶）比的范围，当水灰（胶）比小于这一范围值时，多孔混凝土因浆体过干拌料不易均匀，达不到适当的密实度，不利于强度的提高；反之，如果水灰（胶）比过大，胶结材浆体会造成透水孔隙部分或全部堵塞，这样既不利于透水透气，也不利于强度的提高。但是在保证胶结材浆体流动度在有效范围之内，大的水灰（胶）比利于多孔混凝土强度的提高，这是由于同种组成的胶结材浆体，水灰（胶）比越大其流动性越好，越有利于充分均匀包裹粗集料表面，从而提高力学强度。多孔混凝土无细骨料或少量骨料填充，结构上的特殊性使得其拌和方法和普通混凝土不太一样。多孔混凝土的水灰（胶）比设计为0.20～0.26，现场施工时，应根据当地粗细骨料的含水率情况适当调整水灰（胶）比。

（2）用水量选择

多孔混凝土的用水量与骨料性能、胶结材用量及水灰（胶）比有关。水灰（胶）比和胶结材的组成有很大的关系，而胶结材浆体的用量又与目标孔隙率密切相关。目标孔隙率高胶结材用量就小，用水量也相应减少；目标孔隙率低胶结材用量就大，用水量就会增大。因此对特定的单一级颗粒级配（10～20mm）的玄武岩碎石骨料来说，多孔混凝土用水量一般为50～120kg/m^3。

(3) 工作性

多孔混凝土的工作性是指混合料在运输和成型过程中，胶结材能保持均匀地包裹在集料表面的性能。其中多孔混凝土浆体流动度对孔隙结构的影响如图 7-1 所示。在振动等外力作用下，集料表面的胶结材能一定程度地液化，以确保集料之间的黏结，过度的液化将导致胶结材从集料表面坠落聚集，从而影响连续孔隙的形成。目前为止，尚没有适宜的试验方法直接评价多孔混凝土的工作性。试验表明，采用控制胶结材流动度的方法能够实现对多孔混凝土的工作性进行控制，胶结材的流动度控制在 180～210mm 之间，可获得良好的工作性。实际应用中，目测集料表面是否形成均匀平滑的包裹层对判定多孔混凝土的工作性虽不十分科学，但非常有效。多孔混凝土混合料的搅拌方式对工作性有很大影响，一般情况下鼓筒式搅拌机的搅拌效果优于强制式搅拌机。

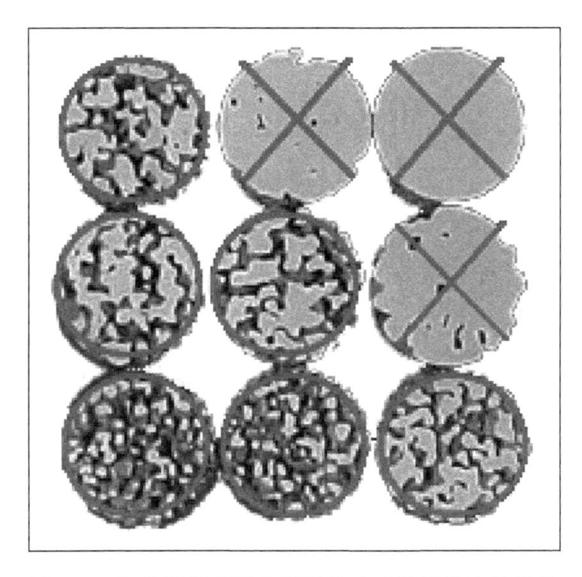

图 7-1　多孔混凝土混合料流动度对孔隙结构的影响

(4) 灰骨比

增大灰骨比，即增加胶凝材料用量，从而增加骨料周围所包覆的胶结材薄膜厚度，增大黏结面，可有效提高生态型多孔混凝土的强度。但是同时由于黏结面增大，会降低多孔混凝土的孔隙率，降低其透水透气性。因此，在保持多孔混凝土所要求孔隙率的前提下，尽可能提高胶凝材料的用量，合理地选定灰骨比。另外应该说明的是小粒径骨料较大粒径骨料具有较大比表面，为保持胶结材浆膜的合理厚度，使用小粒径骨料的多孔混凝土制备时，灰骨比应适当提高，骨料粒径大时，灰骨比适当减小。

(5) 孔隙率

土壤中的孔隙率约为 40%～60%，普通混凝土的孔隙率只有 4%左右。对于多孔混凝土来说，孔隙率的设计依据是既能使植物生长，又能保证其一定的力学强度。生态修复领域的多孔混凝土一般要在 15%～25%左右。实验研究认为随着种植植物和实际应用的不同，多孔混凝土的设计孔隙率可以在 10%～25%之间。孔隙率过小不利于植物根系的发展，过大又会影响多孔混凝土的强度。因此，生态堤岸中使用的多孔混凝土是在保证一定强度的条件，作为植物生长的载体，目标孔隙率设计为25%。

7.2.1.4 多孔混凝土性能参数

多孔混凝土配合比计算之前，制备原料的性能参数或多孔混凝土设计参数应作为设计依据予以明确，见表7-1。

表7-1 配合比设计参数列表

参数	符号表示	参数	符号表示
水灰(胶)比	$R_{w/c}$	密度①	ρ
目标孔隙率/%	R_o	碎石孔隙率/%	R_c

① 包括碎石的表观密度、水泥及混合外掺料的密度。

按单位绝对体积法且假设不掺混合外掺料：胶结材浆体体积＋粗骨料体积＋目标孔隙体积＝总体积。具体计算分以下步骤：

(1) 单位体积混凝土中粗骨料用量的计算

$$m_g = \alpha\rho_g \tag{7-2}$$

式中 m_g——粗骨料用量，kg/m³；

ρ_g——碎石紧密堆积密度，kg/m³；

α——修正系数，本研究中取0.98。

(2) 胶结材浆体体积的计算

$$V_p = 1000 - 10\alpha(1000 - R_c) - 10R_o \tag{7-3}$$

式中 V_p——胶结材浆体体积，L/m³；

R_c——碎石紧密堆积孔隙率，%；

R_o——设计目标孔隙率，%。

(3) 单位体积混凝土中水泥和水用量的计算

$$m_c = \frac{V_p}{R_{w/c} + \dfrac{1}{\rho_c}} \tag{7-4}$$

$$m_w = m_c R_{w/c} \tag{7-5}$$

式中 m_c——水泥用量，kg/m³；

m_w——用水量，kg/m³；

$R_{w/c}$——水灰（胶）比；

ρ_c——水泥密度，kg/m³。

需要说明的是，当掺用粉煤灰、矿渣微粉和硅灰等矿物掺和料时，按照掺量换算对应的体积计入胶结材浆体体积，按照上述步骤分别计算其用量。一般情况下外加剂掺量较小，体积可以不计入浆体总体积。

多孔混凝土制备原材料的配合比是通过测定试制件的物理性能参数后优化确定。

此外，对多孔混凝土的主要性能要求如下：

① 抗压强度不小于 10MPa。

② 28 天时孔隙水环境的 pH 值控制在 11.5 以下，90 天时内部的 pH 值控制在 10 以下。

③ 设计孔隙率为 15%。

④ 渗透系数控制范围为 1.5～3.0cm/s。渗透系数与孔隙率有关，孔隙率越大，透水性越强。

⑤ 抗折强度不小于 2.5MPa。

⑥ 25 次冻融循环强度损失小于 20%。

7.2.2 靶向除磷混凝土生态修复材料

7.2.2.1 靶向除磷材料概述

磷是生物生长过程中必不可少的营养元素，也是河流、湖泊等地表水体富营养化的污染物限制因素，当淡水中有效磷浓度高于 0.2mg/L 时，将对水体的富营养化起到明显的促进作用，因此，通过降低水体磷输入可以有效控制和预防水体富营养化现象的发生。

生态湿地技术因其具有投资运行成本低、管理简便、处理效果较好、缓冲容量大且环境友好等优势正逐步广泛应用于农村生活污水处理中，以减小农村面源氮磷等污染物进入水体，该技术利用湿地内部基质、植物及微生物的物理、化学和生物等三重协同作用去除水体中的污染物，其中，磷素的去除主要依靠湿地基质的吸附及沉淀作用，贡献率在 70%～87%左右。对比不同基质材料的磷吸附能力发现，作为建筑垃圾废料的加气混凝土碎料对磷的吸附性能优良，去除率在 97%以上，具有应用潜力，但出水 pH 值偏高，甚至达到 9 左右，因而不能满足一般生活污水处理排放标准限值，不利于直接应用于实际工程中，需考虑掺混其他基质材料，调节出水 pH 值，并保证混合基质具有较好的除磷效果。

7.2.2.2 靶向除磷混凝土制备原料

靶向除磷制备原料的环境废物包括：脱硫石膏、植物秸秆、粉煤灰、矿渣微粉等，以水泥为胶结聚合基，产气发泡材料为密度控制因子，制备表观密度为 600～900kg/m^3 的水质净化填料。脱硫石膏、矿渣微粉是天然的除磷脱氮材料，植物秸秆具有纤维增强作用，并提供纤维素的缓释碳源，加上矿渣微粉的硫（S）和 Fe^{2+} 等作为电子供体，填料附着生物膜，以异养反硝化、自养反硝化同步强化脱氮；加气轻质的特性使得研发填料具有较大的比表面积，强化吸附和有机物的去除功能。因此，以环境废物制备的靶向脱氮除磷材料具有理论基础，产品广具市场前景。

(1) 脱硫废弃石膏

① 来源　我国大多数电厂采用石灰石石膏法除去烟气中的硫氧化物，因此脱硫石膏是净化烟气后所得的工业副产品。

② 脱硫废弃石膏性能及净水技术原理　脱硫石膏的主要组成为 $CaSO_4 \cdot 2H_2O$，其结构疏松，多为粉状，在应用过程中难以处理。在除磷混凝土材料制备过程中掺和脱硫石膏，起到调节发气膨胀过程中的冒泡时间和增强砌块强度的作用。此外，石膏中含有的

Ca^{2+}与PO_4^{3-}结合生成较难溶的磷酸钙化合物被吸附，从而降低了水中磷酸盐的浓度，达到净水的效果。硫酸钙除磷机理主要由物理吸附与化学吸附共同作用，其中化学吸附影响较大，硫酸钙表面的电离及在水溶液中水解等作用与磷酸盐结合，形成稳定化合物；硫酸钙表面存在不均匀力场，表面上的钙离子还有剩余的成键能力，与碰撞在固体表面的磷盐形成稳定吸附化学键。

(2) 植物秸秆

① 来源　农作物生产中“用处不大”但必须处理掉的“废弃物”，来源广泛，亟须安全妥善处理处置。

② 性能及净水技术原理　秸秆比表面积和孔隙率较大，具有良好的吸附能力，易吸附水中的无机和有机污染物，达到净化水质的目的。

秸秆作为缓释性碳源和植物纤维“加筋”要素，可以作为湿地系统反硝化深度脱氮的碳源，从而减少外源碳的投加，降低水中氮的含量。研究发现植物秸秆为脱氮反硝化提供碳源，TN去除率可由44%提升到53%。

秸秆纤维“配筋”增加轻质填料结构强度。由于秸秆具有质轻、强度高的特点，以玉米秸秆为骨架、纤维发泡材料为基体进行复合，大大增加其抗压性能，使其具有更高的力学性能。随着秸秆质量的增加，材料的压缩应力逐渐增加，在超过30%后急剧增大。

(3) 工业矿渣

① 来源　来自炼钢、燃煤、冶金等工业废渣。

② 性能及净水技术原理　矿渣含有单质硫(S)、Fe^{2+}、SiO_2、Al_2O_3、Fe_2O_3、CaO等活性成分，在合理掺量内使用矿粉和粉煤灰掺入砂浆中替代部分水泥，一方面可以降低砂浆成本；另一方面可以提高砂浆拌和物的和易性和保塑性，提高其保水性能。矿渣微粉具有疏松多孔结构，比表面积大，且含大量玻璃状结构，多以四配位体SiO_4^{4-}为主体结构单元，部分Si^{4+}由于被Al^{3+}所取代，生成AlO_4^{5-}，聚合程度较低，具有很强的潜在活性。

矿渣微粉在轻质悬浮净水填料的制备过程中的主要作用：a. 减水作用和缓凝作用；b. 提升强度、抗冻性、抗冲磨性能（由于矿渣微粉的微集料效应、微成核效应、火山灰效应）；c. 固封水中重金属离子，高炉矿渣在特定的激发剂的作用下能发生水化反应生成水化硅酸钙及网状结构C—S—H凝胶，凝胶中含有较多的网状结构，能够有效地固封重金属离子，且具有良好的耐久性；d. 提供土壤硅源，由于矿渣中的二氧化硅、硅酸盐溶解进入土壤中，强化湿地植物对污染物的去除功能。

(4) 硅酸盐水泥

来源于工业与民用建筑材料。

硅酸盐水泥是粉状水硬性无机胶凝材料，加水搅拌后成浆体，能在空气中硬化或者在水中硬化，并能把砂、石等材料牢固地胶结在一起。硅酸盐水泥的主要矿物有硅酸三钙($3CaO \cdot SiO_2$)、硅酸二钙($2CaO \cdot SiO_2$)、铝酸三钙($3CaO \cdot Al_2O_3$)、铁铝酸四钙($4CaO \cdot Al_2O_3 \cdot Fe_2O_3$)。

7.2.2.3 靶向除磷混凝土材料配比设计举例

设计目标：表观密度为600～900kg/m^3，具有开孔、闭孔兼容特征，强度足够，水面稳定漂浮或悬浮。

矿渣粉的掺量不应高于20%，一般可取14%。研究表明石膏的最佳掺量范围为15%以内。经试制，设计石膏石灰总掺量为8%，石灰∶石膏=3∶2。

除磷混凝土材料表观体积包含内部孔隙体积，反映漂浮特性。表观系数（X_B）为：

$$X_B = 1 - \frac{6 \times 100 \times 100 \times \eta \times D}{100 \times 100 \times 100} = 97\% \tag{7-6}$$

式中 η——除磷混凝土材料标准试块表面孔隙率，%，取25；

D——除磷混凝土材料标准试块表面孔隙深度，mm，取2。

基于实验试制，在保证设计表观密度和发泡倍数的情况下，水灰比（$R_{w/c}$）为0.5～0.55，设计中取0.5。

$$\rho_d = \frac{m_a + m_w}{X_B V} = \frac{m_a + m_a R_{w/c}}{X_B V} \tag{7-7}$$

$$600 = \frac{m_a + m_a \times 0.5}{97\% \times 0.001}$$

式中 V——体积，L；

m_a——固体添加量，g；

m_w——加水量，g；

ρ_d——表观密度，g/L。

在除磷混凝土材料的标准试块中，固体添加量m_a=388g，加水量m_w=194g；矿渣粉添加量m_k=388×14%=54.32g；石灰添加量m_h=388×4.8%=18.624g；脱硫石膏添加量m_g=388×3.2%=12.416g。

在此基础上进行发泡剂和改性掺和料配比设计。

(1) 发泡剂掺量

发泡倍率K为发泡终止体积V_f与发泡初始体积V_0的比值，即

$$K = V_f / V_0$$

此处采用发泡剂理论公式：

$$K = 0.9457x + 1.5084$$

式中，x为铝粉掺量。

在此公式的基础上结合实验配比、模型形状及除磷混凝土材料特性要求进行优化。在具体实验中我们发现，当铝粉掺量x分别为0.12%、0.6%和1.2%时，发泡倍率K的值分别为2.10、2.55和2.75，通过线性拟合得出浆体发泡倍率K与铝粉掺量x的关系式：

$$K = 0.5908x + 2.0855$$

综合考虑发泡效果和节约原料，选择1.20%为铝粉发泡剂最适掺和量。

(2) 外加剂掺和量

加入憎水剂10g能够有效改善除磷混凝土材料吸水负荷，维持污染物吸附和吸水增重

的平衡。另外需要加入10g速凝剂缩短水泥浆体固化成型时间。

加入10g水稻秸秆可以有效增强除磷混凝土材料韧性，阻止裂缝产生，抵抗水流、风力扰动对混凝土材料产生牵拉作用，维持足够强度。

基于水泥配合比设计计算，经过实际试制，环境废物再生的除磷混凝土材料的推荐原料配比：水泥1000g、水860mL、石膏40g、石灰60g、水稻秸秆100mL、铝粉20g(研磨成粉末状)、矿渣180g。

发泡方式：铝粉或过氧化氢为发泡剂的化学发泡模式。

先将除铝粉以外的原料加入搅拌桶中，并加入10mL憎水剂和10mL速凝剂，用搅拌机混匀搅拌后倒入适量水使混合物呈糊状。之后将铝粉溶于水后倒入混合物中。添加完约1min后将搅拌机中混合物倒入事先准备的模具中，放置3～4d后待其凝固成型，后取出放在自然环境下自然养护10～15d。

7.2.2.4 靶向除磷混凝土材料净化性能应用

在东南大学无锡分校开展了靶向除磷混凝土基质与砾石、陶粒、河沙、沸石等传统基质的除磷实验研究。

(1) 实验方法

① 基质　砾石、陶粒、河沙、沸石购自无锡某建材市场，靶向除磷的轻质混凝土材料为委托无锡某建材公司生产，5种基质均洗净后置于105℃烘箱中烘干备用，基质材料的X射线荧光分析仪（XRF）化学成分分析结果如表7-2所示。

表7-2　基质材料化学成分分析

基质种类	SiO_2	Al_2O_3	Fe_2O_3	CaO	K_2O
靶向除磷混凝土	32.36	10.03	7.74	29.35	1.12
陶粒	54.28	22.33	8.49	1.09	3.45
砾石	65.20	16.38	4.87	1.13	4.26
河沙	90.17	6.10	0.40	0.81	1.03
沸石	70.98	7.04	0.92	1.22	3.28

② 磷溶液　用磷酸二氢钾（分析纯）配制质量浓度为1000mg/L的磷贮备液，后续试验根据需要用去离子水稀释成不同浓度使用。

③ 单一基质吸附等温线试验　称取粒径10～20目的五种基质材料各5g于250mL具塞锥形瓶中，分别加入150mL质量浓度为5mg/L、15mg/L、30mg/L、50mg/L、80mg/L、120mg/L的磷溶液，置于转速150r/min、温度25℃的恒温摇床中振荡，48h取上清液并以转速3500r/min离心5min，再取其上清液测定磷含量。试验设置三组平行，试验结果取均值。

④ 水中磷测定方法　磷含量采用《水质　总磷的测定　钼酸铵分光光度法》（GB 11893—1989）规定的方法测定，数据用Excel和Origin 2018处理与绘制。

⑤ 计算方法　混合基质对磷的吸附量（Q_e）、去除率（η）计算方法如下：

$$Q_e=\frac{(C_0-C_e)\times V\times 10^{-3}}{m} \tag{7-8}$$

$$\eta=\frac{(C_0-C_e)}{C_0}\times 100\% \tag{7-9}$$

式中 Q_e——吸附量，mg/g；

η——去除率；

C_0，C_e——溶液中磷的初始浓度、平衡浓度，mg/L；

V——溶液体积，mL；

m——混合基质质量，g。

（2）除磷实验结果与分析

除磷混凝土材料与传统人工湿地使用的砾石、陶粒、河沙、沸石等材料对溶液中磷的吸附等温线如图 7-2 所示。从图中可以看出，随着平衡浓度的增大，基质对磷的吸附量亦增大。不同基质材料对磷的吸附量存在差异，在磷质量浓度相同时，五种基质对磷的吸附

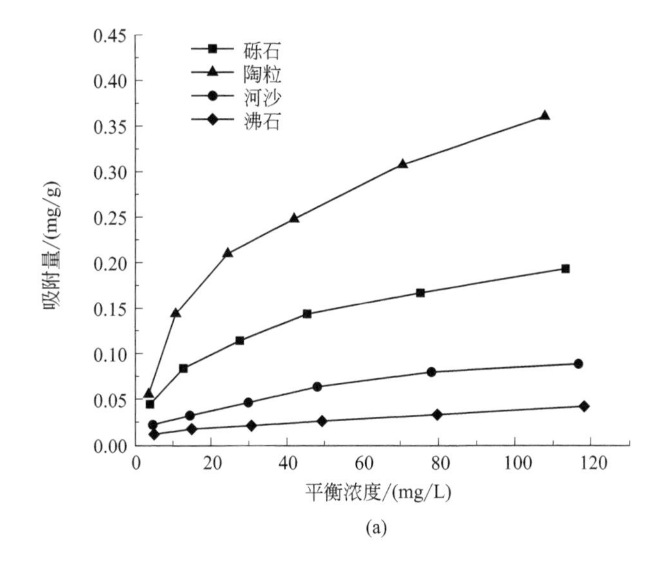

(a)

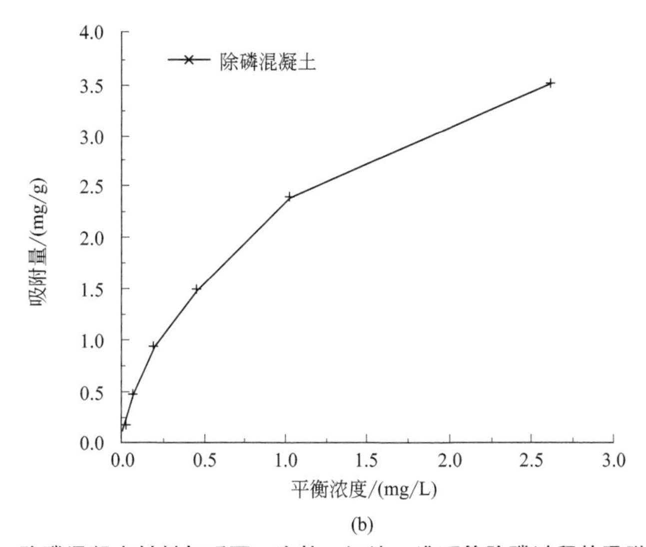

(b)

图 7-2　除磷混凝土材料与砾石、陶粒、河沙、沸石等除磷过程的吸附等温线

量大小表现为：轻质混凝土≫陶粒＞砾石＞河沙＞沸石。

为了更好地描述各种基质在常温（25℃±0.2℃）条件下对磷的吸附等温特征，估算基质的理论饱和吸附容量，采用朗缪尔（Langmuir）和弗罗因德利希（Freundlich）等温方程对吸附平衡浓度和平衡吸附量之间的关系进行拟合，拟合结果见表 7-3。

表 7-3 五种基质材料对磷的等温吸附模型参数

基质	朗缪尔(Langmuir)			弗罗因德利希(Freundlich)		
	Q_m/(mg/g)	K_L	R^2	K_F	n	R^2
轻质混凝土	3.7025	2.0108	0.9963	2.2798	0.6349	0.9757
陶粒	0.4136	0.0452	0.9974	0.0349	0.5222	0.9582
砾石	0.1801	0.0848	0.9842	0.0269	0.4290	0.9912
河沙	0.0754	0.0872	0.906	0.0108	0.4496	0.9869
沸石	0.0336	0.1129	0.9027	0.0065	0.3783	0.9825

Langmuir 等温吸附方程如式(7-10)：

$$\frac{1}{Q_e}=\frac{1}{C_e}\times\frac{1}{K_L Q_m}+\frac{1}{Q_m} \tag{7-10}$$

Freundlich 等温吸附方程如式(7-11)：

$$\ln Q_e=n\ln C_e+\ln K_F \tag{7-11}$$

式中 C_e——吸附平衡时溶液浓度，mg/L；

Q_e——吸附平衡时吸附量，mg/g；

Q_m——Langmuir 理论饱和吸附量，mg/g；

K_L、K_F——吸附平衡常数；

n——公式的率定常数，一般在 0～1 之间。

根据 Langmuir 模型的拟合结果，轻质混凝土净水填料对磷的吸附效果最好，最大吸附量 Q_m 达到 3.7025mg/g，远远高于其他四种基质材料。K_L 为吸附结合能，反映基质与磷酸根之间结合的牢固程度，K_L 越大，磷越不易从基质上解析出来。轻质混凝土净水填料对磷的吸附最牢固，其次是沸石，河沙和砾石比较接近，陶粒与磷之间的结合力最弱，吸附的磷容易被再次释放。Freundlich 等温吸附方程中的 K_F 反映了基质对磷的吸附能力，K_F 越大，基质对磷的吸附能力和吸附量越大。五种基质材料 K_F 值从大到小依次为：轻质混凝土≫陶粒＞砾石＞河沙＞沸石，与 Langmuir 模型拟合结果一致。结合试验和等温吸附方程拟合结果可以判断，五种基质对磷的去除效果由强至弱分别是轻质混凝土、陶粒、砾石、河沙和沸石。

7.2.2.5 靶向除磷混凝土除磷的物质转化

靶向除磷的轻质混凝土作为生态修复材料，表观密度为 600～900kg/m^3，通过成型工艺控制，形成具有连续贯通的孔隙结构，置于水中，能够快速吸附水中磷酸盐等污染物。

靶向除磷的轻质混凝土中富含碱性氧化物，其以 CaO 含量最高，其溶于水生成大量

Ca^{2+}并逐步释放碱度，导致固液体系偏碱性。此时磷酸盐在溶液中的主要存在形式为HPO_4^{2-}，易与溶液中的Ca^{2+}结合形成Ca-P沉淀，反应过程式如下：

$$3Ca^{2+}+2OH^-+2HPO_4^{2-} \longrightarrow Ca_3(PO_4)_2\downarrow+2H_2O \quad (7\text{-}12)$$

靶向除磷混凝土材料置于水中40min至2h的时间，水中总磷的背景浓度为0.3～0.5mg/L时，总磷的去除率达到50%以上。

一般来说，过磷酸钙一般具有磷肥功效，因此，除磷混凝土的吸附饱和后，其除磷产物可作为植物生长基材，实现除磷产物的资源化利用。然而，羟基磷灰石作为结晶沉积物，不具有肥效作用，因此，提出了除磷混凝土的除磷产物的资源化的新研究方向。

另外，在山西省泽州县的薛庄湿地水质净化中，湿地来水含有较高浓度的氟化物，采用靶向除磷混凝土材料的吸附除磷，表面结晶生成羟基磷灰石，然后羟基磷灰石与氟离子反应，生成氟磷灰石，也是结晶体，实现同步除氟，文献调查显示羟基磷灰石通过交代反应除磷，保证下游水质考核断面氟化物指标达标合格。

7.2.3 其他矿物性生态修复材料

7.2.3.1 活性火山岩净水填料

火山岩是指来自地球深部炽热的岩浆经火山口喷出到地表冷凝而成的岩石，多数为岩浆岩组成，质地疏松多孔，常见的火山岩生物填料如图7-3。火山岩填料是有密集气孔的玻璃质熔岩，气孔体积占岩石体积的50%以上，因孔隙多、质量轻、能浮于水面，加上配重以后，悬浮于水体，形成自悬浮、自疏通的人工湿地，表面粗糙且微孔分布，其特征特别适合于微生物在其表面上的生长和繁殖以形成生物膜，且化学稳定性好（同步耐酸和耐碱）。

图7-3　火山岩生物修复填料

由于火山岩材料的多孔性，使之具有较强的比表面积，其表面带有正电荷有利于微生物的固着生长，加上表面的微量释放α射线和催化氧化作用，表面亲水性极强，尤其在硝化过程中发挥重要作用，使水中的氨氮快速转化为硝酸盐，同时，由于火山岩的多孔特征，有利于水生植物的攀抓和扎根。

水质净化型的生态湿地用火山岩滤料作生物挂膜滤料，在湿地生态系统中通过吸附、滞留、过滤、截污、生物挂膜，实现水中微生物、污染物质的分解、转化和氧化还原反应，人工湿地火山岩滤料水处理净化出水水质佳，氨、氮、磷、COD 和 BOD 的去除率高，火山岩滤料与其他水处理生物滤料相比，更具水过滤、截污、挂膜性能好，工作效率高，使用寿命长，治水成本低等特点。

7.2.3.2 沸石净水填料

沸石是沸石族矿物的总称，是一种含水的碱金属或碱土金属的铝硅酸矿物。按沸石矿物特征分为架状、片状、纤维状及未分类四种，按孔道体系特征分为一维、二维、三维体系。任何沸石都由硅氧四面体和铝氧四面体组成。四面体只能以顶点相连，即共用一个氧原子，而不能“边”或“面”相连。铝氧四面体本身不能相连，其间至少有一个硅氧四面体，而硅氧四面体可以直接相连，硅氧四面体中的硅可被铝原子置换而构成铝氧四面体。但铝原子是三价的，所以在铝氧四面体中，有一个氧原子的电价没有得到中和，而产生电荷不平衡，使整个铝氧四面体带负电。

沸石由于内部有很多孔径、均匀的管状孔道和内表面积很大的孔穴，因而具有独特的吸附、筛分、交换阴阳离子以及催化性能。它能吸收水中氨态氮、有机物和重金属离子，能有效地降低池底硫化氢毒性，调节 pH 值，增加水中溶解氧，为浮游植物生长提供充足碳素，提高水体光合作用强度，同时也是一种良好的微量元素肥料。

沸石内部有许多孔隙，具有极强的吸附能力，应用于潜流湿地中时，底铺沸石的总氮和总磷去除效果最好；表流湿地的表铺沸石，其总氮、总磷和 COD 去除效果好，比种植相同类型植物的无沸石湿地有更好的处理效果。此外，有研究表明水平潜流湿地在增加前置沸石后 COD 的去除率提高 31.4%，增加表铺沸石填料后 COD 的去除率提高 12%。

▶ 7.2.4 矿物材料的人工湿地应用模式

7.2.4.1 水平潜流湿地的概念

生态环境部《人工湿地水质净化技术指南》（环办水体函〔2021〕173 号）对“水平潜流湿地”的定义为：指水面在填料表面以下，水从进水端水平流向出水端的人工湿地。水平潜流湿地剖面示意图如图 7-4 所示。相对于表流人工湿地和垂直潜流人工湿地，水平潜流湿地的主要特点为：

① 水流方式：水平潜流。

② 水利与污染削减负荷：较高（高于表面流湿地、低于垂直潜流湿地）。

③ 占地面积：一般（略大于表面流湿地、小于垂直潜流湿地）。

④ 污染物去除能力：有机物去除能力和反硝化能力中等；硝化能力、除磷能力较强。

⑤ 堵塞情况：轻微易堵塞。

⑥ 工程建设费用：中等。

⑦ 构造与管理：中等。

⑧ 基质厚度：0.6～1.6m。

改良水平潜流湿地：针对性强化污染物性能（靶向除磷、氨氮等），降低堵塞情况，

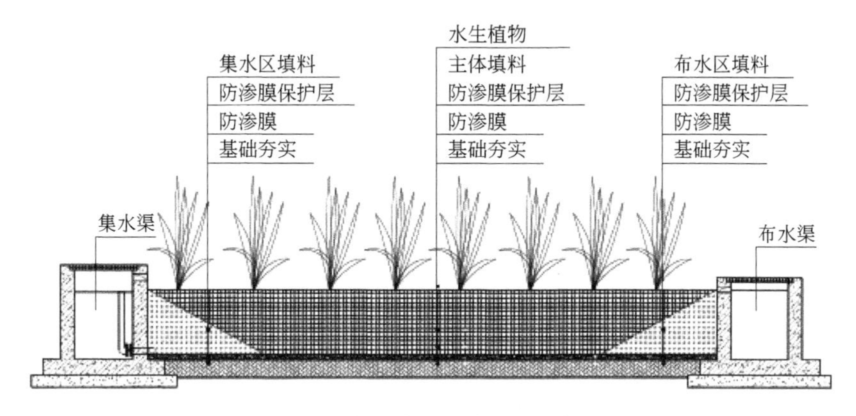

图 7-4 水平潜流湿地剖面示意图

提升水力负荷，减少占地面积，降低工程造价。

7.2.4.2 改良型生态湿地简介

本项目以江西进贤县污水处理厂尾水生态湿地中“改良型水平潜流湿地”为例，介绍该湿地类型的设计方法。

设计水量：$Q=5.0\times10^4 m^3/d$。

湿地面积：$A=10000\times10^4 m^2$。

水力负荷：$q=5.0m^3/(m^2\cdot d)$。

整体上类似水平潜流湿地，为避免潜流湿地堵塞、减少反冲洗设备运行能耗，改良型水平潜流湿地构造为装配式生态滤床，水流由前端的配水渠进入湿地，末端由溢流堰收水。流场均匀，填料、生物、截滤等功能复合。

(1) 水平潜流湿地的功能设计

利用高效且污染物靶向去除的多孔介质填料，通过吸附、吸引、离子交换、生物降解等多种处理手段去除河道来水中的 TSS、COD、TP、TN 和氨氮，同步除氟（出水氟化物浓度低于 1.0mg/L）。改良型水平潜流湿地可以处理河道来水中污染物，顶面设置的水生植物与景观配合，提升周边景观效果。改良型水平潜流湿地的设计进出水水质见表 7-4。

表 7-4 改良型水平潜流湿地的设计进出水水质

项目	COD	BOD_5	COD_{Mn}	氟化物(以 F 计)	总磷(以 P 计)	氨氮
进水/(mg/L)	27	5.4	9.0	1.5	0.24	1.28
出水/(mg/L)	22.95	4.32	7.2	0.9	0.12	0.77
预计去除率/%	15	20	20	40	50	40
备注			优于Ⅲ类(GB 3838—2002)限值			

根据水平潜流湿地的设计水量、水质数据，计算水平潜流湿地的工艺参数。

COD 削减负荷：$20.25g/(m^2\cdot d)$。

氨氮削减负荷：0.60g/(m^2·d)。

总磷削减负荷：2.55g/(m^2·d)。

将污染物削减负荷与生态环境部《人工湿地水质净化技术指南》(环办水体函〔2021〕173号) 夏热冬冷Ⅲ类地区相比，污染物削减负荷得以大幅度提升，因此，该项目采用了多孔混凝土、靶向除磷混凝土填料、火山岩填料、沸石填料等功能性生态环保材料优化设计，改良型水平潜流湿地的工程实景如图7-5。湿地系统的氟化物去除由除磷混凝土填料和活性氧化铝填料共同承担，延长活性氧化铝的使用周期，以降低运行费用。

图7-5 改良型水平潜流湿地的工程实景图

(2) 改良型水平潜流湿地工艺设计

整体类似水平潜流湿地的工艺构造，由多孔混凝土作为结构支撑和滤床骨架，滤坝之间依据流程和污染物去除功能填充净水填料，改良型潜流湿地的目标去除污染物类型主要为TSS、NH_3—N、COD、TP以及氟化物等，净水填料由前往后依次填充除磷混凝土材料净水填料、火山岩生物填料、沸石净水填料和活性氧化铝填料，用于靶向去除TSS、TP、NH_3—N、COD以及氟化物等。

① 多孔混凝土作为间隔性透水滤坝

多孔混凝土透水滤坝由多孔混凝土砌块干式垒砌而成，砌块尺寸为300×550×200(厚度)，滤坝宽度为550mm，垒砌四层，滤坝高度为800mm。多孔混凝土由骨料 (1.5～2.5cm单一级配砾石)、水泥 (42.5标号)、矿渣粉 (S-75) 以及减水剂等混凝土矿物掺和料拌和预制而成，具有连续贯通的孔隙结构，粒径从微米级至毫米级之间变化，孔隙率约为15%～25%，抗压强度不小于10MPa。多孔滤坝砌块形式垒砌而成，具有易操作、不堵塞、力学稳定等特点，由于比表面积大，在混凝土的弱碱性环境里，除磷、氨氮效果显著。此外，多孔混凝土滤坝在承担滤床的结构骨架方面也有重要作用。

② 除磷轻质混凝土材料净水填料

由硅酸盐水泥、石膏粉、矿渣粉和粉煤灰质的轻质混凝土制备当量粒径为5cm的饱满颗粒，作为净水填料，颗粒表观密度为0.5～0.8kg/m^3，置放于两道多孔混凝土滤坝之间。除磷轻质混凝土材料的孔隙结构比表面积大，材料易得。加气除磷混凝土材料由水泥、石膏、矿渣粉按一定比例混合搅拌发泡成型，表观密度为0.5kg/L，置入水中浸润饱和吸水后，密度与水接近，具有较大比表面积和吸附功能，除磷效果尤为显著。

多孔混凝土滤坝间的宽度为 2.5m，填充高度为 0.7m。

③ 火山岩生物填料

位于除磷轻质混凝土材料净水填料之后，置放于多孔混凝土滤坝之间，填充厚度为 0.7m。火山岩参数参照：比表面积 5～20m^2/g，孔隙率 60%。尺寸：ϕ20～50mm。火山岩滤料作为一种天然的滤料，质地轻、化学稳定性好、强度适宜，表面粗糙易挂膜；而且孔隙发达、分布合理，非常适合微生物的接种、驯化、繁殖生长。耐冲洗、不堵塞，可以满足不同污水净化的要求，同时由于其比表面积大，可以积累高浓度的微生物。高浓度的微生物可以使滤池的容积负荷增大，去除率高，单位体积污水去除率比常规滤料高 5～7 倍。

④ 沸石净水填料

位于除磷轻质混凝土材料净水填料之后，置放于多孔混凝土滤坝之间，填充厚度为 0.7m。

沸石净水填料属于硅酸盐矿物质，兼具物理吸附和化学吸附性能，具有吸附广泛性，对比考察沸石对水中 COD、SS、氨氮、总氮、总磷的去除实验中，以天然沸石为载体的生物滤池对氨氮的去除效果最好。另外，沸石不仅是良好的氨氮吸附剂，而且其微孔结构和巨大的比表面积，很适合微生物的生长繁殖。

⑤ 活性氧化铝净水填料

活性氧化铝为多孔性、高分散度的固体材料，有很大的表面积，其微孔表面具备催化作用所要求的特性，如吸附性能、表面活性、优良的热稳定性等，常用作化学反应的催化剂和催化剂载体，尤其具有除氟效果。

改良型水平潜流湿地为水平潜流湿地工艺变形，为减少湿地堵塞、提升污染物去除效益，简化运行管理而优化设计的生态滤床。在江苏宿迁、南通，山西晋城等多个已建工程实例监测数据表明，改良型水平潜流湿地对污染物 SS、COD、TP、NH_3—N 的去除率分别为 90%、15%、50%、40%。

改良型水平潜流湿地的工艺构造：

设计规模：Q＝50000m^3/d。

数量：2 组。

平面尺寸：长×宽＝101.6m×42.2m，高度 H＝3m（含超高），占地面积 10000m^2。

设计参数：改良型水平潜流湿地分 2 组，并联运行。

每组空床停留时间：2.22h。

每组工艺参数：配水渠 1 座，长度 51.5m，宽度 4.0m；出水渠 1 座，带矩形溢流堰板和 6 套不锈钢手动方板闸。

多孔混凝土透水滤坝：共 29 道，每道长度 42.5m，高度 0.8m。

除磷混凝土净水填料：共 14 廊道，填充高度 0.6m，填充体积 1039m^3。除磷混凝土材料净水填料的工作周期为 3 年，主要为磷吸附饱和。饱和后，需要取出填料，换填新料。饱和后的除磷混凝土材料破碎为粉末，作为市政绿化的种植土层或道路接触垫层，实现资源利用。

火山岩生物填料：共 7 廊道，填充高度 0.6m，填充体积 520m^3。

沸石净水填料：共 4 廊道，填充高度 0.6m，填充体积 297m^3。

活性氧化铝袋装填料：共 4 廊道，填充高度 0.6m，填充体积 297m^3。活性型氧化铝除氟的工作周期为 2～3 年，视原水的氟化物浓度而定，换填后的除氟填料应外运再生处理可以再利用。

设计运行水位 0.7m。

滤床水面配置漂浮植物，分别采用凤眼蓝（水葫芦）、大漂、野天胡荽（铜钱草）、狐尾藻、蕹菜（空心菜）等，根据冬季运行需求，冬季换茬为水芹等漂浮植物。

运行方式：来水通过进水渠进行配水，水流向下游流动，穿越各级多孔混凝土透水滤坝、除磷混凝土材料净水填料、火山岩生物填料、沸石净水填料和活性氧填料，由出水渠的矩形溢流堰收水。

矩形溢流堰设高低水位的方板闸，手动控制不锈钢闸门共 6 套，当需要更换填料或维修时，湿地可降低水位保持运行。

纵向坡度：0.005，自进水端坡向出水端。

滤床边坡为 1∶3 的植物生态护坡，边坡种植美人蕉、西伯利亚鸢尾、千屈菜等水生植物。

净水填料使用年限与更新：

两道多孔混凝土滤坝之间填充单一的除磷混凝土材料净水填料、沸石净水填料、火山岩生物填料和活性氧化铝填料，便于填料的翻料和更换，每道滤坝之间填料单独操作，且更换填料不影响整块滤床的运行。所以滤床运行管护方便。

除磷混凝土材料净水填料：工作年限为 5 年，使用期满后取出吸附饱和除磷混凝土材料净水填料，换填新的净水填料。原来吸附饱和的除磷混凝土材料沥干水分，碾压破碎成粉状，富含磷成分，作为城市绿化基材或道路垫层。

火山岩生物填料：工作年限为 8 年，本项目中选用相对密度 0.6 的轻质火山岩填料，配重 100mm 厚玄武岩砾石，火山岩填料在使用过程中处于悬浮状态，具有自疏通性。到期后更换新型填料。

沸石净水填料：工作年限为 15 年，每隔 3 年进行沸石净水填料的翻料疏通，并补充损失。

活性氧化铝填料：除氟容量按 2.5mg F/g Al_2O_3 计算，氟化物削减容量为 0.6mg/L，填充活性氧化铝的再生周期约为 34 天。活性氧化铝填料使用年限为 5 年。

(3) 湿地绩效分析

生态环境部印发《人工湿地水质净化技术指南》（环办水体函〔2021〕173 号）、山东省地方标准《人工湿地水质净化工程技术指南》（DB37/T 3394—2018）等技术文件规定，水平潜流湿地的化学需氧量、氨氮、总磷等污染物削减负荷分别为 0.5～10.0g/(m^2·d)、0.1～3.0g/(m^2·d)、0.05～0.2g/(m^2·d)，本项目中水力停留时间为 2.22h，小于技术指南（DB37/T 3394—2018）规定水力停留时间 4.8～24h，污染负荷在低范围取值，COD、NH_3—N 和 TP 的污染负荷分别取值 3.0g/(m^2·d)、0.3g/(m^2·d) 和

0.2g/(m^2 · d)：由此计算的 COD、NH_3—N 和 TP 污染物的削减浓度为 0.4mg/L、0.04mg/L 和 0.03mg/L。由于本项目的水平潜流湿地（生态滤床）设置了有机物、TP、NH_3—N 和氟化物靶向去除的水质净化填料，通过功能强化，能够显著提升污染物去除效益，详见工程实践。

活氧氧化铝填料是靶向去除氟化物的材料，根据《室外给水设计标准》（GB 50013—2018），填料厚度 1.5m 时，滤速为 2～3m/h，本项目中活性氧化铝填料为水平潜流的除氟滤床，除磷混凝土材料填料与多孔混凝土滤坝的释碱作用和拦滤作用，保持水平潜流湿地的 pH 值为 7.0 以上，大幅度降低 SS 浓度，创建适用于除氟的生境条件，相当于活性氧化铝的滤层厚度为 10.0m，空床接触时间为 0.43h，符合《室外给水设计标准》（GB 50013—2018）的技术要求，保障出水氟化物浓度小于 1.0mg/L。

工程实践案例：多孔混凝土滤坝与除磷混凝土材料净水填料、沸石填料、火山岩生物填料的生态滤床等材料构造的改良型水平潜流湿地已应用于泗洪县城北人工湿地、海安市鹰泰和常安人工湿地、泽州县巴公河人工湿地等工程实践，处理水量分别为 $5.0\times10^4 m^3/d$、$3.0\times10^4 m^3/d$ 和 $6.5\times10^4 m^3/d$，空床停留时间为 40～150min，由于采用了总磷、氨氮靶向去除的混凝土质净水填料、火山岩生物填料和沸石净水填料，改良型水平潜流湿地对污染物 SS、COD、TP、NH_3—N 的年平均去除率分别为 90%、15%、50%、40%。

根据生态环境部印发《人工湿地水质净化技术指南》（环办水体函〔2021〕173 号）、山东省地方标准《人工湿地水质净化工程技术指南》（DB37/T 3394—2018）等技术文件规定，人工湿地填料去除特定污染物应经实验确定。对于本项目来说，相对于技术指南推荐使用的土壤、砾石、碎石、卵石、陶粒等传统填料，由于采取了功能强化的净水填料（除磷混凝土材料、沸石填料除磷除氨氮；火山岩生物填料除有机物和氨氮，活性氧化铝除氟等），加上工程实践案例的运行功效，综合确定污染物的去除效率。

7.3 生态修复材料应用富集微生物特性评价

一般来说，河湖的生态修复界面是水体与陆域交互作用的平台，水生生态系统的重要组成部分，水域与陆域间物质、能量、信息交换的重要媒介。水土界面具有明显的边缘效应和微生物富集载体等特征，具有独特的植被、土壤、水文和物理化学特性。水体“三面光”的硬质化护砌，迫使水体与陆地相互隔离，水生生态系统不再完整，水体自净能力下降。河、湖等水体的多孔混凝土护砌是类似土壤生物工程的河流生态修复措施，利用强大生命力的植物根系、茎（叶）或者整体作为结构的主体元素构筑坡岸，在生物群落生长或建群的过程中实现加固或稳定岸坡，控制水土流失，改善栖息地生境和实现水生生态系统修复。多孔混凝土生态修复的水质改善效果显著，水土修复界面植物生长旺盛，生态效应良好；而“三面光”模式的水质改善效果较差，河水浊度较高，浮游藻密度大。基于以上章节的研究内容，可见河流岸坡的护砌形式对水质变化具有显著影响，因此，研究生态修复界面的微生物富集特性及其生化性质对于优化岸坡生态工程结构具有重要意义。

选用高孔隙率基质作为河湖生态修复界面的基材，研究多孔混凝土的修复界面的微生物富集特性和基质生化性质，实验检测指标包括基质的生物化学性指标和微生物类群指标。生物化学性指标包括：生态修复水土界面基质的pH值、硝化潜力和反硝化潜力；微生物指标包括微生物量、微生物脱氢酶活性、脲酶活性；微生物类群指标如细菌总数、氨化细菌、亚硝化细菌和反硝化细菌的水土修复界面分布特征。

7.3.1 生态修复界面的微生物采样方法

于上海市黄浦江原水厂临江泵站内构建多孔混凝土介质生态修复的生态系统实验模型，人工开挖环形实验河渠，环形设计以模拟天然河渠自然弯曲和水流多样性等特征。河渠外侧岸周长54.7m，内侧岸周长29.5m。断面为梯形，底宽1m，上宽4m，岸坡坡度为1∶1.5，设计水深0.8m，渠内安装水流推进器，以模拟河水流动。

多孔混凝土介质生态修复后的生态系统构建方法：岸坡由水质净化效果较好的多孔混凝土预制球铺装护砌，球直径250mm，内部预留x、y方向的通孔，球成型后用经防锈处理的$\phi 18$钢筋串接固定，并充当生态护砌面的配筋，球体之间自然形成了边长约100mm的方孔，生态修复界面的空隙率约47%。河湖岸线修复预制球铺装后，就近挖取地表20cm的土壤填充修复界面的空隙，以诱导植物生根发芽。覆土后河渠反复通水30d左右，充分稀释多孔混凝土的释碱，然后进行水土修复水土界面植被植生，选种须根系植物类型为主，并根据景观需要，沿水土修复水土界面从下往上依次种植苦草（*Vallisneria natans*）、香蒲（*Typha orientalis*）、美人蕉（*Canna indica*）、狗牙根（*Cynodon dactylon*）、黑麦草（*Lolium perenne*）等，植物带结构依次为沉水植物、挺水植物、草本植被，河渠水土修复水土界面上实现了水生生态向陆生生态的自然过渡。修复水土界面的生态系统经过近2年的自然培养后，上部的挺水植物、草本植被的覆盖率接近100%，预制球间隙中发现了河蟹、蟾蜍等动物，而下部的沉水植物则受黄浦江原水浊度较高的影响而生长缓慢。生态修复实验模型如图7-6。

图7-6 生态修复实验模型实景图

多孔混凝土生态修复的界面经水生植物移栽绿化完成后，水土界面生态修复的特定生态系统经过2年多的培养后，水土修复水土界面基质酶活性与细菌种群实验观测分别于3月、6月、9月和12月进行（分别代表不同的气象因素）。

生态护砌面基质取样位置如图 7-7 所示。其中多孔混凝土生态修复界面设计基质采集断面，由上而下设 4 个采集点，分别标记为 a、b、c、d。a 点位于水面以上，b 点位于水土修复水土界面上水位变动区中部，c 点位于水土修复水土界面中下部，d 点位于岸坡与河床交界处。a 点至坡顶为草本植被带，a～c 为挺水植物带，b 点位于挺水植物带中部，c～d 为沉水植物带。采用 DN50 的 PVC 管一端切割成 45°斜面的基质采集器插入多孔混凝土修复界面内，取深度为 3～5cm 的基质带至实验室分析。实验在一个自然周期内进行，分别于 3 月、6 月、9 月和 12 月测定基质微生物量、酶活性及各种群细菌数量。

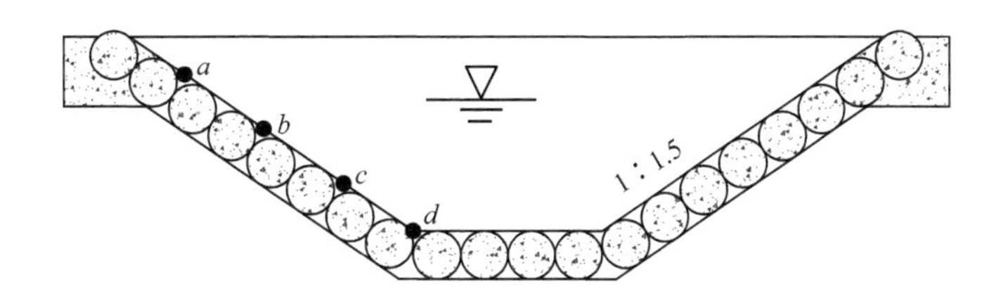

图 7-7　生态修复坡面基质的取样位置

▶ 7.3.2　修复界面微生物特定的时空规律

多孔混凝土水土修生态复界面的基质中的微生物量以及脱氢酶、脲酶、纤维素酶的活性有不同的动态特征，探索河渠特定岸坡生态系统中生态要素与微生物学指标间的内在联系对生态环境的保护有重要意义。

(1) 基质微生物量的动态特征

土壤或水处理中微生物的生物膜脂类大多以磷脂（phospholipids）的形式存在，细胞死亡后磷脂迅速分解，脂磷法测定的微生物量通常表征基质中的活性微生物量。多孔混凝土特定生境水土修复水土界面基质的微生物量高达 10.29μg/g，达到了水处理中某些填料上生物膜中的微生物量水平，如人工介质处理太湖富营养化原水时组合填料上的微生物量为 8.78μg/g，表明多孔混凝土为护岸载体而构建的岸坡生态修复的特定生态系统能有效富集土著微生物，从而修复和强化生态系统中的生物链。微生物量在特定生态岸坡的动态特征与季节、水位等因素相关，挺水植物生长的水位变动区中部 b 点和下部 c 点的微生物量较高，且 6 月和 9 月时的微生物量显著高于 3 月和 12 月；草本植被带的 a 点微生物量略低于 b 点和 c 点，时间分布特征与 b、c 基本一致；河床处的 d 点微生物量较低，随时间变化不明显，主要因为 d 点位于淹没区，环境特性受外界影响较小，微生物以还原性菌群为主，季节交替对其影响不明显。水土修复水土界面中上部的水位变动区为微生物高度富集区，同时也是挺水植物的生长区，微生物量的空间分布特征标识了实施河渠岸坡生态治理及修复的重点区域。

(2) 脱氢酶活性的动态特征

脱氢酶能酶促脱氢反应，参与碳氢化合物、有机酸的合成与分解以及光合作用、氧化磷酸化、脂肪的氧化与合成等生化反应，为生命体提供必不可少的能量和还原当量。脱氢酶活性在很大程度上反映了生物体的活性状态，直接表示生物细胞对其基质降解能力。多孔混凝土特定生境水土修复水土界面基质的脱氢酶活性随时间、空间呈现一定的变化规律。3月、6月和9月脱氢酶活性的差异显著（$p<0.05$），9月水土修复水土界面上部 a、b、c 三点的脱氢酶活性达到最高值，12月最低，人工湿地基质的脱氢酶活性季节差异性显著。水土修复水土界面底部的 d 点脱氢酶活性最低。在特定生态岸坡生命活动旺盛的区域和时间内，需要脱氢酶不断地转化有机质为生态系统中生命体代谢活动提供物质和能量，在生命活动较弱的冬季和生物量较少的水土修复水土界面底部，生命活动受到环境因素制约，脱氢酶活性较低。正是基于脱氢酶活性的空间动态特征，可通过调控和改善河渠岸坡上生命要素的时空分布，从而达到生态修复的最佳效果。

(3) 脲酶活性的动态特征

脲酶是一种酰胺酶，以尿素为底物酶促水解有机物分子中的肽键，使之转化为 NH_3、CO_2 和 H_2O，其活性与基质中的微生物量、有机质含量、氮含量呈正相关。在多孔混凝土岸线特定生境中，尿素是以植物残体的形式进入基质，由于季节更替和生命规律循环，3月和6月时生态修复水土界面基质脲酶活性显著高于9月和12月，因为6～12月为植物主要生长期，在上海当地的气候条件下，美人蕉等水生植物在12月份仍能持续生长，但生长潜力逐渐变弱，进入冬季后，植物的辅根系等残体逐渐被基质中的微生物分解和转化。气温升高时，植物的生命代谢过程旺盛，脲酶活性呈增长趋势。另外，冬季时（12～3月）水土修复水土界面上植物量较小，微生物量降低，因而脲酶活性也较低。从脲酶活性的演化趋势分析，脲酶活性是特定岸坡生态系统中生命要素自组织、自循环能力的体现，表明河渠岸坡生态修复的特定生态系统具有较强的自我组织、优化、调节、再生、繁殖等自生潜力。

(4) 纤维素酶的动态特征

纤维素酶主要参与土壤基质中含C物质的转化与降解，能水解纤维素为更小分子量或植物能够直接吸收的有机物。基质纤维素酶随季节更替差异性显著，在3月、6月和9月，多孔混凝土岸线特定生境中生命体新陈代谢活动增强，尤其是美人蕉和菖蒲等水生植物在6～9月生命活动较为旺盛，基质中微生物酶活性显著增加以加速系统中含碳物质的转化，9月时纤维素酶活性达到 $40\mu g/(g \cdot d)$ 以上，从而保证营养物的供应。而在冬季时（12～3月），植物生命活动基本停止，酶活性较低，其中 b、c 两点纤维素酶活性约为 $28\mu g/(g \cdot d)$，a、d 两点更低，仅为 $15.6\mu g/(g \cdot d)$。从空间分布特性来看，酶活性具有明显的根际效应，在根系发达的挺水植物生长区，酶活性普遍较高，a 点位于水面上部，主要为草本植被生长区，酶活性略低于 b、c 两点，而 d 点植物生物量较少，酶活性最低。

▶ 7.3.3 微生物量及细菌种群的时空规律

以多孔混凝土为生态修复载体而构建的特定生态受外界环境特征及河渠水文要素的共同影响，不同位置处的水土修复水土界面基质中细菌类群时空分布也存在显著差异，结果见表7-5。

表 7-5　生态修复坡面的各种群细菌数量

采样时间/地点		细菌总数/(×10^9cfu/g)	纤维素分解菌/(×10^3MPN/g)	氨化细菌/(×10^7cfu/g)	亚硝化细菌/(×10^3MPN/g)	硝化菌/(×10^6MPN/g)	反硝化菌/(×10^3MPN/g)
3月	*a*	1.56	1.15	2.25	1.10	2.80	0.20
	b	1.73	1.40	4.51	3.50	3.50	4.50
	c	1.63	0.85	5.17	6.00	3.00	1.10
	d	0.77	0.35	0.25	0.65	0.25	1.10
6月	*a*	2.42	4.50	7.55	2.50	7.00	2.50
	b	2.20	6.70	20.0	4.50	11.0	6.50
	c	2.95	7.00	2.20	6.00	6.50	4.50
	d	1.42	1.10	0.65	2.50	0.35	4.50
9月	*a*	2.56	11.0	10.2	3.50	6.50	3.00
	b	5.57	16.0	18.5	6.70	25.0	7.00
	c	3.02	15.0	6.50	15.0	7.0	6.50
	d	1.45	1.25	0.35	0.70	0.45	1.10
12月	*a*	1.42	1.25	2.83	1.10	2.80	1.10
	b	2.26	3.00	5.90	3.00	7.00	3.00
	c	2.16	5.25	6.70	2.00	2.00	0.25
	d	0.67	0.65	0.36	0.65	0.12	0.65

从脂磷法测定的微生物量、基质酶活性以及细菌（活细菌总数、氨化细菌、亚硝化细菌、硝化细菌和反硝化细菌）的分布特性来看，他们有着共同的特征：

① 生态修复水土界面上部 *a* 点、中上部 *b* 点的微生物富集效果好于生态修复水土界中下部 *c* 点、坡底 *d* 点，因为生态修复水土界上部水浅，固相（水土修复水土界面基质）、液相（水）与气相（空气）交互作用强烈，处于水位变动区的水土修复水土界面中上部 *b* 点，微生物量高、酶活性强，微生物多样性指数大，而且是挺水植物的生长区，从而有利于水质改善。尤其在河水潮汐运动时，水位变动区间歇性暴露于空气中，更有利于微生物的栖息繁衍，这也说明了感潮型河道模拟时水质改善效果优于径流型河道模拟时的水质改善效果的原因。

② 生态修复水土界下部长时间淹没在水面以下，微生物量较少，基质酶活性弱。因此，在进行河流生态修复时，有必要对河流底层清淤、实施底层曝气，提高河流底部的微生物量，增强酶活性，从而提高水体自净能力，改善水质。

③ 生态修复水土界 *a* 点、*b* 点同位于上部，*a* 点位于水面以上，*b* 点位于水面下 0.2m，其微生物量和酶活性差异明显，*b* 点的各项指标明显优于 *a* 点，由此说明在浅水区实施生态修复工程，水质改善和生态修复效果更为明显。

另外，从实验多孔混凝土岸线特定生境水土修复水土界面的垂向分布来看，位于生态修复水土界中部的 *b* 点、*c* 点，各种细菌的总数较大，远远高于水面上的 *a* 点和坡底的 *d* 点。从生态修复水土界面植物的分布来看，*b* 点和 *c* 点之间为挺水植物美人蕉、香蒲的生长区域，与水体的交互作用强烈。水生高等植物是水体氮循环的重要载体，反硝化、硝化、亚硝化及氨化细菌是水体及湿地环境中常见菌群，其生长和繁殖不仅受底物浓度的影响，而且受环境条件的影响，特别是反硝化与亚硝化、硝化细菌，前者往往是分布在还原环境中，后两者则分布在富氧氧化环境中。在水生植物存在氧化还原微环境，空气中的氧气通过水生植物的叶、茎、根的通气组织，逐级扩散到根表面，环绕根系形成薄的氧化层，在这一层外，由于水生植物的覆盖及其呼吸代谢作用，往往处于缺氧状态。因此，在实验河水土修复水土界面中部的挺水植物生长带上，由于水生植物的参与，在其根区存在富氧-缺氧的氧化还原环境，氨化、亚硝化、硝化及反硝化细菌能够同时出现并发挥重要作用。

河湖采用多孔混凝土进行水土界面的生态修复，其强大的比表面积能有效富集土著微生物，同时将水生植物引进水生生态系统，并为氨化、硝化、反硝化等作用过程创造有利条件，从而促进水体中氮等污染物的去除和转化过程，增强水体自净能力。

7.3.4 水土修复界面生化性质分析

(1) 硝化潜力

多孔混凝土修复水土界面上位于水面下的 b 点和 c 点微生物量高、基质酶活性强，因此在测定基质硝化潜力时，选择了 b 点和 c 点测定基质的硝化潜力。图 7-8 为多孔混凝土岸线生境水土修复水土界面的中上部 b 点和中下部 c 点的基质硝化潜力实验中 NO_x^--N

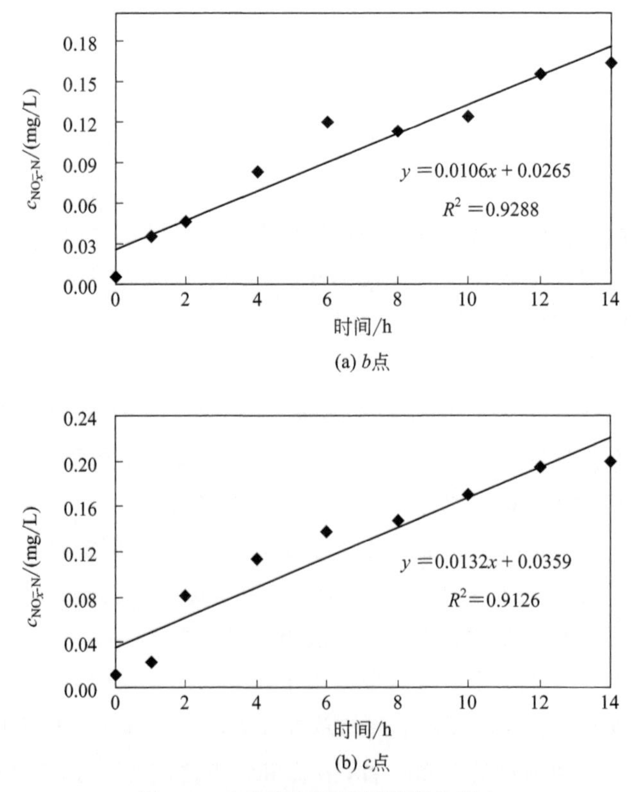

(a) b点

(b) c点

图 7-8 生态修复坡面基质硝化潜力

(NO_2^--N+NO_3^--N）浓度随时间的变化。

硝化潜力的计算：分别用基质干重去除 NO_x^--N 的时间变化量可得到基质的硝化潜力。水土修复水土界面中上部 b 点和中下部 c 点分别为 6.89×10^{-5} mg/(g·h) 和 7.53×10^{-5} mg/(g·h)，c 点处基质的硝化潜力高于 b 点。水质植物滤床底泥的硝化潜力为 2.77×10^{-4} mg/(g·h)，可见多孔混凝土生态修复水土界面的硝化潜力低于水生植物滤床基质的硝化潜力，这是因为水生植物滤床采用水生植物作为水处理的主要组成部分，滤床中的底泥来自水中颗粒物的沉降和植物根系残根腐败，生物量更高，因而硝化潜力数值较大，而河道生态修复水土界面基质是多孔混凝土空隙的覆土，除维护河道岸坡的稳定外，还作为水土修复水土界面植被生长的基质，基质含水率低（b 点基质含水率为 38.5%，c 点为 43.7%），远小于水生植物滤床底泥的含水率，因此，基质硝化潜力稍低一些。

基质的硝化潜力与基质的形成过程、形状、细菌数量和活性有关。根据实验检测，水土修复水土界面中上部 b 点、中下部 c 点的亚硝化细菌数为分别为 4.5×10^3 MPN/g、6.0×10^3 MPN/g，硝化细菌分别为 1.1×10^7 MPN/g、6.5×10^6 MPN/g，活细菌总数分别为 2.2×10^9 cfu/g、2.9×10^9 cfu/g，即 c 点亚硝化细菌密度、活细菌密度高于 b 点，但硝化细菌密度小于 b 点，可见基质硝化潜力的分布与亚硝化细菌密度、活细菌密度的分布一致，而与硝化细菌密度的分布关系不明显，可见多孔混凝土生态修复的氮系污染物的去除和转化机制符合人工湿地硝化潜力与氮转化细菌的关系。

(2) 反硝化作用强度

实验测定了多孔混凝土生态修复水土界面上的 4 个采样点表层基质的微生物反硝化作用强度，反硝化作用强度沿护砌面的垂向分布见图 7-9。坡面中上部 b 点和中下部 c 点基质的反硝化强度最高，分别为 49.1mg/(kg·h) 和 45.6mg/(kg·h)，生态修复水土界面上部 a 点、坡底 d 点的基质反硝化强度较低，分别为 36.3mg/(kg·h) 和 37.3mg/(kg·h)。人工湿地系统几乎所有的微生物在好氧环境改变为缺氧环境后均参与反硝化过程，微生物在呼吸过程中用氧化氮取代氧作为电子受体，其中以氧作电子受体的为好氧呼吸和以硝氮为电子受体的厌氧呼吸中所用的电子传递系统是相同的，在好氧和厌氧同样起

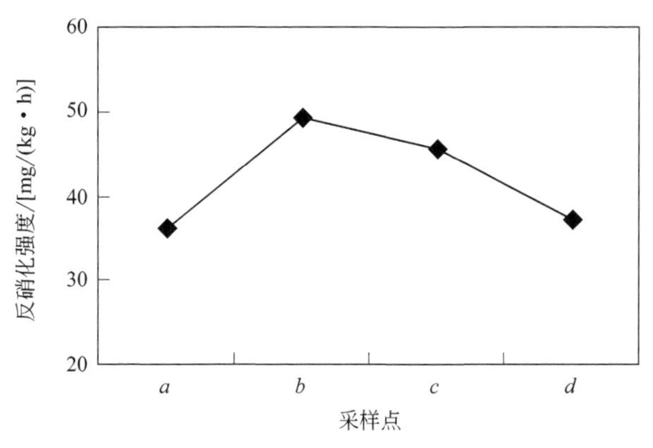

图 7-9 生态护砌面基质反硝化作用强度

作用，在碳源不受限制的情况下，河湖生态修复水土界面结构如同人工湿地的基质，有利于微生物进行充分的反硝化脱氮。此外，多孔混凝土及其护砌面比表面积大，孔隙率高，为微生物提供了良好的附着表面，中上部 b 点和中下部 c 点微生物数量密度大，微生物量和酶活性高于水面上的 a 点和河床的 d 点，反硝化作用强度也较高。由此可见，水土修复水土界面的反硝化作用强度的分布与细菌类群的分布特征一致。

(3) 基质氮释放速率

图 7-10 为多孔混凝土岸线生境水土修复水土界面的上部 b 点、中下部 c 点表层基质的氮释放速率过程，由图可见 b 点、c 点的反应容器内氨氮浓度随时间呈上升趋势。b 点在 8h 后变化趋势缓慢，c 点在 10h 后浓度逐渐稳定。在氨氮浓度达到稳定之前，b 点和 c 点的氨氮释放速率基本呈直线型，可近似为零级反应。用两点的基质干重分别去除氨氮浓度的时间变化量，可得到氮释放速率。由图 7-10(b) 可计算 b 点、c 点的氨氮释放速率分别为 4.75×10^{-5}mg/(g·h) 和 5.19×10^{-5}mg/(g·h)，c 点稍大于 d 点。基质氮释放速率与基质形态、形成过程和河流水动力特征有关，根据多孔混凝土生态修复的水流态特性中，其上层流速大于下层，实验水体长期运行水中的颗粒物沉降在水土修复水土界面下部和河床处，因此氮释放速率较高。

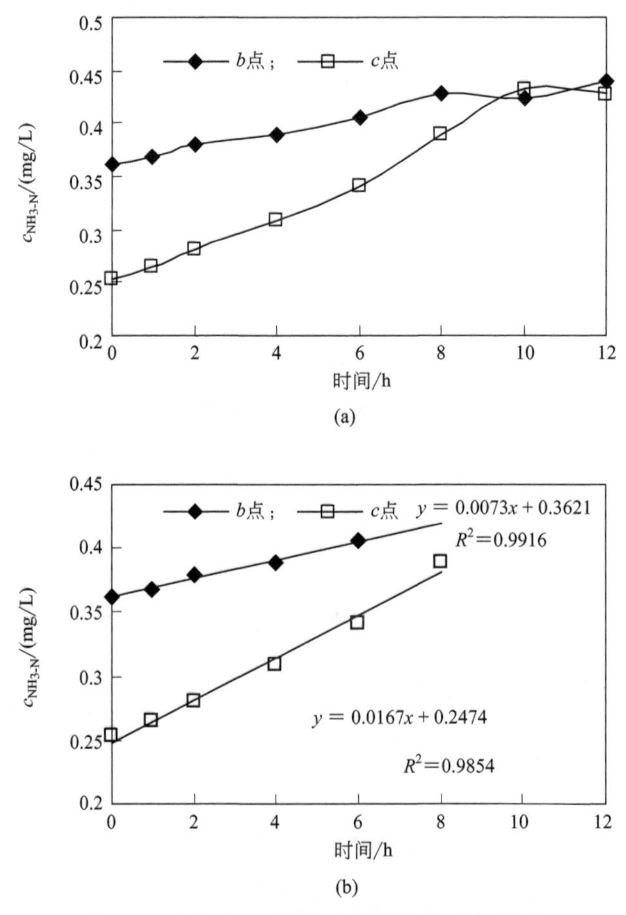

图 7-10 生态修复坡面生境基质的氮释放速率

7.4 生态修复材料应用的水质净化绩效评价

以多孔混凝土作为水环境生态修复的载体，联合绿色植物、微生物构建生态修复的特定生态系统，该系统通过改变和改良植物生长介质，将生态护岸基质、微生物、绿色植物等生态要素融为一体，用于模拟研究该系统对河渠微型生物群落生态效应，有助于阐明河渠生态岸坡的水质净化及生态修复机制，丰富河渠生态岸坡的工程模式及其功能研究等方面的内容。

7.4.1 生态修复材料水质改善

(1) 分析方法

多孔混凝土生态修复基材应用于水体的生态修复实验在上海市黄浦江原水厂进行。水质分析与微型生物群落监测同步进行，水质指标包括浊度、COD_{Mn}、TP、NH_4^+-N、DO、NO_3^--N、NO_2^--N、TN 等，采用国家标准方法进行测定。黄浦江作为上海市主要的饮用水源，即以Ⅱ类地表水质标准（GB 3838—2002）为控制标准，计算实验模型中河渠水质化学综合污染指数 P_b。$P_b \leqslant 1$ 表明监测水质符合或基本符合Ⅱ类地表水质标准；$P_b > 1$ 表明水质劣于Ⅱ类地表水质，数值越大，水质污染越严重。计算公式为：

$$P_i = \frac{C_d}{C_0} \tag{7-13}$$

$$P_b = \frac{1}{n}\sum_{i=1}^{n} P_i \tag{7-14}$$

式中 P_i——Ⅱ类地表水为标准的单项化学污染指数；
C_d——污染物实测浓度；
C_0——Ⅱ类地表水质标准的化学参数浓度上限；
n——控制项目数。

(2) 水质污染化学综合指数变化

基于实验模型的水质改善效果，研究微型生物群落的结构与功能对水质差异的指示原理。微型生物群落监测期间，实验渠（多孔混凝土生态修复界面）和空白渠（“三面光”硬化模式）水质化学污染综合指数的变化过程见图 7-11。本实验中，黄浦江原水的化学综合污染指数为 3.22，TN、TP 浓度分别为 5.12mg/L、0.17mg/L，表现为重度污染和富营养化趋势。具有多孔混凝土生态修复界面的水质综合污染指数持续降低，停留时间为 3d 时污染指数即小于 1，水质达到地表Ⅱ类水质（GB 3838—2002）。“三面光”硬化模式中水质综合污染指数在停留时间为 15d 时为 1.03，仍表现为轻度污染。多孔混凝土生态修复界面的生态修复的特定生态系统依靠绿色植物、微生物以及随之发生的物化作用有效改善了水体水质，而空白渠中缺乏植物生长和微生物富集的载体，仅依靠渠中水体自身的物化反应，水质改善效果较差。

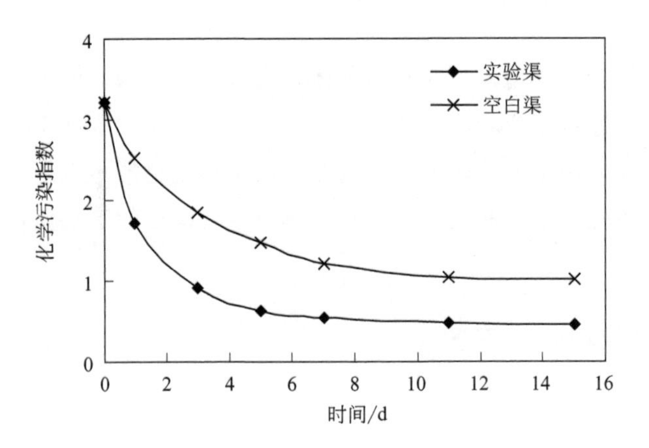

图 7-11　生态修复水体水质化学综合污染指数变化

▶ 7.4.2　生态修复的水质微型生物群落

(1) 微型生物群落结构与功能参数计算

以高孔隙率基质进行岸坡生态修复的特定生态系统经过近 2 年的自然培养后，已经出现了各种微生物。

多样性指数计算：把烧杯中含有 PFU 挤出液的水样摇匀，用吸管吸取水样于 0.1mL 计数框内，全片活体计数，生物多样性指数（D）采用 Maglaef 公式进行计算：

$$D=(S-1)\ln N \tag{7-15}$$

式中　S——所属种类数目；

N——观察到的个体总数，mL^{-1}。

微型生物群落功能参数计算：PFU 微型生物群集过程符合生态学 MacArthur-Wilson 岛屿区域地理平衡模型，根据微型生物测定数据来反推群集过程的功能参数（S_{eq}，G，$T_{90\%}$），计算公式为：

$$S_t=S_{eq}(1-e^{-Gt}) \tag{7-16}$$

式中　S_t——群集时间 t 时的微型生物种群数；

t——群集时间，d。

(2) 微型生物群落种群结构特征

通过 15d 的 PFU 微型生物群落监测，具有岸坡生态修复的特定生态系统的实验渠、硬质护岸的空白渠中共采集 97 种微型生物，其中植物性鞭毛虫 40 种，占物种总数的 39.2%。实验渠采集 60 种微型生物，空白渠采集 68 种，微型生物种群结构见表 7-6。

表 7-6 生态修复水体的微型生物群落种类数

微型生物种群	实验渠		空白渠	
	物种数	占比/%	物种数	占比/%
植物性鞭毛虫	28	46.7	25	36.8
动物性鞭毛虫	6	10.0	5	7.4
肉足虫纲	11	18.3	8	11.8
纤毛虫纲	9	15.0	16	23.5
轮虫	4	6.7	10	14.6
枝角类、桡足类及其他	2	3.3	4	5.9
合计	60	100	68	100

PFU 群集的微型生物种群按营养构成可分为 6 个功能类群，即生产者（光合作用者）、食菌（碎屑）者、食藻者、腐养者、食肉者和无选择的杂食者，它们在水生生态系统中构成稳定的食物链网，在特定的环境中保持相对平衡状态，同时对外界环境胁迫因子能产生快速而有效的生物学响应，即当外部环境发生变化时，水生生物的群落结构和功能参数将会发生显著变化。实验渠中植物性鞭毛虫检出 28 种，占物种总数的 46.7%，纤毛虫纲、轮虫以及枝角、桡足类等微型生物检出共 15 种，占总数的 25%，表明多孔混凝土岸线生态修复的特定生态系统在有效改善水质的同时，使得水中微型生物群落结构趋于稳定，生态系统趋于完善。“三面光”硬化模式的水中植物性微型生物检出 25 种，占总数的 36.8%，而异养型微型生物检出 38 种，比例高达 55.9%，物种间存在较强的竞争势，由于捕食关系，植物性鞭毛虫的比例较低，微型生物群落结构不稳定，生态系统较为脆弱，水体为异养型，表现为浊度高，水中 COD_{Mn}，TN，NH_4^+-N 等污染物去除效果不明显。PFU 群集的微型生物种群在干净的水体中生产者、食菌者比例高，表明水体中自养型微生物在生物群落中的重要地位。随着水体中有机污染物浓度的提高，群集的微型生物种类减少，异养型的原生动物比例增加。

(3) 微型生物群落群集过程分析

根据 PFU 中在停留时间分别为 1d、3d、5d、7d、11d、15d 采集的微型生物种群数的变化过程，得到 PFU 微型生物群落的群集曲线，见图 7-12。从群集曲线的变化特征来看，PFU 群集的微型生物种群数 S_t 随停留时间 t 的增加表现为先升高后下降。具有多孔混凝土岸坡生态修复的特定生态系统的实验渠在停留时间为 1d，3d 时微型生物种群数分别为 17 种和 24 种，生物多样性指数明显高于岸坡硬化的空白渠，表明岸坡生态修复的特定生态系统能显著提高微型生物的群集速率。当停留时间大于 5d 时，实验渠中检出的微型生物种群数减少，主要因为实验渠中污染物去除速率快，水体透明度高，丝藻属等优势种迅速生长，而且 PFU 相继群集了轮虫及桡足类、枝角类等微型后生动物，因捕食关系致使微型生物种群数减少。“三面光”硬化模式的水中 PFU 群集的微型生物种群数在停留时间为 7d 才达到最大值，此后 PFU 陆续群集了轮虫类、枝角类、桡足类等微型后生动物，群集微型生物的种群数也逐步降低。

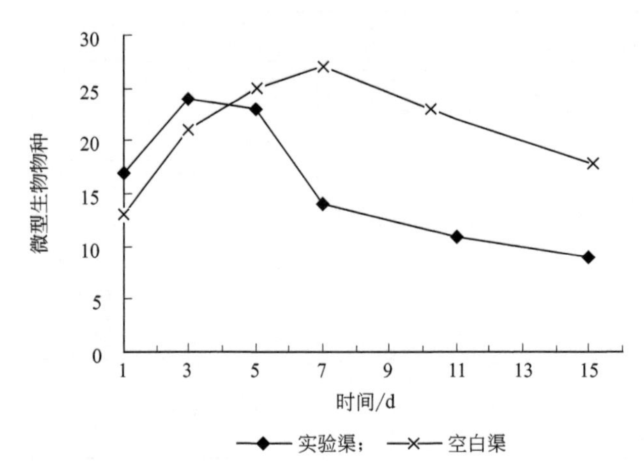

图 7-12　生态修复水体与硬化岸坡水体中微型生物种数

根据 MacArthur-Wilson 岛屿区域地理平衡模型，采用最小二乘法反演计算 PFU 微型生物群落的群集过程的功能参数，见表 7-7。具有岸坡生态修复的特定生态系统的实验渠中微型生物群落的平衡物种数与“三面光”硬化模式的水中差别较小，分别为 27.56 和 27.22，然而多孔混凝土生态岸线的水中 PFU 的群集速率常数为 0.95，可在较短的时间内实现微型生物群落的物种平衡，达到 90%平衡物种数的时间 $T_{90\%}$ 为 2.42d，且水质改善效果显著，说明多孔混凝土生态岸线的实验渠由于具有稳定岸坡生态修复的特定生态系统强化了水生生态系统的自我调节能力，能迅速恢复和完善河渠生态系统。“三面光”硬化模式的水中微型生物群集速率常数仅为 0.54，达到 90%平衡种数的时间为 4.19d，表现为种群结构不稳定，水体表现为异养型。

表 7-7　生态修复水体与硬化岸坡水体中 PFU 微型生物群集参数

水体	S_{eq}	G	$T_{90\%}$/d
生态修复水体	27.56	0.95	2.42
硬化岸坡水体	27.22	0.54	4.19

最后，微型生物群落是由多种微型生物种群构成的，不是随机、脆弱的种类组合，而是能随环境条件变化按照自身规律发展的群落组合，正是由于微型生物群落的相对稳定性特征，因而能够用其结构和功能参数来评价河渠的生态系统。微型生物群落的多样性指数综合反映了水质状况，一般来说，在环境胁迫条件下水生生物群落的多样性和种类数均呈减少的趋势。多孔混凝土生态修复、“三面光”硬化模式的水中微型生物群落的物种多样性指数见表 7-8。多孔混凝土生态修复的水中在停留时间为 1～5d 时生物多样性指数较大，3d 时达到峰值 2.50，此后由于微生物种群数下降，水质透明度升高，生物量降低，多样指数呈现下降趋势，并最终再次达到新的平衡状态。物种多样性指数反映了河渠岸坡生态特性对微型生物群集过程的影响以及外部环境的胁迫效应，实验渠微型群落物种多样性指数可在较短的时间内达到峰值，岸坡生态修复的特定生态系统有助于促进水生生态系统的建立和完善。“三面光”硬化模式的水中在停留时间为 1～5d 内微型生物多样性指数均

小于实验渠，5d 后 PFU 群集了肉足虫纲、纤毛虫纲、轮虫等异养型微型生物，使得物种多样性指数高于实验渠，对于封闭的水体来说，生物多样性指数并不能单独判定水生生态系统的稳定性，应结合微型生物的种群构成来综合判断生态系统的存在状态。

表 7-8　生态修复水体与硬化岸坡水体中微生物群落多样性指数

时间/d	生态修复水体	硬化岸坡水体	时间/d	生态修复水体	硬化岸坡水体
1	1.84	1.29	7	1.44	2.69
3	2.50	2.07	11	1.13	2.24
5	2.43	2.46	15	0.97	1.92

7.5 生态修复功能材料的湿地应用案例

7.5.1 无锡城北污水处理厂尾水生态湿地

7.5.1.1 案例概述

无锡市城北污水处理厂尾水梯级人工湿地位于无锡市城北污水处理厂区南侧，占地面积约 6900m²，其中水域面积约为 4420m²，设计处理能力为 1200t/d，设计出水水质为地表水Ⅳ类标准（GB 3838—2002），出水排入北兴塘河。梯级人工湿地重点关注氮磷营养盐的进一步去除，设计目标是氮磷去除率不小于 20%，由于城北污水厂出水 SS 浓度较低，湿地深度处理系统的进水单元不设沉淀预处理单元。梯级生态湿地工艺采用多级湿地/塘串联，设有生态塘、表流人工湿地（三级串联）、沉水植物塘（二级串联），各单元的功能分区互为补充。其中生态塘占地 550m²，主要用于强化有机物的去除；表流人工湿地占地 2730m²，主要依靠植物吸收、微生物作用及填料吸附起到强化去除氮磷污染物的效果；沉水植物塘占地 1140m²，主要用于水质的深度净化，确保出水水质。生态塘预期可实现有机物形态的转化和部分反硝化脱氮；表流人工湿地依赖挺水植物等优势植物群落，抑制湿地系统滋生藻类，同时强化去除污染物（部分表流人工湿地可添加碳源缓释剂，如湿地中枯萎植物、秸秆等，以补充后续反硝化所需碳源）；表流人工湿地经过多级串联后出水进入沉水植物塘，沉水植物塘的脱氮除磷效果通常优于表流人工湿地，并且合理设计功能分区，可保持冬季时的去除效果。由于工艺采用多级湿地/塘串联，抗冲击能力强，并且表流人工湿地所占面积较大，其中建有小桥、花架、亭台、步道等，实现尾水处理生态处置与景观一体化。

梯级生态湿地的污染物去除功能分析，为达到去除率不小于 20%设计目标，湿地系统的 TN 去除量约为 1.6～3.0mg/L，TP 去除值约为 0.02～0.1mg/L，各单元污染物去除分配比例设定目标如下：生态塘 10%；表流人工湿地（三级串联）60%；沉水植物塘（二级串联）30%。

(1) 生态塘单元

共建有两级生态塘，该单元有效水深设计为 1.8m，塘内设置软围隔导流，水流区设立体生态浮岛，覆盖率约50%。在生态塘内，水体底层兼氧区预期可发生有机物的形态转化和反硝化脱氮过程，立体生态浮岛区可强化去除各种形态的有机物、氮、磷等污染物。

(2) 多级表流人工湿地

共建设三个表流湿地，有效水深为0.4～0.5m，植物群落以挺水植物为主。在表流人工湿地中，污染物主要通过植物作用予以去除，同时由于表流人工湿地中强大的水面面积和缓慢的水流速度，水体的透明度会进一步提高，强化了后续单元（沉水植物塘）的污染物去除功能。表流人工湿地采用三级跌水的形式对水体进行充氧，同时针对湿地系统进水碳氮比极低的特点，可在部分表流人工湿地中添加缓释碳源，如湿地中枯萎植物、秸秆等，以促进后续单元的反硝化作用。

(3) 沉水植物塘

沉水植物塘作为整个尾水梯级湿地的水质保持区，水深为1.0～2.0m左右，植物配置方面与表流人工湿地互为补充，可营造浮水植物、沉水植物、挺水植物的适宜生存场所，湿地底部以沉水植物为主，且可在塘内形成完整的生态链。沉水植物区对氮、磷去除能力较强，可实现污染物的持续去除。

7.5.1.2 案例湿地工艺设计

(1) 湿地设计参数

湿地设计参数如表7-9所示。其中设计流量为1200t/d，设计水力负荷为0.271m^3/(m^2·d)。

表7-9 湿地设计参数

序号	单元名称	水面面积/m^2	有效水深/m	停留时间/h
1	生态塘	550	1.8	16.5
2	表流人工湿地Ⅰ	710	0.4～0.5	4.4
3	表流人工湿地Ⅱ	880	0.4～0.5	6.24
4	表流人工湿地Ⅲ	1140	0.4～0.5	9.12
5	沉水植物塘Ⅰ	960	1.5	23.04
6	沉水植物塘Ⅱ	180	1.0	3.6
合计		4420		62.9

(2) 湿地植物配置

植物为“自然系统”中生产者，也为微生物提供附着、生息的场所，通常选择植入具有性能好、成活率高、抗水性强、生长周期长、美观的水生植物。湿地植物的存在可以显著地提高湿地的处理效果，对有机污染物和N、P等营养化合物进行分解和合成代谢，在冬季还可以起到保温的作用。常用挺水植物如芦苇、水葱、再力花、香蒲、菰（茭白）等，沉水植物如荇菜、微齿眼子菜、穗花狐尾藻、罗氏轮叶黑藻、金鱼藻、苦草等，浮叶植物如睡莲、荷花等。湿地植物配置如表7-10所示。

表 7-10 湿地植物配置一览表

单元名称	植物种植种类	主要植物构成	辅助植物构成
生态塘	挺水、浮叶	粉绿狐尾藻、美人蕉、水芹	蕹菜
表流人工湿地	挺水、浮叶	变叶芦竹、再力花、西伯利亚鸢尾、水葱、香蒲、美人蕉、纸莎草、黄菖蒲、芦苇	萍蓬草、睡莲、荇菜等
沉水植物塘	沉水、挺水、浮叶	苦草、微齿眼子菜、罗氏轮叶黑藻、穗花狐尾藻等	西伯利亚鸢尾、睡莲、花叶芦竹等

水生植物的合理构建系统是维持水环境健康可持续发展的必要条件，根据水域状况与环境条件选择合理的植物布局与搭配是构建系统的基础。

7.5.1.3 生态湿地绩效评价

无锡市城北污水处理厂尾水梯级生态湿地工程运行期间，分别在生态塘进、出水口，三级表流湿地出水及两级沉水植物湿地出水口设置采样点，共 7 个采样点。选择监测水质指标包括化学需氧量（COD_{Cr}）、氨氮（NH_4^+-N）、总磷（TP）、总氮（TN）。

连续 7 个月的水质监测过程中，水质监测结果如表 7-11 所示（为各个水质指标的平均值）。梯级湿地各单元出水中各水质指标浓度都有一定降低，达到了较好的污染物去除效果。在选择监测的水质指标化学需氧量（COD_{Cr}）、氨氮（NH_4^+-N）、总磷（TP）、总氮（TN）中，TN 去除率达 39.68%，TP 去除率达 50.00%，COD_{Cr} 和 NH_4^+-N 的去除率分别为 22.48%和 45.31%。

表 7-11 无锡城北污水处理厂人工湿地水质监测结果 单位：mg/L

采样点	COD_{Cr}	NH_4^+-N	TN	TP
进水	20.20	1.28	10.03	0.28
生态塘出水	19.18	1.01	9.69	0.24
一级湿地出水	16.91	1.01	9.03	0.20
二级湿地出水	16.46	0.93	8.29	0.17
三级湿地出水	16.66	0.83	7.61	0.15
一级沉水塘出水	16.26	0.74	6.94	0.14
二级沉水塘出水	15.66	0.70	6.05	0.14
去除率	22.48%	45.31%	39.68%	50.00%

(1) 沿程 COD 浓度变化规律分析

对城北污水厂尾水（即生态塘进水）水质检测分析，发现 COD 浓度在 15.29～26.80mg/L 范围内波动，平均值 20.20mg/L。经过“生态塘-三级表流湿地-两级沉水植物塘”处理系统净化之后，COD 浓度在小范围内波动。沿程 COD 浓度变化如图 7-13。生态塘出水的 COD 浓度范围在 15.04～24.40mg/L，均值 19.18mg/L，COD 主要在这一单元被去除；一级表流湿地出水 COD 浓度范围在 14.59～20.18mg/L，均值 16.91mg/L，在这一单元 COD 浓度有一定回升，但幅度不大，可能由枯萎植物残骸释放部分有机物所致；二级表流湿地出水 COD 浓度范围在 12.20～20.39mg/L，均值 16.44mg/L；三级表流湿地出水 COD 浓度范围在 11.31～21.20mg/L，均值 16.66mg/L；一级沉水植物塘出水 COD 浓度范围在 11.51～24.60mg/L，均值 16.26mg/L；二级沉水植物塘即最终出水 COD 浓度范围在 12.70～19.40mg/L，均值 15.66mg/L。此流程 COD 去除量为 4.54mg/L，去除率 22.47%，其中三级表流湿地串联对 COD 的去除贡献量最高，达 2.52mg/L，占总去除量的 55.38%，其次是生态塘，总去除值是 1.02mg/L，占总去除量的 22.63%。两级沉水植物塘反而使 COD 浓度有轻微上升。总的来说，由于进水 COD 浓度已较低，进一步降低的空间较小。

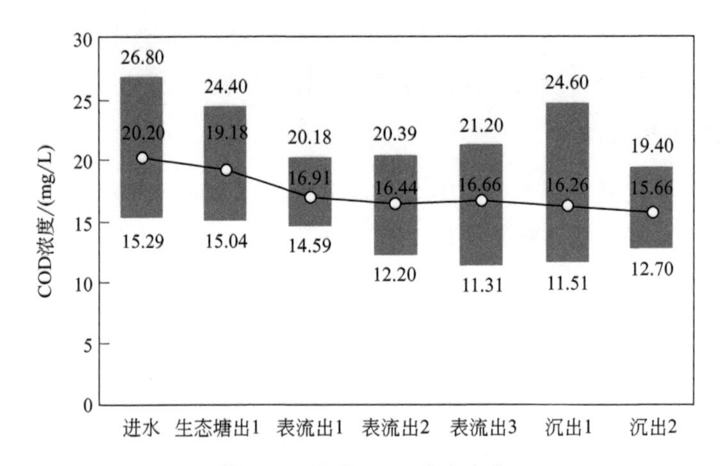

图 7-13　沿程 COD 浓度变化

柱状图中分别为浓度序列的最大值、平均值和最小值

(2) 沿程氨氮浓度变化分析

流程进水氨氮浓度在 0.26～2.33mg/L 范围内波动，波动幅度较大，平均值 0.82mg/L。沿程氨氮浓度变化如图 7-14。其中晴天时进水氨氮浓度在 0.43～5.33mg/L 范围内，雨天时，进水氨氮浓度是晴天时的 1～8 倍。生态塘出水的氨氮浓度范围在 0.27～2.23mg/L，均值 0.81mg/L；一级表流湿地出水氨氮浓度范围在 0.26～2.00mg/L，均值 0.69mg/L；二级表流湿地出水氨氮浓度范围在 0.28～1.61mg/L，均值 0.63mg/L；三级表流湿地出

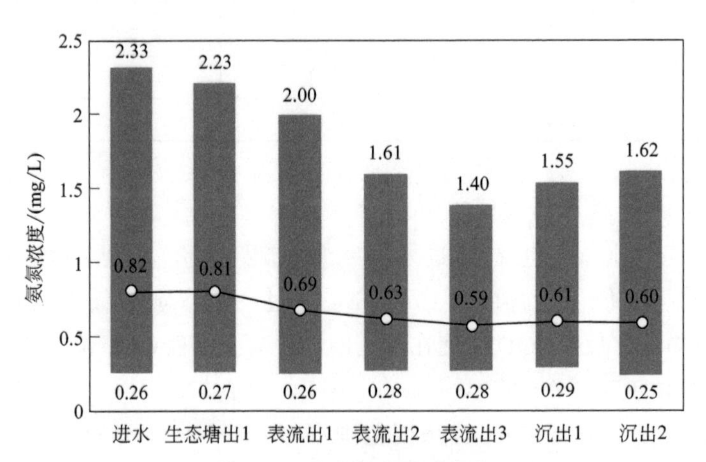

图 7-14　沿程氨氮浓度变化

柱状图中分别为浓度序列的最大值、平均值和最小值

水氨氮浓度范围在 0.28～1.40mg/L，均值 0.59mg/L；一级沉水植物塘出水氨氮浓度范围在 0.29～1.55mg/L，均值 0.61mg/L；二级沉水植物塘出水即最终出水氨氮浓度范围在 0.25～1.62mg/L，均值 0.60mg/L。其中三级表流湿地串联对氨氮的去除起主要作用，其余生态单元作用较小。

(3) 沿程总氮浓度变化分析

沿程总氮浓度变化如图 7-15。其中流程进水 TN 浓度在 5.02～14.70mg/L 范围内波动，平均值 10.03mg/L。生态塘出水的 TN 浓度范围在 5.55～14.43mg/L，均值 9.69mg/L；一级表流湿地出水 TN 浓度范围在 4.62～13.29mg/L，均值 9.03mg/L；二级表流湿地出水 TN浓度范围在 4.18～12.44mg/L，均值 8.29mg/L；三级表流湿地出水 TN 浓度范围在 3.66～11.28mg/L，均值 7.61mg/L；一级沉水植物塘出水 TN 浓度范围在 3.23～10.35mg/L，均值 6.94mg/L；二级沉水植物塘即最终出水 TN 浓度范围在 3.26～8.87mg/L，均值 6.05mg/L。此流程 TN 平均去除率 39.68%。其中三级表流湿地串联对 TN 的去除贡献量最高，其次是沉水植物塘，而生态塘作用较小，甚至使 TN 浓度升高。

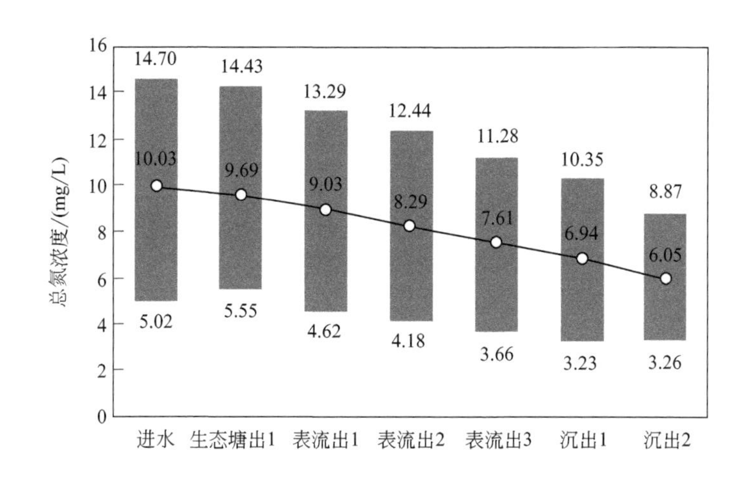

图 7-15 沿程总氮浓度变化

柱状图中分别为浓度序列的最大值、平均值和最小值

(4) 沿程总磷浓度分析

沿程总磷浓度变化如图 7-16。其中流程进水 TP 浓度在 0.13～0.51mg/L 范围内波动，平均值 0.28mg/L；生态塘出水的 TP 浓度范围在 0.10～0.44mg/L，均值 0.24mg/L；一级表流湿地出水 TP 浓度范围在 0.11～0.39mg/L，均值 0.20mg/L；二级表流湿地出水 TP 浓度范围在 0.08～0.32mg/L，均值 0.17mg/L；三级表流湿地出水 TP 浓度范围在 0.07～0.28mg/L，均值 0.15mg/L；一级沉水植物塘出水 TP 浓度范围在 0.07～0.26mg/L，均值 0.14mg/L；二级沉水植物塘即最终出水 TP 浓度范围在 0.09～0.18mg/L，均值 0.13mg/L。此流程 TP 平均去除率 50.0%，其中三级表流湿地串联对 TP 的去除贡献量最高。

无锡城北污水处理厂尾水梯级湿地的进水水质波动范围较大，COD 的波动范围为 15.29～26.80mg/L，氨氮浓度值变化范围 0.26～2.33mg/L，总氮浓度范围 5.02～

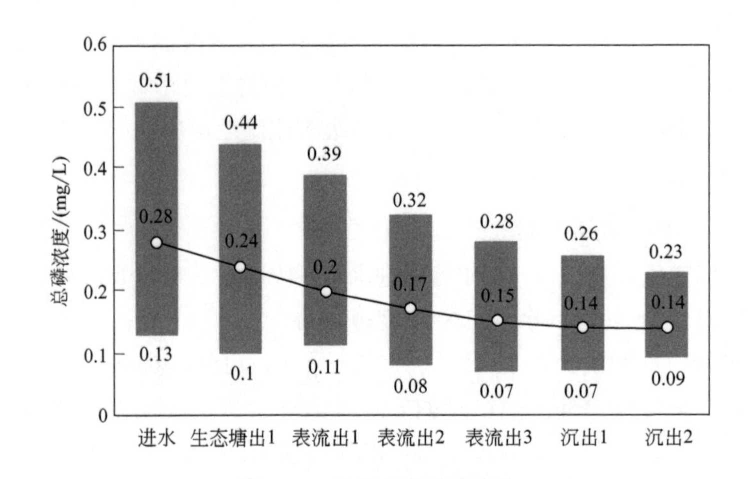

图 7-16　沿程总磷浓度变化

柱状图中分别为浓度序列的最大值、平均值和最小值

14.70mg/L，总磷浓度变化范围为0.13～0.51mg/L。由此可知污水处理厂尾水水质情况虽然达到出水一级A标准，但是出水水质的波动范围较大，如果直接将尾水排入河道等自然水体，会对其造成比较大的冲击，影响天然水体的生态稳定性和生物多样性。但是尾水经过梯级生态湿地处理后，最终经由梯级湿地末端出水，可以观察到经过尾水梯级湿地处理后不仅仅是水质整体情况变好，而且水质波动范围也变小了。由此梯级湿地对尾水的水质具备较好的提升效果。

▶ 7.5.2　江西某污水处理厂尾水湿地应用案例

江西省鄱阳湖流域某污水处理厂水环境综合治理项目（人工湿地深度处理污水处理厂尾水）的设计功能是提升污水处理尾水水质，削减污水排放携带的污染负荷，湿地系统预留雨水调蓄CSO出口排水、农田灌溉、区域排涝通道。该尾水人工湿地的建设以崇尚自然、生态和谐、城市郊野原生为特色，打造以水质净化为主要目标，集湿地保育、水质境提升、休闲游憩、科普教育、行洪排涝等功能于一体的城市郊野生态湿地公园。

人工湿地建设用地面积为109926m^2，设计水质净化规模为6.0×10^{4}m^3/d。湿地设计进出水水质及去除率如表7-12。污水厂尾水生态湿地设计净水量总计为6.0×10^{4}m^3/d，红线内的建设用地面积为10.99×10^{4}m^2，除湿地水质净化单元以外，湿地内部预留一定道路面积、设备用房、河道生态改建、组团绿化等组合空间，水质净化单元的有效面积约占湿地系统的60%～70%，即水质净化单元的面积约为7.0×10^{4}m^2，则湿地水质净化单元的平面表面水力负荷为0.85m^3/(m^2·d)，高于传统的表流或潜流湿地的水力负荷。

表 7-12　湿地设计进出水水质及去除率

指标	COD	NH_3-N	TP
设计进水/(mg/L)	≤40	≤4.0	≤0.4
设计出水/(mg/L)	≤30	≤1.5	≤0.3
去除率/%	25	62.5	25

尾水水质提升的生态湿地必须根据水质特征对湿地系统进行功能分区设计，尾水水质净化的生态湿地工艺流程为：

污水厂尾水（湿地）进水—立体浮岛生态塘（人工介质水质净化区）—表流湿地（挺水植物湿地区）—水平潜流湿地（多孔介质滤床区）—水生植物塘（沉水植物湿地区）—湿地出水。

(1) 生态塘（生态扩容工法的预处理区）

根据污水处理厂尾水可生化性差的水质特征，曝气生态塘前端设置立体型净水填料，利用进水中的剩余溶解氧，实现水中有机物的转性预处理，后端设置好氧段，填充立体型生物浮岛，强化污染物的去除。

(2) 湿地生态净化区

以人工介质附着微生物强化去除 COD、NH_3-N 等污染物，后续以高密度水生植物的表流湿地，利用水生植物、根孔、基质等介质的吸附、截滤、生化、微生物降解等功能实现污染物净化功能，附以一定的景观功能，湿地、水面、绿地面积相互耦合。

(3) 深度净化区

由多孔混凝土和加气除磷混凝土材料构成的生态滤坝拦截水中悬浮物，并强化除磷，后接大面积的水体，保留一定的生态岛礁，配置沉水型水生植物和适量鱼类，保障出水水质，同时起到储存水体、美化环境等作用。经过深度净化区以后，水中的高锰酸盐指数持续下降，水体的生物多样性明显增加。

生态湿地系统具有连续的自由水面，具有生态湿地的景观设计要求，依托污水处理厂尾水的稳定水源，可构建城市的生态湿地公园。

参考文献

[1] Tabacchi E, Lambs L, Guilloy H, et al. Impacts of riparian vegetation on hydrological processes [J]. Hydrological Processes, 2000, 14: 2959-2976.

[2] Narumalani S, Zhou Y C, Jensen J R. Application of remote sensing and geographic information systems to the delineation and analysis of riparian buffer zones [J]. Aquatic Botany, 1997, 58: 393-409.

[3] 吴耀国，王超，王惠民．河岸渗滤作用脱氮机理及其特点的试验 [J]. 城市环境与城市生态，2003，16 (6)：298-300.

[4] 王超，王沛芳，唐劲松，等．河道沿岸芦苇带对氨氮的削减特性研究 [J]. 水科学进展，2003，14 (3)：311-317.

[5] Zhou Y, Watts D, Li Y H, et al. A case study of effect of lateral roots of Pinus yunnanensis on shallow soil reinforcement [J]. Forest Ecology and Management, 1998, 33: 107-120.

[6] Wainwright J, Parsons A J, Abrahams A D. Plot-scale studies of vegetation, overland flow and erosion interactions: Case studies from Arizona and New Mexico [J]. Hydrological Processes, 2000, 14 (16-17): 2921-2943.

[7] Rousseau D, Vanrolleghem P A, Pauw N D. Model-based design of horizontal subsurface flow constructed treatment wetlands: A review [J]. Water Research, 2004, 38: 1484-1493.

[8] 张宇博，杨海军，王德利，等．受损河岸生态修复工程的土壤生物学评价 [J]. 应用生态学报，2008，19 (6)：

1374-1380.

[9] 冯辉荣，聂丽华，罗仁安，等．绿化混凝土的研究进展 [J]. 混凝土，2005 (12)：25-29.

[10] Wong N H，Chen Y，Ong C L，et al. Investigation of thermal benefits of rooftop garden in the tropical environment [J]. Building and Environment，2003，38：261-270.

[11] 董建伟．绿化混凝土上草坪植物所需营养元素及供给 [J]. 吉林水利，2004 (2)：1-5.

[12] 冯辉荣，罗仁安，樊建超．“沙琪玛骨架”绿化混凝土抗压与植草实验研究 [J]. 混凝土，2005 (7)：49-53.

[13] 刘小康，高建明，吉伯海．粗集料级配对多孔混凝土性能的影响研究 [J]. 混凝土与水泥制品，2005 (5)：11-13.

[14] 吴义锋，吕锡武，王新刚，等．4 种生态混凝土护坡护砌方式的生态特性研究 [J]. 安全与环境工程，2007，13 (1)：9-12.

[15] 高建明，吕锡武．环保生态型多孔混凝土材料研究与应用 [R]. 东南大学，2005.

[16] 胡春明，胡勇有，虢清伟，等．植生型生态混凝土孔隙碱性水环境改善的研究 [J]. 混凝土与水泥制品，2006 (3)：8-10.

[17] 李化建，孙恒虎，肖雪军．生态混凝土研究进展 [J]. 材料导报，2005，19 (3)：17-21.

[18] 陈志山，刘选举．生态混凝土净水机理及其应用 [J]. 科学技术与工程，2003，3 (4)：371-373.

[19] Park S B，Tia M. An experimental on the water purification poperties of porous concrete [J]. Comment and Concrete Research，2004，34：177-184.

[20] 吴义锋，吕锡武．生态混凝土介质预处理富营养化原水 [J]. 净水技术，2007，26 (4)：17-20.

[21] 金腊华，陈炜地，袁杰，等．透水性混凝土生态膜法处理城市生活污水 [J]. 暨南大学学报（自然科学版），2006，27 (1)：112-117.

[22] Tanji Y，Sakai R，Miyanaga K，et al. Estimation of the self-purification capacity of biofilm formed in domestic sewer pipes [J]. Biochemical Engineering Journal，2006，31：96-101.

[23] 陈小华，李小平．河道生态护坡关键技术及其生态功能 [J]. 生态学报，2007，27 (3)：1168-1176.

[24] 今井实．植生コソクリートーのり面ー [J]. コソクリートエ学，1998，36 (1)：24-26.

[25] 樊建超，罗仁安，冯辉荣．植物相容型生态混凝土的植被试验与研究 [J]. 福建林业科技，2005，32 (3)：11-14.

[26] 陈庆锋，单保庆．生态混凝土在城市面源污染中的应用初探 [J]. 上海环境科学，2005，25 (4)：214-217.

[27] 蒋彬，吕锡武，吴今明，等．生态混凝土护坡在水源保护区生态修复工程中的应用 [J]. 净水技术，2005，24 (4)：47-49.

[28] 陈杨辉，吴义锋，吕锡武．生态混凝土在河道护坡中的应用 [J]. 中国水土保持，2007 (6)：42-43.

[29] 林发永，金卫民，翁明华，等．上海市南汇五灶港绿化混凝土生态护坡试验 [J]. 中国农村水利水电，2006，8：122-124.

[30] Jansson B，Backx H，Boulton A，et al. Stating mechanisms and refining criteria for ecologically successful river restoration：A comment on Palmer et al [J]. Journal of Applied Ecology，2005，42 (2)：218-222.

[31] Mckone P D. Streams and their riparian corridors—Functions and values [J]. Journal of Management in Engineering，2000，16 (3)：28-29.

[32] Jungwiryth M，Muha S R，Schmutz S. Re-establishing and assessing ecological integrity in riverine landscapes [J]. Freshwater Biology，2002，47 (4)：867-887.

[33] 韩玉玲，岳春雷，叶碎高，等．河道生态建设——植物措施应用技术 [M]. 中国水利水电出版社，2007.

[34] 郑靓，王新祥，王元光，等．泡沫混凝土研究进展综述 [J]. 广东土木与建筑，2018，25 (11)：21-26.

[35] 李丽英，高延敏，季燕青，等．环氧树脂和铝粉对发泡水泥的影响 [J]. 江苏科技大学学报（自然科学版），2015，29 (3)：5.

[36] 龚独明．轻质高强泡沫混凝土的制备与性能研究 [D]. 长沙：长沙理工大学，2013.

[37] 周东东，廖洪强，高宏宇，等．工艺条件对泡沫混凝土发泡过程的影响 [J]. 新型建筑材料，2018，45 (8)，125-129.
[38] 李桂荣．EPRC除磷材料强化生态浮岛除磷效果的试验研究 [D]. 南京：东南大学，2017.
[39] 嵇鹰，张军，武艳文，等．粉煤灰对泡沫混凝土气孔结构及抗压强度的影响 [J]. 硅酸盐通报，2018，11 (37)：3657-3662.
[40] 倪倩．矿物掺和料对高铝水泥基泡沫混凝土性能的影响 [D]. 成都：西南科技大学，2017.
[41] 张甲耀，夏盛林，丘克明，等．潜流人工湿地污水处理系统氮去除及氮转化细菌的研究 [J]. 环境科学学报，1999，19 (3)：323-327.

第8章 环境功能材料制造技术与工艺

8.1 概述

▶ 8.1.1 材料制造的定义和范畴

随着材料科学的发展和材料的合成、加工与成形技术的不断创新，材料制造的概念不断被人们所提及。材料的功能与材料制造紧密联系在一起，材料需要经过制备、改性和成形等工序形成最终产品，才能更好地体现出自身价值。材料制造一般指的是材料合成与加工过程。其中，材料合成是指将不同状态的原材料通过一定的方法生产出与其化学性质不同的新材料。材料加工是指通过一定的工艺途径对原有材料进行改造，从而得到新材料，获得的新材料在化学成分、元素分布或组织结构等方面与原材料有明显的不同。

材料合成主要为促进原子和分子结合形成材料的化学和物理过程，其研究既包括寻找一个新合成方法的科学社会问题，也包括以适用的数量和形态进行材料合成的技术发展问题。材料合成的发展不仅涉及制造新材料的工艺方法，也涉及对已有材料新合成方法和新形态的探索，通过创新合成技术和提高材料性能和质量要求，以实现后续的材料加工和组装。

材料加工是金属液态成型、焊接、塑性压力加工、激光加工与快速成形、热处理与表面改性、粉末冶金与塑性成形等各种成形技术的总称。它是可以利用熔化、结晶、塑性变形、扩散、相变等各种物理化学发展变化使工件成形，达到预定的材料设计工作要求或结构信息技术服务质量管理要求。材料加工成形制造技术与其他制造技术的重要区别在于，最终材料的组织和性能是由成形制造方法和工艺控制的。

因此，材料制造不仅包括化学成分方面的新材料制造过程，还包括新材料内部质量的制造，如组织结构、元素分布等，以保证材料的性能和质量。另外，还包括对制造工艺的研究和改进以及提高材料质量、降低生产成本、提高经济效益，以满足工业生产成本和效率的要求。

▶ 8.1.2 材料工艺的作用与意义

如图 8-1 所示，材料的组成与结构、性能、合成与加工和使用效能构成材料科学与工程的四要素，它们之间形成了四面体的关系。其中，材料的合成与加工工艺、使用效能是两个普遍的关键要素，与其他要素互相影响。材料的使用效能取决于材料的组成与结构，当然也取决于材料的合成与加工工艺。因此，作为材料四要素中的关键，材料的合成与加工是制造高质量、低成本产品的中心环节，是促进材料科学进步和新材料开发研究的重要因素。

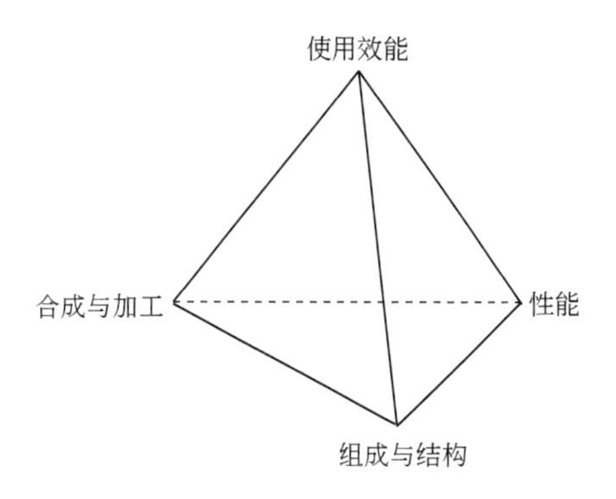

图 8-1　材料科学与工程四要素

材料合成常常是将原子和分子组合在一起制造新材料所采用的物理和化学方法。合成是在固体中发现新的化学现象和物理现象的主要源泉，也是新技术开发和现有技术改进中的关键性要素。加工工艺是指建立原子、分子和分子聚集体的新排列，达到从原子到宏观的所有尺度上对结构进行控制的目标，进而高效地制造材料。对工业生产而言，材料的合成和加工是获得高质量和低成本产品的关键。把各种材料加工成整体材料、元器件、结构或系统的方法都将关系到工作的成败，其中加工能力在把新材料转变成有用制品或改进现有材料制品方面是十分重要的。

在材料工艺方面，要注意材料的经济性，因为它在工程上具有决定性作用，许多工艺的使用在一定程度上也是为了降低产品的生产成本。另外，加工工艺的稳定性也是需要考虑的因素之一。为了形成成熟的加工体系，需要稳定的工艺来保证产品的稳定。为了社会经济的可持续发展和人类生存环境的稳定，对于环境材料的工艺来说，工艺本身应做到拥有一定的环境兼容性。所以，材料生产加工过程对环境带来的负荷和材料的循环利用能力也可以作为材料的评价指标之一。随着近年自然资源的快速消耗和环境的日益恶化，环境功能材料在污染物降解、空气净化方面做出了重大的突破。

材料工艺的作用可以分为以下几点：

① 材料的合成与加工作为材料科学与工程的四要素之一，是材料的生产过程中至关重要的一环。材料从理论到产品的这一大过程离不开材料加工工艺，材料的制造本身也离不开材料加工工艺。

② 材料的加工性能是指材料对不同加工方法的适应能力，包括铸造性能、锻造性能、焊接性能和切削加工性能等。材料能否应用于大规模低成本生产加工往往取决于材料的加工性能。

③ 材料工艺的发展和材料设备的先进程度息息相关，材料工艺发展对设备的要求提高，也会反过来促进材料设备的更新。就我国而言，材料设备还不够先进，本质上来讲还是工艺发展水平不够。

④ 掌握先进的材料加工工艺，突破技术方面的瓶颈是至关重要的。工艺是生产力，

材料是生产资料，只有生产力跟生产资料相得益彰地结合才能生产出好的产品。

▶ 8.1.3 材料制造技术的发展

8.1.3.1 材料制造的发展特征

材料制造技术在现代发展的过程中，形成了“精密”“快速”“复合”“绿色”和“信息化”等特征。

(1) 材料制造技术的“精密”性

成形加工技术的重要特征是精密化。精密制造技术的尺度已经跨越了微米级技术，进入了亚微米和纳米技术领域。材料成形加工技术也在朝着精密化的方向发展，表现为材料成形的尺寸精度正在从净成形向近无余量成形方向发展。

(2) 材料制造技术的“快速”性

为满足现代消费观念的变革以及市场的激烈竞争化、客户化以及小批量的要求不断增加，需要材料成形加工技术的快速化发展。

(3) 材料制造技术的“复合”性

功能复合材料通常是将两种或两种以上不同物理和化学性质的材料组合成一种多相材料，既能够保留组分材料的原有性能，又能通过协同效应获得一些特殊的性能。

(4) 材料制造技术的“绿色”性

环境材料发展的最高水平，是所制备的材料和产品能够与环境相容。大量的材料及产品都应具有环境协调性、环境兼容性和环境降解性，只有这样才能实现材料产业的可持续发展。

(5) 材料制造技术的“信息化”

“新一代材料精确成形加工技术”与“多学科多尺度模拟仿真”是现代材料制造研究的前沿领域。“模拟仿真”是计算机集成制造、敏捷制造的主要内容，是实现材料制造工业信息化的先进方法。

8.1.3.2 材料制造的发展趋势

材料制造已成为材料开发和应用必不可少的重要分支领域，随着现代高科技以及新材料的出现，传统加工方法不断改进，逐渐综合化、多样化、柔性化、多学科化，制造工艺也向自动化、数字化、智能化、增材制造等方向迅速发展。材料制造技术的总体发展趋势可以概括为三个综合，即过程综合、技术综合和学科综合。

过程综合是指材料合成、加工与成形的一体化，各个环节关联紧密，多个过程综合化和短流程化。随着高新技术材料的出现，将加速发展以“精确成形”及“短流程”为代表的材料加工工艺，例如，全新的成形加工方法与工艺以及传统成形加工方法的改进与工序综合等。

技术综合是指材料制造、加工和成形技术与计算机模拟仿真技术、信息技术以及先进控制等技术之间的综合，逐渐发展成一门多技术结合的应用技术科学。

学科综合则体现为传统三级学科之间的综合，与材料物理与化学、材料学等二级学科的综合，与计算机科学、信息工程、环境工程等材料科学与工程学科以外的其他一级学科的综合。从一定意义上来讲，学科综合的发展趋势起因于现代科学技术的发展要求，适应时代的潮流。

8.2 材料制备工艺

在解决目前人类所面临的各种环境问题的过程中，新型环境功能材料不仅在环境污染净化、环境修复、现代环保设备方面发挥着重要的作用，而且在解决能源危机、全球环境污染等方面也发挥着巨大的作用。本节主要从环境功能材料的制备工艺角度进行阐述，重点介绍吸附活性炭、功能薄膜材料以及一些功能复合材料的工业制备流程。

8.2.1 吸附活性炭制备工艺

8.2.1.1 化学法制备工艺

通过将各种含碳原料与化学药品均匀地混合（或浸渍）后，在适当的温度下，让原料经历炭化、活化、回收化学药品、漂洗、烘干等过程制备活性炭的一种方法被称为化学药品活化法，简称化学法。在使用化学法时，有些化学药品对原料有侵蚀、水解、脱水或氧化作用，促进了原料的活化过程。化学法所用的活化剂最常用的有磷酸、氯化锌等。

(1) 磷酸法

磷酸法连续式生产粉状活性炭的工艺流程，一般由木屑筛选、木屑干燥、磷酸溶液配制，混合（或浸渍）、炭活化、回收、漂洗（包括酸处理和水洗）、离心脱水、干燥与磨粉等工序组成。另外需要附设专门的废气处理系统，以回收烟气中的磷酸和硫酸，减少对环境的污染。常用的生产工艺流程见图 8-2。在木屑筛选过程中，为了保证产品的质量和工艺操作稳定，用滚筒筛或振动筛对木屑进行筛选，除去杂物，以免造成堵塞，增加回收、漂洗工序中的负荷，影响产品质量。木屑进行机械干燥时，一般在气流式干燥器中或回转干燥器中进行干燥。

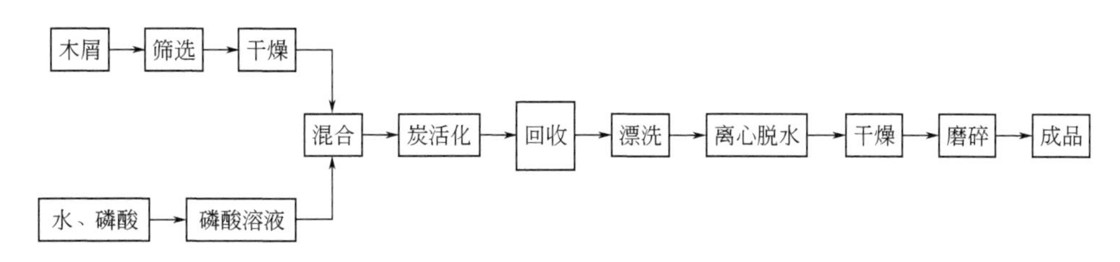

图 8-2 磷酸法连续式生产粉状活性炭的工艺流程示意

具体的操作流程为先将水分为 45%～60%的木屑经皮带输送机送入一级圆筒筛，使粒度合适的木屑通过螺旋输送绞龙，进入气流干燥系统，其中整个干燥系统的热源来自热风炉。热风炉可以采用废弃枝丫材、板皮、煤、天然气等作为燃料，控制热风温度在320℃。并让热风通过布袋除尘器后的引风机进入干燥管中，热风夹带着木屑则会依次经过三个干燥器后进入旋风分离器，由旋风分离器下来的木屑再经过二级圆筒筛精选得到水分在15%～20%的粒度合适的工艺木屑。值得注意的是，木屑气流干燥过程中需要根据木屑的含水率的大小来调节木屑的加料量，以保证木屑达到工艺要求，木屑气流干燥流程见图8-3。

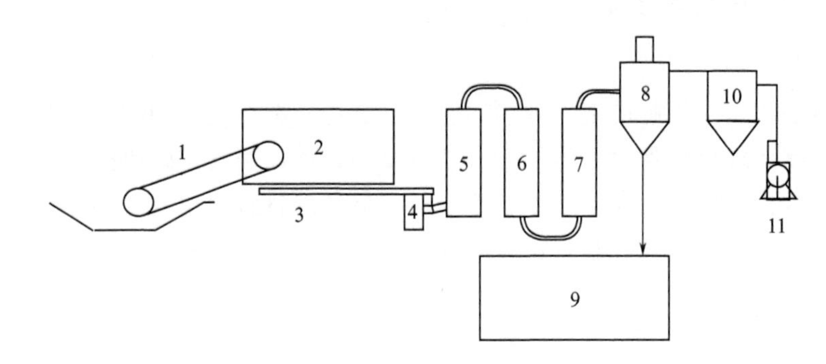

图8-3 木屑气流干燥流程

1—皮带传送机；2——级圆筒筛；3—螺旋输送绞龙；4—热风炉；5～7—干燥器；8—旋风分离器；9—二级圆筒筛；10—布袋除尘器；11—引风机

(2) 氯化锌法

间歇法的平板炉和连续法的回转炉是生产氯化锌法粉状活性炭的主体设备。其中，平板炉法具有设备简单、投资少等优点，是国内早期氯化锌法生产活性炭的主体设备。但是这种方法存在操作复杂、劳动强度大、环境污染严重等问题，目前已逐渐被淘汰。而回转炉法具有生产能力大、机械化程度高、产品质量较稳定等优点，是目前国内外氯化锌法生产活性炭的主体设备。其工艺难点在于尾气处理和氯化锌回收方面，国内目前尚未有成熟的工艺。但是，日本在这方面已实现环保排放达标生产，所以工艺方面国内还需进一步研究。

连续法生产粉状活性炭的工艺流程，一般由木屑筛选和干燥、氯化锌溶液配制、配料（或浸渍）、炭活化、回收、漂洗（包括酸处理和水洗）、脱水、干燥与磨粉等工序组成。另外附设专门的废气处理系统，以回收烟气中的氯化锌和盐酸，减少对环境的污染，常用的生产工艺流程见图8-4。

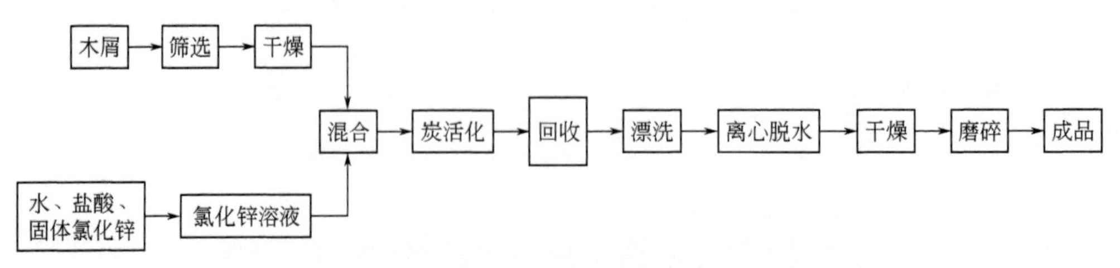

图8-4 氯化锌法连续式生产粉状活性炭的工艺流程示意图

8.2.1.2 物理法制备工艺

物理法通常指气体活化法，是以水蒸气、烟道气、CO_2 或空气等作为活化气体，在900℃左右的高温下与已经过炭化的原材料进行活化的过程。在接触的过程中，具有氧化性的活化气体在高温下会侵蚀炭化料的表面，使炭化料中原有闭塞的孔隙重新开放并进一步扩大，导致某些结构因选择性氧化而产生新的孔隙，同时也会去除焦油和未炭化物等，最终得到活性炭产品。由于物理法通常采用气体作为活化剂，工艺流程相对简单，产生的废气以 CO_2 和水蒸气为主，对环境污染小，而且最终得到的活性炭产品比表面积高，孔隙结构发达，应用范围广，因此 70％的活性炭生产厂家中都采用物理法生产活性炭。

在相同温度下，不同活化气体与碳反应的速率不尽相同。已有研究表明在 800℃和 0.8 kPa 条件下，若将 CO_2 与碳反应的速率定为 1，则同样条件下水蒸气与碳的相对反应速率则为 3，而 O_2 与碳的相对反应速率可达到 1×10^5。这是因为采用 CO_2 活化时，反应体系中存在的 CO 会在炭的外部阻滞活化反应的进行从而降低了反应速率，但这种阻滞作用可以增加微孔容积，从而使得活化效果较为均匀。由于反应速率的差异，在采用空气作为活化气体方面只需将温度控制 600℃左右即可，而若以水蒸气作为活化气体，则需要将活化温度提高至 800～950℃才可达到较为理想的活化效果。虽然水蒸气所需的活化温度更高，但是水蒸气能够均匀扩散到炭化料的内部，使活化反应均匀进行，从而得到比表面积大、吸附能力强的活性炭。同时，空气中的氧对炭有着一定的烧蚀作用，使炭表面发生氧化，因此一般认为水蒸气的活化效果相对较好。

除了水蒸气、二氧化碳和氧气之外，还有混合气体活化法、超临界活化法和热解活化法。其中，物理活化法通常指气体活化法，但除了气体活化法以外还有其他物理活化法。例如，可采用模版活化法，即在多孔无机物模版内引入有机聚合物，炭化后使用强酸将模版溶解，从而形成与无机物模板的空间结构相似的多孔碳材料。该碳材料具有孔径分布窄、选择吸附性高的特点。

物理法制造活性炭的基本工艺流程如图 8-5 和图 8-6。其中，图 8-5 是粉状活性炭生产流程，图 8-6 是无定形活性炭和成型活性炭生产流程。物理法活性炭生产工艺流程大致分为以下主要工段：原料处理工段、活化工段、后处理工段和成品工段。

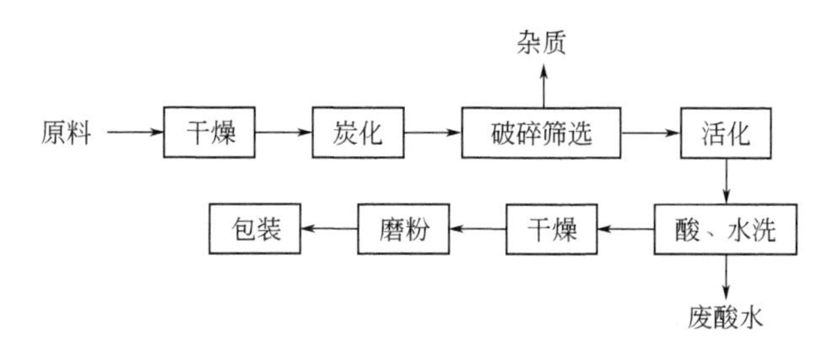

图 8-5　物理法生产粉状活性炭工艺流程

由于制备活性炭的原料种类很多，不同原料有不同的物理化学性质，因此针对不同原料也需要进行不同的预处理。进行原料预处理主要有三个目的：第一是可以使得原料的外观和粒度与炭化、活化设备相匹配，满足人们对产品的要求；第二是去除大部分对活化反

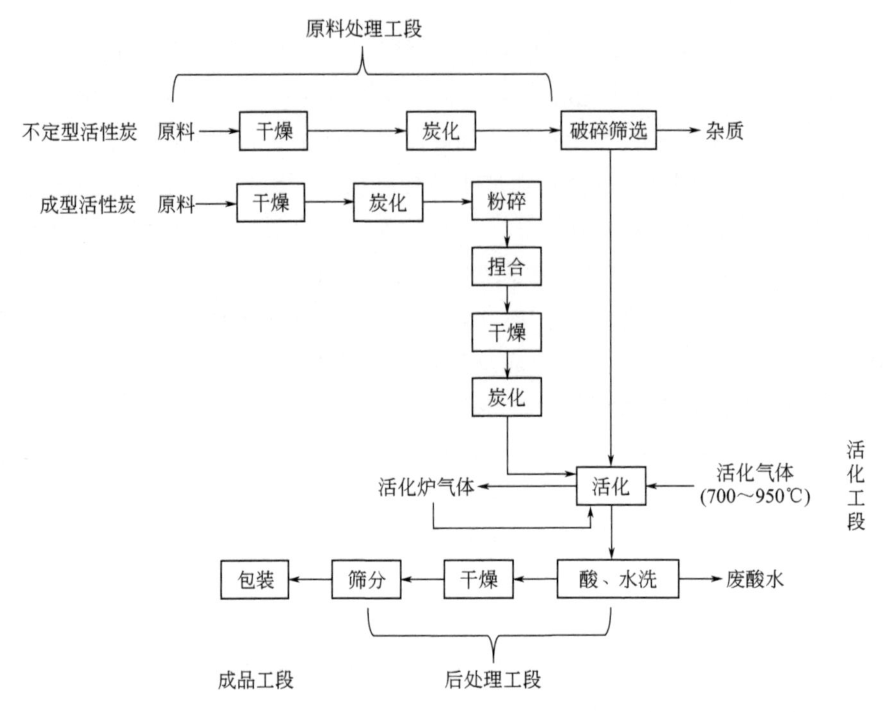

图 8-6　物理法生产无定形活性炭和成型活性炭工艺流程

应和产品性能不利的杂质；第三是可以尽可能减小原料发生石墨化的趋势，从而有利于得到吸附性能优良的活性炭产品。

活性炭的制备主要可以分为活化工段、后处理以及成品工段。

(1) 活化工段

活化工段是决定活性炭质量和生产成本最重要的工段，需要根据原料的特性采用最适合的设备和活化条件。常用的活化方法有移动床式活化法、流动床活化法、焖烧炉活化法等。

(2) 后处理

后处理是活性炭生产中产品的精制和均质过程，通常包括酸洗和干燥这两个过程，目的是除去活性炭产品中的灰分、铁及重金属。一般气体活化法制备的气相吸附用活性炭和废水处理用活性炭可不需进行后处理，但生产对杂质含量要求高的产品则需要进行此过程。

(3) 成品工段

成品工段对颗粒炭产品而言包括筛分和包装两个步骤，对粉炭产品而言包括磨粉和包装两个步骤，在生产粉炭过程中应注意加强对粉尘的控制和收集。在物理法生产活性炭过程中，一般气体活化法得率为 20%～30%，原料总利用率只有 10%左右，其余部分会随活化反应尾气逸出。因此在保证产品质量的前提下尽可能提高原料利用率是获得最大经济效益的关键。此外，生产所产生的尾气中含有 CO、H_2 等高热值气体。充分利用尾气的热量和其中的可燃气体也是降低成本、实现节能减排、增加经济效益的有效途径。

8.2.1.3 活性炭的再生技术

活性炭的再生是将已使用过的活性炭经过一定方式的处理，使其恢复吸附能力的过程。对活性炭进行再生处理可以节约运行成本，减少活性炭资源的浪费，并且还可以回收其所吸附的具有利用价值的物质，降低活性炭造成二次污染的风险。因此对活性炭进行再生处理无论从环境保护还是经济、资源节约角度来考虑都具有非常重要的意义。活性炭本身具有耐热性、耐酸碱性、耐氧化性，还具有一定的强度，再生处理除了应尽量保证活性炭的以上性质以外，还应使再生后活性炭的吸附性能达到原炭的 90%以上，同时尽可能降低再生处理过程中的机械磨损和破碎，使再生得率达到 90%以上。此外，必须考虑再生过程的经济性，以现在广泛使用的加热再生法为例，据研究只有每天活性炭的使用量在 100kg 以上时，进行再生才有利。再生经济性能是考察活性炭再生效果的一个重要方面。

活性炭的吸附作用一般可按照吸附机理分为可逆吸附（又称物理吸附）和不可逆吸附（又称化学吸附），在实际应用中经常是两种吸附作用混合进行，一般可逆吸附过程发生于气相溶剂回收、脱臭、空气净化等方面，而不可逆吸附过程则常见于处理废水的液相吸附中，针对可逆吸附的再生处理方法主要是通入 120℃以上的加热蒸汽，使吸附物质脱除而使活性炭的吸附性能重新恢复。对于不可逆吸附活性炭，由于活性炭表面官能团已与吸附质发生化学反应，而且吸附质往往挥发性低或无挥发性，因此需要根据吸附质性能的不同采用不同的再生方法，例如高温加热炭化再生法、药剂再生法、催化再生法等等。

以水处理厂的再生系统为例，水处理使用的活性炭在经过干燥、炭化与活化三个步骤使吸附剂转化为固定碳后被回收利用，从而实现再生的目的。再生系统的工艺流程如图 8-7所示。失效炭以泥浆状排放到位于再生炉顶部的给料罐。每只给料罐可容纳炭浆约 $5m^3$（干炭质量约 200kg），两只罐每次可容纳的体积约 $10m^3$（干炭质量约 400kg）。在将失效炭浆投入再生炉之前，必须通过罐底部的滤网将水分去掉 50%，这一过程约需 15min。

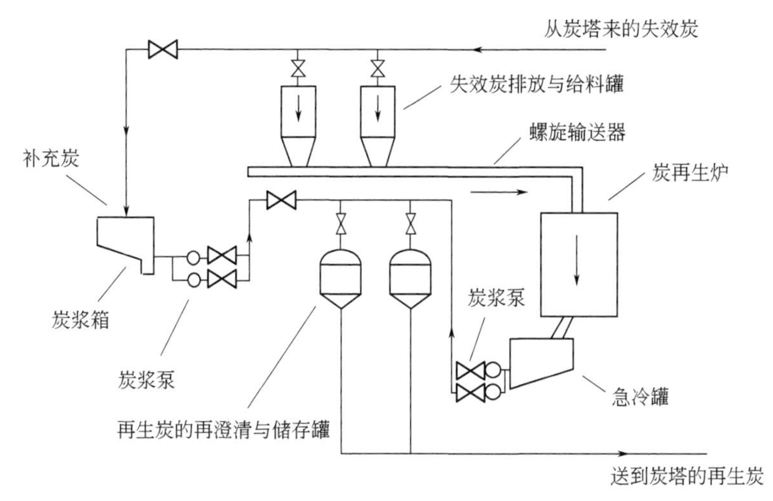

图 8-7 活性炭再生系统

已经过部分脱水的炭将通过螺旋输送器送入再生炉。这种螺旋输送器装有变速传动装置，因此可精确控制再生炉的给料率。炭在炉内通过蒸汽加热再生，所吸附的杂质受热蒸发或者分解，最终都以气体形式逸出，从而完成整个再生过程。这些废炭再生时所产生的气体将从炉顶排出，并进入后置燃烧器，以便彻底除去其中的有毒成分，避免空气污染。而再生炭从炉底卸入一个小型急冷罐。急冷罐中有两条单独的泵吸水管，每罐都有若干喷水口和连接管线。喷口统筹安装在急冷罐中以便使炭保持流动状态。炭浆由两台工作能力为 10～80L/min 的隔膜式泥浆泵从急冷罐泵送到再生炭储存罐或洗涤罐。最后将炭彻底清洗后，将洗涤罐加压，使浆状的再生炭通过管子压力送到炭塔的顶部。同时，将一定量的新炭加入处理系统以补充再生过程中所损耗的炭，新炭在被放进炭塔之前同样需在洗涤罐内洗涤。

▶ 8.2.2 功能薄膜材料制备工艺

8.2.2.1 薄膜的生长过程及分类

制备薄膜一般涉及凝结过程、晶核形成和生长过程、薄膜形成和生长过程等。一般情况下，到达衬底的原子既要与其他原子相互作用，同时也会与衬底相互作用，形成有序或无序排列的薄膜。原子种类、衬底种类以及制备工艺条件决定薄膜形成过程与薄膜结构，形成的薄膜可以是非晶态结构，也可以是多晶结构或单晶结构。

薄膜生长过程可以分成如下三类，如图 8-8 所示。

① 核生长型，也称三维生长机制。

② 层生长型，也称二维生长机制。

③ 层核生长型，也称单层、二维生长后三维生长机制。

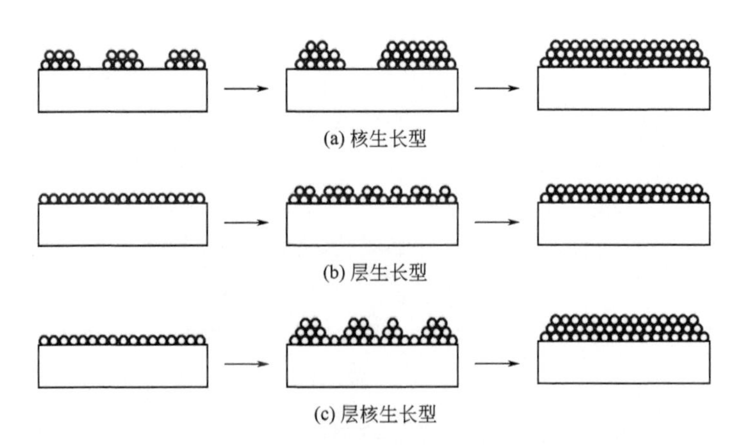

图 8-8 薄膜生长过程分类示意图

(1) 核生长型

核生长型的特点是：首先到达衬底表面的原子凝聚成核，后续沉积的原子聚集在核附近，使核在三维方向上不断长大而最终形成薄膜。此种类型的薄膜生长往往发生在衬底晶格和薄膜晶格不匹配的情况下，所形成的薄膜一般为多晶，且衬底无取向关系，大部分薄膜的形成过程都属于这种类型。这种生长机制一般发生在 $\mu_{AB}<\mu_{AA}$ 的场合，这里 B 表示衬底原子，A 表示沉积原子，μ_{AB} 代表衬底原子与沉积原子之间的键能，μ_{AA} 则代表沉积原子之间的键能。

(2) 层生长型

层生长型的特点是，沉积原子首先在衬底表面以单原子层的形式均匀地覆盖一层，然后再在三维方向上逐层生长。这种生长方式多发生在衬底原子与沉积原子之间的键能 μ_{AB} 大于沉积原子相互之间的键能 μ_{AA} 的情况下（$\mu_{AB}>\mu_{AA}$）。以这种机制形成的薄膜，衬底晶格与薄膜晶格匹配良好，形成的薄膜一般为单晶膜并且与衬底有确定的取向关系。

层状生长的过程如下：沉积到衬底表面上的原子，经过表面扩散并与其他沉积原子碰撞后而形成二维核，二维核捕捉周围的吸附原子形成二维小岛。在这种材料表面形成的小岛浓度大体是饱和浓度，即小岛之间的距离与吸附原子的平均扩散距离大致相等。在小岛成长过程中，小岛的半径均小于吸附原子的平均扩散距离。因此，到达小岛上的吸附原子在岛上扩散以后，均被小岛边缘所捕获。因此，以这种生长机制形成的薄膜是以层状的形式生长的。层状生长时，靠近衬底的膜层的晶体结构通常类似于衬底的结构，只是到一定的厚度时，才逐渐由刃型位错过渡到该材料固有的晶体结构。

(3) 层核生长型

层核生长型多是在衬底原子和薄膜原子之间的键能 μ_{AB} 接近于沉积原子之间的键能 μ_{AA}（$\mu_{AB}=\mu_{AA}$）时出现，它是上述两种生长机制的中间状态。首先衬底表面生长出 1～2 层单原子，这种二维结构强烈地受衬底晶格的影响，晶格常数会有较大畸变，然后在这些原子层上吸附沉积原子，并以核生长的方式形成小岛，最终形成薄膜。

8.2.2.2 膜分离材料制备工艺

膜分离技术是 21 世纪水处理领域的关键技术和研究热点。膜分离是指在某种外力推动下，利用过滤性膜的选择透过能力分离、浓缩、提纯、净化水中细小的杂质、溶解态有机物和无机物，甚至是盐。近年来，膜分离技术在水和废水处理、化工、医疗、轻工、生化等领域得到大量应用。下面介绍几种常见的膜分离材料。

(1) 醋酸纤维素

醋酸纤维素（CA）又称醋片，为疏松的白色小粒或纤维粉状物，无臭、无味、无毒，对光稳定，吸湿性强，是目前研究最多的反渗透膜材料。二醋酸纤维素会在 260℃以上熔融，热塑性良好，且二醋酸纤维素制备的膜具有耐氯性，因此被广泛应用于海水淡化领域，其结构式如图 8-9 所示。

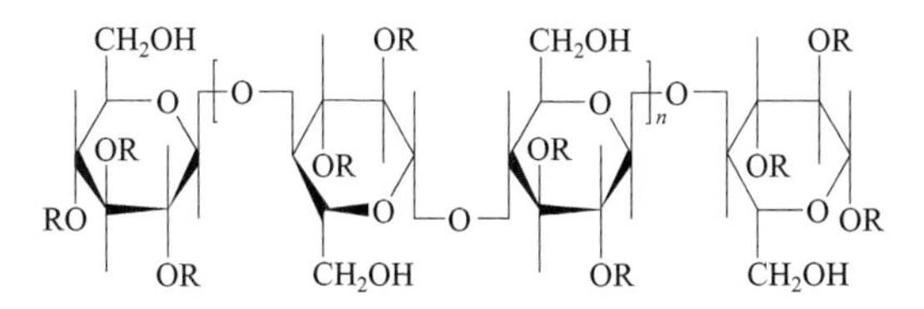

图 8-9 二醋酸纤维素结构式

合成醋酸纤维的原料是高纯度棉绒浆，经粉碎后加醋酸进行预处理，然后在乙酰化反应器内加醋酸及二氯甲烷，在催化剂作用下进行乙酰化，再在水及催化剂作用下进行水解，形成固体物。同时，在沉淀槽内沉淀并分离回收二氯甲烷。沉淀物料再经碾碎、悬浆、水洗、挤压和离心脱水等过程送入干燥机，干燥后即为醋酸纤维片，可供醋酸纤维抽丝用。抽丝时将醋酸纤维素送入溶解槽内加溶剂将其溶解，选用溶剂的种类视品种而定，若生产三醋酸纤维长丝则用丙酮作溶剂，生产二醋酸纤维长丝则用二氯甲烷和甲醇混合物作溶剂。溶解后的溶液需经过三道过滤，去除杂质后纺丝，图 8-10 所示为典型的生产流程。

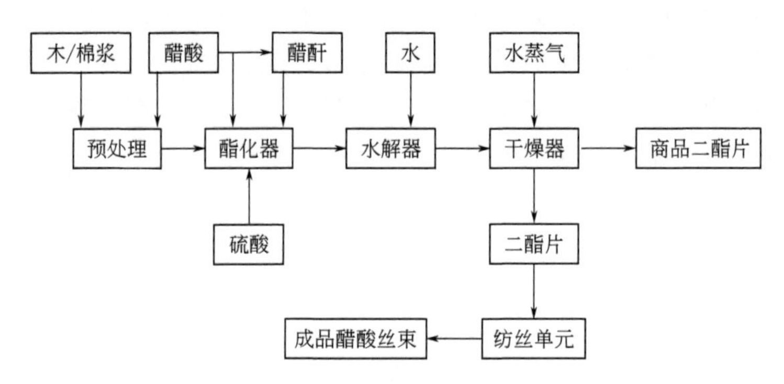

图 8-10 醋酸纤维素的典型工艺流程

醋酐是醋酸纤维生产的主要原料之一。醋酐生产工艺路线有乙醛氧化法、醋酸裂解法和羰基合成法。目前，世界上多数生产商采用的是醋酸裂解法。其工艺过程为：醋酸蒸气在磷酸三乙酯催化剂条件下，在裂解炉内生产中间体乙烯酮，再用醋酸在填料塔内吸收乙烯酮，制得醋酐，最后精馏得成品。

(2) 聚苯醚

聚苯醚（PPO）是一种耐高温的热塑性工程材料，吸水率低，玻璃化转变温度高（T_g=210℃），这保证了它能在橡胶态下制膜，有利于预防膜缺陷；在高温下耐蠕变性极好，且具有优良的耐酸、碱和盐水的性能，水解稳定性优异，能溶解于脂肪烃和芳香烃等溶剂中。其结构式如图 8-11 所示。

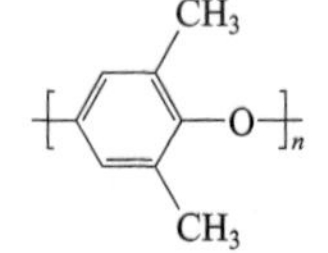

图 8-11 聚苯醚结构式

聚苯醚的制备过程为：先用甲醇和苯酚高温反应制备 2,6-二甲酚单体，然后再采用缩聚的方法合成聚苯醚。将甲醇和苯酚以 5∶1摩尔比加入混合容器中，在预热器中加热至 270℃，再经加热至 450～470℃进入装有氧化镁催化剂的反应器，反应温度为 520～540℃。反应后的混合气体，经冷凝器冷却后进行气液分离，冷凝液经精馏得到聚合级 2,6-二甲酚单体。将甲苯-乙醇混合溶剂和催化剂氯化亚铜-二甲胺络合物加入带夹套的不锈钢反应釜中，在搅拌下通入氧气或空气，逐步加入 2,6-二甲酚的甲苯溶液进行缩聚反应。控制反应温度在 30℃左右，反应时间 2h。反应结束后分离液、固相。之后将固相用 3%硫酸-乙醇溶液洗涤，再经碱洗、水洗、干燥，即得聚苯醚产品，其工艺流程如图 8-12 所示。

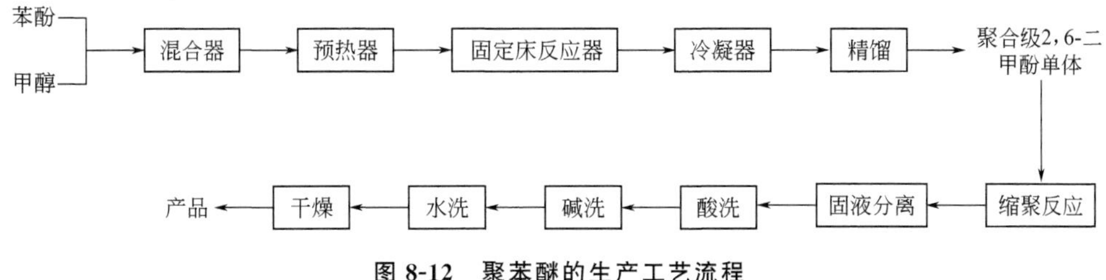

图 8-12　聚苯醚的生产工艺流程

(3) 聚乙烯醇缩丁醛

聚乙烯醇具有较强的亲水性，易溶于水，因此可用作临时性的保护层而不直接制膜。为了降低水溶性，人们常常将其与醛类化合物进行缩聚，制成聚乙烯醇缩醛。其中，聚乙烯醇缩丁醛带有较长的侧链，柔软性能好，易于制膜，属于热熔性高分子化合物。此外，聚乙烯醇缩丁醛具有高透明度、挠曲性、低温冲击强度、耐日光曝晒、耐氧和臭氧、抗磨抗压、耐无机酸和脂肪烃等性能，并能和硝酸纤维、脲醛、环氧树脂等相混，其结构式如图 8-13 所示。

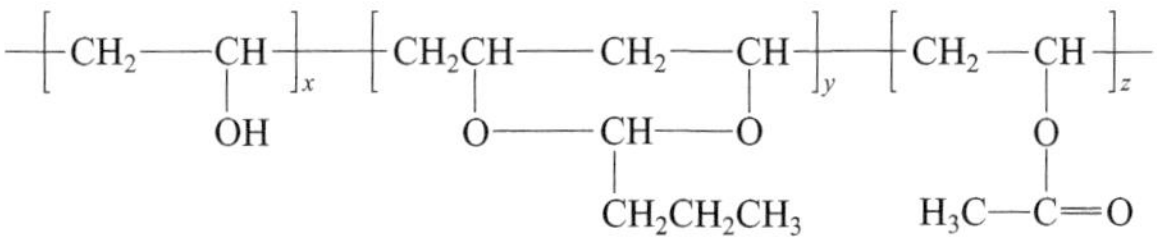

$$-\!\!\left[CH_2-\underset{OH}{CH}\right]_x\!\!-\!\!\left[CH_2CH-CH_2-CH\right]_y\!\!-\!\!\left[CH_2-\underset{\underset{H_3C-C=O}{|}}{\underset{O}{CH}}\right]_z\!\!-\quad \text{(y 段中两个 CH 经 } O-\underset{CH_2CH_2CH_3}{CH}-O \text{ 相连)}$$

图 8-13　聚乙烯醇缩丁醛结构式

工业上一般以聚乙烯醇为原料，水为介质，盐酸作催化剂，进行缩聚反应后，用水洗去催化剂，用碱中和残留的酸，干燥得成品。具体步骤如图 8-14 所示。取蒸馏水 600kg 加入溶解器皿中，再渐渐加入聚乙烯醇 50kg，升温至 90～95℃，保温溶解 4h，使其成为聚乙烯醇水溶液。过滤后转移入缩醛釜中，冷却至 50℃加入 30kg 丁醛，继续冷却至 18℃左右，加入 31%的盐酸 50kg，在 25℃下保温 1h。

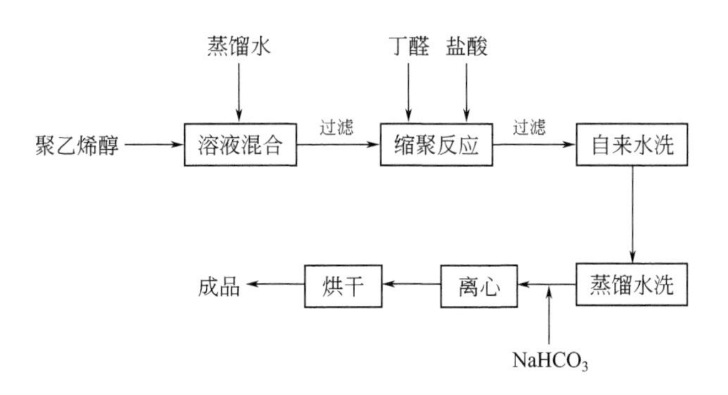

图 8-14　聚乙烯醇缩丁醛制备工艺流程

保温结束后，冷却至 30℃将料液洗涤滤干。先用自来水洗涤至中性，再用蒸馏水洗涤至无氯，再加入 0.4kg $NaHCO_3$ 常温稳定 2 h，离心甩干，在 40～45℃下烘 16h，50～55℃下烘 30h，当水分含量不大于 3%时即可得成品。其反应原理如图 8-15。

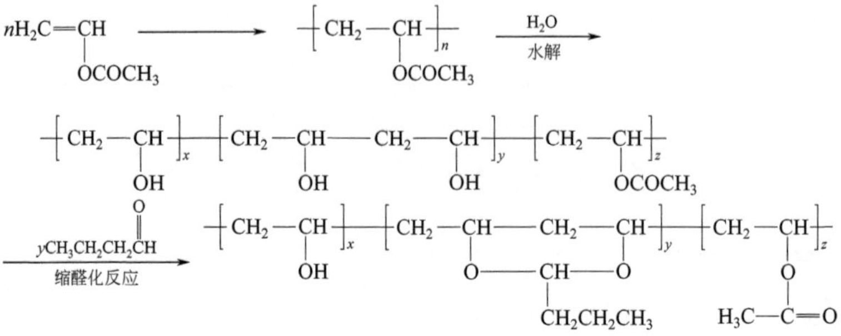

$$nH_2C{=}CH(OCOCH_3) \longrightarrow {-}\!\!\left[CH_2{-}CH(OCOCH_3)\right]\!\!{-}_n \xrightarrow[\text{水解}]{H_2O}$$

$${-}\!\!\left[CH_2{-}CH(OH)\right]\!\!{-}_x{-}\!\!\left[CH_2{-}CH(OH){-}CH_2{-}CH(OH)\right]\!\!{-}_y{-}\!\!\left[CH_2{-}CH(OCOCH_3)\right]\!\!{-}_z$$

$$\xrightarrow[\text{缩醛化反应}]{yCH_3CH_2CH_2CHO} {-}\!\!\left[CH_2{-}CH(OH)\right]\!\!{-}_x{-}\!\!\left[CH_2{-}CH{-}CH_2{-}CH\ (O{-}CH(CH_2CH_2CH_3){-}O)\right]\!\!{-}_y{-}\!\!\left[CH_2{-}CH(O{-}C(=O){-}CH_3)\right]\!\!{-}_z$$

图 8-15　聚乙烯醇缩丁醛制备反应原理图

8.2.2.3　金属纳米薄膜技术

金属纳米薄膜技术可以分为真空镀膜技术、电沉积加工技术、溶胶-凝胶加工技术等。

(1) 真空镀膜技术

真空镀膜技术是在超高真空（10^{-5}Pa）或低压惰性气体中（50Pa～1kPa），通过蒸发源的加热作用，使金属、合金或化合物气化、升华、再冷凝形成纳米材料。这是目前用物理方法制备具有清洁界面的纳米微粒和纳米薄膜的主要方法之一。

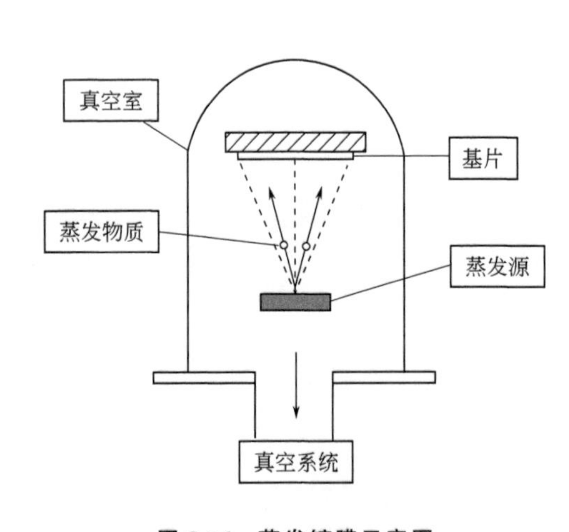

图 8-16　蒸发镀膜示意图

图 8-16 为真空冷凝镀膜示意图，首先在真空蒸发室内充入低压惰性气体，将蒸发源加热蒸发产生原子雾，与惰性气体原子碰撞而失去能量，凝聚形成纳米尺寸的团簇，并在液氮冷棒上聚集起来。将聚集的粉状颗粒刮下，传送至真空压实装置，在数百兆帕压力下制成直径为几毫米、厚度为 10μm～1mm 的圆片。纳米合金可通过同时蒸发两种或数种金属物质得到，而纳米氧化物的制备可在蒸发过程中或制得团簇后于真空室内通入氧气得到。制得的纳米固体其界面成分因颗粒尺寸大小而异，一般约占整个体积的 50%左右，其原子排列与相应的晶态和非晶态均有所不同，接近于非晶态到晶态之间的过渡。因此，其性质与化学成分相同的晶态和非晶态有明显的区别。

真空镀膜法所制得的纳米粒子表面清洁，通过调节加热温度、压力和气氛等将粒子粒径控制在 1～500nm 的范围内。利用该方法在非晶薄膜晶化或薄膜成核生长过程中控制纳米结构的形成，可以制备出金属纳米粒子（Au、Ag、Cu、Fe）、纳米金属氧化物（Fe_2O_3、MnO、NiO）、纳米陶瓷（TiO_2、Al_2O_3）等。

按加热蒸发源的不同，蒸发冷凝法可分为以下几类：

① 电阻加热法。这是最简单的一种加热方法，通常用钨丝或石墨电阻加热体，多在实验室中采用。

② 等离子体加热法。等离子体加热法又可分成几种方式，如等离子体火焰喷射法、等离子体电弧作用下的熔池蒸发法、活性氢气作用下的活性等离子弧熔化法等。

③ 高频感应加热法。该方法是将盛有原料的器皿置于高频电流下加热蒸发。

④ 激光加热法。该法采用激光加热可使 BN、SiO_2、MgO、FeO、$CaTiO_3$、TiO_2、Al_2O_3 等稳定蒸发，然后通过冷凝得到纳米粉末。

⑤ 电子束加热法。该方法利用电子束作为高熔点物质的蒸发源。

（2）电沉积加工技术

电化学沉积是一种离子的氧化还原过程，即金属离子（或络合离子）在外加电流的作用下，被输送到阴极表面并还原成金属（或合金）的过程。在电镀过程中，将被镀材料作为阴极，与电源的负极相连，将所镀金属或合金作为阳极，与电源正极相连。电沉积时，将阴极和阳极全部浸入含有所镀金属或合金离子的电镀液。通过电流，在阴、阳两极间施加一定的电位，可以在阴极表面得到金属或者合金薄膜。

电沉积按照沉积中所用溶液种类可以分为水溶液电沉积、非水溶液电沉积和熔盐电沉积。水溶液电沉积是在水中加入可溶于水的金属盐，之后电解该溶液进行薄膜沉积，通常说的电镀就是指这种水溶液的电沉积制备金属膜。非水溶液电沉积是在有机溶剂或无机溶剂中溶解金属盐，电解该溶液制备薄膜。熔盐电沉积是通过加热熔化金属盐类，电解熔化盐的方法来得到薄膜。

按照基片在沉积过程中的作用可以分为阴极沉积和阳极沉积。阴极沉积把所要沉积的阳离子和阴离子溶解到水溶液或非水溶液中，同时溶液中含有易于还原的分子或原子团，在一定的温度、浓度和 pH 值的条件下，控制阴极电流和电压，在电极表面沉积出各种薄膜。阳极沉积一般在较高 pH 值的溶液中进行，溶液中的金属低价阳离子在阳极表面被氧化成高价阳离子，然后在电极表面高价阳离子再与溶液中的 OH^- 发生反应生成各种薄膜。

（3）溶胶-凝胶加工技术

溶胶-凝胶技术是一种条件温和的材料加工方法，该方法利用金属的有机或无机化合物，经过溶液、溶胶、凝胶过程，在溶胶或凝胶状态下成形，再经干燥和热处理等工艺流程制成不同形态的产物。

溶胶-凝胶法制备薄膜工艺途径按照溶胶的形成方法或存在状态，可以分为有机途径和无机途径。有机途径是通过有机金属醇盐的水解与缩聚而形成溶胶，由于大量溶剂蒸发产生的应力存在，这种途径制备的薄膜在干燥过程中容易龟裂，限制了制备薄膜的厚度。无机途径则是将通过某种方法制得的氧化物微粒，稳定地悬浮在某种有机或无机溶剂中而形成溶胶。通过无机途径制膜，有时只需在室温进行干燥即可，因此容易制得 10 层以上而无龟裂的多层氧化物薄膜。但是无机法制得的薄膜与基底的附着力较差，而且难以找到合适的、能同时溶解多种氧化物的溶剂，目前采用溶胶-凝胶法制备氧化物薄膜仍以有机途径为主。溶胶-凝胶方法制备薄膜工艺如图 8-17。

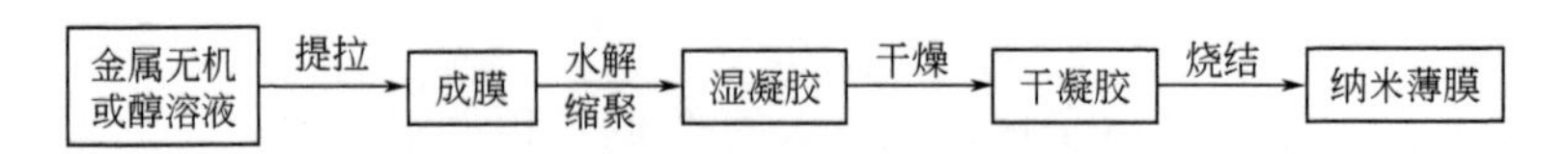

图 8-17　溶胶-凝胶制备纳米薄膜材料

① 制备金属无机或醇溶液。按照所需材料的化学计量比，把各组分的醇盐或其他金属有机物在一种共同的溶剂中进行反应，使各组元反应成为一种复合醇盐或者均匀的混合溶液。

② 成膜。采用提拉工艺在基片上成膜，首先把基片放到装有溶液的容器中，在液体与基片的接触面形成一个弯形液面，在基片表面形成连续的膜。

③ 水解反应与聚合反应。使金属水溶液或者醇溶液水解同时进行聚合反应。在溶液中加入少量催化剂控制成膜质量，溶液随反应的进行逐渐成为溶胶，再进一步转化成为凝胶。

④ 干燥。刚形成的膜中含有大量的有机溶剂和有机基团，随着溶剂的挥发和反应的进一步进行，会逐渐收缩变干，而在干燥过程中大量溶剂的蒸发会引起薄膜的严重收缩，这是该工艺的一个缺点。

⑤ 焙烧。通过聚合反应得到的凝胶是晶态的，充分干燥的凝胶经烧结热处理，去掉其中的剩余物及有机基团，即可得到所需要的晶形的薄膜。

▶ 8.2.3　功能复合材料制备工艺

复合材料是由两种或两种以上物理和化学性质不同的物质组合而成的一种多相材料。复合材料的组分材料虽然保持其相对独立性，但复合材料的性能却不是组分材料性能的简单加和，而是有着重要的改进。它既能保留原组分材料的主要特色，又通过复合效应获得原组分所不具备的性能；可以通过材料设计使各组分的性能互相补充并彼此关联，从而获得新的优越性能。

8.2.3.1　功能复合材料的设计

功能复合材料的设计需要考虑其复合效应和优化途径两个方面。

(1) 功能复合材料的复合效应

复合效应是复合材料特有的效应，功能复合材料的复合效应包括线性效应和非线性效应两类。线性效应包括加和效应、平均效应、相补效应和相抵效应。例如，常用于估算功能体与基体在不同体积分数情况下性能的混合率，如下式所示。

$$P_C = V_R P_R + V_m P_m \tag{8-1}$$

式中　P_C——某一功能性质；

P_R——功能体的这种性质；

P_m——基体的这种性质；

V_R——功能体的体积分数；

V_m——基体的体积分数。

另外，关于相补效应和相抵效应常常是共同存在的，显然相补效应是希望得到的，而相抵效应要尽可能避免，这一点可通过设计来实现。

结构复合材料基本上通过其中的线性效应起作用，如复合度调节作用利用加和效应和相补效应，但功能复合材料不仅能通过线性效应起作用，更重要的是可利用非线性效应设计出许多新型的功能复合材料。

非线性效应包括乘积效应、系统效应、诱导效应和共振效应。其中，有的效应已被认识和利用，而有的效应尚未被充分认识和利用。

(2) 复合材料的优化途径

功能复合材料可以通过改变复合结构的因素，即调整复合度、连接方式、尺度和周期性等，大幅度定向化地调整物理量的数值，找到最佳组合，获得最优值。

① 调整复合度。复合度是参与复合各组分的体积（或质量）分数，$\sum V_i=1$(V_i 为 i 组分的体积分数)。由于把物理性质不同的物质复合在一起，可以改变各组成的含量，使复合材料的某物理参数在较大范围内任意调节。

② 调整连接方式。复合材料中各组分在三维空间中互相连接的形式可任意调整，可以根据需要选择不同维度的组分进行复合。

③ 调整尺度。当功能体尺寸从微米、亚微米减小到纳米时，由于物体尺寸减小时表面原子数增多，原有的宏观物理性质就会发生变化。当达到纳米尺度时材料的表面为主要成分，如直径为 2nm 时，其表面的原子数将占总数的 80%，出现量子尺寸效应。

④ 调整周期性。一般随机分布的复合材料是不存在周期性的，不过当采用特殊工艺使功能体在基体内呈现结构上的周期分布，并使外加作用场的波长与此周期成一定的匹配关系，便可产生功能作用。

8.2.3.2 纤维增强陶瓷基材料制备工艺

(1) 化学气相渗透法

化学气相渗透（CVI）技术是利用 CVD 原理，使气相物质在加热预成型体纤维表面或附近发生化学反应，形成基体物质沉积于骨架纤维中，从而获得纤维增强复合材料制品。在 CVI 过程中，气相物质渗透进入由多孔纤维排列组成的预成型体的孔隙内，以固态表面层的形式沉积到纤维的外表面。随着沉积的不断进行，纤维变得越来越粗，纤维间的孔隙变小，最终表面层相互接触把纤维连接在一起，作为复合材料的基体，而纤维则成为了复合材料的强化相。因此，该技术的关键是如何使气相物质均匀渗透到纤维骨架中去，获得致密的沉积层。

由于该方法所需温度低、压力低，对纤维损伤小以及复合材料力学性能优异，所以可对常规工艺制备的不致密的材料进行致密化处理，也可以用来修复材料的内部微孔或裂纹等缺陷。此外，该方法可以制备形状复杂不规则的制件，通过改变工艺条件，可制备出单基、多基、多组分的陶瓷基功能复合材料，有利于材料的优化设计和多功能化。

典型的 CVI 过程中的传质和化学反应简易流程图如图 8-18，具体的操作步骤如下。

① 源气（即与载气混合的一种或数种气态先驱体）通过扩散或由压力差产生的定向流动输送至预成型体周围。

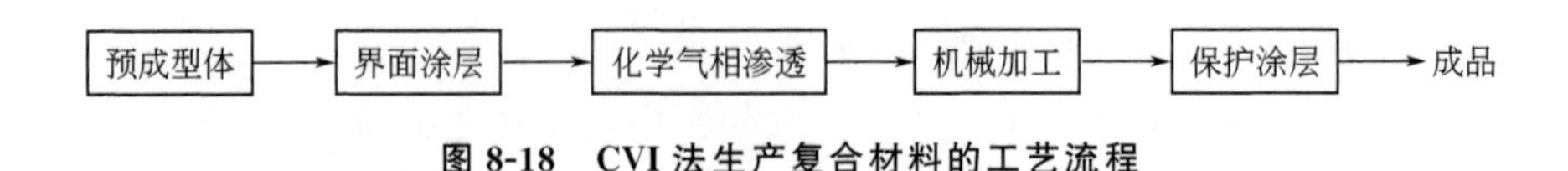

图 8-18　CVI 法生产复合材料的工艺流程

② 源气通过预成型体的孔隙向其内部渗透。

③ 气态先驱体被吸附于预成型孔隙内（即纤维周围）。

④ 气态先驱体在孔隙内发生化学反应，所生成的固体产物（成晶粒子）沉积于孔隙壁上，成晶粒子经表面扩散排入晶格点阵，使孔隙壁的表面逐渐增厚，同时产生气态的副产物。

⑤ 气态副产物从孔隙壁解吸，并扩散于载气中，随载气从系统排除。

这里将先驱体发生反应并将反应产物沉积于先驱体上面的部分称为“基底”。在用CVI 技术制备复合材料时，基底最先是预成型体中的纤维表面，或者是包裹于纤维周围涂层的表面。随后，基底则是陆续沉积和逐渐加厚的反应产物。通过 CVI 所沉积的有用的反应产物称为“基质”，也就是陶瓷基复合材料的基体。

(2) 料浆浸渍及热压烧结法

料浆浸渍及热压烧结法是最早用于制备连续纤维增强陶瓷基复合材料的方法，其基本原理是将具有可烧结性的基体原料粉末与连续纤维用浸渍工艺制成坯件，然后在高温下加压烧结，使基体材料与纤维结合制成复合材料。

① 料浆浸渍工艺。让纤维通过盛有料浆的容器，浸挂料浆后缠绕在卷筒上，烘干，沿卷筒母线切线，取下后得到无纬布。之后，将无纬布剪裁成一定规格的条带或片，在模具中叠排，这就是预成型体。合模后加压加温，经高温去胶和烧结得到复合材料制件。当绕丝卷具有制件要求的形状时，可以作为阳模，在上面缠绕浸渍料浆的纤维后，直接放入阴模中热压烧结制成复合材料制件，这种工艺称为料浆浸渍缠绕成型工艺。

② 料浆浸渍坯件的热压烧结。用料浆浸渍及热压烧结工艺制备连续纤维增强陶瓷基复合材料的主要工艺流程如图 8-19 所示。

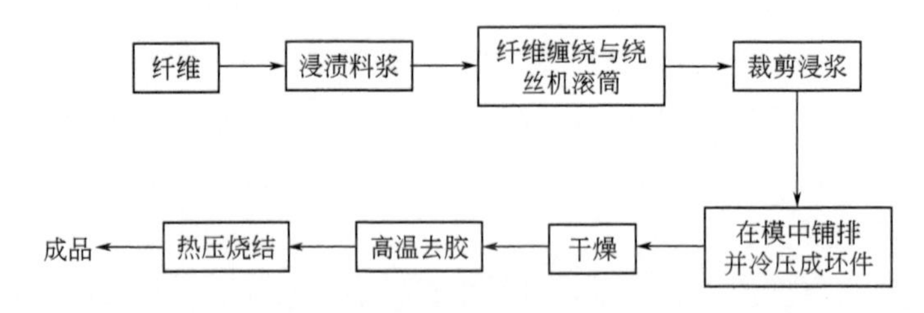

图 8-19　料浆浸渍和热压烧结制备纤维增强陶瓷基复合材料的工艺流程

浸渍料浆的纤维的缠绕可垂直于卷轴（环向线型）或与卷轴成某一角度（螺旋线型），或者缠绕与铺层交替等方式。纤维与基体的比例可通过调节绕丝机的转速来控制。

热压烧结应按预定的程序升温和加压，在热压过程中，最初阶段是高温去胶，随着胶黏剂挥发逸出，将发生基体颗粒重新分布、烧结和在外压作用下的黏性流动等过程，最终获得致密化的陶瓷基复合材料。很多陶瓷基复合材料体系在热压过程中往往没有直接发生化学反应，而是通过系统表面减少驱动使疏松的粉体熔结成块而致密化。

(3) 直接氧化沉积法

直接氧化沉积法是利用熔融金属直接与氧化剂发生氧化反应来制备陶瓷基功能复合材料，其工艺原理示意图如图 8-20。

将连续纤维预成型坯件置于熔融金属上面，因毛细管作用，熔融金属向着预成型坯件中渗透。由于熔融金属中含有少量添加剂，并处于空气或其他氧化气氛中，浸渍到纤维预成型坯件中的熔融金属或其蒸气与气相氧化剂发生反应（如 Al，在 900～1000℃氧化）形成氧化物基体，该反应始终在熔融金属与气相氧化剂的界面处进行。反应产生的金属氧化物会沉积在纤维的周围，形成含有少量残余金属的、致密的纤维增强陶瓷基复合材料。其中，金属原料一般选择铝，添加剂一般采用镁和硅，气氛为空气，反应温度为 1200～1400℃。通过控制熔体温度和掺杂成分，可以调节生成的陶瓷基功能复合材料的性能。

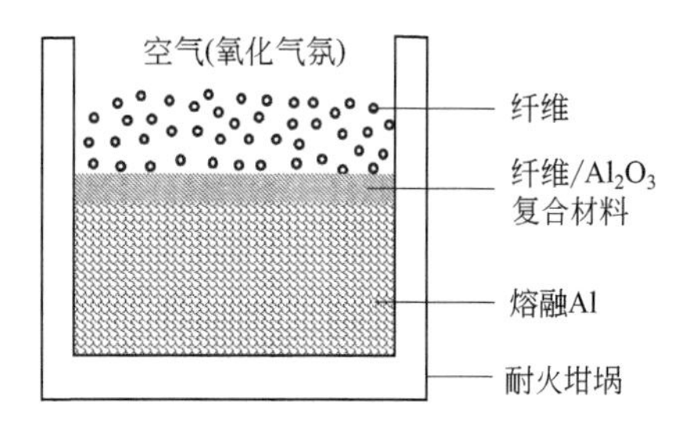

图 8-20　直接氧化沉积法工艺原理示意图

直接氧化沉积工艺的优点是：①对增强体几乎无损伤，所制得的陶瓷基复合材料中纤维分布均匀；②在制备过程中不存在收缩，因而复合材料制件的尺寸精确；③工艺简单，生产率较高，成本低；④复合材料具有高强度、良好韧性及耐高温等特性。

8.2.3.3　树脂基复合材料制备工艺

(1) 热固性树脂基复合材料

层压成型是一种高压制取热固性树脂基复合材料的制备工艺，此工艺多用纸、棉布、玻璃布作为增强原料，以热固性酚醛树脂、芳烃甲醛树脂、氨基树脂、环氧树脂及有机硅树脂为黏结剂，其工艺过程如图 8-21 所示。

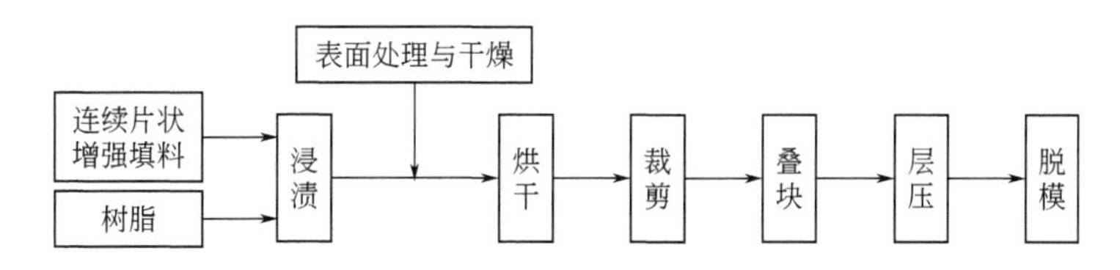

图 8-21　层压成型的工艺过程

在上述过程中，增强填料的浸渍和烘干在浸胶机中进行。增强填料浸渍后连续进入干燥室以去除树脂液中含有的溶液以及其他挥发性物质，并控制树脂的流动度。

浸胶材料层压成型是在多层压机上完成的。在进行热压前需按层压制品的大小，选用适当尺寸的浸胶材料，并根据制品要求的厚度（或质量）计算所需浸胶材料的张数，逐层叠放后，再于最上和最下两面放置 2～4 张表面层使用的浸胶材料。因为面层浸胶材料含树脂量较高、流动性较大，使得层压制品表面光洁美观。

（2）热塑性树脂基复合材料

热塑性树脂的特性决定了热塑性树脂基复合材料的成型不同于热固性树脂基复合材料。

热塑性树脂基复合材料在成型时，基体树脂不发生化学变化，而是靠其物理状态的变化来完成的。其过程主要由熔融、融合和硬化三个阶段组成。已成型的坯件或制品，再加热熔融后还可以二次成型。颗粒及短纤维增强的热塑性材料，最适用于注射成型，也可用模压成型。需要注意的是长纤维、连续纤维、织物增强的热塑性复合材料要先制成预浸料，再按与热固性复合材料类似的方法压制成型。

8.3 材料制造技术

功能材料是目前能源、环保、计算机、通信、电子、激光等现代科学的研究热点。近年来，功能材料已成为材料科学和工程领域中研究最为活跃的部分，每年以5%以上的速度增长。可以说，功能材料正在渗透到现代生活的各个领域，未来世界需要更多的性能优异的功能材料。

受信息科学、材料科学、生物科学的影响，环境功能材料制造技术主要向两个方面发展：一方面是寻求制造技术中的纳米尺度加工和绿色加工，探索有效实用的纳米制造技术和绿色制造技术，并在工业生产中得到应用；另一方面是向着自动化、智能化、数字化和增材制造等方向发展，使材料制造成为一个自动化系统。

8.3.1 纳米制造技术

纳米制造技术是随着纳米材料、扫描隧道显微镜的发展而兴起的一门综合性加工技术。在材料制造方面，能够获得很高的加工精度，并且具有改善材料性能和可靠性的优势。制造技术作为各个时代的核心基础技术，已经从手工制造的农业时代、机械制造的工业时代、电子制造的信息时代转向生物和微制造的纳米时代发展。

8.3.1.1 纳米技术的含义

纳米材料是由极少的原子或分子组成的原子群或分子群，具有壳层结构，且表面层占比很大。由于纳米材料是晶粒中原子的长程有序排列和无序界面成分的组合，所以纳米材料有较大的界面，晶界原子比例为15%～50%。纳米材料的制备主要是通过纳米技术完成的，纳米技术是在纳米体系（微纳米尺寸示意图见图8-22）内研究电子、原子和分子的运动规律，以便构筑纳米材料并实现特有功能和智能作用的先进技术。纳米技术是一种在原子级别层面上、由微观到宏观的材料合成和控制途径。纳米技术主要包括：纳米制造技术、纳米测量技术、纳米表层性能检测技术、纳米粒子制备技术、纳米组装技术等。其中，纳米制造技术的发展促进了机械电子、半导体、光学、传感器、测量技术以及材料科学的发展，将材料加工精度从20世纪60年代初微米级提高到目前的10 nm级，极大改善了产品的性能和可靠性。

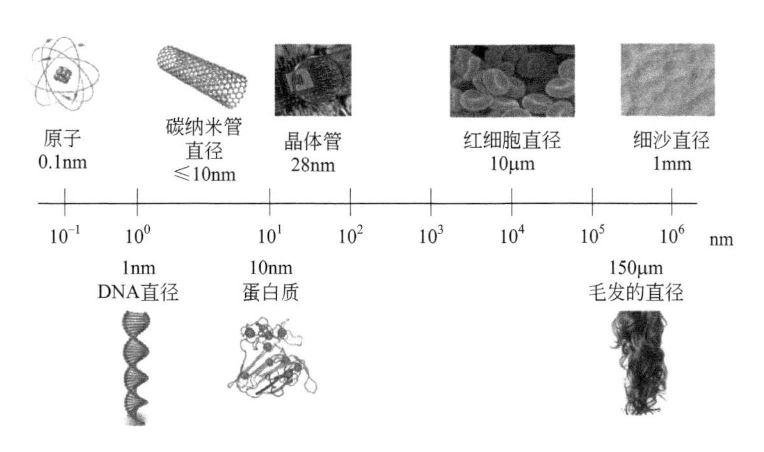

图 8-22 微纳米尺寸示意图

从狭义角度上，纳米制造是指对制造的可控尺度达到纳米级的制造，由于原子间的距离为 0.1～0.3nm，纳米加工的实质就是切断原子间的结合，实现原子或分子的重组。而从广义上而言，纳米制造是对制造的认识尺度达到纳米级的制造。因此，纳米制造技术可以作为先进制造技术的重要发展方向和多学科交叉的科技研究前沿，是未来制造业赖以生存的基础和可持续发展的关键，其研发和应用标志着人类可以在微观纳米尺度认识和改造世界。

近几年，先进制造业的发展潮流为我国带来了新的机遇，特别需要注意的是现代制造的前沿正被迅速突破和发展，纳米制造处于融合多学科新成果、多模式发展的新兴阶段。把握住历史时机，将先进制造列入国家发展的战略重点，并结合自主创新抢占制造技术的前沿，我国就有可能在 21 世纪中期成为制造强国。纵观全球纳米制造研究的发展历程，其发展趋势和挑战表现在三个方面：

① 更微观发展，甚至可能从纳米尺度走向原子和亚原子尺度，纳米制造甚至会走向原子制造。

② 更精细发展，这将涉及量子理论等更深层次原理以及更精密的测量。

③ 更好解决批量化和一致性问题发展，将使更多实验室纳米制造技术走向实践生产。

8.3.1.2 纳米制造的分类

随着纳米技术和生物技术的兴起，纳米制造技术得到了迅猛发展，已成为庞大的纳米制造技术体系。为了更有序地推进纳米制造技术的发展，有必要对这领域从不同角度进行合理、有序的划分。

(1) 按制造过程物质转化形式划分

自然界中物质的转化形式有物理形式转化、化学形式转化和生物形式转化，纳米制造过程中的物质转化也同样包括这三种形式。物理、化学形式的纳米制造主要包括微细机械与材料制造、微细特种制造、半导体制造中的各种成形工艺。而生物形式的纳米制造即纳米生物加工成形，是一种借助生物转化材质、形体和过程的制造方法。生物形式的纳米制造不仅发展出生物去除成形、约束生长成形基本层面的成形工艺，还正在不断派生出次级层面的生物成形工艺，如生物复制成形、生物聚合成形、生物吸附成形等。不同的物质转化形式表现出纳米制造在能量与效率、能力与质量等方面的诸多特性。

(2) 按制造过程物质状态变化划分

纳米机械产品的物质状态为固体，纳米制造的结果必须是所要形状的固体结构。为实现这一结果，纳米制造过程状态分为三类情况：①原材料为固体，通过去除得到最终形状，去除的副产物为固、液、气三种状态；②产物为固体，通过固、液、气三种状态将原材料转化为所需的固体结构；③过程由活体的生物加工成形，通过活体对固体侵蚀，对固体约束、组装出固体。不同的过程状态变化表现出纳米制造在内应力与表面张力状态、结构致密度与复杂度、环境洁净度与污染度等方面的诸多特性。

(3) 按系统小型化方式划分

系统小型化遵循两种方式：一种是宏观系统从大向小缩小的自上而下方式(top-down)，纳米制造的可控尺度向更小方向发展，目前复杂系统可控尺度已达到纳米级，但仍需向材料的多样化方向发展。另一种是微观分子从小向大组装的自下而上方式(bottom-up)，纳米制造技术从分子向上以及向更复杂的方面进行组装，目前分子组装的程度仅达到纳米级，需要向微米甚至向更大的程度上发展。这两种微型化制造方式实质上代表了工程学科（自上而下方式）和基础学科（自下而上方式）的两种不同技术路线。

对目前人工结构与自然生物结构比较可以看出，人工结构的复杂度与功能远逊色于自然生物的复杂多级结构。脂质体、碳纳米管、石墨烯等人工控制的自组装结构代表了目前纳米级组装水平，但其组装结构的复杂性功能性、智能性等众多性能与自然生物生长结构相差甚远。因此，人工产品微型化发展越来越需要“生物制造与仿生制造”的支撑。无论是哪种制造方式，其目标都是实现复杂化、微细化的微系统，而制造出切实可用的微系统的关键是微纳制造技术。

8.3.1.3 纳米结构自组装技术

自组装技术广泛存在于自然界中，蛋白质、细胞乃至生命的形成都是通过自组装来实现的。此外，病毒也是通过自组装方式形成形貌规整的坚硬蛋白质外壳。受自然界的启发，纳米复合材料也可以通过自组装方法形成形态各异、微观结构多样且具有独特功能的新材料。

自组装技术之所以成为纳米科学与技术中的焦点，主要是缘于自组装过程本身所具有的特点。第一，自组装过程是一个自发过程，整个过程受构建单元之间存在的弱相互作用力控制，避免了人为干扰。第二，自组装过程能够多组分同时进行，过程复杂但产物单一。这是由于自组装过程中没有共价键的形成和断裂，构建单元受到的各种弱相互作用来自储存在每个构建单元内部的识别信息。第三，自组装技术可用于从原子到胶体纳米颗粒这样广泛尺度构建单元的组装，也可以用于各类材料（包括无机、金属、有机以及两者或多种物质杂化）的组装。第四，由于自组装过程由各种作用力相互的竞争进而协同作用，使组装聚集体的能量最小化，使得自组装产物的缺陷密度降低，从而能够获得高质量且具有优异性能的材料。自组装技术可以与自上而下的纳米加工技术相兼容，将自组装技术与现有的纳米加工技术创造性地结合起来。结合成的自组装-加工技术可以继承两种技术的优点，由纳米加工技术制备的模板使分子水平的自组装在特定的空间内进行，能够显著提高自组装过程的可控性。

（1）自组装的驱动力

纳米结构自组装体系是通过弱的和较小方向性的非共价键和离子键协同作用，把原子、离子或分子连接在一起构筑成纳米结构。这个过程不是大量原子、离子、分子间作用力简单的叠加，而是一种整体协同作用。其形成过程分为三个步骤：①通过有序共价键结合成结构复杂的中间分子体；②由中间分子体通过弱的氢键、范德华力及其他非共价键的协同作用，形成结构稳定的大的分子聚集体；③由一个或几个分子聚集体作为结构单元，多次自组织排列成为具有特定结构和功能的纳米结构体系。自组装技术内部驱动力是实现自组装的关键，主要包括静电作用、范德华力、疏水作用力、溶剂化作用力、氢键和π-π堆积作用等。图 8-23 展示的是不同驱动力下分子自组装结构。

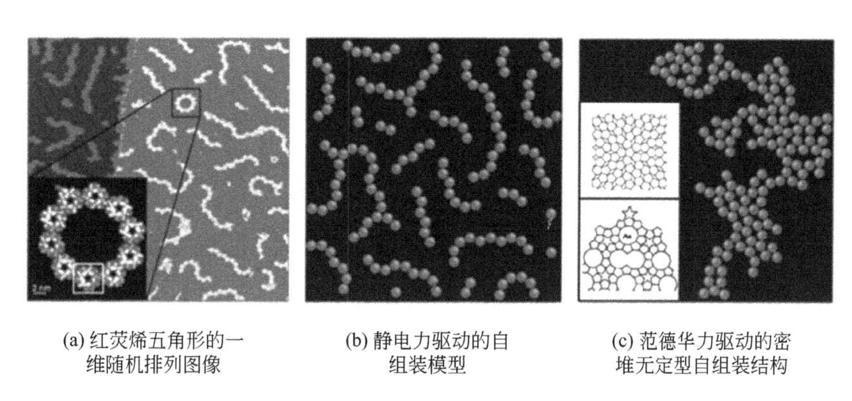

(a) 红荧烯五角形的一维随机排列图像　(b) 静电力驱动的自组装模型　(c) 范德华力驱动的密堆无定型自组装结构

图 8-23　不同驱动力下分子自组装结构

（2）层层自组装技术

层层自组装技术是以聚电解质分子间相互作用为交替沉积成膜驱动力，可在不同基底界面上自组装形成以多层为特点的功能涂层或薄膜，并且可对多层膜的粗糙度、成膜物质、膜内结构、表面电荷、沉积方法等进行可控选择。层层自组装技术具有操作简单、无需特殊设备、膜厚度可控等优点，已被大量用于生物医药、环境能源、光电器件等重要领域。

聚电解质层层自组装原理如图 8-24，首先需要将超滤基膜浸入阴离子聚电解质溶液中，使基膜带上负电。再将其浸入阳离子聚电解质溶液中，发生静电吸附带上正电，获得聚电解质多层膜。由于不同聚电解质之间阴阳离子的相互吸引作用，使得溶液中的物质被吸附到超滤基膜表面。另外，电荷的过渡补偿使得膜表面带有与之前一层相反的电荷，保证下一层的顺利吸附。此时，膜表面电荷与溶液中聚电解质电荷直接的排斥作用，可以避免此过程无限制地进行。而阴阳离子之间较强的相互作用可以促进膜表面吸附的聚电解质在溶液中解吸。

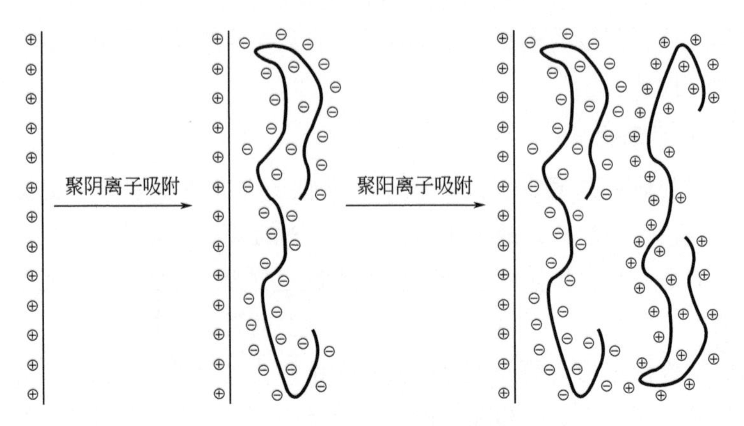

图 8-24　聚电解质层层自组装原理示意图

作为一种超分子体系的构建手段，特别是作为一种成膜手段，层层自组装技术的优势主要体现在以下几点：

① 构建材料及机理的多样性：层层自组装过程构建推动力多种多样，可供使用的材料也几乎涵盖了所有的材料范畴，从天然、人工高分子，到生物材料，再到无机金属、非金属材料。

② 构建过程的简便性：以静电推动的层层自组装过程为例，整个制备过程只需要基膜在两种带有相反电荷的聚电解质溶液中浸泡一段时间即可。调整适宜的组装环境，整个自组装过程就可以自动进行。

③ 构建过程的可控性：层层自组装复合结构相对于其他成膜方法最大的优势在于膜的性能，渗透性能可以通过自组装的层数直接而简单地控制。因此，可以获得一系列具有不同性质的功能膜。

(3) 自组装技术的发展趋势

纳米结构自组装技术是一种从无序到有序、由多组分收敛到单一组分的不断自我修复、自我完善的过程，具有一个高度有序、结构化、功能化和信息化的复杂系统。利用自然界形成的纳米结构作为基本构筑单元来进一步构造新的纳米系统，代表着未来纳米制造技术发展的一个方向。未来的自组装技术会进一步向智能化、功能集成化和适用化方向发展，但是在以下几个方面需要重点寻求突破。

① 纳米体系控制新技术。目前还不能控制一些重要功能材料如氧化物、氮化物等纳米粒子的生长。此外，也需要发展纳米多边形结构的控制生长技术，以满足纳米粒子自组装的需要。

② 纳米粒子多级自组装新技术。用化学模板技术控制纳米粒子在一维方向上更长、更精确地排列较为困难，所以纳米粒子三维自组装产品的形状和尺寸控制也需要新技术的诞生。

③ 纳米自组装体系及其性质研究。一维自组装的纳米粒子作为环境功能材料都有优异的特性。所以二维纳米粒子与三维纳米粒子的性质进一步研究，将直接影响纳米材料在环境净化中的应用。

▶ 8.3.2 增材制造技术

8.3.2.1 增材制造的含义

增材制造技术俗称 3D 打印技术，是融合了计算机辅助设计、材料加工与成型技术。该技术是基于数字模型文件，通过软件与数控系统将专用的金属、非金属料以及生物原材料，按照挤压、烧结、熔融、光固化、喷射等方式逐层堆积，制造出实体材料的制造技术。相对于传统的对原材料去除、切削、组装的加工模式，增材制造是造型技术和制造技术的一次飞跃，是一种“自下而上”“从无到有”的材料累加的制造过程。这可以跨越传统制造方式的约束，从而使复杂构件的制造变为可能。

过去二十年，增材制造技术得到快速的发展。因此，该期间也被称为“快速原型制造”“三维打印”“实体自由制造”“材料累加制造”等，以上叫法分别从不同侧面表达了这一技术的特点。

从狭义上讲，增材制造是指不同的能量源与计算机辅助技术结合、分层累加材料的技术体系。从广义上讲，增材制造则是以材料累加为基本特征，以直接制造材料为目标的大范畴技术群。按照加工材料的类型和方式分类，可以分为金属成形、非金属成形、生物材料成形等。

增材制造需要掌握几大关键技术。一是材料单元的控制技术。二是设备的再涂层技术。增材制造的自动化涂层是材料累加的必要工序，再涂层的工艺方法直接决定了材料在累加方向的精度和质量。目前，再涂层分层厚度向 0.01 mm 发展。控制更小的涂层厚度及其稳定性是提高制件精度和降低表面粗糙度的关键。三是高效制造技术。增材制造在向大尺寸构件制造技术发展，保证同步增材组织之间的一致性和制造结合区域质量是发展的难点。此外，结合增材制造与传统切削制造以及发展材料累加制造与材料去除制造复合制造技术方法也是研究的方向和关键。

8.3.2.2 增材制造过程

如图 8-25，增材制造的工作过程可以划分为三个阶段：前处理过程、分层叠加成型过程和后处理过程。

前处理过程包括构建产品的三维模型、对模型进行近似处理、选择成形方向和三维模型的切片处理四个方面。产品三维模型的构建是增材制造的主体依据，目前三维模型的构造包括以下几种方法。第一个方法是根据产品的要求或产品的二维三视图，利用三维 CAD 软件得到三维模型。第二个方法是在仿制产品时，可以根据已有产品，对实物进行三维数字化处理，利用反求工程得到三维模型。在得到三维模型之后，需要根据三维模型以及增材制造装备的特点，选择成形方向，然后对模型进行切片处理，将三维 CAD 数据分解为二维轮廓数据信息。值得注意的是不同的成型方向会对品质、材料成本和制作时间产生较大的影响。

增材制造的核心过程是叠层制作。叠层制作主要包括二维薄层的制造和叠合。从工艺原理上来看，三维模型的切片处理就是一个“微分”的过程，而将二维薄层叠合成三维材料则是一个“积分”的过程。该积分过程主要是通过设备识别切片的轮廓数据，在计算机

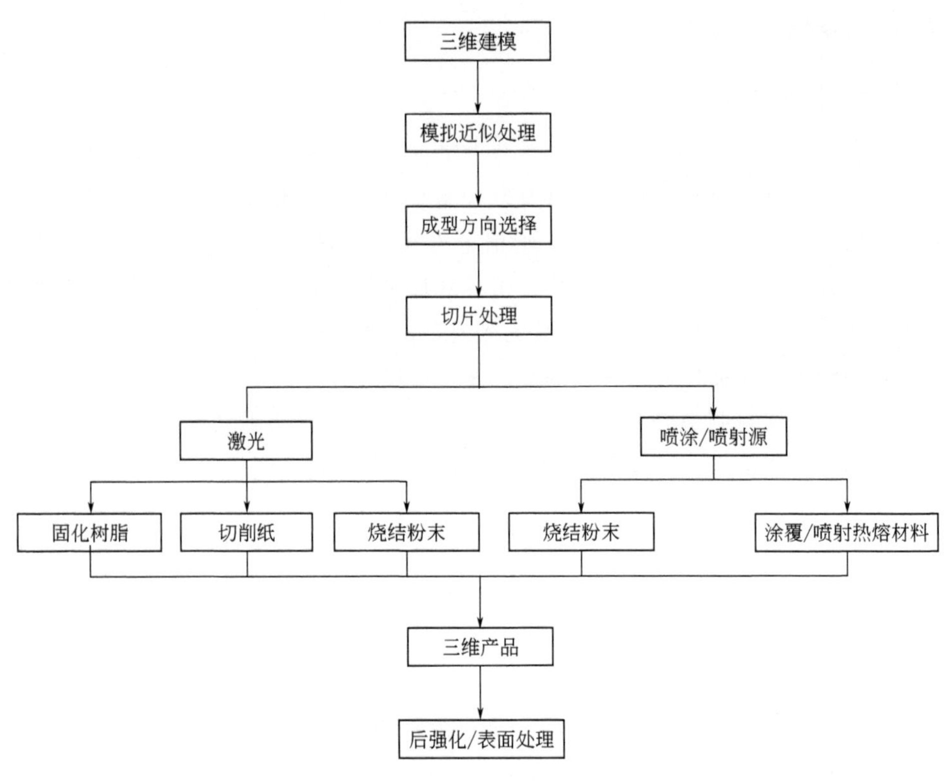

图 8-25　增材制造技术基本步骤

的控制下，在工作台上对薄层进行堆积来实现的。

增材制造技术是指基于离散-堆积原理，由零件三维数据驱动直接制造零件的科学技术体系。这种技术综合了材料、机械、计算机等多学科的知识，属于一种多学科交叉的先进制造技术。传统制造方法多数以切削加工、磨削加工等材料去除法为主，是非常成熟的加工体系，但随着市场的日新月异以及产品要求的不断更新，传统的制造方法不能满足产品的快速创新要求，促使了增材制造的出现。与传统加工和模具成形工艺相比，增材制造更适合复杂结构的快速制造。随着技术的发展，其应用领域将不断扩大，用途也将越来越广泛。增材制造技术的作用主要可以概括为以下几条。

① 可以快速成形，使设计图样制造成实体样品。从设计者角度来看，增材制造技术可以在设计的最初阶段生产出样品，以便设计者之后的修改和优化，实现并行设计。从制造者角度来看，增材制造可以为快速生产做准备。

② 可以用于产品的性能测试。增材制造得到的产品零件具有足够的机械强度，可以用于产业以及流体力学试验。而且某些特殊光敏固化材料制作的模型还具有光弹性，可用于零件受载荷下的应力应变分析。

③ 可用作快速模具制造，缩短模具的开发周期，降低模具的成本。

④ 增材制造为创新设计释放了巨大的空间。

8.3.2.3　增材技术的发展

在经历了 20 多年的发展之后，增材制造经历了从萌芽到产业化、从原型展示到零件的直接制造的转变过程。国内的许多高校和研究机构进行了相关的研究，在工业化典型的模具、软件、材料等方面取得了重大进展，实现了设备产业化，逐渐接近国外高端产品水平，改变了设备早期依赖进口的局面。目前，增材制造技术正处于发展期，具有旺盛的生命力，还在进一步发展，其应用范围也将逐渐扩大。可以说增材制造技术正在成为发达国家实现制造业回流、提升产业竞争力的重要载体。以增材制造为代表的数字化、智能化制造以及新型材料的应用将重塑制造业和服务业的关系，重塑经济发展模式，加速第三次工业革命。但是，增材制造技术在发展的过程中存在一些问题。首先，针对大规模零部件的生产，生产过程中所需的原料成本太高，导致生产成本过高。其次，增材制造的生产速度过于缓慢，限制了材料的生产能力和规模。此外，增材制造可选用的材料有限，增材制造对于打印的材料种类和性能有一定的要求，并且现有材料的质量也需要提高。最后，增材制造的工艺技术和设备还不成熟，几乎没有在线监测技术，导致成品的比例很低。而且，后处理过程也增加了生产难度和成本。

基于增材制造技术在国内外的发展现状，可以总结出增材制造技术的发展趋势。

① 从原型制造到功能零件制造发展。随着增材制造的材料、工艺和设备日渐成熟，早期增材制造所受的大部分限制都可以通过技术水平解决。

② 制造的尺度更加多样化。随着技术的不断进步，对于工件的要求也越来越高，微纳尺度和宏观尺度等多尺度制造成为增材制造的发展趋势。微纳尺度的材料需求巨大，而制造向宏观尺度方向的发展可以提高成形效率，缩短制造周期。

8.3.3 智能制造技术

8.3.3.1 智能制造的含义与特点

(1) 智能制造的含义

现代制造科学是先进制造技术的理论方法和技术基础，它包括：①制造过程和制造系统的基础理论；②制造过程与系统的建模、仿真及优化。现代制造工艺的基础科学与技术问题是基于生产的理论和原理，深入研究生产过程中材料的变化，研究工艺参数、结构形态和产品性能之间的关系，并开展制造工艺过程模型化、计算机仿真与优化问题的研究。当然开展新的工艺方法和核心设备的关键技术的基础研究，以及开展“软测量”技术的应用研究也是现在制造研究的重要方面。

智能制造系统被认为是实现智能制造概念的一种方式，同时也被考虑成为下一代新型制造系统。我国工业和信息化部将智能制造定义为：在新一代信息通信技术的基础上将先进制造技术深度交融，从而产生可以自感知、自学习、自决策、自执行、自适应等功能的新型生产方式，以贯穿于设计、生产、管理、服务等制造活动的各个环节。图 8-26 给出的一种智能制造体系框架主要由信息物理生产系统、物联网、服务互联网、智慧工厂等组成。

智能制造是以智能工厂为载体、以关键制造环节的智能化为核心、以终端到终端的数据流为基础、以网络互联为支撑等特征，从而达到满足产品的动态需求、减少产品的开发周期、降低运营成本、提高生产效率、提升产品质量、降低资源和能源消耗的效果。

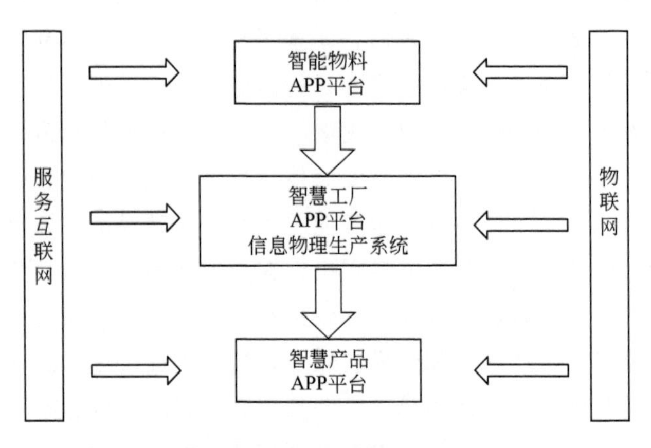

图 8-26　智能制造体系框架

智能制造是集自动化、智能化和信息化于一体的综合生产模式，是信息技术特别是互联网技术与制造业的深度交融、创新集成。智能制造目前关注的四个关键因素是智能设计、智能制造技术、智能管理、智能制造服务。需要实现的四个目标是智能化产品、自动化生产、信息流和物资流的统一与融合，以及价值链互相同步与适应。从智能制造的定义和智能制造要实现的目标来看，传感技术、测试技术、信息技术、数控技术、数据库技术、数据采集与处理技术、互联网技术、人工智能技术、生产管理等一系列的与产品生产全生命周期相关的先进技术均可以作为智能制造的技术内涵，使智能技术更加先进。

（2）智能制造的特点

传统的自动化加工只是用各种常规的传感器工艺反馈信息，通过事先规定的经验半经验模型来控制工艺过程参数，并在过程结束时通过无损检验或抽样检验的方法来判别产品质量，属于“决定论”方法的一种。由于环境功能材料的许多重要特性依赖于微观结构，而事后检验无法改变已形成的结构，这种加工方法是不全面的、有缺陷的。

智能加工则是要在加工过程中控制微观结构的变化过程。它采用新型的在线质量参数传感器，实时检测制备过程材料的微观组织、结构、性能的特征量，并将这些特征量连同工艺过程参数的信息送到一个由计算机控制的决策系统即包含有关加工过程物理模型的智能系统，进行实时优化决策与控制，以确保产品最终获得所需的微观结构与性能。

传统的加工方法主要依靠经验知识，需要在事先规定好的条件下进行。其适应复杂过程的变化主要通过过程结束时的检验手段制定质量的做法，因此存在难于稳定、安全、可靠地控制产品质量的缺点。而智能加工方法是将在线质量传感器、过程数学模型和人工智能相结合，来实现对材料生产的智能优化控制，这样才能够适应过程变化，立足于全制备过程的质量控制。

与传统制造方式相比较，智能制造有以下五个方面的特点：

① 全面互联。有数据才有智能，有互联互通才有数据。互联感知是智能制造的第一步，打破了制造流程中物质流、信息流和能量流彼此间的阻碍，从而全面获取制造产品全周期所有活动中产生的各种数据。

② 数据驱动。产品全周期的各种活动都需要数据支持并且会产生大量数据，而通过

科学决策可以对大数据进行处理分析，以提升产品的开发和创新、实现生产过程的实时优化、保障运输维护服务的动态预测。

③ 信息物理融合。物理信息的空间融合是指将采集到的各类数据同步到信息空间中，在信息空间中进行分析、仿真制造从而做出智能合理的决策，然后将决策结果再反馈到物理空间，对制造资源、服务进行优化控制，实现制造系统的优化运行。

④ 智能自主。通过将专业知识、人工智能与制造过程的深度融合，实现了制造资源智能化和制造服务智能化，使制造系统具有更好的判断能力，能够进行自主决策，从而更好地适应生产状况的各种变化，提高了产品质量和生产效率。

⑤ 人机一体化。人工智能系统、机械手臂等设备的普及，使得工厂实现智能化制造成为可能。人机一体化一方面突出人在制造系统中的核心地位，同时在人工智能系统的配合下，更好地发挥出人的潜能，使人机之间表现出相互协作的关系，使二者在不同的层次上各显其能，相辅相成。

8.3.3.2 人工智能专家系统

将计算机应用于数据库系统，虽然具有较高水平，但基于人工智能的智能机器只能进行机械式推理、预测、判断，它只具有逻辑思维（专家系统）和形象思维（神经网络），完全做不到灵感思维，唯有人类专家才能够同时具备以上三种思维能力。简单地说，人工智能专家系统就是在计算机辅助设计中综合专家的经验，并赋予系统智能形成专家系统。

材料设计专家系统是指具有相当数量的与材料有关的各种背景知识，并能运用这些知识解决材料设计中有关问题的计算机程序。在一定范围内，它能为某些特定性能材料的制备提供指导，以帮助研究人员进行新材料的开发。材料设计专家系统包括两部分：与材料有关的各种基础知识和用基础知识来解决材料设计中的一些问题的计算机程序系统。简单来说，即“知识＋推理＝专家系统”。

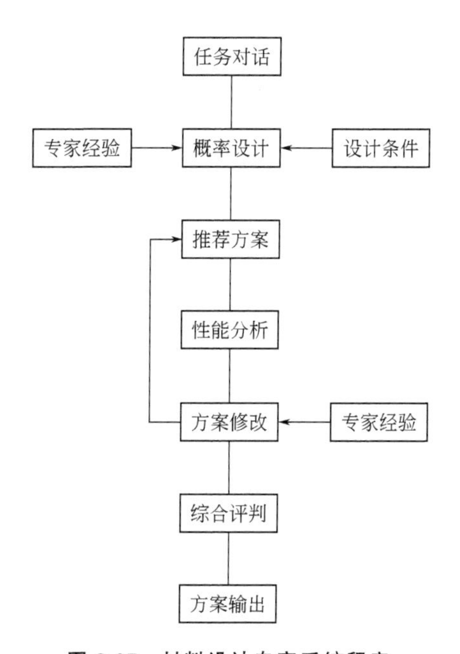

图 8-27　材料设计专家系统程序

最理想和最完善的专家系统是能够从系统的基础知识出发，通过计算、逻辑推理，预测未知材料的性能和制备方法。但由于材料性能的多样性和复杂性，在较短的未来，这种完全理想的专家系统还很难实现。

材料设计专家系统程序采用模块化结构（图 8-27），主要包括人机界面、总控管理模块、材料参数咨询模块、参数优化模块、推理机、解释系统、机器学习模块、系统评价模块、知识库和数据库等几大部分。材料设计涉及材料的组分、结构、性能之间的关系，由于人工智能专家系统能够从已有的数据中获得有关材料之间的关系，因而适合于材料设计。

材料设计专家系统大致有以下几类：

(1) 以知识检索、简单计算和推理为基础的专家系统

由于材料科学研究需要的知识面广、有关资料极其庞杂，任何专家都不可能记住全部有关资料，所以单靠个人就会丧失许多灵活运用资料的机会，利用计算机则可以弥补这个缺陷。

(2) 以计算机模拟和运算为基础的材料设计专家系统

材料研究的核心问题之一是材料的结构与性能关系。在对材料的物理、化学性能已经了解的前提下，可以通过对材料的结构与性能关系进行计算机模拟或用相关的理论进行运算，以预测材料性能和制备方案。

(3) 以模式识别和人工神经网络为基础的专家系统

模式识别和人工神经网络是处理受多种因子影响的复杂数据集，用于总结半经验规律的有力工具。材料设计中两个核心问题是结构-性能关系和制备工艺-性能关系。这两类关系都受到多种因素的制约，故可用模式识别或人工神经网络，从已知实验数据集中总结出数学模型。

(4) 以材料智能加工为目标的材料设计专家系统

材料智能加工是材料设计研究的新发展，其目标是通过在位传感器在材料制造过程中采集信息，并输入智能控制以实现控制决策，使制备中的材料能遵循着最佳途径成为性能优良、稳定以及成品率高的材料。

8.3.3.3 数字化制造技术

数字化制造技术是在数字化技术和制造技术融合的背景下，以及在虚拟现实、计算机网络、快速原型、数据库和多媒体等支撑技术的支持下，根据用户的需求，迅速收集资源信息。对产品信息、工艺信息和资源信息进行分析、规划和重组，实现产品设计和功能的仿真以及原型制造，进而快速生产出达到预期要求的产品。

(1) 数字化建模技术

数字化的基本过程，通俗地说，就是将许多复杂多变的信息转变为可以度量的数字、数据。再以这些数字、数据建立起合适的数字化模型，把它们转变为一系列二进制代码，引入计算机内部，进行统一处理。数字化制造就是指制造领域的数字化，它是制造技术、计算机技术、网络技术与管理科学的交叉、融合、发展与应用的结果，也是制造企业、制造系统与生产过程、生产系统不断实现数字化的必然趋势，是经济、社会和科学技术发展的必然结果。数字化制造技术是智能制造的基础，可以大大提高产品设计的效率。目前，更新传统的设计思想，降低生产成本，已在生产中得到广泛的应用，成为企业保持竞争优势、实现产品创新开发、进行企业间协作的重要手段。

① 参数化设计：参数化设计就是将模型中的约束信息变量化，使之成为可以变化的参数。参数化模型中的约束可分为几何约束和工程约束，而几何约束包括结构约束和尺寸约束。通过赋予参数以不同数值，得到的模型形状和大小就会不同。

② 智能化设计：智能化是数字化设计技术发展的必然选择。产品的设计过程是具有

高度智能的人类创造性活动。因此，智能化设计要深入研究人类的思维模型，并用信息技术来表达和模拟，从而产生更为高效的设计系统。目前的数字化设计系统在一定程度上体现了智能化的特点。

③ 单一数据库与相关性设计：单一数据库是指与产品相关的全部数据信息来自同一个数据库。建立在单一数据库基础上的产品开发，可以保证将任何设计改动及时地反映到设计过程的其他相关环节上，从而实现相关性设计，有利于减少设计差错、提高设计质量、缩短开发周期。

④ 数字化设计软件与其他开发、管理系统的集成：数字化设计为产品开发提供了基本的数据模型，但是它只是计算机参与产品开发的一个环节。为充分、有效地利用产品的模型信息，有必要实现数字化设计软件与其他系统的集成。

(2) 逆向工程技术

正向工程是指产品的开发遵循是严谨的研发流程，从确定预期功能与规格目标开始，然后进行材料的设计、制造以及检验，再经过性能测试等程序完成整个开发过程（图 8-28)。

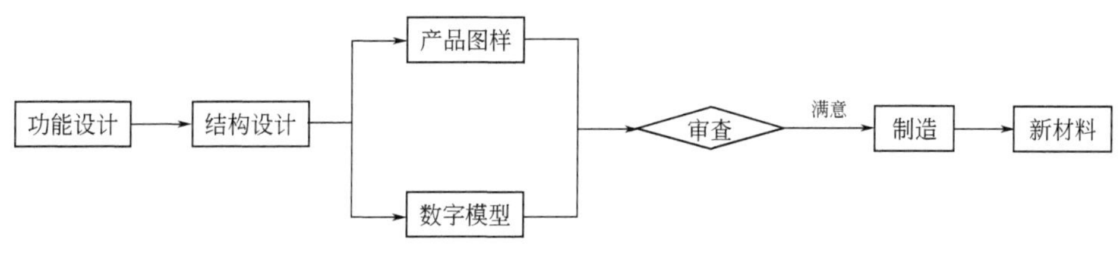

图 8-28 正向工程示意图

逆向工程技术（图 8-29）也称为反求工程，是相对于正向工程而言的，是由实物模型到 CAD 模型的过程。它利用数据采集设备获取已有材料的几何结构信息，再借助于数据处理软件对信息进行处理和三维重构。先在计算机上得到已有材料的集合结构模型，再加工成新材料。逆向工程的基本步骤可以分为：分析阶段，再设计阶段和制造阶段。目前常用的逆向工程软件有 Imageware、Geomagic Studio、CopyCAD、Rapid-Form、UG 等。

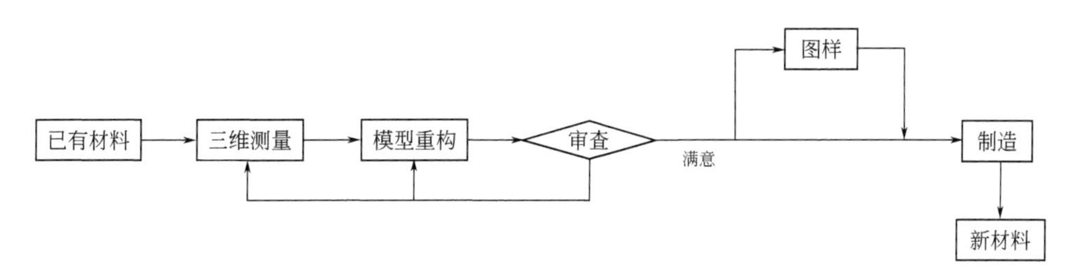

图 8-29 逆向工程示意图

逆向工程的设计步骤可分为分析阶段、再设计阶段和制造阶段。

① 分析阶段：首先需对反求对象的功能原理、结构形状、材料性能、加工工艺等方面有全面深入的了解，明确其关键功能及关键技术，再对原设计特点和不足之处做出评

估。通过对反求对象相关信息的分析，可以确定产品样本的技术指标及其几何结构元素之间的拓扑关系。该阶段对逆向工程能否顺利进行以及成功与否至关重要。

② 再设计阶段：在反求分析的基础上，对反求对象进行再设计，包括对样本的测量规划、模型重构、改进创新等过程，具体分为四个任务。a. 根据分析结果和实物模型的几何元素拓扑结构关系，制订产品样本的测量规划，确定实物模型测量的工具设备，确定测量顺序和精度等。b. 对测量数据进行修正。因在测量过程中不可避免地含有测量误差，这里所修正的内容包括剔除测量数据中的坏点，修正测量值中明显不合理的测量结果，按照拓扑结构关系的定义修正几何元素的空间位置与相互关系等。c. 按照修正后的测量数据以及反求对象的几何元素拓扑结构关系，利用 CAD 造型系统重构反求对象的几何模型。d. 在充分分析反求对象功能的基础上，对产品模型进行再设计，根据实际需要在结构和功能等方面进行必要的改进和创新。

③ 制造阶段：按照产品通常的制造方法，完成反求产品的制造过程。采用一定的检测手段，对反求产品进行结构和功能的检测。如果不满足设计要求，可以返回分析阶段或再设计阶段重新设计。

参考文献

[1] 谢建新．材料加工新技术与工艺 [M]. 北京：冶金工业出版社，2004.

[2] 吴海宏，杨慧智．工程材料及成形工艺基础 [M]. 北京：机械工业出版社，2000.

[3] 冯端，师昌绪，刘治国．材料科学导论 [M]. 北京：化学工业出版社，2002.

[4] 于文斌，程南璞，吴安如．材料制备技术 [M]. 重庆：西南师范大学出版社，2006.

[5] 于文斌，陈异，何洪，等．材料工艺学 [M]. 重庆：西南师范大学出版社，2018.

[6] 马泉山．材料工艺及设备 [M]. 北京：北京大学出版社，2011.

[7] 刘春延，陈克正，谢广文．材料工艺学 [M]. 北京：北京大学出版社，2013.

[8] 师昌绪．材料大辞典 [M]. 北京：化学工业出版社，1994.

[9] 李垚，唐冬雁，赵九蓬．新型功能材料制备工艺 [M]. 北京：化学工业出版社，2010.

[10] 蒋剑春．活性炭制造与应用技术 [M]. 北京：化学工业出版社，2017.

[11] Przepiorski J. Enhanced adsorption of phenol from water by ammonia-treated activated carbon [J]. Journal of Hazardous Materials，2006，B135：453-456.

[12] 郑其庚．活性炭的应用 [M]. 上海：华东理工大学出版社，2002.

[13] 朴香兰，樊蓉，朱慎林．活性炭纤维在化工分离中的应用及研究进展 [J]. 现代化工，2000，20 (6)：20-23.

[14] 冯玉杰，孙晓君，刘俊峰．环境功能材料 [M]. 北京：化学工业出版社，2010.

[15] 陈光华，邓金祥．纳米薄膜技术与应用 [M]. 北京：化学工业出版社，2003.

[16] 杨慧芬，陈淑祥．环境工程材料 [M]. 北京：化学工业出版社，2008.

[17] 李永峰，陈红．现代环境工程材料 [M]. 北京：机械工业出版社，2012.

[18] 陶美玲．新型合成纤维醋酸纤维的生产和应用 [J]. 四川化工，2006，1 (9)：28-39.

[19] 黄铁檩．醋酸纤维的生产工艺、研究进展及市场分析 [J]. 河南化工，2010，27：20-23.

[20] 刘斐文，王萍．现代水处理方法与材料 [M]. 北京：中国环境科学出版社，2003.

[21] 华坚．环境污染控制工程材料 [M]. 北京：化学工业出版社，2009.

[22] 陈坚，堵国成．环境友好材料的生产与应用 [M]. 北京：化学工业出版社，2002.

[23] 沈曾民，张文辉，张学军，等．活性炭材料的制备与应用 [M]. 北京：化学工业出版社，2006.

[24] 黄雏菊，魏星．膜分离技术概论 [M]. 北京：北京国防工业出版社，2008.

[25] 王晓琳，丁宁．反渗透和纳滤技术与应用［M］．北京：化学工业出版社，2005.
[26] 许振良，马炳荣．微滤技术与应用［M］．北京：化学工业出版社，2005.
[27] 于丁一，宋澄章，李航宇．膜分离工程及典型设计实例［M］．北京：化学工业出版社，2005.
[28] 楼民，俞三传，高从堵．纳滤在水处理中的应用研究进展［J］．工业水处理，2008，28（1）：13-17.
[29] 何丽，周从直．纳滤膜及其在水处理中的应用［J］．能源研究与信息，2007，27（2）：63-66.
[30] 朱晓兵，周集体，邱介山，等．纳滤膜在水处理中的应用［J］．化工装备技术，2003，24（5）：12-18.
[31] 李卉，李光明．纳滤膜在水处理中的应用［J］．江苏环境科技，2006，19（12）：130-132.
[32] 华耀祖．超滤技术与应用［M］．北京：化学工业出版社，2004.
[33] 任建新．膜分离技术及其应用［M］．北京：化学工业出版社，2003.
[34] 王耀先．复合材料结构设计［M］．北京：化学工业出版社，2001.
[35] 黄家康，岳红军，董永祺．复合材料成型技术［M］．北京：化学工业出版社，1999.
[36] 王荣国．复合材料概论［M］．哈尔滨：哈尔滨工业大学出版社，1999.
[37] 张长瑞．陶瓷基复合材料——原理、工艺、性能与设计［M］．北京：国防科技大学出版社，2001.
[38] 坎贝尔．先进复合材料的制造工艺［M］．戴棣，朱月琴，译．上海：上海交通大学出版社，2016.
[39] 翁端，冉锐，王蕾．环境材料学［M］．北京：清华大学出版社，2011.
[40] 张德远，蒋永刚，陈华伟，等．微纳米制造技术及应用［M］．北京：科学出版社，2015.
[41] 郝秀清．微纳制造前沿应用［M］．北京：北京工业大学出版社，2020.
[42] 丁庆伟．微纳米材料制备及其对 Re(Ⅶ）的原位固定［M］．北京：化学工业出版社，2019.
[43] 顾长志．微纳加工及在纳米材料与器件研究中的应用［M］．北京：科学出版社，2013.
[44] Tomba G，Stengel M，Schneider W D，et al. Supramolecular self-assembly driven by electrostatic repulsion：The 1D aggregation of rubrene pentagons on Au（111）［J］. ACS Nano，2010，4（12）：7545-7551.
[45] 杨占尧，赵敬云．增材制造与 3D 打印技术及应用［M］．北京：清华大学出版社，2017.
[46] 袁茂强，郭立杰，王永强，等．增材制造技术的应用及其发展［J］．机床与液压，2016，44（5）：183-188.
[47] 王聪聪，詹仪．3D 打印技术的应用与发展前景［J］．出版与印刷，2014（4）：23-28.
[48] 韦青松．增材制造技术原理与应用［M］．北京：科学出版社，2017.
[49] 李琼砚，路敦民，程朋乐．智能制造概论［M］．北京：机械工业出版社，2021.
[50] 葛英飞．智能制造技术基础［M］．北京：机械工业出版社，2019.
[51] 范君艳，樊江玲．智能制造技术概论［M］．武汉：华中科技大学出版社，2019.
[52] 苏春．数字化设计与制造［M］．北京：机械工业出版社，2010.
[53] 杨海成．数字化设计制造技术基础［M］．西安：西北工业大学出版社，2007.